GRUNDZÜGE

DER

PHYSISCHEN ERDKUNDE

VON

† DR. ALEXANDER SUPAN

PROFESSOR DER GEOGRAPHIE AN DER UNIVERSITÄT BRESLAU

SIEBENTE, GÄNZLICH UMGEARBEITETE AUFLAGE

UNTER MITARBEIT VON

PRIVATDOZENT DR. **KURT BRÜNING** IN HANNOVER, PROF. DR. **WALTER GEORGII** IN DARMSTADT, PROF. DR. **GERHARD SCHOTT** IN HAMBURG, PROF. DR. **FRITZ MACHATSCHEK** IN ZÜRICH, PROF. DR. **ERICH LEICK** IN GREIFSWALD UND PROF. DR. **FERDINAND PAX** IN BRESLAU

HERAUSGEGEBEN VON

DR. ERICH OBST

PROFESSOR DER GEOGRAPHIE AN DER TECHN. HOCHSCHULE HANNOVER

BAND I

MIT 5 BUNTDRUCKTAFELN UND 113 FIGUREN IM TEXT

BERLIN UND LEIPZIG 1927

WALTER DE GRUYTER & CO.

VORMALS G. J. GÖSCHEN'SCHE VERLAGSHANDLUNG — J. GUTTENTAG, VERLAGSBUCHHANDLUNG — GEORG REIMER — KARL J. TRÜBNER — VEIT & COMP.

Vorwort zur VII. Auflage.

Am 6. Juli 1920 verschied Alexander Supan, der Begründer dieses Lehrbuches. Von der im Jahre 1884 erschienenen Erstauflage an hat Supan seine Hauptarbeitskraft Jahrzehnte hindurch der weiteren Ausgestaltung, Vertiefung und Verbesserung dieses seines Lebenswerkes gewidmet. In den langen, schweren Leidensjahren beschäftigte ihn das Schicksal des Buches oft und stark. Die 1916 veröffentlichte VI. Auflage befriedigte ihn selbst nicht restlos; des öfteren fielen im Gespräch mit dem Unterzeichneten Worte wie diese: »Sollte ich noch einmal eine Neuauflage besorgen, so müßten ganz wesentliche Umarbeitungen erfolgen.«

Als Alexander Supan sein Ende nahen fühlte, ersuchte er mich, das Lehrbuch wenn irgend möglich fortzuführen. Dabei betonte er erneut, daß vieles darin anders werden müsse, ließ sich aber leider nicht dazu bewegen, seine Wünsche im einzelnen darzulegen.

Von vornherein war ich mir der Schwere der übernommenen Verpflichtung bewußt, gestehe aber offen, daß ich die Schwierigkeiten bei weitem unterschätzt habe. Nach der Einrichtung des Lehrstuhles in Hannover ging ich 1922 sogleich an die Arbeit, fertigte Auszüge aus allen in Frage kommenden Büchern, Aufsätzen usw. an und wagte schließlich auch einen ersten Manuskript-Entwurf. Er befriedigte mich ganz und gar nicht, und je mehr ich mich in den Gegenstand vertiefte, um so klarer wurde mir am Ende, daß ich allein nicht imstande sein würde, eine des Namens Supan würdige Neuauflage zu schaffen. Eine solche Selbsterkenntnis fällt nicht eben leicht; jeder jüngere Gelehrte wäre wie ich stolz darauf gewesen, für sich allein den Ruhm einer Fortsetzung des Supanschen Lebenswerkes in Anspruch nehmen zu dürfen. Höher aber als persönlicher Ehrgeiz mußte selbstverständlich die wissenschaftliche Verantwortung stehen. Nicht darauf durfte es ankommen, wer die Neuauflage von Supans »Grundzügen« besorgte, sondern daß im Geiste Supans das hohe wissenschaftliche Niveau des Werkes so weit als irgend möglich gewahrt blieb. Alexander Supan war, ähnlich seinem Freunde Hermann Wagner, gleichsam mit der geographischen Wissenschaft geworden; er hatte miterlebt, wie sie aus bescheidenen Anfängen immer mehr in die Tiefe und Breite wuchs, und durfte sich daher wohl mit Recht ein tiefgründiges Urteil über alle Zweige der allgemeinen Erdkunde und eine fruchtbare Forscherarbeit darin zutrauen. Uns Jüngeren steht dieses Recht, wenn wir aufrichtig urteilen, nicht mehr zu. Wir kamen mit der Geographie in Berührung, als die stetig fortschreitende Spezialisierung auch hier bereits machtvoll eingesetzt hatte und die Teilgebiete der allgemeinen Erdkunde von Jahr zu Jahr mehr den Charakter selbständiger Sonderdisziplinen annahmen. Wohl muß jeder von uns für die Zwecke der Lehrtätigkeit darauf bedacht sein, den Zusammenhang mit dem Ganzen ja nicht zu verlieren, sondern sich immer von neuem wieder einen gediegenen Überblick über alle Teilgebiete zu sichern; als Forscher aber vermag der Einzelne heute unmöglich mehr alle diese Teilgebiete zu befruchten. Er hat seine Rolle längst an Spezialforscher abgetreten, erblickt mit Recht in der Länderkuude sein Hauptarbeitsgebiet und wertet die sogen. allgemeine Erdkunde im wesentlichen nur mehr als das unentbehrliche Fundament länderkundlicher Studien.

Wenn dem so ist, so begreift sich unser Entschluß nach dem vergeblichen Ringen und Mühen von 1922—25 ohne weiteres von selbst. Sollte der »Supan« auch in der VII. Auflage wie bisher tunlichst das Beste vom Besten bieten, so mußte der Stoff aufgeteilt und von einer Reihe von Spezialforschern bearbeitet werden. Gewiß, dieser Weg bringt die Gefahr mit sich, daß das Werk nicht mehr in demselben Maße wie früher als einheitlicher Guß erscheint; aber dieser Nachteil dünkt mich nicht so gewichtig wie der Vorteil, wenn überhaupt, so durch den neuen Weg den Rang des Supanschen Lebenswerkes hochzuhalten. Ich darf in diesem Zusammenhang darauf hinweisen, daß sich in den meisten anderen Wissenschaften dieser Ausweg gleichfalls als notwendig erwiesen hat, und daß Emm. de Martonne für die neueste Auflage seines »Traité de geographie physique« die Mitarbeit von Spezialforschern offenbar nicht mehr entbehren konnte.

Entsprechend den oben entwickelten Grundsätzen erstand die VII. Auflage von Supans »Grundzügen der physischen Erdkunde«. Es ist mir ein aufrichtiges Bedürfnis, auch an dieser Stelle herzlichsten Dank allen den Herren Kollegen zu sagen, die die Güte hatten, sich an der Schaffung der VII. Auflage zu beteiligen: Privatdozent Dr. Kurt Brüning (Hannover), Prof. Dr. Walter Georgii (Darmstadt), Prof. Dr. Gerhard Schott (Hamburg), Prof. Dr. Fritz Machatschek (Zürich), Prof. Dr. Erich Leick (Greifswald) und Prof. Dr. Ferdinand Pax (Breslau). In aufrichtiger Dankbarkeit gedenke ich an dieser Stelle auch des Regierungsrats an der Deutschen Seewarte Herrn Dr. Kurt Burath, der die Freundlichkeit hatte, eigens für dieses Werk die Karte der Mißweisung 1927 (Tafel I) zu bearbeiten.

Ich selbst sprang da ein, wo geeignete Mitarbeiter z. Zt. nicht zu finden waren und alte Neigungen ein aktives Mitschaffen erwünscht erscheinen ließen. Freilich erfreute ich mich, wie betont, allenthalben der regsten Mitarbeit meines lieben Kollegen Brüning, dessen Anteil an den gemeinsam gezeichneten Abschnitten den meinigen sicherlich übertrifft.

Die Unterschiede zwischen der VII. und der voraufgegangenen Auflage in allen Einzelheiten zu behandeln, dürfte sich erübrigen. Bei der Aufstellung des Gesamtplanes habe ich mich bemüht, streng logisch zu gliedern und dabei u. a. dem Wasser des Festlandes mehr, als es in der Altauflage der Fall war, Platz einzuräumen. In dem morphologischen Abschnitt (IV) schien es mir ratsam, auf das von A. Penck 1894 gebotene Vorbild (Morphologie der Erdoberfläche II) zurückzugreifen und die tatsächlichen Formen der Landoberfläche in den Mittelpunkt der Erörterungen zu rücken. Die pflanzen- und tiergeographischen Abschnitte wurden völlig neu angelegt. Im übrigen war selbstverständlich mein und aller Herren Mitarbeiter Bemühen darauf gerichtet, die Grundanlage des Supanschen Werkes möglichst zu erhalten und auf diese Weise die Tradition zu wahren. Dazu rechne ich im Grunde auch die gelegentlichen Hinweise auf die Bedeutung der verschiedenen physisch-geographischen Erscheinungen für den Menschen; wer den Text der früheren Auflagen sorgfältig durchsieht, wird zugeben, daß Supan selbst Wert darauf legte, derartige Wechselwirkungen zwischen Natur und Mensch in der »Physischen Erdkunde« von Fall zu Fall zu skizzieren.

An Buntdrucktafeln und Textfiguren wurde auch in der VII. Auflage nicht gespart. Da aber alle besseren Schulatlanten heute viele der Karten enthalten, die einst als einzigartige Beigabe nur in Supans »Grundzügen« zu finden waren, konnte davon Abstand genommen werden, alle diese Karten auch jetzt wieder als Buntdrucktafeln dem Lehrbuch anzufügen. Wir ließen die Isothermen- und Isobarenkarten fort und verzichteten auch auf die Beigabe einer Karte der jährlichen Niederschlagsmengen. Die übrigen Karten wurden als Textfiguren in flächentreuer Projektion gebracht. Sie fanden ihre Ergänzung in einer Reihe von neuen Buntdrucktafeln, die, wie wir hoffen, dem Leser besonders willkommen sein werden.

Aus technischen Gründen erscheint die VII. Auflage in Gestalt von zwei Bänden. Dem hier vorliegenden ersten Band wird der etwa gleichstarke zweite im Frühjahr 1928 folgen. Jeder der beiden Bände enthält ein eigenes Register. — Trotz der Fülle des hinzugekommenen Materials waren wir eifrig darauf bedacht, das Gesamtwerk nicht über den bisherigen Umfang anwachsen zu lassen.

Wenn die »Grundzüge der physischen Erdkunde« in der neuen Gestalt an Güte das alte Vorbild etwa erreichen sollten, so ist dies, wie bereits ausgesprochen, in erster Linie den Herren Mitarbeitern zu danken. Große Verdienste hat sich daneben aber auch der Verlag Walter de Gruyter & Co., Berlin-Leipzig, erworben. Obwohl die VI. Auflage längst vergriffen, die Neuauflage also im höchsten Maße dringlich war, begegnete er allen meinen Versuchen mit ebenso wohltuender Geduld wie Teilnahme. Als schließlich und endlich der für richtig gehaltene Weg gefunden war, scheute der Verlag weder Mühe noch Kosten, um das Werk nach besten Kräften zu fördern und es vorbildlich auszustatten. Es drängt mich, dem Verlag hierfür und für das allezeit bekundete verständnisvolle Entgegenkommen aufrichtigst zu danken.

Für freundliche Unterstützung beim Korrekturlesen bin ich den Herren Privatdozent Dr. Kurt Brüning, Dr. Gerhart Bartsch und cand. August Kopp zu lebhaftem Dank verpflichtet.

Hannover, im Herbst 1927.

Erich Obst

Inhalt des Gesamtwerkes

Band I

Erster Abschnitt. Der Erdkörper und die Grundzüge seiner Oberflächengestaltung. Von Erich Obst und Kurt Brüning.

Zweiter Abschnitt. Die Lufthülle. Von Walter Georgii.

Dritter Abschnitt. Das Wasser.

A. Das Meer. Von Gerhard Schott.

B. Das Wasser des Festlandes. Von Fritz Machatschek.

Band II

Vierter Abschnitt. Das Land.

A. Die formenschaffenden Kräfte und Vorgänge.

B. Der Formenschatz der Erdoberfläche.

Von Erich Obst und Kurt Brüning.

Fünfter Abschnitt. Die Pflanzendecke. Von Erich Leick.

Sechster Abschnitt. Die Tierwelt. Von Ferdinand Pax.

Inhalt von Band I.

Erster Abschnitt. Der Erdkörper und die Grundzüge seiner Oberflächengestaltung.

Zweiter Abschnitt. Die Lufthülle.

Dritter Abschnitt. Das Wasser.

A. Das Meer.

B. Das Wasser des Festlandes.

Verzeichnis der Buntdrucktafeln.

Erster Abschnitt.

Der Erdkörper und die Grundzüge seiner Oberflächengestaltung.

Von

Erich Obst und Kurt Brüning.

Die Erde als Weltenkörper.

Kosmologische Vorstellungen. Die einfache Naturanschauung betrachtet die Erde als ruhenden Körper, den die Sonne in kreisförmiger Bahn umwandelt. Der alexandrinische Gelehrte PTOLEMÄUS (um 150 n. Chr.) gab dieser Anschauung zuerst einen wissenschaftlichen Ausdruck und schuf damit das geozentrische Weltsystem, das bis zum Anfang der Neuzeit seine Geltung bewahrt hat. Er machte die Erde zum Zentrum des Weltalls, und die von der Theologie beherrschte Wissenschaft des Mittelalters fand in diesem System eine Bestätigung ihres Grundsatzes, daß der Mensch Mittelpunkt und Zweck der Schöpfung sei. Erst KOPERNIKUS (1473—1543) und GALILEI (1564—1642) verbannten die Erde aus ihrer angemaßten Stellung und wiesen ihr einen bescheideneren Platz an: im Verein mit den übrigen Planeten (Merkur, Venus, Mars, Jupiter, Saturn, Uranus und Neptun) gehört die Erde zum Sonnensystem, kreist im Lauf eines Jahres um das Zentralgestirn und empfängt von dort Licht und Wärme (heliozentrisches Weltsystem).

Unser Sonnensystem findet wahrscheinlich in der Unendlichkeit des kosmischen Raumes tausendfach sein Gegenstück. Millionen und Abermillionen von Sonnen bilden die Milchstraße. Beträgt schon die Entfernung von den äußersten Sternen der Milchstraße bis zur Erde annähernd 30000 Lichtjahre, so befinden sich jenseits davon, wenn auch in geringerer Dichtigkeit, wieder noch neue Sternmassen, neue Sonnen. Die Unendlichkeit des Weltenraumes zu begreifen und uns ein Bild von dem gesetzmäßigen Werden und Vergehen im kosmischen All zu machen, erscheint geradezu vermessen, denn alle kosmologischen Vorstellungen und Theorien überschreiten die Grenzen exakter naturwissenschaftlicher Erkenntnis und Methoden. Aber trotzdem treibt es uns immer wieder zu derartigen Versuchen, weil der Entwicklungsgedanke nun einmal die Grundlage unserer modernen Weltanschauung bildet und unser Sinnen und Trachten darauf gerichtet ist, auch unsere Erde als irgendwie geworden zu begreifen.

Das 18. Jahrhundert hat uns in dem Königsberger Philosophen Immanuel Kant (1724—1804) und dem Pariser Naturforscher Pierre Simon Marquis de Laplace (1749—1827) zwei geniale Gelehrte beschert, die bei dem Versuch einer genetischen Deutung des Weltalls, anscheinend unabhängig voneinander, zu noch heute höchst beachtsamen Vorstellungen gelangten [1]. Weder Kants Theorie (1755) noch die von Laplace (1789) zielt darauf ab, den Uranfang aller Dinge zu ergründen; beide Gelehrte setzen vielmehr, wie es bei einer wissenschaftlichen Betrachtung selbstverständlich ist, die Materie als gegeben voraus und leiten die Entwicklung des Weltalls von einem a priori angenommenen Ausgangszustand ab. Dieses Ausgangsstadium ist bei Kant und bei Laplace keineswegs das gleiche, wohl aber stimmen beide darin überein, daß der Ausgangszustand, obwohl von einem irgendwie bereits gegliederten Weltensystem weit entfernt, die Möglichkeit zur Systembildung durchaus in sich trägt. Kant geht von einer kosmischen Staubwolke aus; meteoritenähnliche Teilchen von verschiedener Größe und Masse, alle aber fest und kalt, setzen die kugelähnliche Urform zusammen. Infolge der gegenseitigen Anziehung entstehen Zusammenstöße der verschiedenen Massenteilchen, die anfangs in »gleichmäßiger Unordnung« zerstreute Materie beginnt sich zusammenzuballen. Die hiermit verbundene Wärmeentwicklung versetzt die Masse in einen flüssigen oder gasförmigen Zustand, es entsteht ein glutheißer, rotierender Nebelball, dessen weitere Entwicklung auf die Absonderung peripherischer Teilmassen (Planeten) vom Hauptkörper (Sonne) hinausläuft. — Gerade derartig hocherhitzte, rotierende Gasnebel bilden den Ausgangspunkt der Vorstellungen von Laplace. Er nimmt an, daß der überwiegende Teil der Masse von vornherein in einem räumlich wenig ausgedehnten Kern vereinigt ist, während die Restmasse eine ungeheuer umfangreiche Hülle von äußerster Verdünnung bildet. Durch Wärmeausstrahlung an den kalten Weltenraum, durch Kondensation und Schrumpfung rückt die Grenzfläche, in der sich Schwerkraft und Fliehkraft das Gleichgewicht halten, immer näher an das Kerngebiet heran, die Geschwindigkeit steigert sich, der Kern des glutheißen Nebelballes gewinnt an Masse und Dichte und erstrahlt schließlich im weißen Licht des eben geborenen Fixsternes. Bei weiter anhaltender Abkühlung und Zusammenziehung erhöht sich die Umdrehungsgeschwindigkeit derart, daß eine stetig sich steigernde Deformation der den Dichtekern umschließenden Gashülle einsetzt. Aus der Polzone werden die Massen mehr und mehr nach dem Äquator gedrängt, der riesige Gasball erfährt eine Abplattung dort und eine Aufwulstung hier. Dieser Prozeß geht weiter und weiter, bis schließlich der Grenzwert erreicht ist. Jetzt lösen sich — wir würden heute wohl die Mitwirkung starker elektrostatischer Kräfte annehmen — am Äquator Teile vom Ganzen los und bilden einen Ring, wie wir ihn ähnlich noch gegenwärtig beim Saturn beobachten können. Infolge ungleicher Beschaffenheit und weiter fortschreitender Erkaltung zerreißt später dieser Ring, es entstehen die planetarischen Nebelballen. Auch an diesen wiederholt sich derselbe Prozeß: Zusammenballung zu einer kugelartigen Gasmasse, Verdichtung, Steigerung der Umdrehungsgeschwindigkeit, Ringbildung, dann Zerreißen des Ringes und Bildung der Monde. — Je weiter diese Entwicklung fortschreitet, desto stärker verändert sich auch die Leuchtkraft des zentralen Sonnengestirnes; das weiße Licht wird mehr und mehr gelblich bis rötlich, schließlich erlischt die Leuchtkraft gänzlich, und die Zentralsonne wird zu einem Dunkelstern.

Man hat sich daran gewöhnt, die beiden oben skizzierten Vorstellungen als die KANT-LAPLACEsche Nebulartheorie zu bezeichnen. Wenn man KANTS Meteoritenchaos als Ausgangsform für LAPLACES Nebelmasse ansieht, wird man gegen eine solche Namenverbindung in der Tat kaum etwas einwenden können. Alle Glieder unseres Sonnensystems bilden nach dieser geistvollen Hypothese eine große Familie, deren Mutter die Sonne ist. Durch ihr gelbliches Licht läßt die Sonne zwar erkennen, daß sie den Höhepunkt ihres Fixstern-Stadiums bereits überschritten und wesentlich an Wärme und Leuchtvermögen eingebüßt hat, noch immer aber stellt sie die Quelle alles irdischen Lebens dar. Unsere Erde entstand aus einem planetarischen Stück desselben Nebelballes, aus dessen Zentralkern sich die Sonne entwickelte. Durch fortgesetzte Abkühlung und Zusammenziehung des planetarischen Gasballes änderte sich, mindestens in den peripherischen Teilen, die physikalische Beschaffenheit des Erdkörpers. Als glutflüssige Masse umkreiste unsere Erde die Sonne und überzog sich, nachdem sie den Mond geboren, schließlich gar mit einer festen, dunklen Erstarrungskruste.

Trotz dieser durch die Erdhaut bewirkten Absperrung des glutheißen Inneren war die Temperatur in der Gasumhüllung der Erde, der Atmosphäre, zunächst noch eine sehr hohe, so daß in ihr noch viele Stoffe von niedrigerem Siedepunkt in Gasform enthalten waren. Der Druck dieser Atmosphäre muß also wohl um ein Vielfaches höher gewesen sein, als er heute ist. Da sich die Gesteinsteilchen bei hinreichender Bewegungsmöglichkeit senkrecht zur Druckrichtung einstellen, vermutet man, daß die erste Erstarrungskruste eine schiefrige oder besser gneisartige Struktur aufwies.

Bei weiterer Abkühlung schieden sich nun bei den entsprechenden Grenztemperaturen jeweils diejenigen Stoffe in flüssiger oder fester Form ab, die als Gase nicht mehr bestehen konnten. So bildete sich vermutlich zunächst über der dunklen Erstarrungsrinde eine dicke Salzkruste, indem sich die Halogene Chlor, Brom, Jod und die Leichtmetalle Kalium,

Natrium, Magnesium zu chemischen Verbindungen zusammenschlossen, soweit diese Elemente nicht bereits bei der Bildung der Silikathülle verbraucht worden waren. Unterhalb seiner kritischen Temperatur konnte auch Wasser kondensieren. Es löste die Salzkruste in steigendem Maße auf und sammelte sich als heiße Salzlauge in den Vertiefungen der damals noch leicht deformierbaren Erstarrungsrinde. So schied sich Land und Meer, und dieser Gegensatz von Festem und Flüssigem blieb seitdem ein Charakterzug unseres Planeten, wenn auch die geographische Verteilung dieser beiden Grundformen fortwährendem Wechsel unterworfen ist. — Die Salzlauge wurde durch weitere Wasserkondensation mehr und mehr verdünnt, bis schließlich der Salzgehalt der Urmeere eine gewisse Konstanz erreichte. Zwar wurden in der Folgezeit dem Meere durch Bildung von Salz- und Gipslagern in verschiedenen geologischen Formationen erhebliche Mengen von Salzen entzogen, dafür aber wurden andererseits auch wieder neue Salze dem Meere zugeführt (durch vulkanische Aushauchungen zutagegeförderte Salze und aus den Gesteinen des Festlandes ausgelaugte Salze). — Auch die Zusammensetzung der Atmosphäre näherte sich schließlich dem heutigen Zustand, d. h. es blieben im Luftmeer in der Hauptsache nur noch ganz schwer kondensierbare Gase (Sauerstoff, Stickstoff, Wasserstoff, Kohlensäure, Edelgase) übrig.

Als die Abkühlung der Erdkruste und der Urmeere weiter vorgeschritten war, stellten sich endlich die ersten Lebewesen auf der Erde ein. Über das Wann und Wie dieses Vorganges sind gesicherte Aussagen selbstverständlich nicht möglich. Es unterliegt aber wohl kaum einem Zweifel, daß diese ersten Lebewesen das Wasser bewohnten und pflanzlicher Natur gewesen sind; denn nur die Pflanze ist imstande, die zur Bildung organischer Körper erforderlichen chemischen Elemente in anorganischer Form aufzunehmen und daraus mit Leben begabte Körper zu gestalten. War es ein glückliches Zusammentreffen der erforderlichen Atome, das unter günstigen katalysatorischen Bedingungen zur Entstehung der ersten Lebewesen führte? Lag eine schöpferische Handlung zugrunde, über die der Menschengeist niemals genauere Kunde erhalten wird? Diese letzten Fragen zu entscheiden, ist nicht Sache der Wissenschaft, sondern der Lebensanschauung und des Glaubens.

Die Theorie von Kant-Laplace wird in weiten Kreisen der Wissenschaft noch heute als die klarste und bestbegründete Darstellung vom Werden des Weltalls angesehen. Daneben allerdings ist eine Reihe von Theorien aufgestellt worden, die sich auf wesentlich andere Voraussetzungen gründen. In seiner Planetesimaltheorie leitet Chamberlin (1905/06) unser Sonnensystem von einem Spiralnebel ab, der aus allerkleinsten, festen, meteoritenähnlichen Körperchen (Planetesimals) besteht[2]. Die Gesamtheit der Planetesimale umkreist eine zentrale Gasmasse, aus der im Verlauf des Entwicklungsprozesses die Sonne entsteht. Durch Kollisionen der Planetesimale bilden sich in der Planetesimalhülle Verdichtungsknoten, die Embryonen der Planeten. Nach CHAMBERLINS Auffassung haben schon die kleinen kosmischen Urkörper ihre Wäıme verloren. An ihrer Oberfläche war infolgedessen die Erde von jeher kalt; ihre innere Wärme ist eine Folge der Verdichtung, der Zusammenballung der kosmischen Massen, wobei sich deren Bewegung z. T. in Wärme umsetzte. Die Erde soll nicht etwa, wie KANT und LAPLACE lehren, durch Abkühlung stetig an Umfang abnehmen, sondern sich nach CHAMBERLIN zuerst durch Anhäufung der Planetesimale vergrößern, dann aber durch Zusammensackung der Massen wieder verkleinern. Luft und Wasser waren ursprüngliche Bestandteile der Planetesimale, und die gegenwärtige Luft- und Wasserhülle wurde durch Hitze und Druck aus dem Innern der Erde herausgepreßt.

Geht CHAMBERLIN von unendlich kleinen festen Urkörperchen aus, so vertreten andere Verfechter der Anhäufungstheorie die Ansicht, daß sich unser Sonnensystem durch Zusammenstürzen größerer fester Meteoritenmassen gebildet habe. Nach dem Vorbilde G. DARWINS verficht heute vor allem J. N. LOCKYER diese Meteoritentheorie. Er stützt sich auf die Berechnung, daß alljährlich gegen 20 Millionen Kilogramm meteoritisches Material auf die Erde niedergeht. Erweist sich diese Zahl als richtig, so ergibt das in dreitausend Billionen Jahren eine Masse gleich der der ganzen Erde. — Auch S. ARRHENIUS [3] bekennt sich zur Meteoritentheorie. Er stellt sich vor, daß durch den schrägen Zusammenprall zweier oder mehrerer Weltenkörper glutheiße, rotierende Spiralnebel entstanden. Der Zentralkörper eines solchen Nebelfleckes entwickelte sich dann zum Hauptgestirn eines Sonnensystems; in die peripherischen Teile drangen fortwährend durch Strahlungsdruck zugeführte kosmische Staubmassen ein und bildeten hier Konzentrationskerne, Keime für die Entstehung von Planeten und Monden. Durch Zusammenstoß mit den begegnenden Gasmassen nahmen letztere ihre kreisende Bewegung um die Drehungsachse des Nebels an.

Während der modernisierten Nebularhypothese in F. NÖLKE [4] vor kurzem wieder ein begeisterter Verfechter entstanden ist, andere sich den verschiedenen Anhäufungstheorien zuwenden [5], ist H. HÖRBIGER [6] jüngst mit ganz andersartigen, geradezu revolutionären Anschauungen hervorgetreten. Seine Glazial-Kosmogonie fußt zum einen auf der Behauptung vom Vorhandensein des Eises im gesamten Weltenraum, von feinsten Eisnebeln bis hin zu Eiskörpern von Planetengröße; die zweite hypothetische Voraussetzung HÖRBIGERS ist der Ätherwiderstand, der angeblich die Planetenbahnen sich immer mehr verengern läßt und schließlich bewirkt, daß sämtliche Planeten nach und nach in die Sonne stürzen. Das Einbrechen von Eisplaneten in die Sonne erzeugt ungeheure Explosionen und den Ausbruch von Sonnenmaterie, aus der sich dann neue Planeten formen. — Der Vorzug der HÖRBIGERschen Lehre ist, daß sie im wesentlichen mit einem einzigen Faktor operiert und auf alle Fragen des Welt- und Erdgeschehens mühelos Antwort erteilt. Die großen Nachteile dürfen aber andererseits nicht übersehen werden. Über die Grundtatsachen der Mathematik und Physik setzt sich HÖRBIGER unbedenklich hinweg und verlangt, daß unsere gesamte Wissenschaft sich seiner Theorie anzupassen und zu fügen hat. Die Grundlagen dieser Theorie aber sind unbewiesen und sehr unwahrscheinlich, so daß HÖRBIGER in den Kreisen der Wissenschaft bislang noch keine Anhänger gefunden hat.

Überschaut man die mannigfachen Versuche, sich eine Vorstellung vom Werden und Vergehen der Welten zu bilden, so drängt sich einem das unerbittliche ignoramus, ignorabimus förmlich von selbst auf. Indessen möchte uns scheinen, daß der Ausbau der KANT-LAPLACEschen Theorie, die HELMHOLTZ einst als einen der glücklichsten Griffe der Naturforschung bezeichnete, noch am ehesten zum Ziele führen kann. Freilich werden wesentliche Abänderungen unvermeidlich sein. Die KANT-LAPLACEschen Anschauungen über die Entstehung des Sonnensystems und seiner einzelnen Teile müssen unter Berücksichtigung des heutigen Standes der Wärmephysik unweigerlich zu dem Schluß führen, daß alle Energie des Weltenraumes sich schließlich in Wärme umsetzt, diese durch Ausstrahlung verlorengeht und demnach das Endergebnis der Entwicklung der Kältetod alles kosmischen und damit auch des irdischen Lebens ist. Diese Ansicht, die also das Weltgeschehen eines Tages enden ließe und das Weltall dann zu ewiger Ruhe verdammte, bedeutet offenbar einen Widerspruch zu unserer gesamten naturwissenschaftlichen Erkenntnis. In der Geologie wie in der Biologie, in der Physik und Chemie gelangen wir immer wieder zu der Vorstellung, daß sich alles Naturgeschehen in einem Kreislauf abspielt, daß Tod, Untergang und Zerstörung in neues Dasein, neues Leben ausmünden und »das Geschehen des Weltalls gesichert ist von Ewigkeit zu Ewigkeit«.

Daß zwischen dieser Grundüberzeugung unserer modernen Naturwissenschaft und den Anschauungen von KANT-LAPLACE eine Brücke zu schlagen möglich ist, hat W. NERNST [7] jüngsthin gezeigt. Nach ihm ist das Universum weder dem Wärmetod noch dem Materietod noch sonst einem Untergang verfallen, obwohl eine Reihe physikalischer und chemischer Tatsachen zunächst darauf hinzuweisen scheint. Der Energie- und Materieabgabe durch Strahlung und radioaktiven Zerfall stehen nach NERNST Vorgänge gegenüber, die möglicherweise sowohl für die Wiederzerstreuung der zusammengeballten Massen als auch — durch Verwendung der ausgestoßenen Wärmemengen und Materie — für das Entstehen neuer Weltkörperindividuen Sorge tragen: die Neubildung von Atomen chemischer Elemente im Weltenraum, veranlaßt oder begünstigt durch gewisse Schwankungen im Energiegehalt des im Weltenraum befindlichen Lichtäthers. Um im Mittel die Masse des Weltalls konstant zu halten, braucht sich noch nicht einmal alle 1000 Jahrmillionen in einem Raum von hundert Litern ein Uran-Atom neu zu bilden. Diese, wenn auch ganz vereinzelt, im Weltenraum neu entstehenden Atome, die zu Elementen von sehr hoher Ordnungszahl gehören, vereinigen sich nach NERNST zunächst zu riesig ausgedehnten, kalten Nebelsternen, deren schwaches Leuchten durch radioaktive Ausstrahlung hervorgerufen wird. »Bei ihrer stärkeren Verdichtung entsteht hohe Temperatur, die zu gewöhnlicher Lichtstrahlung führt. Durch weiteres Zusammenballen bilden sich dann die heißen, sogenannten Zwergsterne, d. h. die sonnenartigen Weltkörper. Diese Sonnen besitzen nun aber zunächst noch einen gewaltigen Vorrat an radioaktiven Stoffen, und dieser ist es, der ihre hohe Temperatur und damit ihre große Wärmestrahlung so lange aufrecht erhält. Dann aber erschöpft sich dieser Vorrat allmählich, die sehr lange Zeit ungefähr konstant gebliebene Temperatur beginnt zu sinken, verhältnismäßig schnell geht der weiße Fixstern in einen gelben und dann rötlichen Stern über, um schließlich zu erkalten. Der erkaltete Stern zerfällt nunmehr mit großer Langsamkeit weiterhin radioaktiv und verschwindet so, allerdings erst in ungeheuren Zeiträumen, gänzlich von der Bildfläche. Inzwischen bilden sich aber im Mittel etwa in der gleichen Anzahl aus den neu entstandenen radioaktiven Atomen neue Sterne. . . . KANT und LAPLACE arbeiteten lediglich mit der Gravitation als maßgebender Kraftwirkung bei der Bildung des Sonnensystems. Wir müssen jetzt vermuten, daß, zumal bei der anfänglichen Bildung der Fixsterne, infolge der mit starker Elektrisierung verbundenen radioaktiven Wirkungen auch Kräfte elektrischen Ursprungs vorübergehend eine hervorragende Rolle gespielt haben.«

Diese geniale Annahme NERNSTS stellt natürlich einstweilen auch nur eine Hypothese dar, und NERNST betont dies ausdrücklich; aber sie steht mit keiner einzigen Erfahrungstatsache in Widerspruch und muß darum sehr ernsthaft beachtet werden. Die Vorstellung eines Weltall-Todes ist damit beseitigt, an ihre Stelle tritt der Gedanke eines ständigen Kommens und Gehens der Materie im Weltenraum. Unsere eigene Erde, jenes winzige Pünktchen in der Unermeßlichkeit des Weltalls, kann natürlich keine Sonderstellung für sich beanspruchen; sie wird einmal vergehen, und ihre Materie wird wie die unseres gesamten Sonnensystems allmählich frei für Neugestaltungen. Das Ganze aber stellt einen unteilbaren und nie endenden Kreislauf dar, dessen unsichtbares Walten der eine auf »Gott«, der andere auf »Weltseele«, der dritte auf wieder etwas anderes zurückführen mag.

Astronomische Grundtatsachen[8]. Wir sprachen oben bereits von dem geozentrischen und dem heliozentrischen Weltsystem. Letztere Auffassung hat selbst noch nach GALILEI (1564—1642) und KEPLER (1571—1630) schwere Anfeindungen zu bestehen gehabt, setzte sich aber schließlich, namentlich dank der Forschungen Isaak Newtons (1643—1727), endgültig gegenüber der geozentrischen Weltlehre durch.

Der Umlauf der Erde um die Sonne. Wie uns Kepler gelehrt hat, bewegen sich alle Planeten (Merkur, Venus, Erde, Mars, Jupiter, Saturn, Uranus, Neptun) in Ellipsen von W über N nach O um die Sonne, die in dem einen gemeinsamen Brennpunkt aller dieser Ellipsen steht. Die Ebene der Erdbahn führt den Namen Ekliptik. Denkt man sich die Ekliptikebene bis zum Himmelsgewölbe ausgedehnt, so schneidet sie dort eine Reihe von Sternbildern (Widder, Stier, Zwillinge, Krebs, Löwe, Jungfrau, Wage, Skorpion, Schütze, Steinbock, Wassermann, Fische), nach denen diese Schnittlinie den Namen Tierkreis führt.

Die elliptische Erdbahn (Ekliptik) ist nicht erheblich von einem Kreise verschieden, macht doch die Exzentrizität (Abstand der Brennpunkte vom Mittelpunkt) nur $1/60$ der halben großen Achse aus (0,0167). Im Augenblick der größten Sonnennähe (Perihel) beträgt die Entfernung Erde—Sonne 147 000 000 km, zur Zeit der größten Sonnenferne (Aphel) 152 000 000 km. Die mittlere Entfernung der Erde von der Sonne ist mithin auf rund 150 000 000 km anzugeben, der Umfang der Erdbahn auf 939 200 000 km. Daraus ergibt sich, daß die Erde bei ihrem jährlichen Umlauf um die Sonne eine mittlere Geschwindigkeit von $\frac{939\,200\,000}{365 \times 24 \times 60 \times 60} = 29{,}76$ km/sec besitzt; die Schwankungen bewegen sich zwischen 30,3 km/sec im Perihel und 29,3 km/sec im Aphel. — Die Erdbahn ist nicht als völlig beständig anzusehen, vielmehr schwankt sie innerhalb ungeheuer großer Zeiträume, indem sie sich abwechselnd der Kreisform mehr nähert und dann wieder von dieser entfernt. Diese säkulare Änderung der Exzentrizität (Grenzwerte etwa 0,00331 und 0,0778) mag für die Geschichte der Erde, namentlich auch für die Paläoklimatologie, nicht ohne Belang sein; der Geograph braucht sie kaum irgendwie zu berücksichtigen.

Während des jährlichen Umlaufes der Erde um die Sonne bleibt die Erdachse dauernd sich selbst parallel. Sie steht jedoch nicht senkrecht auf der Ekliptikebene, vielmehr bildet die Ebene des irdischen Äquators mit der der Ekliptik einen Winkel von gegenwärtig rund 23° 27′, die sogenannte Ekliptikschiefe. Auch diese ist keine konstante Größe, sondern wiederum säkularen Schwankungen unterworfen; seit den ältesten Zeiten ist eine Abnahme der Neigung um fast ¼° festgestellt. Die maximalen Schwankungen der Ekliptikschiefe werden auf beiläufig 2¼—3° berechnet. — Daß die Ekliptikschiefe für die Bestrahlung der Erde durch die Sonne von grundlegender Wichtigkeit ist, versteht sich ohne weiteres. Stünde die Erdachse senkrecht zur Ekliptik, so würden die Sonnenstrahlen jedes Teilgebiet der Erdoberfläche das ganze Jahr hindurch unter genau dem gleichen Winkel treffen, die äquatorialen Breiten unter 90°, die Polargegenden unter konstant flachem Winkel; von irgend einem jahreszeitlichen Wechsel könnte dann selbstverständlich keine Rede sein, Tag und Nacht wären jahraus jahrein für alle Punkte der Erde gleich lang. Dank der Ekliptikschiefe entsteht der jahreszeitliche Rhythmus in der Zufuhr von Licht und Wärme, kommt es in den mittleren Breiten zu dem Wechsel zwischen warmer und kalter Jahreszeit, erfahren die Polarregionen wenigstens für einige Monate eine Milderung ihrer Düsternis und Eisblockade.

Da die Achse der Erde, wie wir bereits betonten, während der jährlichen Wanderung um die Sonne sich selbst stets parallel bleibt, halbiert die kreisförmige Grenze der von der Sonne bestrahlten Fläche den Äquator dauernd, so daß auf ihm ununterbrochen Tag- und Nachtgleiche herrschen muß. Alle übrigen Breitenkreise dagegen werden von dieser Beleuchtungsgrenze in ungleiche und täglich sich ändernde Teile zerlegt. Nur zweimal im Jahre, am 21. März und 23. September, wenn die Erde in den Schnittpunkten ihrer Bahn mit der Äquatorialebene steht, bildet die Erdachse einen rechten Winkel mit dem Leitstrahl der Sonne; an diesen beiden Tagen werden infolgedessen alle Breitenkreise von der Beleuchtungsgrenze halbiert, allenthalben ist die Länge von Tag und Nacht gleich (Äquinoktien). Die Termine der größten Gegensätzlichkeit in der Licht- und Wärmezufuhr sind der 21. Juni, der längste Tag der Nordhalbkugel (Solstitium, Sommer-Sonnenwende), und der 21. Dezember, der kürzeste Tag (Winter-Sonnenwende). — Über die klimatischen Folgerungen, die sich im einzelnen aus diesen astronomischen Grundtatsachen ergeben, wird im zweiten Abschnitt dieses Buches berichtet.

Die Drehung der Erde um ihre Achse; Polwanderungen und Polschwankungen. Daß sich die Erde in 24 Stunden einmal in der Richtung W über N nach O um ihre Achse dreht, der Wechsel von Tag und Nacht also wirklich auf der Rotation unseres Planeten beruht, das vermochten auch die überzeugtesten Anhänger eines Kopernikus grobsinnlich kaum zu beweisen. Erst als man seit 1791 wiederholt feststellte, daß Bleikugeln von hohen Türmen oder in Bergwerksschächten fallen gelassen, die Unterlage nicht genau senkrecht unter dem Ausgangspunkt trafen, konnte der experimentelle Nachweis als geglückt angesehen werden. Überzeugender noch war der Foucaultsche Pendelversuch (1851). Bei einem genügend langen Pendel beobachtet man, daß die Richtung der Schwingungsebene nicht konstant bleibt, sondern sich allmählich dreht und mit der ursprünglichen Richtung einen immer größeren Winkel bildet. Diese Drehung der Schwingungsebene eines Pendels ist selbstverständlich nur eine scheinbare; in Wirklichkeit bleibt die Lage der Schwingungsebene im Raume unverändert die gleiche, nur die Erde, auf der sich die Pendelrichtung abzeichnet, und mit der Erde der Mensch, dreht sich unter dem Pendel.

Die Umdrehungsdauer der Erde beträgt genau einen Sterntag und scheint seit den ältesten historischen Zeiten konstant zu sein. Die Winkelgeschwindigkeit ist natürlich für jeden Punkt der Erde genau die gleiche. Die lineare Drehungsbewegung nimmt mit dem Kosinus der geographischen Breite ab; sie ist am Pol 0 m/sec, auf dem 50. Breitenkreis 299 m/sec, am Äquator 465 m/sec.

Normalerweise sollten die durch die Massenverteilung im Erdkörper gegebene Trägheitsachse und die Rotationsachse ident und konstant sein. Daß Abweichungen von dieser Regel vorkommen, kann heute nicht mehr bezweifelt werden. Magmatische Strömungen und andersartige Massenverlagerungen im Erdinnern, Bewegungen der Erdkruste und mächtige Massenversetzungen von einer Halbkugel zur anderen sowohl im Weltmeer als in der Lufthülle erzeugen eine Verlagerung der Trägheitsachse, von der die Rotationsachse dann naturgemäß in Mitleidenschaft gezogen wird. Das Ergebnis sind Polwanderungen, Änderungen der Polhöhe und entsprechende Verschiebungen der astronomisch-geographischen Breite. Die Realität derartiger Änderungen wird heute allgemein zugegeben, nur über das Ausmaß ist man sich noch keineswegs einig. Geringfügige Polverlagerungen, im Betrag von nur 1/2 Sekunde, sind durch Feinmessungen verschiedener Sternwarten für die Gegenwart einwandfrei nachgewiesen. Es scheint, daß die Pole der Erde unregelmäßige Spiralen beschreiben und die Schleifenweite in einem annähernd sechsjährigem Zyklus zu- und abnimmt. Daneben laufen augenscheinlich noch Polschwingungen mit einer Periode von 433 bzw. 365 Tagen. — Wenn so erst einmal erkannt ist, daß von einer absoluten Beständigkeit der Pole selbst in der Gegenwart nicht gesprochen werden kann, so liegt der Gedanke an Polwanderungen größeren Stils in der geologischen Vorzeit nahe. Kreichgauer, Reibisch und Simroth vor allem haben Theorien ausgedehnter Polwanderungen aufgestellt (Pendulationstheorie) und auf diesem Wege eine Reihe paläogeographischer Probleme zu lösen versucht, doch gehen die Meinungen der Astronomen und Geodäten über diese Hypothesen zurzeit noch weit auseinander.

Engbegrenzte Schwankungen der Erdachse und damit der Pole werden durch die ungleiche Stärke der Anziehung bewirkt, welche Sonne und Mond sowie die Planeten auf den jenen Weltkörpern zugekehrten oder von ihnen abgewandten Äquatorwulst ausüben (Präzession und Nutation). Diese Verlagerungen aber sind streng zyklisch, so daß es sich empfiehlt, hier von Polschwankungen zu sprechen. Infolge der Präzession beschreibt die Erdachse (Weltachse) eine Kreiselbewegung, der Pol wandert jährlich um 50¼″ fort und vollendet in 25800 Jahren den Umkreis. Die Nutation, namentlich die Lunarnutation, bewirkt ihrerseits noch eine Modifikation dieses polaren Drehkreises; mit einer Periode von 18,6 Jahren erzeugt sie eine regelmäßige Aus- und Einbuchtung der Drehkurve, dergestalt, daß der Querschnitt durch den von der Erdachse beschriebenen Kegel keine regelmäßige Kreislinie, sondern eine »kannelierte« Kurve ergibt. — Während bei den Polwanderungen die Pole, der Äquator und das ganze irdische Koordinatensystem gleichsam über die Erdoberfläche wandern, tritt dies bei den durch Präzession und Nutation erzeugten Polschwankungen natürlich nicht ein, vielmehr macht die ganze Erde diese Art von Bewegungen gleichförmig mit, die Pole bleiben bei jeder Lage der Erdachse Pole, und der Äquator umspannt dauernd die nämlichen Teile der Erdoberfläche.

Sonne und Mond. Der Sonnenkörper übertrifft die Erde rund 1 300 000 mal an Rauminhalt; die Gesamtoberfläche der Sonne ist zu rund 6 Billionen qkm anzunehmen. Schon diese wenigen Zahlen offenbaren uns die Winzigkeit der Erde gegenüber dem Zentralgestirn unseres Planetensystems. Allein infolge der Entfernung von rund 150 000 000 km erscheint uns der 1 391 000 km betragende Durchmesser der Sonne in einer Winkelgröße von nur 32′.

Nicht bloß bezüglich der Masse, sondern auch im Hinblick auf den Energiegehalt bedeutet die Sonne alles, die Erde unsagbar wenig. Alles Leben auf der Erde geht letzten Endes zurück auf die Strahlungsenergie, die unaufhörlich der Sonne entströmt. Kein Wunder denn, daß sich die Astronomen immer von neuem abmühen, das Geheimnis der Sonne zu entziffern. Unser gegenwärtiges Wissen ist trotzdem noch recht gering. Wir haben mit Hilfe des Fernrohrs die Korona, die Chromosphäre mit den Protuberanzen und die Photosphäre unterscheiden gelernt; wir haben dem Spektroskop entnommen, daß am Aufbau des Sonnenkörpers im wesentlichen die irdischen Elemente, wenn auch hauptsächlich in gasförmigem Zustand, beteiligt sind; wir neigen nach alledem dazu, die Sonne für einen ungeheuren, in höchster Glut-hitze befindlichen Weltkörper von etwa 5—6000° C Oberflächentemperatur zu halten. Was aber sind die oftmals Erdgröße erreichenden Sonnenflecken? Welche Bewandtnis hat es mit ihrer etwa 11 jährigen Periodizität? Ist eine zunächst noch unmerkliche, aber stetige Auskühlung des Sonnenkörpers wahrscheinlich, oder erneuert sich die Wärme trotz dem fortwährenden Strahlungsverlust infolge radioaktiver Vorgänge, durch Kontraktion, durch Hineinstürzen von Meteoritenmassen usw.?

Der Mond umkreist die Erde in einer mit nur 5° 8′ 45″ gegen die irdische Ekliptik geneigten Ellipse, in deren einem Brennpunkt die Erde steht. Die Exzentrizität der Mondbahn ist recht erheblich, nämlich 0,05491. Zur Zeit der Erdnähe (Perigäum) beträgt die Entfernung Erde—Mond 363 300 km, zur Zeit der Erdferne (Apogäum) 405 500 km; die mittlere Entfernung beläuft sich mithin auf 384 400 km. Infolge dieses verhältnismäßig geringen Abstandes von der Erde erscheint uns der Mond fast ebenso groß wie die Sonne (mittlerer scheinbarer Monddurchmesser 31′ 5″). Tatsächlich aber entspricht dieser

Winkelgröße nur ein linearer Betrag von rund 3476 km, d. h. fast bloß ein Viertel des Erddurchmessers. — Mit einer Gesamtoberfläche von 38 000 000 qkm kommt der Mond annähernd den Flächendimensionen von Nord- und Südamerika zusammengenommen gleich. Seine Masse macht etwa $^1/_{81}$, sein Volumen $^1/_{49}$ von demjenigen der Erde aus. Das spezifische Gewicht des Mondes ist 3,33, d. h. ein wenig mehr als die Dichte der unsere Erdkruste zusammensetzenden Gesteine.

Die Umlaufszeit des Mondes beträgt $27^1/_3$ Tage, was einer mittleren linearen Geschwindigkeit von 1,02 km/sec entspricht. Die Bewegung ist jedoch auch hier ungleichförmig und schwankt zwischen 0,97 und 1,09 km/sec. Während seines Umlaufes um die Erde rotiert der Mond gleichzeitig einmal um seine Achse, die sowohl auf der Bahnebene als auch der irdischen Ekliptik nahezu senkrecht steht. Der Mond kehrt infolgedessen einer und derselben Erdstelle immer dieselbe Seite zu.

Da der Mond kein Eigenlicht besitzt, nehmen wir von ihm stets nur so viel wahr, wie von der Sonne beschienen ist. Steht der Mond genau zwischen Sonne und Erde, so wendet er uns seine Schattenseite zu, wir haben Neumond. Rückt der Mond in die Richtung Sonne—Erde, so dreht er uns die vollbeleuchtete Fläche zu, wir haben Vollmond. In den Zwischenstellungen schauen wir den Mond entsprechend seiner Beleuchtung durch die Sonne als Sichel.

Fiele die Mondbahn genau mit der Ebene der Ekliptik zusammen, so müßte jeder Neumond zeitweise und teilweise die Sonne verdunkeln, jeder Vollmond beim Durchgang durch den Erdschatten zeitweise zur Mondfinsternis führen. Beide Bahnen sind aber, wie oben betont, unter einem wenn auch sehr kleinen Winkel gegeneinander geneigt. Sonnen- und Mondfinsternisse sind infolgedessen keine regelmäßigen Erscheinungen, sondern kommen nur in besonderen, hier nicht zu behandelnden Ausnahmefällen zustande.

Das Antlitz des Mondes, der als kugelförmiger Himmelskörper, ohne Luft-, ohne Wasserhülle, die Erde bei ihrem Umlauf um die Sonne begleitet, zeigt eine Überfülle von kraterähnlichen Ringgebirgen, die von den meisten Forschern als letzte Zeugen gewaltiger vulkanischer Eruptionen gedeutet werden. Gegenwärtig ist alles Leben aus dem Mondkörper geflohen; geisterhaft starr sind seine Reliefformen anzuschauen, das Ganze eine großartige kosmische Ruine.

Gestalt und Größe der Erde [8]. Infolge des regellosen Wechsels von Hoch und Tief auf dem Festlande wie auf dem Boden des Weltmeeres ist es streng genommen unmöglich, die Gestalt unserer Erde im Bilde eines gesetzmäßigen mathematischen Körpers zu begreifen; zudem ist die Gestalt des Erdkörpers, wie wir später ausführlich hören werden, fortwährendem Wechsel unterworfen, so daß wir bestenfalls nur das Momentbild aus einer unendlichen Entwicklungsreihe festhalten können. Um uns trotz dieser Schwierigkeiten eine annähernd zutreffende Vorstellung von der Gestalt unseres Planeten zu schaffen, halten wir uns an eine ideale Erdgestalt und verstehen darunter diejenige Figur, die die rotierende und frei im Weltenraum schwebende Erde annehmen würde, wenn sich ihre Massen allenthalben in vollkommenem Gleichgewicht befänden.

Von der Erdscheibe zum Rotationsellipsoid. Die primitive Vorstellung von der Erde als einer flachen Scheibe wurde schon von PYTHAGORAS um 530 v. Chr. überwunden, tauchte jedoch im Bereich des abendländischen Kulturreiches während des Mittelalters noch einmal auf. Vielleicht durch babylonische und ägyptische Kenntnisse und Vorstellungen angeregt, kam PYTHAGORAS zu der Überzeugung, daß die Erde eine kugelförmige Gestalt besitzen müsse. Seine Argumente waren in der Hauptsache philosophischer Art: da die Kugel der vollkommenste Körper sei, müsse auch die Erde diese Gestalt besitzen. Von einem seiner Schüler, dem Pythagoräer ARCHYTAS von Tarent (um 400 v. Chr.), wird berichtet, er habe eine erste Erdmessung versucht, um die Kugelgestalt der Erde exakt zu beweisen; das Ergebnis — wahrscheinlich 74 000 km für den Erdumfang — war jedoch reichlich fehlerhaft. Durch ARISTOTELES (384—322) erhielt die Theorie von der Kugelgestalt der Erde eine neue Stütze, indem geometrische und physikalische Tatsachen zum Beweis herangezogen wurden. Aus jener Zeit stammen die auch heute noch üblichen Hinweise: scheinbare Niederdrückung der Gegenstände in Richtung auf den Horizont, Auftauchen der Schiffe am Horizont mit der Mastspitze, kreisförmiger Umfang des freien natürlichen Horizontes, kreisförmiger Schatten der Erde bei Mondfinsternissen, verschiedene Mittagsschattenlängen in Orten verschiedener Breiten u. a. m. Daß alle diese Tatsachen im Grunde noch nicht eine Kugelgestalt, sondern nur eine in sich zurücklaufende gekrümmte Oberfläche der Erde beweisen, ist gewiß richtig; aber der Fortschritt gegenüber der Vorstellung von der Erdscheibe darf andererseits nicht übersehen werden. Eine weitere Klärung des Problems war nur durch genaue Messung zu erzielen.

War man aber überhaupt erst einmal von der Kugelgestalt der Erde überzeugt, so stellten sich einer exakten Messung im Grunde keine gar zu großen Schwierigkeiten entgegen. Jeder größte Kreis einer Kugel hat den gleichen Umfang ($2 \pi r$) und besteht aus 360 gleichgroßen Graden; kann ich die lineare Länge (d) eines solchen Teilgrades messen, so bin ich in der Lage, den gesamten Umfang eines größten Kugelkreises ($360\, d = 2 \pi r$) und damit den Erdradius, d. h. alle Dimensionen des Erdkörpers zu berechnen. Gradmessung ist Erdmessung! Das war die theoretische Grundlage für die erste sicher überlieferte Messung der kugelförmigen Erde durch den Alexandriner ERATOSTHENES (276—195 v. Chr.). Wie in jedem solchen Falle hatte die praktische Ausführung der Erdmessung zwei verschiedenartige Teilaufgaben zu lösen: astronomische Bestimmung der Bogenlänge zwischen den beiden Fixpunkten und geodätische Messung ihrer linearen Entfernung. ERATOSTHENES wählte als Fixpunkte Alexandria und Syene (Assuan) am Nil und war der Meinung, daß beide auf einem Meridian gelegen seien. Die Bogenlänge zwischen den beiden Orten bestimmte er zu $7^1/_5{}^0 = {}^1/_{50}$ des Erdumfanges; die geodätische Messung ergab eine lineare Entfernung von 5000 Stadien. Daraus berechnete sich der Erdumfang zu $50 \times 5000 = 250\,000$ Stadien. Leider ist nicht festzustellen, welches der verschiedenen Stadienmaße ERATOSTHENES benutzte. In jedem Falle, ob sein Ergebnis, auf km umgerechnet, nun 46 670 km oder 39820 km lauten mag, ist ERATOSTHENES dem wahren Erdumfang von rund 40 000 km erstaunlich nahe gekommen.

Fast achtzehn Jahrhunderte hat es gedauert, bis die Menschheit zu einer exakten Nachprüfung und Verbesserung der Werte des ERATOSTHENES gelangte. Gewiß haben dazwischen vereinzelte Erdmessungen stattgefunden, aber weder die arabische Gradmessung, die im Jahre 827 n. Chr. in Mesopotamien stattfand und zu dem Werte von rund 44 000 km führte, noch andere bedeuteten in Methode und Ergebnis einen wesentlichen Fortschritt. Erst als das Abendland auf dem Umwege über die Araber mit diesen Problemen vertraut gemacht wurde und sich der Wissens- und Wahrheitsdrang in der europäischen Menschheit neu zu regen begann, waren die Voraussetzungen für eine bessere Lösung der Frage nach der Erdgestalt gegeben. Seit der Großtat des KOLUMBUS und vollends seit der ersten Erdumsegelung durch FERDINAND MAGELHÃES (1519—22) zweifelte im Ernst niemand mehr an der Kugelgestalt unseres Planeten. Als dann das Fernrohr erfunden ward (1608, 1611) und der Holländer SNELLIUS seit 1615 die Triangulationsmethode zur Verbesserung terrestrischer Entfernungsmessung einführte, begann eine neue Periode. Der Franzose JEAN PICARD leitete aus einer in den Jahren 1669—70 im Meridian von Paris durchgeführten Gradmessung für den Erdradius den vorzüglichen Wert von 6372 km ab.

Um dieselbe Zeit begannen nun aber auch physikalische Methoden für die Erdmessung fruchtbar zu werden. Wo immer man in Mitteleuropa um die Mitte des 17. Jahrhunderts die Länge des Sekundenpendels bestimmte, ergab sich der Wert 994 mm. So genau stimmte die Länge des Sekundenpendels allenthalben überein, daß man ernstlich daran dachte, die Länge des Sekundenpendels zur Grundlage eines neuen, einheitlichen Maßsystems zu machen. Nun fuhr der französische Astronom JEAN RICHER mit seinem Pariser Sekundenpendel 1672 nach Cayenne (Franz.-Guyana, 4° 56′ n. Br.) und stellte fest, daß sein Pendel dort langsamere Schwingungen ausführte; erst eine Verkürzung des Pariser Pendels um etwa $2^2/_3$ mm machte es in Cayenne zum Sekundenpendel, und um den gleichen Betrag mußte es nach erfolgter Rückkehr in Paris wieder verlängert werden, um seiner Aufgabe zu genügen. Die Deutung dieser Beobachtungstatsache war den führenden Physikern jener Zeit, z. B. einem HUYGHENS (1629—95) oder NEWTON (1643 bis 1727), nicht zweifelhaft. Nach dem Pendelgesetz steht die Länge eines

Sekundenpendels in direktem Verhältnis zur Schwerkraft $\left(l = \frac{g}{\pi^2}\right)$; die Schwerkraft aber ist am Äquator kleiner als an den Polen aus diesen zwei Gründen:

1. die der Schwerkraft entgegenwirkende Fliehkraft erreicht am Äquator ihren größten Wert, während sie an den Polen gleich Null ist;
2. infolge der Achsendrehung des Erdkörpers ist dieser an den Polen abgeplattet, am Äquator aufgewulstet. Infolgedessen ist man an den Polen dem Erdmittelpunkt, wohin wir den Sitz der Schwerkraft verlegen dürfen, am nächsten und entfernt sich um so mehr von ihm, je weiter man sich äquatorwärts wendet.

Beide Feststellungen erklären, warum die Länge des Sekundenpendels vom Äquator zu den Polen zunehmen muß (von 990,97 mm auf 996,22 mm). Die Erde ist eben keine Kugel, sondern ein kugelähnliches Sphäroid, und zwar ein Rotationsellipsoid*. Der Betrag der Zunahme in der Länge des Sekundenpendels mit wachsender Breite ist ein maßstäblicher Ausdruck für den Grad der polaren Abplattung des Erdkörpers.

Seit jenen für die Erdkunde hochbedeutsamen letzten Jahrzehnten des 17. Jahrhunderts ist das Sekundenpendel eines der wichtigsten Instrumente zur Bestimmung der wahren Erdgestalt geworden. Für die Geodäsie ergaben sich naturgemäß wichtige neue Gesichtspunkte. Eine Kugel ist durch ihren Halbmesser eindeutig bestimmt; für die Gestalt und Größe eines Rotationsellipsoids ist die Länge der beiden Halbachsen bezeichnend. Jeder Meridiangrad einer Kugel ist von konstanter Größe; bei dem verschiedenartig gekrümmten Rotationsellipsoid kann diese Gleichförmigkeit in der Größe der Meridiangrade selbstverständlich nicht bestehen. Wir zeichneten in Fig. 1 für Kugel und Ellipsoid je zwei Paare von Punkten ein, die einen Winkelabstand von 10° haben, d. h. die Zenitlinien je zweier zusammengehöriger Punkte bilden in allen vier Fällen miteinander einen Winkel von 10°. Die Zenitlinien oder Normalen schneiden sich bei der Kugel in deren Mittelpunkt (o), beim Ellipsoid jeweils im Mittelpunkt des Kreises, der die gleiche Krümmung wie das betreffende Bogenstück des Ellipsoids hat (o' bzw. o''). Daß die Winkelabstände in der Tat überall gleich sind, ist leicht nachzuprüfen; man braucht nur mit dem Radius oa von o' und o'' aus Kreise zu schlagen und findet die Bögen $a'' b'' = c'' d'' = c\,d = a\,b$. Trotz dieser gleichen Winkelabstände sind die entsprechenden Bogenstücke bei dem Ellipsoid nicht gleich. Weil sich hier die Krümmung gegen den Pol hin verflacht, ist ersichtlich $a' b' < c' d'$. Auf dem Rotationsellipsoid nimmt also die Länge eines Meridiangrades vom Äquator gegen die Pole hin zu.

* Berroth, Heiskanen u. a. vermuten neuerdings ein dreiachsiges Ellipsoid.

Aus dieser Feststellung folgt ohne weiteres, daß dem Problem der Erdgestalt auch durch direkte Messung beizukommen ist. Was für den Geophysiker in dieser Beziehung die Länge des Sekundenpendels bedeutet, das ist für den Geodäten die Größe eines Meridiangrades. Aus dem verschiedenen Ausmaß der Meridiangrade muß sich die wahre Erdgestalt ebenso ableiten lassen wie aus der mit der Breite sich ändernden Länge des Sekundenpendels. Schon frühzeitig ist der so gewiesene Weg

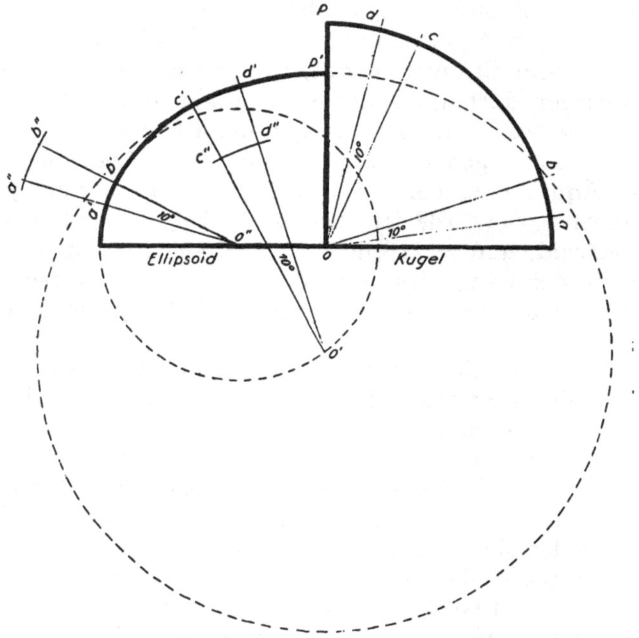

Fig. 1. Die Größe der Meridiangrade bei Kugel und Ellipsoid.

eingeschlagen worden. Die große französische Gradmessung in der Mitte des 18. Jahrhunderts brachte bereits völlige Klarheit. Maupertuis, Clairaut und Celsius nahmen 1736/37 eine Gradmessung in Lappland vor, Bouguer und Condamine 1735/43 eine solche auf der Hochebene von Peru. Ein Meridiangrad in Lappland zeigte sich um $1\frac{1}{3}$ km größer als ein Meridiangrad in Peru. Der Beweis für die Abplattung des Erdkörpers war damit erbracht: die Erde ist ein Rotationsellipsoid.

Die Dimensionen des Erdkörpers als Rotationsellipsoid. Angehörige aller Kulturnationen haben sich inzwischen durch Ausmessung größerer Bogenstücke in den verschiedensten Breitenzonen hervorgetan. Die fruchtbarsten Ergebnisse lieferten jedoch die räumlich nicht so ausgedehnten, aber mit peinlichst genauen Beobachtungs- und Berechnungsverfahren durchgeführten Messungen in Europa, und deutsche Gelehrte stehen hier mit an erster Stelle: SCHUMACHER in Holstein (1816—24), GAUSS in Hannover (1821—24) und vor allem der Königsberger Astronom FRIEDR. WILH. BESSEL (1837—41). BESSELS Zahlen galten jahrzehntelang als die weitaus besten; sie wurden erst in neuerer Zeit durch die Werte von CLARKE, HELMERT und HAYFORD modifiziert.

Größenmaße des Erdellipsoids.

	Bessel 1841	Clarke 1880	Hayford-Helmert 1907/09	Zum Vergleich die abgerundeten Maße einer kugelförmigen Erde, die den gleichen Inhalt besitzt wie das Besselsche Ellipsoid. Kugelradius $R = \sqrt[3]{a^2 b}$
Äquatorialhalbmesser (a) ..... in km	6377,4	6378,2	6378,4	6 370
Polarhalbmesser (b) .... „ „	6356,1	6356,5	6356,9	
Abplattung $\left(\frac{a-b}{a}\right)$	$\frac{1}{299,2}$	$\frac{1}{293,5}$	$\frac{1}{296,96}$	—
Ausbauchung am Äquator (a—b) in km	21,3	21,7	21,5	—
Umfang des Äquators .... „ „	40 070	40 076	40 077	40 024
Umfang der Meridianellipse ... „ „	40 003	40 007	40 009	
Oberfläche der Erde .... „ qkm	509 950 714	510 062 854	510 100 779	510 000 000

Länge eines Meridiangrades[9] in m.

Breite	Bessel	Hayford-Helmert	Unterschied
0°	110 563,7	110 575,4	11,7
5°	110 672,1	110 583,9	11,8
10°	110 597,1	110 609,0	11,9
15°	110 637,9	110 650,1	12,2
20°	110 693,3	110 706,0	12,7
25°	110 761,7	110 774,9	13,2
30°	110 841,0	110 854,8	13,8
35°	110 928,9	110 943,3	14,4
40°	111 022,6	111 037,8	15,2
45°	111 119,5	111 135,3	15,8
50°	111 216,4	111 233,0	16,6
55°	111 310,6	111 327,9	17,3
60°	111 399,1	111 417,1	18,0
65°	111 479,1	111 497,7	18,6
70°	111 548,3	111 567,5	19,2
75°	111 604,5	111 624,1	19,6
80°	111 645,9	111 665,8	19,9
85°	111 671,3	111 691,4	20,1
90°	111 679,9	111 700,0	20,1

Länge eines Parallelkreisgrades[10] in m.

Breite	Bessel	Hayford-Helmert	Unterschied
0°	111 306,6	111 323,9	17,3
5°	110 885,8	110 903,1	17,3
10°	109 626,6	109 643,7	17,1
15°	107 537,9	107 554,8	16,9
20°	104 634,8	104 651,4	16,6
25°	100 938,2	100 954,3	16,1
30°	96 474,8	96 490,4	15,6
35°	91 277,3	91 292,2	14,9
40°	85 383,6	85 397,7	14,1
45°	78 837,3	78 850,5	13,2
50°	71 687,0	71 699,2	12,2
55°	63 986,3	63 997,3	11,0
60°	55 793,1	55 802,8	9,7
65°	47 169,7	47 178,0	8,3
70°	38 181,8	38 188,5	6,7
75°	28 898,4	28 903,5	5,1
80°	19 391,0	19 394,5	3,5
85°	9 733,3	9 735,0	1,7

Fläche eines Eingradfeldes [9] in qkm.

Breite	Bessel	Hayford-Helmert	Unterschied
0°	12 306,31	12 309,53	3,22
5°	12 260,73	12 263,94	3,21
10°	12 124,23	12 127,43	3,20
15°	11 897,62	11 900,81	3,19
20°	11 582,23	11 585,39	3,16
25°	11 179,94	11 183,06	3,12
30°	10 693,23	10 696,29	3,06
35°	10 125,15	10 128,13	2,98
40°	9 479,48	9 482,20	2,72
45°	8 760,27	8 762,99	2,72
50°	7 972,67	7 975,21	2,54
55°	7 122,26	7 124,59	2,33
60°	6 215,22	6 217,30	2,08
65°	5 258,36	5 260,17	1,81
70°	4 259,06	4 260,54	1,48
75°	3 225,15	3 226,29	1,14
80°	2 164,90	2 165,68	0,78
85°	1 086,92	1 087,31	0,39
90°	54,42	54,44	0,02

Wenn auch die internationale Astronomen-Konferenz von 1911 (Paris) die Hayford-Helmertschen Werte als die zurzeit besten bezeichnete, so begegnen ihrer allgemeinen Verwendung einstweilen noch Schwierigkeiten, weil die aus diesem Ellipsoid abgeleiteten vollständigen Zonentafeln noch nicht veröffentlicht sind. Die musterhafte Zusammenstellung der Elemente des Besselschen Ellipsoids und der daraus abgeleiteten Zonenwerte durch Hermann Wagner (Geogr. Jahrbuch 1870) hat bis heute kein ebenbürtiges Gegenstück für das Erdellipsoid von Hayford-Helmert gefunden. Die Unterschiede sind allerdings auch so geringfügig, daß der Geograph ohne starke Bedenken auch weiterhin mit den alten Besselschen Werten wird arbeiten dürfen.

Das Geoid. Bis zur Mitte des vorigen Jahrhunderts glaubte man als ideale Erdgestalt ein Ellipsoid annehmen zu dürfen und betrachtete als solches die durch alle Kontinente und Inseln hindurch fortgesetzt gedachte Fläche des unbewegten Meeresspiegels. Auch diese Annahme hat sich im Laufe der letzten Jahrzehnte jedoch als irrig erwiesen. Auf einem normalen Umdrehungsellipsoid müßten die Linien gleicher Schwerkraft, auf den Meeresspiegel reduziert, mit den Parallelkreisen zusammenfallen, denn die Schwerkraft wächst polwärts theoretisch mit dem Quadrat des Sinus der geographischen Breite. Zeichnet man aber die Linien gleicher reduzierter Pendellänge entsprechend den tatsächlichen Beobachtungen auf einer Karte ein, so weichen diese ohne erkennbare Regel verschiedenartig von den Breitenkreisen ab. Überraschenderweise ist z. B. das Sekundenpendel auf fast allen ozeanischen Inseln länger als an den Küsten der Festländer oder im Innern der Kontinente gleicher Breite. Das ist in der Tat höchst seltsam, denn das die Inseln umgebende Wasser ist doch weniger dicht als die Gesteinsmassen des Festlandes, die Beschleunigung durch die Schwerkraft sollte also in gleicher Breite eher auf dem Ozean geringer sein als an der Küste. Die Erklärung für diesen scheinbaren Widerspruch fand man schließlich in folgendem:

1. Die Kontinentalschollen bestehen, wie wir weiter unten sehen werden, aus relativ leichtem, die Tiefseeböden aus schwererem Material. Infolgedessen ist die Schwerkraft über dem Ozean trotz der weniger dichten Wassermasse gleich groß und sogar noch um einen geringen Betrag größer als auf dem Festland.
2. An der Küste der Kontinente wird ein Bruchteil der Schwerkraft durch die seitliche Anziehungskraft der Festlandsmassen (Lotabweichung) aufgehoben, während auf den kleinen, geringmassigen ozeanischen Inseln die Schwerkraft voll zur Wirkung kommt.
3. Der Dichteunterschied zwischen den Kontinentalmassen und den Wassermassen des Weltmeeres wirkt störend auf das ideelle Meeresniveau ein. Die Anziehungskraft der Kontinente saugt gleichsam die Wassermassen des Ozeans längs der Küstenzone ein wenig in die Höhe, so daß die Meeresoberfläche inmitten der Ozeane ein etwas tieferes Niveau als an den Festlandsküsten aufweist (vgl. die Meniskenbildung an den Wänden eines mit Wasser gefüllten Glasgefäßes!). Die ozeanischen Inseln bzw. deren Küsten sind also dem Erdmittelpunkt als dem gedachten Sitz der Schwerkraft tatsächlich um ein weniges näher als die in gleicher Breite gelegenen Küstenpunkte des Festlandes.

Mit diesen Feststellungen ist bereits ausgesprochen, daß selbst die völlig unbewegte Meeresoberfläche keine wirkliche Ellipsoidfläche, sondern eine höchst unregelmäßig gekrümmte Fläche darstellt. Es ist im Grunde schlechterdings unmöglich, die Erde in dem Bilde eines mathematisch leicht berechenbaren Körpers zu begreifen und entsprechend allgemein gültige Aussagen über die Krümmung der Meridiane, den Verlauf der Parallelkreise u. a. m. zu machen. Man hat nun versucht, einen Ausweg dadurch zu finden, daß man eine Fläche berechnet, die in jedem Punkte der Erdoberfläche die Richtung der Lotlinie senkrecht durchschneidet. Für den davon umschlossenen Körper hat LISTING im Jahre 1873 den Namen Geoid vorgeschlagen. Die Geoidfläche setzt sich aus stetig ineinander übergehenden Flächen von abwechselnd etwas größerer oder geringerer Krümmung zusammen. Sie sinkt auf den Ozeanen höchstens 100—150 m unter die im Küstenniveau gedachte Sphäroidfläche und erhebt sich innerhalb des Festlandes bis zu 50 m darüber. Die Summe der Abweichungen von dem

Referenzellipsoid beträgt also im Höchstfalle nur 200 m, eine in Anbetracht der Erddimensionen verschwindend kleine Zahl.

Selbst wenn es durch Tausende und Abertausende von Lotabweichungs- und Pendelbeobachtungen gelingt, die Lage der Geoidfläche für immer größere Teile der Erde zu ermitteln, so ist dem Geographen damit nur wenig geholfen; für die Abbildung des Erdkörpers wird der Kartograph doch stets auf eine sphäroidische Erde zurückgreifen müssen. Er benutzt zweckmäßig ein dem Geoid möglichst angeschmiegtes Sphäroid und kann als solches durchaus das Ellipsoid von Bessel oder das von Hayford-Helmert verwenden.

Orientierung auf der Erde. Will man von einem Standort aus die Lage eines sichtbaren Objektes kennzeichnen, so benötigt man Richtung und geradlinigen Abstand. Die geradlinige Distanz kann man messen; zwecks Angabe der Richtung (Azimut) bedarf es der Festlegung bestimmter Kardinallinien im Bereich des Horizonts. Als solche griff man frühzeitig zu der Mittagslinie (Meridian), weil tagein tagaus und in jedem Punkte der Erdoberfläche die Richtung des Sonnenschattens zur Zeit des mittäglichen Höchststandes konstant ist. Unter Azimut versteht man den Winkel, den die Richtung nach dem betreffenden Punkt mit dem Meridian des Standortes bildet. Senkrecht zur Mittagslinie verläuft die Ost—Westlinie; sie kann durch Beobachtung nur zweimal im Jahre, zur Zeit der Tag- und Nachtgleichen, festgelegt werden als Verbindungslinie der Auf- und Untergangspunkte der Sonne an diesen beiden Tagen. Durch fortgesetzte Zweiteilung der von Mittagslinie und Ost—Westlinie gebildeten rechten Winkel erhält man die 16- bzw. 32 teilige Windrose.

Wenn man größere Erdräume ins Auge faßt und in deren Bereich Lagebeziehungen feststellen will, bedient man sich als Hilfsmittel eines Systems rechtwinklig sich schneidender Kreise bzw. Ellipsen, der 360 Meridiane und der 180 Breiten(Parallel)kreise. Die Lage jedes Punktes der Erdoberfläche ist durch Angabe seiner Breite (φ) und Länge (λ) eindeutig bestimmt. Bei der Bezeichnung der Meridiane (Länge) liegt natürlich eine gewisse Willkürlichkeit vor insofern, als keiner der 360 Meridiane von der Natur irgendwie ausgezeichnet und als Anfangsmeridian bestimmt ist. Nach langwierigem Hin und Her (1634 Meridian von Ferro, 1720 Meridian von Paris u. a. m.) hat man sich heute international geeinigt, den Meridian der Sternwarte von Greenwich als Nullmeridian anzusehen.

Um Länge (λ) und Breite (φ) eines Ortes zu bestimmen, können wir eines Aufblickes zum Himmelsgewölbe nicht entbehren. Verhältnismäßig einfach liegen die Dinge — wenigstens in der Theorie — in bezug auf die Längenbestimmung. Da alle auf demselben Meridian gelegenen Orte gleiche Ortszeit haben, läßt ein Vergleich der Ortszeiten ohne weiteres Rückschlüsse auf den Längenunterschied zu. Man braucht z. B. nur die Kulmination eines und desselben Gestirns in beiden Orten zu beobachten und den Zeitpunkt in Ortszeit festzuhalten, um dann nach der Gleichung 1 Stunde Zeitdifferenz = 15° Längendifferenz den Unterschied der geographischen Länge zu ermitteln. Durch Verwendung guter transportabler Chronometer bzw. unter Zuhilfenahme der Kabel- und Funktelegraphie sind exakte Längenbestimmungen heute unschwer durchzuführen.

Wesentlich umständlicher ist die Ermittlung der geographischen Breite. Indem man die Ebenen der irdischen Koordinatensysteme bis

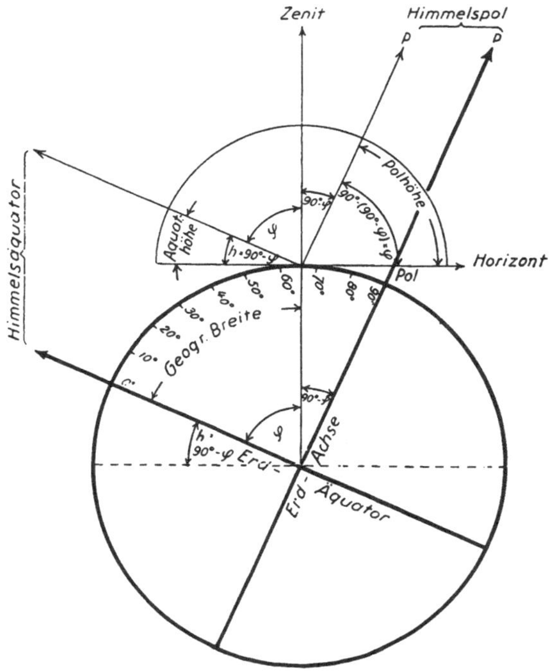

Fig. 2. Geographische Breite = Polhöhe.

zum Schnitt mit dem Himmelsgewölbe ausgedehnt denkt, erhält man ein entsprechendes Hilfsliniennetz am Himmelsgewölbe und versteht ohne weiteres Begriffe wie Himmelspol, Himmelsäquator usw. Dazu kommt der Zenitpunkt, die Treffstelle der auf unserem Horizont errichteten Senkrechten am Himmelsgewölbe, und sein uns unsichtbarer Gegenpunkt, das Nadir. Zenit, Himmelspol und Stern sind die Endpunkte eines sphärischen Dreiecks, deren drei Seiten darstellen

Zenitabstand des Sternes = 90° — Höhe des Sternes über dem Horizont;

Polabstand des Sternes = 90° — Höhe des Sternes über dem Himmelsäquator (Deklination);

Entfernung Pol—Zenit = 90° — Höhe des Himmelspols über dem Horizont (Polhöhe).

Wäre der Himmelspol am Firmament so klar gekennzeichnet, daß man die Polhöhe sicher und genau mit Hilfe eines Winkelmeß-Instrumentes bestimmen könnte, so wäre viel erreicht, denn wie Fig. 2 zeigt, ist die Polhöhe eines Ortes gleich seiner geographischen Breite. Da indessen der Himmelspol sich nicht deutlich abhebt, müßte man die geographische Breite aus dem genannten sphärischen Dreieck unter Benutzung des am Pol gelegenen Stundenwinkels berechnen, wenn nicht ein besonderer Umstand hinzukäme. Wie man aus Fig. 2 ent-

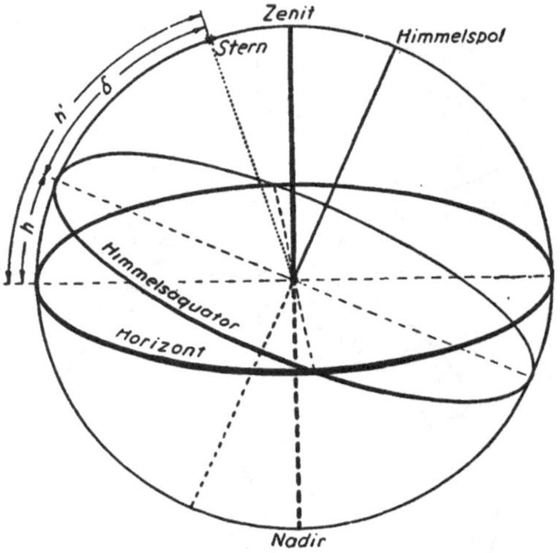

Fig. 3.

nehmen kann, ist die Höhe des Himmelsäquators über dem Horizont (h) gleich dem Komplement der Polhöhe und damit der geographischen Breite: $h = 90^\circ - \varphi$; $\varphi = 90^\circ - h$. Die Höhe des Himmelsäquators über dem Horizont kann man nun zwar auch nicht am Himmelsgewölbe direkt messen, man kann sie aber auf Grund einer anderen Messung leicht berechnen. Zur Beobachtung verwendet man einen Stern, dessen konstante Deklination δ bekannt ist. Im Augenblick, wo dieser Stern durch den Meridian geht (kulminiert), bestimmt man dessen Höhe über dem Horizont (h'). Fig. 3 macht dann ohne weiteres klar, daß

$h = h' - \delta$ (bei südlicher Deklination sinngemäß $h' + \delta$)

ist, und daß mithin die gesuchte geographische Breite meines Ortes durch die Gleichung bestimmt ist

$$\varphi = 90^\circ - h = 90^\circ - h' + \delta.$$

Bei Benutzung der Sonne als Beobachtungsgestirn ist natürlich zu berücksichtigen, daß die Deklination der Sonne nicht konstant ist. Man muß also aus den nautischen Jahrbüchern (Ephemeriden) die für den Beobachtungstag gültige Sonnendeklination entnehmen und diesen Wert in obige Formel einsetzen. In jedem Falle ist es aber möglich, durch eine einzige Beobachtung — die Bestimmung der Kulminationshöhe eines Gestirns ist freilich nur in der Theorie eine ganz einfache Sache — und eine elementare Subtraktion die geographische Breite eines Ortes zu bestimmen.

Mit Hilfe der im vorstehenden skizzierten astronomischen Ortsbestimmung kann jeder Ort der Erdoberfläche nach geographischer Länge (λ) und geographischer Breite (φ) eindeutig festgelegt werden. Damit ist zugleich die theoretische Voraussetzung für eine exakte Übertragung aller Erscheinungen der Erdoberfläche auf ein Kartenbild gegeben.

Erdgestalt und geographische Karte. Es ist nicht unsere Aufgabe, an dieser Stelle all die Probleme zu behandeln, die mit der Abbildung des Erdkörpers auf eine ebene Fläche (Kartenebene) verbunden sind. So grundlegend wichtig die Karte für den Geographen zweifellos ist, so sehr hat sich im Laufe der Zeit die Kartenkunde zu einer stark geodätisch-technisch gefärbten Sonderdisziplin entwickelt, deren Fragen sich erschöpfend nur in umfangreichen Schriften darstellen lassen. Indem wir auf die wichtigsten dieser Veröffentlichungen hinweisen [11], begnügen wir uns hier damit, einige allgemein wichtige Gesichtspunkte kurz zu skizzieren.

Allein der Globus nähert sich der wahren Erdgestalt so weit, daß man hier von einem leidlich getreuen Abbild sprechen kann; nur er kann wirklich Anspruch darauf erheben, längentreu, winkeltreu und flächentreu zugleich zu sein. Bei der Abbildung der sphäroidischen Erdgestalt auf eine Ebene lassen sich jene drei Bedingungen einer naturgetreuen Wiedergabe selbstverständlich niemals vereinigen; alle Karten geben ein irgendwie verzerrtes Bild. In jeder Richtung längentreue Karten sind naturgemäß eine Unmöglichkeit; bestenfalls läßt sich durch geeignete Konstruktion Längentreue in einer bestimmten Richtung erzielen. Winkeltreue Karten sind ausführbar, und ebenso kann bei anderen Konstruktionen Flächentreue erreicht werden. Der Geograph wird sich bei jeder einzelnen Aufgabe genau zu überlegen haben, welche Projektionsart in dem besonderen Falle die geeignete ist. Für die oft benötigten Karten zur Darstellung der gesamten Erde sollte die winkeltreue Zylinderprojektion (Merkatorprojektion) möglichst nur angewendet werden, wenn bei den kartographisch behandelten Problemen die Winkelfrage eine Rolle spielt (Bewegungsvorgänge). Sobald die Flächenfrage auftaucht, empfiehlt es sich, die Merkatorprojektion tunlichst zu vermeiden, weil sie die Gebiete höherer Breite übermäßig auseinanderzieht; ein Gradfeld unter 60° Br. ist in der Natur halb so groß wie ein Gradfeld am Äquator, die Merkatorprojektion gibt ihm die Größe von zwei Äquatorialgradfeldern.

Die Frage, ob man für geographisch-kartographische Zwecke das kompliziertere Sphäroid nicht einfach durch eine Kugel ersetzen kann, ist keineswegs schlechthin mit ja zu beantworten. Wenn die Verkleinerung das Maß 1 : 500 000 nicht übersteigt, d. h. bei allen topographischen Karten größeren Maßstabes, verlangt die Genauigkeit unbedingt die Anwendung der Sphäroid-Werte. Nur für Karten im Maßstab 1 : 1 000 000 und darüber wird der Unterschied zwischen Sphäroid und Kugel derartig winzig, daß man ohne Bedenken von einer kugelförmigen Erde ausgehen darf. Man wählt dann zweckmäßig eine Kugel, die mit dem Sphäroid gleichen Inhalt hat (Kugelradius $R = \sqrt[3]{a^2 b} = 6370$ km, ein Äquatorgrad = ein Meridiangrad = 111 km).

Wer bei der Konstruktion seiner Karte die Kugeldimensionen anwendet, tut gut, die Abweichungen namentlich in bezug auf die Flächenwerte nicht außer acht zu lassen. H. WAGNER hat hierfür die folgenden lehrreichen Zahlen zusammengestellt:

Größe der Eingradfelder in qkm.

Breite	Sphäroid Bessel	Kugel R = 6370 km	Differenz in qkm
0—1°	12 306	12 360	+ 54
10—11°	12 106	12 153	+ 47
20—21°	11 546	11 576	+ 30
30—31°	10 640	10 650	+ 10
40—41°	9 411	9 399	— 12
50—51°	7 890	7 862	— 28
60—61°	6 122	6 086	— 36
70—71°	4 157	4 126	— 31
80—81°	2 058	2 040	— 18

Die Fläche eines Landes kann entweder durch direkte Vermessung oder auf planimetrischem Wege, d. h. auf der Karte mit Hilfe des Planimeters ermittelt werden. Die letztere Methode wird weitaus am häufigsten angewendet, ja für halb oder ganz unzivilisierte Länder ist sie die einzig mögliche. Dabei kommt es in erster Linie darauf an, welche Dimensionen des Ellipsoids der Messung zugrundegelegt werden, ob z. B. die BESSELschen, wie es in der Geographischen Anstalt von JUSTUS PERTHES in Gotha geschieht, oder die CLARKEschen, die STRELBITZKY bei seinen Flächenberechnungen Europas und des Russischen Reiches angewendet hat. Unter sonst gleichen Umständen muß für ein und dasselbe Land die Fläche nach CLARKE stets größer sein als die nach BESSEL; aber der Unterschied, der sich daraus ergibt, ist in den meisten Fällen geringfügig gegenüber der Unsicherheit der Messung, die in dem mangelhaften Kartenmaterial, dem Maßstab der Karte, der Dehnung des Papiers bei verschiedener Feuchtigkeit und der Beschaffenheit des Instrumentes begründet ist. Selbst bei Ländern mit so vortrefflichen Karten, wie die meisten der europäischen Staaten sie besitzen, haftet den Flächenzahlen noch ein wahrscheinlicher Fehler von 1/2 bis 1 Prozent des Areals an. Man mag danach ermessen, wie es selbst mit den besten Flächenzahlen dort bestellt ist, wo noch verhältnismäßig wenig Punkte durch gute Breiten- und Längenbestimmungen festgelegt sind und jede neue größere Forschungsreise Verschiebungen des Kartenbildes zur Folge hat. Solche Länder werden daher meist in kleinerem Maßstab abgebildet, und daraus erwächst wieder ein neuer Fehler, der sich bei sonst größter Sorgfalt bis zu 3 Prozent der Fläche steigern kann.

Überdies ist auch zwischen der auf die Karte projizierten Fläche und der wahren Oberfläche zu unterscheiden. Dies wird sofort klar aus Fig. 4, die ein schematisches Gebirgsprisma darstellt. Auf der Karte erscheint nur die Grundfläche *a b c d*, und nur ihr Areal wird ermittelt; die wahre Oberfläche ist aber *a b f e* + *c d e f*. Dieser Unterschied verschwindet nur auf völlig horizontalen Flächen und nimmt mit dem Böschungswinkel zu, so daß er in Gebirgsländern einen ziemlich hohen Wert erreicht. Für ein Gebirge vom Typus des Böhmerwaldes z. B. hat Beneš berechnet, daß die wahre Oberfläche um 3,8 Prozent größer ist als die projizierte.

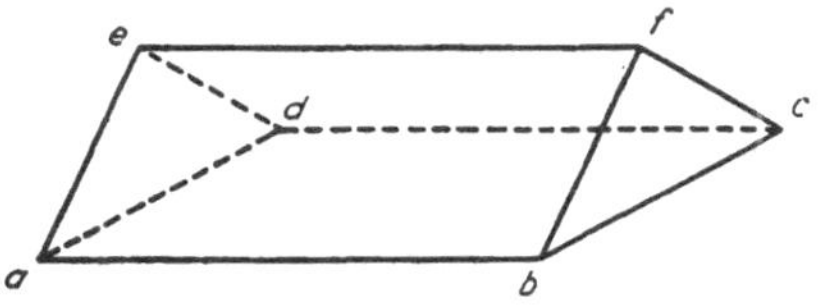

Fig. 4.

Daß die Erddimensionen bei der Ausbildung unseres metrischen Maßsystems eine große Rolle gespielt haben, darf als bekannt vorausgesetzt werden. In der Meinung, damit ein für alle Zeiten feststehendes Naturmaß gefunden zu haben, definierte man 1790—93 auf Beschluß der französischen Nationalversammlung dieses »Naturmaß«, das Meter, als den zehnmillionsten Teil eines Meridianquadranten, diesen zu 5 130 740 Toisen gerechnet. Da jede neue, verbesserte Gradmessung diesen Wert abänderte, mußte man sehr bald die Idee von dem Meter als einem Naturmaß fallen lassen und ging schon 1799 zu einer konventionellen Metereinheit über. Ein aus Platiniridium bestehender Stab wurde im Pariser Staatsarchiv als Normalmeter aufbewahrt. Nachdem sich im Laufe der Jahrzehnte die Metallzusammensetzung dieses Normalmeters als mangelhaft erwiesen hatte, wurde 1882 ein neues Prototyp hergestellt, das als internationales Meter seit April 1893 auch in Deutschland anerkannt ist.

Die Pariser Meterkonvention vom 20. Mai 1875 hatte vorher schon die Einführung des metrischen Maßsystems in den meisten Kulturstaaten bewirkt. Trotzdem haben sich in vielen Ländern bis auf den heutigen Tag verschiedene andere Längenmaße erhalten, die namentlich in der ausländischen geographischen Literatur noch öfters Verwendung finden und deshalb hier kurz mitgeteilt seien:

Deutsche geographische Meile	= 7,42044 km
Engl. Statute Mile....................	= 1,60931 km
Seemeile *	= 1,852 km
Engl. Faden (fathom)	= 1,82877 m
Engl. Fuß	= 0,30479 m
Russ. Werst.........................	= 1,06678 km
Russ. Saschen = 3 Arschin	= 2,13356 m

* Knoten = Anzahl der in einer Stunde von einem Schiff zurückgelegten Seemeilen.

Die Flächenmaße des metrischen Maßsystems werden bekanntlich durch die Gleichungen 1 qkm = 100 ha, 1 ha = 100 a, 1 a = 100 qm gekennzeichnet. Auch hier aber sind daneben noch immer andere Maße im Gebrauch, z. B.

Preuß. Morgen	= 2553,23 qm
Engl. Acre	= 4046,71 qm
Engl. Square Mile	= 2 589 890 qm
Russ. Dessjatine	= 10 925,20 qm.

Literaturnachweise. [1] K. Hillebrand, Die Entwicklung kosmischer Systeme; Graz 1926. Eine sehr tiefgründige Darstellung, die sich vor allem durch die exakt mathematische Behandlung der Theorien von Kant und Laplace auszeichnet. — [2] Th. C. Chamberlin und W. Moulton, On the evolution of the solar system; New York 1906, Bd. II. — [3] Svante Arrhenius, Das Werden der Welten; Leipzig 1907. Derselbe, Die Vorstellung vom Weltgebäude im Wandel der Zeiten; Leipzig 1908. — [4] F. Nölke, Das Problem der Entwicklung unseres Planetensystems; 2. Aufl. Berlin 1919. Eine im ganzen recht empfehlenswerte kritische Studie aller kosmogonischen Hypothesen. — [5] L. Zehnder, Der ewige Kreislauf des Weltalls; Braunschweig 1914. — [6] H. Hörbigers Glazialkosmogonie, dargestellt von Ph. Fauth; Kaiserslautern 1913. Vgl. auch die Auseinandersetzungen Nölke-Hörbiger in »Peterm. Mitt.« 1914 II, Beilage, sowie die Besprechung von A. Prey in den »Naturwissenschaften« Jahrg. 1922. — [7] W. Nernst, Das Weltgebäude im Lichte der neueren Forschung; Berlin 1921. — [8] Für alle Fragen der mathematisch-astronomischen Geographie sei vor allem verwiesen auf H. Martus, Astronomische Geographie; Berlin 1912. Speziell auf den Geographen zugeschnitten ist die vortreffliche Darstellung der mathematischen Geographie in H. Wagners Lehrbuch der Geographie; Hannover 1920/23. Einen guten Überblick bietet G. Wegemann, Grundzüge der mathematischen Erdkunde; Berlin 1926. Als Hauptwerk für geodätische Probleme sei genannt F. R. Helmert, Die mathematischen und physikalischen Theorien der höheren Geodäsie; Berlin 1880—84. — [9] A. v. Böhm, Größen von Meridiangraden und Eingradfeldern nach den Sphäroiden von Bessel und von Hayford-Helmert; Geogr. Ztschrift 1914. — [10] K. Boecklen, Das Erdellipsoid von Hayford-Helmert; Geogr. Ztschrift 1916. — [11] O. Krümmel-M. Eckert, Geographisches Praktikum; Leipzig 1908. A. Kretschmer, Anleitung zum Kartenzeichnen; Berlin 1911. K. Zöppritz-A. Bludau, Leitfaden der Kartenentwurfslehre I. Projektionslehre 3. Aufl.; Leipzig 1912, II. Kartographie und Kartometrie; Leipzig 1908. M. Groll, Kartenkunde, 2 Bdchen., 2. Aufl. bearbeitet von O. Graf; Sammlung Göschen, Berlin-Leipzig 1922. M. Eckert, Die Kartenwissenschaft; 2 Bde.; Berlin-Leipzig 1921/25, das tiefgründigste und erschöpfendste Werk über die Kartographie, das gegenwärtig überhaupt existiert.

Physikalische Eigenschaften des Erdkörpers[1].

Das Erdinnere. Direkte Beobachtungen über die physikalische Struktur des Erdinnern sind uns wohl für immer versagt. Selbst die größten Tiefbohrungen mit ihren rund 2400 m besagen im Grunde wenig gegenüber einem Erdradius von 6370 km. Sie sind Stiche in die Epidermis des Erdkörpers und lassen gesicherte Rückschlüsse auf den Zustand im Innern unseres Planeten kaum zu. Erst durch Zuhilfenahme indirekter Beobachtungen, namentlich Schweremessungen und Erdbebenforschung, ist es geglückt, sich leidlich zuverlässige Vorstellungen über die Struktur des Erdinneren zu bilden.

Die Eigenwärme der Erde. Die Temperatur der Erdoberfläche, das wissen wir aus täglicher Erfahrung, wird durch das Maß der Sonnenstrahlung bestimmt. Ebenso gilt es uns als Erfahrungstatsache, daß in tiefen Kellern das ganze Jahr hindurch ungefähr gleiche Temperatur herrscht; infolge der geringen Wärmeleitungsfähigkeit der Bodenschichten machen sich schon in 1—1½ m Tiefe die täglichen Temperaturschwankungen kaum mehr geltend, und in etwa 20—25 m Tiefe erlöschen in unseren Breiten auch die jährlichen Schwankungen nahezu gänzlich. Steigen wir aber tiefer in die Erde hinein, so beobachten wir überall und in allen Jahreszeiten eine Zunahme der Temperatur mit der Tiefe.

Um diese Temperatursteigerung nach dem Innern der Erde formelmäßig kurz zu kennzeichnen, hat man den Begriff der geothermischen Tiefenstufe eingeführt. Diese gibt an, wieviele Meter man hinabsteigen muß, um eine Temperaturerhöhung von 1° C festzustellen. Die geothermische Tiefenstufe ist keineswegs überall gleich groß. Einige deutsche Bohrungen ergaben z. B. folgende Werte:

Ort	Größte erreichte Tiefe	Geothermische Tiefenstufe
Sennewitz (bei Halle)	1084 m	36,5 m
Schladebach (bei Merseburg)	1748 „	35,7 „
Paruschowitz (Oberschlesien)	2003 „	34,1 „
Sperenberg (S von Berlin)	1273 „	33,7 „
Czuchow (Oberschlesien, z. Zt. tiefstes Bohrloch in Europa *)	2239,7 „	31,8 „

Bei Pechelbronn (Elsaß) wurde die geothermische Tiefenstufe zu 13,9—21 m bestimmt, im Bohrloch von Neuffen (Schwäbische Alb) ergab sich der Wert 11,1 m, auf Santorin beobachtete man eine Temperatursteigerung um 1° C auf je 7,0 m. Die schnellste bisher überhaupt registrierte Temperaturzunahme ist in der Braunkohlengrube von Osseg (Böhmen) und in der Brüx-Teplitzer Mulde festgestellt worden [3]; die geothermische Tiefenstufe beträgt hier 5,2 bzw. 4,95 m. Umgekehrt erfolgt eine merkwürdig langsame Temperatursteigerung in den Kupferbergwerken am Oberen See (U. S. A.), wo — sehr zum Segen der Bergwerksbetriebe — die geothermische Tiefenstufe den Wert von 68 m erreicht.

Diese großen Unterschiede erklären sich durch mannigfache örtliche Ursachen. Eine Steigerung der Temperaturzunahme kann durch die Nähe noch nicht völlig erkalteter vulkanischer Massen (Neuffen, Santorin, Japan) oder auch durch die in der Tiefe sich vollziehenden chemischen Umsetzungen (namentlich bei sulfidischen Erzvorkommen, Kohlen- und Erdöllagern) bewirkt werden; die Eigentümlichkeit der geothermischen Tiefenstufe im Bereich des Oberen Sees mag durch die Ein-

* In Virginia (U. S. A.) wurden bei Clarksburg und bei Fairmont Bohrungen bis zu 2251 m bzw. 2310 m niedergetrieben. Neuerdings wird über eine Bohrung bei Los Angelos bis zu 2460 m Tiefe berichtet.

wirkung der kühlen Wassermassen auf die Temperatur der Gesteinsunterlage erklärt werden. Im übrigen spielt naturgemäß die verschiedene Wärmeleitungsfähigkeit der Gesteine eine Rolle, daneben das Vorhandensein von Höhlen, Spalten, Rissen und Poren im Gestein, die Art der Schichtstellung u. a. m., wovon die Wasserführung und die Schnelligkeit des Wasser-, Luft- und Wärmeaustausches abhängt.

Nach den bisherigen Erfahrungen darf man im allgemeinen als normalen Betrag der geothermischen Tiefenstufe im Bereich Europas die Zahl von 32—34 m ansehen. In den übrigen Erdteilen ist ein gleich verläßlicher Mittelwert vorläufig noch nicht zu berechnen, doch scheint sich in Nordamerika nach R. A. Daly (1923) ein etwas höherer Wert (etwa 42 m) zu ergeben.

Unsere bisherigen Ausführungen gelten im wesentlichen für das

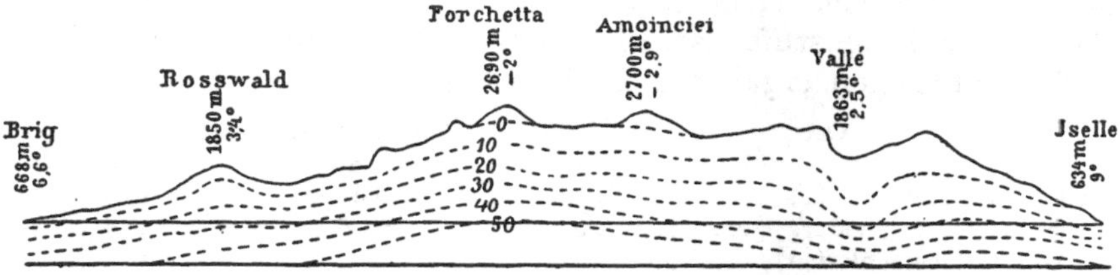

Fig. 5. Die Geoisothermen des Simplontunnels nach Schardt.

Flachland. In den Gebirgen liegen die Dinge komplizierter. Gehen wir in den Tunneln von der Talsohle nach dem Innern der Berge, so beobachten wir allenthalben eine Steigerung der geothermischen Tiefenstufe. So z. B. im St. Gotthardtunnel:

Tiefe des Tunnels..........	301	558	1026	1165 m
Geothermische Stufe.......	24,0	42,3	51,8	52,5 m

Die Flächen gleicher Erdwärme (Geoisothermen) wiederholen also die Konturen der Oberfläche, indem sie im Innern der Gebirge ansteigen, aber unter einem flacheren Winkel als die Böschungen. Die Erfahrungen im Simplontunnel (Fig. 5) haben uns gelehrt, daß auch hier die Lagerung der Schichten und die Zirkulation des Bodenwassers entscheidend mitwirken. Die höchste Temperatur (55° C) liegt nicht unter den höchsten Gipfeln, sondern nördlich davon, wo die flache Schichtenlagerung die Wärmeleitungsfähigkeit verringert, und die großen Einbuchtungen unter Vallé sind nicht durch das Relief, sondern durch die starke Wasserzirkulation bedingt. Die hohe Temperatur in diesem Tunnel stellte übrigens seine Ausführung bisweilen geradezu in Zweifel, da der menschliche Körper trockene Wärme nur bis 50° und feuchte nur bis 40° längere Zeit ertragen kann. Durch die Anwendung der Preßluft, die sich bei der Ausdehnung stark abkühlt, ist man jetzt in der Lage, die bei Bergwerks- und Tunnelbauten auftretenden thermischen Schwierigkeiten in der Regel zu überwinden. Je weiter aber unsere technischen Unternehmungen in das Erdinnere eindringen, um so wichtiger wird auch künftighin die Überwindung der Eigenwärme des Erdkörpers werden.

Da die geothermischen Tiefenstufen unter den Erhebungen größer sind als unter der Ebene, so muß allmählich ein Ausgleich erfolgen, indem die Geoisothermen, wie Fig. 6 versinnbildlicht, mit zunehmender Tiefe immer flacher werden, und dieser Ausgleich muß sich um so schneller vollziehen, je größer der Unterschied der Tiefenstufen ist. Nehmen wir an, unter dem Gipfel eines 2000 m hohen Berges (mittlere Jahrestemperatur 0°) betrage die geothermische Tiefenstufe 52,5 m, unter der Ebene (mittlere Jahrestemperatur 10°) aber 34 m, so ist bereits in 2700 m unter dem Niveau der Ebene die Temperatur überall gleich, und man darf vermuten, daß die geothermische Tiefenstufe von diesem Niveau ab nicht mehr vom Relief der Erdoberfläche beeinflußt wird. Entsprechend der später zu erwähnenden isostatischen Ausgleichsfläche kann man also geradezu von einer »thermischen Ausgleichsfläche« sprechen, doch liegt diese sehr wahrscheinlich nirgends tiefer als höchstens 15—20 km.

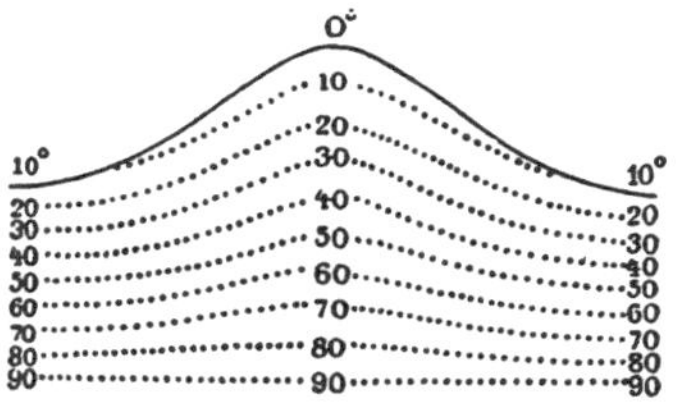

Fig. 6. Geoisothermen.

Daß die Temperaturzunahme auch über die unserer Messung zugängliche Zone hinabreicht, ist gewiß, aber bis zu welchen Tiefen und nach welchen Gesetzen, ist unsicher. Haben diejenigen recht, die die Erde als eine durch Wärmeleitung und Wärmeausstrahlung abkühlende Kugel auffassen, so darf man aus Bischofs Untersuchungen an einer gegossenen Basaltkugel folgern, daß die geothermischen Tiefenstufen gegen den Mittelpunkt zu immer größer werden. Der einfache Schluß: auf 33 m Tiefenzunahme 1° Temperaturzunahme, auf 33 km entsprechend 1000°, im Erdmittelpunkt demnach eine Temperatur von fast 200 000°, ist jedenfalls bestimmt falsch. Die Geophysik neigt heute vielmehr zu der Ansicht, daß die Temperatur des Erdinnern durch die Grenzwerte mindestens 1000° und höchstens gegen 8000° C gekennzeichnet wird und daß im Gegensatz zum Druck eine stetige Steigerung der Temperatur nach dem Erdmittelpunkt zu keineswegs sicher ist. Für die Erreichung der Maximaltemperatur in mittlerer Tiefe sprechen u. a. auch die Beobachtungen über die Radioaktivität der Erdschichten, wenngleich die Meinungen über den Einfluß der radioaktiven Vorgänge auf die Temperatur des Erdinnern heute noch sehr auseinandergehen. Durch Vergleich der Eisenmeteoriten mit den Steinmeteoriten ist man zu der Vorstellung gelangt, daß die Radiumführung der irdischen Gesteinshülle in der Hauptsache auf eine äußere Schale von etwa 70—80 km Mächtigkeit beschränkt ist. Der Zerfall der radioaktiven Substanzen in dieser Zone läßt fortwährend große Wärme- und

Energiemengen freiwerden, und es versteht sich von selbst, daß die geothermischen Tiefenstufen davon beeinflußt werden müssen. Ob der eigentliche Erdkern radioaktive Substanzen birgt, ob gegebenenfalls bei den in großen Tiefen herrschenden Druck- und Temperaturverhältnissen ein Zerfall dieser Stoffe auch dort erfolgt, ist vorläufig nicht zu entscheiden. Infolgedessen ist auch keine sichere Antwort möglich auf die Frage, ob die Erde sich wirklich dauernd weiter abkühlt oder ob unter dem Einfluß der radioaktiven Vorgänge die Temperatur als konstant anzusehen ist oder sich gar erhöht.

Dichte und stoffliche Zusammensetzung des Erdinnern. Aus den Messungen mit der Drehwage und aus anderen Wägungsverfahren [4] ergibt sich, daß die mittlere Dichte des Erdkörpers $5{,}52 \pm 0{,}01$ beträgt, d. h. die Erde ist 5,5 mal schwerer als eine gleichgroße Wasserkugel. Da die Gesteine, die sich hauptsächlich an der Zusammensetzung der Erdoberfläche beteiligen, im Mittel nur ein spezifisches Gewicht von 2,7—2,8 besitzen (manche Andesite 1,6—1,9, Sandsteine 2,1—2,3, Basalte, Diabase, Melaphyre, Diorite 3,3—3,4), so muß die Dichte des Erdkernes beträchtlich über dem Mittelwert liegen (annähernd 8—11). E. Suess prägte daher mit Recht für das Erdinnere den Namen Barysphäre (βαρύς = schwer). Bis zu diesem Punkte besteht wohl allgemeine Übereinstimmung, bei der Deutung dieser Tatsache jedoch beginnen die Meinungsverschiedenheiten. Drei Annahmen sind möglich:

1. Der gesamte Erdkörper besteht aus den nämlichen Stoffen wie die Erdkruste, die größere Dichte des Innern ist lediglich eine Funktion des mit der Tiefe stetig steigenden Druckes.
2. Der Dichteunterschied beruht darauf, daß Erdkruste und Erdkern aus verschiedenem Material bestehen.
3. Die Dichtezunahme nach dem Erdinnern erklärt sich aus der stofflichen Verschiedenheit von Kruste und Kern und aus der gleichzeitig wirkenden Druckzunahme.

Die zuerst genannte These findet heute kaum mehr Anhänger, weil wir uns auf Grund der Forschungen über den molekularen Bau der Materie eine Zusammendrückbarkeit der Gesteine bis zu einer Dichte 8—11 in der Tat nicht vorstellen können. Fast alle führenden Geophysiker vertreten heute die Meinung, daß eine stoffliche Verschiedenheit zwischen Erdkruste und Erdkern besteht, die meisten stellen daneben die Druckzunahme entscheidend in Rechnung. Die Ansichten über die stoffliche Zusammensetzung des Erdinnern beruhen teils auf dem Verhalten der in größere Tiefe eindringenden Erdbebenwellen, teils auf Überlegungen allgemein physikalisch-chemischer Natur, teils auf Analogieschlüssen, die aus dem Bau der Meteoriten abgeleitet werden. Man betrachtet die Meteoriten als Teile zerstörter Weltkörper und glaubt in den verschiedensten Meteoriten (Glas-, Stein-, Eisenmeteorite von der Dichte 1,7—7,8) Vertreter der verschieden dichten Kugelschalen der

Mutterkörper zu erkennen; indem man somit einen schaligen Bau der zerstörten Weltkörper für erwiesen erachtet, hält man diese Bauart für den Ausdruck eines kosmischen Gesetzes, dem auch die Erde unterworfen ist. — Im einzelnen weichen die Vorstellungen über die Dichteanordnung im Erdinnern freilich noch stark voneinander ab. Wir beschränken uns darauf, die Meinungen einiger hervorragender Forscher auf diesem Gebiete wiederzugeben, um damit zu zeigen, daß eine gewisse grundsätzliche Übereinstimmung doch nicht mehr übersehen werden darf.

Durch eingehende Studien über den Verlauf der Erdbebenwellen gelangte WIECHERT[5] wohl als erster zu der Vorstellung einer schaligen Struktur des Erdkörpers. Er glaubte seine Beobachtungen über den Gang der Bebenwellen am besten durch die folgende Annahme erklären zu können: Ein äußerer Steinmantel von etwa 1200—1500 km Dicke, mittlere Dichte 3—3,4; darunter als Erdkern eine Metallkugel von fast 10 000 km Durchmesser, mittlere Dichte etwa 8—8,15 entsprechend ungefähr der des komprimierten Nickeleisens.

E. SUESS[6] baute auf den WIECHERTschen Erkenntnissen weiter und kam zu dem Ergebnis, daß das Erdinnere aus mehreren konzentrischen Kugelschalen verschiedener Dichte bestehen müsse. Innerhalb der Gesteinshülle (Lithosphäre) führte er eine Zweiteilung ein und unterschied die Oberflächenschale und eine darauf folgende dichtere Zone, den eigentlichen Gesteinsmantel. Für erstere erschien ihm das Vorwalten von Silizium und Aluminium in der Gesteinszusammensetzung charakteristisch; er gab dieser äußersten, aus verhältnismäßig leichtem Material aufgebauten Schale (mittlere Dichte 2,6—2,8, Sedimentgesteine, leichte kristalline Schiefer, Gneise und Granite) demgemäß den Namen »Sal« (neuerdings von A. WEGENER umgeformt in das klarere und eindeutigere »Sial«). Auf diese etwa 120 km mächtige Sial-Schale folgt nach SUESS der eigentliche Gesteinsmantel, dessen Material durch basische Silikate mit stärkerem Magnesiumgehalt, namentlich Olivine, beherrscht wird, die Sima-Schale; die Dichte steigert sich hier von etwa 2,9 bis auf 3,4. Von den Metallen treten im Sima Aluminium, Kalium und Natrium zurück, dafür erscheinen neben Magnesium und Kalzium vor allem Eisen und andere Metalle. Unterhalb der Simaschale wächst gegen das Erdinnere zu nach SUESS der Gehalt an schweren Metallen, bis schließlich der aus Nickel (Ni), Eisen (Fe) u. a. bestehende und daher als Nife bezeichnete Erdkern erreicht wird (Dichte 6—12). Die Übergangsschichten zwischen Sima und Nife nennt SUESS nach ihrem Chrom- bzw. Nickelgehalt Crofesima (Dichte 4) und Nifesima (Dichte 5—6).

Auch der bekannte Osloer Mineraloge V. M. GOLDSCHMIDT[7] vermutet, daß Druck und chemische Verschiedenheit zusammen die großen Dichtewerte des Erdinnern erzeugen. Er steht auf dem Boden der Kant-Laplaceschen Theorie und ist der Überzeugung, daß sich in der Entwicklungsgeschichte der Erde ein gasartiger, ein flüssiger und ein fester Zustand ablösten. Bildeten die 87—92 irdischen chemischen Elemente ursprünglich wohl eine mehr oder minder gleichartige Mischung, so erfolgte in einem gewissen Entwicklungsabschnitt eine Entmischung und Trennung in ähnlicher Form, wie wir es beim Erzschmelzen beobachten. Wie sich im Hochofen unter dem Einfluß des Schwerefeldes zuunterst das Eisen, dann die leichteren Metalle und darüber die Schlacke ansammelt, so bildete sich nach GOLDSCHMIDT in entsprechender Weise beim Erdball: der Erdkern, darüber eine Metallerzschale und zuoberst der Steinmantel. Im Erdkern (3470 km Radius, also unterhalb 2900 km Tiefe, Dichte über 8) verblieben die schwersten Metalle, vor allem Eisen mit etwa 6—10 v. H. Nickel, ferner Kobalt, die Platinmetalle, aber auch etwas Phosphor und Kohlenstoff. In die Erzschale oder Sulfidoxyd-Schale (von 1200—2900 km Tiefe, großenteils aus Schwefelkies bestehend, Dichte 5,6) traten die meisten sonstigen Schwermetalle ein: Zink, Kupfer, Kadmium, Blei, Gold, Silber, Quecksilber, daneben Arsen, Antimon, Wismuth, Schwefel, Selen, Tellur u. a. m. In der Schlackenhülle, dem Silikat- oder Gesteinsmantel (Lithosphäre, oberhalb 1200 km Tiefe) sammelten sich schließlich die leichten, gesteinsbildenden Elemente, wie sie uns als wesentliche Bestandteile der vulkanischen Gesteine entgegentreten, vor allem die Kieselsäure (vielleicht 50—60 v. H.), ferner Natrium, Kalium, Magnesium, Kalzium, Barium, Strontium, Aluminium, weiterhin die Halogene sowie einige Vertreter der Metalle (Chrom, Mangan, Zinn, Uran, untergeordnet etwas Eisen, Nickel, Kobalt u. a. m.). Für die Wasser- und Gashülle des Erdballes blieben nur die allerleichtesten Stoffe übrig: Wasserstoff, Stickstoff, Sauerstoff, Kohlensäure, Edelgase. — Die vorstehend bei jeder der Schalen genannten Stoffe sind dort vorherrschend und bestimmen ihren Charakter; in geringer Menge treten sie als untergeordnete Bestandteile sicherlich durch den ganzen Erdkörper auf. — Ähnlich wie SUESS findet es GOLDSCHMIDT notwendig, die Lithosphäre noch einmal unterzuteilen. Obwohl stofflich einheitlich, kommt es hier infolge der Druckzunahme zu einer Differenzierung. Die Schichten geringeren Drucks bilden die etwa 120 km mächtige eigentliche Silikatschale (Dichte 2,8); in größerer Tiefe entstanden beim Erstarren der gleichen Silikate dank des höheren Druckes besonders dichte Kristalle und schwere Gesteine. Nach einem der bekannteren Vertreter dieser Gesteinsgruppe hat GOLDSCHMIDT diese von etwa 120—1200 km Tiefe reichende Zone (Dichte 3,6—4) als Eklogit-Schale bezeichnet.

Dem Grundgedanken von SUESS und GOLDSCHMIDT stimmen auch die Amerikaner L. H. ADAMS und E. D. WILLIAMSON[8] zu. Auch diese Forscher betonen die Notwendigkeit der Annahme einer stofflichen Verschiedenheit, da die maximale Zusammendrückbarkeit der Silikate in längstens 1600 km ihre äußerste Grenze erreicht, ohne zu der für das Erdinnere erforderlichen Dichte zu führen. Das Material des Erdinnern muß also von dem der Erdkruste chemisch verschieden sein. Indessen

Die Dichteverteilung im Erdkörper nach der Auffassung verschiedener Forscher.

(Tiefenmaßstab wegen mangelhafter Kenntnis des Erdinnern absichtlich nicht längentreu.)

Tiefe bis km	Wiechert[5] 1897	Suess[6] 1909	Klussmann[9] 1915	Goldschmidt[7] 1922	Gutenberg[10] 1925	Adams und Williamson[8] 1923/25	Linck[14] 1924	
0					Oberfläche: Dichte 2,7—2,8	**Gestein**, granitisch, wird bei 60 km gabbroartig. Dichte 2,7—2,8	**Äußere Schale der Silikate.** Mittl. Dichte 3.3 Bis 60 km »**Sial**« in kristallisiertem Zustande	
60	Bis etwa 1/5 des Erdradius **Steinmantel** Dichte 3—3,4.	**Sial** Dichte 2,6–2,8	**Gesteinsmantel** bis 1200 km. Dichte 3,4	**Silikatschale** Dichte 2,8	In 60 km Tiefe: Dichte 3,5 **Gesteinsmantel**	Von 60 bis 1600 km **Peridoditschicht** (basische Gesteine). Dichte steigt linear von 3,35 auf 4,35	Änderung im Zustand!	Kleinste Massenteilchen sind Moleküle
120		**Sima** Dichte 2,9—3,4 (Barysphäre)		**Eklogitschale** (= komprimierte Silikate) Dichte 3,6—4,0	Dichte steigt bis 1200 km Tiefe linear auf 4,75		60 bis 1200 km »**Sima**« in amorph-glasigem Zustande	
1200	jäher Dichtesprung!	Allmählicher Übergang von **Crofe-Sima** (Dichte 4) zu **Nife-Sima** (Dichte 5—6) zu **Nife-Kern** (Dichte 6—12)	**Zwischenschicht;** bis 2450 oder 2600 km Tiefe Eisenerze. Eine Grenzfläche in 1700 km Tiefe					Statt der Moleküle wird der Verbindungsgrad in der Tiefe, ab etwa 1700 km, mehr und mehr einatomig. Die Kleinheit der Teilchen ermöglicht wahrscheinlich eine dichtere Packung, d. h. größere Dichte, ganz unabhängig von der Stoffänderung.
1600				**Sulfid-oxyd-** oder **Erzschale** Dichte 5,6	**Zwischenschicht.** Dichte ist fast konstant, etwa 5 Substanzänderung!	Von 1600 bis 3000 km **Palasitschicht** (Mischung von Silikat und Eisen). Dichte steigt von 4,35 auf 9,5	1200 bis 2900 km **Silikate, in Ni, Fe übergehend.** Mittl. Dichte 6,45 Amorph-glasig Substanzänderung!	
2600	Der **Metallkern** umfaßt etwa 4/5 des Erdradius. Dichte 8,15		**Kern,** aus Fe, Ni, Co bestehend, Dichte 9,1 Bem.: In jedem Teil scheint die Dichte nahezu konstant zu sein					
2900								
3000				**Nife — Metallkern** Dichte über 8.	**Kern** Dichte springt von 5 auf 11 und bleibt im Innern konstant.	**Nife-Kern** Dichte steigt von 9,5 auf 10,7 (wächst parabolisch, d. h. Dichtezuwachs am Kern = 0)	**Kern** aus Fe, Ni und anderen gediegenen Metallen bestehend. Mittlere Dichte 10.	
6370								

lehnen Adams und Williamson die Vorstellung von einer Schalenstruktur mit sprunghaft zunehmender Dichte ab und vertreten die Anschauung, daß sich durch stetige Abnahme der Kieselsäure, Tonerde und Alkalien und eine entsprechende Zunahme an Magnesium, Eisen usw. der Übergang vom Steinmantel zum metallischen Kern allmählich vollzieht. Für die Zwischenzone haben sie die Bezeichnung Pallasit-Zone geprägt, entsprechend den Pallasit-Meteoriten, die eine Mischung von Silikaten und Metallen darstellen und als Beweis für das Vorhandensein einer entsprechenden Zone im Erdkörper angesehen werden.

Gegen diese Vorstellung und für das Vorhandensein wirklicher Dichtesprungflächen sprechen nach B. Gutenberg [10] die Ergebnisse der inzwischen machtvoll ausgestalteten Erdbebenforschung. Untersuchungen über den Verlauf und die Geschwindigkeit der Erdbebenwellen führen zu der Annahme von Unstetigkeitsflächen in 60, 120, 400, 1200, 1700, 2000, 2500 und 2900 km Tiefe. Daraus schließt Gutenberg auf etwa die folgende Stoff- und Dichteverteilung im Erdinnern: Die Unstetigkeitsfläche in 60 km Tiefe (Dichtesprung von 2,7 auf 3,5) dürfte die Grenze zwischen dem saueren Sial- und dem basischen Sima-Material widerspiegeln. Unterhalb dieser Tiefe steigt die Dichte bis zur Grenze von Steinmantel und Zwischenschicht (1200 km Tiefe) unter Mitwirkung des Druckes linear an, bleibt in der Zwischenschicht (1200—2900 km Tiefe) nahezu konstant, um dann an der Grenze des metallischen Kerns (2900 km Tiefe) von etwa 5 auf 10 zu springen und nunmehr nahezu konstant auf diesem Werte zu verharren.

Gewiß bedürfen, wie wir sehen, die hier behandelten Probleme noch dringend der weiteren Klärung, aber eines steht wohl heute bereits fest: Erdkruste und Erdkern bestehen aus chemisch verschiedenem Material; der Erdball ist unter dem Einfluß des eigenen Schwerefeldes so differenziert, daß die schwersten Stoffe im Erdkern angesammelt sind und nach außen zu immer leichtere Stoffe vorherrschen; eine schalenförmige Struktur des Erdkörpers ist mindestens bis zu einer Dreiteilung in Gesteinsmantel (bis etwa 1200 km Tiefe), Übergangsschicht (von rund 1200—2900 km Tiefe) und Metallkern (ab 2900 km Tiefe) als sicher anzusehen.

Für den Menschen ist diese Vorstellung zweifellos von erheblichem Belang. Der relativ geringe Gehalt an Schwermetallen (Eisen, Nickel, Blei, Zink, Zinn, Gold, Silber, Platin), den wir in den obersten Schichten der Erdrinde beobachten, findet jetzt seine gesetzmäßige Deutung. Diese Kostbarkeiten gehören eben gleichsam nur zu den akzessorischen Beigaben des irdischen Schlackenmantels. Eine Anreicherung wird im allgemeinen nur dort zu erwarten sein, wo durch irgendwelche Kräfte (Krustenbewegungen, Vulkanismus u. a. m.) erzreichere Tiefenschichten nach oben befördert sind. Aber auch diese »Lagerstätten« stellen im Verhältnis zum gesamten Metallgehalt des Erdkörpers eine Winzigkeit dar und sind sicherlich nicht unerschöpfbar. Da kein Vorgang bekannt ist, der größere Massen des im Erdkern konzentrierten Metallschatzes zur Erdoberfläche hinaufschafft, die Metallverbrauchsmengen aber von Jahrzehnt zu Jahrzehnt ungeheuerlich in die Höhe schnellen, so steht zu befürchten, daß die Menschheit in Zukunft einmal mit einem spürbaren Mangel an Schwermetallen zu rechnen haben wird. Technische Neuerungen in der Metallbewirtschaftung können hier vielleicht einen gewissen Wandel schaffen, aber am Ende wird es wohl doch dahin kommen, daß die Menschheit in stärkerem Maße als jetzt auf die Verwendung der im Schlackenmantel reichlich vorhandenen Leichtmetalle (Aluminium, Magnesium, Kalzium usw.) angewiesen ist. Stehen wir etwa schon jetzt am Anfang einer solchen Wende?

Aggregatzustand des Erdinnern. Noch gegen Ende des vorigen Jahrhunderts wurde vielfach die Meinung vertreten, das Erdinnere müsse unterhalb etwa 40—50 km Tiefe infolge der Temperaturzunahme einen zähflüssigen Glutbrei nach Art der Vulkanlava bilden. Andere gingen noch weiter und behaupteten, daß im Erdkern die kritische Temperatur überschritten sei, d. h. daß sich dort die gesamte Materie ungeachtet eines Druckes von 1,5—3 Millionen Atmosphären nur in gasförmigem Zustande befinden könne. Im Geiste dieser Auffassung vertrat GÜNTHER [11] die Hypothese, der Erdkörper vereine in sich alle Aggregatzustände in allmählichen Übergängen. Und ARRHENIUS [12] gliederte die Erde in eine feste Erdkruste von etwa 40 km Mächtigkeit, eine plastisch-magmatische Zwischenschicht von 100—200 km Dicke und den riesigen zentralen Gaskern mit einem Durchmesser von ungefähr 12 200 km.

Seit jener Zeit hat die Geophysik und namentlich die Erdbebenkunde so große Fortschritte gemacht, daß sich obige Auffassungen wenigstens im buchstäblichen Sinne des Wortes schwerlich mehr verteidigen lassen. Schon die englischen Forscher THOMSON und DARWIN haben darauf hingewiesen, daß jene Bewegungen des Meeres, die unter dem Namen Ebbe und Flut allgemein bekannt sind, nicht zustande kommen könnten, wenn das Erdinnere flüssig oder gasförmig und die feste Kruste dünn wäre; denn dann müßte sich auch die Kruste heben und senken, also Land und Wasser, und wir würden die Gezeiten ebensowenig wahrnehmen wie etwa die Bewegung der Erde. Da aber das Wasser sich erfahrungsmäßig anders verhält als die Kruste, so müsse die Erde mindestens den Starrheitsgrad des Stahles besitzen. Durch die neueren Untersuchungen von HECKER und SCHWEYDAR [13] ist diese Auffassung vollauf bestätigt worden. Auch die feste Erde verändert zwar unter dem Einfluß der Anziehung durch Mond und Sonne ihre Form ein wenig, ist also nicht völlig starr, aber sie verhält sich hierbei wie ein gleich großer Körper, der aus doppelt so festem Material wie Stahl besteht. Nach SCHWEYDARS Berechnungen beträgt der Starrheitskoeffizient (Stahl = rund 8×10^{11} CGS) an der Erdoberfläche $3{,}1 \times 10^{11}$ CGS, im Erdmittelpunkt etwa

$30{,}8 \times 10^{11}$ CGS, im Mittel für den gesamten Erdkörper $17{,}6 \times 10^{11}$ CGS. Für eine magmatische Zwischenschicht ist in SCHWEYDARS Vorstellungen demgemäß kein Raum.

Auch die Untersuchungen der Erdbebenwellen führen zu einem ähnlichen Ergebnis. Wenn allerdings SCHWEYDAR annimmt, die Starrheit des Erdkörpers wachse (vielleicht parabolisch) ständig bis zum Erdmittelpunkt, so widersprechen ihm Erdbebenforscher wie GUTENBERG, HAALCK, JEFFREYS u. a.; sie meinen, die Starrheit wachse zwar bis zur Kerngrenze in etwa 2900 km Tiefe, verringere sich aber im Bereich des Kerns nicht unerheblich. GUTENBERG[10] hat jüngst seine Auffassung in den folgenden Zahlenangaben niedergelegt:

Tiefe	Starrheitskoeffizient
60 km	6— 6,5 $\times 10^{11}$ CGS
1200 ,,	20—23 $\times 10^{11}$ CGS
2900 ,,	25—40 $\times 10^{11}$ CGS
über 2900 ,, (Kern)	15—25 $\times 10^{11}$ CGS (wahrscheinlich unter 20 $\times 10^{11}$ CGS)

Wie dem auch sei, jedenfalls müssen wir es auf Grund unserer heutigen Kenntnisse als höchst wahrscheinlich hinstellen, daß schon in etwa 100 km Tiefe die Starrheit von Stahl erreicht ist und der größte Teil der Erde in bezug auf Festigkeit alles übertrifft, was wir an der Erdoberfläche kennen. Wirkte auf den irdischen Baustoff lediglich die Temperaturzunahme ein, so müßte der Schmelzpunkt sicherlich bereits in verhältnismäßig geringer Tiefe erreicht werden; wenn trotzdem magmatisch-plastische oder gar gasförmige Strukturformen im elementaren Sinne nicht zu erwarten sind, so offenbar deswegen, weil der Druck stärker zunimmt als die Temperatur und die starke Druckzunahme den Schmelzpunkt jeweils in die Höhe rückt. Auch damit ist allerdings noch nicht das letzte Wort über den Aggregatzustand des Erdinnern gesprochen. Schon die von GUTENBERG vertretene Meinung, daß trotz steigenden Druckes die Starrheit im Erdkern geringer wird, weist darauf hin, daß die Materie dort infolge des hohen Drucks und der hohen Temperatur möglicherweise anderen Gesetzen unterliegt als an der Erdoberfläche. Die alte von GÜNTHER und ARRHENIUS geäußerte, neuerdings von LINCK[14] wieder aufgenommene Hypothese von dem Ersatz der mehratomigen Moleküle durch einatomige läßt sich dann doch nicht ganz von der Hand weisen. Man könnte sich vorstellen, daß die Materie des Eisennickelkernes wegen Überschreitung der kritischen Temperatur zwar gasförmig, aber zugleich infolge des hohen Druckes so komprimiert ist, daß die Atome bzw. Moleküle ihre Bewegungsfähigkeit eingebüßt haben. Der Zustand wäre also gasähnlich, aber die Wirkung entspräche doch der eines starren Körpers.

Die Erdkruste. Den äußersten Teil der Steinmantel (Schlacken)-Schale (Lithosphäre) unseres Planeten, d. h. die Sialsphäre einschließlich des darauf ruhenden Sedimentmantels, bezeichnen wir im engeren

Sinne als Erdkruste. Als ihre Tiefengrenze betrachtet man gewöhnlich die Ausgleichsfläche zwischen Sial und Sima, so daß man zu einer mittleren Mächtigkeit der Erdkruste von etwa 120 km gelangt (Grenzwerte mindestens 40, höchstens 300 km).

Stoffliche Zusammensetzung. Das Material, aus dem die Erdkruste aufgebaut ist, fassen wir unter dem Namen »Gestein« zusammen und stellen diesem Massenbaustoff die »Mineralien« gegenüber, Substanzen, die in ihrer Ausgestaltung bestimmten chemischen und mineralogischen Gesetzen unterliegen und zumeist nur einen Gemengteil der Gesteine ausmachen. Nur wenige Mineralien vermögen auch für sich allein gesteinsbildend aufzutreten, so z. B. Quarz, Kalkspat (Marmor), Schwefel, Salze u. a. m.

Nach ihrer Entstehungsweise unterscheiden wir drei große Gruppen von Gesteinen [15]:

1. Die primären oder vulkanischen (Eruptiv-) oder Erstarrungsgesteine. Sie stammen aus größerer Tiefe des Erdkörpers und sind entweder beim Aufdringen noch innerhalb der Erdkruste erstarrt (Tiefengesteine) oder bis zur Erdoberfläche durchgedrungen und erst dort verfestigt worden (Ergußgesteine). Der Name »Primärgestein« deutet an, daß es sich um das Urmaterial handelt, aus dem die meisten Gesteine der beiden anderen Gruppen entstanden sind. Von den rund 950 Gesteinstypen, die wir zurzeit unterscheiden, sind nicht weniger als ca. 600 eruptiver Art.
2. Die Absatz-, Sediment- oder Schichtgesteine. Die Gesteine dieser Gruppe entstehen in der Regel dadurch, daß bereits vorhandenes Gesteinsmaterial (ursprünglich die Primärgesteine) durch Wind, Wasser, Eis oder Lebewesen zerstört bzw. aufgelöst und hernach an irgendeiner Stelle der Erdkruste wieder abgesetzt und angehäuft wird. Unter günstigen Umständen erfahren diese losen, weichen Massen eine Verfestigung und erhalten dadurch ein besonderes petrographisches Gepräge (Konglomerate, Breccien, Sandsteine, Tonschiefer, Kalke, Dolomite usw.).

   Zu der Gruppe der Sedimentgesteine gehören auch noch einige Gesteinstypen, bei denen der Baustoff vorher noch nicht als Bestandteil der Erdkruste vorhanden war. Hierzu rechnen wir einmal die vulkanischen Schichtgesteine, bei Vulkanausbrüchen hinausgeschleudertes, zerspratztes Material, das sich im Wasser (Tuffe) oder auf der Landoberfläche (Aschen, Sande) schichtartig ablagerte, zum anderen die durch Anhäufung organischer Substanzen entstandenen Gesteine (z. B. Kohlengesteine).
3. Werden die unter 1 und 2 genannten Gesteine für lange Zeiten hohem Druck und hoher Temperatur ausgesetzt, so entstehen

metamorphe Gesteine oder kristalline Schiefer. Unter dem Einfluß von Druck und Temperatur vollzieht sich eine Umgestaltung im Gesteinsgefüge und Mineralgehalt; die Atome ordnen sich zu neuen Gruppen um, mit dem Ziele, die ursprünglichen chemischen Unterschiede möglichst zu beseitigen. Zeigen die Primär- und Sedimentgesteine eine große Mannigfaltigkeit in der chemischen Zusammensetzung, so ist bei den daraus hervorgegangenen kristallinen Schiefern in der Regel eine weitgehende Ähnlichkeit festzustellen, und es läßt sich häufig nicht mehr mit Sicherheit erkennen, von welchem Muttergestein sie abzuleiten sind.

Die zur Umwandlung erforderlichen Drucke und Temperaturen können durch Zusammenstauchung und Faltung, durch das Eindringen vulkanischer Massen und durch Versenkung in größere Tiefen der Erdkruste erzeugt werden. Demgemäß spricht man von Druck- oder Faltungsmetamorphose, von Kontakt- und von Regionalmetamorphose. Das Ergebnis pflegt unabhängig von der Art der Metamorphose nahezu das gleiche zu sein; die besondere Entstehungsursache ist also einem kristallinen Schiefer nicht ohne weiteres anzusehen. Ebensowenig darf aus der Struktur eines kristallinen Schiefers irgendwie auf sein geologisches Alter geschlossen werden; wir kennen kristalline Schiefer aus fast allen erdgeschichtlichen Abschnitten. — Als Gneise bezeichnen wir deutlich kristalline Schiefer von granitähnlicher Zusammensetzung, in denen sich die Kristalle in gewissen parallelen Richtungen schichtähnlich gelagert haben (flaseriges Gefüge).

Von der chemischen Zusammensetzung der die Erdkruste aufbauenden Gesteine war oben bereits die Rede. Wir erinnern daran, daß GOLDSCHMIDT wegen des Vorherrschens der Silikate für den äußersten Abschnitt des Steinmantels den Ausdruck »Silikatschale« geprägt hat. Erstaunlich ist und bleibt in der Tat, daß von den 87 bekannten bzw. 92 vermuteten Elementen nur 8 für die Zusammensetzung der Gesteine eine größere Rolle spielen und die Kieselsäure so außerordentlich stark überwiegt. Für den Aufbau der Erdkruste ist die folgende Anteilliste bezeichnend [7]:

Elemente			
Sauerstoff O	etwa	46,6	v. H.
Silizium Si	„	27,7	„ „
Aluminium Al	„	8,1	„ „
Eisen Fe	„	5,0	„ „
Kalzium Ca	„	3,6	„ „
Natrium Na	„	2,9	„ „
Magnesium Mg	„	2,9	„ „
Kalium K	„	2,6	„ „
zusammen	rund	99	v. H.

Atomgruppen			
SiO_2	etwa	59,1	v. H.
Al_2O_3	„	15,4	„ „
Fe-Oxyde	„	6,9	„ „
Ca O	„	5,1	„ „
Na_2 O	„	3,8	„ „
Mg O	„	3,5	„ „
K_2 O	„	3,1	„ „
zusammen	rund	97	v. H.

Massenverteilung und Isostasie. Über die Massenverteilung in der Erdkruste geben uns die Messungen der Schwerkraft exakten Aufschluß *. Theoretisch läßt sich die normale Schwerkraft für jede Breite berechnen; die Abweichung der tatsächlich gemessenen Schwerkraft von der für die betreffende Breite gültigen Normalschwerkraft gibt uns einen Anhaltspunkt für die Berechnung der Störungsgrößen. Voraussetzung ist allerdings, daß der schweremindernde Einfluß der Seehöhe durch die Reduktion auf das Meeresniveau beseitigt wird.

Daß die Linien gleicher Schwerkraft bzw. gleicher Schwerestörung höchst unregelmäßig von den Breitenkreisen abweichen, wurde oben bereits erwähnt. Man sollte erwarten, daß die Schwere auf den Bergen größer ist als in der Ebene, denn dort wirkt die Anziehung einer größeren Masse; die Beobachtungen ergeben jedoch in der Regel das Gegenteil, und man muß daher annehmen, daß der Einfluß der größeren Masse durch deren lockeres Gefüge ausgeglichen wird. Schon 1859 (bzw. 1871) hatte J. H. PRATT [16] auf Grund der Beobachtungen in Indien den Satz aufgestellt, daß sich die Erhebungen der Erdkruste, die Kontinente und Gebirge, durch geringere, die großen Vertiefungen aber, die den Boden der Meere bilden, durch höhere Dichte auszeichnen, daß also zwischen beiden Gleichgewicht oder Isostasie bestehe. Seit den achtziger Jahren des vorigen Jahrhunderts haben die Untersuchungen dieses Problems einen mächtigen Aufschwung genommen, besonders seit v. STERNECK ein bequem zu handhabendes Halbsekundenpendel konstruiert hatte. Alle Messungen haben im großen und ganzen die PRATTsche Regel bestätigt; nur vereinzelt ergaben sich im Gebiet junger Störungen, großer Erzeinlagerungen usw. Ausnahmen. Für das Meer mußte man sich lange Zeit mit Pendelmessungen auf kleinen Inseln begnügen, da auf dem beweglichen Schiff das Pendel nicht zu gebrauchen ist. Die Fram-Expedition (1893 bis 1896) gab dann Gelegenheit, solche Messungen im Polareis vorzunehmen. Allgemeine Untersuchungen über die Schwerkraft im Bereich der Meere waren jedoch erst möglich, nachdem HECKER eine neue Methode ersonnen hatte. Sie beruht darauf, daß die Luftdruckmessungen mittels des Quecksilberbarometers und des Siedethermometers verschiedene Werte ergeben, da nur jenes unter dem Einfluß der Schwerkraft steht, so daß die Differenz der Luftdrucke zur Ermittlung der Schwere benutzt werden kann. Mit dieser neuen Methode führte HECKER [17] seine epochemachenden Beobachtungen auf dem Atlantischen (1901) und dem Indischen und Pazifischen Ozean (1904—05) aus. Das Ergebnis ist folgendes: Im Innern der Kontinente ist die Schwere im allgemeinen normal, an den Küsten und in der sich daran anschließenden Flachsee (bis 200 m Tiefe) ist sie übernormal, weiter draußen, wo

* Auch durch die Anwendung künstlich erzeugter Bebenwellen u. a. m. gewinnen wir grundsätzlich und praktisch wichtige Einblicke in die Massen- und Stoffverteilung der Erdkruste.

die Tiefsee beginnt, unternormal und über den tiefen Meeresbecken selbst wieder normal. Daß diese Becken mit einer Wassermasse angefüllt sind, die beträchtlich leichter ist als die das Land aufbauenden Gesteine, bleibt also ohne Einfluß; offenbar wird der Dichteunterschied zwischen Wasser und Festlandsgestein dadurch ausgeglichen, daß die Böden der Tiefseebecken aus dichteren Stoffen bestehen als die Kontinente. Damit war das PRATTsche Gesetz der Isostasie für die ganze Erde erwiesen. Eine Bestätigung dieses Gesetzes wird vielfach in den Untersuchungen von TAMS über die Fortpflanzungsgeschwindigkeit der seismischen Oberflächenwellen längs kontinentaler und ozeanischer Wege erblickt. TAMS[18] stellte fest, daß die Oberflächenwellen im Bereich der Ozeane eine um 0,1 km/sec größere Geschwindigkeit als beim Wege durch die Kontinentalmassen besitzen, und folgerte daraus eine größere Dichte der Tiefseeböden.

Wenn zwischen den hochaufragenden Kontinentmassen und den Tiefseeschollen isostatisches Gleichgewicht besteht, so muß in irgendeiner Tiefe der Erdkruste eine Ausgleichsfläche vorhanden sein derart, daß auf jeder ihrer Flächeneinheiten gleich großer Druck herrscht, d. h. die darüber befindlichen Massen gleich groß sind. Auf Grund der PRATTschen Hypothese bestimmten HELMERT und HAYFORD die Tiefe dieser isostatischen Ausgleichsfläche auf rund 120 km. Andere Forscher kamen zu dem Ergebnis 300, 160, 100 km, nach GUTENBERG, HEISKANEN u. a. soll sie sogar noch erheblich höher liegen. In jedem Fall aber muß, wenn das PRATTsche Gesetz der Isostasie zu Recht besteht, das Streben der Erdkruste darauf gerichtet sein, in bezug auf diese isostatische Ausgleichsfläche ins Gleichgewicht zu kommen. Wenn also z. B. durch Verwitterung und Abtragung beträchtliche Mengen des festländischen Gesteinsmaterials aufgearbeitet und ins Meer hinausgeführt werden, muß automatisch die Kontinentscholle aufsteigen, der Boden des Meeres sich senken. Die umgekehrte Bewegung wird zu erwarten sein, wenn der Kontinentalblock z. B. durch starke vulkanische Injektionen belastet wird. Das Streben der Erdkruste nach isostatischer Lagerung muß demnach als ein vertikale Bewegungen erzeugendes Prinzip anerkannt werden.

Diese Folgerung wirft nun sogleich eine Reihe von neuen wichtigen Fragen auf. Wir haben oben betont, daß die Erdkruste bereits in etwa 100 km Tiefe die Starrheit des Stahles aufweisen muß. Wie kann diese Auffassung in Einklang gebracht werden mit der aus der Isostasie-Lehre sich ergebenden Notwendigkeit erheblicher vertikaler Krustenbewegungen? Kann man ein Auf- und Absteigen von Krustenteilen für möglich halten, wenn man mit SCHWEYDAR u. a. das Vorhandensein einer plastisch-magmatischen Zwischenschicht abstreitet? Man neigt heute dazu, diese Frage durchaus zu bejahen. Auch starre Körper vermögen ihre Form weitgehend bruchlos zu verändern, d. h. gleichsam die Eigenschaften einer zähflüssigen Substanz anzunehmen, wenn ein genügend *starker Überdruck hinreichend lange* wirkt. Zur Erhöhung der Anschaulichkeit sei auf das Verhalten des Siegellackes hingewiesen. Schlägt man auf eine Siegellackstange, so zersplittert sie, d. h. sie verhält sich durchaus wie ein starrer Körper; unterstützt man aber dieselbe Stange an ihren beiden Enden und belastet man die freischwebende Mitte womöglich noch durch ein kleines Gewicht, so beginnt sich die Stange nach einigen Tagen zu biegen, d. h. sich wie ein plastischer Körper zu verhalten. Ähnliche Eigenschaften spricht man auch den Gesteinen zu, nur wird selbstverständlich deren Zähigkeit außerordentlich viel größer sein als die des Siegellacks. In größeren Tiefen der Erdkruste können feste Gesteinsschichten auf langanhaltenden Druck wie plastisches Material reagieren, sich in Falten legen usw.; die für jene Tiefen zu erwartenden Temperaturen tragen auch ihrerseits dazu bei, den starren Gesteinsmassen gegenüber starkem und durch geologische Zeiträume hindurch wirkendem Überdruck die Eigenschaft plastischen Materials zu verleihen. Mit einem Schmelzzustand im gewöhnlichen Sinne des Wortes hat das natürlich nichts gemein; man spricht deshalb gern von *druckplastisch* oder *säkularplastisch*, um anzudeuten, daß der Baustoff des Erdkörpers diese Eigenschaft einer gewissen Plastizität nur gegenüber sehr lange (säkular) einwirkenden Druckkräften zeigt. Wenn man sich diese Vorstellung zu eigen gemacht hat, werden vertikale Krustenbewegungen gemäß der Isostasie-Lehre ohne weiteres auch ohne Annahme einer plastisch-magmatischen Zwischenschicht verständlich erscheinen: *gegenüber plötzlich oder nur kurze Zeit wirkenden Kräften, z. B. den Erdbebenstößen, verhält sich der Erdkörper nahezu wie eine starre Masse, gegenüber starken und durch geologische Zeiträume hindurch anhaltenden Druckkräften jedoch erweist sich das Erdinnere, trotz seiner Starrheit größer als die des Stahls, als plastisch, so daß die Erdkruste bzw. Teile davon sich senken und heben kann.*

Die zweite Frage, die in diesem Zusammenhang geklärt werden muß, betrifft die stoffliche Differenzierung der Erdkruste in der Horizontalen, d. h. die Zusammensetzung der Kontinentalmassen und der Tiefseeböden. Wenn zwischen beiden derartige Dichteunterschiede bestehen, wie es nach unseren obigen Ausführungen nahezu sicher ist, so ist eine stoffliche Verschiedenheit überaus wahrscheinlich. Leider wird es kaum jemals möglich sein, dieses Problem absolut überzeugend zu lösen, denn Bohrungen auf dem Meeresboden sind einstweilen nicht ausführbar. Man hat versucht, sich anderweitig zu helfen. Bis zu einer Tiefe von 15 km dürfte die Erdkruste schätzungsweise zu 95%, jenseits davon bis zu 30 km Tiefe sogar zu 97,5% aus vulkanischen Gesteinen bestehen. Wenn die einzelnen Krustenteile (Kontinentmassen, Tiefseeböden) stofflich nicht verschieden wären, müßten die im Bereich beider Gebiete zutage geförderten vulkanischen Massen in der durchschnittlichen Zusammensetzung übereinstimmen; tun sie es nicht, so darf mit leidlicher Sicherheit auf eine stoffliche Verschiedenartigkeit geschlossen werden. H. S. WASHINGTON [19] hat nun 1922 das Ergebnis von 5159 Analysen vulkanischer Gesteine mitgeteilt; nach Erdräumen gruppiert ergibt sich die folgende Zusammenstellung:

	Zahl der Analysen	Durchschnittl. Dichte	Gehalt an SiO_2 und Al_2O_3	Gehalt an Fe-, Mg-, Ca-, Ti-, Mn-Oxyden
Gesamte Erde	5159	2,792	74,92	16,54
Die sechs Kontinente ohne Antarktis ...	4456	2,786	75,56	15,81
Antarktis...........	103	2,865	70,48	22,51
Atlantische Inseln * .	56	2,888	66,40	25,05
Pazifische Inseln * ..	72	3,087	65,54	26,83

Soweit man diese Untersuchung WASHINGTONS als ausreichend zu einer Entscheidung der oben aufgeworfenen Frage erachtet, zeigt sich, daß die im Bereich der Kontinentalmassen auftretenden vulkanischen Gesteine durchweg leichter sind als die stärker basischen (metallreicheren) vulkanischen Gesteine aus dem Bereich der Ozeane. Die Antarktis nimmt eine hier nicht näher zu behandelnde Sonderstellung ein. Im ganzen spricht das alles, ebenso wie die oben angeführten, aus dem Verlauf der seismischen Oberflächenwellen abgeleiteten Feststellungen TAMS entschieden für die Annahme, daß die Kontinentblöcke aus anderem Material als die Tiefseeböden bestehen. Die Sial-Schale von SUESS ist also offenbar gar nicht längs der gesamten Außenfläche des Erdkörpers entwickelt, sie ist vielmehr in einzelne Teilstücke (Weltinseln) aufgelöst, die, im Wasser schwebenden Eisblöcken vergleichbar, auf der Sima-Unterlage schwimmen; letztere bildet im Bereich der Tiefsee, von einem dünnen Schorf von Sedimenten überdeckt, die Außenfläche des Erdkörpers.

Die Isostasie lehrt demnach die Verhältnisse der Erdkruste im Bilde des Tauchgleichgewichtes begreifen. Die sialischen Festlandsblöcke tauchen so tief in das als sehr starr, aber zugleich eben doch säkularplastisch zu denkende Sima ein, bis ihr eigenes Gesamtgewicht gleich dem Gewicht der von ihr verdrängten Sima-Masse ist. Daraus würde man zu folgern geneigt sein, daß die Eintauchtiefe der sialischen Festlandsblöcke und entsprechend die Höhe des aus dem Sima herausragenden Teils allenthalben die gleiche sein müßte. Wenn die Messungen der tatsächlichen Kontinenthöhen ein anderes Ergebnis zeitigen, so können nur zwei Erklärungen in Frage kommen:

---

* Da, wie oben betont, die Ozeanböden direkter Gesteinsbeobachtung nicht zugänglich sind, mußte sich WASHINGTON auf die vulkanischen Inseln beschränken, deren Gestein ja aber aus größeren Tiefen der die Ozeanböden bildenden Schollen stammt.

1. Das Gesteinsmaterial der einzelnen Festlandsschollen ist nicht allenthalben genau das gleiche, sondern weist Unterschiede im spezifischen Gewicht auf; die aus schwererem Material bestehenden Blöcke tauchen entsprechend tiefer ein als die aus leichteren Stoffen aufgebauten Blöcke (Pratt).
2. Die Gesamtdicke der einzelnen Sialschollen ist verschieden und demgemäß auch ihre Eintauchtiefe bzw. Aufragungshöhe (Airy.)

Vielleicht liegt auch hier die Wahrheit in der Mitte, indem sowohl Pratts als auch Airys Ansichten zutreffen und sich kombinieren. Wir könnten anders nicht begreifen, weshalb sich für die Schollendicke der Festlandsblöcke, gemessen an der Tiefenlage der Sial-Sima-Grenze bzw. der isostatischen Ausgleichsfläche, bei den Untersuchungen verschiedener Forscher in verschiedenen Gebieten so stark abweichende Werte ergeben. — Auffallend ist, daß im Bereich des Atlantischen Ozeans noch eine Sialschicht von annähernd 20—30 km Mächtigkeit angenommen wird, während eine solche im Bereich des Pazifischen Ozeans so gut wie gänzlich fehlt [20]. Der Boden des Atlantik ist demnach wohl nur als ein weniger dicker und daher nicht so hoch aufragender Teil der großen Sialscholle anzusehen, zu der die Kontinente Amerika und Eurasien-Afrika gehören, einer einheitlichen Scholle, die im Bereich des Atlantik — vielleicht flexurartig — in die Tiefe abbiegt und den Boden des atlantischen Tales bildet. Ganz anders der Pazifische Ozean, der nahezu frei von einer Sialschale ist und mit seinem Sima-Boden im geophysikalischen Sinne als »Meer an sich«, als der eigentlich ozeanische Teil der Erde bezeichnet werden darf. An seinen Küsten stoßen wahrscheinlich längs einer mehr oder minder senkrechten, tief hinabreichenden Unstetigkeitsfläche zwei verschiedenartige Baustoffe zusammen, und diese Sial-Sima-Grenze wird zweifellos mit den im pazifischen Küstenraum so häufigen Erdbeben und Vulkanausbrüchen in ursächlichem Zusammenhang stehen.

Wenn die sialischen Festlandsblöcke nach dem Gesetz der Isostasie in das Sima eingebettet sind, so erscheinen örtliche und regionale Schwerestörungen zunächst unbegreiflich. Bei den Schwerestörungen mit geringer räumlicher Ausdehnung läßt die spezielle geologische Erforschung meist erkennen, daß an dieser Stelle schwere vulkanische Massen und Erze eingelagert sind (Harz). Warum aber sorgt die Isostasie durch entsprechende Senkung hier nicht für einen Ausgleich? Wir werden annehmen müssen, daß die Dinge in diesem Falle ähnlich liegen wie bei einer schwimmenden Eisscholle, auf die ein Eisenklotz gesetzt ist: als Ganzes ist die Scholle hydrostatisch ausgeglichen, die örtliche Überlastung führt aber erst von einem gewissen Schwellenwert ab zu einem lokalen Einbiegen bzw. Zerbrechen der Scholle. Die einzelnen Schollen der Erdkruste dürfen entsprechend nicht im Bilde einer empfindlichen Wage begriffen werden, die auf jeden örtlichen Belastungsunterschied sogleich mit lokalen Vertikalbewegungen antwortet; die Scholle als Ganzes übernimmt die Reaktion auf örtliche Überbelastung, gestattet selbständiges lokales Streben nach Isostasie aber nur bei Erreichung eines entsprechend hohen Schwellenwertes.

Komplizierter liegen die Dinge da, wo ausgedehnte Krustenteile den isostatischen Ausgleich vermissen lassen, die Mittelwerte der Schwerestörungen über größere Gebiete hinweg von ähnlicher Größe und Art sind. Es zeigt sich z. B., daß fast alle jungen Faltengebirge — zumindest deren Randketten — sowie die Mehrzahl der jungen Grabenbrüche einen Schwere**mangel**, die den Faltengebirgen in der Regel vorgelagerten Senken (Lombardei, Hindostan usw.) aber häufig einen Schwere**überschuß** aufweisen. So nimmt die Schwere vom Fuß des Schwarzwaldes gegen die Mitte des Alpenkörpers ständig ab, steigt dann nach Süden hin (Gardasee) schnell an, um im Bereich des Apennin erneut stark zu sinken (Kossmat)[21]. Ebenso ist die Schwere in Zentralasien, im Pamir und im Himalaja, geringer als über der indischen Ebene. In Ostjapan herrscht Schwereüberschuß, in Westjapan Schweremangel. Für die großen ostafrikanischen Gräben hat Kohlschütter durchweg Schweremangel nachgewiesen. Will man versuchen, diese häufigen regionalen Schwerestörungen zu erklären, so wird man davon ausgehen müssen, daß zu große Schwere offensichtlich auf Massenüberschuß, zu geringe auf Massenmangel beruht, beides selbstverständlich auf die isostatische Ausgleichsfläche bezogen. Diese Störungen können aber durch den geologischen Bildungsvorgang mit einiger Sicherheit erklärt werden. Man muß nur daran festhalten, daß bei der Faltung die Gesteinsmassen nicht bloß in die Höhe, sondern auch in die Tiefe gedrängt werden und hierdurch, ebenso wie es bei einer einsinkenden Grabenscholle der Fall ist, das in der Tiefe vorhandene spezifisch schwerere und druckplastische Sima-Material verdrängt und seitlich fortgepreßt wird. Die Vorlandsenken der Faltengebirge und die die Grabenbrüche begleitenden Hochschollenränder erhalten auf diese Weise eine Injektion schweren Sima-Materials und weisen infolgedessen einen Schwereüberschuß auf, während im Bereich der Faltengebirge und Grabenbrüche spezifisch schwereres Tiefenmaterial teilweise durch leichtere Gesteinsmassen ersetzt wird und dadurch ein Massen- und Schweredefizit entsteht.

Selbstverständlich sind ausgedehnte, starke Schwerestörungen nur gleichsam als ein geologisches Momentbild aufzufassen; durch Aufsteigen oder Absinken der betreffenden Krustenteile wird auch hier im Laufe geologischer Zeiträume eine isostatische Gleichgewichtslage erstrebt. Bei den Alpen äußert sich dies z. B. in komplizierten Kippbewegungen: der Nordhang und das nördliche Alpenvorland lassen nach Ansel eine deutliche Aufsteigungstendenz erkennen; der hochgelegene zentrale Teil des Faltengebirges, in dem die Schwerefehlbeträge rasch abnehmen, zeigt wenig oder gar keine isostatische Vertikalbewegung; die durch Schwereüberschuß gekennzeichnete Südflanke ist bestrebt, sich zu senken. Beim Kaukasus, der in seiner Gesamterstreckung starkes Schweredefizit aufweist, hebt sich der Gebirgskörper infolgedessen dauernd, während die Vorlandzonen mehr oder minder stationär bleiben. Daß sich dieser Unterschied auch landschaftlich auswirkt (Reichtum bzw. Mangel an Gebirgsseen), wird später erörtert werden.

Zum Schluß weisen wir nur noch kurz darauf hin, daß der Grad des erreichten oder nicht erreichten isostatischen Gleichgewichts in gewissem Sinne als Ausdruck des tektonischen Alters der betreffenden Krustenteile gedeutet werden kann. Tektonisch alte Gebiete pflegen isostatisch fast ganz ausgeglichen zu sein; wo wir gegenwärtig stärkere Schwerestörungen nachweisen können (auch auf dem Meere und dem Inlandeis), dürfen wir mit leidlicher Sicherheit annehmen, daß die Erdkruste hier noch nicht zur Ruhe gekommen ist, sondern der tektonische Bildungsakt noch anhält und in Ruckungen und Zuckungen der isostatischen Gleichgewichtslage zugestrebt wird.

ALFRED WEGENERS Theorie der Kontinentwanderungen[22]. Wenn sich aus der Lehre der Isostasie zwangsläufig die Annahme von Vertikalbewegungen der Festlandsblöcke ergibt, so ist nicht einzusehen, warum nicht auch horizontale Bewegungen möglich sein sollten. Es ist das große und unbestreitbare Verdienst ALFRED WEGENERS, diese Seite des Problemes weiter durchdacht und durch vielseitige Untersuchungen gefördert zu haben.

WEGENER nimmt an, daß zwei Hauptkräfte die Erdschollen horizontal zu verschieben bemüht sind, die Polfluchtkraft und die Westtriftkraft. Die Polfluchtkraft strebt danach, jede freischwimmende Sialscholle äquatorwärts zu treiben; die Westtriftkraft soll, wie der Name sagt, im Sinne einer Wanderung der Kontinente in der Richtung Ost—West wirken. Nach KÖPPEN[23], SCHWEYDAR[24] u. a. ist an dem Vorhandensein der Polfluchtkraft in der Tat kaum mehr zu zweifeln. Sie geht darauf zurück, daß der Schwerpunkt der Sialschollen durchschnittlich um etwa 2,4 km höher liegt als der der verdrängten Simamassen und daß beide Punkte daher einen Unterschied der Zentrifugalkräfte aufweisen. In 45° Breite ergibt sich infolgedessen eine Polfluchtkraft, die etwa einem Zweimilliontel des Schollengewichtes entspricht und eine Schollengeschwindigkeit von rund 20 cm im Jahre erzeugt. Diese Kraft ist gewiß verhältnismäßig klein, aber da sie durch geologische Zeiträume hindurch wirkt, mag sie ausreichen, um den Widerstand des säkularplastischen Sima zu überwinden und meridionale Kontinentverschiebungen zu ermöglichen. — Auch für die von WEGENER angenommene Westwärtsbewegung der Kontinente scheint jetzt eine erklärende Kraft gefunden zu sein. Aus dem Unterschied zwischen der Präzession der gesamten Erde und der Präzession der Rotationsachse der einzelnen Kontinente ergibt sich nach SCHWEYDAR, daß z. B. die Präzession der Achse eines Kontinentes im Raum zwischen 0°—40° w. L., — 30° bis + 40° Br. etwa 220 mal größer ist als die Präzession der Achse der Gesamterde. Daraus resultiert das Bestreben des Kontinents, von der allgemeinen Rotationsachse abzuweichen, es entsteht eine Kraft, die

u. a. eine starke, nach W gerichtete Komponente aufweist. Da das als säkularplastisch zu denkende Sima dieser langwirkenden Kraft keinen unüberwindlichen Widerstand entgegenstellt, so triften die Sialschollen mählich in dieser Richtung ab.

Nahezu alle Geophysiker bekennen sich bis zu diesem Punkte als Anhänger der WEGENERschen Theorie und halten demgemäß horizontale Bewegungen der Kontinente für durchaus wahrscheinlich. Der sichere Beweis dafür, daß sich z. B. die Entfernung Europa—Nordamerika um jährlich rund 1 m vergrößert, daß Island jährlich um 9—18 m von Norwegen, Grönland um 18—32 m von Schottland, Madagaskar um etwa 9 m von Afrika abtriftet, wird natürlich erst durch ganz besonders sorgfältige, im Abstand mehrerer Jahre bzw. Jahrzehnte wiederholte Längen- und Breitenmessungen erbracht werden können. Die bis jetzt vorliegenden astronomischen Ortsbestimmungen können zwar nicht als einwandfreie Bestätigungen der WEGENERschen Hypothese angesehen werden, sprechen aber auch nicht dagegen, zumal man sich die etwaigen Triftbewegungen selbstverständlich nicht als gleichförmig vorzustellen haben wird.

Problematischer werden die Dinge, wenn wir uns dem von WEGENER auf Grund seiner Hypothese entworfenem Bild vom Werden des Erdantlitzes zuwenden. Die vielfach auffallende Parallelität weiter Küstenstrecken *, geologische und paläoklimatische, pflanzen- und tiergeographische Tatsachen führten WEGENER zu der Vorstellung, daß all die heute weit verstreuten Sialschollen ursprünglich ein einheitliches Ganzes bildeten. Bis hin zur Karbonzeit gliederte sich nach WEGENER die Außenfläche unserer Erde in eine zusammenhängende Landfeste und eine riesige Wasserwüste, den Pazifischen Ozean. Erst im Laufe der weiteren Erdgeschichte entwickelten sich durch Zerspaltung des Festlandsblockes und Abtriften der Teilstücke die heutigen Kontinente, freilich keineswegs in ihrer gegenwärtigen Umrißgestalt. Die ältesten Berstungsrisse (Jura bis Tertiär) schufen die Urblöcke der südhemisphärischen Weltinseln und trennten Afrika, Australien, Antarktis, Vorderindien und Madagaskar voneinander. Afrika und Südamerika bewahrten bis zur Kreidezeit den Zusammenhang, lösten sich dann aber voneinander los und begannen abzutriften. Nordamerika bildete einstweilen noch immer mit Europa und Grönland eine einheitliche Großscholle; erst gegen Ende der Tertiärzeit und teilweise im Diluvium entstanden auch hier große Spalten, und die drei Teile entfernen sich seitdem mehr und mehr voneinander.

Bei dem Triften der einzelnen Schollen erfahren diese nun eine

* Zur Kontinentscholle rechnet WEGENER mit Recht auch die Schelfzone, jene seicht überfluteten peripherischen Teile der Festländer. Der Begriff »Küste« in der WEGENERschen Terminologie deckt sich also nicht ohne weiteres mit der faktischen augenblicklichen Grenze von Festland und Meer.

ganz besondere, von Fall zu Fall verschiedene morphologische Ausprägung, indem nach WEGENER dreierlei Umgestaltungen der kontinentalen Urschollen möglich sind:

1. Der Stirnrand der triftenden Sialschollen kann infolge des Widerstandes des zwar druckplastischen, aber doch sehr zähen Sima-Materials zusammengestaucht und in Falten gelegt werden. Auf diese Weise entstanden nach WEGENER die Anden im Westen beider Amerika, die Gebirge Neuseelands und die Ostaustral-Kordillere an der Vorderseite der einst nach OSO triftenden Australscholle, die Gebirge Neuguineas an der Stirnseite der jüngeren Bewegungsrichtung dieses Sialblockes u. a. m.
2. Wenn triftende Schollen aufeinanderstoßen oder ein in Bewegung befindlicher Sialblock gegen einen ruhenden anrennt, können gleichfalls Auffaltungen erfolgen. So trieb die zu Beginn der Jurazeit von Australien und Madagaskar abgespaltene Vorderindien-Scholle vor allem äquatorwärts und stieß gegen die asiatische Masse, die vielleicht auch ihrerseits unter dem Einfluß der Polfluchtkraft meridional triftete. In der Berührungszone entstand eine große Stauung und Zusammenstauchung, die sich hauptsächlich auf Kosten der vorderindischen Scholle vollzog; ein ursprünglich, etwa 40 Breitengrade messendes Schollenstück wurde dadurch zu einem schmalen Faltengebirgskörper (Himalaja, Transhimalaja) zusammengeschoben. — In ähnlicher Weise, d. h. durch Aneinanderstoßen der der Polfluchtkraft folgenden Schollen, ist nach WEGENER der ganze Faltengebirgsgürtel zu erklären, der in OW-Richtung die alte Welt von Zentralasien über Iran, Kleinasien, Balkan, Alpen bis nach Spanien und Nordafrika durchzieht.
3. Auf der Rückseite der triftenden Hauptschollen können sich leicht kleinere Schollenteile ablösen, die dann infolge ihrer geringeren Masse gegenüber der Hauptscholle in der Bewegung zurückbleiben. So soll die Neuseeland-Girlande einst eine Randkette des Australblockes gebildet und nach erfolgter Absplitterung gleichsam steckengeblieben sein. Auch die ostasiatischen Inselbögen werden von WEGENER als abgespaltene und zurückgebliebene Randketten der eurasiatischen Masse angesehen. Die Antillen sind nach WEGENER hinter der mittelamerikanischen Scholle, der Inselbogen zwischen Feuerland und der Westantarktis hinter dem schneller westwärts triftenden Amerika zurückgeblieben.

Es kann nicht abgestritten werden, daß dieser geistvolle Versuch WEGENERS, das Antlitz der Erde als Ausdruck bestimmter Gesetzmäßigkeiten zu begreifen, in vielfacher Hinsicht ungemein befruchtend auf die gesamte Erdwissenschaft gewirkt hat und als Arbeitshypothese einen gewaltigen Fortschritt bedeutet. Viele Tatsachen aus dem Gebiete der Geologie — wir greifen als Beispiele nur die erstaunliche stratigraphische und morphologische Verwandtschaft zwischen Brasilien und Südafrika [25] sowie den komplizierten tektonischen Bau Asiens heraus [26] — lassen sich mit Hilfe der WEGENERschen Theorie viel besser und ungezwungener erklären als bisher; für das wichtige paläoklimatische Problem der nur im Bereich der heutigen Südhalbkugel festgestellten permischen Eiszeit findet WEGENER eine einleuchtende Lösung; das Vorhandensein nahe verwandter, z. T. identer Pflanzen- und Tierarten zu beiden Seiten heutiger Ozeane läßt sich unter Zugrundelegung der WEGENERschen Anschauung unendlich viel einfacher erklären, als es bisher durch die Annahme gänzlich hypothetischer Länderbrücken möglich war. Daß bei dem großen Einflußbereich der WEGENERschen Theorie im Augenblick noch nicht alle tatsächlichen Beobachtungen restlos geklärt werden können und infolgedessen hier und da Einwände erhoben werden [24,27], sollte nicht eben wundernehmen; noch stets sind wesentliche Fortschritte in der Wissenschaft langsam und mühselig und oftmals nach Überwindung einzelner Irrwege erkämpft worden. Neuerdings rückt man vor allem die durch die deutsche »Meteor-Expedition« gründlichst erforschte Reliefgestaltung des Atlantik in den Vordergrund der Argumentation gegen WEGENER. Gerade hier aber wird Vorsicht geboten sein, denn wahrscheinlich handelt es sich bei dem Boden des Atlantischen Ozeans um eine durch die Triftbewegungen ausgezogene Sialdecke, jedenfalls nicht durchweg um Sima-Material. Aber auch ganz abgesehen von diesem Punkte bleiben sicherlich noch sehr viele Fragen zu klären. Man müßte es erstaunlich finden, wenn dem nicht so wäre. Ob es WEGENER gelingt, alle aufgetretenen Meinungsverschiedenheiten im Sinne seiner Auffassung zu überwinden, oder ob sich die WEGENERsche Theorie hier und da eine Abänderung wird gefallen lassen müssen, werden weitere von WEGENER angeregte Spezialuntersuchungen entscheiden.

Erdmagnetismus und Polarlicht [28]. Erdmagnetismus. Die Entdeckung der Tatsache, daß ein Stückchen frei beweglichen Magneteisens sich stets in annähernd meridionale Richtung einspielt, ist in China lange vor Beginn unserer Zeitrechnung gemacht worden. Ob der auf dieser magnetischen Richtkraft beruhende Kompaß den Mittelmeervölkern durch die Berührung mit der chinesischen Welt bekannt wurde oder ob dieselbe Entdeckung hier im 11. Jahrhundert selbständig noch einmal geglückt ist, muß dahingestellt bleiben.

Erst im Laufe des 14. Jahrhunderts wurde man gewahr, daß die magnetische N-S-Richtung mit der Richtung des geographischen Meridians nicht genau übereinstimmt. Den Winkel, den die Richtung der Magnetnadel mit der Mittagslinie bildet, nennt man die magnetische

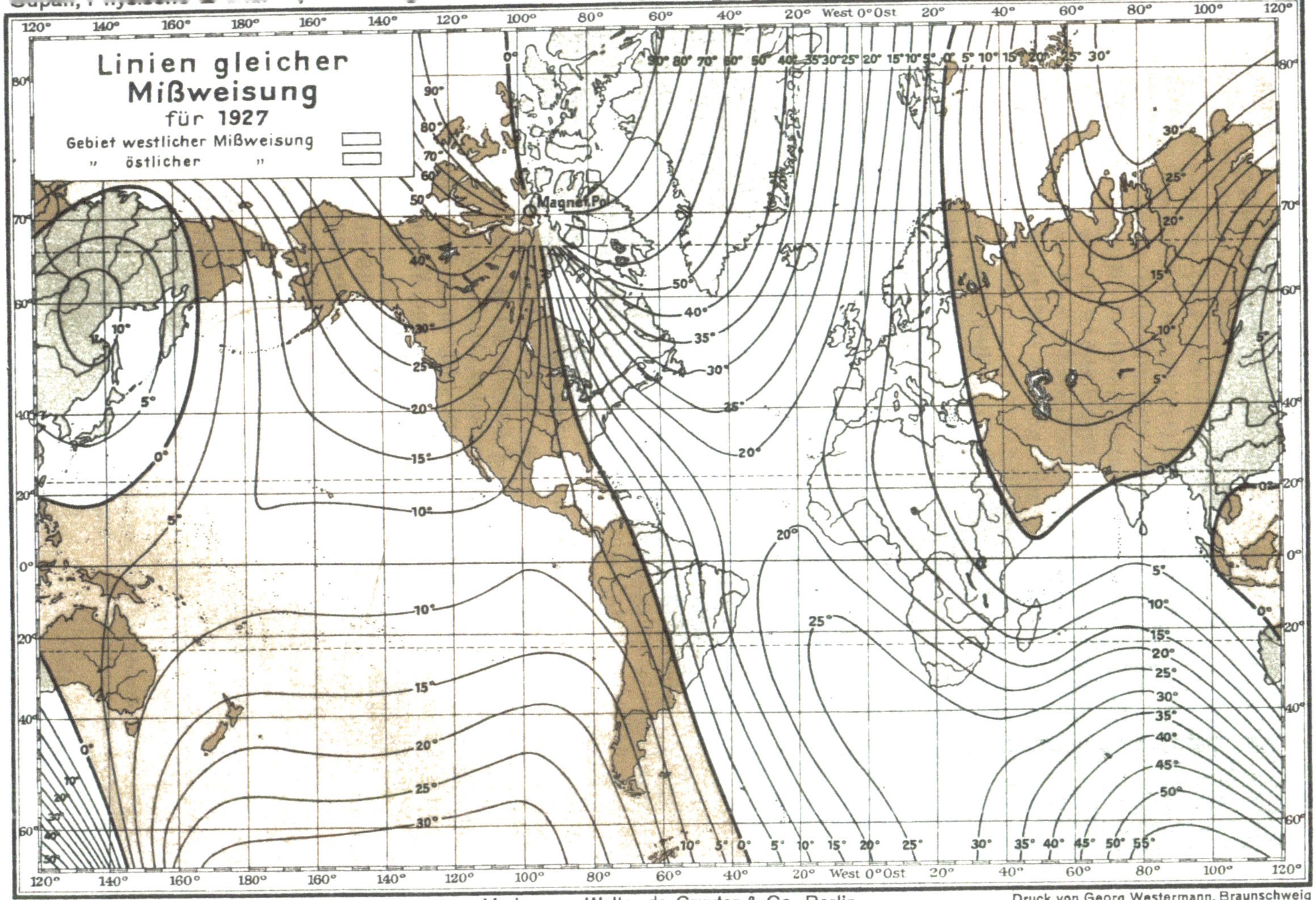

Entw. v. Dr. K. Burath.

Verlag von Walter de Gruyter & Co., Berlin

Druck von Georg Westermann, Braunschweig

Mißweisung oder Deklination *. Eine Mißweisung nach W wird als positiv, eine solche nach O als negativ bezeichnet. — Um die Mitte des 16. Jahrhunderts (1543) stellte der Nürnberger G. HARTMANN fest, daß eine in ihrem Schwerpunkt senkrecht aufgehängte Magnetnadel sich nicht wagerecht, sondern unter einem gewissen Winkel gegen die Horizontebene einstellt. Den Neigungswinkel nennt man die Inklination. — Nehmen wir als letztes magnetisches Element die Intensität der magnetischen Kraft hinzu, so haben wir damit alle Erscheinungen genannt, mit deren Hilfe der Magnetismus der Erde gekennzeichnet und gemessen wird.

Für den Geographen und für das praktische Leben spielt der Erdmagnetismus wegen der durch ihn ermöglichten einfachen Richtungsangabe und Orientierung eine sehr große Rolle, und da magnetisch N und astronomisch N nicht zusammenfallen, ist es die magnetische Mißweisung, um die wir uns in erster Linie zu kümmern haben. Ohne Kenntnis der magnetischen Deklination wird Land- und Seeverkehr, wird die genaue Orientierung im Bergwerk wie im Flugzeug zur Unmöglichkeit.

Die Mißweisung — von Inklination und Intensität gilt das gleiche — ist veränderlich nach Raum und Zeit. Verbinden wir alle Orte gleicher Mißweisung durch Linien, so erhalten wir als Ausdruck der räumlichen Verteilung der Deklination die Isogonen-Karte der Erde (entsprechend Isoklinen und Isodynamen). Den magnetischen Nordpol ermittelte JAMES ROSS 1831 in Nordamerika auf der Halbinsel Boothia Felix unter 68° 18′ n. Br. und 96° 27′ w. L.**; der südhemisphärische Magnetpol wurde am 16. Januar 1909 von der zweiten englischen Südpolarexpedition unter 72° 25′ n. Br. und 154° ö. L. festgestellt. — Unser Vaterland liegt zurzeit im Bereich einer westlichen Mißweisung von etwa 3° im O und gegen 10° im W.

Tafel I, von Herrn Regierungsrat Dr. BURATH, Hamburg, Deutsche Seewarte, eigens für dieses Werk bearbeitet, gibt für das Jahr 1927 die Verteilung der Mißweisung über die Erde wieder. Es handelt sich selbstverständlich um eine generalisierte Darstellung; die Linien gleicher Mißweisung sind mehr oder minder geglättet, um das Bild übersichtlicher zu machen. Auf Karten größeren Maßstabes wird die Anschaulichkeit und Einfachheit oft durch das Auftreten örtlicher Störungsgebiete getrübt. Gewöhnlich lassen diese Störungen einen Einfluß des geologischen Baues (Eisenerzlager) auf den Verlauf der Isogonen erkennen; die deutschen Mittelgebirge, namentlich der Harz, sind Beispiele dafür. Einen traurigen Ruf in der Seeschiffahrt genießt wegen ihrer magnetischen Anomalie die Insel Jussarö im Finnischen Meerbusen. Sie hat

* Zwei in Wien und in Innsbruck aufbewahrte alte Uhr-Kompasse beweisen, daß im 15. Jahrhundert die Deklination in Europa allgemein bekannt war; auch Kolumbus wußte bereits sicher davon.

** Er wird neuerdings auf 70½° n. Br. und 97° 40′ w. L. angesetzt.

viele Opfer an Gut und Menschenleben gefordert, ehe sie eingehend magnetisch erforscht wurde; als Ursache der Störung gelten untermeerische Eisenerzlager. Derselbe Grund wird für eine magnetische Störung in der Kola-Bucht (Murmansk) angegeben. Die größte heute bekannte magnetische Anomalie befindet sich im Bezirk Kursk nördlich von Charkow (Rußland); sie erstreckt sich in zwei NW—SO gerichteten Streifen über eine Fläche von der Größe der Provinz Brandenburg. Die Mißweisung durchläuft hier alle Werte von 0—360°, und auch Inklination und Intensität zeigen ganz ungewöhnliche Verhältnisse; es kommen sogar regelrechte magnetische Pole vor, wo die Inklinationsnadel senkrecht steht. Als Ursache nahm schon LEYST, der erste Erforscher dieses Störungsgebietes, umfangreiche Eisen- oder Eisenerzmassen im kristallinen Untergrund an. Mehrere seit 1923 im Gebiete der stärksten magnetischen Abweichungen niedergebrachte Bohrungen trafen in der Tat von 160 m Tiefe ab quarzitische Magneteisenerze vom Typus der bekannten Kriwoi Rog-Erze an. Nach LAZAREFF [29] ist jedoch der Magnetismus dieser Erze zu gering, um die großen Störungen zu erklären; die Abweichungen entsprechen vielmehr den Einwirkungen einer magnetisch gesättigten Eisenmasse, deren eventuelles Vorhandensein nur durch zahlreiche kostspielige Tiefbohrungen nachgewiesen werden könnte. Das Rätsel der Kursker Anomalie ist also noch immer nicht gelöst. — Problematisch sind ebenfalls noch heute die magnetischen Störungen, die im diluvialen Norddeutschland, vor allem in Ost- und Westpreußen beobachtet worden. Ein Teil der Forscher bringt sie mit dem tektonischen Bau des Untergrundes in Zusammenhang, andere glauben sie durch den Eisen-, besonders Magnetitgehalt der nordischen Geschiebe erklären zu sollen [30].

Wie wir oben schon andeuteten, ist eine Isogonen-Karte mit dem Vorbehalt zu lesen, daß die Deklination auch zeitlichen Veränderungen unterliegt. Man unterscheidet eine tägliche und eine jährliche Periode, säkulare Variationen und plötzliche Störungen. Bei der Aufstellung einer Isogonen-Karte werden die täglichen Variationen des Erdmagnetismus durch Mittelbildung ebenso ausgeschaltet wie die jahreszeitlichen Schwankungen (Maxima im Februar-März und Oktober, Minima im Juni und Dezember—Januar). Trotzdem gilt eine Isogonen-Karte stets nur für eine beschränkte Epoche und muß nach deren Ablauf durch eine neue ersetzt werden, weil sich die magnetischen Elemente im Laufe der Jahre nicht unerheblich ändern. Gegenwärtig rückt das Feld östlicher Mißweisung von Mittelasien her gegen Europa vor, so daß die nächsten Jahrzehnte und Jahrhunderte eine Herabsetzung der westlichen Deklination mit sich bringen werden. Die sich hierin äußernde säkulare Variation des Erdmagnetismus überlagert eine andere Schwankungswelle, die sich durch eine elfjährige Periode kundtut und unzweideutig auf Beziehungen zwischen Erdmagnetismus und Sonnenfleckenhäufigkeit hinweist. NIPPOLDTS diesbezügliche graphische Darstellung

(Fig. 7) zeigt einen geradezu erstaunlich exakten Parallelismus der Kurven.

Den örtlichen Störungen entsprechen *zeitliche Anomalien* des Erdmagnetismus. So haben die japanischen Geologen darauf aufmerksam gemacht, daß in ihrer Heimat fast jedem stärkeren Erdbeben »magnetische Gewitter« vorausgehen, und anläßlich der letzten südwestdeutschen Beben hat R. Lang dieselben Beobachtungen gemacht. Leider sind die »magnetischen Gewitter« nicht regelmäßig genug, um als zuverlässige Erdbebenwarnung zu dienen.

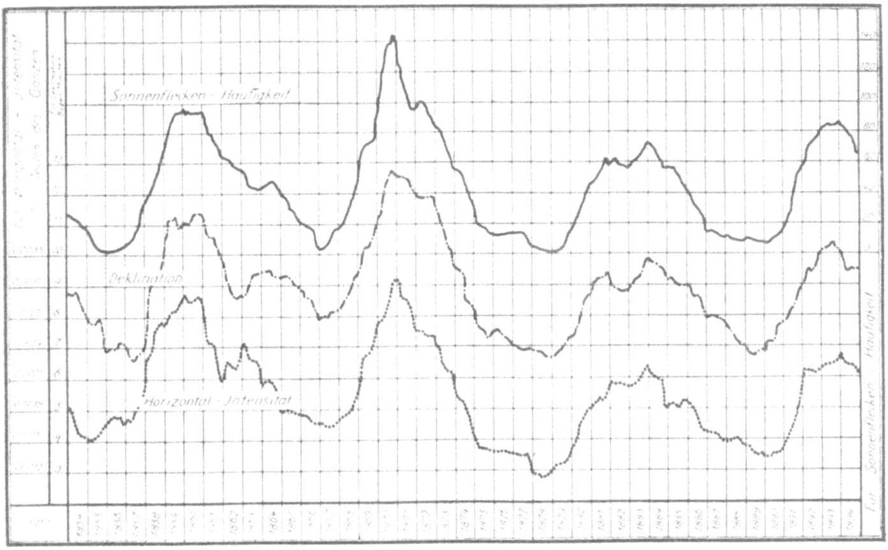

Fig. 7. Erdmagnetismus und Sonnenfleckenhäufigkeit nach Nippoldt.

Die Zahl der *Theorien*, die die physikalische Natur des Erdmagnetismus erklären wollen, ist eine recht große. Schon das spricht dafür, daß wir zurzeit noch von einer klaren und sicheren Erkenntnis der Kausalzusammenhänge weit entfernt sind. Als feststehend kann gegenwärtig wohl nur etwa das Folgende angesehen werden: In erster Linie wirkt der *Gesteinsmagnetismus der Erdkruste*, daneben kommt als Kraftquelle des irdischen Magnetismus der vermutlich von Anbeginn an *magnetisierte Erdkern* in Betracht. Zu diesem *beharrlichen Erdmagnetismus* gesellen sich nun aber diejenigen magnetischen Erscheinungen, die durch *elektrische Strahlung seitens der Sonne* hervorgerufen werden. Man dachte ursprünglich nur an Kathodenstrahlen, rechnet heute aber auch die ultravioletten Lichtstrahlen zu jener von der Sonne ausgehenden Strahlungsenergie, die bei ihrer

Fortpflanzung durch den Raum auf den Erdkörper stößt und dadurch magnetische Wirkungen ausübt.

Das Polarlicht [31]. Die polare Winternacht wird zeitweise von jenen eigentümlichen und rätselhaften Lichterscheinungen erhellt, die wir unter dem Namen »Polarlichter« zusammenfassen und je nach der Hemisphäre, auf der sie auftreten, als Nord- oder Südlichter bezeichnen. Das Nordlicht, das aus naheliegenden Gründen häufiger beobachtet und eingehender studiert wurde, ist besonders in der Nähe des Polarkreises heimisch, wo es ein fast tägliches Phänomen ist, und wird nach N wie

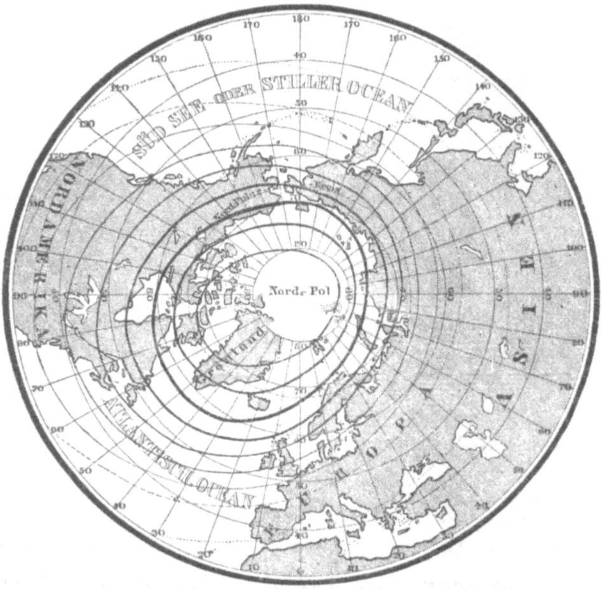

Fig. 8. Geographische Verbreitung des Nordlichts nach Fritz.

nach S zu immer seltener. Fig. 8 verbindet die Orte gleicher Häufigkeit der Nordlichter durch Linien von entsprechender Stärke; die Kurven gruppieren sich in kreisähnlicher Gestalt um einen Punkt zwischen dem geographischen und dem magnetischen Nordpol und reichen infolgedessen in Nordamerika wesentlich tiefer äquatorwärts hinab als in der Neuen Welt. Die Zone größter Häufigkeit (starke Linien) weist durchschnittlich gegen 100 Nordlichter im Jahre auf. — Auf der Südhalbkugel treffen wir ähnliche Verhältnisse an. Das Gebiet häufigerer Polarlichter wird hier durch eine kreisähnliche Kurve abgeschlossen, die ungefähr 44° vom magnetischen Südpol entfernt ist. Daher reicht hier das Phänomen im O weiter nach dem Äquator zu als im W. — Spektralanalytische Untersuchungen haben gelehrt, daß sogar in den Tropen das Polarlicht nicht selten ist, aber nur ausnahmsweise erreicht es hier eine solche Stärke, daß es sichtbar wird. Das große Nordlicht vom Jahre 1859 wurde selbst in äquatornahen Gegenden wahrgenommen, und auch von der südlichen Halbkugel wissen wir, daß Polarlichter gelegentlich bis in niedrige Breiten hinabreichen; den Bewohnern der alten Inkastadt Cuzko (12¼ s. Br.) war diese Erscheinung nicht unbekannt.

Am glänzendsten zeigt sich das Polarlicht aber stets nur in der Maximalzone, wo es hauptsächlich in zwei Grundformen, als Band- und Strahlenlicht auftritt. Das erstere besteht aus nebeneinandergereihten senkrechten Lichtstreifen, die den Eindruck von in der Luft fliegenden Bändern oder herabhängenden Draperien machen. Die zweite Form ist ein leuchtender Bogen am nördlichen Himmel, dessen Enden sich auf den Horizont stützen. Er umsäumt ein völlig dunkles Kreissegment, das man für einen grauen oder bräunlichen Nebel hält. Aus dem Lichtbogen schießen Strahlen in den mannigfachsten Farben hervor, um sich nicht selten über dem Scheitel des Beobachters zu einer glänzenden Krone zu vereinigen. Manchmal erscheint auch ein Bogen über dem anderen. Nur eine Modifikation des Strahlenlichtes ist der gewöhnliche Nordlichtbogen ohne Bewegung und ohne Strahlen, der in den höheren Breiten jenseits der Maximalzone am häufigsten ist; bisweilen erscheint hier aber noch ein zweiter Bogen im Süden, und beide tauschen Strahlen aus. In der innersten Arktis wird meist nur ein heller Nebel am südlichen Horizont sichtbar, und die geringe Lichtentwicklung erklärt es, daß man hier Nordlichter nur selten beobachtet hat. In unseren Breiten wird zumeist nur eine helle, zuweilen rötliche Wolke von strahligem Bau oder ein diffuser weißlicher Schein am nördlichen Himmel wahrgenommen; doch ist das Licht in den Perioden größter Häufigkeit intensiv genug, um das Lesen zu gestatten und Schattenwurf zu erzeugen. Gewöhnlich ist aber die Lichtstärke auch in höheren Breiten so gering, daß Sterne I. und II. Größe durchschimmern, und selten wird die Leuchtkraft des Vollmonds übertroffen, daher auch die Häufigkeit der beobachteten Polarlichter zur Vollmondzeit ein Minimum erreicht.

Wie die Erscheinungsweise und die Insensität, so ist auch die Höhe der Polarlichter verschieden (20—500 km), aber ohne Zweifel gehören sie noch der Lufthülle an. Bald sind sie nur innerhalb enger Grenzen sichtbar, bald beleuchten sie einen beträchtlichen Teil der Hemisphäre; bald dauern sie nur wenige Minuten, bald ganze Nächte, ja manchmal erstrecken sie sich sogar über einen größeren Zeitraum, wie jenes Nordlicht, das vom 28. August bis 7. September 1859 dauerte. Es gilt als Regel, daß große Erscheinungen sich allmählich entwickeln und allmählich verschwinden.

Auch die Polarlichter lassen, ganz ähnlich wie der Erdmagnetismus eine mehrfache Periodizität erkennen: tägliche Schwankung, mit dem Maximum von 8—10 Uhr abends, jährliche Variation mit zwei Maxima (März und Oktober) und zwei Minima (Juni und Januar), elfjährige Periode mit dem Maximum zur Zeit der größten und dem Minimum zur Zeit der kleinsten Häufigkeit der Sonnenflecken. Schon diese seltsame Übereinstimmung in der Variation von Polarlicht und Erdmagnetismus legt die Vermutung nahe, daß beides verwandte Erscheinungen sind und ihre Entstehung der nämlichen Ursache verdanken. Lemströms Experimente haben über diesen Punkt Klarheit geschaffen: am 29. Dezember 1882 gelang es ihm, durch ein mit Spitzen versehenes Drahtnetz, das auf einem Berge bei Kultala in Finnland aufgestellt wurde, ein naturgetreues künstliches Nordlicht zu erzeugen und dieses als Effekt eines elektrischen Entladungsvorganges nachzuweisen. Noch eingehender vermochte Birkeland [32] dem Problem auf experimentellem Wege beizukommen. Er verwandte zu seinen glänzenden Versuchen als Nachahmung der Erde eine eiserne Kugel (Terella), die, mit Bariumplatincyanür bestrichen, in einen großen, luftdicht schließenden Glaskasten gebracht und dann einer elektrischen Strahlung ausgesetzt wurde. War die Terella nicht magnetisch erregt, so leuchtete die ganze der Elektrode zugewandte Seite ihrer Oberfläche auf; sobald das Erdmodell jedoch magnetisch gemacht wurde, zeichneten sich auf einem beweglichen Platincyanürschirm in der Nähe der Pole keilförmige Lichtkegel und Lichtbänder ab, die Birkeland mit Recht als künstliche Polarlichter ansprach. Diesen Versuchen schuf Störmer [33] die theoretischen Unterlagen; seine Ergebnisse lassen sich etwa folgendermaßen zusammenfassen: Die Polarlichter entstehen durch Absorption einer von der Sonne ausgehenden elektrischen Strahlung in den stark verdünnten, höheren Schichten der irdischen Lufthülle; ihr besonderes Auftreten verdanken die Polarlichter dem Umstande, daß die vom Unendlichen herkommenden Kathodenstrahlen in das Feld des Erdmagnetismus hineingeraten und hierdurch eine wesentliche Ablenkung ihrer Bahnen erleiden. Ohne beharrlichen Erdmagnetismus keine Verdichtung der Elektronenbahnen in einem den magnetischen Pol umgebenden Bande, d. h. keine Polarlichter. Die mannigfachen Formen des Polarlichtes erklären sich aus der wahren Gestalt der leuchtenden Luftmassen, d. i. der verschiedenen Gestaltung der Elektronenbahnen, unter Zuhilfenahme der Perspektive.

Auch damit wird gewiß noch nicht das letzte Wort zu dem Problem »Erdmagnetismus und Polarlicht« gesprochen sein; von dem Wesen der Dinge aber haben wir jetzt immerhin eine leidlich fest gegründete Anschauung. Klarer und immer klarer erkennen wir, wie mannigfach die Beziehungen sind, die unsere Erde mit dem Zentralgestirn unseres Planetensystemes, der Sonne, verbinden.

Literaturnachweise. [1] S. Günther, Handbuch der Geophysik; 2 Bde., Stuttgart 1897—99, ein außerordentlich umfangreiches, stellenweise allerdings bereits veraltetes Kompendium. W. Trabert, Lehrbuch der kosmischen Physik; Leipzig 1911.

R. Langenbeck, Die Fortschritte in der Physik und Mechanik des Erdkörpers; Geogr. Jahrbuch XXXVI, 1913 und ebenda XXXVIII, 1915/18. E. Kayser, Lehrbuch der allgemeinen Geologie; 2 Bde., Stuttgart 1921. J. Koenigsberger, Die Gestalt der Erde und ihre physikalischen Eigenschaften; in W. Salomon, Grundzüge der Geologie I, Stuttgart 1922. A. Prey, B. Mainka, C. Tams, Einführung in die Geophysik; Berlin 1922. B. Gutenberg, Lehrbuch der Geophysik; Berlin 1926. — [2] J. Koenigsberger und M. Mühlberg, Über Messungen der geothermischen Tiefenstufe; Neues Jahrbuch f. Min. Beil. Bd. 31, 1911. — [3] H. Höfer von Heimhalt, Die geothermischen Verhältnisse der Kohlenbecken Österreichs; Berg- und Hüttenmännisches Jahrbuch 1916. — [4] J. B. Messerschmitt, Die Schwerebestimmung an der Erdoberfläche; Braunschweig 1908. — [5] E. Wiechert, Über die Massenverteilung im Innern der Erde; Nachrichten der Gesellschaft der Wissenschaften zu Göttingen, Math.-phys. Klasse 1897. Was wissen wir von der Erde unter uns? Populäre Darstellung in der Deutschen Rundschau; Berlin 1907, Bd. XXXIII. E. Wiechert und L. Geiger, Bestimmung des Weges der Erdbebenwellen im Erdinnern; Physikalische Zeitschrift 1910. E. Wiechert, K. Zöppritz, L. Geiger, B. Gutenberg, Über Erdbebenwellen; Nachrichten der Göttinger Ges. d. Wiss. 1907—1919. Die neueren Ansichten kritisch zusammenfassend: Stjepan Mohorovicic, Das Erdinnere; Z. f. angew. Geophysik, 1925, Bd. I. — [6] E. Suess, Das Antlitz der Erde; Bd. III, Wien 1909. — [7] V. M. Goldschmidt, Der Stoffwechsel der Erde; Kristiania 1922. Derselbe, Geochemische Verteilungsgesetze I; Kristiania 1923. — [8] L. H. Adams und E. D. Williamson, The composition of the earth's interior; Ann. rep. of the Smithsonian Institution 1923, Washington 1925. — [9] Walter Klussmann, Über das Innere der Erde; Gerlands Beiträge z. Geophysik, Bd. 14, 1915—18. — [10] B. Gutenberg, Der Aufbau der Erde; Berlin 1925. — [11] S. Günther, Entwicklung der Lehre vom gasförmigen Zustand des Erdinnern; XIV. Jahresber. der Geogr. Ges. München 1892. — [12] Sv. Arrhenius, Zur Physik des Vulkanismus; Verhandl. der Geol. Ges. Stockholm 1900. — [13] W. Schweydar, Untersuchungen über die Gezeiten der festen Erde und die hypothetische Magmaschicht; Veröff. d. preuß. geod. Inst. 1912. Derselbe, Die Polbewegungen in Beziehung zur Zähigkeit und zu einer hypothetischen Magmaschicht der Erde; ebenda 1919. Derselbe, Lotschwankungen und Deformation der Erde durch Flutkräfte, gemessen mit zwei Horizontalpendeln im Bergwerk in 189 m Tiefe bei Freiberg i. Sa.; Zentralbureau der internat. Erdmessung N. F. 38, Berlin 1921. — [14] G. Linck, Aufbau des Erdballs; Jena 1924. — [15] Das Studium der Gesteine verlangt eine intensive praktische Schulung. Als Lehrbuch sei vor allem genannt: F. Rinne, Gesteinskunde; 8./9. Aufl. Leipzig 1923, sehr gediegen, dabei aber doch allgemeinverständlich. Höheren Anforderungen wird gerecht O. H. Erdmannsdörfer, Grundlagen der Petrographie; Stuttgart 1924. — [16] J. H. Pratt, On the constitution of the solid crust of the earth. Phil. transact. London 161, 1871. — [17] O. Hecker, Bestimmung der Schwerkraft auf dem Atlantischen Ozean; Veröff. des Zentralbureau f. Intern. Erdmessung Berlin 1903. Ebenda 1908 Schwerkraft auf dem Indischen und Großen Ozean und 1910 Schwarzes Meer nebst neuen Ausgleichungen für die Ozeane. — [18] C. Tams, Über die Fortpflanzungsgeschwindigkeit der seismischen Oberflächenwellen längs kontinentaler und ozeanischer Wege; Zentralbl. f. Min., Geolog. und Paläont. 1921. — [19] Henry S. Washington, Isostasy and rock density; Bull. Geol. Soc. of America 1922, Vol. 33. — [20] B. Gutenberg, Das Innere der Erde; 56. Bericht der Senkenberg. Naturf. Gesellsch. Frankfurt a. M. 1926. — [21] F. Kossmat, Die mediterranen Kettengebirge in ihrer Beziehung zum Gleichgewichtszustande der Erdrinde; Abh. Math.-Phys. Kl. Sächs. Ak. d. W. Band 38, 2. Leipzig 1921. — [22] A. Wegener, Die Entstehung der Kontinente und Ozeane; 3. Aufl, Braunschweig 1922. Derselbe, Paläographische Darstellung der Theorie der Kontinentalverschiebungen; in Enzyklopädie d. Erdkunde, Leipzig-Wien 1926. — [23] Von der sehr angeschwollenen Literatur über diesen Punkt nennen wir: W. Köppen, Ursachen. und Wirkungen der Kontinentenverschiebungen und Polwanderungen. P. M. 1921. Derselbe, Muß man neben der Kontinentenverschiebung noch eine Polwanderung in der Erdgeschichte annehmen? P. M. 1925. W. Köppen und A. Wegener, Die Klimate der geologischen Vorzeit; Berlin 1924. — [24] A. Wegener, F. Kossmat, A. Penck, W.

Schweydar, W. Penck, Die Theorie der Kontinentalverschiebungen und Erörterungen darüber; Z. G. f. E. 1921. — [25] R. Maack, Eine Forschungsreise über das Hochland von Minas Geraes zum Paranahyba; Z. G. f. E. 1926. — [26] E. Argand, La Tectonique de l'Asie; Comptes Rendus Congr. géolog. 1922, Lüttich 1924. — [27] F. Nölke, Physik. Bedenken gegen A. Wegeners Hypothese der Entstehung der Kontinente und Ozeane. P. M. 1925. — [28] A. Nippoldt, Erdmagnetismus und Erdelektrizität; Müller-Pouillets Lehrbuch der Phys.; Braunschweig 1914. A. Schmidt, Erdmagnetismus; Enzyklop. der math. Wiss., Leipzig 1918. A. Nippoldt, Erdmagnetismus, Erdstrom und Polarlicht; 3. Aufl. Sammlung Göschen, Berlin-Leipzig 1921. K. Schering, Bericht über die Fortschritte unserer Kenntnisse vom Magnetismus der Erde; Geogr. Jahrb. XXXVI, 1913. — [29] Lazareff, The Kursk magnetic anomaly; Berlin 1922. S. v. Bubnoff, Über die magnetische Anomalie von Kursk; Z. f. angew. Geophys. 1923/24. — [30] A. Nippoldt, Die neuen magnetischen Karten des Deutschen Reiches als Grundlage für geologische Forschungen; Die Naturwissenschaften, 3. Jahrg., 1915. F. Errulat, Erdmagnet. Aufnahmen des westl. Samlandes; Geol. Archiv II, 1923. H. Reich, Erdmagnetismus und glaziales Diluvium; Jahrb. d. Preuß. Geol. Landesanst. 1925, Bd. XLVI u. a. — [31] H. Fritz, Das Polarlicht. Leipzig 1881. W. Boller, Das Südlicht; Gerlands Beitr. z. Geophys. 1896. — [32] Kr. Birkeland, Expedition Norvégienne de 1899—1900 pour l'étude des aurores boréales; Vidensk. Skrifter Nr. 1, Christiania 1901, und derselbe, The Norvegian aurora polaris expedition 1902—03; Christiania 1908—13. — [33] C. Störmer hat über die Theorie der Polarlichter seit 1904 eine Fülle von Arbeiten veröffentlicht. Wir verweisen hier vor allem auf die beiden neuesten Publikationen Störmers: Corpuscular theory of the aurora borealis, in der Zeitschrift Terrestrial Magnetism and Atmospheric Electricity, Cincinnati 1917, und Les phénomènes d'aurore boréale et les problémes qui s'y rattachent in Congrès des Mathématiques, Helsingfors 1922.

Grundzüge der Gestaltung der Erdoberfläche.

Die Energiequellen. Die Gestaltung der Erdoberfläche mit ihrem Wechsel von Land und Meer, Höhen und Tiefen stellt keinen Dauerzustand dar, sondern ist seit der Bildung der festen Erdkruste und der Kondensation des Wassers fortwährenden Veränderungen unterworfen. Wir werden diese Vorgänge im einzelnen weiter unten behandeln; hier kommt es nur darauf an, das Gewebe von direkten und indirekten Wirkungen in seinen Grundzügen darzulegen und damit das Verständnis der nachfolgenden Betrachtungen anzubahnen.

Die auf die Erdoberfläche einwirkenden Kräfte beruhen teils auf Lebensäußerungen des Erdkörpers, teils sind sie als Folgen der Einwirkungen kosmischer Energie auf die Erde zu begreifen. Die erste Gruppe faßt man daher unter der Bezeichnung endogen oder innenbürtig zusammen und will damit andeuten, daß die Erde selbst durch ihren physikalischen Zustand diese Kräfte erzeugt, aktiv daran beteiligt ist. Für die zweite Gruppe hat sich die Bezeichnung exogen oder außenbürtig eingebürgert; diese Kräfte haben, wie der Name besagt, ihren Sitz im Weltenraum, und die Erde steht nur in einem passiven Verhältnis zu ihnen.

Die Gestaltung der Erdoberfläche wird von dem urewigen Wechselspiel zwischen endogenen und exogenen Kräften beherrscht. Die innenbürtigen Kräfte äußern sich in Vulkanismus und Erdbeben,

Faltung und Bruchbildung, Hebungen, Senkungen und horizontalen Verschiebungen der Erdkruste bzw. einzelner Schollenstücke. In jedem Falle zielen sie letzten Endes auf die Schaffung bzw. Verstärkung der Reliefunterschiede ab. Ihr Gegenpartner sind die außenbürtigen Kräfte, die in Gestalt von Verwitterung und Abtragung, Winden, Wellen und Strömungen, Ebbe und Flut u. a. m. unausgesetzt daran arbeiten, nivellierend zu wirken, vorhandene oder auftauchende Reliefunterschiede auszugleichen. Beide wesensverschiedenen Kräftegruppen wirken gleichzeitig auf die Erdoberfläche ein. Von dem Augenblick an, wo z. B. die ersten Spuren eines werdenden Gebirges auftauchen, ist auch dessen Zerstörung schon im Gange. Das Ergebnis, d. h. die jeweilige Gestaltung der Erdoberfläche, wird augenscheinlich von dem Verhältnis beider, dem Überwiegen der aufbauenden oder der zerstörenden Kräfte, bestimmt.

Wenn die Schwerkraft in diesem Zusammenhange nicht besonders genannt wurde, so erklärt es sich daraus, daß sie zunächst nur potentielle Energie ist und erst durch die anderen, primären Kraftquellen in kinetische Energie umgewandelt wird. Die Schwerkraft würde fortbestehen, auch wenn alle Bewegung auf Erden erloschen wäre.

Auch die Rotation der Erde ist, wenn wir von der immerhin noch etwas problematischen Polflucht- und Westtriftkraft absehen, nicht als Energiequelle zu betrachten. Sie bewirkt an sich keine Bewegung, sondern beeinflußt nur schon vorhandene Bewegungen: alle in horizontaler Richtung auf der Erde sich bewegenden Körper werden — auch wenn die Richtung eine genau ostwestliche ist — durch die Erdrotation auf der Nordhalbkugel nach rechts, auf der Südhalbkugel nach links abgelenkt. Die Tendenz zur Beibehaltung der absoluten Bewegungsrichtung und der ursprünglichen Rotationsgeschwindigkeit ist natürlich die wichtigste Ursache für die bei jeder horizontalen Bewegung eines Masseteilchens auf der Erdoberfläche auftretende Ablenkung. Der exakte Nachweis für das Bestehen einer solchen »ablenkenden Kraft« und die Berechnung ihrer Größe ist nicht so einfach, wie man bislang gemeint hat. W. Schmidt[1] bezeichnete jüngst die meisten Versuche dieser Art als falsch und verwies dabei namentlich auf die Werke von Krümmel, Wagner und Supan. Seine Darstellung der Relativbewegung auf einer ellipsoidförmigen Niveaufläche ergibt für die ablenkende Kraft p den Wert $2 v \omega \sin \varphi$, d. h. genau das Doppelte des bisher für richtig angesehenen Betrages. Die Ableitung dieser Formel, in der v die lineare Geschwindigkeit eines sich horizontal bewegenden Masseteilchens, $\omega \sin \varphi$ die durch die Erddrehung gegebene Winkelgeschwindigkeit darstellt, ist leider für Nichtmathematiker schwer zu verstehen, so daß sich eine gedrängte Wiedergabe der Schmidtschen Berechnungen an dieser Stelle nicht empfehlen dürfte. — Nur die Luft- und Meeresströmungen leisten, solange sie nicht auf einen kräftigen Widerstand stoßen, der ablenkenden Kraft der Erdrotation in so sichtbarer Weise Folge, daß jeder Zweifel ausgeschlossen ist. In bezug auf die Flüsse sind die Meinungen schon geteilt; zwar kann und will man die Ablenkung als solche auch hier nicht leugnen, wohl aber wird ein morphologischer Effekt dieser Ablenkung des fließenden Wassers vielfach bestritten.

Elemente der Erdgeschichte.[2] Die Geschichte der Erde seit Bildung der festen Erdkruste ist Gegenstand einer eigenen Wissenschaft, der Geologie, die aber zur physischen Geographie in so engen Beziehungen steht, daß wir es uns nicht versagen können, hier wenigstens die Hauptmomente anzudeuten.

Daß wir die ursprüngliche Erstarrungskruste des Erdkörpers an der Erdoberfläche nirgends mehr mit Sicherheit feststellen können, wird nicht überraschen; sie liegt begraben unter einer mächtigen Decke von jüngeren Eruptivmassen, kristallinen Schiefern und Schichtgesteinen. Aus diesen unserer Beobachtung eher zugänglichen Gesteinsserien versucht die Geologie die Grundzüge der Erdgeschichte abzuleiten und ein Bild der verschiedenen Entwicklungsperioden zu entwerfen.

Es liegt vielleicht nahe, die Gesteine als solche, d. h. ihre petrographische Sonderheit, zur Altersbestimmung zu benutzen, indessen dieser Weg kann zu keinem gesicherten Ergebnis führen. Man bedenke doch nur, was für verschiedenartige Gesteine sich in der Gegenwart gleichzeitig, wenn auch in verschiedenen Gebieten der Erdoberfläche, bilden: Kiese, Sande und Tone, vulkanisches Material aller Art, Kohlengesteine, vor allem in den Torfmooren u. a. m. Wir kennzeichnen die petrographische Verschiedenheit in derselben Zeit entstehender Gesteine durch den Begriff »Fazies«. Indem wir annehmen, daß die Verhältnisse in vergangenen Erdepochen grundsätzlich von der Gegenwart nicht verschieden waren, kommen wir zu der Auffassung, daß gleichaltrige Gesteinsbildungen stets starke fazielle Unterschiede aufweisen können, daß in jeder Erdperiode die Bildung jeder Gesteinsart möglich ist. Die Tatsache, daß zu manchen Zeiten die Bildung gewisser Gesteinsarten in bestimmten Gebieten überwog und diese Zeitabschnitte danach benannt sind (Old Red, Zechstein, Buntsandstein, Muschelkalk, Kreide), darf uns nicht irre machen; es handelt sich auch in diesen Fällen durchweg nur um räumlich beschränkte Gleichartigkeit einer bestimmten faziellen Ausbildung.

Wenn die Gesteine als solche demnach für eine Chronologie der Erdgeschichte nicht verwendbar sind, so brauchen wir trotzdem nicht auf geologische Zeitbestimmungen zu verzichten, denn die in den Sedimentgesteinen als Fossilien enthaltenen Reste oder Abdrücke von Pflanzen und Tieren leisten uns für die Bestimmung wenigstens des relativen Alters gute Dienste. Seit LAMARCK und DARWIN nehmen wir an, daß ein großer entwicklungsgeschichtlicher Zusammenhang das ganze Pflanzen- und Tierreich von den ältesten geologischen Zeiten bis zur Gegenwart beherrscht. Ist auch die Art und Weise dieses Zusammenhanges noch umstritten, so läßt sich doch allgemein in jedem Organismenstamm eine Entwicklung vom Einfachen zum Verwickelten feststellen. Da eine Umkehr in der Entwicklung kaum vorstellbar ist, scheint das Gesetz zu bestehen, daß jede Art nur einmal im Laufe der Entwicklung auftritt, daß ihr Erscheinen also einem bestimmten Zeitabschnitt der Erdgeschichte entspricht. Auf Grund der Entwicklung der Pflanzen- und Tierstämme kann man mithin gewisse geologische Epochen abgrenzen und Aussagen über das relative Alter der verschiedenen Erdschichten machen. Je beschränkter die Lebensdauer und je ausgedehnter zugleich das Verbreitungsgebiet einer Organismenart war, desto besser eignet sie sich zur chronologischen Kennzeichnung des betreffenden Horizonts (Leitfossil).

Enthalten Gesteinsserien keine Fossileinschlüsse, so bieten die Lagerungsverhältnisse einen gewissen Anhaltspunkt für die Ermittlung des relativen Alters. Es leuchtet ohne weiteres ein, daß normalerweise die überlagernden Schichten (Hangendes) älter sind als die überlagerten (Liegendes), daß jede Gesteinsschicht, die über einem gestörten Schichtenpaket liegt, aber von der Faltung, Verwerfung usw. nicht mitergriffen wurde, jünger ist als die Störung selbst. Für vulkanische Ergußgesteine gilt entsprechend, daß sie jünger als die durchbrochene, aber älter als die diskordant darauf ruhende, nicht durchbrochene Schichtengruppe sein müssen.

Vornehmlich durch Entzifferung der uns in den »Versteinerungen« aufbewahrten Naturkunden ist es der Geologie gelungen, eine gewisse chronologische Ordnung in das scheinbare Chaos der verschiedenartigsten Gesteinsserien hineinzubringen. Aufeinanderfolgende, paläontologisch nahe verwandte Horizonte werden zu Stufen zusammengefaßt, mehrere solcher Stufen zu Abteilungen (Serien), diese selbst wieder zu Formationen und letztere schließlich zu Formationsgruppen. Zeitlich entspricht die Formation einer Periode, die Formationsgruppe einem geologischen Zeitalter.

Die in nebenstehender Tabelle aufgeführten Haupt- und Unterabteilungen der Erdgeschichte repräsentieren Zeiträume von sehr verschiedener Länge; man darf mit einiger Sicherheit behaupten, daß die Dauer der Formationen um so kürzer wird, je jünger sie sind. W. von Siedlitz schätzt das Zeitverhältnis Känozoikum : Mesozoikum : Paläozoikum : Archaikum auf 1 : 3 : 12 : 50. In der sog. »Weltgeschichte« ist es ja aber auch nicht anders. Da umfaßt das Altertum jedenfalls 4000, das Mittelalter aber nur 1100 Jahre. Auch in einer anderen Beziehung finden wir eine Analogie zwischen der »Welt-« und der Erdgeschichte. Wie die Gliederung der ersteren nur auf den europäisch-mediterranen Kulturkreis anwendbar ist, aber nicht auf die Geschichte anderer Kulturvölker, so paßt das herrschende geologische System zunächst nur auf die Verhältnisse in Mittel- und Westeuropa, d. h. auf das Heimatgebiet der geologischen Wissenschaft. Zwar läßt es sich auch auf das übrige Europa und auch auf Nordamerika übertragen, aber jenseits des Äquators versagt es stellenweise. Die mächtige Karruformation Südafrikas und das ihr entsprechende Gondwana-System der vorderindischen Halbinsel umfassen, in die Sprache der europäischen Geologie übertragen, den ungeheuren Zeitraum vom oberen Karbon bis zum Rhät, in Vorderindien sogar bis zur unteren Kreide, also paläozoische wie mesozoische Formationen, und die bedeutungsvolle Grenze zweier europäischer Formationsgruppen trennt hier nur zwei Etagen einer zusammenhängenden Serie. Steigen wir in tiefere Horizonte hinab, so löst sich der südhemisphärische Zusammenhang wieder auf, und es bereitet die allergrößten Schwierigkeiten, die indischen, die Kap- und Transvaalschichten untereinander und mit dem Paläozoikum der Nordhalbkugel zu vergleichen.

Ein Nachteil der auf den organischen Einschlüssen beruhenden Abgrenzung der Erdepochen ist es, daß, wie besonders E. Suess gezeigt hat, die wichtigen Umgestaltungen im Bereich der Lebewelt mit bedeutungsvollen geographischen Veränderungen der Vorzeit nicht zusammenfallen. Solche Veränderungen sind vor allem die großen Überflutungen (Transgressionen) und die Gebirgsfaltungen.

Zu wiederholten Malen ist der Boden der heutigen Festländer trockengelegt und wieder vom Meer überflutet worden. So liegt die obere Kreide nicht überall normal auf der unteren Serie, sondern vielfach auf Jura, Trias, ja sogar auf paläozoischen und archaischen Formationen. In der Mitte der Kreideperiode trat also das Meer über seine bisherigen Ufer hinaus und eroberte weite Landgebiete. Transgressionen von beschränktem Umfange gehören zu den gewöhnlichen Ereignissen der Erdgeschichte, ausgedehnte sind aber verhältnismäßig selten; die mitteldevonische und unterkarbonische, mitteljurassische und oberkretazeische sind die bekanntesten. Die letztere scheint die größte gewesen zu sein, denn ihre Spuren lassen sich über die ganze Erde verfolgen.

Zu wiederholten Malen war das Festland auch ein Schauplatz gewaltiger Gebirgsbildungen. Zwar sind die Äußerungen der inneren Erdkräfte an keine bestimmten Perioden gebunden, vielmehr, wie die Erdbeben uns lehren, eine geradezu alltägliche Erscheinung, aber trotzdem hat es uns Suess in hohem Grade wahrscheinlich gemacht, daß sie in gewissen Zeitabschnitten eine größere Intensität erlangten. Solche Gebirgsbildungsepochen waren in nacharchaischer Zeit das jüngere Silur, das jüngere Karbon und das Tertiär. Die meisten unserer Kettengebirge stammen aus der letzten Epoche, aber wiederholt werden wir auch den Überresten älterer Faltungen begegnen.

Es wurde oben bereits gesagt, daß die geologisch-paläontologischen Altersbestimmungen nur relativ sind. Versuche, das absolute Alter der die oberen Teile der Erdkruste zusammensetzenden Gesteinsserien zu bestimmen, sind wiederholt und unter Benutzung der mannigfachsten Methoden unternommen worden: Anwendung der Differentialgleichung der Wärmeleitung auf den Erdkörper, Vergleich der Mächtigkeit von Sedimentbänken mit der heute zu beobachtenden mittleren Sedimentiergeschwindigkeit, Auszählen der Jahresringe im Zechsteinsalz, der eiszeitlichen Bändertone u. a. m. Die so errechneten Werte können jedoch wenig befriedigen. Ungleich bedeutungsvoller versprechen die Ergebnisse zu werden, die aus der Erforschung der radioaktiven Vorgänge abgeleitet werden können.[3] Die Atome der sog. radioaktiven Elemente, vor allem Uran und Thor, zerfallen unter Energieabgabe von selbst, ihre Zerfallsgeschwindigkeit ist durch Messung ermittelt worden. Bei dem Zerfall bilden sich einerseits Helium-Atome, andererseits Stoffe mit niedrigerem Atomgewicht. Die Reihe endigt infolge weiteren Zerfalls schließlich mit dem über sehr große Zeiträume beständigen Uranblei (Atomgewicht 206). Da die Bildung der Zerfallsstoffe gleichmäßig vor sich geht, ist die Menge des gebildeten und im Gestein sich anreichernden Heliums und Uranbleis zunächst eine Funktion der Zeit. Wenn man also den jetzigen Gehalt an Helium und Uranblei ermittelt, so läßt sich daraus unter gewissen Einschränkungen das absolute Alter des Gesteins berechnen. Da das Helium-Gas flüchtig ist und nur etwa zur Hälfte an das verwitternde Gestein gebunden bleibt, bevorzugt man zur Bestimmung des absoluten Alters meist die Blei-Methode. Auf diese Weise ist man dazu gelangt, das Alter karbonischer Eruptivgesteine auf rund 300 Jahrmillionen, das Alter kanadischer und finnischer Granitgneise auf annähernd 1400 Jahrmillionen zu schätzen. Für die Dauer der geologischen Zeitalter nennt BARREL[4] die folgenden Zahlen:

Känozoikum	etwa	55— 65	Jahrmillionen
Mesozoikum	„	135— 180	„
Paläozoikum	„	360— 540	„
Archaikum	„	1200—1400	„

Seit der Bildungszeit der ältesten uns überhaupt bekannten Gesteine dürften darnach rund 2 Milliarden Jahre — nach L. MEITNER[5]) sogar 3 Milliarden Jahre — verflossen sein. Derartigen Zahlen mag einstweilen noch eine erhebliche Unsicherheit anhaften, aber in jedem Falle bleibt eine riesige Zeitspanne übrig, während der das Spiel der exogenen und endogenen Kräfte unausgesetzt das Relief der Erde modelliert hat. Das Ergebnis dieses geologischen Entwicklungsprozesses sind die heutigen Formen der Erdoberfläche, deren Grundzüge wir nun in den folgenden Kapiteln dieses Abschnittes kennenlernen werden. Aber nicht als endgültiges Ergebnis sind sie aufzufassen, sondern auch nur als ein Durchgangsstadium. In Anbetracht der ungeheuren Länge geologischer Zeiträume sind unsere Erdkarten kaum mehr als Momentphotographien.

Übersicht übe

Zeitalter	Formationen		Dauer (n. Barrel)	Bezeichnende Pflanzen- u. Tierstämm	
Sternzeitalter	Zeit des selbstleuchtenden Er				
I. Präkambrium oder Urzeit (Archaikum)	1. Azoische Zeit		1200 bis 1400 Jahrmillionen	Ohne Spuren von Lebewesen	
	2. Eozoische Zeit (Algonkium)			Die ersten Anzeichen belebt nismen (schalenlose Weichtiere stand meist unkenntlich	
II. Paläozoikum oder Altertum der Erde	3. Kambrium	Unter- Mittel- Ober- Kambrium	360—540 Jahrmillionen	Algen! Landpflanzen sind so gut wie unbekannt	Trilobiten hornschalige poden
	4. Silur	Unter- Ober- Silur			Trilobiten schalige Br den. Gr then! Naut
	5. Devon	Unter- Mittel- Ober- Devon		Entfaltung der Gefäßkryptogamen (Farne, Bärlappe, Schachtelhalme)	Korallen, poden, Trilobi m. Panzerfis Obersilur)
	6. Karbon (Steinkohlenzeit)	Unterkarbon (Kulm) Oberkarbon (produktives Karbon)			Älteste Ar und Landinse
	7. Perm (Dyas)	Rotliegendes Zechstein			
III. Mesozoikum oder Mittelalter der Erde	8. Trias	Buntsandstein Muschelkalk Keuper	135—180 Jahrmillionen	Vorherrschen der nacktsamigen Blütenpflanzen	Die ersten Entfaltung de lien, Knoch Ceratiten
	9. Jura	Lias (schwarzer J.) Dogger (brauner J.) Malm (weißer J.)			Älteste Vögel und Flugsaurier
	10. Kreide	Wealden Neokom Gault – Untere Kreide; Zenoman Turon Emscher Senon Dänische Stufe – Obere Kreide			Erlöschen der großen Reptilien, der Ammoniten und Belemniten
IV. Neo- oder Känozoikum oder Neuzeit der Erde	11. Tertiär	Eozän Oligozän	55—65 Jahrmillionen	Bedecktsamige Blütenpflanzen (Laubhölzer, Palmen)	Entfaltung d. Säugetiere: Entw der S
		Miozän Pliozän			Verbr Mast
	12. Quartär	Diluvium (Pleistozän)			Urr und
		Alluvium (Jetztzeit)			Me

ichte der Erde.

ɟebirgsbildung	Vulkanismus	Eiszeiten
.vafontänen und Protuberanzen		
hreitender Kondensation bilden sich die Urmeere		
che starke Faltungen, nd überall	Starke, häufige Ausbrüche, z. T. Flächeneruptionen	Periarktische Vereisung (bes. Ontario)
		Vereisung in China, Südaustralien, Norwegen festgestellt
ordatlantischen und mitpäischen Gebiet finden donischen Faltungen statt	In Mitteleuropa viel Diabasausbrüche örtlich starker Vulkanismus	Vereisung im Kapland festgestellt
Faltungen in Europa h-armorikanische), Asien), Australien, Nordamerilachen)	Starker Vulkanismus im Faltungsgebiet, anfangs überwiegend Tiefenvulkanismus (Granite), später Oberflächenvulkanismus (Porphyre usw.)	Vereisung i. Bereich d. Südhalbkugel (Kapland, Australien, Südamerika)
e Phasen der Kordillerengen; saxonische Faltungen teleuropa, Alpidenfaltunm Südrand Eurasiens	Im Kordillerengebiet Nord- und Südamerikas starke Ausbrüche	
unkt der Alpiden-, Dinand Kordillerenfaltungen	Weitverbreiteter Vulkanismus	
	Ausklingen des tertiären Vulkanismus	Vereisung im Bereich der Nord- und Südhalbkugel Rückgang der diluvialen Vergletscherung

Wasser und Land. Räumliche Verteilung. Noch immer gibt es auf der Erdoberfläche große Räume, die, so weit die historische Kunde reicht, bislang kein Mensch betreten hat; die ausgedehntesten liegen an den Polen [6]. Von dem arktischen Gebiete ist nur die atlantische, den Kulturländern zunächst liegende Hälfte genauer bekannt, und auf der westgrönländischen Route gelang es dem Amerikaner ROBERT PEARY am 6. April 1909 den Nordpol zu erreichen. Die Polflüge von AMUNDSEN (1925 u. 1926) und BYRD (Mai 1926) müssen als sportliche Leistungen gewiß bewundert werden, die wissenschaftliche Ausbeute dieser Versuchsfahrten ist aber naturgemäß weit geringer als die der mühseligen Schiffs- und Schlittenexpeditionen von NANSEN (1893—96, höchste erreichte Breite 86° 13' n. Br.), CAGNI (1900, 86° 34' n. Br.) u. a. m. Weite Strecken harren auch in diesem Sektor der arktischen Welt noch der ersten Erschließung, wenngleich der ausgesprochen ozeanische Charakter der Arktis ernstlich nicht mehr bezweifelt werden darf. Nahezu unbekannt ist die amerikanische Seite zwischen dem Meridian der Beringstraße und dem kanadischen Archipel; die kühnsten Vorstöße führten hier bislang nicht wesentlich über 80° n. Br. hinaus (SVERDRUP 1902: 81° 38', MAC MILLAN 1914: 82° 30', STEFÁNSSON 1917: 80° 30'). Genaue ziffernmäßige Angaben über das Verhältnis von Wasser und Land im arktischen Becken sind daher vorläufig kaum zu machen.* — Auf der südpolaren Kalotte drangen der Norweger AMUNDSEN (14. Dez. 1911) und der ebenso heldenmütige wie unglückliche Engländer SCOTT (18. Jan. 1912) vom Roß-Meer aus bis zum Südpol vor, der auf einem eisbedeckten Hochland von 2—3000 m Seehöhe liegt [7]. Im übrigen aber ist es noch immer nicht gelungen, die mehr punkt- und streifenförmigen Einzelbeobachtungen der verschiedenen Expeditionen am Weddel-Meer, im Süden der Kerguelen, südlich von Australien-Neuseeland, im Roß-Meer und Belgica-Meer zu einem Gesamtbild zu vereinen. Wir neigen heute aus verschiedenen Gründen dazu, die mannigfachen Landsichtungen als Beweis für das Vorhandensein eines großen einheitlichen antarktischen Kontinents anzusprechen; der zuletzt von SHACKLETON (1921) unternommene Versuch, vom Weddel-Meer nach dem Roß-Meer durchzustoßen und so den Landzusammenhang nachzuweisen, ist jedoch wie alle früheren Versuche ähnlicher Art gescheitert. — Berücksichtigen wir endlich, daß sich das Kartenmaterial fast aller Staaten mit dem Fortschreiten unserer geographischen Kenntnisse stetig verbessert und die darauf gegründeten Flächenberechnungen der Staaten und Kontinente entsprechenden Veränderungen unterworfen sind, so wird man begreifen, daß Zahlenangaben über das Verhältnis von Wasser und Land für die gesamte Erde nur in roher Annäherung gemacht werden können. Man schätzt heute

* Wie groß die Entdeckermöglichkeiten in gar nicht allzu schwer zu erreichenden Polargebieten noch heute sind, lehrt u. a. die Expedition von R. J. FLAHERTY in der Hudsonbai (1913/14). FLAHERTY glückte hier die Wiederentdeckung von Inseln, deren Gesamtausdehnung auf 10 000 qkm geschätzt wird.

die bekannten Landflächen auf insgesamt rund 149 Mill. qkm (29% der Erdoberfläche), die Fläche des Weltmeeres auf rund 361 Mill. qkm (71%). Auf der Erdoberfläche überwiegt also das Meer bei weitem. Das Verhältnis Land : Wasser wird annähernd durch die Proportion 1 : 2,4 gekennzeichnet.

Jeder Blick auf einen Globus oder eine Weltkarte lehrt, daß Land und Wasser ungleichmäßig verteilt sind: die nördliche Halbkugel hat 39%, die südliche im günstigsten Falle 16% Land, und in demselben Gegensatz stehen die östliche Hemisphäre mit 35% und die westliche mit 20% Land. Abgesehen von der südpolaren Zone überwiegt das Land nur zwischen 70 und 45° n. Br. Dann beginnt die Region des

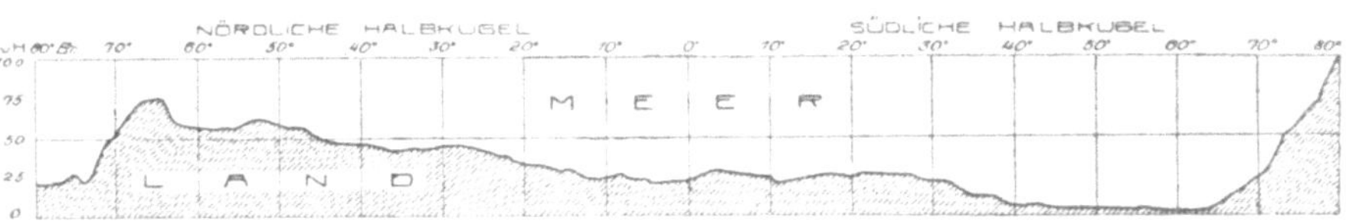

Fig. 9.

Meeres, das namentlich zwischen 30 und 60° s. Br. die Erdoberfläche beherrscht. Auf Grund der Flächenberechnungen für die 1°-Zonen von A. Baldit [8] kann man die Verteilung von Land und Wasser auf der Erde in Gestalt von Fig. 9 oder der morphographischen Kurve [9] veranschaulichen. Für unsere Zwecke dürfte es vor allem von Wichtigkeit sein, die folgenden Gürtel hervorzuheben:

	Land in Mill. qkm.	Wasser in Mill. qkm.	Land in Prozenten	Wasser in Prozenten
90—70° n. Br.	3,7	11,8	22	**78**
70—45° n. Br.	36,2	23,4	**61**	39
45—18° n. Br.	41,3	60,1	41	59
18° n.—34° s. Br.	50,3	170,4	23	77
34—65° s. Br.	2,8	86,0	3	**97**
65—90° s. Br.	14,2	9,9	**59**	41

Man hat die Erde auch in eine Land- und eine Wasserhalbkugel geteilt; der Pol der ersteren liegt nahe Nantes an der Loiremündung, der der letzteren fällt in das Meer östlich von der neuseeländischen Südinsel. Es ist aber bemerkenswert, daß selbst bei dieser Teilung das Meer auch auf der Landhalbkugel noch mit 53,2% der Fläche vorherrscht; auf der Wasserhalbkugel nimmt es 88,6% ein[10]. Kreisförmig umlagern die großen Kontinentalmassen das arktische Binnenmeer: Amerika dringt bis 72°, Eurasien bis 77° 41′ n. Br. vor; von da an strecken sie mit abnehmender Breitenentwicklung polypenartig ihre Arme nach Süden aus, um auf der südlichen Hemisphäre in drei Spitzen zu enden: Südamerika in 56°, Australien mit Tasmanien in 43° 40′, Afrika sogar schon in 34° 50′ s. Br. Dagegen hat der Ozean seine Heimat auf der südlichen Halbkugel, wo das antarktische Eismeer, die Südsee und der Indische Ozean den Stamm einer zusammenhängenden Wasserfläche bilden, die in zwei Armen, dem nordpazifischen und dem Atlantischen Ozean mit dem Arktischen Meer, auf die Nordhemisphäre übergreift. So sind Ozean und Festland antipodisch angeordnet; nur die Südhälfte von Südamerika macht davon eine Ausnahme, denn auf der entgegengesetzten Erdseite liegt auch wieder Land (Ostasien).

Im Gegensatz zu der ununterbrochenen Meeresfläche erscheint das Trockene in der Form getrennter Massen, Kontinente und Inseln, von denen aber die letzteren — nur 7,2% der ganzen bekannten Landfläche — eine verhältnismäßig untergeordnete Rolle spielen. Indes wäre es, dank der nahen Aneinanderrückung der Kontinente an ihrer arktischen Breitseite, möglich, von der Südspitze Australiens bis zu der Südamerikas zu reisen, ohne das Land aus den Augen zu verlieren. Die Beringstraße, die Asien von Amerika trennt, ist nur 92 km breit, und auch zwischen Feuerland und der Antarktis flutet nur ein Kanal von etwa 900 km Breite. Dagegen treten die südlichen Ausläufer der Alten und der Neuen Welt und Australiens weit auseinander. In den Breiten, in denen die beiderseitige festländische Umrahmung aufhört, mißt der Atlantische Ozean 6800, der Indische 8800 und der Pazifische 11 900 km.

Einteilung des Weltmeeres. Die offizielle Einteilung des Weltwassers grenzt zunächst die beiden Eismeere von den übrigen Ozeanen durch die Polarkreise ab; und da die südlichen Festländer schon in niederen Breiten enden, so werden die kontinentalen Grenzen des Atlantischen, Indischen und Großen oder Pazifischen Ozeans durch die Meridiane der drei Südspitzen (unter 67° w. L., 20° und 147° ö. L.) bis zum südlichen Polarkreis ergänzt.

Aber Meridiane und Polarkreise sind keine natürlichen Grenzen, und doch finden sich solche streckenweise auch außerhalb des festländischen Rahmens. So ist die Südgrenze des Arktischen Meeres durch eine Reihe von unterseeischen Bodenanschwellungen gegeben, und es wird in einem späteren Kapitel nachgewiesen werden, welchen Einfluß sie auch auf die Verteilung der Tiefentemperaturen haben. Auf der pazifischen Seite ist die Beringstraße schon oberflächlich eine gute Grenze, ihre Bedeutung wird aber noch verstärkt durch ein unterseeisches Plateau, das sich vom asiatischen Kap Deschnew über die Diomedes- und Krusenstern-Insel zum Kap Prinz von Wales hinüberzieht. Auf der atlantischen Seite finden wir solche Bodenschwellen unter dem Polarkreis zwischen Baffinland und Grönland, und eine zweite besonders wichtige, die von der grönländischen Ostküste über Island und die Färöer zu den Shetland-Inseln hinüberstreicht; von hier bis zur Südwestspitze Norwegens ist die Grenze freilich nur eine künstliche.

Indeß hat Krümmel mit Recht die Selbständigkeit des nördlichen

Eismeeres bestritten. Morphologisch ist es nur eine Fortsetzung des atlantischen Tales, und ebenso ist es durch seine Strömungen auf das innigste mit dem Atlantischen Ozean und nur mit diesem verbunden. Für die Aufstellung eines antarktischen Ozeans sprechen jedoch manche Gründe. Verbindet man die Südspitzen der drei südlichen Kontinente durch Loxodromen * miteinander, so tritt sein wichtigster Charakterzug scharf hervor: Er ist das einzige Meer, das ohne kontinentale Schranken, und wahrscheinlich nur von kleineren Inseln unterbrochen, die ganze Erde umgibt, er ist der zirkumterrane Ozean im Gegensatz zu den interkontinentalen. RATZEL hat als Nordgrenze des antarktischen Meeres den 40. Parallel S vorgeschlagen, und sie empfiehlt sich nicht nur durch ihre Bequemlichkeit, sondern gewinnt auch dadurch Berechtigung, daß südlich von ihr die große östliche, die ganze Erde umkreisende Meeresströmung zur Herrschaft gelangt. Morphologisch läßt sich aber weder diese noch die Loxodromengrenze aufrecht erhalten, seit man weiß, daß die Eigenart der atlantischen Bodengestaltung viel weiter im S wurzelt. Da keine Einteilung allen Gesichtspunkten gerecht wird, so mag es — wenigstens vorläufig — bei der von KRÜMMEL vorgeschlagenen sein Bewenden haben. Hier verschwinden beide Eismeere aus der Liste der Ozeane, das nördliche wird zum Atlantischen Ozean geschlagen und das südliche unter die drei Ozeane in der Weise verteilt, daß die oben genannten Grenzmeridiane der offiziellen Einteilung bis zu den allerdings noch hypothetischen Küsten des antarktischen Festlandes verlängert werden **. Von den 361 Mill. qkm. der Meeresfläche entfallen dann 180 auf den Großen oder Pazifischen, 106 auf den Atlantischen und 75 auf den Indischen Ozean. Der Pazifische Ozean ist also um das Areal Afrikas größer als das gesamte Land der Erde. Er bedeckt am Äquator die Hälfte unseres Planeten, ist unter 44° s. Br. noch 11 300 km breit, verengt sich aber am Nordende auf 92 km. Der Indische Ozean wiederholt im abgeschwächten Maße die Gestalt der Südsee, während der Atlantische talförmig zwischen der Alten und Neuen Welt eingebettet ist. Seine Breite erscheint ziemlich gleichmäßig, wenn man sie nach Parallelgraden mißt; nach Kilometern gemessen zeigen sich aber erhebliche Unterschiede. So beträgt die Breite unter 35° s. Br. 6800, unter 25° n. Br. 7300, unter 65° n. Br. aber nur 3800 km, und außerdem wird hier die Meeresfläche noch durch Grönland unterbrochen.

Einteilung des Landes. Zwischen Kontinenten und Inseln besteht lediglich ein Unterschied der Größenordnung. Der kleinste Kon-

* Die Loxodromen, die alle Meridiane unter gleichem Winkel schneiden, erscheinen nur auf Karten in MERCATORS Projektion als Gerade.

** Anstelle des Meridians von Kap Hoorn (67° 16′ w. L.) schlägt KOSSINNA [10] als Grenze zwischen Atlantischem und Großem Ozean die kürzeste Linie Kap Hoorn, König Georg-Insel der Südshetland-Gruppe, Deception-Insel, Astrolabebai-Insel, Louis-Philipp-Land vor, wodurch das Bransfield-Becken zum Atlantischen Ozean gerechnet wird und nicht aufgeteilt zu werden braucht.

tinent, Australien (7,6 Mill. qkm), ist mehr als dreimal größer als die größte Insel, Grönland (2,2 Mill. qkm), und diese bildet noch dazu eine Ausnahme, denn die nächstgrößte Insel, Neuguinea, mißt nur 0,8 Mill. qkm.

Die vier zusammenhängenden Landmassen oder Kontinente sind die Alte Welt, (Eurasien und Afrika, zusammen 79,9 Mill. qkm), die Neue Welt (Nord- und Südamerika, zusammen 37,6 Mill. qkm), Australien (7,6 Mill. qkm) und die Antarktis (14 Mill. qkm?). Sie sind die geographischen Individuen höchster Ordnung, jedes mit einer eigenartigen Geschichte, die ebenso in seiner Oberflächengestaltung wie in seiner organischen Welt zum Ausdruck kommt. Durch die Vermittlung von Inselketten gruppieren sie sich zu zwei Paaren: einerseits schließt sich Australien an die Alte Welt, andererseits die Antarktis an die Neue Welt an, vorausgesetzt, daß die Länder um den Südpol zusammenhängen. Zerlegt man die Erdoberfläche in eine Ost- und eine Westfeste, so entfallen von der Gesamtlandfläche auf die erstere 63%, auf die letztere 37%.

Von den Kontinenten weisen Australien und die Antarktis keine weitere Großgliederung auf. Dagegen führten die Einbrüche des amerikanischen und europäischen Mittelmeeres sowie des Roten Meeres zu einer Zweiteilung der Alten und der Neuen Welt dergestalt, daß schmale Landbrücken die Kontinentteile verbinden. Auf derartige Großräume, die nur Teile von Kontinenten, selbst aber von kontinentaler Größe sind, wollte man früher die Bezeichnung Festländer beschränkt sehen, aber es ist wohl ein hoffnungsloses Unterfangen, im Gegensatz zum gewöhnlichen Sprachgebrauch den Worten »Kontinent«, »Festland«, »Erdteil« einen unterschiedlichen wissenschaftlichen Sinn beizulegen. — Mit Australien und der Antarktis zählen wir sechs Festländer, die nahezu gleichmäßig nördlich und südlich von der großen mediterranen Bruchzone (amerikanisches, europäisches, australasiatisches Mittelmeer) gelegen sind. Ihr Areal beträgt (ohne Inseln):

Eurasien	50,7 Mill. qkm	Afrika	29,2 Mill. qkm
Nordamerika ..	20,0 „ „	Südamerika ...	17,6 „ „
		Australien.....	7,6 „ „
		Antarktis	14,0 „ „

Es mag in diesem Zusammenhang kurz darauf hingewiesen werden, daß die Zweiteilung der Alten und der Neuen Welt durch ganz verschiedene Vorgänge erfolgt ist. Die Absonderung Afrikas geschah durch eine wirkliche Trennung, nämlich durch das in der Pliozänzeit erfolgte Aufreißen der Grabenfurche des Roten Meeres; erst dadurch wurde die einheitliche saharisch-arabische Tafel zerlegt. Eine Zeitlang stand dann das Rote Meer über Suez mit dem Mittelländischen Meer in Verbindung, bis im Diluvium ein Nilarm durch seine Schuttanhäufungen die Pforte schloß und den heutigen Isthmus von Suez entstehen ließ. — Amerika ist in der geologischen Vergangenheit nicht immer eine Einheit gewesen. Die uns heute begegnenden, durch die mittelamerikanische

Landbrücke verbundenen Festländer Nord- und Südamerika sind erst gegen Ende der Tertiärzeit durch Einschiebung eines Mittelstückes zwischen der Landenge von Tehuantepec und Panama miteinander verwachsen. Dieses Verbindungsglied weist einen ganz eigenen geologischen Baustil auf; seine Gebirgszüge sind weder eine Fortsetzung der nord- noch der südamerikanischen Kordilleren. Junge Hebungen vor allem scheinen die Einschaltung dieses fremdartigen Mittelstückes bewirkt zu haben; in Chiapas fand SAPPER in 2200—2400 m Seehöhe auf Andesiten aufliegende jungtertiäre marine Schichten mit Austern in fast horizontaler Lagerung. Aber auch nach diesem Zusammenwachsen ist die mittelamerikanische Landbrücke noch nicht zur Ruhe gekommen. Der pazifische Charakter der Korallen in den jüngsten Bänken von Barbados macht eine vorübergehende Verbindung von Pazifischem und Atlantischem Ozean sehr wahrscheinlich, und noch heute verraten die in Mittelamerika sehr häufigen Erdbeben, daß die Entwicklung hier keineswegs abgeschlossen ist. Man begreift schon daraus, daß — von Klima und Bodenbeschaffenheit ganz abgesehen — der Bau mittelamerikanischer Kanäle ungleich größeren Schwierigkeiten begegnen muß, als es etwa beim Bau des Suezkanales der Fall war.

Noch eine letzte Frage muß uns beschäftigen, bevor wir die Erörterung der Großgliederung von Festland und Meer abschließen: welcher Rang gebührt im Rahmen der geographischen Individuen höchster Ordnung unserem Europa? Gegen die Neigung, Europa als ein selbständiges Festland aufzufassen, sprechen gewichtige Gründe namentlich morphologischer Natur. Die übliche Dreiteilung der Alten Welt in Europa, Asien und Afrika stammt aus dem klassischen Altertum, also aus einer Zeit räumlich sehr beschränkter geographischer Vorstellungen, und hatte nur von dem Standpunkt des Mittelmeerbewohners aus betrachtet eine gewisse Berechtigung. Es fehlt das wesentliche Moment, nämlich eine Einschnürung zwischen Asien und Europa, daher die Grenzen von jeher schwankend waren. Auch die Auffassung Europas als einer asiatischen Halbinsel kann nicht befriedigen, denn Europa ist keine geographische Einheit. Es besteht aus drei grundverschiedenen Teilen: aus der russischen Tafel, die ihrem ganzen Charakter nach ein Stück des asiatischen Rumpfes ist, aus dem Massiv Fennoskandia, das in innigen morphologischen Beziehungen zur russischen Tafel steht, und einem stark gegliederten Falten- und Schollenland, das Mittel-, West und Südeuropa umfaßt. Nur dieser letzte Teil besitzt eine morphologische Selbständigkeit, die sich, wie wir später hören werden, in dem Baustil seiner Gebirge offenbart; ihm fehlen aber die kontinentalen Dimensionen — er ist wenig größer als die Halbinsel Vorderindien —, und aus diesem Grund hat man dafür den Namen »europäische Halbinsel« vorgeschlagen. Mit einem Wort: Europa ist kein geographischer, sondern ein kulturgeschichtlicher Begriff, es ist ein Länderkomplex, der nur durch eine gemeinsame geschichtliche Entwicklung und die hohe Kultur seiner Bewohner zu einer Einheit verknüpft ist. Vom morphologischen Standpunkt aus betrachtet, fällt die Scheidewand zwischen Europa und Asien, und die Alte Welt besteht nur aus zwei Festländern: Eurasien und Afrika.

Horizontale Gliederung. Die Durchdringung von Wasser und Land auf der Erdoberfläche erzeugt nicht nur den alles beherrschenden Gegensatz zwischen der Weltmeerfläche und den großen Weltinseln (Kontinenten), sondern wirkt sich auch in der Einzelgliederung der Festländer entscheidend aus. Die einheitlichen Landmassen werden so in Rumpf und Glieder aufgeteilt, Halbinseln springen hier und dort vom Rumpf ins Meer hinaus vor, Küsteninseln begleiten den Grenzsaum zwischen Land und Meer, abgelöste Teile des Kontinents erscheinen als Inseln im Bereich der Schelfzone oder noch weiter draußen; nur bei den echten ozeanischen Inseln, Vulkan- oder Koralleneilanden, läßt sich ein irgendwie gearteter Zusammenhang mit dem Kontinent nicht mehr vermuten.

Will man die horizontale Gliederung eines Erdraumes ziffernmäßig kennzeichnen, so bieten sich hierfür verschiedene Wege. Man kann zunächst einen zahlenmäßigen Ausdruck dadurch finden, daß man den Flächeninhalt der Glieder in Prozenten der Gesamtfläche angibt. Die Schwierigkeiten dieser Methode beruhen natürlich darauf, eine exakte und objektive Grenze zwischen Rumpf und Gliedern zu finden; auch bei der Einbeziehung der Inseln zu diesem oder jenem Kontinent können leicht Meinungsverschiedenheiten auftreten. Unter diesem Vorbehalt sei die folgende Zahlenreihe mitgeteilt[11]:

	Gesamtfläche	Halbinseln	Inseln	also Rumpf	also Glieder	Glieder Prozent
Eurasien	54,15	10,64	3,45	40,06	14,09	26
Europa	9,97	2,70	0,75	6,52	3,45	34,6
Asien	44,18	7,44	2,70	33,54	10,64	24
Nordamerika	24,1	2,04	4,1	17,95	6,15	25,5
Australien	8,90	0,42	1,30	7,18	1,72	19
Afrika	29,82	—	0,62	29,20	0,62	2,1
Südamerika	17,78	0,05	0,15	17,58	0,20	1,1

Eine andere Methode der Bestimmung der horizontalen Gliederung besteht darin, daß die wirkliche Küstenlänge eines Erdraumes in Beziehung gesetzt wird zu dem Umfang desjenigen Kreises, der den gleichen Flächeninhalt wie der betreffende Erdraum besitzt. In diesem Falle ist es erforderlich, die Küstenlängen der zu vergleichenden Erdräume auf Karten gleichen Maßstabes auszumessen, wobei nicht unerhebliche Fehler unterlaufen können; während bei Anwendung der erstgenannten Methode die Inseln als »Glieder« mit einbezogen werden können, ist es hier nicht möglich, die Inseln zu berücksichtigen. H. Wagner[11] verdanken wir die folgende Zusammenstellung:

	Flächeninhalt des Festlandes ohne Inseln	Umfang U des Kreises mit gleichem Flächeninhalt	rohe Küstenlänge L	Küstenentwicklung U : L
Nordamerika	20,0 Mill. qkm	15 500 km	75 500 km	1 : 4,9
Eurasien	50,7 „ „	23 950 „	107 800 „	1 : 4,5
Europa	9,2 „ „	10 700 „	37 200 „	1 : 3,5
Asien	41,5 „ „	21 900 „	70 600 „	1 : 3,2
Australien	7,6 „ „	9 700 „	19 500 „	1 : 2,0
Südamerika	17,6 „ „	14 600 „	28 700 „	1 : 2,0
Afrika	29,2 „ „	18 600 „	30 500 „	1 : 1,6

Man beachte, wie sehr in Bezug auf die horizontale Gliederung Eurasien und Nordamerika den übrigen Kontinenten überlegen sind. Gewiß, die starke Gliederung an der Polarküste beider Kontinente besagt anthropogeographisch nicht viel; aber selbst wenn man diesen Umstand berücksichtigt, bleibt die Tatsache bestehen, daß die nordhemisphärischen Kontinente eine viel innigere Durchdringung von Wasser und Land aufweisen als die Kontinente der Südhalbkugel. Die geringe horizontale Gliederung des massigen afrikanischen Kontinents ist sicher mit dafür verantwortlich zu machen, daß dieser Großraum erst so spät dem modernen Handel und Verkehr erschlossen wurde.

Höhen und Tiefen. Erdkarten mit Linien gleicher Höhe (Isohypsen) und gleicher Tiefe (Isobathen) eröffnen uns einen lehrreichen Einblick in die Verteilung von Hoch und Tief im Antlitz unseres Planeten (Tafeln II und IV). Setzen wir die ganze Erdoberfläche gleich 100, so erhalten wir für die einzelnen Höhen- und Tiefenstufen folgende Prozentzahlen:

	nach Penck 1889	nach Wagner-Kossinna 1922
mehr als 3000 m über dem Meeresniveau	1,1 %	1,2 %
3000—2000 „ „ „ „	1,2 „	2,0 „
2000—1000 „ „ „ „	4,3 „	4,7 „
1000— 200 „ „ „ „	13,0 „	11,8 „
200— 0 „ „ „ „	10,5 „	9,6 „
0— 200 m unter dem Meeresniveau	5,2 %	5,5 %
200—1000 „ „ „ „	3,2 „	2,9 „
1000—2000 „ „ „ „	3,4 „	2,9 „
2000—3000 „ „ „ „	6,6 „	4,7 „
3000—4000 „ „ „ „	14,5 „	13,9 „
4000—5000 „ „ „ „	23,0 „	23,3 „
5000—6000 „ „ „ „	12,0 „	16,5 „
unter 6000 m	2,0 „	1,0 „

Wir können diese Zahlen in der Weise graphisch darstellen, daß wir den Meeresspiegel als Abszissenachse nehmen und darauf die den einzelnen Stufen entsprechenden Prozentzahlen als Strecken auftragen. Dann errichten wir in jedem Teilpunkt Ordinaten, für das Land nach oben, für das Meer nach unten, geben ihnen die betreffenden Höhen, (8880,

4000, 3000 usw.) und verbinden endlich ihre Endpunkte mit einer Kurve, die den allmählichen Übergang, wie er in der Natur Regel ist, zum Ausdruck bringen soll. Die Endpunkte dieser hypsographischen Kurve (Fig. 10) sind die größte Landhöhe (Mount Everest 8880 m) und die größte bekannte Meerestiefe (Emden-Tief im Philippinen-Graben 10800 m)[12]. Der Verlauf der Kurve ist bezeichnenderweise sehr wechselnd: von 8880 m bis 2000 m Seehöhe steil, dann sich verflachend,

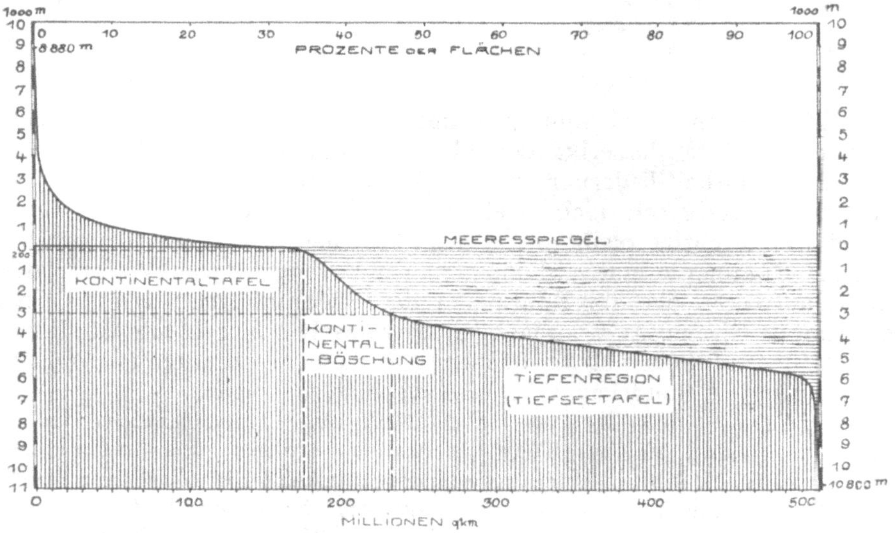

Fig. 10.

besonders zwischen 200 m und dem Meeresspiegel, und sich in derselben Weise bis 200 m Tiefe fortsetzend. Hier erst hört die Kontinentaltafel auf. Dann folgt bis etwa 3000 m Tiefe ein Steilabfall, den wir als Kontinentalböschung (aktische Region) auffassen können, endlich die Tiefenregion (Tiefseetafel oder abyssische Region) flach bis 6000 m, dann wieder steil. In Prozenten der Erdoberfläche kommen diesen drei Hauptstufen folgende Werte zu:

		nach Penck	nach Wagner
Kontinentaltafel	+ 8880 bis — 200 m	35,3	34,7 %
Kontinentalböschung	— 200 „ — 3000 „	13,2	7,9 „
(bei H. Wagner	— 200 „ — 2450 „)		
Tiefenregion	— 3000 „ — 10800 „	51,5	57,4 „
(bei H. Wagner	— 2450 „ zur größten Meerestiefe)		

Mehr als die Hälfte der Oberfläche unseres Planeten nimmt also die Tiefseetafel des Weltmeeres ein.

Den vertikalen Aufbau der einzelnen Kontinente und Ozeane nach den drei Höhen- und den drei Tiefenstufen zeigt in Prozenten der betreffenden Einheiten die nachstehende Tabelle[13]:

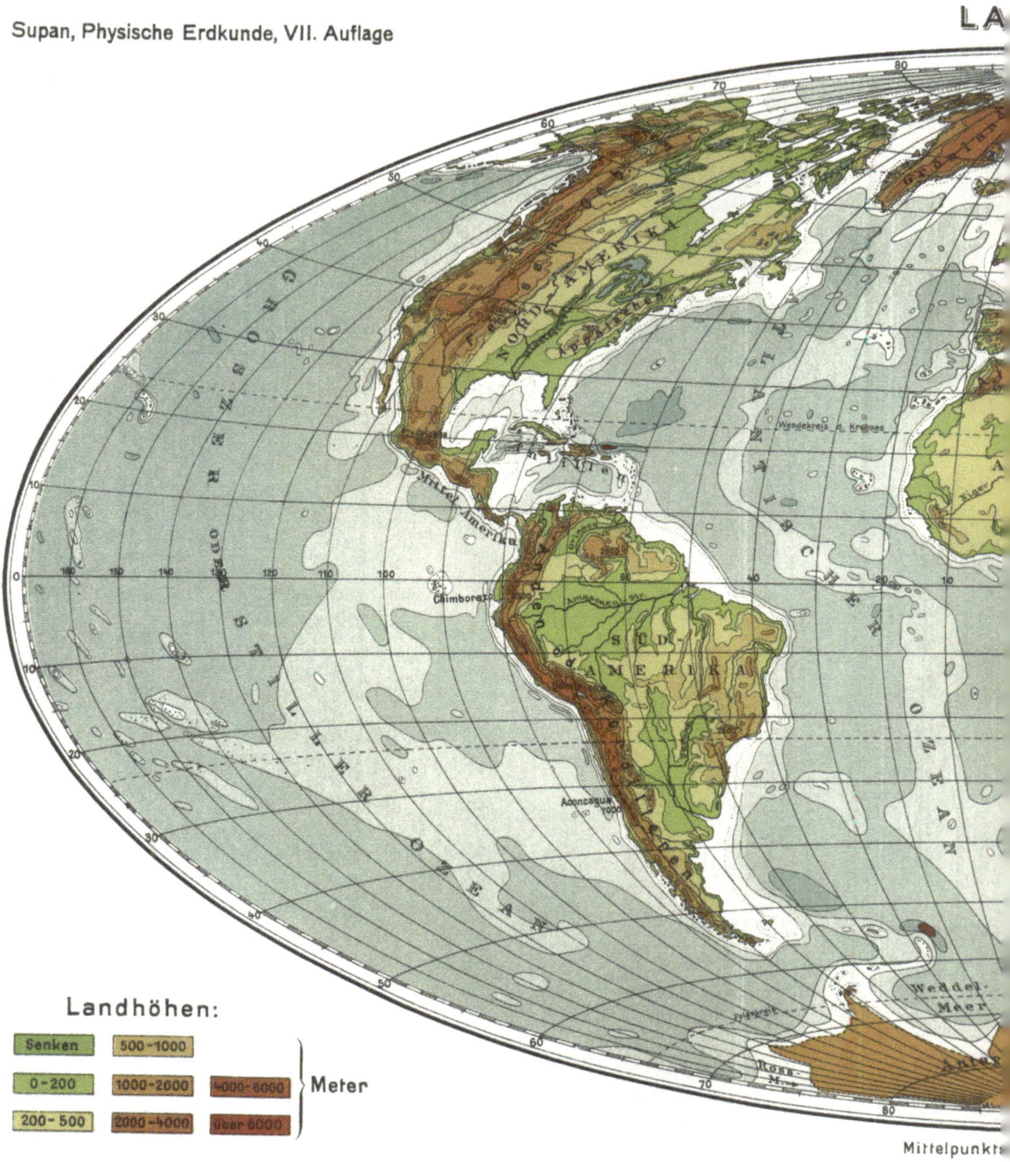

Druck von Georg Westermann, Braunschweig

N

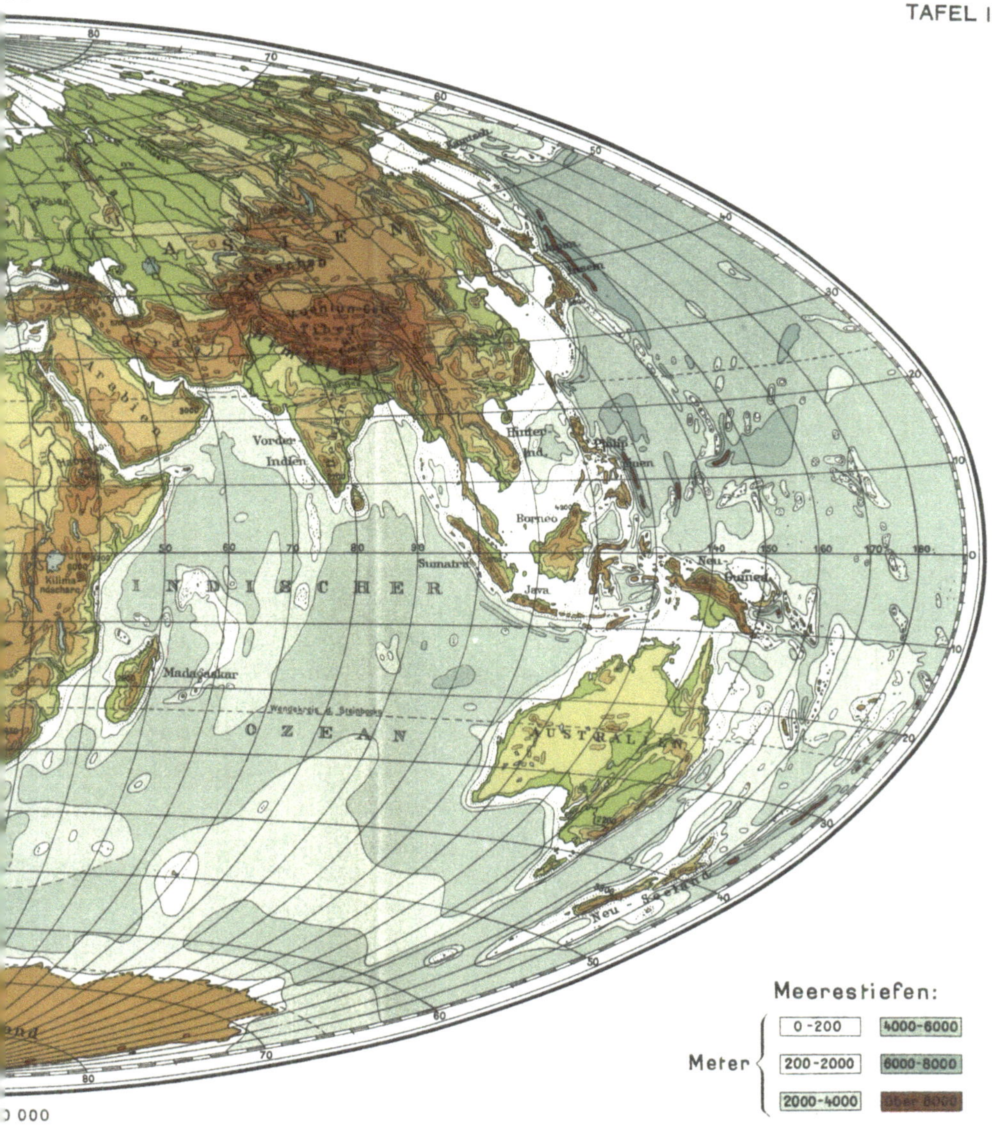

0 000

Verlag von Walter de Gruyter & Co., Berlin

Höhenstufen	Eurasien	Afrika	Australien	Nord-amerika	Süd-amerika	Land
Hochstufe (über 2000 m)	11,8	2,4	0,8	6,0	9,0	7,7
Mittelstufe (200—2000 m)	**57,0**	**82,2**	**63,2**	**61,6**	**48,4**	**62,5**
Unterstufe (unter 200 m)	31,2	15,4	36,0	32,4	**42,6**	29,8

Tiefenstufen	Atlantischer Ozean	Indischer Ozean	Großer Ozean	Meer
Kontinentalstufe oder Schelf (0—200 m)	11,5	4,6	5,4	7,1
Kontinentalböschung (200—3000 m)	25,5	21,2	14,5	19,2
Tiefenregion (über 3000 m)	**63,0**	**74,2**	**80,1**	**73,7**

Auf dem Festland herrscht überall die Mittelstufe vor, am wenigsten entschieden in Südamerika. Die Hochstufe ist am meisten in Asien und Südamerika entwickelt. Der massige, auch vertikal wenig gegliederte Bau Afrikas findet in obigen Zahlen einen treffenden Ausdruck. Die ozeanischen Becken sind noch gleichartiger als die Festländer, doch tritt die Eigenart des Atlantischen Ozeans in der relativ großen Ausdehnung der beiden oberen Stufen deutlich hervor.

Die Ausmessung der Flächen zwischen den Isohypsen und Isobathen bildete auch vielfach die Grundlage von Berechnungen der mittleren Höhe des Landes und der mittleren Tiefe des Meeres, sei es, daß man dabei nur rechnerisch verfuhr, wie Murray und Supan, oder sich der hypsographischen Kurve bediente wie Penck und Kossinna. Gegen jede dieser Methoden lassen sich berechtigte Einwendungen erheben, und nimmt man noch hinzu, daß die Unterlage aller Berechnungen, die Höhen- und besonders die Tiefenschichtenkarten, mit wenigen räumlich beschränkten Ausnahmen noch sehr ungenau sind, so wird man den ziffernmäßigen Ergebnissen keine all zu große Bedeutung beimessen. Auch im besten Fall bieten die Mittelwerte nur bequem zu handhabende Vergleichszahlen, führen aber nur auf indirekte Weise zu Vorstellungen über die Hauptzüge der Oberflächengestaltung und die Ausdehnung der Gebirge, Hoch- und Tiefebenen. Wie große Fortschritte unsere Kenntnis von den Reliefverhältnissen des Landes in den letzten Jahrzehnten gemacht hat, ersieht man am besten aus der folgenden Gegenüberstellung: Humboldt schätzte die mittlere Landhöhe auf rund 300 m, ohne Berücksichtigung des antarktischen Kontinents gelangte man vor zwei bis drei Jahrzehnten zu der Zahl 700 m, heute sieht man unter Verwertung der Berechnung von Meinardus 7 den Wert von 825 m als richtig an (nach E. Kossinna 838 m ± 40 m). Die mittlere Tiefe des Weltmeeres, die man früher auf

3600 bis 3700 m schätzte, errechnete KOSSINNA 1921 auf Grund der GROLLschen Tiefenkarten zu rund 3800 m. Wenn der Pazifische Ozean erst einmal durch genügend engmaschige Echolotungen genauer ausgemessen werden wird, dürfte sich diese Zahl vermutlich noch wiederum erhöhen.

Wir können uns, wie Fig. 11 zeigt, alles Land und alles Wasser zu je einem Block vereinigt denken; das Volumen des Landblocks ist: 149 Mill. qkm × (3,8+0,8) km = 685 Mill. cbkm, das Volumen des Wasserblocks: 361 Mill. qkm × 3,8 km = 1372 Mill. cbkm. Der Landblock verhält sich somit zum Wasserblock wie 1 : 2. Das ist annähernd dieselbe Verhältniszahl, die wir für die beiden Oberflächen gefunden haben.

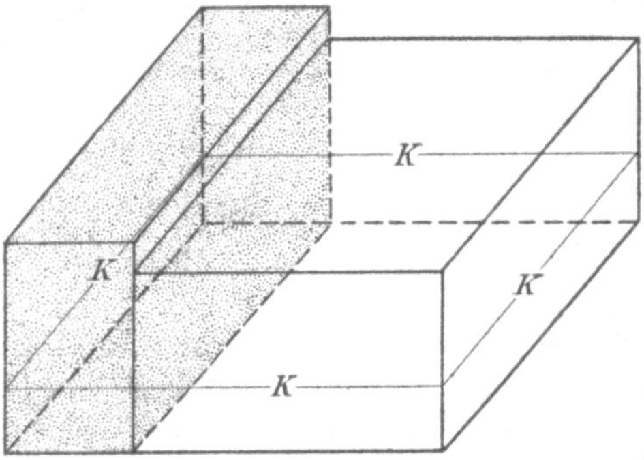

Fig. 11. Landblock (punktiert) und Wasserblock.

Denken wir uns den Landblock gleichmäßig über die Erde ausgebreitet, so würde der Meeresboden um 1350 m erhöht werden. Dieses Niveau, 3800—1350 = 2450 m unter dem gegenwärtigen Meerespiegel, nennen wir das mittlere Krustenniveau (K in Fig. 11). Das Meer selbst, das nun die ganze Erde überflutet, hätte eine mittlere Tiefe von (1372 Mill. cbkm: 510 Mill. qkm) 2700 m, und der Erdhalbmesser würde dann um 2700—2450 = 250 m größer sein als jetzt.

Obwohl die mittlere Meerestiefe beinahe fünfmal größer ist als die mittlere Landhöhe, sind die größten bekannten Tiefen und Höhen doch annähernd gleich. Schon daraus müßte man den Schluß ziehen, daß auf dem Land die geringen Höhen und im Meer die großen Tiefen vorherrschen, und wir haben bereits gesehen, daß dieser Schluß den Tatsachen völlig entspricht.

Einzelheiten über die mittlere Höhe der verschiedenen Kontinente und die mittlere Tiefe der verschiedenen Ozeane bieten die folgenden Zahlenzusammenstellungen:

	Mittlere Höhe des Landes m	Mittlere Meerestiefe m
Landhalbkugel	750	3320
Wasserhalbkugel	1200	4070
Nordhalbkugel	745	3599
Südhalbkugel	1029	3937
Erde	840	3795

(nach KOSSINNA 1921)

Mittlere Höhe des Landes nach	Europa	Asien	Afrika	Australien	Nord-Amerika	Süd-Amerika	Antarktis	Festland
HUMBOLDT (1844)	205	351	—	—	228	345	—	307
DE LAPPARENT (1883)	292	879	612	362	595	537	—	646
MURRAY (1888)	286	972	616	245	575	633	—	686
SUPAN (1889)	290	940	620	260	610	610	—	680
PENCK (1889)	280	950	650	280	600	630	—	705
v. TILLO (1889)	317	957	612	240	622	617	—	693
HEIDERICH (1891)	375	920	671	470	830	760	—	744
PENCK (1893)	330	1010	660	310	650	650	—	735
WAGNER (1895)	300	950	650	300	700	650	—	700
PENCK (1909)	300	940	670	360	730	580	—	710
WAGNER (1922)	300	950	650	350	715	580	2000	825
	Eurasien 830				Neue Welt 650			
	Alte Welt 725							

Mittlere Tiefe der Ozeane nach	Atlantisches Gebiet	Pazifisches Gebiet	Indisches Gebiet	Weltmeer
KRÜMMEL (1879) *	3180	3650	3310	3440
DE LAPPARENT (1883)	—	—	—	4260
KRÜMMEL (1886) *	3070	3650	3310	3320
MURRAY (1888) *	3510	4140	3820	3800
SUPAN (1889)	3330	3870	3600	3650
PENCK (1889)	3290	3870	3590	3650
v. TILLO (1889)	4020	4380	3670	3800
HEIDERICH (1891)	—	—	—	3440
KARSTENS (1894)	3160	3830	3590	3500
KRÜMMEL (1907) *	3260	3860	3860	3680
KOSSINNA (1921)	3330	4030	3900	3800 ± 100

Die Zahlen, die zugleich ein Stück Wissenschaftsgeschichte enthalten, bedürfen schwerlich irgendwelcher Erläuterung. Man muß sich klar darüber sein, daß die Ungleichheit des Kartenmaterials und der Berechnungsmethoden sowie die abweichenden Grenzbestimmungen stets zu Unstimmigkeiten führen werden. Man übersehe auch nicht, wie stark im Fluß diese Dinge gerade gegenwärtig sind: durch die Photogrammetrie werden Jahr für Jahr exakte Karten von Länderräumen geliefert, die bisher einer systematischen Aufnahme fast ganz entbehrten; noch rascher vollzieht sich der Wechsel auf dem Weltmeer, wo wir bislang auf die spärlichen und weitmaschigen Drahtlotungen angewiesen waren, während jetzt die Echolotbestimmungen eine sehr gründliche Erforschung des Tiefseereliefs gestatten. Es ist nicht ausgeschlossen, daß mit dieser quantitativen Vermehrung unseres Wissens vom Relief der Tief-

* Die Zahlen für die Einzelozeane hat A. SUPAN, um Vergleichbarkeit zu erzielen, nach den Zahlen der betreffenden Autoren und nach deren Methoden berechnet.

see zugleich eine qualitative Umstellung eingeleitet wird. Die unendliche Monotonie der Ozeanböden, die man bislang besonders hervorheben zu müssen glaubte, ist durch die zahlreichen Echolotbestimmungen der letzten Jahre keineswegs bestätigt worden. Ein fundamentaler Gegensatz in der Reliefenergie zwischen Landoberfläche und Tiefseeboden wird sich allerdings wohl als richtig erweisen, weil das Land den zerstörenden und modellierenden Einflüssen viel mehr ausgesetzt ist als der Tiefseeboden.

Oberflächengestaltung des Festlandes. Entsprechend seinem inneren Bau und seiner Entwicklungsgeschichte läßt sich das gesamte

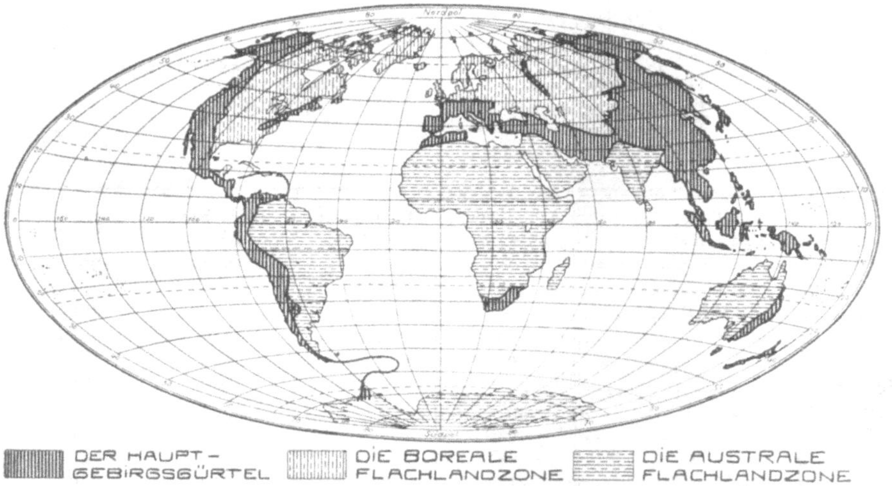

Fig. 12. Die morphologische Dreiteilung des Landes nach A. SUPAN.

Festland in drei große Gruppen (Fig. 12) gliedern: den Hauptgebirgsgürtel (rund 42 Mill. qkm), die boreale Flachlandzone (rund 37 Mill. qkm) und die australe Flachlandzone (rund 70 Mill. qkm).

1. Der Hauptgebirgsgürtel ist eine mehr oder weniger zusammenhängende Zone von Gebirgen, bei deren Entstehung die Faltungsvorgänge gegen Ende des paläozoischen und im tertiären Zeitalter maßgebend mitgewirkt haben. Einige von ihnen haben spätere Umwandlungen erlitten, aber im großen und ganzen ist der ursprüngliche Bauplan noch formbestimmend oder schimmert wenigstens durch die neue Form noch wohl erkennbar hindurch. Dieser Gürtel besteht aus zwei Hauptteilen: der pazifische umschließt den Großen Ozean im N, O und W, der eurasiatische trennt mit vorwiegend äquatorialer Streichrichtung die australen und borealen Gebiete der Alten Welt.

Die meisten der großen Gebirge, die Eurasien vom Atlantischen Gestade bis zum fernen Osten durchziehen, sind bogenförmig gebaut; nur die Pyrenäen und der Kaukasus bilden eine Ausnahme. In der Anordnung und Verknüpfung der einzelnen Bögen und Ketten bestehen allerdings erhebliche Unterschiede zwischen Europa und Asien. Der europäische Baustil ist durch seltsam gekrümmte Gebirgskurven ausgezeichnet (Fig. 13). In eigentümlichen Schlangenlinien verbinden sich mit den Alpen einerseits die Apenninen, der Atlas und das Andalusische Faltengebirge, andererseits die Karpathen und der Balkan und endlich das dinarisch-griechische System, das sich über Kreta

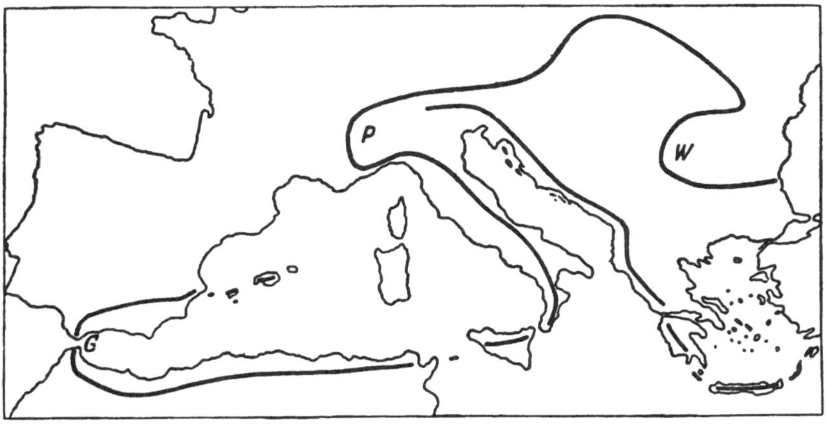

Fig. 13. Europäischer Baustil (1 : 30 Mill.).

bis nach Rhodos verfolgen läßt. Besonders charakteristisch sind die scharfen nach O geöffneten Bögen: der walachische (W in Fig. 13), der piemontesische (P) und der durchbrochene Gibraltarbogen (G).

In Asien umschließen die Gebirgsbögen im Gegensatz zu Europa keine Meeresflächen (westliches Mittelmeer, Adria, Aegäis) oder Tiefländer (Po, Ungarn), sondern abflußlose Hochländer (Anatolien, Iran, Tibet). Das nördliche Randgebirge beginnt im W immer mit einem Südbogen, dann folgt ein Nordbogen und darauf in Iran und Anatolien wieder ein Südbogen. Das südliche Randgebirge streicht in flach gen S gekrümmtem Bogen nach W und vereinigt sich mit dem nördlichen in den Gebirgsknoten von Armenien und des Pamir. In Anatolien ist dieser morphologische Charakterzug etwas verwischt, aber im Streichen des Haidar- und Sultan-Dagh und der Wasserscheide gegen das Aegäische Meer noch deutlich erkennbar. Bezeichnend für den asiatischen Baustil (Fig. 14) ist schließlich auch die Tatsache, daß allenthalben die inneren Hochländer von schmalen Sätteln und sehr breiten Mulden durchzogen werden, ein Typus, der in Europa sehr selten ist.

Nördlich von Tibet liegen ausgedehnte, geradlinige ältere Gebirge: der Tienschan, die Altaizüge und die ältesten zu beiden Seiten des Baikalsees; sie schließen eine vierte abflußlose Hochfläche, das Hanhai der Chinesen, nach N und W ab. Richthofen faßte sie mit Tibet unter dem Namen Zentralasien zusammen und stellte dieses den peripherischen Ländern mit Abfluß zum Meer entgegen. Derartige ältere Gebirge kommen übrigens auch sonst innerhalb und außerhalb des Hauptgebirgsgürtels vor. Wir nennen besonders den Ural, das appalachische Gebirgssystem in Nordamerika, die pampinen Sierren Argentiniens, das Kapgebirge und die Australalpen. Alle diese Gebiete haben im Jungpaläozoikum ihre Hauptfaltung erfahren, sind dann aber durch die abtragenden Kräfte fast ganz eingeebnet worden und stiegen erst später infolge jüngerer Krustenbewegungen wieder als Gebirge auf. So kenn-

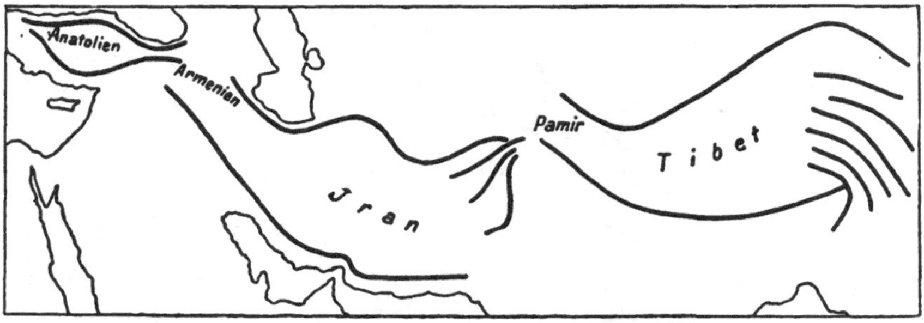

Fig. 14. West- und mittelasiatischer Baustil (1 : 60 Mill.).

zeichnet z. B. S. von Bubnoff [14] den Ural: »es ergibt sich, daß wir mit einer nachpermischen Einebnung und einer vielleicht mehrphasigen mesozoischen und tertiären Heraushebung des Gebirges zu rechnen haben. Seine heutige Gestalt, insbesondere seine Asymmetrie, hängt jedenfalls von diesen posthumen Bewegungen mehr ab als von dem permischen Faltungsparoxismus«.

Wenn im Bereich der eurasiatischen Hauptmasse die Gebirgszüge überwiegend äquatorial streichen, so begegnet uns im Bereich des Pazifischen Ozeans auf beiden Flanken ein nicht minder ausgesprochenes Vorherrschen meridional gerichteter Leitlinien. Am Ostrand Tibets wenden sich die Gebirge bogenförmig nach S und gehen über Hinterindien, die Andamanen und Nikobaren in die großen Höhenzüge der Sunda-Inseln über, die den Abschluß der Landmasse gegen das Riesenbecken des Pazifischen Ozeans darstellen. Ostasien mit seinem dreifachen Kranz vorwiegend N-S streichender Gebirgsbögen folgt wieder einem eigenen Baugesetz. Die Bögen kehren ohne Ausnahme ihre konvexe Seite dem Großen Ozean zu. In jeder Reihe fügen sie sich derart aneinander, daß stets die nahezu westöstlich verlaufende Komponente des einen Bogens von der annähernd südnördlich streichenden Komponente des nächsten südlichen Bogens unter einem steilen Winkel getroffen wird (Fig. 15). Die binnenländische Bogenreihe wird durch die beiden Flügel des Stanowoigebirges, das Chingangebirge, das Taihanggebirge und die Steilabfälle der Hochländer von Kweitschou und Yünnan gebildet; zwischen den Flüssen Hwangho und Han ragt der Ausläufer des zentralasiatischen Kwenlun, der Tsinling, nach China hinein, um dann plötzlich abzubrechen. Die zweite Bogenreihe bestimmt den größten Teil des Küstenverlaufs von der Gischigabucht (62° n. Br.) bis zum Kap St. Jacques (10° n. Br.). Die dritte setzt sich aus den Inselgirlanden zusammen, die im Verein mit der Halbinsel Kamtschatka von Alaska bis Südchina eine fast ununterbrochene Vorpostenkette des größten Festlandes gegen den größten Ozean bilden. Zu dem inneren Inselbogen scheint sich noch ein äußerer zu gesellen, bestehend aus den Bonininseln, den Marianen und den Palauinseln. Doch die Zusammenfassung der Inseln zu einheitlichen Bögen ist vielfach, und hier besonders, noch recht problematisch; wir schließen auf eine genetische Zusammengehörigkeit, weil sich hier, ebenso wie bei den anderen Inselbögen, an der Ostseite tiefe ozeanische Gräben entlangziehen.

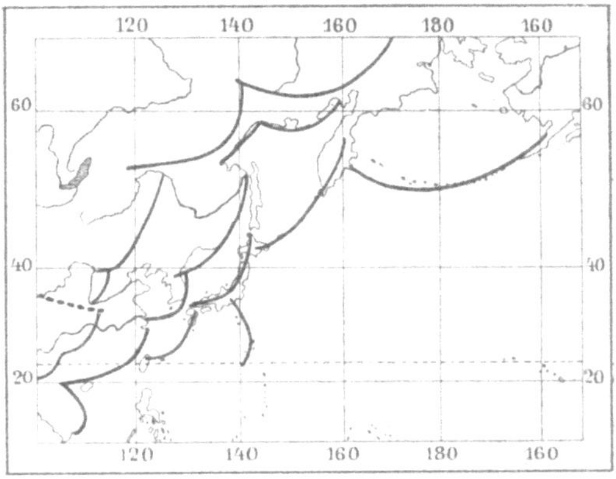

Fig. 15. Die tektonischen Bogenlinien Ostasiens. (Punktierte Linie das Tsingling-Gebirge.) Nach F. v. Richthofen.

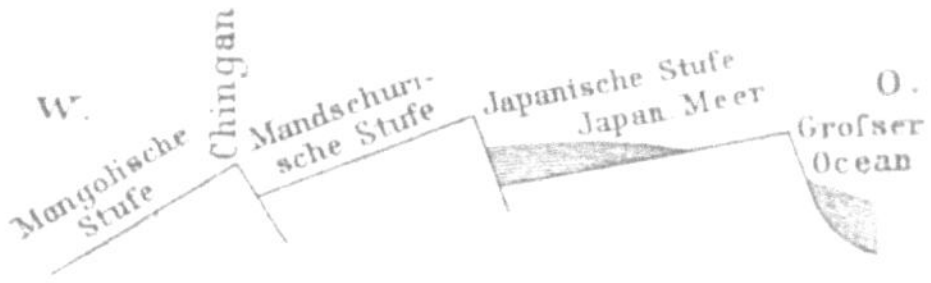

Fig. 16. Schematischer Durchschnitt durch das mittlere Ostasien mit Berücksichtigung der Erdkrümmung nach F. v. Richthofen.

Die typisch ostasiatische Bauform, die vom 30. Parallel ab eine Zerstückelung und Auflösung erfährt, hat durch F. v. Richthofen[15] und W. Volz[16] eine einfache genetische Deutung gefunden. Beide halten die ostasiatischen Gebirgsbögen und Inselgirlanden für Folgeerscheinungen des Einsinkens des Großen Ozeans (Zerrungsbögen); durch die drei Bogenlinien wird die pazifische Randzone in drei Stufen zergliedert, von denen, wie Fig. 16 darstellt, jede östliche tiefer liegt als die benachbarte westliche. — Anders deutet A. Wegener den ostasiatischen Staffelbau. Er nimmt an, daß im Bereich Ostasiens infolge der Polfluchtkraft meridionale Spalten aufrissen, längs deren der Ostrand Eurasiens aufsplitterte; bei der allgemeinen Westtrift blieben dann kleinere Schollen z. T. gegenüber dem Hauptkörper zurück. Wie man sieht, sind wir auch hier von einer allgemein anerkannten Lösung des Problemes noch weit entfernt.

Die asiatischen Gebirgszüge streichen über die Beringenge nach der Neuen Welt hinüber, die mit der Halbinsel Alaska und den Aleuten noch teilnimmt an den ostasiatischen Bögen. Was den amerikanischen Hochgebirgsgürtel charakterisiert, ist neben dem starken Anteil von Eruptivgesteinen am Aufbau des Gebirgskörpers vor allem seine Geschlossenheit, die selbst in Zentralamerika nur durch verhältnismäßig schmale Einsenkungen unterbrochen wird. Ein Vergleich mit dem eurasiatischen Gürtel liegt nahe. In beiden schwillt durch Einschaltung von Hochflächen die Erhebungszone zu beträchtlicher Breite an, aber in der Alten Welt nimmt die Breite regelmäßig nach W ab (Zentralasien unter 90° ö. L. 3200 km, Iran unter 60° ö. L. 1300 km, Kleinasien unter 35° ö. L. 670 km), während in der Neuen Welt Verschmälerung und Erweiterung wechseln und zwei Maximalbreiten, die aber beträchtlich hinter den asiatischen zurückstehen, zu beiden Seiten des Äquators auftreten: die nordamerikanische unter 40½° n. Br. ist 1600 km, die südamerikanische unter 20° s. Br. 730 km breit. Ein weiteres Unterscheidungsmerkmal zwischen dem eurasiatischen und dem amerikanischen Gebirgsgürtel ist durch die verschiedenartige geographische Lage gegeben. Der eurasiatische Gürtel scheidet mit Ausnahme von Ostiran — denn der Persische Golf und das Mittelmeer kommen als Binnenmeere hier nicht in Betracht — Land von Land, der amerikanische aber in seiner ganzen Ausdehnung Meer von Land. Hierin gleicht er zwar den ostasiatischen Bögen, aber diese sind viel breiter und geben großen Flächen Raum. Daher hat Eurasien drei Hauptabdachungen, die Neue Welt aber nur eine: die zum Atlantischen Ozean. Endlich kann nicht übersehen werden, daß solche seltsamen Bogenkrümmungen, wie sie der europäische Gürtel aufweist, in Amerika nahezu ganz fehlen. Langgestreckte und am Ende kulissenförmig gegeneinander verschobene Gebirgszüge herrschen vor, mit Ausnahme von drei Stellen mit reiner Bogenform, die aber z. g. T. erst aus den insularen Bruchstücken wiederhergestellt werden muß. Es sind dies der Alaskabogen im N, der westindische, der durch die Kordillere von Merida mit dem südamerikanischen Hauptgürtel in Verbindung steht und sich andererseits an die ostwestlich streichenden Gebirge von Zentralamerika anschließt, und endlich der westantarktische, der Feuerland über Südgeorgien und die Südorkney-Inseln mit dem Gebirge des Grahamlandes verbindet. Wegener versucht die Erscheinung, daß die letztgenannten Bögen ihre konvexe Seite nach Osten wenden, wiederum dadurch zu erklären, daß bei der Westtrift die kleineren Massen gegenüber den größeren, die spitzig ausgezogenen Enden gegenüber dem Rumpf der Festländer zurückgeblieben seien.

Überschauen wir zum Schluß noch einmal den gesamten Hauptgebirgsgürtel, um mit einigen wenigen Strichen die Bedeutung dieser Naturgegebenheiten für das Leben und Wirken des Menschen zu skizzieren, so ergeben sich folgende Grundtatsachen:

a) Die Gebirgszüge im westlichen und zentralen Eurasien streichen senkrecht zur Weltmeerküste, so daß der klimatische Einfluß des Atlantischen Ozeans sich bis tief in den Kontinentalraum hinein geltend machen kann. Der Übergang vom ozeanischen zum kontinentalen Klima ist infolgedessen hier ein leidlich allmählicher, und der Ackerbau erstreckt sich weit binnenwärts. — In Ostasien zieht der Faltengürtel parallel der pazifischen Küste, die Beeinflussung des Festlandes durch den Großen Ozean reicht daher nicht gar zu weit ins Land hinein; hart und unvermittelt grenzt das Ackerbaugebiet Chinas an die zentralasiatischen Landschaften mit vorwiegendem Viehzuchtsnomadismus. — Auch in Amerika begleitet der Gebirgsgürtel die Küste des Großen Ozeans und bewirkt eine scharfe Scheidung zwischen der pazifischen und der atlantischen Abdachung. Wie stark auch hier die klimatischen und wirtschaftsgeographischen Gegensätze stellenweise sind, lehrt z. B. ein Vergleich zwischen dem regentriefenden Wald- und Weideland Südchiles und den hauptsächlich nur für Schafzucht geeigneten Wüstensteppen Patagoniens. Die Kontraste wären in Amerika auch sonst ähnlich bedeutungsvoll, wenn der Atlantik nicht so nahe wäre und die binnenmeerartigen großen amerikanischen Seen (Oberer-, Michigan-, Huron-, Erie- und Ontario-See) fehlen würden.

b) Dadurch, daß die Leitlinien des Reliefs im Bereich des westlichen und mittleren Eurasien überwiegend von W nach O streichen, werden hier auch die wirtschaftlichen und politischen Expansionen gern in diese Bahn gedrängt. Welche Rolle spielt z. B. in der deutschen Geschichte neben der baltischen Linie die Mittelgebirgslinie längs Sudeten und Karpathen sowie die Alpen-Donaulinie! Der Abschluß durch diese W-O streichende Gebirgsbarre ist jedoch kein hermetischer, sondern läßt einige große Naturpforten für einen N-S-Verkehr offen, z. B. die Rhein-Rhone-Linie, die Oder-March-Linie u. a. m. Da zudem die Alpen durch zahlreiche tiefgeschartete Pässe ausgezeichnet sind und im Osten ohne große Mühe umgangen werden können (Wien-Triest), so entstehen leicht Divergenzen, die gerade für die Entwicklung des deutschen Staates und Volkstums verhängnisvoll geworden sind: die deutschen Kaiser unterlagen vielfach dem Drang nach dem Süden, das Volkstum aber breitete sich eher längs der großen von der Natur klar vorgezeichneten W-O-Bahnen aus. — In Ostasien und Amerika bewirkt der vorherrschend N-S streichende Gebirgsgürtel in erheblichem Maße eine entsprechend meridionale Orientierung staatlichen Lebens. China entfaltete sich vom Kernland am Jangtsekiang und Hwangho nach N bis zur Mandschurei und nach S bis gegen Siam hin; die Besitzergreifung der westlichen Binnengebiete (Mongolei, Tibet, Turkestan) galt im wesentlichen nur der Sicherung des sich an der pazifischen

Küste entlangziehenden Hauptstaatsgebietes. Ähnliches gilt für Japan, das seine Hoheitsrechte von Sachalin bis hinunter nach Formosa geltend macht und ersichtlich bestrebt ist, auf dieser großen meridionalen Naturbahn weiter tropenwärts vorzustoßen; der Erwerb Koreas ist als eine Sonderheit zu betrachten, die sich in erster Linie aus der Eisen- und Kohlenarmut der japanischen Stamminseln erklärt. — In Amerika spiegelte sich das Vorherrschen des N-S-Motives der Reliefgestaltung ursprünglich auch im staatlichen Leben sehr deutlich wieder, und erst neuerdings hat sich der Mensch über diese Naturgegebenheiten hinwegzusetzen versucht. Die großen Indianerreiche folgten den meridional streichenden Faltenzügen; die spanischen Kolonialstaaten waren in der Hauptsache andine Longitudinalstaaten, wie es die dann selbständig gewordenen Republiken großenteils noch heute sind; in Nordamerika ordneten sich ursprünglich die Kolonialstaaten streifenförmig gemäß dem Relief: die spanische Zone in den Kordilleren von Mexiko aus nördlich wachsend, die französische Zone von den großen Seen bis zur Mississippi-Mündung, die Neuenglandstaaten zwischen der atlantischen Küste und den Appalachen. Erst die Entwicklung der Vereinigten Staaten hat dann diese Harmonie zwischen Natur und Mensch aufgehoben; man versucht, in U. S. A. ebenso wie in Kanada, durch künstliche Mittel (Querbahnen, Panama-Kanal u. a. m.) die verschiedenen N-S gerichteten Reliefgebiete zu einer von O nach W, vom Atlantik zum Pazifik reichenden staatlichen Einheit zusammenzuklammern.

c) Im Leben aller Völker und Staaten spielt in gewissen Entwicklungsperioden die »Tropensehnsucht« eine große Rolle. Die Menschheit in Ostasien und Amerika hat es verhältnismäßig leicht, diesem Drang stattzugeben. Allmählich und stetig können die Staaten hier gleichsam organisch in die Tropen hineinwachsen, denn die Leitlinien des Reliefs weisen von selbst dorthin. Anders in Europa! Zu dem sich quer davor legenden Gebirgsgürtel gesellt sich hier die große klimatisch bedingte Wüstenbarre, um den Weg in die Tropen zu versperren. Der Abendländer muß sich daher, wenn er dem Drang in die Tropen nachgeben will, von seinem Heimatgebiet loslösen, sich mit starker Wehr umgürten und sich mit dem Recht des Stärkeren in irgend welchen Tropengebieten festsetzen. Der Ostasiat und der Amerikaner haben und kennen *ihre* Tropen; der Europäer verfügt nicht über ihm von Natur zugewiesene Tropen. Wie stark sich dieser in der Natur verankerte Gegensatz wirtschaftlich und politisch auswirkt, braucht hier nicht näher ausgeführt zu werden.

2. Dem großen Hauptgebirgsgürtel stehen die Gebiete geringerer Reliefenergie gegenüber, ausgedehnte Flachländer, die A. Supan zu einer *borealen* und einer *australen Zone* zusammenfaßte. Es handelt sich um Tiefebenen, Tafellandschaften und ausgedehnte Rumpfflächenlandschaften, d. h. durch die Abtragung mehr oder minder eingeebnete Faltengebirgsreste. Sowohl in der borealen als

in der australen Zone liegen die Faltungsvorgänge zeitlich sehr weit zurück und sind schon seit dem frühen Paläozoikum erloschen, während sie im Hauptgebirgsgürtel, wie oben betont, großenteils bis ins Spättertiär anhielten, stellenweise sogar noch heute nicht abgeschlossen sind. Wo in diesen Zonen Gebirge auftreten, da verdanken sie ihr Dasein jüngeren Schollenbewegungen, der Flußerosion, der Widerstandskraft des Gesteins oder dem Vulkanismus. Sogar paläozoische Faltungen haben im Bereich der australen und borealen Zone nur mehr eine ganz untergeordnete Rolle gespielt; in großen Teilen dieser Länder liegen selbst die kambrischen Schichten noch horizontal und sind von keiner Faltung betroffen worden. Die Oberflächenformen des Tafellandes sind daher weit verbreitet. Einen fast ebenso großen Raum nehmen die Tiefländer ein, die durch Aufschüttung junger lockerer Massen entstanden sind. Dieses Vorherrschen des Flachlandes kommt auch darin zum Ausdruck, daß diese Gebiete mit Ausnahme von Afrika und Dekan nur selten in größerer Ausdehnung 500 m Seehöhe übersteigen.

Im Vergleich zum Hauptgebirgsgürtel wird man die Flachlandgebiete der borealen und australen Zone als einförmig empfinden. Trotz weitgehender Ähnlichkeit zeigen sie aber im einzelnen erhebliche landschaftliche Unterschiede, die auf dem verschiedenartigen geologischen Bau, den abweichenden klimatischen Verhältnissen u. a. m. beruhen. Die wichtigsten Einheiten seien hier kurz genannt: im borealen Eurasien unterscheidet man zweckmäßig die britischen Inseln, das große archäische Massiv Fennoskandia (Skandinavien, Finnland, Kola), das mitteleuropäische Tiefland von Nordfrankreich über Belgien, Holland, Norddeutschland, Polen bis zum Baltikum, die russische Tafel, die ihr Gegenstück in der ostsibirischen Tafel hat, von der sie durch die Tieflandsmulden von Westsibirien und Turkestan geschieden ist. In Nordamerika entspricht der die Hudsonbai umgebende archäische Landgürtel dem baltischen Fennoskandia, nach W steigt das Prärienplateau zum Felsengebirge an, im S breitet sich die appalachische Tafel aus, an die sich dann junge Tiefländer anschließen. In Südamerika ist die Form des Tieflandes vorherrschend, aber im O erheben sich zwei alte Massive, die von Guayana und von Brasilien. Im australen Teile der Ostfeste tritt uns zunächst die Wüstentafel entgegen, die die Sahara, Arabien und Syrien umfaßt. Das übrige, geologisch allerdings noch sehr unvollständig bekannte Afrika bis zum südlichen Faltengebirge ist eine archäische Rumpffläche mit ausgedehnten Sandsteindecken, die sich nach innen zu den Becken des Niger, des Tschadsees, des oberen Nil, des Kongo und zum Sambesi-Kalahari-Becken senkt. Madagaskar und Dekan verraten in ihrem Bau Verwandtschaft mit Afrika. In Australien haben die altpaläozoischen Faltungen den Charakter eines zusammenhängenden Gebirges nur im Osten bewahrt, aber schon westlich davon bis ungefähr zum 137. Meridian und dann wieder westlich vom 130. Meridian sind sie nur noch bruchstückweise erhalten. Alte Eruptivgesteine setzen jene Ketten zusammen, die in ost-westlicher Richtung das zentrale Tafelland durchschneiden. — Wenn wir, abgesehen von Grahamland, auch die Antarktis in die australe Gruppe einreihen, so stützen wir uns auf die Erfahrungen im Viktorialand, wo auf einer Unterlage von kristallinischen Gesteinen eine mächtige Sandsteindecke in horizontaler Lagerung ruht.

Das Gestaltungsgesetz. Gewisse Regelmäßigkeiten in der Anordnung der Hauptgebirgszüge und der Landmassen (Dreiecksgestalt der Südkontinente, deren Zuspitzung südwärts, antipodische Verteilung von Wasser und Land u. a. m.) ließen schon früh den Gedanken aufkommen, die Oberflächengestaltung unseres Planeten einem geometrischen Gesetz unterzuordnen. Elie de Beaumont vermutete (1852), daß der Reliefgestaltung ein symmetrisches Gesetz zugrunde läge, und gelangte zu einem Pentagonalnetz, das die Erdfläche in 120 gleiche rechtwinklige sphärische Dreiecke zerlegt. Diese Vorstellung ist aber verdientermaßen längst der Vergessenheit anheimgefallen, weil die tatsächliche antipodische Ungleichheit jedem Versuch spottet, die Oberflächengestaltung der Erde in das starre System einer symmetrischen Regelmäßigkeit zu pressen.

Gerade der antipodischen Ungleichheit versuchte Green [17] mit seinem Tetraedersystem (1875) Rechnung zu tragen. Unter allen regelmäßigen Körpern besitzt bekanntlich bei gegebener Oberfläche das Tetraeder das kleinste, die Kugel das größte Volumen. Infolge der von Green vorausgesetzten Abkühlung der Erde muß diese die tetraedrische Form anstreben, weil sich nur so die größte Verkleinerung mit der geringsten Veränderung der Oberfläche vereinigt. Andererseits strebt aber die rotierende Erde die sphärische Gestalt an, und die wirkliche Oberfläche resultiert aus dem Kampfe dieser beiden entgegengesetzten Tendenzen. Daher kommt hier nicht das regelmäßige Tetraeder, die von vier gleichen Dreiecken eingeschlossene Pyramide, in Betracht, sondern das Hexakistetraeder, das dadurch entsteht, daß man jeder Tetraederfläche eine flache sechsseitige Pyramide aufsetzt. Denkt man sich noch die Kanten abgestumpft, so ist die Oberfläche eines solchen Körpers nahezu sphäroidal. Green orientiert nun sein Tetraeder in der Weise, daß die erste Ecke mit dem Südpol zusammentrifft; die zweite kommt etwas westlich vom mittleren Niltal, die dritte ungefähr an die Yukatánküste und die vierte in die Gegend der Marianen zu stehen. Auf diese Weise entsprechen die Kanten des tetraedrischen Grundkörpers den Kontinenten, während sich über den Tetraederflächen das stets nach sphärischer Gestalt drängende Wasser der Ozeane ansammelt. Für Europa-Afrika, den Großen Ozean und die Polargebiete trifft dies in der Tat einigermaßen zu.

Nachdem Greens Hypothese mehr als 20 Jahre fast unbeachtet geblieben war, wurde sie um die Wende des Jahrhunderts mit einem Male von verschiedenen Geologen wieder auf die Tagesordnung gesetzt; doch mußte sie sich eine Reihe von Umänderungen gefallen lassen. De Lapparent und Arldt nehmen unregelmäßige Tetraeder an, letzterer gibt ihm auch gekrümmte Kanten und Flächen. Die Achse fällt wie bei Green mit der Drehungsachse zusammen, eine Ecke bildet daher den Südpol, die drei anderen werden in die archäischen Massive von Kanada, Finnland und Ostsibirien verlegt. Michel-Lévy verrückte das Tetraeder etwas, um seine vulkanischen Bruchzonen auf sechs größte Kreise zu bringen, und Bertrand nimmt zwei Tetraeder, ein nördliches und ein südliches, mit gekrümmten Kanten an. Schon diese Unsicherheit zeigt, daß das Tetraedersystem von Willkürlichkeiten ebensowenig frei ist und der Natur ebensoviel Zwang antut wie das Pentagonalsystem. Aber der Grundgedanke ist nicht ohne weiteres von der Hand zu weisen. Manche charakteristischen Erscheinungen der gegenwärtigen Erdgestaltung finden in Greens Hypothese eine befriedigende Erklärung, wie die antipodische Anordnung der Festländer und Meere, von der nur das südliche Südamerika eine Ausnahme macht, die Gestalt der Kontinente, die ihre Breitseite dem Nordpol zukehren und im Süden mit Zuspitzungen enden u. a. m. Aber die Verteilung von Wasser und Land hat sich im Laufe der geologischen Zeiträume geändert, und es ist bezeichnend, daß sich Gregory, um die Theorie damit in Einklang zu bringen, zur Vermutung gedrängt sah, das Tetraeder sei in früheren geologischen Perioden umgekehrt orientiert gewesen, d. h. es habe seine Spitze dem Nordpol zugewandt. Es leuchtet ein, daß ein wanderndes Tetraeder nichts mehr erklären würde, wenn man nicht zugleich auch das Gesetz der Verschiebung aufdecken könnte.

Ein weiterer bemerkenswerter Zug im Antlitz der Erde ist Guyots »Große Bruchzone«, die annähernd in Form eines größten Kreises vom amerikanischen Mittelmeer zum europäischen und weiterhin zum australasiatischen Mittelmeer hinzieht und die nördlichen von den südlichen Festländern scheidet. Sie ist zugleich eine Zone häufiger Erdbeben und Vulkanausbrüche. Nach Greens Meinung lag sie einst in der Ebene der Ekliptik; Ebbe und Flut im Erdinnern mußten hier die größten Spannungsänderungen hervorrufen, die endlich zum Einbruch führten, geradeso wie ein Draht, der hin- und hergebogen wird, endlich bricht. Dagegen verlegte Emerson, sonst ein warmer Anhänger Greens, die Bruchzone nach dem Äquator und stützt sich dabei auf die Annahme verschiedener Geologen, daß der Nordpol früher in der Nähe der Beringstraße lag. Demzufolge fiel damals der Äquator annähernd in die Ebene der Ekliptik. Die Erde drehte sich schneller, und die Abplattung war größer als heutzutage, aber unter dem Einfluß der von O nach W fortschreitenden Gezeitenwelle verlangsamte sich die in entgegengesetzter Richtung erfolgende Rotation, die Abplattung mußte sich den geänderten Verhältnissen anpassen, und der äquatoriale Wulst brach zusammen. Auch da muß man die Frage aufwerfen, ob wir wirklich berechtigt sind, die westindischen, mediterranen und ostindischen Einsturzfelder zu einer Zone zu vereinigen. Nicht nur, daß diese Zone in Vorderasien über hohe Tafelländer und Bergketten verläuft, sie müßte auch noch im Relief des Meeresbodens erkennbar sein, aber soweit unsere, allerdings mangelhafte Kenntnis desselben reicht, lassen sich dort Spuren einer derartigen Bruchzone nicht entdecken.

Die eigenartige Anordnung der Hauptgebirgszüge hat naturgemäß ebenfalls zu Vermutungen über einen gesetzmäßigen Zusammenhang geführt. Es gilt, die annähernd äquatoriale Streichrichtung in der Alten Welt und den überwiegend meridionalen Verlauf auf der pazifischen Erdhälfte zu erklären. KREICHGAUER [18] verlegt die Gebirgsbildung durch Faltung in die Zone des mathematischen Äquators. Da hier die Abplattung der Erde als eine konstante Größe betrachtet wird, so muß der äquatoriale Durchmesser, der durch die Auffaltung vergrößert wurde, wieder verkleinert werden, und dies geschieht durch den Zusammenschub der Erdrinde in der dazu senkrechten Richtung. Dem primären Äquatorialgebirge entspricht also stets ein sekundäres Meridionalgebirge. Auch diese Theorie verlangt eine Verschiebung der Pole, um den altweltlichen Gebirgsgürtel in äquatoriale Breiten zu rücken, und auch hier gilt derselbe Einwurf, den wir oben gemacht haben, nämlich, daß der Boden jener Meeresteile, die der hypothetische Tertiäräquator durchschneidet, keine Spur von Auffaltung verrät. Da in verschiedenen Erdperioden Gebirge in verschiedenen Gegenden entstanden sind, muß KREICHGAUER zu einer phantastischen Wanderung des Nordpols vom südlichen Polarkreis durch den Großen Ozean seine Zuflucht nehmen, wobei er der Erdrinde die Fähigkeit zuschreibt, bei unveränderter Lage der Drehungsachse im Weltenraum wie ein Überzug über eine feste Kugel hinwegzugleiten.

Von den wesentlich anders gearteten Vorstellungen ALFRED WEGENERS war oben schon die Rede. Die Theorie der Kontinentwanderungen beseitigt gewiß noch nicht alle Schwierigkeiten, erklärt aber die großen Züge im Antlitz der Erde weit ungezwungener als etwa GREEN und vollends KREICHGAUER. Es darf aber nicht übersehen werden, daß auch die modernisierte Schrumpfungstheorie eine sehr brauchbare Arbeitshypothese abgibt, um die beiden aufeinander senkrechten Leitlinien des irdischen Reliefs zu erklären. Man hat erkannt, daß der in einer Kugelschale vorhandene seitliche Druck durch zwei aufeinander senkrecht stehende Entspannungszonen seine Auslösung findet. Einzelheiten über dieses Problem werden wir später bei Erörterung der Gebirgsbildungsvorgänge zu besprechen haben.

Charakteristisch für die gegenwärtige Erdoberfläche ist endlich die Verschiebung der südlichen Festländer gegenüber den nördlichen; GREEN erklärt sie als eine Torsionserscheinung längs der Bruchzone. Infolge der Orientierung des Tetraeders mit der Spitze gegen den Südpol und der Grundfläche gegen den Nordpol hat die südliche Halbkugel einen etwas kleineren Radius und rotiert schneller, sie eilt der Nordhalbkugel nach O voraus. PRINZ [19], der hierin ein allgemeines planetarisches Gesetz erblickt, hat auf seiner Erdkarte eine Menge solcher nach NW abschwenkender Linien eingezeichnet, und seine Darstellung verdient insofern Beachtung, als sie zeigt, zu welchen Willkürlichkeiten alle derartigen geometrischen Konstruktionen führen. Eine seiner Linien verläuft an den Westküsten Australiens und der hinterindischen Halbinsel und findet ihre Fortsetzung im Himalaja; das dazugehörige, nach W verschobene Stück ist der Ural! So werden Gebirge von ganz verschiedenem Alter miteinander in Beziehung gesetzt, und gerade das, was die Alte Welt auszeichnet, der große ostwestliche Hochgebirgsgürtel, als etwas Nebensächliches behandelt. EMERSON macht gegen die Torsionshypothese geltend, daß von seinen drei Festlandpaaren die beiden Amerika und Asien-Australien ungleichmäßig gegeneinander verschoben sind, und Europa-Afrika gar nicht, und führt das ganze Phänomen auf Niveauveränderungen zurück. Nordamerika und Asien haben im Laufe der geologischen Geschichte im O Land verloren, im W Land gewonnen, während Australien auf dieselbe Weise scheinbar nach O gewandert ist. Es muß schließlich noch darauf hingewiesen werden, daß die Torsionshypothese durch Anwendung der WEGENERschen Grundgedanken eine neue Lösungsmöglichkeit bietet. Man kann sich auf Grund der regionalen Ungleichartigkeit des Erdkrustenmaterials sehr wohl vorstellen, daß der Verschiebungsbetrag der einzelnen Kontinentblöcke in gleichen Zeiträumen ein verschiedenartiger ist, und daß das Zurückbleiben der südlichen Festländer gegenüber den nördlichen so zu erklären ist. Aber auch in dieser Annahme steckt viel Unsicheres, und keine Sache wird klarer, wenn man Hypothesen auf Hypothesen häuft. Auch das Gestaltungsgesetz, das die großen Züge im Antlitz der Erde unzweifelhaft beherrscht, gehört zu jenen naturwissenschaftlichen Fragen, auf die wir, vorläufig wenigstens, mit einem ignoramus antworten müssen.

Literaturnachweise. [1] W. SCHMIDT, Eine elementare Ableitung der ablenkenden Kraft der Erddrehung; Pet. Mitt. 1921 und die Diskussion hierüber in Pet. Mitt. 1922. — [2] Besonders empfehlenswerte deutsche Lehrbücher der Geologie sind EM. KAYSER, Lehrbuch der Geologie; 4 Bde., Bd. I, II Allgemeine Geologie, 6. Aufl. Stuttgart 1921. M. NEUMAYR, Erdgeschichte; 2 Bde., 3. Aufl. bearbeitet von FR. SUESS, Leipzig 1921. A. TORNQUIST, Geologie; I. Teil Allgem. Geologie, Leipzig 1916. Derselbe, Grundzüge der geologischen Formations- und Gebirgskunde; Berlin 1913. W. SALOMON, Grundzüge der Geologie; I. Allgemeine Geologie, Stuttgart 1913. P. WAGNER, Lehrbuch der Geologie und Mineralogie; 8. Aufl. Leipzig 1921 (elementar). — [3] J. KOENIGSBERGER, Berechnung des Alters der Erde auf physikalischer Grundlage; Geolog. Rdschau 1910. ARTH. HOLMES, The Age of the Earth; London 1913. Th. C. CHAMBERLIN, J. CLARKE, E. W BROWN, W. DUANE, The Age of the Earth; Proceedings of the Americ. Philosoph. Society, Philadelphia 1922. — [4] Jos. BARREL, Rhytmes and measurements of geological time. Bull. Geol. Soc. Amer. 1917. — [5] L. MEITNER, Die Bedeutung der Radioaktivität für kosmische Prozesse; Zeitschr. f. angew. Chemie 1923. — [6] L. MECKING, Die Polarländer; Leipzig 1925. — [7] W. MEINARDUS, Die mutmaßliche Höhe des antarktischen Kontinents; Pet. Mitt. 1909. Derselbe, Die hypsographischen Kurven Grönlands und der Antarktis und die Normalform der Inlandeisoberfläche; Pet. Mitt. 1926. — [8] A. BALDIT, Sur la répartition des terres et des mers à la surface du globe; Ann. du Bureau Centr. Mét. de France, Mém. 1906, Paris 1910. — [9] E. OBST, Mittlere geographische Breite und morphographische Kurve; Kart. Ztschr. 1921. — [10] E. KOSSINNA, Die Tiefen des Weltmeeres; Veröff. d. Inst. f. Meeresk. N. F. Reihe A, Heft 9. Berlin 1921. — [11] H. WAGNER, Lehrbuch der Geographie; Hannover 1920/23. — [12] H. MAURER, Die größten Tiefen im Stillen Ozean; Z. G. f. E. Berlin 1927. — [13] A. PENCK, Morphologie der Erdoberfläche Bd. I; Stuttgart 1894. — [14] S. v. BUBNOFF, Geologie von Europa; Bd. I. Berlin 1926. — [15] F. VON RICHTHOFEN, Geomorphologische Studien aus Ostasien; fünf Abh. in den Sitzgsber. der Berl. Akad. d. Wiss. 1900—03. — [16] W. VOLZ, Der ostasiatische Landstufenbau als Ausdruck oberflächlicher Zerrung; Pet. Mitt. 1914. — [17] LOWTHIAN GREEN's Werk: Vestiges of the molten Globe (1. Bd. London 1875, 2. Bd. Honolulu 1887) ist selten; man findet aber alle notwendigen Aufschlüsse darüber in: J. W. GREGORY, The Plan of the Earth and its Causes (Geographical Journal, 1899, Bd. XIII); W. PRINZ, L'hypothése de la déformation tétraédrique de la terre (Annuaire astronomique pour 1902, Brüssel); B. K. EMERSON, The Tetrahedral Earth and Zone of the Interkontinental Seas (Bulletin of the Geological Society of America 1900, Bd. XI) und in TH. ARLDT, Die Gestalt der Erde, in GERLANDS Beiträgen zur Geophysik 1905, Bd. VII. Sehr beachtenswerte Erörterungen über diesen Gegenstand, an denen sich A. v. BÖHM u. O. AMPFERER als Gegner und TH. ARLDT als Verteidiger der Theorie beteiligten, finden sich in Pet. Mitt. 1911, Bd. II. — [18] D. KREICHGAUER, Die Äquatorialfrage in der Geologie; Steyr 1902. Die Theorie von J. GOLFIER (Esquisse d'un systéme orthogonal, im Bulletin de la Société géologique de France, 1903) stimmt im wesentlichsten Punkt mit der Auffassung KREICHGAUERS überein. — [19] W. PRINZ, Sur les similitudes que présentent les cartes terrestres et planétaires; Annuaire de l'Observatoire Royal de Bruxelles pour 1891. —

Zweiter Abschnitt.

Die Lufthülle.

Von

Walter Georgii.

Allgemeine Vorbemerkungen.[1]

Die Schwankungen. Alles auf der Erde ist steten Veränderungen unterworfen. Sie vollziehen sich um so rascher, je beweglicher die Teilchen sind: in der Regel langsam und nur in größeren Zeiträumen zu merklichen Wirkungen sich summierend in der festen Erdoberfläche, schon deutlich wahrnehmbar in der flüssigen, und am schnellsten in der gasförmigen Lufthülle. Ein Teil dieser Zustandsschwankungen der Atmosphäre kehrt annähernd regelmäßig zu bestimmten Zeiten wieder — wir nennen sie die periodischen —; andere, die unperiodischen, sind an kein Zeitgesetz gebunden und könnten uns überhaupt als willkürlich erscheinen, wenn wir nicht davon überzeugt wären, daß in der Natur alle Erscheinungen einer gesetzmäßigen Ordnung unterliegen, selbst wenn uns deren Zusammenhänge unerschlossen sind.

Um periodische und unperiodische Veränderungen voneinander zu scheiden und die ersteren zum klaren Ausdruck zu bringen, gibt es einen bequemen Weg: die Bildung mathematischer Mittel aus längeren, ununterbrochenen Beobachtungsreihen. Die Meteorologie und namentlich die Klimatologie bedient sich in weitem Umfange dieser Methode. Sie führt uns zur Erkenntnis einer täglichen und einer jährlichen Periode. In weniger ausgeprägter Deutlichkeit haben sich auch Perioden höherer Ordnung nachweisen lassen. Von ihnen sind die bekanntesten die 11-jährige Sonnenfleckenperiode und die 35-jährige, sogenannte Brücknersche Periode.

Indes darf man von der Methode der Mittelbildung nicht zu viel erwarten. Sie beruht auf der Voraussetzung, daß die Störungen der Periode — d. h. die unperiodischen Veränderungen — ebensooft im negativen wie im positiven Sinne auftreten. Diese Voraussetzung trifft aber nur annähernd bei sehr langen Beobachtungsreihen zu. Sie ist um so weniger erfüllt, je komplizierter ein Phänomen ist. Die meteorologischen Elemente, wie Temperatur, Luftdruck, Winde, Feuchtigkeit und Niederschlag, verhalten sich in dieser Beziehung verschieden; bei einzelnen sind die unperiodischen Veränderungen so übermächtig, daß selbst in langjährigen Mittelwerten die maßgebende Periode nur schwach hervortritt oder sogar völlig verdeckt wird. Die jährliche Periode, der in der geographischen Klimalehre die größte Bedeutung zukommt, wird hierdurch verhältnismäßig noch am wenigsten betroffen. Auch darf man nicht glauben, daß der Mittelwert eines meteorologischen Elementes zugleich dessen häufigster Wert ist. Der Mittelwert stellt eine Rechengröße dar, bequem als zusammenfassender Ausdruck der zahlreichen Einzelbeobachtungen und geeignet für vergleichende Klimabetrachtungen, keineswegs vermag er aber eine genügende Anschaulichkeit des betreffenden Klimaelementes zu vermitteln, dessen tatsächliche Werte erheblich über und unter dem Mittel liegen können.

Höhe der Lufthülle. Die Luft bildet einen Bestandteil der Erde und haftet auf ihr durch die Schwerkraft. Eine obere Grenze der Lufthülle läßt sich nicht angeben, da sich die Atmosphäre ganz allmählich in den Weltenraum verliert. Aus gewissen Erscheinungen kann man nur feststellen, in welchen Höhen noch Spuren einer Atmosphäre vorhanden sein müssen. Die Dämmerungserscheinungen, die auf der Reflexion des Sonnenlichtes an den Schichtflächen der Atmosphäre beruhen, geben uns eine solche Möglichkeit, die Existenz einer Atmosphäre in bestimmten Höhen noch nachzuweisen. Der erste Dämmerungsbogen verschwindet unter dem Horizont, wenn die Sonne sich bereits 8° unter demselben befindet. Durch einfache Rechnung erhält man hieraus die Höhe der reflektierenden atmosphärischen Schicht zu 11 km. Sie liefert uns die obere Grenze der Troposphäre, des Teiles unserer Lufthülle, in dem sich die Hauptschwankungen der meteorologischen Elemente vollziehen. Die Hauptdämmerung verschwindet bei einem Depressionswinkel der Sonne von 17,4°. Eine zweite reflektierende Schicht erhalten wir hiernach in 74 km Höhe. Sie dürfte die sogenannte Stratosphäre, die Schicht annähernd konstanter Temperatur unserer Lufthülle, nach oben abgrenzen. Ungefähr die gleiche Höhe ergaben die Messungen an den leuchtenden Nachtwolken, die mehrere Jahre nach dem Krakatauausbruch beobachtet wurden. Diese Wolkenmessungen zeigten auch, daß in 70—80 km Höhe Ostwind von gewaltiger Geschwindigkeit herrschte, der wohl so zu deuten ist, daß die Luftschichten in dieser Höhe sich nicht mehr in völliger Abhängigkeit von der Drehung der Erde befinden. Das Aufleuchten der Sternschnuppen und Meteore verrät weiterhin noch Spuren der Atmosphäre in 120 bis 150 km Höhe, und die letzte Phase unserer Dämmerung, ein schwacher, bläulicher Lichtstreifen am Himmel nach dem Verschwinden des Hauptdämmerungsbogens, läßt noch eine reflektierende Schicht in etwa 200 km Höhe errechnen.

Für die Betrachtung der meteorologischen Erscheinungen können wir uns auf die Troposphäre und die unteren Schichten der Stratosphäre beschränken, und dies um so unbedenklicher, als die Lufthülle vom Boden bis 20 km Höhe bereits mehr als 9 Zehntel der Gesamtmasse der Atmosphäre umfaßt. Die Luft ist, wie alle Körper, schwer; eine bis zum Meeresniveau herabreichende Luftsäule hält im Mittel einer 760 mm hohen Quecksilbersäule das Gleichgewicht. Mit zunehmender Höhe nimmt der Luftdruck nach einem bestimmten Gesetze ab, da die auf dem Barometer lastende Luftmasse geringer wird. Schon in 5500 m Höhe ist der Luftdruck auf die Hälfte seines Betrages an der Meeresoberfläche gesunken, in 18 km Höhe auf rund 1 Zehntel. Tatsächlich bildet also die Atmosphäre im Vergleich zur Größe der Erdkugel nur eine ganz dünne Hülle.

Die meteorologische Kenntnis der höheren Schichten der Atmosphäre vermitteln uns die Bergobservatorien*. Der Wert der Bergobservatorien beruht darauf, daß sie fortlaufende Registrierungen der meteorologischen Elemente liefern, doch haben sie den Nachteil, daß die Beobachtungen noch durch die feste Erdoberfläche beeinflußt sind. Die Erforschung der freien, unbeeinflußten Atmosphäre ist Aufgabe der Aerologie. Die Methoden der aerologischen Forschung umfassen Aufstiege mit gefesseltem Drachen, Flugzeug, bemanntem Ballon und solchen mit unbemanntem, sogenanntem Registrierballon. Die größte Höhe, aus der auf diese Weise bisher Beobachtungen gewonnen worden sind, beträgt über 30 km.

Zusammensetzung der Luft. Die trockene Atmosphäre ist ein Gemenge von Gasen, deren wichtigste die folgenden sind: Stickstoff 78,03 Prozent des Volumens, Sauerstoff 20,99 Prozent, Argon, ein dem Stickstoff verwandtes, aber schwereres Element 0,94 Prozent, Kohlensäure 0,03 und Wasserstoff 0,01 Prozent. Die Zusammensetzung kann für alle Breiten und für Höhen bis ungefähr 10 km als konstant betrachtet werden. Darüber hinaus ändert sich aber diese Zusammensetzung, da die Dichteabnahme der einzelnen Gase mit der Höhe je nach ihrem spezifischen Gewicht eine andere ist. Die Dichte der schwereren Gase nimmt rascher mit der Höhe ab als die der leichteren. Infolgedessen müssen die leichteren Gase in großen Höhen mehr und mehr überwiegen. In 100 km Höhe sind die schwereren Gase schon nahezu verschwunden, der leichte Wasserstoff ist mit 96 Volumprozent vorherrschend. Dementsprechend teilt man die Atmosphäre auch in die Stickstoffsphäre, welche bis 80 km Höhe sich erstreckt, und in die Wasserstoffsphäre von 80 bis etwa 200 km Höhe. Nach neueren Untersuchungen von VEGARD [3] wird die Wasserstoffsphäre in Zweifel gezogen und eine Stickstoffsphäre bis zur Grenze der Atmosphäre angenommen.

---

* Das höchste Bergobservatorium Deutschlands ist das Zugspitzenobservatorium (2964 m). Die höchste meteorologische Station der Erde befindet sich auf dem Gipfel des Misti bei Arequipa (5850 m).

Unter den genannten Bestandteilen der Luft sind der Sauerstoff, der den Atmungsprozeß des tierischen Organismus unterhält, und die Kohlensäure, die Ernährerin der Pflanzenwelt, am wichtigsten.

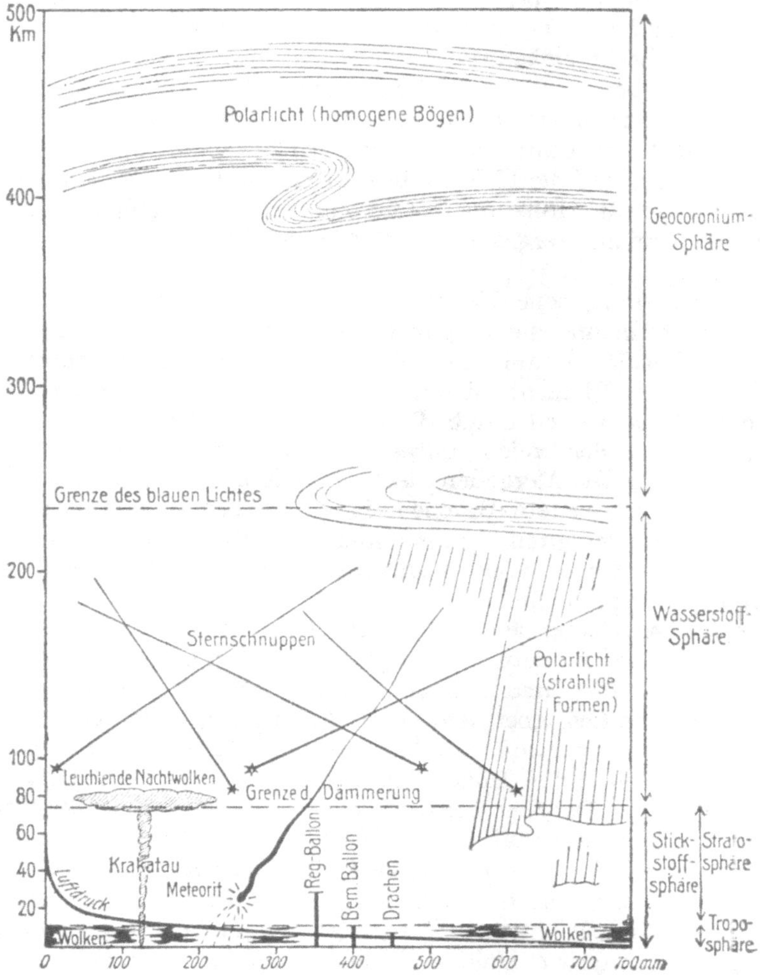

Fig. 17. Querschnitt der Atmosphäre von A. Wegener[2]. (Die Hauptschichtflächen der Atmosphäre und die mit ihnen verbundenen meteorischen Erscheinungen. Reg. Ballon = Registrierballon, Bem. B. Ballon = bemannter Ballon.)

Die Lebensfähigkeit des Menschen hört auf, wenn sich der Sauerstoff auf 17,2 Prozent vermindert. In der Höhe würde dies in etwas über 20 km der Fall sein. Tatsächlich liegt die Höhengrenze der Lebensfähigkeit erheblich tiefer. Die sogenannte Bergkrankheit, die fast jeden in größerer Höhe befällt, macht sich schon bei 3500 bis 4000 m fühlbar, dagegen liegt die kritische Höhe auf Ballonfahrten erst in 5000 bis 6000 m, ein Zeichen, daß nicht allein der zunehmende Sauerstoffmangel für die Bergkrankheit maßgebend ist, sondern wahrscheinlich auch die Anstrengungen beim Bergsteigen mitwirken. Bei künstlicher Sauerstoffzufuhr können ohne Gefahr wesentlich größere Höhen aufgesucht werden. BERSON hielt sich auf diese Weise noch in 9155 m (4. Dez. 1894) frisch bei Kräften. Auf der denkwürdigen Fahrt am 31. Juli 1901 blieb das Befinden der beiden Luftschiffer, BERSON und SÜRING, ebenfalls bis 9000 m Höhe normal, und bis 10250 m Höhe konnten die meteorologischen Instrumente noch regelmäßig abgelesen werden. Da Sauerstoff bei der Verwitterung einiger Mineralien verbraucht wird, so ist die Frage berechtigt, ob er sich nicht im Lauf der Zeit vermindere. Aber diese Gefahr wird dadurch behoben, daß durch die Zersetzung der Kohlensäure, von der die Pflanzen nur den Kohlenstoff aufnehmen, immer wieder Sauerstoff der Luft zugeführt wird. Für die Ergänzung der Kohlensäure sorgen überdies die vulkanischen Ausströmungen in ausreichender Weise.

Von den zufälligen Bestandteilen der Luft ist der Wasserdampf als eine wesentliche Bedingung des organischen Lebens am wichtigsten. Er ist zwar immer und überall vorhanden, aber seine Menge ist außerordentlichen Schwankungen unterworfen. Ein erhebliches Ausmaß kann die Verunreinigung der Luft durch Staub, Rauch, gasförmige Fäulnisprodukte und mikroskopische Organismen, die häufig die Träger ansteckender Krankheiten sind, besonders in Fabrikbezirken und Großstädten erlangen. In Palermo beträgt der Gehalt an organischen Substanzen während der Regenzeit von Februar bis Mai 0,102 und steigert sich im trockenen Sommer auf 0,160 Volumprozente. Der Regen reinigt demnach die Atmosphäre in erheblichem Maße und ist deshalb von hoher sanitärer Bedeutung. Die Beimengungen der Luft an Staub, Verbrennungsprodukten usw., die man auch als »mechanische Trübung« im Gegensatz zur »optischen Trübung« durch Beugung und Brechung der Lichtstrahlen an Luftmolekülen ungleicher Dichte bezeichnet, haben für die Kondensationsvorgänge in der Atmosphäre infolge ihrer hygroskopischen Wirkung erhebliche Bedeutung. Durch einen von AITKEN ersonnenen Apparat ist es gelungen, die Anzahl gewisser beigemengter Teilchen in einem bestimmten Luftquantum anzugeben. Man erhält überaus große Mengen. Eine Luftprobe der Viktoria Street in London enthielt 100—140000 Stäubchen pro ccm. Auf hohen Bergen ist die Luft wesentlich reiner. Auf dem Rigi-Kulm (1880 m) wurden zeitweise nur 400—800 Teilchen gezählt, bei aufsteigendem Winde aus der Niederung wuchs dagegen die Zahl auf 6—7000.

Literaturnachweise. [1] Allgemeine Werke über Meteorologie und Klimatologie: HANN-SÜRING, Lehrbuch der Meteorologie; 4. Aufl., Leipzig 1925. J. HANN, Handbuch der Klimatologie; 3. Aufl., Stuttgart 1908—11. A. WOEIKOW, Die Klimate der Erde; Jena 1887. W. KÖPPEN, Die Klimate der Erde. Grundriß der Klimakunde; Berlin und

Leipzig 1923. Neben diesen Hauptwerken seien als kürzere zusammenfassende Darstellungen aufgeführt: W. Trabert, Meteorologie; neubearbeitet von A. Defant, Sammlung Göschen Bd. 54. A. Defant und E. Obst, Lufthülle u. Klima; Verlag Deutike 1923. Teil 1 gibt eine ausgezeichnete Zusammenfassung der neuesten Anschauungen der Meteorologie, Teil 2 umfaßt im wesentlichen eine Darstellung der Klimaklassifikationen. A. Hettner, Die Klimate der Erde; Geographische Zeitschrift 1911. Kartographische Darstellungen: Hann, Atlas der Meteorologie in Berghaus' Physikalischem Handatlas, Gotha 1887; ferner: I. G. Bartholomew u. A. I. Herbertson, Atlas of Meteorology (Bd. IV von Bartholomew Physical Atlas); London 1899. — [2] A. Wegener, Thermodynamik der Atmosphäre; Leipzig 1911. — [3] Vegard, Hypothese der hohen Stickstoffatmosphäre; Proc. of the roy. soc. of London, Serie B, Bd. 101, S. 312, 1922, Bd. 106.

Die Erleuchtung und Erwärmung der Erdoberfläche.

Wärmequellen. Licht und Wärme, die uns die Sonne spendet, bedingen das organische Leben. Die Sonnenstrahlung ist auch die Energiequelle, durch die unsere Atmosphäre bewegt und der Ablauf der meteorologischen Erscheinungen hervorgerufen wird. Gegenüber der Sonne verschwinden alle anderen Wärmequellen. Weder die Sternstrahlung, noch die Strahlung des Mondes hat irgendwelche Bedeutung für die Erwärmung der Erde. Auch die Eigenwärme unseres Planeten bleibt gegenüber der Sonne als Wärmequelle vollkommen belanglos, immerhin läßt sich ihre Wirkung schon zahlenmäßig bestimmen. Soweit man bis jetzt durch Bohrlöcher, Bergwerke oder Tunnels über die Temperaturverhältnisse tieferer Bodenschichten unterrichtet worden ist, hat sich ergeben, daß unterhalb der relativ sehr flachen Oberflächenschicht, die noch durch die Temperaturänderungen an der Erdoberfläche selbst beeinflußt wird, eine stetige Zunahme der Temperatur mit der Tiefe festzustellen ist. Im Mittel kann der Wert dieser Temperaturzunahme zu 1° auf 32—34 m angesetzt werden (geothermische Tiefenstufe). Der diesem Temperaturgradienten entsprechende Wärmestrom aus dem Erdinnern gegen die Oberfläche ergibt 54 Kalorien * im Jahr, eine Wärmemenge, die imstande ist, eine Eisschicht von 7,4 mm Dicke zu schmelzen oder die Mitteltemperatur der Erdoberfläche um 0,1° C zu erhöhen, ein Betrag, dem kaum irgendeine Bedeutung zukommt.

Über die Beschaffenheit der Sonne können wir durch die Spektralanalyse der Sonnenstrahlen einigermaßen eine Vorstellung gewinnen. Die Sonne ist ein glühender Körper, der sich aus dem inneren Kern und der feurig-flüssigen Masse der Oberflächenschicht, der sogenannten Photosphäre, zusammensetzt. Umgeben ist dieser Sonnenkörper von einer glühenden Gasatmosphäre, der sogenannten Chromosphäre, deren Basis die »umkehrende Schicht« bildet und die an ihrem äußeren Rande in die von sehr verdünnten Gasen gebildete Korona übergeht.

Das Wesen der Sonnenflecken, welche mit wechselnder Häufigkeit auf der Oberfläche der Sonne beobachtet werden, ist noch nicht

* 1 Kalorie ist die Wärmemenge, welche 1 ccm Wasser um 1° C erwärmt.

eindeutig geklärt. Sie haben insofern besonderes Interesse, als ihr Auftreten in gewisser Regelmäßigkeit erfolgt, indem durchschnittlich alle 11 Jahre ein Maximum der Sonnenfleckenhäufigkeit zu verzeichnen ist, und diese Periode sich in einigen Klimaerscheinungen widerspiegelt.

Stellung der Erde zur Sonne. Maßgebend für die Verteilung von Licht und Wärme auf der Erdoberfläche ist die Kugelgestalt der Erde, ihre Rotation um die Achse, die Bewegung um die Sonne und die Schiefe und elliptische Gestalt der Bahn dieser Bewegung (vgl. S. 7 f.).

Die Kugelgestalt der Erde bewirkt, daß die als parallel anzusehenden Sonnenstrahlen die Erdoberfläche unter verschiedenen Winkeln treffen. Aus Fig. 18 ist ersichtlich, daß die Fläche *AB*, auf die ein Strahlenbündel unter einem schiefen Winkel ε auffällt, größer ist als die von den Strahlen senkrecht getroffene Fläche *AC*. Die Wirkung ist in dem ersteren Fall, weil sie sich über eine größere Fläche verteilt, schwächer als im zweiten, bei dem sie sich auf die kleinste Fläche konzentriert. Die Erleuchtung und Erwärmung wächst mit dem Sinus des Einfallswinkels der Sonnenstrahlen*.

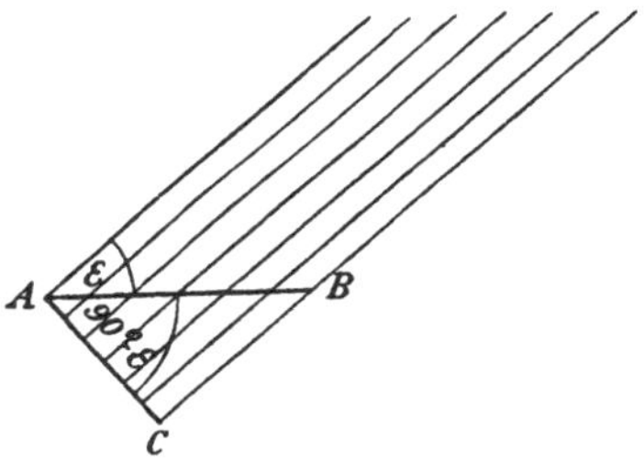

Fig. 18.

Infolge der Rotation der Erde um ihre Achse ist immer nur eine Erdhälfte den Sonnenstrahlen ausgesetzt, während die andere im Schatten liegt und die empfangene Wärme in den kalten Weltenraum ausstrahlt. Die Erdrotation bedingt somit den Wechsel von Tag und Nacht, einer Zeit der Erwärmung und der Abkühlung. Die Temperatur wird auf diese Weise einer 24stündigen Periode unterworfen. Sie steigt mit zunehmendem Einfallswinkel vom Morgen bis zum Mittag, nimmt dann entsprechend der Verringerung des Einfallswinkels bis zum Sonnenuntergang ab und setzt diese Abnahme während der Nacht bis zum nächsten Sonnenaufgang fort.

Würde die Bahn der Erde um die Sonne mit der Äquatorialebene zusammenfallen, so würde jeder Punkt der Erdoberfläche das ganze Jahr hindurch die Sonnenstrahlen unter dem gleichen Winkel empfangen, Tag und Nacht wären immer und überall von gleicher Dauer, es gäbe keine Jahreszeiten und keine jährliche Temperaturperiode. Da aber die Erdbahn mit der Äquatorialebene einen Winkel von $23^1/_2{}^0$ (genauer $23^0\,27'$) bildet, und die Erdachse, die während des ganzen Umlaufes der Erde um die Sonne mit sich selbst parallel bleibt, unter einem Winkel von $66^1/_2{}^0$ (genauer $66^0\,33'$) gegen die Erdbahn geneigt

* Die Strahlungsintensität *I* in *AB* verhält sich zu der = 1 gesetzten in *AC* umgekehrt wie die Flächen. $\frac{I}{1} = \frac{AC}{AB}$, $I = \frac{AC}{AB} = \cos(90 - \varepsilon) = \sin \varepsilon$.

ist, tritt im Verlaufe eines Umlaufes ein Wechsel in der Stärke und Dauer der Bestrahlung der Erde durch die Sonne ein.

Fig. 19 stellt die Erde am 21. Dezember dar. Der Wendekreis des Steinbocks, $23^{1}/_{2}{}^{\circ}$ südlich vom Äquator, wird von senkrechten Strahlen getroffen. Die ganze Kalotte innerhalb des nördlichen Polarkreises ($66^{1}/_{2}{}^{\circ}$ n. Br.) fällt in die unbeleuchtete, die ganze Kalotte innerhalb des südlichen Polarkreises in die beleuchtete Erdhälfte. Die südliche Hemisphäre hat den längsten, die nördliche den kürzesten Tag; auf jener beginnt der astronomische Sommer, auf dieser der Winter, und zwar einerseits wegen der Kürze des Tages, die ein Überwiegen der Aus-

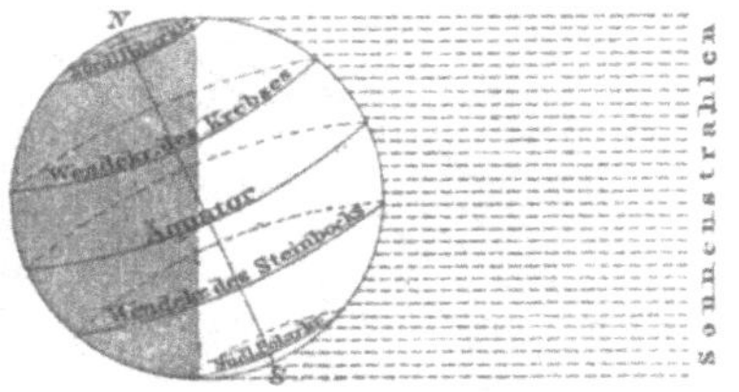

Fig. 19. Stellung der Erde am 21. Dezember.

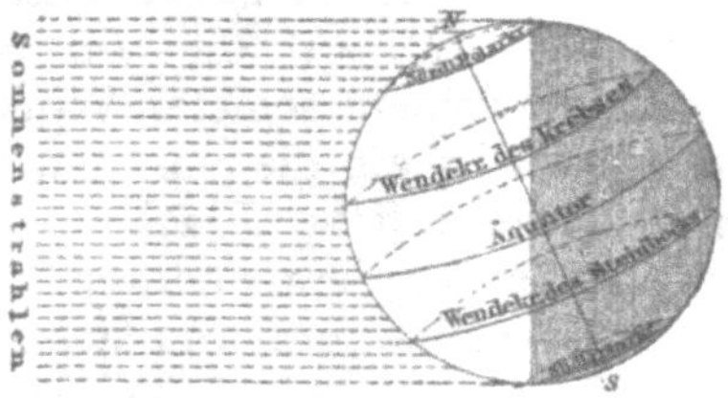

Fig. 20. Stellung der Erde am 21. Juni.

strahlung der Nacht gegenüber der Einstrahlung am Tage bedingt, andererseits weil jeder Punkt der Nordhalbkugel die Sonnenstrahlung unter einem spitzeren Winkel empfängt, als ein unter gleicher Breite befindlicher Punkt der Südhemisphäre, und dadurch mit geringerer Intensität bestrahlt wird.

Am 21. März und 23. September steht die Erde in den Schnittpunkten ihrer Bahn mit der Äquatorialebene. Senkrechte Strahlen treffen den Äquator; der Winkel, unter dem dic Strahlen auf die beiden Hemisphären einfallen, ist unter gleicher geographischer Breite gleich. Ebenso ist auf der ganzen Erde (mit Ausnahme der Pole) Tag und Nacht gleich lang. An diesen beiden Tagen beginnen die astronomischen Übergangsjahreszeiten Frühling und Herbst.

Fig. 20 zeigt die Stellung der Erde zur Sonne am 21. Juni. Senkrechte Strahlen fallen auf den Wendekreis des Krebses ($23^{1}/_{2}{}^{\circ}$ n. Br.). Die nördliche Hemisphäre hat den längsten Tag und Sommeranfang, die südliche den kürzesten Tag und Winteranfang. Ebenso verhalten sich die beiden polaren Kalotten gerade umgekehrt wie am 21. Dezember.

Von den vier astronomischen Jahreszeiten weichen die meteorologischen in bezug auf die Begrenzung und Dauer etwas ab:

	Nordhemisphäre	Südhemisphäre
Dezember—Februar	Winter	Sommer
März—Mai	Frühling	Herbst
Juni—August	Sommer	Winter
September—November	Herbst	Frühling

Die Länge der astronomischen Jahreszeiten ist auf der Nord- und Südhemisphäre etwas verschieden. Die nördliche Halbkugel erscheint gegenüber der südlichen bevorzugt, da ihr Winterhalbjahr (23. September bis 21. März) nur 179 Tage dauert, während es auf der südlichen 7 Tage länger ist. Der Grund dieser Ungleichheit liegt in der elliptischen Gestalt der Erdbahn, obgleich die Abweichung von der Kreisform nur gering ist und die Exzentrizität (Abstand der Brennpunkte vom Mittelpunkt) nur $^1/_{60}$ der großen Achse beträgt.

Da die Sonne, wie Fig. 21 zeigt, in dem einen Brennpunkt der Bahnellipse steht, ändert sich der Abstand der Erde von der Sonne im Verlaufe des Jahres, und zwar befindet sich die Erde einmal im Jahre in der Sonnennähe (Perihel) und einmal in der Sonnenferne (Aphel). Während im Mittel die Erde in 24 Stunden einen Bogen von 59′ 8″ zurücklegt, rückt sie im Perihel um 61′ 10″ und im Aphel nur um 57′ 12″ vor. Da die Erde gegenwärtig am 1. Januar im Perihel und am 2. Juli im Aphel steht, so gelangt sie rascher vom Herbst- zum Frühlingspunkt, als vom Frühlings- zum Herbstpunkt, woraus sich die längere Dauer des südlichen Winters und nördlichen Sommers erklärt. Die größere Sonnennähe im südlichen Sommer bedingt eine erhöhte Strahlungsintensität und damit erhöhte Temperaturen. Wenn diese im Mittel des südlichen Sommers nicht hervortreten, so sind hierfür andere Gründe (Überwiegen der Wasserbedeckung) maßgebend.

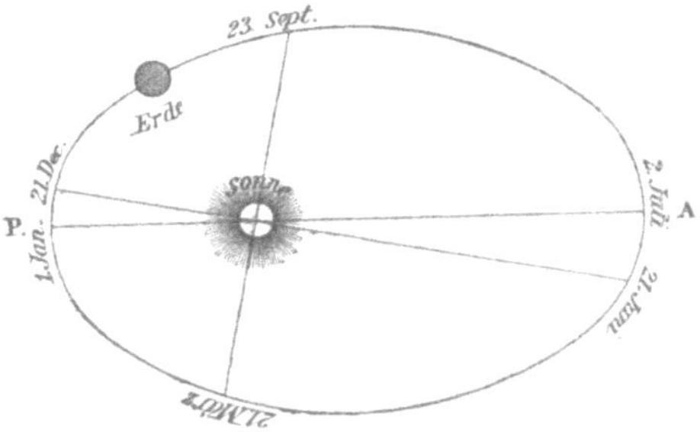

Fig. 21. Die Erdbahn.

Perihel und Aphel haben keine konstante Lage. Das Perihel verschiebt sich jährlich um 61,7″ gegen den Frühlingspunkt, das Aphel entsprechend gegen den Herbstpunkt. Diese Verschiebung bewirkt, daß die Sonne im Sommersolstitium (21. Juni) gegenwärtig nicht mehr im Zeichen des Krebses steht, wie vor 2000 Jahren zur Zeit Hipparchs, des Begründers der wissenschaftlichen Astronomie, sondern 30° westlich davon. Wenn das Perihel den Frühlingspunkt erreicht haben wird, werden Sommer- und Winterhälfte des Jahres gleich sein. Von da an wird die Südhemisphäre begünstigter sein, und ungefähr in 10 500 Jahren werden Perihel und Aphel ihre Plätze gewechselt haben, so daß dann der nördliche Winter länger sein wird als der südliche. In einem Zeitraum von (360° oder 1 296 000″ : 61,7 =) ungefähr 21 000 Jahren vollführt somit die Apsidenlinie (*PA* in Fig. 21) einen Umlauf. Man nennt diesen Vorgang die Präzession.

Auf die Wärmezufuhr haben jedoch diese Veränderungen keinen Einfluß, auch wenn einmal der Unterschied von Sommer- und Winterhalbjahr seinen äußersten Grenzwert von 36 Tagen erreicht haben wird. Unter allen Umständen erhält jede Halbkugel im Winterhalbjahr 37 und im Sommerhalbjahr 63% der jährlichen solaren Strahlenmenge; nur darin besteht ein Unterschied, daß sich die konstante Wärmezufuhr auf verschieden lange Perioden verteilt, daß also, wenn die Zahl der Tage eines Halbjahres größer ist, durchschnittlich weniger Wärme auf einen Tag entfällt als im entgegengesetzten Fall.

Sonnenhöhe und Bestrahlungsdauer. Die Erleuchtung und Erwärmung jedes Punktes der Erdoberfläche hängt in erster Linie von der Sonnenhöhe, d. h. dem Einfallswinkel der Sonnenstrahlen, und

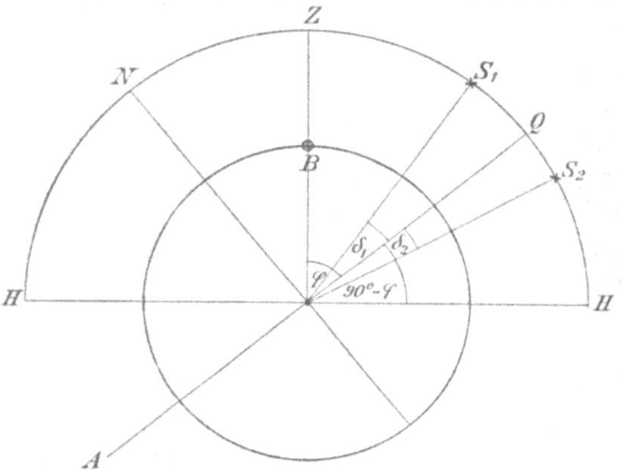

Fig. 22.

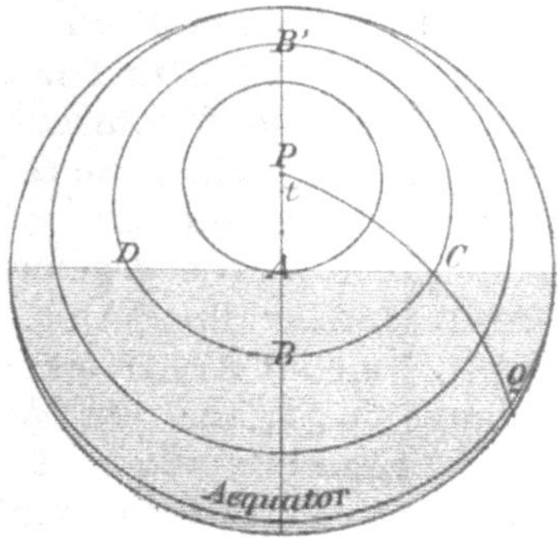

Fig. 23.

von der Dauer der Bestrahlung, d. h. der Tageslänge ab. Beide bilden die Grundelemente der durch andere Umstände ungestörten Strahlung oder des solaren Klimas. Sie sind eine Funktion der geographischen Breite.

In Fig. 22 steht für den nordhemisphärischen Punkt *B* die Sonne an einem Sommertag am Mittag in S_1 und an einem Wintertag in S_2. Im ersteren Fall ist ihr Abstand vom Äquator *AQ* oder ihre Deklination (Winkel δ_1) positiv, im zweiten (Winkel δ_2) negativ. Bezeichnen wir die geographische Breite von *B* mit φ (entsprechend dem Bogen *ZQ*), so ist die Höhe der Sonne über dem Horizont *HH* im ersten Fall $= (90^\circ - \varphi) + \delta_1$ und im zweiten $= (90^\circ - \varphi) - \delta_2$. Für die südliche Hemisphäre ist die nördliche Deklination der Sonne negativ und die südliche positiv.

Fig. 23 stellt eine Erdhalbkugel in der Epoche ihres Sommeranfangs dar. Die Grenze zwischen der beleuchteten und unbeleuchteten Hälfte geht durch den Punkt *A*, $66^1/_2$% vom Äquator, $23^1/_2$ vom Pol *P* entfernt. Ein Punkt in der Breite φ befindet sich mittags in *B'*, tritt bei *D* in die Nachthälfte ein und verläßt diese bei *C*; der Tagbogen *C B' D* ist augenscheinlich beträchtlich größer als der Nachtbogen DBC. Die Größe des halben Nachtbogens BC entspricht dem Winkel t. Wir können ihn aus dem rechtwinkligen sphärischen Dreieck PAC, worin $AP = 23^1/_2{}^0$ und $PC = PQ - CQ$ oder $= 90^0 - \varphi$ ist, nach der Formel:

$$\cos t = \text{tang } 23^1/_2{}^0 \times \text{cotang } (90^0 - \varphi)$$

berechnen und das Bogenmaß dann in Zeitmaß * übertragen. Vom Äquator, wo Tag und Nacht immer gleich sind, bis zu den Polen, wo ein halbjähriger Tag mit einer halbjährigen Nacht wechselt, nimmt im Sommer die Tages- und im Winter die Nachtlänge stufenweise zu:

Äquator bis Polarkreis:

Geograph. Br.	0°	10°	20°	30°	40°	50°	60°	66¹/₂°
Längster Tag	12h 0m	12h 35m	13h 13m	13h 56m	14h 51m	16h 9m	18h 30m	24h 0m
Kürzester Tag	12 0	11 25	10 47	10 4	9 9	7 51	5 30	0 0
Unterschied	0 0	1 10	2 26	3 52	5 42	8 18	13 0	24 0

Nördlicher Polarkreis bis arktischen Pol:

Geogr. Br.	66¹/₂°	70°	80°	90°	
Die Sonne geht nicht unter	1	65	134	186	Tage
Die Sonne geht nicht auf	1	60	127	179	„

Für die südliche Hemisphäre sind die Zahlen umzukehren. Am antarktischen Pol geht z. B. die Sonne 179 Tage nicht unter, 186 Tage nicht auf.

Solange die Sonne nicht tiefer als 18° unter dem Horizont steht, wird ihr Licht von der Atmosphäre reflektiert und nach Sonnenuntergang und vor dem Aufgang der Sonne die Dämmerung hervorgerufen, welche die Dauer der Nacht sehr erheblich einschränkt. Der Grenzwert von 18° wird am Abend um so später und am Morgen um so früher erreicht, je kleiner der Winkel ist, den die scheinbare Sonnenbahn mit dem Horizont bildet. Die Dauer der Dämmerung wächst daher mit der geographischen Breite. In niederen Breiten gehen Tag und Nacht fast unvermittelt ineinander über. Dagegen gibt es von 50¹/₂° Br. an zur Zeit des höchsten Sonnenstandes keine eigentlichen Nächte mehr, indem Abend- und Morgendämmerung ineinander übergehen. In der Breite von Leningrad z. B. dauern diese hellen Nächte vom 27. April bis 15. August. Für die polaren Gebiete erweist sich die Dämmerung, welche die monatelange Nacht verkürzt, als eine besondere Wohltat. Unter 70° Br. währt der Tag vom 20. Mai bis 23. Juli, aber die Nächte vorher vom 30. März angefangen und nachher bis zum 12. September werden ganz von der Dämmerung erfüllt. Am Nordpol beginnt die Morgendämmerung am 4. Februar, die Sonne geht am 21. März auf und am 23. September unter, und am 6. November erlischt auch die Abenddämmerung. So wird die volle Nacht auf 90 Tage eingeschränkt.

Wir haben gesehen, daß die geographische Breite entscheidend für die Wärmezufuhr ist. Für die endgültige Temperaturverteilung ist sie aber doch nicht der einzige ausschlaggebende Faktor. Es widerstreitet deshalb den tatsächlichen Verhältnissen, wenn man an der aus

* 360° = 24 Stunden, 1° = 4 Minuten, 1′ = 4 Sekunden.

den Zeiten der griechischen Naturphilosophie uns überkommenen Einteilung jeder Hemisphäre in drei Klimazonen, die durch die Wende- und Polarkreise voneinander getrennt werden, starr festhält. Diese Zonen haben nur ihren vollen Wert, wenn man sie ausschließlich auf die *Beleuchtungsverhältnisse* anwendet; nur muß man ihnen dann andere als die üblichen Namen beilegen. Man kann den Gürtel zwischen Äquator und Wendekreis die Tropen-, den zwischen Wende- und Polarkreis die *mittlere*, und den Kugelabschnitt innerhalb des Polarkreises die *polare* Zone nennen. Nur bis zur Grenze der Tropenzone treffen senkrechte Strahlen die Erdoberfläche, und zwar zwischen den Wendekreisen zweimal im Jahr, an diesen selbst jedoch nur einmal. Die mittlere Zone hat mit der tropischen nur den regelmäßigen Wechsel von Tag und Nacht innerhalb von 24 Stunden gemein. Die polare Zone ist durch die Polarnacht und den Polartag gekennzeichnet, bei welchen für eine längere Periode die Sonne nicht auf- beziehungsweise untergeht.

Einfluß der Lufthülle auf die Sonnenstrahlung[1]. Die Intensität der Sonnenstrahlung an der Grenze der Atmosphäre, also ungeschwächt durch irgendwelche Einwirkungen der Lufthülle, beträgt nach den heute allgemein anerkannten Messungen von C. G. Abbot 1,93 oder rund 2 *Grammkalorien pro Quadratzentimeter und Minute*. Man nennt diesen Wert die *Solarkonstante*, ohne ihn damit als eine tatsächliche Konstante kennzeichnen zu wollen, sondern um auszudrücken, daß er von den Schwankungen, die der Einfluß der Atmosphäre in der Sonnenstrahlung hervorbringt, befreit ist. Die Solarkonstante besagt, daß die der Erde bei *senkrechtem* Strahleneinfall in der Minute zugeführte Wärmemenge 2 ccm Wasser von 0° auf 1° C zu erwärmen vermag.

Wenn die Sonne der Erde in der Entfernung von 150 Millionen Kilometern eine Energie von 2 Grammkalorien zustrahlt, so berechnet sich hieraus die Temperatur der Sonnenoberfläche selbst zu 5600° C. Weiterhin gestattet uns die Solarkonstante, die Wärmemenge zu berechnen, welche die Erde im Verlaufe eines ganzen Jahres von der Sonne erhält. Da als auffangende Fläche der Strahlen der Querschnitt eines größten Kreises der Erdkugel vom Radius r anzunehmen ist, ergibt sich diese Wärmemenge zu

$$W = 2 \times 60^{\text{min.}} \times 24^{\text{std}} \times 365^{1}/_{4}{}^{\text{t}} \times r^2 \pi = 134 \times 10^{22} \text{ Kalorien.}$$

Diese so schwer vorstellbare Wärmemenge ist in der Lage, eine Eisschicht über der Erdoberfläche von 36 m Dicke zu schmelzen.

Auf dem Wege von der Grenze der Atmosphäre bis zur Erdoberfläche erleidet die zugestrahlte Sonnenenergie eine nicht unerhebliche Schwächung durch die Lufthülle und die in ihr stets vorhandenen trübenden Beimengungen. Diese Schwächung erfolgt entweder durch *Absorption* oder durch *diffuse Reflexion*. Die Absorption besteht in einem vollständigen Verschlucken der Strahlen durch die Atmosphäre. Ihr unterliegen in erster Linie die langwelligen roten Strahlen und in noch stärkerem Maße die »dunklen« Wärmestrahlen, die dem ultraroten, dem unsichtbaren Strahlengebiet des Spektrums angehören. Die Absorption erfolgt im wesentlichen durch die in der Luft enthaltene Kohlensäure und den Wasserdampf. Je größer der Wasserdampfgehalt der Luft ist, desto stärker werden die Wärmestrahlen verschluckt. Unter der diffusen Reflexion versteht man eine allseitige Zerstreuung der Strahlen, die an den Luftmolekülen selbst oder an den beigemengten Stäubchen erfolgt. Der diffusen Reflexion haben wir es zu danken, daß der ganze Himmel uns Licht und Wärme zustrahlt und hierdurch auch noch die im Schatten liegenden Teile der Erdoberfläche an der Erleuchtung und Erwärmung teilnehmen. Diese diffuse Himmelsstrahlung ist nicht gering. Um Mittag beträgt sie etwa $^1/_4$ der Sonnenstrahlung. Die kurzwelligen blauen Strahlen unterliegen der diffusen Zerstreuung an den kleinsten Staubteilchen der Luft am stärksten. Hierdurch ist die blaue Farbe des Himmels zu erklären, die um so reiner wird, je größer die Zahl der reflektierenden Teilchen ist.

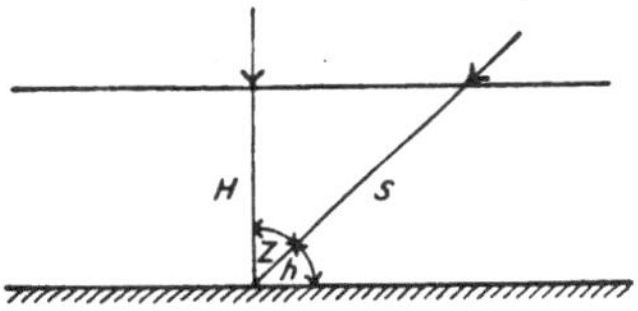

Fig. 24.

Von den 2 Grammkalorien, welche die äußere Atmosphärengrenze zugestrahlt erhält, treffen auf die Erdoberfläche bei senkrechtem Strahleneinfall und höchstem Sonnenstand infolge der Schwächung durch Absorption und diffuse Reflexion nur 1,1—1,3 Grammkalorien pro Minute. Der Wert der jeweils die Erdoberfläche erreichenden Strahlungsintensität schwankt mit der Sonnenhöhe, da mit dieser auch die Länge des Strahlenweges durch die Atmosphäre oder die schwächende Luftmasse variiert. Die Beziehung zwischen Sonnenhöhe und atmosphärischer Schichtdicke ist eine einfache (Fig. 24). Ist H die Höhe der Atmosphäre, S die Schichtdicke bei der Sonnenhöhe h, so ist $S = \frac{H}{\sin h}$.

Setzt man die Höhe der Atmosphäre $H = 1$, so wird $S = \frac{1}{\sin h}$.

Die Zunahme der Schichtdicke mit abnehmender Sonnenhöhe zeigt folgende Übersicht:

h =	90°	70°	50°	30°	10°
Schichtdicke =	1	1,06	1,30	2,00	5,55

Auf Bergen ist entsprechend der geringeren Schichtdicken die Intensität der Sonnenstrahlung größer als in der Niederung. Einige einwandfrei festgestellte Höchstwerte der Strahlungsintensität aus verschiedenen Seehöhen sind:

Ort	Seehöhe	Sonnenhöhe	Intensität
Potsdam	100 m	41°	1,44 kal./cm.² min.
Davos	1600 „	35°	1.57 „
Pik von Teneriffa	3680 „	—	1.64 „
Mt. Whitney	4420 „	—	1,64 „
Freiballon (A. Peppler)	7500 „	29°	1,67 „

Für strahlungsklimatische Betrachtungen hat F. LINKE [2] eine anschauliche Größe, den Trübungsfaktor, abgeleitet, der ein Maß für die in der Atmosphäre enthaltene, die Sonnenstrahlung schwächende Trübung durch Wasserdampf und die kleinsten beigemengten Teilchen (Dunst) angibt. LINKE geht dabei aus von einer vollkommen reinen, wasserdampffreien Atmosphäre und gibt durch den Trübungsfaktor an, wieviele dieser angenommenen idealen Atmosphären gerade die gleiche Schwächung ergeben würden wie die tatsächlich vorhandene Atmosphäre. Der Trübungsfaktor 3 würde z. B. besagen, daß diese Atmosphäre einer Schwächung der Strahlung von 3 absolut reinen Atmosphären gleichkommt. Man hat in dem Trübungsfaktor eine kurze, prägnante Ausdrucksweise für die klimatisch so wichtige, bisher gänzlich vernachlässigte Reinheit der Atmosphäre. Eine Auswahl der wenigen mittleren Trübungsfaktoren, die bis jetzt für verschiedene Klimagebiete vorhanden sind, gibt folgende Übersicht:

Mittelwerte von Trübungsfaktoren (T).

	Ort	Jahreszeit	T
Großstadt	Frankfurt a. M.	Winter	3,08
		Sommer	3,79
Küste	Kolberg	Winter	2,18
		Sommer	2,94
	Nordküste Venezuela u. Columbia (Tropen)	Regenzeit	3,20
Meer	Atlant. Ozean 45° n. Br.	Sommer	2,72
	Atlant. Ozean Nordost-Passat	Sommer	2,29
	Atlant. Ozean Dunkelmeer (Staub der Sahara)	Sommer	4,22

	Ort	Jahreszeit	T
Meer	Atlant. Ozean Kalmengebiet	—	2,91
	Karibisches Meer 10—14° n. Br.	Regenzeit	3,42
Gebirge	Taunus-Observat. bei Frankf. a.M. 800 m	Winter	1,40
		Sommer	2,66
	Davos 1566 m	Winter	1,64
		Sommer	1,78
	Argentinische Anden 2700 m	Winter	1,46
	Bolivianische Hochebene 3600 m	Winter	1,36

Diese Übersicht gestattet interessante Vergleiche. Der hohe Wasserdampfgehalt eines tropischen Meeres in der Regenzeit (Karibisches Meer) trübt die Atmosphäre fast in dem gleichen Maße wie die Rauch- und Staubbeimengungen einer Großstadt (Frankfurt a. M.). Im Westwindgebiet des nördlichen Atlantischen Ozeans (45° n. Br.)

herrscht im Meeresniveau annähernd die gleiche Reinheit der Atmosphäre wie in unseren Mittelgebirgen im Sommer.

Die monatlichen und jährlichen Wärmemengen, welche den verschiedenen Breiten zukommen, hat A. ANGOT[3] berechnet. Seine Ergebnisse sind für die Jahreszeiten, das Jahr und die extremen Monate in der folgenden Tabelle wiedergegeben.

	Dez. bis Febr.	März bis Mai	Juni bis Aug.	Sept. bis Nov.	Jahr	Monatliches Maximum	Monatliches Minimum	Jahr $q = 1$
90° N	—	8,1	20,2	0,1	28,4	9,9	—	145,4
80	—	10,4	22,6	0,5	33,5	10,3	—	150,2
70	0,1	16,5	28,6	2,5	47,7	11,8	—	166,2
60	1,1	24,1	35,6	6,6	67,4	13,8	—	199,2
50	4,9	31,5	41,3	12,9	90,6	15,3	0,7	239,8
40	11,7	37,6	45,3	20,6	115,2	16,2	2,7	276,8
30	20,0	42,2	**47,2**	28,2	137,6	**16,4**	5,3	307,9
20	28,4	44,6	47,0	35,1	155,1	15,9	8,2	331,2
10	36,2	**45,1**	44,6	40,6	166,5	15,3	11,1	345,5
0	42,5	43,4	40,1	44,2	**170,2**	15,3	12,8	350,3
10° S	47,3	39,6	34,0	**45,6**	166,5	15,8	10,4	345,5
20	49,7	33,9	26,5	45,0	155,1	17,0	7,7	331,2
30	**49,9**	27,0	18,5	42,2	137,6	**17,5**	5,0	307,9
40	47,8	19,3	10,6	37,5	115,2	17,3	2,4	276,8
50	43,4	11,9	4,4	30,9	90,6	16,3	0,7	239,8
60	37,2	5,8	0,9	23,5	67,4	14,6	—	199,2
70	29,8	2,0	—	15,9	47,7	12,5	—	166,2
80	23,3	0,4	—	9,8	33,5	11,0	—	150,2
90	20,9	—	—	7,5	28,4	10,5	—	145,4

Bei der Berechnung ist die Schwächung der Intensität durch die Lufthülle zu 40% (die Durchlässigkeit oder der Transmissionskoeffizient der Atmosphäre $q = 0{,}6$) angenommen. Außerdem gelten die Wärmemengen für die horizontale Fläche (vgl. S. 95) unter der Voraussetzung vollkommener Wolkenlosigkeit. Die Wärmesummen sind in »Äquatorialtagen« angegeben, d. h. die Wärmemenge, welche der Äquator bei mittlerer Sonnenferne in den Äquinoktien (Deklination $\delta = 0$) zugestrahlt erhält, ist als Einheit gesetzt. Zur Umwandlung in Kalorien müssen die Äquatorialtage mit $458{,}4 \times 2$ (= Solarkonstante) multipliziert werden. In den Zahlen der Tabelle tritt deutlich der Einfluß der Exzentrizität hervor: der südhemisphärische Sommer erhält eine größere Wärmemenge als der nordhemisphärische. Umgekehrt verhält es sich mit dem Winter. Daher sind in den südlichen Breiten auch die Extreme schroffer. Ferner ist zu beachten, daß die Monatsmaxima vom Äquator bis 30° Br. zu- und dann erst wieder abnehmen; die gegen die Pole zu sich steigernde sommerliche Tageslänge ist also bis über die mittleren Breiten hinaus ein mächtigerer Faktor als die Sonnenhöhe. In der ganzen Jahressumme aber gleichen sich alle Unterschiede aus, und ganz gleichmäßig nimmt die Wärme vom Äquator gegen die Pole ab. In der letzten Spalte der Tabelle sind die Wärmemengen für das Jahr angegeben, welche ohne Atmosphäre (Transmissionskoeffizient q = 1,0) auf die Breitengrade entfallen würden. Ein Vergleich dieser Werte mit den entsprechenden für q = 0,6 ergibt, daß bei vollkommener Wolkenlosigkeit am Äquator noch nicht einmal die Hälfte, am Pol nur ein Fünftel der Sonnenstrahlung an die Erdoberfläche gelangt. Infolge der Bewölkung sind in Wirklichkeit alle Wärmemengen noch erheblich kleiner als die von Angot berechneten.

In gleichem Maße, wie die Erde Wärme von der Sonne zugestrahlt bekommt, gibt sie auch selbst wieder Wärme durch Ausstrahlung gegen den Weltenraum ab. Die Größe dieser nächtlichen Wärmeausstrahlung beträgt bei klarem Himmel 0,15 Grammkalorien pro Quadratzentimeter und Minute. Theoretisch müßte der Temperatur entsprechend die Wärmeabgabe der Erdoberfläche wesentlich größer sein, und zwar ungefähr 0,5 Grammkalorien. Diese bedeutende Herabsetzung der Ausstrahlung verdanken wir dem in der Luft vorhandenen Wasserdampf, der demnach einen überaus wichtigen Wärmeschutz unserer Erdoberfläche bildet. Wir hatten früher bereits gesehen, daß der Wasserdampf von der einfallenden Sonnenstrahlung die dunklen Wärmestrahlen absorbiert. In gleicher Weise verschluckt er die von der Erde ausgehende dunkle Wärmestrahlung und verhindert so die Abkühlung der Erdoberfläche durch Strahlung gegen den kalten Weltenraum. Die wasserdampfhaltige Atmosphäre wirkt wie ein Glashaus, das die von außen kommenden leuchtenden Strahlen hindurchläßt, aber die von der Erde ausgehende dunkle Strahlung zurückhält. Die Berechnung hat ergeben, daß ohne diese Glashauswirkung der Atmosphäre die mittlere Jahrestemperatur des 50. Breitenkreises statt + 5,6° C nur — 0,7° C und das Januarmittel derselben Breite statt — 7,2° C gar — 40° C betragen würde. Noch stärker als der Wasserdampf setzt eine geschlossene, tiefe Wolkendecke die Ausstrahlung herab.

Die Abkühlung des Erdbodens durch die Ausstrahlung während der Nacht ist örtlich verschieden, sie hängt zumeist von der Oberflächenbeschaffenheit, ob rauh oder glatt, und dem Gefüge des Bodens, ob locker oder fest, ab. Grasbedeckter Boden erkaltet erheblich stärker als vegetationsfreier. Lockere, dunkle Erde verliert mehr Wärme durch Ausstrahlung als Sand oder steiniger Boden. Feuchter Boden weist im allgemeinen geringere Abkühlung auf als trockener.

Dauer des Sonnenscheins[4]. Die Dauer des möglichen Sonnenscheins, d. h. der Zeit, während der die Sonne über dem Horizont steht, bestimmt sich aus der Tageslänge, die mit der geographischen Breite variiert. Infolge der atmosphärischen Strahlenbrechung wird die Zeit, während der die Sonne sich über dem Horizont befindet, noch verlängert. Diese Wirkung der atmosphärischen Refraktion wächst mit der geographischen Breite. Bei uns beträgt die Verfrühung des Sonnenaufganges und Verspätung des Unterganges etwa 7 Minuten. Wichtige Folgen hat die Strahlenbrechung namentlich in hohen Breiten beim Übergang von der Winternacht zum Sommertag und beim Eintritt der Polarnacht. Durch die Strahlenbrechung wird die Dauer der Polarnacht nicht unerheblich abgekürzt. Holländische Seefahrer sahen im Jahre 1596 auf Nowaja-Semlja die Sonne um 17 Tage früher aufgehen, als die Rechnung ergab. Die Berechnung der möglichen Sonnenscheindauer gilt nur für die Ebene. In einem Gebirgstal ist der Horizont beschränkt und dadurch die Dauer des Sonnenscheins erheblich verkürzt. PEUCKER [5] hat eine Methode angegeben, mit deren Hilfe man den Einfluß des Bergschattens zahlenmäßig ermitteln kann. So wird z. B. die mögliche Dauer des Sonnenscheins in Innsbruck täglich im Durchschnitt um $1^h 25^m$, in Hallstatt um $4^3/_4{}^h$, in der Großen Schneegrube im Riesengebirge sogar um volle 7 Stunden verkürzt. Steigen wir dagegen auf einen freien Berggipfel, so sehen wir die Sonne länger als in der Ebene, weil wir einen weiteren Horizont überblicken. Von der möglichen Dauer des Sonnenscheins weicht die wirkliche Dauer aber erheblich ab. Durch registrierende Apparate liegt jetzt schon recht reichhaltiges Material zur Beurteilung des Ausmaßes der Insolation für verschiedene Erdteile vor. Aus den Beobachtungen sehen wir, daß die wirkliche jährliche Sonnenscheindauer im geraden Gegensatz zur möglichen mit wachsender Breite abnimmt *. Sie beträgt in Südeuropa über 2000 (Madrid 2900), in Norddeutschland 16—1700 und im nördlichen Schottland nur noch 1150 Stunden. Da bei tiefstehender Sonne die Sonnenscheinautographen wegen zu geringer Intensität der Strahlung den Sonnenschein nicht mehr registrieren, führt KÖNIG die Abnahme der Sonnenscheindauer mit der Breite auf die nach Norden abnehmende Sonnenhöhe zurück oder, mit anderen Worten, auf die zunehmende Länge des Strahlenweges durch die Atmosphäre. Eine entscheidende Rolle spielt natürlich auch der verschiedene Grad der Bewölkung. Aus diesem Grunde ist Rußland sonniger als die britischen Inseln. In Europa nimmt demnach die Sonnenscheindauer von Norden nach Süden und zugleich von Westen nach Osten zu. Die sonnigste Gegend ist in Deutschland allerdings der Rheingau (Geisenheim mit 2050 Stunden im Jahr), dann folgt aber die Landschaft Masuren in Ostpreußen. Die höchsten bekannten Werte der

* Beispiele:

	Br.	Mögliche Daner Stunden	Wirkliche Dauer Stunden	Proz. d. mögl. Dauer
Pawlowsk	59,7	4490	1684	38
Kassel	51,3	4458	1582	35
Sonnblick 3100 m	47,0	4465	1531	34
Pola	44,9	4412	2546	57

Sonnenscheindauer finden wir in den trockenen subtropischen Gebieten. Kairo hat im Jahr 3096 Stunden oder 69% der möglichen Dauer, die trockenen Hochflächen von Arizona und Neu-Mexiko 3200 und Kimberley in Südafrika 3258 Stunden oder 74% der möglichen Dauer. Die Gebirgsstationen unserer Alpen und auch schon unserer Mittelgebirge haben im Herbst und Winter mehr Sonnenschein als die Niederungen, im Sommer aber beraubt sie die verstärkte Wolkenbildung dieser Begünstigung [6]. In unseren Kulturländern kommt noch ein anderes einschränkendes Moment hinzu: die Trübung der Luft durch Rauch in großen Städten und Industriebezirken. London mit seinen häufigen, schweren Nebeln ist das beste Beispiel hierfür *.

Literaturnachweise: [1] Zur allgemeinen Orientierung über Sonnenstrahlung sei verwiesen auf C. Dorno, Physik der Sonnen- u. Himmelsstrahlung; Braunschweig 1919, ferner C. Dorno, Studie über Licht und Luft des Hochgebirges; Braunschweig 1911, Referat: Meteorol. Zeitschrift 1912. — [2] F. Linke u. K. Boda, Vorschläge zur Berechnung des Trübungsgrades der Atmosphäre aus den Messungen der Intensität der Sonnenstrahlung; Meteorol. Zeitschr. 1922. — [3] A. Angot, Recherches théoriques sur la distribution de la chaleur à la surface du globe; Annales du Bureau central météorologique de France, Année 1883, I, Paris 1885. In mathematischer Weise behandelte »Die Verteilung der solaren Wärmestrahlung auf der Erde« F. Hopfner in den Sitzungsberichten der Wiener Akad. d. Wissenschaften, Math.-Naturw. Klasse, 1905, Bd. CXIV Abt. II, a. — [4] Die wichtigsten Zusammenstellungen der Ergebnisse der Sonnenscheinregistrierungen sind: Grossmann, Die Berechnung der möglichen Sonnenscheindauer und ihre Normalwerte für Deutschland; Meteorol. Zeitschr. 1905. H. König, Dauer des Sonnenscheins in Europa; Nova Acta der Leopoldina, Halle 1896, mit Karte. Ten years sunshine in the British Isles 1881/90; Met. Council Nr. 98, London 1891. — F. I. Brodie, Sunshine in the British Isles 1881/90; Quart. Journal R. Met. Soc. 1916. V. Kremser, Dauer des Sonnenscheins in Europa; »Wetter« 1895. I. B. Kincer, Sunshine in the United States; M. Weather Review 1920. G. Hellmann, Sonnenscheindauer in Deutschland; Sitz.-Ber. der Preuß. Akad. d. Wiss. 1922. A. Eichhorn, Entwurf einer Sonnenscheindauerkarte für Deutschland; Pet. Geogr. Mitt. 1903. — [5] K. Peucker, Der Bergschatten; Verhandlungen des XII. Deutschen Geographentages zu Jena 1897. — [6] H. Bach, Der Einfluß der Alpen auf die Sonnenscheindauer; »Natur« 1908.

Die Änderung der Temperatur mit der Höhe.

Begriff der Lufttemperatur. Bevor auf die Änderungen der Temperatur eingegangen wird, dürfte es angebracht sein, den Begriff der Lufttemperatur hervorzuheben. Wir verstehen unter der Lufttemperatur die Angaben eines Thermometers, das nur durch die Berührung mit der umgebenden Luft beeinflußt wird, also seine Einstellung nur durch die Wärmeleitung erhält. Alle anderen Einwirkungen auf

* Aus Nachstehendem ist ersichtlich, wie sehr die westlichen Vororte von London begünstigt sind gegenüber den östlichen, welchen die vorherrschenden Westwinde den Rauch der Hauptstadt zuführen:

	Kew	London City	Greenwich
Dauer des Sonnenscheins, Stunden	1389	1026	1214
Prozente der möglichen Dauer	31	23	27

den Stand des Thermometers, also vor allem die der Wärmestrahlung, und zwar der unmittelbaren von der Sonne und der indirekten, von der Umgebung ausgehenden, müssen ausgeschaltet sein. Um diese wahre Lufttemperatur zu erhalten, müssen die Thermometer durch eine Beschirmung geschützt werden, die durch eine natürliche oder künstliche Ventilation der Luft den freien Zutritt zur Thermometerkugel ermöglicht, aber die Strahlung und die Beeinflussung des Thermometers durch Regen abhält. Diesen Erfordernissen zur Bestimmung der wahren Lufttemperatur genügt am vollkommensten das Assmannsche Aspirationsthermometer. Durch dieses Instrument ist es überhaupt erst möglich geworden, auf Ballonfahrten brauchbare Temperaturwerte aus der Höhe zu erhalten. Alle alten Ballonbeobachtungen, vor allem auch die von Glaisher auf seinen bekannten Fahrten ausgeführten Messungen, sind fehlerhaft. In Ermangelung eines Assmannschen Aspirators kann das Schleuderthermometer einen einigermaßen brauchbaren Ersatz geben. Für Beobachtungsnetze ist die Hütten- oder Gehäuseaufstellung der Thermometer gebräuchlich.

Die Lufttemperatur ist nicht gleichbedeutend mit der »klimatischen« Temperatur. Die letztere ist kein eindeutiger Begriff; sie stellt die Summe der Einwirkungen der Lufttemperatur und der strahlenden Wärme der Sonne dar und entspricht wohl am meisten der tatsächlich »gefühlten« Temperatur, für die allerdings noch Verdunstung und Wind ausschlaggebend sind. Man darf nicht glauben, durch ein der Sonne ausgesetztes Thermometer, durch die sogenannte »Temperatur in der Sonne« diese klimatische Temperatur erfassen zu können. Temperaturablesungen an ungeschützten, der Sonne direkt ausgesetzten Thermometern sind völlig wertlos, da ihre Angaben durchaus mit der Größe, Form und Beschaffenheit des Thermometergefäßes wechseln.

Wärmequellen der oberen Luftschichten. Für die Erwärmung der Atmosphäre kommt eine solare und eine terrestrische Wärmequelle in Frage; man kann jene auch die direkte, diese die indirekte nennen. Die Luft absorbiert, wie wir in den voraufgehenden Abschnitten gesehen haben, einen Teil der solaren Wärmestrahlen. Namentlich sind es die wasserdampfhaltigen Schichten, welche die langwellige Wärmestrahlung der Sonnenenergie verschlucken. Bedeutungsvoller als die direkte Strahlung ist aber die indirekte Wärmequelle für die freie Atmosphäre. Diese geht von der erwärmten Erdoberfläche aus, und zwar wieder einerseits durch Strahlung, indem die von der Atmosphäre durchgelassenen leuchtenden Strahlen von der Erdoberfläche absorbiert und als dunkle Wärmestrahlung nunmehr von der Lufthülle aufgenommen werden, andererseits aber in wesentlich wirksamerer Weise durch Leitung, und zwar nicht durch die einfache physikalische Wärmeleitung, sondern durch den komplizierteren Prozeß der Scheinleitung. Für die zweite, die indirekte Wärmequelle des Erdbodens, gilt der

Satz, daß mit der Entfernung von ihr, also mit zunehmender Höhe, die Temperatur abnimmt.

Wollte man den Wärmeaustausch der Erdoberfläche und unteren Luftschichten durch reine physikalische Wärmeleitung erklären, so würden sehr lange Zeiträume für den Vorgang der Erwärmung und Abkühlung erforderlich sein, während wir diesen sich aber in wenigen Stunden abspielen sehen. Nur die der Erde unmittelbar aufliegende, sehr dünne Luftschicht nimmt durch direkte Berührung die Temperatur der Erdoberfläche an. Der Wärmeaustausch mit der Höhe erfolgt durch auf- und absteigende Luft, durch die sogenannte Konvektion. Indem die untersten atmosphärischen Schichten erwärmt werden, dehnen sie sich aus und steigen in die Höhe, während kältere Luft von oben ihren Platz einnimmt. So schreitet allmählich die Erwärmung durch das Spiel aufsteigender wärmerer und niedersinkender kälterer Luftquanten von unten nach oben fort, und das Werk des einen Tages wird nach nächtlicher Unterbrechung am folgenden weiter fortgesetzt.

Die Konvektion ist ein Austauschvorgang der unteren und oberen Luftschichten, der aber nicht unabhängig von der in der Atmosphäre herrschenden Temperaturverteilung ist. Nach den Prinzipien der mechanischen Wärmetheorie kühlt sich aufsteigende trockene Luft infolge Volumvergrößerung um 1° C für je 100 m Erhebung ab, ebenso wird herabsinkende trockene Luft um 1° für je 100 m erwärmt. Herrscht in der umgebenden Atmosphäre ein vertikales Temperaturgefälle $< 1°$ für 100 m, so wird jedes aufsteigende Luftteilchen infolge seiner Temperaturabnahme um 1° pro 100 m kälter sein als die Umgebung und deshalb auch schwerer. Das verschobene Luftteilchen wird unter diesen Umständen nicht weiter aufsteigen können, sondern infolge seines erhöhten Gewichtes in seine Ausgangslage zurückkehren. Die Atmosphäre befindet sich in diesem Falle in stabilem Gleichgewicht. Ausgedehnte Konvektion ist unter diesen Bedingungen nicht möglich. Hat die Atmosphäre gerade ein Temperaturgefälle von 1° pro 100 m, so findet jedes aufsteigende Luftteilchen in jeder Höhe die gleiche Temperatur, die es selbst besitzt. Es erleidet gegenüber seiner Umgebung keinen thermischen Auf- oder Abtrieb, sondern vermag in jeder Höhe in Ruhe zu verharren. Man nennt diesen Zustand der Atmosphäre das indifferente Gleichgewicht. Ist dagegen das Temperaturgefälle der Luft größer als 1° für 100 m und steigt nun ein Luftteilchen vom Erdboden in die Höhe, so wird es infolge seiner Abkühlung um 1° auf 100 m in jeder Schicht wärmer sein als die umgebende Luft und deshalb weiter aufsteigen können. Man sagt in diesem Fall, die Atmosphäre befindet sich in labilem Zustand, da die ausgelösten Vertikalbewegungen nicht zur Ruhe kommen, bis ein vollständiger Umsturz der Luftmassen, der oberen nach unten und der unteren nach oben, stattgefunden hat. Der Luftaustausch zwischen oberen und unteren Schichten wird sich nur in diesem letzten Fall vollkommen durchführen. Aus dem voraufgehend Gesagten geht auch hervor, daß nur bei labilem Gleichgewicht die Konvektion zur Erwärmung der höheren Luftschichten beiträgt. Bei stabilem Gleichgewicht mit vertikaler Temperaturabnahme kleiner als 1° auf 100 m, wie sie im allgemeinen in unseren Breiten vorhanden ist, wird durch den Luftaustausch Wärme aus den höheren Luftschichten an die Erdoberfläche gebracht. Es ist das Verdienst von W. SCHMIDT[1], auf diese Verhältnisse hingewiesen und so die früheren irrigen Anschauungen über das Ausmaß des Wärmestromes von der Erdoberfläche gegen die höheren Luftschichten richtiggestellt zu haben. In unsern Breiten bildet die Konvektionswärme an heiteren Sommertagen einige Stunden während des Hochstandes der Sonne eine Wärmequelle für die unteren Luftschichten bis etwa 1000 m Höhe. In den Tropen dagegen spielt die Konvektion eine sehr erhebliche Rolle auch für die Erwärmung größerer Höhen.

Neben der Konvektion ist die Turbulenz für die Durchmischung der Atmosphäre von größter Bedeutung, sie wirkt sogar in viel umfangreicherem und stärkerem Maße als die Konvektion. Man versteht unter Turbulenz die Auflösung einer geradlinigen und gleichmäßigen Luftbewegung in einzelne kleine Wirbel. Sie wird in der Hauptsache durch die Reibung der strömenden Luft an der Erdoberfläche und die dem Wind entgegenstehenden Hindernisse hervorgerufen. Für den Wärmetransport, welchen die Turbulenz zwischen der Erdoberfläche und den unteren Luftschichten vermittelt, gilt das Gleiche, wie bei der Konvektion, und zwar Wärmefluß von oben nach unten bei stabilem und von unten nach oben bei labilem Gleichgewicht.

Die Temperaturänderung auf- und absteigender Luftteilchen um 1° auf 100 m gilt nur für trockene oder noch nicht gesättigte feuchte Luftmassen. Ist die Luft mit Wasserdampf gesättigt, so kühlt sie sich beim Aufsteigen bedeutend weniger ab, weil der Wärmeverlust zum Teil durch die bei der Kondensation des Wasserdampfes freiwerdende Wärme ersetzt wird. Die Temperaturabnahme ist unter diesen Umständen um so geringer, je höher das Niveau ist, von wo das Aufsteigen stattfindet, und je höher die Anfangstemperatur ist*. Ist die aufsteigende Luft anfangs nicht mit Wasserdampf gesättigt, so verhält sie sich bis zu der Höhe, wo Kondensation eintritt, wie trockene, dann wie gesättigte Luft.

Freie Atmosphäre. Durch die Einrichtung des bekannten Eiffelturmes in Paris für den meteorologischen Dienst ist zum ersten Male die Möglichkeit geboten worden, regelmäßige Beobachtungen über den Zustand der freien Atmosphäre in den unteren Schichten anzustellen.

---

* Anfangstemperatur		— 20°	— 10°	0°	+ 10°	+ 20°
		Temperaturabnahme für 100 m H.				
Seehöhe	0 m	0,86°	0,76°	0,63°	0,54°	0,45°
,,	3300 ,,	0,80°	0,68°	0,55°	0,46°	0,38°

Die Instrumente sind in 2, 123, 197 und 302 m über dem Boden aufgestellt und an den drei letzteren Stellen somit völlig dem unmittelbaren Einfluß des Bodens entrückt, während andererseits die luftige Bauart des Turmes selbst eine Störung der Instrumente durch Strahlung ausschließt. Die feste und doch der Beeinflussung durch die Erdoberfläche entzogene Aufstellung der Instrumente bietet den großen Vorteil, fortlaufende Beobachtungen zu liefern, während die übrigen Methoden der Aerologie, der Gebrauch von Ballonen und Drachen, uns nur momentane Stichproben über den Zustand der Atmosphäre vermitteln. Die Ergebnisse der Temperaturmessungen auf dem Eiffelturm lehren uns, daß bei Tag die Temperaturabnahme mit der Höhe im Frühling und Sommer einen sehr hohen Wert erreicht und am Mittag über den Maximalwert für aufsteigende trockene Luft hinausgeht. Das erklärt sich dadurch, daß in den Mittagsstunden der Erdboden überhitzt ist und seine Wärme nicht rasch genug den oberen Luftschichten mitteilen kann. In der Nacht tritt der umgekehrte Fall ein; der Boden kühlt sich rascher ab als die Luft. Daher nimmt nachts in allen Jahreszeiten die Temperatur in den unteren Luftschichten mit der Höhe zu. Wir beobachten eine Inversion oder Temperaturumkehr über dem Boden. Am frühen Vormittag wird diese Temperaturumkehr durch die überwiegende Sonneneinstrahlung zerstört. Da die Abnahme der Temperatur mit der Höhe am Tage größer ist als die Zunahme bei Nacht, nimmt auch die mittlere Tagestemperatur mit der Höhe ab, und zwar im Sommer rascher als im Winter.

Die Beobachtungen des Eiffelturmes zeigen, daß im Sommer nur um Mittag das vertikale Temperaturgefälle größer als ein Grad auf 100 m ist. Nur zu diesem Zeitpunkt befindet sich demnach die Luft in labilem Gleichgewicht und wird nach den Ausführungen des voraufgehenden Kapitels Wärme durch Konvektion und Turbulenz vom Erdboden der freien Atmosphäre zugeführt. Im Mittel dagegen ist die Atmosphäre stabil geschichtet, und namentlich im Winter sind die vertikalen

Mittlerer täglicher Temperaturgang an der Bodenstation und auf dem Eiffelturm.

	Juli		Vertikale Temp.-Änd.	Dezember		Vertikale Temp.-Änd.
	2 m	302 m	für 100 m	2 m	302 m	für 100 m
Mitternacht	14,5°	15,1°	+ 0,2°	1,0°	1,4°	+ 0,1°
4h früh	13,1	13,6	+ 0,2	0,6	1,0	+ 0,1
8h „	17,4	14,6	— 0,9	0,4	0,8	+ 0,1
Mittag	21,2	17,7	— 1,2	3,3	1,8	— 0,5
4h nachm.	21,2	18,6	— 0,9	3,1	2,0	— 0,4
8h „	17,6	16,8	— 0,3	1,7	1,7	0,0
Mittel	17,6	16,1	— 0,5	1,7	1,5	— 0,1

Temperaturänderungen im Mittel sehr gering. In den polaren Gegenden, wo der Boden dauernd mit Schnee oder Eis bedeckt ist, bildet die Temperaturumkehr in den unteren Schichten den normalen Zustand, wie aus den Beobachtungen der jüngeren Polarexpeditionen nach der Arktis und Antarktis hervorgeht. Diese Temperaturumkehr bis etwa 1000 m Höhe, die gewöhnlich recht erhebliche Beträge erreicht, ist in den polaren Gebieten von großem Einfluß auf die Refraktion des Sonnenlichtes und bedingt hierdurch die beobachtete und häufig recht erhebliche Verkürzung der Polarnacht.

Die Überzeugung, daß ein Einblick in den ursächlichen Zusammenhang der Witterungserscheinungen ohne Kenntnis der Vorgänge in den hohen Luftschichten unmöglich ist, hat besonders seit dem Anfang der 90er Jahre des 19. Jahrhunderts einen gewaltigen Aufschwung der wissenschaftlichen Aerologie in Europa und Nordamerika veranlaßt. Mit dem Ausbau der Forschungsmethoden durch bemannte Ballone, Drachen und Registrierballone (Ballons Sondes) sind die Namen Rotch, Teisserenc de Bort, Assmann und Hergesell für alle Zeiten verbunden.[2] Die internationale Zusammenarbeit an den sogenannten Termintagen hat uns die Kenntnis unserer Atmosphäre bis zu 30 km Höhe erschlossen und eine Umwälzung in unserem Wissen von der Temperaturverteilung in der Atmosphäre gebracht.

Das wichtigste Ergebnis dieser Untersuchungen ist die Zweiteilung der Atmosphäre in eine untere Troposphäre mit vertikaler Temperaturabnahme und eine gleichmäßig temperierte obere Stratosphäre. Die Entdeckung der oberen Inversion, die wir mit Stratosphäre bezeichnen, ist im Jahre 1902 gleichzeitig und unabhängig voneinander durch Teisserenc de Bort und Assmann erfolgt. Als Beispiel des Temperaturverlaufes bis in große Höhe diene der Straßburger Registrierballonaufstieg vom 3. August 1905:

Höhe	Temperatur	Mittl. Temperaturänderung für 100 m	Mächtigkeit der Luftsäule	
140 m	16,8°			
		— 0,33°	4 990 m	untere } Troposphäre
5 130	0,1			
		— 0,67	9 360	obere } Troposphäre
14 490	— 62,7			
		+ 0,20	11 310	Stratosphäre.
25 800	— 40,0			

Die Troposphäre gliedert sich wieder in zwei Etagen. Die untere reicht durchschnittlich bis 4000 m Höhe; es ist die Region der hauptsächlichsten Wolkenbildungen, in der durch Kondensation des Wasserdampfes Wärme frei wird und deshalb die mittlere Temperaturabnahme in mäßigen Grenzen bleibt. Der Temperaturgang ändert sich oft sprungweise von Schicht zu Schicht und geht nicht selten in Temperaturzunahme über. Auf- und absteigende Luftströmungen herrschen hier vor. Die Höhenisothermen verlaufen in steilen Zickzacklinien, indem bald warme Luftsäulen, bald kalte über den Erdboden hinwegziehen. Assmanns Diagramm der Berliner Luftsäule im Jahre 1903 veranschaulicht in sinnfälliger Weise diesen dauernden Wechsel innerhalb der Troposphäre[3]. Der obere Teil der Troposphäre enthält nur wenig Wasserdampf. Die Temperaturabnahme, nur selten von einer Inversion unterbrochen, nähert sich in ihm immer mehr dem Wert, der für aufsteigende trockene Luft Geltung hat.

Den Anfang der Stratosphäre zu bestimmen, ist nicht immer leicht. Nicht alle Temperaturdiagramme der hohen Ballonaufstiege zeigen in 10 000 m oder darüber einen charakteristischen scharfen Knick als Kennzeichen des Beginnes der Stratosphäre. Bisweilen wird die Grenze zwischen Troposphäre und Stratosphäre durch eine weniger ausgeprägte Übergangsschicht gebildet[4]. Neben den Temperaturbeobachtungen läßt auch der Wind durch abnehmende Geschwindigkeit häufig den Beginn der Stratosphäre erkennen. Die früher vielfach übliche Bezeichnung »isotherme Schicht« ist nicht ganz zutreffend, da gewöhnlich Inversion angetroffen wird, bisweilen aber auch schwache Temperaturabnahme vorkommt. Auf jeden Fall ist aber die Stratosphäre sehr stabil geschichtet, so daß die vertikalen Luftströme der Troposphäre an ihrer unteren Grenze aufhören und darüber die Luft sich nur mehr in horizontaler Richtung bewegt. Man bezeichnet deshalb auch die Stratosphäre als advektive Zone im Gegensatz zu den konvektiven Bewegungen der Troposphäre. Die Höhenlage der Stratosphäre ist gewissen Schwankungen unterworfen. Über den Gebieten niederen Luftdruckes senkt sie sich bis 8 oder 9 km herab, in den Gebieten hohen Luftdruckes hebt sie sich auf 13 km. Noch bedeutender sind aber die Änderungen ihrer Höhe in Abhängigkeit von der geographischen Breite:

Ort	Batavia	Subtropen	Kanada	Norditalien	Mitteleuropa	Nördl. Lappland
Geogr. Br. ..	7° S	30° N	43° N	45° N	50° N	68° N
Beginn der Stratosphäre .	17 km	14 km	11,7 km	11,1 km	10,5 km	10,4 km
Temperatur daselbst ..	—85°	—63°	—61°	—59°	—56°	—57°

Die Stratosphäre senkt sich um 6—7 km vom Äquator bis 45° Nordbreite, von da weiter nordwärts nur noch in erheblich schwächerem Maße. Ihre Höhe und Temperatur stehen im umgekehrten Verhältnis. Je höher die Stratosphäre liegt, desto tiefer ist ihre Temperatur. Auf diese Weise erklärt sich die sehr überraschende Tatsache, daß die tiefsten Temperaturen unserer Atmosphäre über dem Äquatorialgürtel gefunden worden sind. BERSON stellte am Viktoria-Nyanza in 19800 m Höhe —84° C fest. Über Batavia wurde in 15½ km Höhe — 91,9° gemessen. Dieser Wert stellt die tiefste bisher registrierte Temperatur dar. Aus dieser Temperaturverteilung ergibt sich die bemerkenswerte Folgerung, daß sich das in den unteren Luftschichten vorherrschende polwärts gerichtete Temperaturgefälle in großen Höhen umkehren muß und äquatorwärts gerichtet ist. Die Temperaturdifferenzen zwischen 30° und 50° nördlicher Breite haben in den Höhen über 10 km nach A. PEPPLER[5] folgende Werte:

Höhe in km	10	11	12	13	14	15
Temperaturdifferenz zwischen 30° u. 50° n. Br.	6°	2°	— 4°	— 8°	— 12°	— 15°

Von 12 km Höhe an besteht demnach schon ein Temperaturgefälle vom Pol zum Äquator. Wenn also in der Troposphäre südliche Winde Wärme nordwärts, nördliche Winde Kälte südwärts transportieren, so kehren sich in der Stratosphäre diese Verhältnisse um. Kälteein-

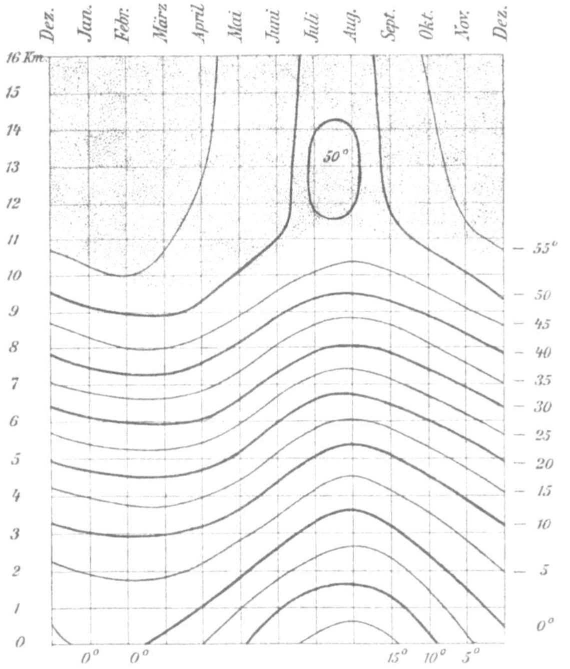

Fig. 25. **Thermoisoplethen der freien Atmosphäre nach A. Wagner[6]. Die punktierte Fläche ist die Stratosphäre**

brüche kommen vom Äquator, Wärmeeinbrüche aus polaren Gebieten. Es leuchtet ein, daß diese Vorgänge nicht ohne Einfluß auf unsere Witterungserscheinungen sein werden.

Für Mitteleuropa und eine tropische Station ergeben die Beobachtungen folgende Jahresmittel:

Höhe in km	0	0,5	1,0	1,5	2	4	6	8	10	12	14	16
Mitteleuropa												
Temperatur	10,5	7,4	4,9	2,5	0,1	—10,7	—23,7	—38,0	—49,6	—54,2	—54,4	—54,0 °
Abnahme auf 100 m		0,61	0,50	0,49	0,48	0,54	0,65	0,71	0,58	0,23	0,01	—0,01°
Batavia												
Temperatur	26,2	23,1	20,1	17,2	14,3	3,6	—7,4	—19,6	—35,8	—53,4	—71,6	—78,4°
Abnahme auf 100 m		0,61	0,60	0,60	0,69	0,54	0,55	0,61	0,81	0,88	0,91	0,34°

Den mittleren jährlichen Gang der Lufttemperatur ersieht man aus Fig. 25. Die Grenze zwischen der Tropo- und Stratosphäre verschiebt sich etwas im Verlauf des Jahres. Im März liegt sie am tiefsten (9700 m), im Juli am höchsten (11 100 m). Dies hängt mit dem thermischen Verhalten der unter ihr liegenden Schichten zusammen, die in jedem Niveau eine jährliche Temperaturschwankung aufweisen. Die Jahresschwankung verringert sich zunächst vom Boden bis zu 2 bis 3 km und steigt dann wieder an, um in etwa 7 km Höhe ein Maximum zu erreichen, das fast so groß ist wie die Schwankung am Erdboden.

Gebirge. Bisher haben wir den thermischen Zustand der freien Atmosphäre betrachtet, der vielfach abweichende Verhältnisse vom Temperaturgang im Gebirge aufweisen muß. Die Temperaturabnahme im Gebirge bezieht sich auf die unterste, dem Einfluß der terrestrischen Wärmequelle unmittelbar unterworfene Luftschicht an Orten von verschiedener Höhe. Es ist dabei nicht zu umgehen, daß das Ergebnis häufig durch klimatische Eigentümlichkeiten getrübt wird, die mit der absoluten Höhe nichts zu tun haben. Namentlich drückt die in den

Gegend	Winter	Frühling	Sommer	Herbst	Jahr
Schottland (Ben-Nevis)	0,60°	0,72°	0,68°	0,63°	0,66°
Norwegen (bei Kristiania)	0,05	0,72	0,91	0,52	0,55
Harz	0,43	0,67	0,70	0,51	0,58
Erzgebirge, Nordseite	0,46	0,60	0,60	0,53	0,54
„ Südseite	0,41	0,66	0,70	0,54	0,58
Rauhe Alb	0,26	0,53	0,55	0,42	0,44
Deutsches Reich, Gesamtmittel	0,66	0,65	0,63	0,51	0,56
Schweizer 7 Jura	0,28	0,58	0,55	0,41	0,46
„ Nordalpen	0,43	0,61	0,55	0,46	0,51
„ Ostalpen	0,42	0,61	0,54	0,48	0,51
„ Wallis	0,44	0,64	0,62	0,52	0,56
„ Südalpen	0,49	0,66	0,66	0,55	0,59
Ostalpen,7 Nordseite	0,34	0,60	0,62	0,47	0,51
„ Tirol u. Tessin	0,50	0,66	0,67	0,57	0,60
„ Kärnten	0,26	0,57	0,58	0,42	0,46
Hohe Tatra, Nordseite	0,40	0,55	0,57	0,51	0,51
„ „ Südseite	0,27	0,65	0,62	0,43	0,49
Pyrenäen (Pic du Midi)	0,50	0,61	0,56	0,55	0,56
Serra da Estrella	0,57	0,65	0,49	0,57	0,57
Ätna	0,59	0,61	0,65	0,63	0,61
Nördlicher Kaukasus	0,26	0,48	0,51	0,38	0,41
Südlicher Kaukasus	0,39	0,54	0,58	0,48	0,49
Bengalen	0,56	0,52	0,47	0,57	0,52
Indische Nordwest-Provinzen	0,47	0,64	0,57	0,59	0,56
Ceylon	0,57	0,58	0,62	0,59	0,59
Insel Hongkong	0,59	0,45	0,66	0,66	0,59
Mt. Washington (New Hampshire)	0,40	0,59	0,67	0,52	0,55
Felsengebirge	0,55	0,71	0,69	0,59	0,64
Peru 16° S, West-Andes	0,62	0,60	0,59	0,62	0,61
St. Helena	0,91	1,00	1,10	1,00	1,00

Niederungen stagnierende kalte Winterluft den Durchschnittswert für die Temperaturabnahme manchmal erheblich herab. Dies ist im Auge zu behalten, wenn man vorstehende Tabelle durchmustert, welche die vertikale Temperaturabnahme für je 100 m in einigen Gebieten Europas, Asiens, Amerikas und der Insel Helena zeigt [7].

Man ersieht aus dieser Zusammenstellung, daß die Abnahme der mittleren Jahrestemperatur der untersten Luftschicht auf der ganzen Erde ziemlich gleichmäßig ist, im Mittel 0,5° für 100 m, wenn wir St. Helena von der Rechnung ausschließen. Der jährliche Gang ist in den Gebirgen der gemäßigten Zone derselbe, wie in der freien Atmosphäre. Der Winter ist überall die Jahreszeit der langsamsten Abnahme, der Sommer in der Regel die Jahreszeit, in der der thermische Gegensatz von hoch und tief am grellsten hervortritt. Von den Zwischenjahreszeiten schließt sich der Herbst in dieser Beziehung meist dem Winter, der Frühling dem Sommer an. Daß wir in den Tropen Abweichungen von diesem Typus finden, darf uns nicht wundernehmen. In Bengalen z. B. ist die Abnahme im Winter viel größer als im Sommer, offenbar weil dort der Sommer den Winter an Feuchtigkeit übertrifft. Sehr lehrreich sind auch die abnormen Verhältnisse auf St. Helena. Die untere Station, Jamestown, ist außerordentlich trocken. Die von hier aufsteigende Luft befolgt im größten Teil des Jahres das Gesetz der Temperaturabnahme trockener Luft; nur der Winter, die verhältnismäßig feuchteste Jahreszeit, macht eine Ausnahme. Dieses Beispiel beweist, daß für isolierte Anhöhen die aus den tieferen Regionen aufsteigende Luft die hauptsächlichste Wärmequelle ist, während sie in ausgedehnten Gebirgen gegenüber der Wärmeaufnahme und der Ausstrahlung der Abhänge und Talflächen etwas zurücktritt. Die mittlere jährliche Temperaturabnahme mit zunehmender Höhe an Gebirgen zeigt keine wesentlichen Unterschiede gegenüber der freien Atmosphäre. Bei beiden liegt das Jahresmittel etwa zwischen 0,4 und 0,6° auf 100 m, wobei in den Unterschieden keine systematische Abhängigkeit von der geographischen Breite hervortritt. Fragen wir nun, wie diese recht gleichartige Temperaturänderung mit der Höhe zustande kommt, so ist zu berücksichtigen, daß der Wärmeaustausch zwischen Erdoberfläche und Lufthülle auf die Durchmischung der Atmosphäre durch Konvektion und Turbulenz zurückzuführen ist. Bei völliger Durchmischung müßte in einer trockenen Atmosphäre das vertikale Temperaturgefälle den Betrag von 1° auf 100 m erreichen. In einer feuchten Atmosphäre gilt nach Erreichung der Kondensationshöhe das Gesetz der Abkühlung für aufsteigende mit Wasserdampf gesättigte Luft, das nur einen Temperaturgradienten von etwa 0,5° auf 100 m ergibt. Da im Durchschnitt ebensoviel Luft auf- wie absteigt und die aufsteigende Luft mehr dem Gesetz der Zustandsänderung für feuchte, die absteigende dem der trockenen Luft folgt, müßte das mittlere Temperaturgefälle der Atmosphäre gerade in der Mitte zwischen beiden Zustandsänderungen liegen und etwa 0,7° pro 100 m betragen. Wie wir gesehen haben, liegt es aber tatsächlich niedriger, und zwar bei 0,5° für 100 m. Diese Abweichung rührt daher, daß die Durchmischung der Atmosphäre keine vollkommene ist, sondern häufig durch Schichtung mit Temperaturumkehr unterbrochen ist. Die häufigen Inversionen gerade in den Höhen bis 4 km bedingen die Herabsetzung des Temperaturgefälles, wie es tatsächlich die Beobachtungen zeigen.

Eine tägliche Periode der Temperaturabnahme mit der Höhe ist überall deutlich ausgeprägt. Sie ergibt sich aus dem Wärmeumsatz bei Tag und in der Nacht an der Erdoberfläche und in den höheren Luftschichten. Nachts erkalten die untersten Luftschichten durch die Berührung mit dem durch Ausstrahlung rasch sich abkühlenden Boden, die höheren Lagen und Luftschichten bleiben relativ warm. Das Temperaturgefälle ist nachts deshalb gering. Am Tage dagegen wird die vertikale Temperaturabnahme durch die konvektive Durchmischung der Atmosphäre vergrößert. Aus dem Vergleich der nahe benachbarten, freigelegenen Bergstationen Sonnblick (3106 m) und Kolm-Saigurn (1600 m) ermittelte TRABERT [8] eine durchschnittliche Abnahme von 0,55° für die Nachthälfte und am Tage eine solche von 0,65° für 100 m.

Die folgende Tabelle gibt als Beispiel des Bergklimas die mittleren Monats- und Jahrestemperaturen von drei hochgelegenen, verschiedenen Breiten angehörenden Beobachtungsstationen. Zum Vergleich ist noch Upernivik an der grönländischen Westküste beigefügt.

	Alpen Sonnblick	Felsengebirge Pikes Peak	Anden Antisana	Grönland Upernivik
Geogr. Br.	47° 3′ N	38° 50′ N	0° 21′ S	72° 47′ N
Höhe in m	3106	4308	4060	—
Dezember	— 12,2°	— 14,3°	+ 6,0°	— 17,9°
Januar	— 13,0	— 16,4*	+ **6,2**	— 20,9
Februar	— 13,6*	— 15,6	+ 5,1	— 23,4*
März	— 12,1	— 13,4	+ 5,6	— 22,7
April	— 8,5	— 10,4	+ 5,9	— 14,9
Mai	— 4,2	— 5,3	+ 5,5	— 4,4
Juni	— 1,5	+ 0,4	+ 4,5	+ 1,5
Juli	+ **1,3**	+ **4,4**	+ 3,0*	+ **5,0**
August	+ 0,9	+ 3,6	+ 3,0*	+ 4,5
September	— 1,4	— 0,3	+ 4,0	+ 0,4
Oktober	— 5,0	— 5,8	+ 5,0	— 4,2
November	— 8,7	— 11,8	+ 5,5	— 9,8
Jahr	— 6,5	— 7,1	+ 4,9	— 8,8

Es ist eine landläufige Vorstellung, daß das Bergklima in größeren Höhen einen polaren Charakter annehme. Nun findet man allerdings die mittleren Jahrestemperaturen des Sonnblicks oder des Pikes Peak in der arktischen Zone wieder, aber selbst das durchschnittlich kältere Upernivik hat einen wärmeren Sommer und Herbst als die Hochgipfel der Alpen und des Felsengebirges. Ebenso auffällig ist der Kontrast von Antisana und Westeras am Mälarsee unter 59° 37'. Die Jahrestemperatur ist an beiden Orten die gleiche, aber die tiefste Monatstemperatur ist in Westeras — 4,6° und die höchste 16,3°. Das Höhenklima unterscheidet sich also vom polaren wesentlich durch kühle Sommer und verhältnismäßig milde Winter.

Der Eindruck besonderer Wärmebegünstigung der Gebirge im Winter wird noch dadurch erhöht, daß in dieser Jahreszeit die Sonnenscheindauer besonders groß ist und die kräftige Intensität der Sonnenstrahlung die »gefühlte Temperatur« wesentlich erhöht. Wenn in Davos die Kurgäste im Winter bei mehreren Kältegraden Lufttemperatur stundenlang ohne Kältegefühl im Freien sitzen können, oder man von dem bekannten Kurort Meran sagt, daß vom September bis März die Nächte Winter, die Tage aber sommerliches Frühjahr sind, so erkennen wir den großen Einfluß der strahlenden Wärme im Gebirge, der in der von uns gemessenen Lufttemperatur nicht zum Ausdruck kommt. Ein qualitatives Maß für diese kräftige Insolation gibt uns ein Vergleich der Temperaturen im Schatten und in der Sonne. Wohl zu beachten ist aber, daß diese Temperatur in der Sonne nicht an einem gewöhnlichen Thermometer abgelesen werden darf, sondern mit einem Schwarzkugelthermometer im Vakuum, einem sogenannten Aktinometer von Arago-Davy, bestimmt werden muß. Die Differenz der Temperatur im Schatten und in der Sonne, die »aktinometrische Differenz«, gibt einen Anhaltspunkt für die Beurteilung der Intensität der Sonnenstrahlung. Infolge der größeren Trockenheit, Reinheit und geringeren Dichte der Luft im Gebirge wächst die aktinometrische Differenz mit zunehmender Höhe*.

Die medizinische Klimatologie bemüht sich, im Hinblick auf die große Bedeutung der strahlenden Wärme den Begriff der Lufttemperatur, wie er von der Meteorologie gebraucht wird, zu erweitern und ihn der »gefühlten Temperatur« anzupassen. Befriedigende Ergebnisse sind bisher noch kaum erzielt worden. F. Linke [9] nimmt an, daß die durch die Sonnenbestrahlung bedingte gefühlsmäßige Erhöhung der Temperatur annähernd = 12 . *I* gesetzt werden kann, wenn *I* die Intensität

---

* Messungen von E. Frankland. Sonnenhöhe konstant 60°

	Seehöhe m	Thermometer im Schatten	Thermometer in der Sonne	Aktinom. Differenz
Whitley	20	32,2°	37,8°	5,6°
Oatland Park	46	30,0	41,5	11,5
Pontresina	1800	26,5	44,0	17,5
Bernina	2330	19,1	46,4	27,3
Riffelberg	2570	24,5	45,5	21,0
Hörnli	2890	20,1	48,1	28,0
Dia volezza	2980	6,0	59,5	53,5
Gornergrat	2140	14,2	47,0	32,8

der Sonnenstrahlung in Grammkalorien pro Quadratzentimeter und Minute bedeutet. Bei Schneebedeckung, auf Wasser und weißem Sand soll der Faktor 12 bis auf 20 infolge Reflexion der Sonnenstrahlung an der Unterlage wachsen Erkennen wir diese Beziehung als gültig an, so ist es durchaus verständlich, daß man sich im Hochgebirge trotz Winterkälte bei Windstille und Sonnenstrahlung in sommerliche Wärme versetzt fühlt. Wenn man annimmt, daß sich der gesunde, leicht bekleidete Mensch der gemäßigten Zone unter Ausschluß der Sonnenstrahlung und des Windes bei 18° C thermisch wohlfühlt (»thermische Behaglichkeitszone«), und daß beispielsweise in Davos die mittägliche Strahlungsintensität 1,46 Grammkalorien beträgt, so würde in diesem Höhenklima die Lufttemperatur noch eine gefühlte Erhöhung von $12 \times 1{,}46 = 17{,}5^{\circ}$ durch die Sonnenstrahlung oder bei Berücksichtigung der Reflexion an der Schneedecke sogar von $20 \times 1{,}46 = 29{,}2^{\circ}$ erfahren, so daß man sich in letzterem Falle noch bei — 10° Lufttemperatur in der angeführten Behaglichkeitszone befindet. Die tatsächlichen Erfahrungen stimmen nicht schlecht mit diesem Ergebnis überein.

Thermische Verschiedenheiten des Höhenklimas. Ein Vergleich der Münchner Registrierballonaufstiege und der Temperaturen auf der Zugspitze, ebenso wie eine Gegenüberstellung der Säntis-Temperaturen und der über dem Bodensee durch Drachenaufstiege festgestellten Temperaturen haben ergeben, daß Berggipfel vormittags kälter sind als die freie Atmosphäre in gleicher Höhe, nachmittags dagegen im Mittel etwas wärmer. Kleinschmidt fand für streng gleichzeitige Messungen als Differenz: freie Atmosphäre—Säntis in 2500 m Höhe im Jahresmittel vormittags: + 0,93° und nachmittags: — 0,28°. Man hat früher die relativ niedrigen Temperaturen der Berge ausschließlich auf die Wärmeausstrahlung des Bodens zurückgeführt. Diese Anschauung läßt sich im vollen Umfang nicht aufrechterhalten, da die so erkaltete Luft das Bestreben hat, vom Berge nach der Niederung abzufließen und dann sogar durch wärmere, aus der Höhe absinkende Luft ersetzt wird. Die Ursache für die Unterkühlung der Berge ist vielmehr in dem zwangsweisen Aufsteigen der Luft an den Berghängen und der damit verbundenen dynamischen Abkühlung zu suchen. Bei massigen Gebirgen vermag allerdings tagsüber die starke Erwärmung des Bodens auch die ihm aufliegende Luftschicht zu beeinflussen und so eine gewisse thermische Begünstigung geschlossener Gebirgsmassive hervorzurufen. Nach A. de Quervains Untersuchung der Temperaturverteilung in der Schweiz, bei der sämtliche Temperaturen der Berge und der Niederung auf das einheitliche Niveau von 1500 m reduziert sind, zeigen die geschlossensten Alpenteile, das Monterosagebiet und Engadin, obwohl sie die größte mittlere Massenerhebung aufweisen, in den Mittagsstunden während der warmen Jahreshälfte die höchsten Temperaturen und offenbaren so ein scheinbar paradoxes Resultat, daß mittags im gleichen Niveau die höchsten Gebirge um einige Grade wärmer sind als die Ebene.

	Dez.	Jan.	Febr.	März	April	Mai	Juni	Juli	Aug.	Sept.	Okt.	Nov.	Jahr
Rigi	—3,9°	—4,5°	—4,0°	—3,4°	0,2°	3,0°	7,5°	9,9°	9,4°	7,5°	2,7°	—0,8°	2,0°
Sils	—6,8	—8,0	—6,8	—4,0	0,6	5,1°	9,1	11,3	10,4	7,4°	2,4	—2,4	1,5
Differenz Tal–Berg ..	—2,9	—3,5	—2,8	—0,6	+0,4	+2,1	+1,6	+1,4	+1,0	—0,1	—0,3	—1,6	—0.5

Die Morgenstunden sind aber mit Ausnahme der wärmsten Sommermonate im Innern des Gebirges kälter[10].

Besonders hervorzuheben ist der klimatische Unterschied der isoliert aufragenden Berggipfel und der großen, breiten, in gleicher Höhe gelegenen Täler. Rigikulm (1795 m) und Sils-Maria im Engadin (1811 m) bilden vortreffliche Vergleichspunkte. Im Winterhalbjahr ist das Bergklima, im Sommer das Talklima wärmer. Diese Erscheinung wird vielerorts noch verschärft durch häufig auftretende Temperaturumkehr. Die Beobachtungen auf dem Eiffelturm haben uns schon gezeigt, daß in der Nacht der Boden gewöhnlich so stark erkaltet, daß eine vertikale Temperaturzunahme eintritt. Da diese aber einen wesentlich geringeren Betrag als die Temperaturabnahme während der Tagesstunden aufweist, tritt im Mittel eine Temperaturabnahme mit der Höhe in Erscheinung. Anders in Gebirgsländern. Hier kann sie im Winter ein dauernder Zustand werden, der bei Tag und bei Nacht wirksam ist. Grundbedingung ist hoher Barometerstand, der heiteres, ruhiges Wetter erzeugt; günstig wirkt auch eine dichte Schneedecke, da diese durch Ausstrahlung außerordentlich erkaltet. Diese Temperaturerniedrigung beschränkt sich nur auf die untersten Luftschichten, die sich bei vorherrschender Windstille ruhig über dem Talboden lagern. Zwar erkalten auch die Berghänge und Gipfel, aber diese kalten Luftmassen strömen auch nach der Niederung ab und tragen nur zur langsamen Erhöhung der unteren Kaltluftschicht bei. In solchen Perioden ragen die Berge als Wärmeinseln in strahlendem Sonnenschein aus dem kalten Nebelmeer der Täler und Ebenen hervor, und es können Wochen vergehen, bis der normale Zustand wieder hergestellt ist. Als Beispiel für das Ausmaß, welches die Temperaturumkehr annehmen kann, seien mittlere Temperaturen für die Zeit vom 16.—28. Dezember aus der langdauernden Hochdruckwetterlage im Winter 1879/80 über Mitteleuropa angeführt:

	Seehöhe	7^h vorm.	2^h nachm.	9^h abds.	Mittel
Klagenfurt	440 m	— 19,1°	— 13,0°	— 16,4°	— 16,2°
Obirgipfel	2040 „	— 5,9	— 1,2	— 5,5	— 4,5
Ischl	467 „	— 13,7	— 7,3	— 13,0	— 11,8
Schafberg	1776 „	— 0,1	0,6	— 1,3	— 0,5

Während in Ischl und in noch stärkerem Maße in Klagenfurt strengste Winterkälte herrschte, hatte der Schafberg selbst nachts Temperaturen um den Gefrierpunkt.

Geographisch bedeutsam wird die Temperaturumkehr aber nur

dort, wo sie auch in langjährigen Mittelwerten zum Ausdruck kommt, also zum habituellen klimatischen Charakter gehört. In den Alpen sind, wie HANN ziffermäßig nachwies, alle Täler, die gegen die herrschende Windrichtung abgeschlossen sind, durch diese Abnormität ausgezeichnet. Daraus erklärt sich auch, daß die menschlichen Wohnstätten mit auffallender Regelmäßigkeit breite, selbst fruchtbare Talsohlen meiden und sich auf die Gehänge zurückziehen. Das Engadin und das kärntnerische Drautal sind seit langem klassische Beispiele der winterlichen Temperaturumkehr. Sils im Engadin (1811 m) ist im Januar (— 8,0°) fast ebenso kalt wie der St. Bernhard in 2478 m Höhe (— 8,3°), und Bevers, nur 1715 m hoch gelegen, hat sogar — 9,7°, ist also um 4,6° kälter als der 75 m höhere, aber isolierte Rigi. Im Drautal sind im Winter noch die Stationen in 1600 m Höhe wärmer als die 1000 m tieferen Talsohlen, in den übrigen Jahreszeiten nimmt aber in der Regel die Temperatur normal mit der Höhe ab*. In gleicher Weise, wie in den Alpen, findet man die Temperaturumkehr mit der Höhe als normale Erscheinung der Wintermonate unter gleichen Verhältnissen in allen Gebirgen der höheren Breiten. Wahrscheinlich erlangt sie ihre stärkste Ausbildung in den Gebirgen Ostasiens, in der Gegend des sibirischen Kältepoles, wo auch der höchste Barometerstand, vorherrschende Windstille und überwiegend heiterer Himmel angetroffen wird. Wie schon an anderer Stelle erwähnt wurde, haben die arktischen und antarktischen Expeditionen auch in den polaren Gebieten die Temperaturumkehr in ausgedehntem Maße und sehr kräftiger Entwickelung nachgewiesen. BARKOW [11] schreibt über die diesbezüglichen Ergebnisse der Deutschen Antarktischen Expedition 1911/12, daß in der Antarktis im Juli die Temperaturumkehr durchschnittlich 11,6° C und im gesamten Winter noch 7,1° C beträgt. Im Sommer dagegen herrscht Temperaturabnahme mit der Höhe, aber das Temperaturgefälle ist auch in dieser Jahreszeit gering, so daß selbst das Jahresmittel noch eine Temperaturumkehr von 1,2° aufweist.

Meteorologisch von ganz anderer Art ist die Temperaturzunahme mit der Höhe, die man an einigen Küsten beobachten kann, wo kalte Meeresströmungen und zugleich kräftige Seewinde auftreten, während weiter landeinwärts stark erwärmte Gebiete angrenzen. Am bekanntesten ist in dieser Hinsicht die Küste von Kalifornien. Die Tempe-

*

Stationen	Höhe m	Januar	April	Juli	Oktober	Jahr
Klagenfurt	440	— 6,2°	8,6°	18,9°	8,6°	7,2°
Kappel	560	— 5,2	6,7	17,4	8,1	6,6
Fellach	805	— 4,0	5,8	15,3	7,5	6,0
Unterschäffler Alpe	1063	— 3,6	4,9	15,1	6,5	5,5
Obir I	1230	— 4,3	4,5	14,0	6,1	4,7
Obir II	1612	— 5,1	3,1	12,8	5,2	3,7
Hoch-Obir	2047	— 6,8	1,2	9,2	2,3	0,6

raturzunahme landeinwärts und mit der Höhe zwischen San Francisco und seinem Hinterland ist überraschend:

Ort	San Francisco	Sacramento	Colfax	Summit
Breite	37,6°	38,6°	39,1°	39,3°
Höhe in m	45	9	739	2134
Sommer	14,8°	22,2°	25,2°	14,6°
Winter	10,5°	8,4°	8,1°	1,9°

Colfax, das 72 km von der Küste entfernt, aber 700 m hoch liegt, hat eine um 10° höhere Sommertemperatur als San Francisco. Ähnliche Verhältnisse, wenn auch nicht in so ausgeprägtem Maße, kehren an der chilenischen Küste wieder. Santiago, das 110 km von Valparaiso entfernt ist und 489 m höher liegt, ist von November bis März wärmer als Valparaiso, im Januar um 2,8°, im Winter dagegen (Juli) ist Santiago um 3,8° kälter als Valparaiso. Diese eigentümliche Temperaturschichtung tritt also nur im Sommer hervor, wenn der Seewind die Vorherrschaft hat. Im Winter bedingt die Erkaltung des Hinterlandes und das dadurch hervorgerufene Zurücktreten der Seewinde die Herstellung normaler Temperaturverhältnisse. Mit der eigentlichen Temperaturumkehr hat diese Erscheinung nichts zu tun; sie repräsentiert uns zwei entgegengesetzte Klimate: das unter dem Einfluß kalter Meeresströmung stehende Küstenklima und das sommerlich erhitzte Binnenklima, die beide auf engem Raume aneinander grenzen.

Plateaus. In der Übersicht der mittleren Temperaturabnahme mit der Höhe, wie sie in der Tabelle S. 114 gegeben ist, zeichnet sich unter den europäischen Beobachtungen die Rauhe Alb durch geringe Temperaturgradienten aus. Die Rauhe Alb zeigt die Eigentümlichkeit, welche Plateauerhebungen im Gegensatz zu Gipfelerhebungen aufweisen. Auf plateauartigen Gebirgserhebungen und besonders auf allmählich ansteigenden Landschwellen verschwindet bei nicht zu großen Höhen die Temperaturabnahme zuweilen ganz, da das langsame Ansteigen der Luft nicht ohne Wärmeaufnahme vom Erdboden erfolgt und deshalb das Gesetz der Abkühlung aufsteigender Luftmassen, welches den Ausschluß äußerer Wärmezufuhr zur Voraussetzung hat, für diesen Fall nicht mehr gilt. Bei ausgedehnten Plateaus, die stellenweise, wie z. B. im südlichen Zentralasien, zu alpiner Höhe ansteigen, kommen aufsteigende Luftmassen aus der Tiefebene überhaupt nicht mehr in Frage, zumal nicht, wenn die Hochebene noch von Gebirgen umschlossen ist. Die untersten Luftschichten werden bei ihnen durch den Boden in der gleichen Weise erwärmt wie im Tiefland. Infolge der geringeren Dichtigkeit der Luft ist hier aber die thermische Empfindlichkeit des Bodens wesentlich größer als in der Niederung. An hellen Sommertagen ist es hier wohl ebenso heiß wie wenige Meter über dem Meeresniveau, aber die Nächte sind infolge der ungehinderten Ausstrahlung bedeutend kälter. Dieser Gegensatz steigert sich mit der

Seehöhe. Infolgedessen muß der Höheneinfluß auch im Tagesmittel zum Ausdruck kommen und dieses, verglichen mit einer tiefer gelegenen Station, die Temperaturabnahme mit der Höhe aufweisen. Als Beispiel seien Beobachtungen aus Zentralasien aufgeführt[12]. Nimmt man als Station der Niederung Samarkand (719 m) und als Höhenstation Pamirski Post (3640 m), so erhält man für den Winter 0,69°, den Frühling 0,45°, den Sommer 0,39°, den Herbst 0,43° und das Jahr 0,49° auf 100 m, also den umgekehrten jährlichen Gang, wie wir ihn bei normalen Gebirgserhebungen festgestellt haben. Ob diese Verhältnisse Allgemeingültigkeit haben, läßt sich zuverlässig noch nicht sagen, da unsere Kenntnis über das Maß der Temperaturabnahme auf Hochflächen noch recht gering ist. Zu eindeutigen, allgemein gültigen Ergebnissen in dieser Hinsicht zu gelangen, ist sehr schwierig, da die zum Vergleich für die Plateaustation in Frage kommende Tieflandstation häufig ganz anderen klimatischen Bedingungen unterliegt.

Reduktion der Temperatur auf das Meeresniveau. Von den großen Faktoren, die die mathematische, d. h. die allein von der geographischen Breite abhängige Temperaturverteilung auf der Erdoberfläche modifizieren, haben wir den am meisten wechselnden, die Seehöhe, soeben kennengelernt. Wir können den Einfluß der Seehöhe ausschließen, indem wir die beobachteten Temperaturen auf das Meeresniveau reduzieren, nicht werden wir aber hierdurch den klimatischen Einfluß der Gebirgserhebung überhaupt eliminieren. Denn wo hinter einem Gebirge etwa durch Föhnwirkung erhöhte Temperatur in Erscheinung tritt, wird diese auch noch nach der Reduktion hervortreten. Verbindet man nach der Reduktion der Temperatur auf das Meeresniveau die Orte gleicher Temperatur durch Linien, sogenannte Isothermen, so erhält man eine einfache, übersichtliche Darstellung der tatsächlichen Temperaturverteilung. Es ist eines der größten wissenschaftlichen Verdienste Alexander von Humboldts, die ersten Isothermenkarten der Erde entworfen zu haben[13].

Es empfiehlt sich, bei der Reduktion eine einheitliche Temperaturabnahme zugrunde zu legen. Hann[14] hat sich für 0,5° entschieden und wendet diesen Wert auch für die Monatstemperatur an. Vielleicht ist er etwas zu hoch, weil für die Isothermenkarten großer Länderräume die Plateau-, nicht die Gebirgsstationen ins Gewicht fallen. Jedenfalls muß daran festgehalten werden, daß jede Isothermenkarte nur für den betreffenden Reduktionsfaktor gilt. Bei dem ausgeprägten jährlichen Gang der Temperaturabnahme könnte man es für berechtigt halten, für jeden Monat einen eigenen Reduktionsfaktor zu gebrauchen, und doch muß man dieses Verfahren zurückweisen, weil dadurch einer der wichtigsten klimatischen Charakterzüge, die jährliche Temperaturschwankung, gefälscht werden würde. Pamirski Post z. B. hat im Januar — 18,5°, im Juli 13,9°, also eine jährliche Schwankung von 32,4°. Diese würde auf 25,2° erniedrigt werden, wenn man mit Zugrundelegung der Vergleichsstation Samarkand für den Januar den Reduktionsfaktor 0,6° und für den Juli 0,4° in die Rechnung einführen würde. Die Pamirhochländer erhielten dadurch einen thermischen Charakter wie das turanische Tiefland. Ebenso gerechtfertigt ist ein einheitlicher Maßstab für die ganze Erde. Er liefert zwar nur ein ideales, aber jedenfalls ein einheitliches Bild. Wenn auch unter diesen Umständen jene Teile der Erdoberfläche mit größerer Temperaturabnahme in der Reduktion kälter und umgekehrt jene mit geringerer Abnahme wärmer erscheinen, so kann man diese Abweichung eher als Vorteil betrachten, da auf diese Weise solche Temperaturanomalien auch auf der Karte in Erscheinung treten. Einen großen praktischen Vorzug bietet die einheitliche Reduktion namentlich dadurch, daß es möglich ist, aus der Isothermenkarte die Temperatur irgendeines Ortes in gegebener Seehöhe bequem durch Umrechnung mit der gleichmäßigen Temperaturabnahme bestimmen zu können. Die Hauptsache ist, daß man sich stets vor Augen hält, was das Isothermenbild eigentlich darstellen will. Es sagt uns nicht: so würde sich die Temperaturverteilung gestalten, wenn die ganze Erdoberfläche eine ununterbrochene Ebene im Meeresniveau wäre, sondern es setzt die wirklichen Terrainverhältnisse mit allen ihren modifizierenden Einflüssen voraus und eliminiert nur die thermische Wirkung der Seehöhe.

Literaturnachweise. [1] W. Schmidt, Wird die Atmosphäre durch Konvektion von der Erdoberfläche her erwärmt? Meteorol. Zeitschr. 1921. — [2] Eine ausführliche Darstellung der aerologischen Apparate und deren Technik findet man in der Schrift: R. Assmann, Das Kgl. Preuß. Aeronautische Observatorium bei Lindenberg; Braunschweig 1915, mit vielen Abbildungen. Ferner sei angeführt: H. Hergesell, Die Temperatur der freien Atmosphäre; Petermanns Mitteilungen 1900. R. Assmann u. A. Berson, Wissenschaftliche Luftfahrten; Berlin 1899—1900. Ein Werk, das grundlegende Bedeutung gehabt hat. — [3] R. Assmann, Die Temperatur der Luft über Berlin in der Zeit vom 1. Okt. 1902 bis 31. Dez. 1903; Berlin 1904. — [4] A. Schmauss, Die obere Inversion; Meteorol. Zeitschr. 1909. — [5] A. Peppler, Zur Aerologie niederer Breiten; Beiträge zur Physik der freien Atmosphäre, Bd. IV, 1912. — [6] A. Wagner, Die Temperaturverhältnisse der freien Atmosphäre, Meteorol. Zeitschr. 1910, S. 97. — [7] Aus der reichhaltigen Literatur über die Temperaturabnahme mit der Höhe seien angeführt: J. Hann, Die Temperaturverhältnisse der österreichischen Alpenländer; III. Sitzungsbericht der Wiener Akademie, 1885. Derselbe, Wärmeabnahme mit der Höhe an der Erdoberfläche; Sitzungsberichte der Wiener Akademie, 1870. W. Trabert, Temperaturabnahme in den niederösterreichischen Kalkalpen; Meteorol. Zeitschr. 1898. G. v. Elsner, Die Temperaturabnahme mit der Höhe in deutschen Gebirgen; Bericht über die Tätigkeit des Preuß. Meteorol. Inst. 1917—1919 (1920). — [8] W. Trabert, Der tägliche Gang der Temperatur und des Sonnenscheins auf dem Sonnblickgipfel; Denkschriften der Wiener Akademie, Bd. LIX, 1892. — [9] F. Linke, Die physikalischen Faktoren des Klimas; Handbuch der normalen u. pathologischen Physiologie, Berlin 1926. — [10] A. de Quervain, Die Hebung der atmosphärischen Isothermen in den Schweizer Alpen; Gerlands Beiträge zur Geophysik, 1903, Bd. VI. — [11] A. Barkow, in Meteorol. Zeitschr. 1920. — [12] H. v. Ficker, Zur Meteorologie von Westturkestan; Denkschriften der Wiener Akademie Bd. LXXXI, 1908. — [13] Eine Kopie der ersten Isothermenkarte befindet sich in G. Hellmanns Neudrucken von Schriften u. Karten über Meteorologie u. Erdmagnetismus Nr. 8, Berlin 1897. — [14] J. Hann, Zur Konstruktion der Isothermen; Petermanns Geogr. Mitteilungen 1888.

Die horizontale Verteilung der Temperatur.

Wärmeumsatz auf dem Festland und Meer. Die Änderung, welche die der Erde von der Sonne zugestrahlte Energie auf ihrem Wege durch die Atmosphäre erleidet, haben wir bereits kennen gelernt. Wir haben gesehen, daß ein Teil der Strahlung in der Atmosphäre reflektiert, ein Teil auch absorbiert wird. Der nach dieser Schwächung noch auf die Erdoberfläche treffende Rest wird von dieser aufgenommen und bildet die von der Erde ausgehende terrestrische oder indirekte Wärmequelle. Der Wärmeumsatz der bis zum Boden gelangenden Strahlung erfolgt aber je nach der Beschaffenheit der Erdoberfläche in sehr ungleicher Weise. Der Vorgang der Erwärmung und Abkühlung ist an der festen Erdoberfläche ein ganz anderer als an der flüssigen. Die Strahlungsmenge, welche die feste Erdoberfläche trifft, wird von dieser absorbiert und in Wärme umgesetzt. Bei der geringen spezifischen Wärme * des Bodens bedingt die auftreffende Strahlung eine rasche und starke Erwärmung des Bodens, die teils dazu dient, in der früher dargelegten Weise durch Scheinleitung (Konvektion und Turbulenz) die unteren Luftschichten zu erwärmen, teils in den Erdboden weitergeleitet wird. Da aber am Erdboden sich die Wärme nur durch reine physikalische Wärmeleitung fortpflanzen kann und dieser Vorgang sehr langsam vonstatten geht, wird nur eine dünne Oberflächenschicht des Bodens bei Tage und im Sommer erwärmt, die in der Nacht und im Winter wieder rasch durch Ausstrahlung erkaltet. Infolge der geringen Masse des erwärmten Bodens und seiner großen thermischen Empfindlichkeit kann in der festen Erdoberfläche keine nennenswerte Wärmeaufspeicherung erfolgen.

Wesentlich anders ist der Vorgang an der Wasseroberfläche. Die Anschauungen, die über den Wärmeumsatz zwischen Wasser und Luft bisher geherrscht haben, sind neuerdings von W. Schmidt [1] recht erheblich umgestaltet worden. Die größere thermische Trägheit des Wassers und der ihm auflagernden Luftschicht, die sich in den geringen Temperaturschwankungen beider äußert, hatte man bisher auf die große spezifische Wärme des Wassers und das tiefe Eindringen der Strahlung in das Wasser zurückgeführt. W. Schmidt hat nachgewiesen, daß keine dieser Ursachen ausreicht, um den tatsächlichen großen thermischen Unterschied zwischen Land und Wasser quantitativ zu begründen. Wenn auch das Wasser die größte spezifische Wärme = 1 besitzt und demgegenüber die des festen Erdbodens im allgemeinen nur halb so groß angesetzt werden kann, so reicht dieser Unterschied der Wärmekapazität bei weitem nicht aus, die um ein Vielfaches grö-

---

*) Unter spezifischer Wärme versteht man die Wärmemenge, die notwendig ist, um die Temperatur eines ccm eines Körpers um 1° C zu erhöhen. Wenn wir die spezifische Wärme des Wassers = 1 setzen, so kann die des Landes in seiner mittleren Zusammensetzung auf nur 0,5 und die der Luft auf 0,0031 veranschlagt werden.

ßere thermische Schwankung über Land gegenüber der über Wasser zu begründen. Auch die angeführte Durchstrahlbarkeit des Wassers ist ein unzulänglicher Grund, denn auch in reinem Wasser wird die eindringende ausschlaggebende langwellige Strahlung schon in geringer Tiefe nahezu völlig absorbiert, so daß eine Erwärmung größerer Wassermassen auf diese Weise nicht möglich ist. W. SCHMIDT hat nun nachgewiesen, daß die Erwärmung des Wassers in ähnlicher Weise, wie wir es bei der Übertragung der Wärme in die Luft kennengelernt haben, durch Scheinleitung erfolgt, also durch eine mechanische Durchmischung der Wassermassen infolge von Turbulenz, wie sie in jeder horizontalen Bewegung des Wassers nach Maßgabe ihrer Strömungsgeschwindigkeit und der Stärke des Windes, auftritt. Der Wärmeaustausch durch die ungeordnete Wasserbewegung im Meer bewirkt, daß der größte Teil der auf die Oberfläche auftreffenden Strahlung nach Umsetzung in Wärme in die Tiefe verfrachtet wird und nur ein unbedeutender Wärmestrom von der Meeresoberfläche in die Luft übergeht. Der Unterschied zwischen dem Wärmeumsatz auf Land und Wasser besteht also darin, daß an Land sofort ein großer Anteil des Gesamtwärmeumsatzes durch die auf der festen Erdoberfläche lediglich nach oben wirkende Scheinleitung der Luft übermittelt wird, während auf dem Meere der unverhältnismäßig größere Anteil des Gesamtwärmeumsatzes durch die wirksamere Scheinleitung im Wasser gegenüber der in Luft bis zu größerer Tiefe geführt wird und zur Erwärmung großer Wassermassen dient. Die in den Wassermassen aufgespeicherte Wärme tritt dann als Wärmequelle in den Zeiten in Erscheinung, in welchen die Ausstrahlung gegenüber der Einstrahlung überwiegt *. Hieraus folgt unmittelbar: 1. daß die Temperatur über dem Wasser bei Nacht und im Winter höher und bei Tag und im Sommer niedriger ist als auf dem Lande, oder mit anderen Worten, daß das Seeklima geringeren täglichen und jährlichen Schwankungen unterworfen ist, als das Landklima; 2. daß die mittlere Jahrestemperatur in höheren Breiten, wo die kalten Perioden lange andauern, auf der See, in niederen Breiten auf dem Lande höher ist.

Normale Temperaturverteilung. In ähnlicher Weise wie ANGOT (vgl. S. 103) hat ZENKER [3] die Wärmemengen berechnet, welche jedem Breitenkreise an der Erdoberfläche zukommen, und zwar nicht nur

* Der jährliche Wärmeumsatz, d. h. die im Lauf eines Jahres aufgespeicherte und wieder an die Luft abgegebene Wärmemenge beträgt nach SCHUBERT [2], KRÜMMEL und HANN in Tausenden kg-Kalorien pro qm:

Sandboden mit Kiefern	12,9	Ostsee	505
Sandboden mit Gras	18,5	Östliches Mittelmeer	426
Hintersee in Westpreußen	280	Schwarzes Meer	482
Genfer See	370		

unter Berücksichtigung der Absorption und der Zerstreuung der Sonnenstrahlung in der Atmosphäre, sondern auch ihrer Reflexion an den Wasser-, Land- und Schneeflächen der Erdoberfläche. Um diese Wärmemengen in die gemeinverständliche Sprache der Temperaturgrade zu übersetzen und sie so für die klimatologische Betrachtungsweise brauchbar zu machen, galt es zunächst den »Temperaturwert« zu bestimmen, welcher den Strahlungsdifferenzen auf dem Lande und auf dem Meere entspricht. Diesen Temperaturwert hat Zenker für die Wasserflächen aus den Temperaturdifferenzen über dem Stillen Ozean und für die Landflächen aus den gleichen Werten in Innerasien unter Berücksichtigung der entsprechenden Strahlungsdifferenzen abgeleitet und darauf dann Normaltemperaturen der Breitenkreise im reinen Land- und Seeklima berechnet. Die Unsicherheit dieser empirischen Methode darf man sich nicht verhehlen, zumal da es kaum eine meteorologische Station gibt, die reines See- oder Landklima besitzt. Liznar[4] hat die Berechnung der Normaltemperaturen etwas exakter auf physikalischer Grundlage durchgeführt. Seine Werte stellen wir den von Zenker berechneten gegenüber:

Breite	Landklima		Seeklima		Differenz Landklima—Seeklima	
	Zenker	Liznar	Zenker	Liznar	Zenker	Liznar
0°	34,6°	33,7°	26,1°	23,9°	+ 8,5°	+ 9,8°
10	33,5	32,6	25,3	23,2	+ 8,2	+ 9,4
20	30,0	29,3	22,7	21,0	+ 7,3	+ 8,3
30	24,1	23,8	18,8	17,3	+ 5,3	+ 6,5
40	15,7	15,8	13,4	12,3	+ 2,3	+ 3,5
50	5,0	5,4	7,1	5,6	— 2,1	— 0,2
60	— 7,7	— 7,5	0,3	— 2,1	— 8,0	— 5,4
70	— 19,0	— 19,7	— 5,2	— 9,0	— 13,8	— 10,7
80	— 24,9	— 26,1	— 8,2	— 12,2	— 16,7	— 13,9
90	— 26,1	— 28,3	— 8,7	— 13,5	— 17,4	— 14,8

Für das Landklima stimmen die Werte von Zenker und Liznar verhältnismäßig gut überein, größer sind die Unterschiede beim Seeklima. Übereinstimmend zeigen sie aber, daß am Äquator das Landklima dem maritimen am meisten überlegen ist, dann nähern sich beide immer mehr, bis sie unter 45° Br. bzw. 50° Br. einander gleich werden; von da ab ist das Seeklima wärmer und es wird relativ immer wärmer, je mehr wir uns dem Pol nähern. Die Unterschiede zeigen, daß der abkühlende Einfluß der Landmassen in höheren Breiten viel stärker ist als der erwärmende in niedrigeren Breiten. Die Zone zwischen 0 und 45° Br. sei die innere, die zwischen 45 und 90° Br. die äußere genannt. Die mittlere Temperatur an der Erdoberfläche würde ihren höchsten Grad erreichen, wenn die innere Zone nur aus Land und die äußere nur aus Wasser bestünde; im umgekehrten Falle würde sie ihren niedrigsten Wert erreichen.

In Wirklichkeit liegen zwischen 80° n. und 50° s. Br. Land und

Wasser in meridionalen Streifen nebeneinander. Dabei tritt ein Wärmeaustausch nicht nur in meridionaler, sondern auch in ostwestlicher Richtung ein, da stets verschieden temperierte Räume, die miteinander korrespondieren, einen Ausgleich anstreben. Selbst wenn wir annehmen, daß sich im innersten Teil der Land- und Meeresstreifen reines Land- bzw. Seeklima erhalten könnte, so wird doch gegen die Ränder hin Mischung eintreten, und die beiden Klimate werden sich immer mehr einander nähern. Ein idealer Fall der Verteilung von Wasser und Land ist in Fig. 26 dargestellt. Land und Meer sind als regelmäßige Streifen zwischen

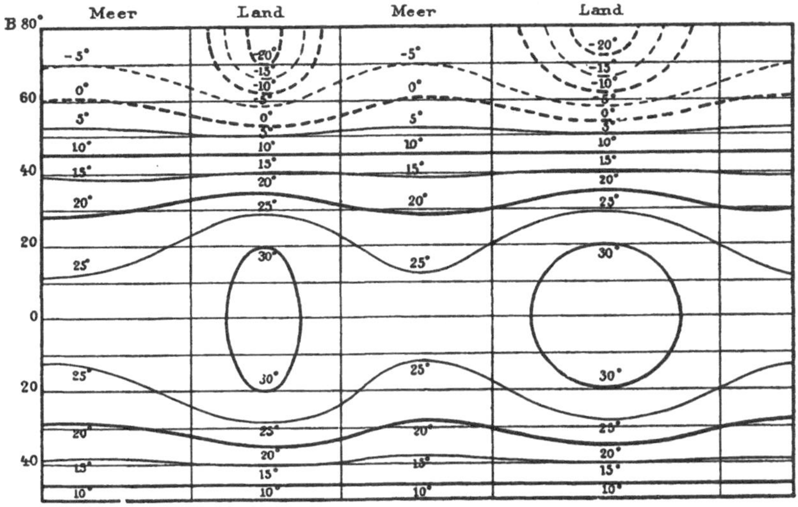

Fig. 26. Normalisothermen.

80° n. Br. und 50° s. Br. gedacht. Im mittleren Meridian dieser Streifen sind den Temperaturen von 5 zu 5° diejenigen Stellen angewiesen, die ihnen nach dem Strahlungsklima zukommen. Die Orte gleicher Temperatur sind durch Linien (Isothermen) miteinander verbunden. Das sind die Normalisothermen unter der Voraussetzung, daß Land und Wasser in meridionalen Streifen nebeneinander lagern. Sie weichen mit Ausnahme der Isotherme in 45° Br. (in der Figur annähernd die 10° Isotherme) überall von den Parallelkreisen ab, indem sie in der inneren Zone vom Meer gegen Land, in der äußeren vom Land gegen das Meer polwärts ansteigen. Auf dem Land treten in der äquatorialen und der polaren Zone in sich geschlossene Isothermensysteme auf. Aber obwohl sich Wärmeänderungen auch in ostwestlicher Richtung vollziehen, so bleibt doch stets das Grundgesetz des solaren Klimas gewahrt, indem in jedem Meridian die Temperatur vom Äquator gegen die Pole hin stetig abnimmt.

Jahresisothermen. Vergleichen wir das Bild der Normalisothermen mit einer Karte der Jahresisothermen, so ist die Übereinstimmung beider unverkennbar, soweit es das Grundgesetz der Temperaturabnahme mit wachsender Breite und die Isothermenkrümmung zwischen Meer und Land betrifft. Aber neben der Übereinstimmung gewahren wir auch auffallende Abweichungen. Die Winde und Meeresströmungen bewirken Temperaturverschiedenheiten, abnorme Erwärmung auf der einen und damit notwendigerweise Erkaltungen auf der anderen Seite. Es ist eine der wichtigsten physikalischen Tatsachen und auch für die Entwicklung des Menschengeschlechts von weittragendster Bedeutung, daß fast die ganze nördliche gemäßigte und kalte Zone wärmer ist, als ihr der Breite nach zukommt, und daß die heiße Zone, im besonderen auch noch die südliche, diesen erwünschten Wärmeüberschuß deckt. In die nördlichsten Teile der Kontinente dringt das Seeklima so weit ein, daß mit Ausnahme des inneren eiserfüllten Grönlands selbst die niedrigsten Jahrestemperaturen höher sind als die den betreffenden Breiten entsprechenden Werte des solaren Klimas. Dies ist offenbar die Folge davon, daß das Land in den höheren Breiten abbricht. Würde Asien über den Pol mit Amerika zusammenhängen, so würden in 60 und 70° Br. viel tiefere Temperaturen auftreten, als es tatsächlich der Fall ist. Auch in der Tropenzone löst sich das Land auf, auch hier siegt das See- über das Landklima, und selbst die höchsten beobachteten Jahrestemperaturen erreichen kaum die Wärmegrade des reinen solaren Landklimas, das einen großen Teil der Kontinente unbewohnbar machen würde. Auf dem Indischen Ozean bewirkt die große kontinentale Umrahmung eine deutliche Temperaturerhöhung; hier hat sich der Ausgleich zwischen Land- und Seeklima wirklich vollzogen, indem das erstere erniedrigt, das letztere erhöht wird, während im südtropischen Teil des Atlantischen Ozeans die Strömungen den Einfluß des umgebenden Festlandes so sehr unterdrücken, daß er entschieden als zu kalt erscheint. Dagegen ist der ganze atlantische Norden zu warm, und diese Abnormität tritt besonders in den höheren Breiten schärfer hervor. Die Isothermen dringen hier mit den warmen Meeresströmungen durch eine offene Pforte viel weiter gegen Norden vor, als in dem abgeschlossenen Pazifischen Ozean. Diese größte Meeresfläche endlich wird von dem Landklima nur wenig beeinflußt, die Strömungen sind nicht sehr energisch entwickelt, und die Temperaturverteilung dürfte hier am meisten den theoretischen Voraussetzungen entsprechen.

Die Scheitel unserer Normalisothermen in Fig. 26 liegen in der Mitte der Festländer und Meere, und die Krümmung verläuft symmetrisch. Bei den wirklichen Isothermen ist dies nicht der Fall, die Scheitel sind alle nach Ost verschoben, in die Nähe der Ränder der Kontinente und Meere, und infolgedessen sind sie am Westrand des Festlandes mehr oder weniger scharf geknickt, während sie am Ostrand in sanftem Schwung verlaufen. Die innere und die äußere Zone unterscheiden sich nur insofern, als dort die polwärts, hier die äquatorwärts gerichteten Scheitel geknickt sind; dort liegt die abnorme Stelle an der Vorderseite, hier im Rücken der herrschenden Winde, aber in beiden Fällen sind die Winde die Ursachen der Verschiebung.

Diese Isothermengestaltung ist der Ausdruck des Gesetzes, daß die Westküsten in höheren Breiten wärmer, in niederen Breiten kälter sind als die Ostküsten. Theoretisch sollten ja beide Küsten nahezu gleich warm sein, unter dem Einfluß der Westwinde schiebt sich aber in der äußeren Zone unserer Halbkugel das Seeklima im Westen weit in das Land hinein, und ebenso verschiebt sich das Landklima gegen die Ostküste und macht seinen erkältenden Einfluß noch weit in das Meer hinaus geltend. Auch in der Zone der Passate sind die von diesen Seewinden getroffenen Küsten wärmer, aber die Verkettung von Ursache und Wirkung ist hier eine andere. Hier schiebt sich ein Zwischenglied ein, das wir erst später genauer kennen lernen werden: die Erkaltung des Meerwassers an den Westküsten Afrikas und des tropischen Amerikas durch Aufsteigen von Tiefenwasser und Zufluß kälteren Wassers. Wo dieses kalte Küstenwasser fehlt, wie in Australien, da ist die Ostküste kälter, weil sie vom Ostwind überweht wird.

Verbindet man auf einer Isothermenkarte die heißesten Punkte der Meridiane miteinander, so erhält man den thermischen Äquator, der in höchst unregelmäßiger Weise zwischen 26° n. Br. und 9° s. Br. hin und her schwankt. Daß er im Pazifischen Ozean auf die Südhemisphäre übertritt, dürfte in den Strömungsverhältnissen begründet sein, sonst liegt er aber fast durchaus auf der nördlichen Halbkugel und bewegt sich auf den Festländern am weitesten polwärts. Daß er sich in Afrika besonders weit nach Norden verschiebt, erklärt sich aus den durch die Regenverteilung bedingten Vegetationsverhältnissen. Er durchzieht hier eine Wüste, die im Sommer außerordentlich erhitzt wird, während am Äquator die regenfeuchte Vegetation die Temperatur herabdrückt. Aus demselben Grunde liegt auch in Amerika die heißeste Stelle nicht im üppig bewaldeten Äquatorialstreifen, sondern im trockenen Binnenland Mexikos.

Die höchsten Jahresmittel der Temperatur finden wir im Innern von Nordafrika. Berber unter 18° n. Br. und 34,1° ö. L. in 350 m Höhe hat ein Jahresmittel von 29° C, das auf den Meeresspiegel reduziert 30,8° C ergibt. Timbuktu unter 16,7° n. Br. und 2,8° ö. L. hat ein auf den Meeresspiegel reduziertes Jahresmittel von 30,5°. Als Ort mit der tatsächlich höchsten mittleren Jahrestemperatur muß aber Massaua am Roten Meer unter 15,6° n. Br. und 39,4° ö. L. mit 30,2° angesehen werden. Hauptsächlich sind es die gleichmäßig hohen Minima, welche diese Mitteltemperatur bestimmen. Das mittlere Temperaturminimum des Jahres beträgt 26,3°, das entsprechende Maximum 34,1°.[5] Ob die mathematischen Pole die kältesten Punkte der Erdoberfläche sind, wie es das solare Klima verlangt, wissen wir zwar nicht, auf der nördlichen Halbkugel spricht aber sicherlich manches dagegen. Die durch wirkliche Beobachtungen verbürgte niedrigste mittlere Jahrestemperatur hat Framheim (78° 38′ s. Br., 163° 37′ w. L.), das Standquartier Amundsens auf seiner Südpolarexpedition; die mittlere Jahrestemperatur beträgt — 25,8°. Auf der Nordhemisphäre ist der kälteste Ort, von dem wir die mittlere Jahrestemperatur mit einiger Sicherheit feststellen können, die Lady-Franklin-Bai an der Ostküste von Grinnel-Land unter 81° 44′ n. Br., 65° 3′ w. L. Aus den Beobachtungen des »internationalen Polarjahres« hat J. Hann[6] ein Jahresmittel von — 20,4° abgeleitet. Aus den auf der Drift der »Fram« gemachten Messungen hat Mohn[7] für den dem Nordpol nächsten Punkt im Polarmeer (83° n. Br., 89° ö. L.) ein Jahresmittel von — 19,2° abgeleitet, während er für den Nordpol selbst die mittlere Jahrestemperatur von — 22° berechnete. Für den zentralen und höchsten Teil des grönländischen Inlandeises etwa unter 75° n. Br. und in 3000 m Höhe nimmt A. Wegener[8] eine mittlere Jahrestemperatur von — 32° an.*

Januar- und Juliisothermen.[9] Die Jahresisothermen, die nur in geringem Maße reelle Bedeutung besitzen, entsprechen in mittleren und höheren Breiten einigermaßen den Isothermen des Frühlings und des Herbstes. In der Hauptsache gleichen sie in ihrem Verlauf aber einer der beiden Hauptjahreszeiten, die das Übergewicht besitzt. So ist in der äußeren Zone der Verlauf der isothermen Linien ein stark abgeschwächtes Abbild des Verlaufes der Isothermen des extremen Wintermonats. In der inneren Zone dagegen verhält es sich umgekehrt. Hier prägt sich in den Jahresisothermen der Typus des extremen Sommermonats aus. In der äußeren Zone schwächt sich demnach im Sommer, in der inneren im Winter der Gegensatz von Wasser und Land ab, und gewinnt der Einfluß der Polhöhe an Bedeutung.

Der thermische Äquator liegt im Januar zum größten Teil auf der Südhemisphäre, am weitesten ausgebuchtet auf den Kontinenten, wo in den trockenen Gebieten die Hitze über 30° steigt, in Südamerika allerdings nur im westlichen Argentinien, während das Innere Australiens ein wahrer Glutofen ist, ähnlich wie die Wüstendistrikte Nordafrikas und Vorderasiens im Juli. Die innere Zone umfaßt alle südlichen Festländer, auf der nördlichen Hemisphäre beginnt die äußere Zone aber schon zwischen 10° und 20° Br. In dieser lenken namentlich die Verhältnisse über dem Atlantischen Ozean und seinen benachbarten Kontinenten die Aufmerksamkeit auf sich. Auf dem Atlantischen Ozean wirken die mit dem Golfstrom zusammenhängenden Strömungen als gewaltige Warmwasserheizung bis hoch hinauf in das Polmeer. Die

* Die Temperaturmittel des wärmsten und kältesten Ortes sind die folgenden:

	Jan.	Febr.	März	April	Mai	Juni	Juli	Aug.	Sept.	Okt.	Nov.	Dez.	Jahr
Massaua	25,6	26.0	27,2	29,0	31,3	33,5	34,8	34,7	33,3	31,7	29,0	27,0	30,26°
Framheim	−9,7	−15,4	−21,5	−27,6	−35,4	−34,4	−36,5	−44,8	−37,5	−24,2	−15,5	−6,7	−25,8°

herrschenden Westwinde bringen aber nur den westeuropäischen Gebieten die ozeanische Wärme, weiter landeinwärts verlieren sie immer mehr ihren ozeanischen Charakter und bilden an der Ostküste Asiens, ebenso wie Nordamerikas kalte Landwinde. Bedingt an den Westküsten namentlich noch die in Begleitung ozeanischer Winde auftretende starke Bewölkung einen ausgezeichneten Kälteschutz, so ist im Innern des asiatischen Kontinents noch nicht einmal der Wind der eigentliche Kältebringer, sondern windstilles, trockenes, klares Wetter erzeugt die abnormen Kältegrade. Die kalten Meeresströmungen, die wir an den Ostseiten der Nordkontinente vorfinden, sind für die Temperaturverhältnisse von geringer Bedeutung, da ablandige Winde an den Ostküsten vorherrschen. Der Unterschied zwischen dem winterlichen Land- und Seeklima spiegelt sich im Isothermenverlauf überaus eindrucksvoll wider. Der Ostschenkel der atlantischen Isothermenknickung nimmt einen meridionalen Verlauf, zum Teil wendet er sich sogar widersinnig nach Südwest und West und kehrt das Gesetz der meridionalen Temperaturabnahme mit zunehmender Breite um. Die Temperatur nimmt in Eurasien von West nach Ost stärker ab als von Süd nach Nord, so zwischen der südlichsten und der nördlichsten Stadt Europas, Tarifa und Hammerfest, durchschnittlich um 0,14° auf 100 km, dagegen zwischen Europa und Westsibirien, auf das gleiche Maß reduziert, im 56. Parallel um 0,51° und im 63. sogar um 0,82°. Die 0°-Isotherme überschreitet an der norwegischen Küste den Polarkreis, und steigt bis zu 71° n. Br. hinauf, dann senkt sie sich fast genau nord-südlich verlaufend bis zum Bodensee, geht in südöstlicher Richtung auf der Balkanhalbinsel bis 42° n. Br. herab um dann im östlichen Asien sogar den 34. Breitengrad zu erreichen. Über Japan steigt sie dann wieder bis 40° und an der amerikanischen Westküste bis 59°. Im Innern des nordamerikanischen Kontinentes dringt sie wieder erheblich südlich, etwa bis 38°, vor und verläßt die amerikanische Ostküste ungefähr unter 40°. Schanghai unter der Breite von Alexandrien hat dieselbe mittlere Januartemperatur wie Thorshaven auf Färöer unter 62° Br. und die amerikanische Ostküste in der Breite von Sizilien. Am schroffsten sind die Gegensätze an den atlantischen Gestaden. In Kristiansund und Aalesund an der norwegischen Küste sinkt die mittlere Tagestemperatur nicht unter 0°, während an der amerikanischen Küste selbst die mittlere Monatstemperatur auf — 20° und darunter fällt.

Die Isothermen des Januar verzeichnen in Ostsibirien ein winterliches Kältezentrum von enormer Tiefe. In Breiten, wo sich die Lufttemperatur auf dem Atlantischen Ozean über dem Gefrierpunkt hält und die norwegische Küste so warm ist wie das pontische Gestade Südrußlands, beträgt die mittlere Januartemperatur in Jakutsk (62° n. Br.) — 42,9°, 5 Breitengrade nördlicher in Werchojansk (67° 6′ n. Br., 133° 9′ ö. L., 100 m) am Janafluß sinkt sie sogar auf — 51,2°, während sie im Ustjansk an der arktischen Küste wieder auf — 41,4° steigt. Dies ist die

Gegend, wo überhaupt die tiefsten Temperaturen beobachtet wurden. Werchojansk gibt mit — 67,8° das absolute Temperaturminimum, das wir bis jetzt kennen. Es wurde im Januar 1892 festgestellt. Auf keiner Polarexpedition ist eine so niedrige Temperatur gemessen worden, die tiefsten Minima waren hier — 58,8° in Floeberg Beach (82° 27′ n. Br., 61° 22′ w. L.) und — 59,9° auf der antarktischen Eisbarriere zwischen Cap Evans und Cap Crosier (76° s. Br., 168° w. L.). Woeikow hat betont, daß die übliche Isothermendarstellung im Bereich des ostsibirischen Kältegebiets wohl kaum den tatsächlichen Verhältnissen entspricht. Da die Stationen hier alle in den Tälern liegen, die Temperatur nachweisbar aber im Winter mit der Höhe zunimmt, so müssen die tiefsten geschlossenen Isothermen schmale Kältebänder längs der Flußläufe umsäumen, anstatt in weiter Ausdehnung Berg und Tal zu umschließen. Bei Besprechung der Luftdruckverteilung in Ostsibirien werden wir ebenso abnorme Verhältnisse ausgebildet finden. Beide Erscheinungen treten auch nicht unabhängig voneinander auf. Der hohe Luftdruck im Winter Ostsibiriens erzeugt das windstille, klare Wetter, das die tiefen Strahlungstemperaturen erzeugt. Stärkerer Wind erhöht die Temperatur, gleichgültig aus welcher Richtung er weht. Die hügelige Natur Ostsibiriens und die ziemlich hohe Scheidewand, die das Stanowoigebirge zwischen Ostsibirien und dem Pazifischen Ozean aufrichtet, hindern überdies den Abfluß der über dem schneebedeckten Boden erkalteten Luft und bewirken so, daß die gleiche Luftmasse lange Zeit der Ausstrahlung unterliegt und so die extremen Kältegrade annimmt. Das Binnenland Nordamerikas, namentlich das kanadische Mackenziebecken, weist wohl ähnliche Verhältnisse auf wie Ostsibirien; da es aber nach Norden, Osten und Süden aufgeschlossen ist, kann eine gleiche Stagnation der Luft, wie in Sibirien, nicht auftreten und demzufolge auch keine gleichartige Kälte entstehen. Ein zweites Kältezentrum bildet die Eiswüste von Grönland, wo Nansen in Seehöhen von über 2000 m schon im September 1888 Nächte erlebte, in denen sein nur bis — 30° gehendes Thermometer völlig versagte. Mohn [10] berechnete auf konstruktivem Wege ein Minimum von — 45°. Wenn derartige Kältegrade bereits im September auftreten, dürfte das grönländische Kältezentrum dem ostsibirischen nicht viel nachgeben. Ein drittes liegt nach Mohns Karten am Nordpol. Man bezeichnet diese drei Zentren extremer Kältegrade als Kältepole. Der sibirische Pol ist zunächst zwar im Dezember und Januar als der kälteste anzusprechen, doch ist er vergänglich. Er erscheint erst im November und verschwindet im März, während die beiden anderen das ganze Jahr hindurch erhalten bleiben.

Im Juli steigt der Wärmeäquator weit in die nördliche Hemisphäre hinauf, besonders in Asien und Nordamerika, wo er bis zum 30. Parallel vordringt. Auch hier sind die höchsten Mitteltemperaturen an die trockenen, vegetationsarmen Gebiete gebunden. Die Isothermen zeigen aber nicht mehr die gleiche eindrucksvolle Krümmung und Gedrängtheit, wie sie im Januar auf der Nordhalbkugel hervortritt. Die Grenze zwischen der inneren und äußeren Zone liegt in Australien und Südamerika in etwa 20° Br.; auf der nördlichen Halbkugel umfaßt die innere Zone die Festländer bis über 70° Br. mit Ausnahme von Grönland. Überall ist das Meer kälter als das Land, die Isothermen steigen auf dem Festland polwärts an und senken sich auf See äquatorwärts, aber die Temperaturunterschiede sind im allgemeinen nicht so groß wie im Januar. In höheren Breiten gehört der Temperaturunterschied zwischen den Küsten des Ochotskischen Meeres und dem Innern von Ostasien unter 55° n. Br. mit 6—8° zu den größten. In mittleren und südlicheren Breiten sind die zonalen Temperaturdifferenzen extremer. Im Innern von Nordafrika beobachten wir 36° gegenüber 24—25° an der Westküste. Besonders zeigen aber im westlichen Nordamerika die dichtgedrängten meridionalen oder sogar überkippten Isothermen eine beispiellos rasche Temperaturzunahme von der Küste nach dem Inneren des Landes an. San Diego am kalifornischen Gestade, das unter dem Einfluß einer kühlen Meeresströmung und vorherrschender Seewinde steht, hat eine mittlere Julitemperatur von 21,3°, das nur 250 km davon entfernte Fort Yuma in der Coloradowüste dagegen 34,1°. Das gibt in östlicher Richtung eine Steigerung von 1° für nicht ganz 19 km.

Im Gegensatz zu der thermischen Anordnung im Januar ist im Juli Ostsibirien, wo selbst Werchojansk, der Kältepol des Januar, eine mittlere Julitemperatur von 15,4° hat, beträchtlich wärmer als Nordamerika unter gleicher Breite. Die Ursache liegt in der Aufgeschlossenheit des nordamerikanischen Kontinents gegenüber Einbrüchen polarer Winde. Man beachte besonders, wie die tief eindringende Hudsonbai, die erst spät ihr Eis verliert, die Isothermen nach Süden drängt. So wird Labrador, in der Breite von England und Norddeutschland, eines der unwirtlichsten Länder, denn nicht die mittlere Jahrestemperatur und die Winterkälte ist entscheidend für den Kulturwert eines Landes, sondern die Sommerwärme.

Auf der südlichen Halbkugel ist der Unterschied der Winterisothermen gegenüber ihrem Verlauf im Sommer nicht so augenfällig wie auf der Nordhemisphäre. Da die Kontinente nicht in hohe Breiten hineinreichen, ist die Gestaltung der Isothermen einfach. Die West- und Ostküsten von Afrika und Südamerika zeigen dasselbe thermische Verhalten wie im Januar, nur ist die Temperaturdifferenz in der Nähe des Äquators größer, weiter gegen Süden aber kleiner als im heißesten Monat. Den schärfsten Gegensatz bilden die brasilianische und die peruanische Küste. Lima unter 12° Br. und 172 m über dem Meer hat eine mittlere Julitemperatur von 15°, die im Osten erst unter 27° Br. erreicht wird. Der Unterschied von 15 Breitengraden wird zwar auf der Nordhemisphäre übertroffen, aber nirgends finden wir wieder eine so niedrige Temperatur so nahe am Äquator.

Geschlossene Überhitzungsgebiete verzeichnen die Juliisothermen auf den Kontinenten der Nordhemisphäre zwischen 15° und 40° Breite. Ihnen kommt im Sommer der Südhemisphäre nur das Innere von Australien gleich. Das höchste Julimittel der Temperatur ist bisher mit 38,9° auf der Station Greenland Ranch im Death Valley[11], einer zwischen meridional verlaufenden Bergketten (Telescope Range und Funeral Mountains) liegenden und unter den Meeresspiegel herabgehenden Einsenkung (35° 40′ bis 36° 35′ n. Br., 116° 15′ bis 117° 5′ w. L., Höhe —55 m) festgestellt worden. Ihm kommt am nächsten In Salah in der nördlichen Sahara (27,3° n. Br., 2,8° ö. L., 300 m hoch) mit 36,5° und Jakobabad im westlichen Indien (28° 17′ n. Br., 68° 29′ ö. L., 57 m hoch) mit dem gleichen Mittel. Die höchste auf der Erde überhaupt beobachtete Temperatur, die einigermaßen als zuverlässig angesehen werden kann, beträgt 56,6°. Sie wurde in dem schon erwähnten Death Valley an der Grenze von Kalifornien und Nevada am 10. Juli 1913 gemessen, und gehörte einer ganzen Reihe ungewöhnlicher Hitzetage an, deren Maxima wiedergegeben sein mögen:

1913 Juli	8.	9.	10.	11.	12.	13.	14.
Death Valley	53,3°	53,8°	56,6°	53,8°	54,4°	54,8°	52,7°

Da im zirkumterranen Meer der höheren südlichen Breiten die verschiedenen Einflüsse von Land und Wasser wegfallen, so sollte man meinen, daß sich hier die Isothermen den Parallelkreisen anschmiegen. In Wirklichkeit finden wir aber auch hier Abweichungen, die direkt auf die Verbreitung des polaren Treibeises, indirekt wohl auf Meeresströmungen zurückzuführen sind. Bemerkenswert ist vor allem die südatlantische Kältezunge; Südgeorgien ist kälter als Kap Hoorn, und noch kälter muß die völlig vereiste Bouvetinsel sein, so daß man wohl annehmen darf, daß hier alle Isothermen von W nach O in äquatorialer Richtung ansteigen. Sicherlich sind innerhalb des zirkumterranen Meeres die Winter wärmer und die Sommer kälter als durchschnittlich in gleicher Breite auf der nördlichen Landhalbkugel; dieser Charakterzug kann aber nicht auf die eigentliche polare Zone übertragen werden. Am Rande der eisbedeckten Landmasse sind auch die antarktischen Winter streng. Allerdings bleibt die tiefe Sommertemperatur das charakteristische Merkmal dieser Zone. Die Nullisotherme des wärmsten Monats dürfte nicht weit südlich vom Polarkreis liegen, während auf der nördlichen Halbkugel nicht nur auf eisfreiem Land*, sondern sogar mitten im Eismeer bis zum 85. Parallel wenigstens ein Monat eine positive Mitteltemperatur besitzt. Nur im Innern des grönländischen Eisplateaus stößt man auf ein negatives Mittel des wärmsten Monats, also auf antarktische Verhältnisse.

Mittlere Temperatur der Breitenkreise. Nach den Isothermenkarten hat zuerst Dove die mittleren Temperaturen der Breitenkreise berechnet, seine sogenannten »Normaltemperaturen«, die aber nichts

* Lady-Franklin-Bai 81° n. Br. + 2,8°.

mit den früher erwähnten, von ZENKER und LIZNAR berechneten normalen Temperaturen gemein haben, sondern einfache Durchschnittswerte angeben. Man erhält sie, wenn man beispielsweise für die Durchschnittspunkte jedes 10. Parallelkreises mit jedem 10. Längengrade die entsprechende Temperatur aus der Isothermenkarte bestimmt und aus den so auf jedem Parallel erhaltenen 36 Temperaturen das Mittel ableitet. SPITALER, BATCHELDER und HOPFNER [12] haben später mit Zuhilfenahme des inzwischen mehr und mehr angewachsenen Beobachtungsmaterials die Berechnung wiederholt. FR. HOPFNER (1906) hat die Mittel für alle Monate bestimmt. In neuester Zeit hat MEINARDUS [13] die Mittel von SPITALER, BATCHELDER, HOPFNER und MOHN zusammengefaßt und sie durch Neuberechnung der hohen südlichen Breiten ergänzt.

Durchschnittstemperaturen der Breitenkreise.

	SPITALER (MOHN, HANN) *			HOPFNER (MEINARDUS) **			MEINARDUS ***				Temp.-Änderung m. d. Br.
	Jahr	Jan.	Juli	Jahr	Jan.	Juli	Jahr	Jan.	Juli	Schwank.	
90° N	—22,7°	—41,0°	— 1,0°	—	—	—	—22,7°	—41,0°	—1,0°	40,0°	— 4,6
80	—18,1	—32,2	2,0	—16,4°	—33,3°	1,9°	—18,1	—32,2	2,0	34,2	— 7,4
70	—10,7	—26,3	7,3	— 9,6	—26,4	6,7	—10,7	—26,3	7,3	33,6	— 9,6
60	— 1,1	—16,1	14,1	— 0,8	—16,1	14,0	— 1,1	—16,1	14,1	30,2	— 6,9
50	5,6	— 7,2	18,1	6,2	— 7,3	17,9	5,8	— 7,1	18,1	25,2	— 8,3
40	14,0	3,9	23,8	14,5	5,9	24,2	14,1	5,0	24,0	19,0	— 6,3
30	20,3	13,9	27,4	20,7	15,0	27,2	20,4	14,5	27,3	12,8	— 4,9
20	25,7	21,7	**28,1**	25,2	21,9	**27,9**	25,3	21,8	**28,0**	6,2	— 1,4
10	**26,4**	25,7	26,7	**26,8**	25,8	27,0	**26,7**	25,8	26,9	1,1	+ 0,5
0	25,9	**26,2**	25,5	26,3	26,5	25,7	26,2	**26,4**	25,6	0,8	—
10° S	25,0	25,9	24,0	25,4	**26,7**	23,8	25,3	26,3	23,9	2,4	— 0,9
20	22,7	25,5	20,5	22,9	25,2	19,4	22,9	25,4	20,0	5,4	— 2,4
30	18,5	22,6	15,3	18,3	21,2	14,3	18,4	21,9	14,7	7,2	— 4,5
40	11,8	16,1	9,7	11,7	15,1	8,4	11,9	15,6	9,0	6,6	— 6,5
50	5,9	8,1	3,2	5,1	8,6	3,1	5,5	8,3	3,0	5,3	— 6,4
60	— 2,0	3,2	— 7,6	— 3,5	2,9	—10,6	— 4,1	1,2	—10,3	11,5	— 9,6
70	—11,5	— 0,8	—22,2	—12,8	— 1,3	—22,0	—13,3	— 1,3	—23,9	22,6	— 9,2
80	—19,8	— 6,5	—31,5	—20,6	— 4,3	—28,7	—24,7	— 7,4	—36,3	28,9	—11,4
90	—24,0	—	—	—25,0	— 6,0	—33,3	—30	—11	—42	31	— 5,3

Aus dieser Tabelle lassen sich folgende allgemeine Tatsachen ableiten: Das höchste Jahresmittel befindet sich nicht am Äquator, sondern auf 10° n. Br. Selbst im Sommer der Südhemisphäre tritt der höchste

* Für die nördlichen Breiten 60—90° sind die Zahlen von MOHN [7], für die südlichen von 60—80° sind die von HANN [14] eingesetzt.

** Für 60—90° s. Br. sind die 1909 von MEINARDUS berechneten Werte genommen (A. SCOBEL, Geographisches Handbuch, Leipzig Bd. I).

*** Nach Berechnung von MOHN (60—90° n. Br.), SPITALER u. (BATCHELDER u. HOPFNER): 2 (50° n.—50° s. Br.) und MEINARDUS (1925) (60°—90° s. Br.).

Temperaturwert nicht auf die südliche Halbkugel über. Der »thermische Äquator« bleibt, von geringen, an früherer Stelle hervorgehobenen Ausnahmen abgesehen, das ganze Jahr über auf der Nordhemisphäre. Die Jahresschwankung der Temperatur nimmt vom Äquator polwärts auf beiden Halbkugeln zu, auf der Nordhemisphäre aber in stärkerem Maße als auf der Südhemisphäre. Unter 50° Br. beträgt sie auf der Südhalbkugel fast nur $^1/_5$ der entsprechenden Schwankung der nördlichen Halbkugel. Die Temperaturänderung mit der geographischen Breite erfolgt bis zu mittleren Breiten langsamer, dann rascher bis 70 bzw. 80° Br. Zum Pol wird sie wieder geringer. Besonders groß sind die Breitenänderungen der Temperatur von 50—80° der südlichen Halbkugel. Im einzelnen treten folgende thermische Unterschiede zwischen den beiden Halbkugeln beim Vergleich korrespondierender Temperaturmittel hervor: Im wärmsten Monat ist die ganze nördliche Hemisphäre wärmer als die südliche, im kältesten aber nur vom Äquator bis zu 20° Br. und weiterhin von 80° Br. bis zum Pol. Von 30°—70° Br. ist die südliche Halbkugel im Winter nicht unerheblich wärmer. Im Jahresmittel besitzt die nördliche Halbkugel wieder durchgehend das thermische Übergewicht. Für die Halbkugeln und die ganze Erde hat HANN und neuerdings MEINARDUS[13] folgende Gesamtmittel aufgestellt:

Mitteltemperatur.

	HANN				MEINARDUS (1925)			
	Jahr	Jan.	Juli	Schwank.	Jahr	Jan.	Juli	Schwank.
Nördliche Halbkugel ...	15,1	7,8	22,5	14,7	15,2	8,2	22,4	14,3
Südliche Halbkugel.....	13,6	17,3	10,3	7,0	13,3	17,0	9,7	7,3
Erde	14,4	12,6	16,4	3,8	14,2	12,5	16,5	3,6

Die mittlere Temperatur der ganzen Erde ändert sich somit im Verlaufe des Jahres. Sie steigt vom Januar zum Juli um fast 4°. Dieses Resultat kann zunächst überraschen. Bedenkt man aber, daß der verhältnismäßig kalte Winter der Nordhemisphäre mit dem kühlen Sommer der Südhemisphäre zusammenfällt und weiterhin dem warmen Sommer der nördlichen Halbkugel zugleich ein milder Winter auf der südlichen Halbkugel entspricht, so ist es ganz klar, daß die Mitteltemperatur der Erde vom Januar zum Juli ansteigen muß. Im übrigen veranschaulichen die Mittelwerte der extremen Monate und die sich hieraus ergebende Jahresschwankung nochmals deutlich den kontinentalen Charakter der Nordhalbkugel und den überwiegend ozeanischen Einfluß auf der Südhalbkugel.

Einen interessanten Einblick in die verschiedenen Modifikationen, welche die Temperatur der Erdoberfläche beim Übergang vom reinen solaren Klima zu den tatsächlichen atmosphärischen Verhältnissen erleidet, gibt eine von A. DEFANT[15] aufgestellte Tabelle.

Temperatur der Breitenkreise bei verschiedenen atmosphärischen Verhältnissen.

1. Geogr. Breite ..	0°	10°	20°	30°	40°	50°	60°	70°	80°	90°
2. Strahlungstemp. im solaren Klima	26,5°	25,6	23,1	17,1	9,3	—0,7	—12,8	—24,6	—30,5	—32,4
3. Strahlungstemp. bei ruhender Atmosphäre	32,8°	31,6	28,2	22,1	13,7	2,6	—10,9	—24,1	—32,0	—34,8
4. Wärmeschutz der Atmosphäre ..	+6,3°	+6,0	+5,1	+5,0	+4,4	+3,3	+2,1	+0,5	—1,5	—2,4
5. WirklicheTemp. der Erdoberfl. bei bewegt. Atmosph.	25,9°	26,3	25,6	20,3	14,0	5,6	—1,1	—10,7	—17,1	—22,7
6. Wirkung der atmosph. Zirkulation	—6,9°	—5,3	—2,6	—1,8	+0,3	+3,0	+9,8	+13,9	+14,9	+12,1

Diese Tabelle gibt uns noch einmal eine Gesamtübersicht dessen, was wir früher über Ein- und Ausstrahlung und Wärmeschutz der Atmosphäre kennengelernt haben. Die Strahlungstemperaturen berechnen sich leicht nach einem einfachen physikalischen Gesetz * aus den zugeführten Wärmemengen, wie sie für das Jahr auf Seite 103 angegeben sind, nach Umrechnung dieser Werte in absolutes Maß. In ähnlicher Weise berechnen sich unter Berücksichtigung der bekannten Glashauswirkung der Atmosphäre (vgl. S. 104) die Strahlungstemperaturen bei Vorhandensein einer Atmosphäre, die aber zunächst ruhend gedacht ist, um jeden Wärmetransport auszuschließen. Die Differenz der in Zeile 2 und 3 angegebenen Strahlungstemperaturen gibt uns den Wärmeschutz der Atmosphäre. Wenn im Polargebiet der Wärmeschutz negativ ist, die Atmosphäre also erkaltend wirkt, so rührt dies daher, daß die Schwächung der direkten Sonnenstrahlung durch die Atmosphäre infolge Absorption und diffuser Reflexion größer ist als die Glashauswirkung. Die Gegenüberstellung der wirklichen Temperaturmittel der Breitenkreise (Zeile 5) mit den Strahlungstemperaturen der Zeile 3 liefert uns schließlich die Verteilung der zugestrahlten Wärme über die Erdoberfläche durch die großen Windsysteme unserer Atmosphäre. Wir sehen, daß die allgemeine Zirkulation der Atmosphäre große Wärmemengen nach den höheren Breiten transportiert und durch diese gleichmäßige Verteilung der Sonnenenergie über die Erde die Temperaturverhältnisse in höheren Breiten für das Leben erst erträglich macht.

Auf den Gang der übrigen klimatologischen Elemente in Abhängigkeit von der geographischen Breite, wie er in Fig. 27 dargestellt ist, sei hier schon vorausgreifend hingewiesen.

Isanomalen der Temperatur. Die Berechnung der mittleren

* Stephan-Boltzmannsches Gesetz: $W = s.T^4$, wobei W die zugeführte Wärmemenge in Grammkalorien und s eine Konstante $= 7{,}59 \times 10^{-12}$ ist.

Temperaturen der Breitenkreise führte DOVE zur Aufstellung des Begriffes der »thermischen Anomalie«. Man versteht darunter die Abweichung der Temperatur eines Ortes von der Durchschnittstemperatur seiner Breite. Verbindet man die Orte gleicher thermischer Anomalie durch Linien, sogenannte Isanomalen, so erhält man ein anschauliches Bild der relativ warmen und kalten Gebiete der Erdober-

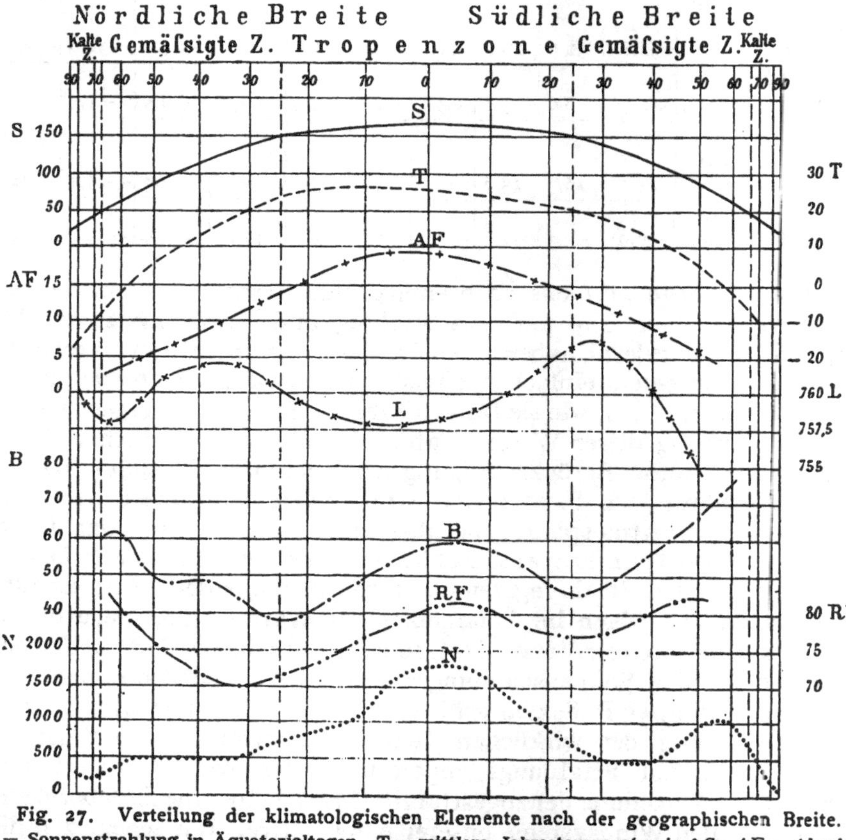

Fig. 27. Verteilung der klimatologischen Elemente nach der geographischen Breite. S = Sonnenstrahlung in Äquatorialtagen, T = mittlere Jahrestemperatur in ° C, AF = Absolute Feuchtigkeit in gr/m³ Luft, L = Luftdruck in mm, B = Bewölkung 0—100, RF = Relative Feuchtigkeit in Prozenten, N = Niederschlag auf dem Land in mm.

fläche, das für manche meteorologischen Überlegungen von größerer Bedeutung ist als die Isothermenkarte selbst. Die Isanomalenkarten, die FR. HOPFNER für alle Monate gezeichnet hat, sind zurzeit noch die jüngsten (1906)[16] (vgl. Fig. 28 und 29).

Beständig zu warm sind die Westseiten der nordhemisphärischen Festländer mit Ausnahme des äußersten Küstenrandes, aber aus orographischen Gründen in sehr verschiedener Ausdehnung. Denn während in Amerika das Kordillerensystem der Seeluft nicht gestattet, über den schmalen pazifischen Küstenstrich binnenwärts vorzudringen, werden

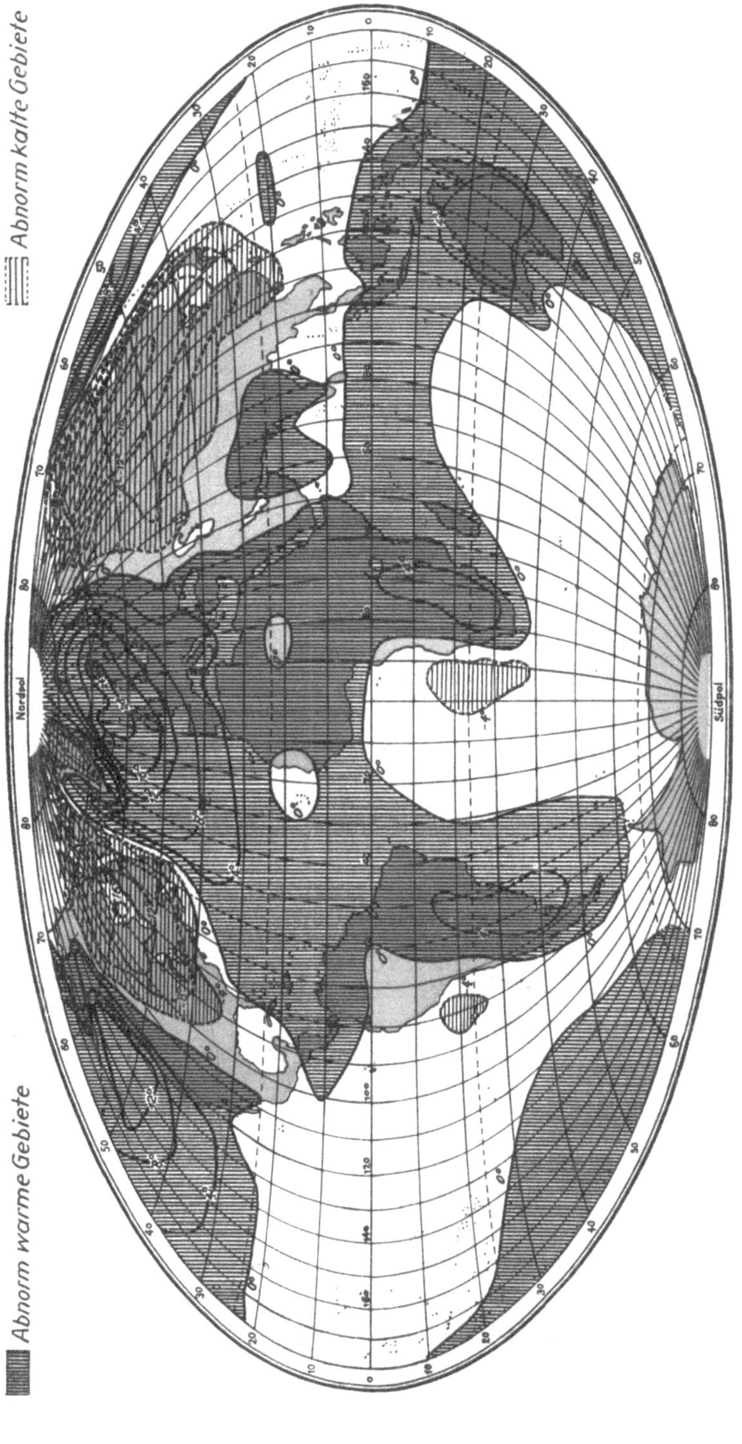

Fig. 28. Isanomalen der Lufttemperatur im Januar nach HOPFNER und MOHN. (Die Isanomalen in Abständen von 4°.)

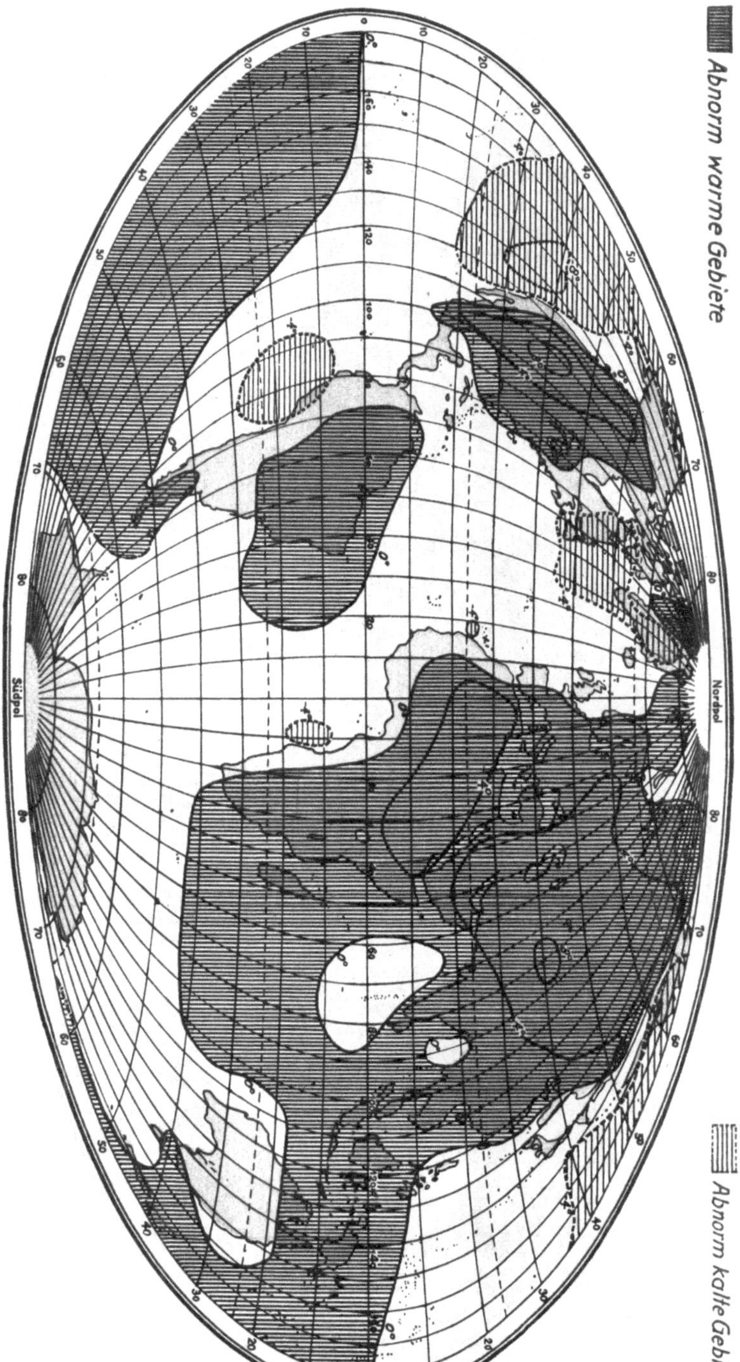

Fig. 29. Isanomalen der Lufttemperatur im Juli nach HOPFNER und MOHN. (Die Isanomalen in Abständen von 4°.)

im offenliegenden Westeuropa ausgedehnte Länder der Wohltat der atlantischen Winterwärme teilhaftig. Dauernd zu kalt sind die Ostküsten. In niederen Breiten kehren sich diese Verhältnisse um: die Westküsten der Kontinente sind kühl, die Ostküsten warm, die Unterschiede sind im Vergleich zu den mittleren und höheren Breiten aber gering. Im übrigen wechselt die thermische Anomalie im Laufe des Jahres ihr Zeichen: die Meere sind im Winter zu warm und im Sommer zu kalt, das Innere der Kontinente ist im Sommer zu warm und im Winter zu kalt, jedoch sind die winterlichen Anomalien viel größer als die sommerlichen. Die größten Anomalien unserer Erdoberfläche sind die negative Abweichung in Ostasien im Januar mit — 24° und die positive Abweichung ebenfalls im Januar mit + 24° über dem Atlantischen Ozean zwischen dem Nordkap und Island. Ein Vergleich der Isanomalenkarten mit den später zu behandelnden Karten der Luftdruckverteilung offenbart enge Beziehungen zwischen beiden.

Temperaturzonen. Die Betrachtung der horizontalen Temperaturverteilung hat gezeigt, daß Grundzüge des solaren Klimas wohl in der wahren Temperaturverteilung noch zum Teil hervortreten, daß aber die Abweichungen der Isothermen von den Parallelkreisen auf weiten Gebieten auch so stark sind, daß sie mehr den Meridianen als den Breitenkreisen folgen und hierdurch eine Begrenzung der Klimazonen nach den Wendekreisen und Polarkreisen illusorisch machen. Die mathematischen Zonen sind Lichtzonen, aber ungeeignet als Klimazonen.

A. Supan hat deshalb an Stelle der Parallelkreise die Isothermen zur Abgrenzung der Klimazonen eingeführt und folgende Einteilung getroffen (Fig. 30).

Für die Polargrenzen der warmen Zone eignen sich am besten die Jahresisothermen von 20°. Sie fallen im großen und ganzen mit den Polargrenzen der Palmen zusammen, die Grisebach den reinsten Ausdruck des Tropenklimas nennt, und auch mit den Polargrenzen der Passatwinde, die — wie wir später sehen werden — für die warmen Erdgegenden so sehr charakteristisch sind. Für die Abgrenzung der gemäßigten Zonen von den kalten ist ursprünglich die Jahresisotherme von 0° vorgeschlagen worden. Sie hat allerdings zunächst nur theoretische Bedeutung, aber praktisch doch auch insofern, als innerhalb der 0°-Isotherme beständiges Bodeneis vorkommt. Nach Wilds Annahme tritt es, da die Bodentemperatur etwas höher ist als die der Luft, dort auf, wo die letztere im Jahresmittel — 2° beträgt; in der Tat ist aber seine Verbreitung von einer Reihe anderer Umstände abhängig, unter denen, wie Woeikow gezeigt hat, der Schnee am wichtigsten ist. Als schlechter Wärmeleiter schützt die Schneedecke den Boden vor Ausstrahlung, und Eisboden entwickelt sich erst dort, wo die Jahrestemperatur unter — 5° sinkt; während dort, wo Schnee fehlt, wie z. B. in weiten Gebieten Zentralasiens, der Boden schon bei höheren Mitteltemperaturen in einer gewissen Tiefe dauernd gefriert. Es ist

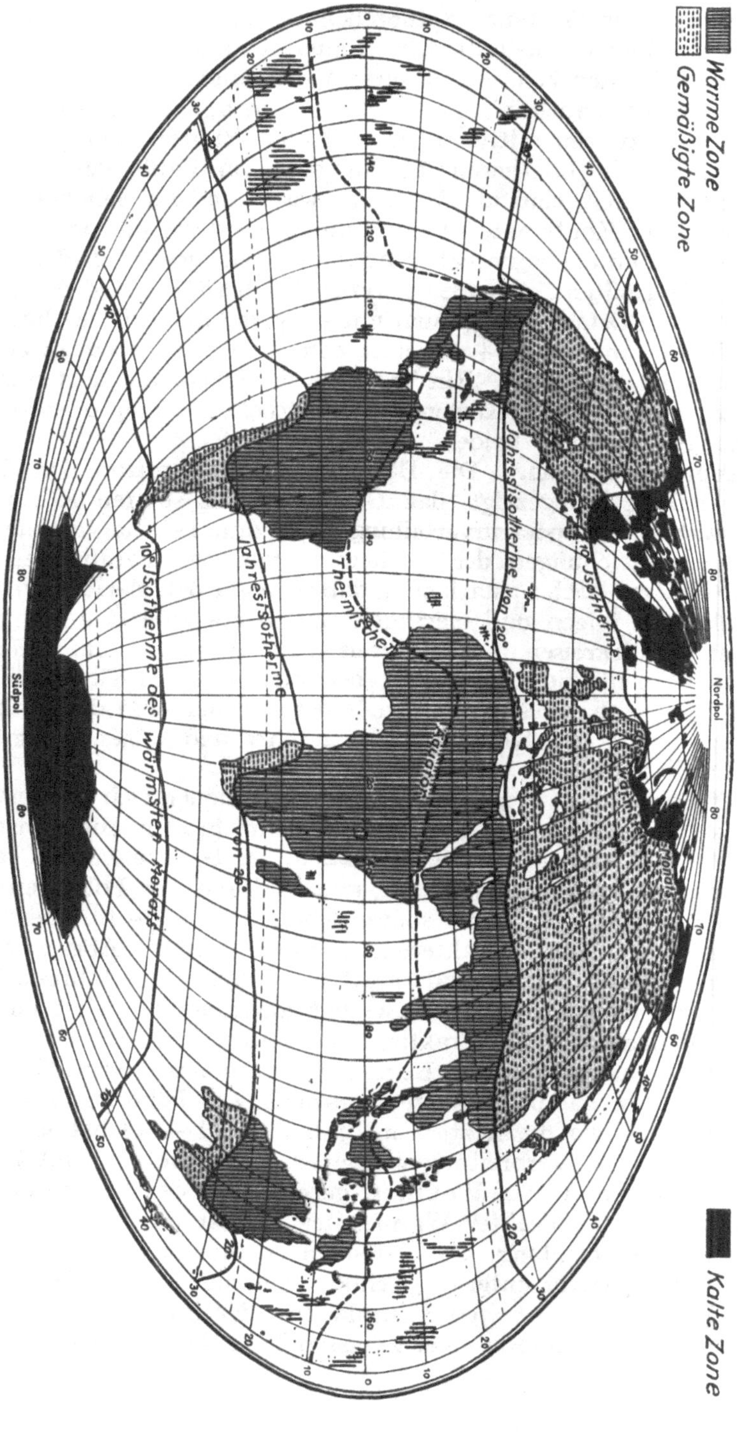

Fig. 30. Temperaturzonen nach A. SUPAN.

aber mit Recht der Einwurf erhoben worden, daß jenseits der Nullisotherme sehr verschiedene Klimate existieren, verschieden nämlich, wenn wir den Einfluß des Klimas auf die Pflanzenwelt und damit auch auf den Menschen berücksichtigen. Allen Anforderungen einer guten Grenze entspricht dagegen die 10°-Isotherme des wärmsten Monats. Die Sommerwärme ist für die Vegetation entscheidend, die Winterkälte ist ohne Einfluß. Wo die Mitteltemperatur des wärmsten Monats 10° nicht mehr erreicht, da sind Waldwuchs (mit alleiniger Ausnahme des Feuerlandes) und Getreidebau ausgeschlosen, und damit nehmen die menschlichen Kulturformen eine andere Gestaltung an.

Den Unterschied der mathematischen Klimagürtel und dieser Temperaturzonen entnimmt man aus folgenden Zahlen:

Grenze zwischen der	Mathem. Lage	Temperaturzonen: Mittlere Lage	Extreme	
nördl. kalten und gemäß. Zone ..	66° 33′ N	68° N	72°	54½°
nördl. gemäß. und warmen Zone .	23° 27′	30,5°	38°	22⅘°
südl. warmen und gemäß. Zone ..	23° 27′ S	27° S	36°	12°
südl. gemäß. und kalten Zone ..	66° 33′	48°	54½°	44°

Aus der mittleren Lage der Grenzisothermen können die Flächen der Temperaturzonen berechnet werden:

	Mathem. Zonen (Mill. qkm)	Temperatur-Zonen (Mill. qkm)	Unterschied (T—M) (Mill. qkm)
Nördliche kalte Zone	21,24	18,55	— 2,69
Nördliche gemäßigte Zone	132,61	107,38	— 25,23
Nördliche warme Zone	101,12	129,04	+ 27,92
Südliche warme Zone............	101,12	115,21	+ 14,09
Südliche gemäßigte Zone	132,61	73,79	— 58,82
Südliche kalte Zone	21,24	65,97	+ 44,73

Die warmen Temperaturzonen sind ausgedehnter als der Gürtel zwischen den Wendekreisen, eine Folge der großen Entwicklung der Kontinentalmassen zu beiden Seiten des Äquators. Aus demselben Grund nimmt auch die südliche warme Zone eine kleinere Fläche ein als die nördliche. Das Entscheidende ist aber die gewaltige Ausdehnung der südlichen kalten Zone. Das ist die Wirkung des zirkumterranen Meeres. Wo Südamerika weiter in dieses Meer hineinragt, da springt auch die 10°-Isotherme weiter als irgendwo sonst in der antarktischen Welt gegen den Pol vor. Nun haben wir allerdings Grund anzunehmen, daß sich um den Südpol ein Festland lagert, aber für die Temperaturzonen bleibt dies gleichgültig. Kontinente sind machtlos, wenn sie nicht in einem breiten Zusammenhang mit dem Festland der gemäßigten und warmen Zone stehen. Das große Südpolarland ist unter einer Eisdecke begraben wie das Innere Grönlands.

Wie sich die Klimate horizontal nebeneinander, so lagern sie sich auch in jeder Breite vertikal übereinander. Fig. 31 bringt diese doppelte Anordnung zum Ausdruck; hinzugefügt ist noch die 0°-Isotherme des wärmsten Monats, und man ersieht aus diesem Diagramm, daß die höchsten Berge fast überall in diese permanent kalte Zone hineinragen.

Von anderen Gesichtspunkten ging Köppen [17] bei der Aufstellung

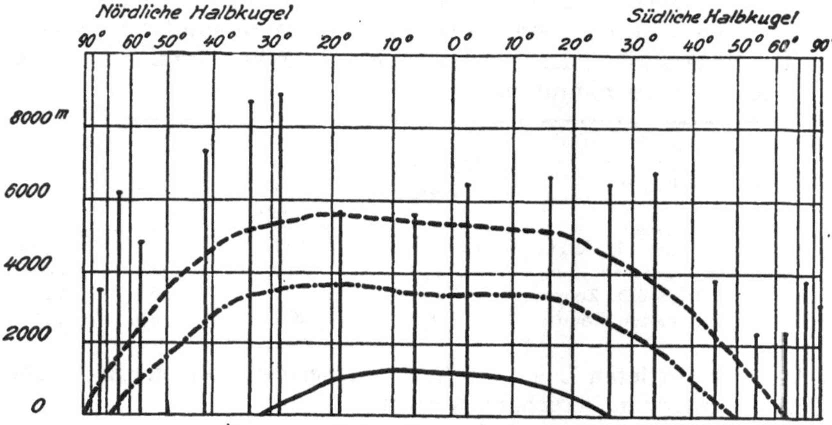

Fig. 31. Mittlere Temperaturschichtung.

·-·-·- 20° Jahresisotherme, —·—·— 10° Isotherme des wärmsten Monats, — — — 0° Isotherme des wärmsten Monats. Die senkrechten Stäbchen bedeuten die höchsten Berge der einzelnen Breitenzonen.

seiner Temperaturzonen aus. Er begrenzt sie nicht durch Isothermen, sondern berücksichtigt die Dauer der Zeit, während welcher sich die Temperatur zwischen bestimmten Grenzen hält. Als Schwellenwerte wurden die Temperaturen von 10° und 20° im Tagesmittel genommen und als charakteristische Dauer ein, vier und zwölf Monate angesetzt. Die Schwellenwerte und ihre Dauer ergeben folgende Wärmegürtel von Köppen:

1. Tropischer Gürtel:	12	Monate	heiß, d. h. > 20° C
2. Subtropischer Gürtel:	4—11	Monate	heiß, > 20° C
	1—8	,,	gemäßigt, 10—20° C
3. Gemäßigter Gürtel:	4—12	,,	gemäßigt, 10—20° C
4. Kalter Gürtel	1—4	,,	gemäßigt, 10—20° C
	8—11	,,	kalt, < 10° C
5. Polarer Gürtel:	12	,,	kalt, < 10° C

Der gemäßigte Gürtel wird noch unterteilt in einen konstant gemäßigten, der nur auf den Ozeanen vorkommt, den sommerheißen, der nur dem Festlande angehört, und einen dritten, mit gemäßigtem Sommer und kaltem Winter, der sich, von einer Unterbrechung in Sibirien abgesehen, rings um die Erde ausbreitet. Der polare Gürtel

KÖPPENS deckt sich mit der kalten Zone SUPANS. Pflanzengeographisch charakterisiert die KÖPPENsche Schwelle von 10° bei einer Dauer von 4 Monaten das »Eichenklima«, das mit der Kultur des Weizens nahe zusammenfällt.

Literaturnachweise. [1] W. SCHMIDT, Meteorol. Zeitschrift 1921. — [2] I. SCHUBERT, Der Wärmeaustausch im festen Erdboden; Berlin 1904. — [3] W. ZENKER, Die Verteilung der Wärme auf der Erdoberfläche; Berlin 1888. — [4] I. LIZNAR, Berechnung der Mitteltemperaturen der Breitenkreise einer Land- und Wasserhemisphäre sowie der Erde aus den an der Grenze der Atmosphäre zugestrahlten Wärmemengen; Meteorol. Zeitschrift 1900, — [5] G. HELLMANN, Grenzwerte der Klimaelemente; Sitzungsbericht der Preuß. Akad. d. Wissenschaft., Phys.-math. Kl., 1925. — [6] J. v. HANN, Meteorol. Zeitschrift 1890. — [7] The Norwegian North Polar Expedition 1893—96; Scientific Results, edited by Fridtjof NANSEN, Bd. VI, London 1905. — [8] A. WEGENER, Durch Grönlands Eiswüste, Zeitschrift Himmel und Erde XXVI. — [9] J. v. HANN, Atlas der Meteorologie (Januar, Juli und Jahr in C-Graden), Gotha 1887. A. BUCHAN (im Challenger Werk, Physics and Chemistry, II. Bd., London 1889), Monatsisothermen in F-Graden. — [10] H. MOHN u. F. NANSEN, NANSENS Durchquerung von Grönland; Gotha 1892 (105. Ergänzungsheft zu PETERMANNS Mitteilungen.). — [11] G. HELLMANN (siehe unter 5). — [12] R. SPITALER, Die Wärmeverteilung auf der Erdoberfläche; Denkschriften d. Wiener Akad. d. Wissenschaften, Math.-nat. Klasse 1886, Bd. LI. Isanomalenkarte des Jahres in PETERMANNS Mitteilungen 1887, des Januar und Juli ebenda 1889. S. F. BATCHELDER, A new Series of Isanomalous Temperature Charts, based on BUCHANS Isothermal Charts; American Meteorological Journal 1894. F. HOPFNER, Die thermischen Anomalien auf der Erdoberfläche; PETERMANNS Mitteilungen 1906. — [13] MEINARDUS, Neue Mitteltemperaturen der höheren südlichen Breiten; Nachrichten von der Gesellschaft der Wissenschaften z. Göttingen, Math.-Phys. Klasse 1925, Heft 1, — [14] J. v. HANN, Lehrbuch der Meteorologie, 2. Aufl. — [15] A. DEFANT, Die Zirkulation der Atmosphäre in den gemäßigten Breiten der Erde; Geografiska Annaler 1921. — [16] F. HOPFNER in PETERMANNS Mitteilungen 1906. — [17] W. KÖPPEN, Die Wärmezonen der Erde, Meteorol. Zeitschr. 1884.

Die periodischen und unperiodischen Veränderungen der Temperatur.

Die tägliche Temperaturschwankung. Eine anschauliche Vorstellung von dem Wärmecharakter eines Landes vermögen die mittleren Temperaturen des Jahres und der Monate allein noch nicht zu vermitteln. Bereits an früherer Stelle wurde darauf hingewiesen, daß den Mittelwerten häufig nur die Bedeutung einer Rechengröße zukommt, die klimatisch nicht viel auszudrücken vermag. Das Monatsmittel der Temperatur pflegt nicht die häufigste der in diesem Zeitraum auftretenden Temperaturen zu sein. Da aber gerade diesem Wert besondere klimatische Bedeutung zukommt, leitet man zur Ergänzung des Monatsmittels aus den meteorologischen Beobachtungen noch den Scheitelwert ab, der dem vorherrschenden oder wahrscheinlichsten Wert entspricht. Ein großer Nachteil haftet aber den häufigsten Temperaturen an: daß sie zu selten sind. Selbst für ganze Grade erreicht der Scheitelwert meist nicht ein Zehntel der Beobachtungen. Daraus ergibt sich, daß der Scheitelwert nur aus sehr langen Beobachtungsreihen gewonnen werden kann, und daß, um verschiedene Stationen miteinander zu vergleichen, an der Forderung der Gleichzeitigkeit noch strenger festgehalten werden muß als bei dem Mittelwert. Die folgende Übersicht gibt für verschiedene Orte die Differenzen zwischen Scheitelwert und Mittelwert:

Scheitelwert minus Mittelwert.

	Dez.	Jan.	Febr.	März	April	Mai	Juni	Juli	Aug.	Sep.	Okt.	Nov.
Leningrad	7,2	2,2	5,0	5,2	0,6	—0,9	—0,6	—1,0	—0,4	—1,0	0,9	2,3
Berlin	1,2	2,7	2,1	0,7	1,2	2,6	—1,5	—1,6	—0,8	—0,5	0,6	—0,5
Triest	1,1	0,5	1,2	1,4	0,4	1,4	1,1	0,5	1,4	1,1	2,3	1,4
Pola	0,2	—0,2	0,4	1,4	—,03	—0,9	1,3	—0,2	0,0	0,3	1,7	1,6
Bombay	—0,2		—0,2		0,0		—0,1		—0,1		0,2	

In unseren Breiten sind demnach die Scheitelwerte in der kalten, die Mittelwerte in der warmen Jahreszeit höher. In Berlin ist z. B. im Januar eine um 2,7° höhere Temperatur als der Mittelwert die wahrscheinlichste, im Juli dagegen eine um 1,6° tiefere. In Triest liegt der Scheitelwert das ganze Jahr hindurch über dem Mittelwert, in dem nicht weit davon entfernten Pola aber nicht. Da nicht streng gleichzeitige Beobachtungen zugrunde liegen, so kann nicht entschieden werden, ob dieser Unterschied reell ist. In den Tropen scheinen Scheitel- und Mittelwert annähernd zusammenzufallen.

Eine besonders wichtige Ergänzung erhält der Wärmecharakter eines Landes durch Angabe der Schwankung und Veränderlichkeit der Temperatur. Wie alle meteorologischen Elemente hat die Temperatur eine dreifache Periode, eine tägliche, eine jährliche und eine zyklische. Die letztere wird uns an anderer Stelle beschäftigen.

Das tägliche Minimum und Maximum der Temperatur fällt nicht mit dem tiefsten und höchsten Sonnenstand zusammen, sondern verspätet sich um einige Stunden. Die niedrigste Temperatur tritt ein, wenn die Ausstrahlung der tagsüber empfangenen Wärme ihren Höhepunkt erreicht hat, d. h. um oder kurz vor Sonnenaufgang. Auf dem Ozean tritt das Minimum einige Zeit vor Sonnenaufgang ein, auf dem Festland, besonders in ausgesprochen kontinentalen Klimaten, um Sonnenaufgang oder wenige Minuten danach. Im Winter tritt das Minimum vor Sonnenaufgang ein, so daß man von einer Wärmedämmerung sprechen kann, im Sommer kurz nach Sonnenaufgang. Das Maximum der Temperatur folgt dem höchsten Sonnenstande nach, auf dem Meere und an den Küsten gewöhnlich schon nach einer halben Stunde, auf dem Festlande nach 1—2 Stunden, und zwar im Sommer etwas später als im Winter. An heiteren Tagen verspätet sich das Temperaturmaximum um weitere ½—1 Stunde (z. B. Leningrad im Sommer trüb $2\frac{1}{2}^h$, heiter $5\frac{1}{2}^h$).

Den mittleren Unterschied zwischen der höchsten und der tiefsten Temperatur, wie sie am Maximum-Minimum-Thermometer abgelesen wird, nennt man die unperiodische tägliche Temperaturschwankung (Amplitude), die Differenz zwischen der größten und kleinsten Ordinate der mittleren Tageskurve dagegen die periodische. Unmittelbar läßt sich diese nur durch wenigstens stündliche Beobachtungen finden, mittelbar durch geeignete Interpolation der fehlenden Beobachtungen. Die unperiodische Schwankung ist stets größer als die periodische, und zwar wächst der Unterschied mit der geographischen Breite.

	Wien 48° n. Br.				Kara See 71° n. Br.		
Tägl. Ampl.	Winter	Frühl.	Sommer	Herbst	Winter	Sommer	Jahr
Periodisch	2,7°	7,2°	8,0°	5,7°	0,0°	1,9°	1,7°
Unperiodisch	5,2°	9,2°	9,9°	7,6°	8,8°	2,9°	6,4°

Die periodische Schwankung kennen wir von verhältnismäßig wenig Orten [1]. Neuerdings hat G. Dietzschold [2] ein größeres Material berechnet. Folgende Hauptzüge der Änderung der täglichen Temperaturschwankung auf der Erdoberfläche kann man feststellen.

Im allgemeinen steigt die tägliche Temperaturschwankung mit abnehmender und fällt mit zunehmender Bewölkung, da diese sowohl die Insolation wie die Ausstrahlung vermindert. Sie ist daher in unseren Breiten im Winter kleiner als im Sommer, verhält sich aber in Ostindien, soweit die Winter trocken sind, gerade umgekehrt. Auf dem Meer beträgt sie infolge der größeren Bewölkung und der geringen thermischen Leitungsfähigkeit des Wassers nur 1—2°; an den Küsten ist sie etwas größer, und noch größer im kontinentalen Tiefland. So steigert sie sich im Jahresmittel auf dem 55. Breitengrad von 3,7° in Kopenhagen auf 4,8° in Moskau und 5,1° in Kasan. In der turanischen Niederung, wo sich der vegetationslose Boden rasch erwärmt und abkühlt, erreicht sie unter 41—42° Br. 12° und darüber. Noch größer ist sie im Bereich der australischen Ebenen, selbst in geringer Entfernung vom Meer. So hat z. B. Hollow in Queensland, nur 40 km von der Küste entfernt und etwa 60 m hoch, eine unperiodische Schwankung von 13,1°, und Deniquil im Murraygebiet eine solche von 19,2°; es ist also auch die periodische im letzteren Fall unzweifelhaft größer als in Turan. Die höchsten Werte erreicht sie auf regenarmen Hochebenen, wo die dünne, trockene Luft die Ein- und Ausstrahlung der Wärme außerordentlich befördert. So groß auch die Temperaturschwankung in der aralokaspischen Steppe ist, so ist sie doch im August und September um 9 bis nahezu 12° kleiner als auf den Plateaus und in den Hochtälern der Pamir. Auch auf dem Karakorumplateau fand Shaw im September eine durchschnittliche Amplitude von 19,5°, im Karakaschtal aber bei trübem Wetter nur 13°. Im westlichen Tibet beobachtete Przewalski selbst noch im Dezember eine mittlere Differenz von 17,3° zwischen den Temperaturen um 8^h früh und 1^h nachmittags und eine maximale von 26,5°. Die Sand- und Steinwüsten der Sahara genossen lange Zeit den Ruf, die Gegend der extremsten Temperaturschwankungen zu sein. In der Tat steht auch Timbuktu mit einer mittleren Tagesschwankung von 16,2° (im April 18,5°, im August 13,8°) unter allen Orten, von denen wir regelmäßige Beobachtungen haben, oben an, und im Wadi Affatakha (25° n. Br., 7,7° ö. L., 1200 m hoch) beobachtete FOUREAU im Januar 1899 an drei aufeinanderfolgenden Tagen Nachttemperaturen von — 8,4°, — 10,2° und — 8,7°, während um Mittag das Thermometer 16 bis 19° zeigte. Dagegen erreichte in der libyschen Wüste die Amplitude nach JORDAN im Mittel von 21 Tagen im Dezember und Januar nur 13,6°, während sie in Kairo in derselben Zeit sogar nur 10,1° betrug, und zwischen Mursuk und Schimmedru fand NACHTIGAL selbst zur Zeit des Zenitalstandes der Sonne und bei heiterem Himmel nur eine mittlere Schwankung von 22,4°. Die größte Differenz in der afrikanischen Wüste, die BARTH unter 27,8° Br. und in 300 m Seehöhe erlebte, war 34 °, aber sie wird übertroffen durch die Beobachtungen auf den westlichen Plateaus von Nordamerika. So betrug die Schwankung zu Wickenburg in Arizona (34° n. Br., 112,7° w. L., 620 m hoch) am 28. Juli 1877 38,9°, am 31. Juli 42,2° und am 1. August 40°. Vielleicht die schnellste je beobachtete Temperaturänderung wird aus dem Felsengebirge in 2000 m Höhe gemeldet, wo vom 27. bis 28. Dezember 1894 das Thermometer in 7 Stunden von — 40° auf 7,2° stieg. Das sind einzelne Fälle; aber auch die stündlichen Beobachtungen der amerikanischen Vermessungsingenieure auf den Plateaus des Felsengebirges zwischen 35 und 42° Br. ergaben für die Seehöhe von 1500—1600 m so enorm hohe monatliche Mittelwerte der täglichen Temperaturschwankung (Juli: 24,2°, August: 20,8° und November: 19,2°), wie sie kaum noch irgendwo vorkommen dürften. Auch auf den tropischen Hochebenen ist die Temperaturschwankung größer als im benachbarten Tiefland; so beträgt sie z. B. auf dem Plateau von Guatemala (1480 m Seehöhe) 10°, in Belize an der Küste aber nur 2,9°.

Im Gebirge ist die tägliche Temperaturschwankung in den Hochtälern größer als in der Ebene, auf den Berggipfeln dagegen kleiner. WOEIKOW hat den Einfluß der Bodenkonfiguration auf folgenden allgemeinen Satz gebracht: Eine konvexe Oberfläche (Hügel, Berg) verkleinert die tägliche Amplitude der Temperatur, und zwar um so mehr, je steiler die Erhebung ist; eine konkave Oberfläche (Tal, Mulde) vergrößert die tägliche Amplitude der Temperatur. Als normal muß die Amplitude auf einer ebenen Oberfläche gelten. Nachstehende Tabelle veranschaulicht diese Verhältnisse. Man vergleiche nur Altstätten mit dem benachbarten Gäbris, oder Bevers mit dem nur wenig höheren Rigi. Nicht bloß die höhere Trockenheit der Atmosphäre in den Tälern, sondern auch die stärkere Abkühlung in den Winternächten, wenn die schwere kalte Luft an den Hängen hinabfließt, um sich ruhig über dem Talboden zu lagern, begünstigt die Steigerung der Temperaturschwankung.

Der Einfluß der topographischen Verhältnisse auf die tägliche Temperaturschwankung ist der ausschlaggebende. Er vermag viel-

	Höhe	Jahr	Winter	Sommer
Hochebene				
Bern	574 m	7,0°	4,0°	9,2°
Altstätten	478 „	6,3	3,0	9,3
Hochtal				
Bevers	1715 „	10,6	7,9	11,9
Gipfel				
Gäbris	1250 „	3,8	2,3	4,7
Rigi	1784 „	2,8	1,3	3,5

fach den Einfluß der Polhöhe ganz zu unterdrücken. Im allgemeinen muß die tägliche Temperaturamplitude mit abnehmender Breite wachsen, weil die Sonnenhöhe um Mittag größer wird, und hoher Sonnenstand und längere Dauer der Nacht zusammen auftreten. An den Küstenstationen in der Nähe des Äquators ist die Amplitude nicht größer als in mittleren Breiten. Nur darin besteht ein wesentlicher Unterschied, daß sie sich dort entsprechend der Tageslänge das ganze Jahr hindurch ziemlich gleich bleibt. In St. Thomé (0° 20′ n. Br.) beträgt sie 6,5°, in Tschinschoso (5° 9′ s. Br.) 6,4°, in Sansibar (6° 10′ s. Br.) 4,1°, in Batavia (6° 11′ s. Br.) 6,0° und auf Ascension (7° 55′ s. Br.) 5,1°. Auf den Kontinenten tritt unter gleichen Verhältnissen die Abnahme mit der Breite schärfer hervor. So ist sie z. B. in Lugan um 2,9° größer als in Moskau, und selbst noch in Odessa um 1,4° größer trotz der Nähe des Meeres. Ihr Maximum erreicht sie auf denHochplateaus zwischen 30 und 50° Br., während weiter im Norden die Insolation in den kurzen Wintertagen und die Ausstrahlung in den kurzen Sommernächten zu geringfügig ist, als daß die Temperatur innerhalb 24 Stunden beträchtlich variieren könnte. Im polaren Gürtel mit seinen monatelangen Winternächten und ebenso langen Sommertagen ist sie naturgemäß sehr gering. So auf Nowaja Semlja unter 73½° und auf der Sabine Insel unter 74½° Br. 2,5°, in der Mosselbai (79,9° Br.) 0,9°. An den Polen, wo ein halbjähriger Tag mit einer halbjährigen Nacht wechselt, fällt die tägliche Schwankung mit der jährlichen zusammen.

Die jährliche Temperaturschwankung. Der jährliche Gang der Temperatur auf der Erdoberfläche ist aus Fig. 32 ersichtlich, die uns

Mittlere tägliche Temperaturschwankung auf dem Festlande unter verschiedenen Breiten.

Ort	Nagpur Jubbulpur	Allahabad Lucknow	Lahore	Nukuss	Barnaul	Katharinenbg Bogoslowsk	Fort Rax	Ssagastyr	Lady Franklin-bay
n. Br.	22,1	26,2	31,6	42,5	53,3	58,6	62,6	73,4	81,7°
Jahr	11,7	12,1	12,4	11,8	14,4	6,9	5,3	2,3	1,4°
3 Monate *	15,4	15,9	15,3	14,5	13,5	9,0	8,7	5,0	4,2°

* 3 sich folgende Monate mit den größten Amplituden.

zugleich in die Methode der Isoplethendarstellung einführt. Zugrunde gelegt sind die Durchschnittstemperaturen der Parallelkreise nach Hopfner. Diese Isoplethen gestatten uns für alle Breiten die mittleren Monatstemperaturen abzulesen, sie zeigen uns in den allgemeinsten Zügen die Gegensätze einerseits zwischen den höheren und niederen Breiten, anderseits zwischen der überwiegend kontinentalen Nord- und der überwiegend ozeanischen Südhemisphäre.

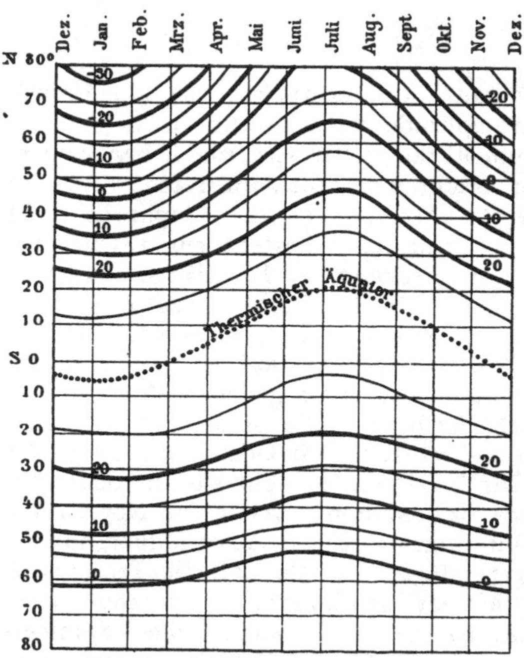

Fig. 32. Thermoisoplethen der Erde.

Aus demselben Grund wie in der täglichen, fallen auch in der jährlichen Temperaturperiode Maximum und Minimum nicht mit dem höchsten und tiefsten Sonnenstand zusammen, sondern treten etwas später ein. In den mittleren und höheren Breiten des nördlichen Festlandes ist der Juli der wärmste und der Januar der kälteste Monat, auf dem Meer sind dagegen im allgemeinen Februar und August die extremen Monate. In der tropischen Zone steigt das Thermometer am höchsten, wenn die Sonne den Scheitelpunkt erreicht; so ist in Columbia der März, in Zentralamerika der April, und in Mexico der Mai der wärmste Monat. Während sonst überall die mittleren Monatstemperaturen eine Kurve mit nur einem Maximum darstellen, zeigt diese in der Äquatorialzone, wo die beiden Zenitstände der Sonne weit auseinander liegen, zwei Erhebungen. Doch ist dies keineswegs eine allgemeine Erscheinung. Deutlich ausgeprägt ist das doppelte Maximum z. B. im südäquatorialen Teil des malaiischen Archipels, dagegen ist es in Singapore nur in einer leisen Hebung der Kurve im Oktober angedeutet. In Westafrika tritt die Doppelhebung scharf an der Elfenbeinküste und in Tschinschoscho, also unter 5° n. und s. Br. hervor, aber undeutlich am Äquator, und im Osten ist schon in Sansibar unter 6° s. Br. die einfache Kurve wieder hergestellt.

Die Differenz der extremen Monatstemperaturen nennen wir die jährliche Temperaturschwankung [3] (s. Fig. 33). Vom Äquator, wo sie durchschnittlich 1,3° beträgt und auf den ostindischen Inseln

Fig. 33. Linien gleicher jährlicher Temperaturschwankung nach A. Supan.

sogar auf 0,8° herabsinkt, nimmt sie gegen die Pole zu, gleichzeitig aber auch von den Küsten gegen das Innere der Kontinente. Ein Klima mit einer mittleren Jahresamplitude bis höchstens 15° bezeichnen wir als Äquatorial-, bzw. Seeklima, von 15—20° als Übergangsklima, vcn 20—40° als Landklima und über 40° als exzessives Landklima. Das Seeklima wird durch warme Winter und kühle Sommer charakterisiert. Das erstere ist auf unserer Hemisphäre nördlich vom 30. Parallel auf die Westküsten beschränkt, während die Ostküsten wegen der bedeutenden Winterkälte Landklima haben. Auch in den höheren Breiten, mit Ausnahme von Grönland, und in den mittleren Breiten der Südhalbkugel ist die jährliche Schwankung an den Westküsten kleiner als an den östlichen, und dem gleichen Gesetz begegnen wir an den Gestaden der südeuropäischen Halbinseln und Vorderindiens. Das Landklima nimmt auf den Südkontinenten wegen ihrer niederen Breite nur ein verhältnismäßig kleines Areal ein, während es den weitaus größten Teil der nördlichen Festländer umfaßt. Der Gegensatz der ozeanischen und kontinentalen Erdhälfte macht sich wieder geltend; schon unter 40° n. Br. ist die Jahresschwankung durchschnittlich um 10,4° größer als auf dem entsprechenden südlichen Parallel, und die Differenz steigert sich mit der Annäherung an die Pole. Durch exzessives Landklima ist die Umgebung der winterlichen Kältezentren ausgezeichnet; das Maximum erreicht die jährliche Temperaturschwankung in Ostsibirien (Werchojansk 65,9°). Überall in der gemäßigten und kalten Zone erscheinen die Linien gleicher Amplitude abhängig von den Winterisothermen, im warmen Gürtel dagegen von den Sommerisothermen; sie verhalten sich also ebenso wie die Kurven gleicher Jahrestemperatur.

Auf isolierten Berggipfeln ist die Jahresschwankung kleiner als in der Ebene, weil die Temperatur im Winter langsamer mit der Höhe abnimmt als im Sommer. Der Gegensatz von Land- und Seeklima macht sich auch hier geltend:

	H. m	Winter	Sommer	Differenz
Pikes Peak, Felsengebirge 38,8° n. Br.	3000	— 8,5°	11,7°	20,2°
Casa inglese, Ätna 37,8 n. Br.	2996	— 4,9	5,3	10,2

In den Hochtälern ist die jährliche Schwankung nicht nur beträchtlicher als auf freien Berggipfeln in gleichem Niveau, sondern auch größer als in der Ebene. Folgende Tabelle gibt zugleich die Ursache dieser Erscheinung an:

	H. m	Kältester M.	Wärmster M.	Differenz
Rigi	1790	— 4,8°	9,7°	14,5°
Bevers	1715	— 9,7	11,9	21,6
Basel	278	0,4	19,2	18,8

Für die Plateaus läßt sich ein genaues Gesetz noch nicht aufstellen. Auf einigen differieren die extremen Monatstemperaturen etwas mehr, auf anderen etwas weniger als im kontinentalen Tiefland, aber nirgends ist der Unterschied so bedeutend, daß man auf eine bestimmte Abhängigkeit von der Seehöhe schließen könnte.

Vergleichen wir die Verteilung der jährlichen Temperaturschwankung mit der der täglichen, so gelangen wir zur Aufstellung folgender klimatischer Typen:

1. Das Äquatorialklima. Auf dem Meer und auf dem Land in nicht beträchtlicher Seehöhe sind beide Schwankungen gering, aber die tägliche ist größer als die jährliche. Erstere beträgt im Mittel der auf S. 149 angeführten Stationen 5,6°, letztere nur 2,8°; und lediglich in diesem Sinn ist der bekannte Satz aufzufassen, daß die Nacht der Winter der Tropen sei.

2. Im Seeklima der mittleren und höheren Breiten sind beide Schwankungen gering, aber die jährliche ist größer als die tägliche. Landeinwärts nehmen beide zu. Die jährliche Variation nimmt unter sonst gleichen Verhältnissen auch mit der Breite zu, die tägliche aber ab.

3. Das Polarklima mit großer jährlicher und kleiner täglicher Schwankung.

Mit Bezug auf die Seehöhe lassen sich hinsichtlich der Temperaturschwankung folgende Typen unterscheiden:

1. Das Bergklima. Beide Schwankungen sind kleiner als im benachbarten Tiefland. Das Bergklima gleicht somit dem Seeklima.

2. Das Plateau- und Hochtälerklima hat dagegen einen streng kontinentalen Charakter. Die tägliche Temperaturschwankung ist unter allen Umständen und in allen Breiten größer als im Tiefland, während sich die jährliche von der in den Niederungen nicht beträchtlich unterscheidet.

Eine andere Seite des Klimas gelangt in v. KERNERS [4] Thermoisodromen zur Darstellung. Man versteht darunter Linien gleichen Wärmeüberschusses des Oktober über den April in Prozenten der Jahresschwankung. Durch die Berücksichtigung des Gegensatzes zwischen den extremen Monaten wird der jährliche Gang der Temperatur charakterisiert; je größer der Prozentsatz oder der thermodromische Quotient, desto gleichmäßiger die Temperatur *. Aus der Karte der gemäßigten Zone der nördlichen Halbkugel ergibt sich, 1. daß auf dem Atlantischen Ozean der relative Wärmeüberschuß mit der Breite abnimmt, und 2. daß er sich auch von der Küste landeinwärts verringert, bis er in den streng kontinentalen Gebieten negativ wird. Das zeigt an, daß der Frühling wärmer ist als der Herbst. Durch ein sehr warmes Frühjahr und einen kalten Herbst zeichnen sich die Kir-

* Valentia an der Südwestküste von Irland und Groningen in Holland haben gleichen absoluten Wärmeüberschuß des Oktober, nämlich 1,7°, dort beträgt aber die Jahresamplitude nur 7,9°, hier dagegen 17,3°. Der relative Wärmeüberschuß beider Stationen ist also sehr verschieden: Valentia 21,5, Groningen 9,8 Proz.

gisensteppe und Turkestan aus. Der April ist viel wärmer als der Oktober, der Mai wärmer als der September. Außerordentlich warmen Herbst findet man dagegen im Umkreis der Kap-Verdischen Inseln und an der Küste von Senegambien. Auch zeichnen sich die Küstenländer des östlichen Mittelmeeres durch einen warmen Herbst aus, der zum Teil auf der Wärmeabgabe des Meeres beruht, zum Teil aber auf die vorherrschenden Winde zurückzuführen ist. Im Herbst werden die kühlen Seewinde durch Landwinde abgelöst, die in dieser Jahreszeit noch warm (Scirocco) sind.

Temperaturveränderlichkeit. Die Veränderlichkeit der Temperatur drückt den Wechsel in unmittelbar aufeinander folgenden Zeitabschnitten aus, also etwa von Monat zu Monat oder von Tag zu Tag. Die letztere, die Veränderlichkeit der Temperatur von Tag zu Tag oder die sogenannte interdiurne Veränderlichkeit, ist wegen ihrer Einwirkung auf die organische Natur von besonderem Interesse für die Klimatologie, Biologie und Hygiene. Schon HANN[5] machte darauf aufmerksam, daß die größere Temperaturvariabilität in Nordamerika, Australien und Neuseeland auf die körperliche Konstitution und den Charakter der europäischen Einwanderer merklich einwirkt. Weiterhin ist der erschlaffende Einfluß des Tropenklimas hauptsächlich in seiner geringen Veränderlichkeit begründet. Einen Einfluß auf die Sterblichkeit, die sowohl in der geographischen Verteilung als auch im jährlichen Gang mit der Temperaturveränderlichkeit wächst, hat KREMSER[6] wenigstens für Norddeutschland wahrscheinlich gemacht. Daß auch die Verbreitung der Pflanzen zum Teil von diesem Moment abhängt, kann man ohne weiteres annehmen.

Die interdiurne Veränderlichkeit unterliegt periodischen und unperiodischen Einwirkungen. Infolge des Wechsels der Jahreszeiten nimmt die Tagestemperatur bis zu einem Maximum zu und dann wieder ab. Das ist das periodische Element in der Veränderlichkeit. Daneben wirken aber auch Winde, Bewölkung, Niederschläge. Sie bilden das unperiodische Element, das sich schon dadurch als das maßgebendere erweist, daß sich die Werte für die mittlere Veränderlichkeit nicht erheblich ändern, wenn man den Einfluß des periodischen Elementes eliminiert. Daraus erklärt es sich, daß in der Zone der regelmäßigen Winde, in den Tropen, die Tagestemperatur weniger variiert (in Georgetown in Guayana z. B. durchschnittlich nur 0,6°), als im Gebiet der wechselnden Luftströmungen. Die mittlere Veränderlichkeit nimmt daher mit der Breite zu, aber in ganz unregelmäßiger Weise, wie nachstehende Tabelle zeigt.

Die nördliche Hemisphäre hat zwei Maximabezirke, von denen nach allen Seiten, auch gegen den Pol hin, die Veränderlichkeit abnimmt. Der eine liegt im Innern von Nordamerika und umfaßt die nördlichsten Teile der Vereinigten Staaten und den südlichen und mittleren Teil der Hudsonbai-Länder, der andere liegt in Westsibirien,

	Mittlere Breite	Dez. bis Febr.	März bis Mai	Juni bis Aug.	Sept. bis Nov.	Jahr
Östliches Eismeer (Framtrift) ...	82,7°	3,7°	2,7°	0,8°*	3,3°	2,7°
Arktisches Nordamerika	71,9	3,4	2,4	1,3*	2,5	2,4
Amerikanische Westküste	47,4	2,0	1,4	1,1*	1,5	1,5
Westliches Plateau	40,3	3,2	2,9	2,3*	2,6	2,8
Inneres von Nordamerika	43,0	4,7	3,5	2,4*	3,3	3,5
Östliches Nordamerika	42,8	4,1	2,8	2,1*	2,7	2,9
Südöstliches Nordamerika	30,6	2,9	1,9	1,1*	1,8	1,9
Plateau von Mexiko	19,2	1,1	1,6	0,7*	0,7	1,0
England.....................	53,7	2,1	1,6	1,5*	1,9	1,8
Mitteleuropa	49,3	2,2	1,9	1,9	1,7*	1,9
Europäisches Rußland	56,8	3,7	2,5	2,0*	2,3	2,6
Westsibirien	56,0	4,6	3,1	2,2*	3,1	3,2
Ostsibirien	57,1	3,2	2,6	2,1*	2,7	2,6
Ostasien	50,2	2,8	2,1	1,7*	2,2	2,2
Westliches Mittelmeer	42,1	1,3	1,3	1,4	1,2*	1,3
Östliches Mittelmeer	35,5	1,5	1,7	1,2	1,1*	1,4
Südliche Halbkugel	33,8	1,9	1,5*	1,7	2,0	1,8
Antarktis....................	65,6	0,9*	3,4	4,8	2,9	3,0

etwas nördlicher als der amerikanische, und ist etwas schwächer ausgebildet. Offenbar sind die Gebiete durch große Veränderlichkeit ausgezeichnet, welche Windströmungen entgegengesetzten Temperaturcharakters ungehindert Zutritt geben. Der Gegensatz der Ost- und Westküste, welcher ein Hauptmerkmal der Temperaturverteilung auf der Erdoberfläche bildete, tritt auch hier zutage, indem jene eine etwas variablere Temperatur haben (eurasiatische Westküste 48,7° n. Br.: 1,5°, Ostküste 47,8° n. Br.: 2°). Dies ist wahrscheinlich eine Folge davon, daß dort die Temperatur im Winter rasch mit zunehmender Breite abnimmt. Wenn sich auch die Veränderlichkeit in der Regel landeinwärts steigert, so darf man nicht ohne weiteres dem Seeklima als solchem einen mildernden Einfluß zuschreiben, denn in diesem Fall müßte sie auf der südlichen Halbkugel geringer sein als auf der nördlichen, während tatsächlich das Umgekehrte stattfindet. Die Veränderlichkeit ist eben weniger eine Funktion der örtlichen, hauptsächlich durch die Strahlung bedingten Temperaturverhältnisse, als vielmehr der thermischen Advektion, die im wesentlichen von der Stärke des horizontalen Luftaustausches abhängt. Diese ist aber auf der aufgeschlossenen Südhemisphäre stärker als auf der Nordhemisphäre. Den durchschnittlichen Wert von 1,8°, der auf der Südhemisphäre bereits in 33,8° Br. erreicht wird, findet man auf der nördlichen Halbkugel erst unter 49,3° Br. Es ist deshalb auch nicht überraschend, daß in der antarktischen Zone nach Werten von Meinardus ein dritter Maximalbezirk liegt, der den beiden nordhemisphärischen nur wenig nachgibt. Mit der Höhe wächst die Veränderlichkeit, und zwar zum Unterschied von den Schwankungen gleichmäßig auf Berggipfeln wie auf Plateaus. Auch hierin erkennt man die maßgebende Wirkung des Luftaustausches. In Zürich (480 m) beträgt sie im Jahresmittel 1,8°, auf dem Ütliberg (874 m) 2,0° und auf dem Rigi (1784 m) 2,4°. In Stuttgart (270 m) beträgt sie 1,8°, in München (479 m) dagegen 2,1°. Im Erzgebirge nimmt sie durchschnittlich um 0,03° für 100 m zu.

In den mittleren und höheren Breiten unserer Halbkugel erreicht die Veränderlichkeit ihr Maximum im Winter und ihr Minimum im Sommer. Die geographische Anordnung ändert sich aber das ganze Jahr nicht, nur sind im Sommer die Unterschiede beträchtlich kleiner als im Winter. Die winterlichen Werte sind also für das Jahresmittel das Entscheidende. Die hohen Winterwerte sind wieder auf die verstärkte Luftzirkulation zwischen mittleren und hohen Breiten in dieser Jahreszeit zurückzuführen, welche einen lebhaften Austausch entgegengesetzt temperierter Luftmassen, kalter Polarluft und warmer Äquatorialluft oder kalter Kontinentalluft und warmer Ozeanluft, hervorruft. Örtliche Einflüsse spielen im Sommer eine viel größere Rolle als im Winter. Namentlich wird die Variabilität gesteigert, wenn sich in der Nähe eines erhitzten Landstriches ein höheres Gebirge oder eine größere Wasserfläche befindet, wie an der Hudsonbai und im kanadischen Seengebiet oder auf der bayerischen Hochebene und im oberitalienischen Tiefland. Besonders auffallend ist im Sommer die geringe Veränderlichkeit in beiden Polargegenden, wo sie nicht größer ist als in den Mittelmeerländern. In den subtropischen Breiten der südlichen Hemisphäre sind Frühling und Herbst die veränderlichsten Jahreszeiten, und der Sommer ist sowohl an den Küsten wie im Binnenland veränderlicher als der Winter. v. FICKER 7 hat gezeigt, daß die Veränderlichkeit der Tagestemperatur zu den mittleren Temperaturverhältnissen eines Monats in Beziehung steht, jedoch in verschiedenen Gegenden verschieden. In Nordeuropa und Westsibirien ist die interdiurne Veränderlichkeit während des Winters in zu kalten Monaten größer, in zu warmen Monaten kleiner als im Durchschnitt. Jm Sommer kehrt sich dieses Verhältnis um. In Ostsibirien haben dagegen zu kalte Wintermonate eine zu kleine Veränderlichkeit. Auch in diesen Gegensätzen kommt der Unterschied zwischen Klimaten mit Strahlungs- und Advektionstemperaturen zum Ausdruck. Den Strahlungsklimaten ist die Konstanz der Temperatur und der Witterung überhaupt, den Advektionsklimaten der Wechsel eigentümlich.

Klimatologisch wichtig ist auch die Häufigkeit der Veränderungen von bestimmter Größe. Auch hier wiederholt sich die geographische Verteilung, die wir soeben kennen gelernt haben, wenn auch mit Unterschieden. So sind z. B. Veränderungen von mehr als 6° in Ostsibirien seltener als im europäischen Rußland, geringere Änderungen aber häufiger. In beiden Maximalbezirken sind Änderungen von 20° und darüber nicht allzu selten, selbst solche von 25° kommen noch vereinzelt vor, aber der westsibirische Bezirk scheint öfter als der inneramerikanische bedeutenden Schwankungen unterworfen zu sein. Dagegen reichen in Amerika die großen Temperaturwechsel viel weiter nach Süden als in Eurasien. Nordamerika hat nicht die schützenden Gebirgswälle, welche das Vordringen der kalten polaren Luftmassen nach Süden abhalten. Die vom nordamerikanischen Kontinent ausgehenden kalten Nordstürme, die Northers, können bis in den Golf von Mexiko vordringen und bringen so die binnenländische Kälte bis in die warme Zone hinein.

Mittlere Abweichung. Wie in der mittleren Veränderlichkeit, so können wir auch in der mittleren Abweichung der Monats- und Jahrestemperaturen der einzelnen Jahrgänge von dem Mittelwert ohne Rücksicht auf das Vorzeichen, wie sie Dove [8] für zahlreiche Stationen berechnet hat, einen Ausdruck für die unperiodischen Störungen sehen, wenn auch — wie aus späteren Erörterungen hervorgehen wird — ein periodisches Element darinnen steckt, das aber aller Wahrscheinlichkeit nach von dem unperiodischen verdunkelt wird. Ihre geographische Verteilung ist von großer klimatologischer Bedeutung. Es zeigt sich, daß Abweichung und Veränderlichkeit nicht parallel laufen. Zwar gilt auch für jene im allgemeinen das Gesetz, daß sie vom Äquator gegen die Pole und von den Küsten landeinwärts zunimmt. In Eurasien wie in Nordamerika liegt das Gebiet der größten Abweichung im Innern, und sind die Monats- und Jahrestemperaturen an der Ostküste variabler als an der westlichen, aber damit hört auch der Parallelismus auf. Die Neue Welt hat die größte Veränderlichkeit, die Alte die größte Abweichung; die störenden Elemente, die die Temperaturkurve

Länder	Größte Abweichung	Kleinste Abweichung	Jahr
Italien	Dez. 1,44°	Aug. 0,90°	1,19°
England	Jan. 1,46	Sept. 0,89	1,24
Westeuropa	Jan. 2,26	Sept. 1,07	1,44
Schweiz	Dez. 2,02	Okt. 1,11	1,46
Süddeutschland	Jan. 2,51	Sept. 1,16	1,65
Norddeutschland	Jan. 2,70	Sept. 1,09	1,72
Baltische Länder	Jan. 2,12	Sept. 0,87	1,47
Nordosteuropa	Jan. 3,18	Sept. 1,01	1,84
Inneres Rußland	Dez. 3,50	Mai 1,41	2,00
Ural und Sibirien	Dez. 3,12	Juli 1,17	1,97
Westliches Nordamerika	Jan. 2,19	Sept. 0,64	1,22
Inneres Nordamerika	Febr. 2,62	Aug. 1,12	1,70
Östliches Nordamerika	Febr. 1,89	Juli 0,90	1,27
Polarländer	Dez. 1,95	Sept. 1,19	1,59

von einem Tag zum andern beeinflussen, sind in Amerika mächtiger, aber sie treten auch regelmäßiger von Jahr zu Jahr auf, als in unserem Festland. Die Abweichung im amerikanischen Binnenland ist nicht größer als im nördlichen Deutschland, und in den östlichen Vereinigten Staaten sogar geringer als in Westeuropa. Ebenso ist die Abweichung auf der südlichen Hemisphäre kleiner als auf der nördlichen unter gleicher Breite. Alles das beweist, daß sie von der Kontinentalität des Klimas weit abhängiger ist als die Veränderlichkeit. Dagegen nehmen beide mit der Höhe zu, aber die Abweichung nur um 0,007° für 100 m. In den einzelnen Monaten ist sie verschieden. Am größten ist sie im Winter, wo die Temperatur am meisten von den Winden abhängt, am kleinsten im Spätsommer; nur in Gegenden mit strengerem Landklima fällt das Minimum in den Anfang oder in die Mitte des Sommers.

Literaturnachweise. [1] J. Hann, Der tägliche Gang der Temperatur in der äußeren Temperaturzone; Denkschriften der Wiener Akad. d. Wissenschaft, Math.-Naturw. Klasse 1905 u. 1907, Bd. 78, 80 u. 81. Eine Zusammenstellung der wichtigsten Daten s. Petermanns Mitteilungen 1908, Literaturbericht S. 11. — [2] G. Dietzschold, Die periodische — 24stündige — Schwankung der Mitteltemperatur der untersten Luftschichten, ermittelt auf Grund der täglichen Gänge der Lufttemperatur von 343 Orten; Inaugural-Dissertation der Math.-Naturwissensch. Fakultät der Hamburgischen Universität 1926. — [3] A. Supan, Die Verteilung der jährlichen Wärmeschwankung; Zeitschrift für wissenschaftl. Geographie, 1880 Bd. I. — [4] F. v. Kerner, Thermoisodromen; Wien 1905. (Abhandl. der Wiener Geographischen Gesellschaft, Bd. VI, Nr. 3.) — [5] J. Hann, Untersuchungen über die Veränderlichkeit der Tagestemperatur; Sitzungsberichte der Wiener Akademie der Wissenschaften, Math.-Naturwissensch. Kl. 1875. Bd. LXXI, II. Die Veränderlichkeit der Temperatur in Österreich; Denkschriften der Wiener Akademie der Wissenschaften, Math.-Naturw. Kl. 1891, Bd. LVIII. — [6] V. Kremser, Die Veränderlichkeit der Lufttemperatur in Norddeutschland; Abhandlungen des Preuß. Meteorologischen Instituts, Bd. I, 1888. — [7] H. v. Ficker, Veränderlichkeit der Temperatur und Anomalie der Monatsmittel; Meteorologische Zeitschrift 1920, — [8] H. W. Dove, Die mittlere und absolute Veränderlichkeit der Temperatur; Abhandlungen der Berliner Akademie der Wissenschaften 1867.

Windsysteme und Windgebiete.

Die Entstehung der Luftbewegung und die Windgesetze. Im allgemeinen betrachtet man die Temperatur als einflußreichsten Faktor des Klimas. Zu wiederholten Malen hatten wir aber in den voraufgehenden Kapiteln Gelegenheit, die Bedeutung des Windes für die Temperaturverteilung kennenzulernen. Die weiteren Betrachtungen werden zeigen, daß der Wind in der Tat eines der wichtigsten Klimaelemente ist. Zwischen Temperatur und Wind besteht ein enger Zusammenhang. Wir haben gesehen, daß in vielen Fällen der Wind die Temperaturverhältnisse umzugestalten vermag, dennoch ist er nicht das Primäre, sondern verdankt seine Entstehung den durch die Verschiedenartigkeit der Sonnenbestrahlung bedingten Temperaturunterschieden. Ganz gleichgültig, ob wir die thermischen Unterschiede auf kleinem, beschränktem Gebiet, zwischen Feld und Wald, Fluß und Ufer, oder die großen ausgedehnten Unterschiede zwischen Kontinent und Meer und zwischen Äquator und Pol berücksichtigen, stets finden wir, daß diese Temperaturunterschiede Luftbewegungen auslösen, die je nach der räumlichen Ausdehnung der Temperaturungleichheiten lokalen Charakter haben oder in Form von großen Strömungen Glieder der allgemeinen Luftzirkulation unserer Erdoberfläche bilden und den Luftaustausch zwischen Äquator und Pol vermitteln.

Die Abhängigkeit des Windes von der Temperatur wird vermittelt durch den Luftdruck. Aus der Ungleichheit der Temperatur folgen Unterschiede des Luftdruckes, zu deren Ausgleich sich die Luftmassen in Bewegung und als Wind in Erscheinung treten. Schematisch ist dieser Vorgang in Fig. 34 dargestellt. Da in kalten Luftsäulen der Luftdruck rascher mit der Höhe abnimmt als in warmen, so muß über der Fläche gleichen Luftdruckes (*PP*) auf der warmen Seite ein Überdruck, auf der kalten Seite ein Unterdruck vorhanden sein. Unterhalb der Fläche gleichen Druckes herrschen dagegen die umgekehrten Verhältnisse. Der höhere Druck liegt auf der kälteren, der tiefere Druck auf der wärmeren Seite. Den Druckverhältnissen entsprechend strömt unten die Luft von kalt zu warm, oben von warm zu kalt. Je größer das Druckgefälle auf einer bestimmten Strecke ist, desto größer ist auch die treibende Kraft der Luftbewegung. Die Windstärke hängt somit ab von dem barometrischen Gradienten, d. h. von der Druckdifferenz auf eine gegebene Entfernung. Man ist übereingekommen, als Einheit der Entfernung die Länge eines Äquatorgrades = 111 km zu wählen und bestimmt hiernach den Druckgradienten durch Angabe des Luftdruckunterschiedes in mm pro Äquatorgrad. Thomas Stevenson hat zuerst diesen Begriff des barometrischen Gradienten eingeführt. Man nennt deshalb auch die Beziehung zwischen Gradient und Windstärke das Stevensonsche Gesetz.

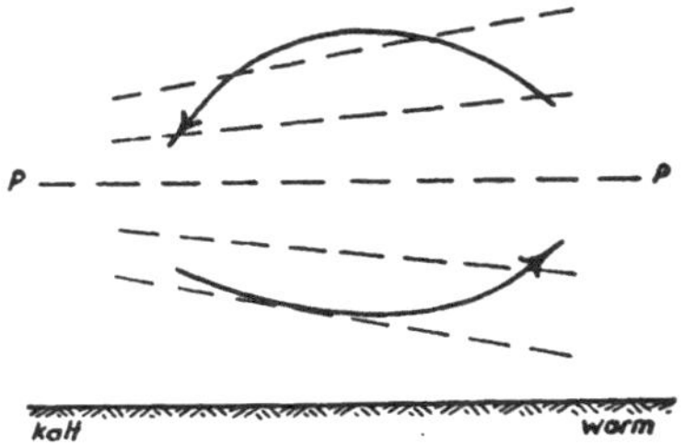

Fig. 34.

Zu der Gradientkraft, welche die Luftbewegung auslöst, kommen zwei weitere hinzu, sobald die Luft sich in Richtung des Druckgefälles in Bewegung setzt, die ablenkende Kraft der Erdrotation und die Reibung. Die Reibung ist im wesentlichen nur in der Nähe der Erdoberfläche wirksam und wächst im allgemeinen mit der Windgeschwindigkeit. Die ablenkende Kraft der Erdrotation ist eine Folge der Erddrehung (vgl. S. 57). Sie bewirkt, daß jeder sich bewegende Körper, also auch jedes sich bewegende Luftteilchen auf der nördlichen Halbkugel nach rechts, auf der südlichen Halbkugel nach links abgelenkt wird. Die ablenkende Kraft der Erdrotation wächst mit der Windgeschwindigkeit und mit zunehmender geographischer Breite.

Gradientkraft, ablenkende Kraft der Erdrotation und Reibung haben zur Folge, daß die Luftbewegung nicht unmittelbar dem Druckgefälle folgt oder senkrecht zu den Isobaren, den Linien gleichen Barometerstandes, gerichtet ist, sondern daß der Wind unter einem bestimmten Winkel zur Isobare oder zur Richtung der Gradientkraft geneigt ist. Im Gleichgewichtszustand herrscht die in Fig. 35 angegebene Anordnung der wirksamen Kräfte der Luftbewegung. Die Gradientkraft *G* steht senkrecht zur Isobare, die ablenkende Kraft der Erdrotation *A* senkrecht zur Windrichtung. Die Reibung *R* wirkt entgegengesetzt der Windrichtung, eine Annahme, die nicht streng gültig ist, aber einer vereinfachten Betrachtung genügt. *A* und *R* bilden zusammen die Resultante *G'*, welche entsprechend dem Gleichgewichtszustand der Kraft *G* entgegengesetzt und gleich ist. Die Windrichtung ist um einen gewissen Winkel, den Inklinationswinkel *i*, gegen die Isobare oder um den Ablenkungswinkel *α* gegen die Gradientkraft geneigt. Aus dieser Anordnung der wirksamen Kräfte und der Windrichtung ergibt sich das Buys-Ballotsche Gesetz oder das barische Windgesetz, welches besagt: Ein Beobachter, welcher dem Winde den Rücken zukehrt, hat auf der Nordhemisphäre den hohen Luftdruck rechts und etwas hinter sich, den niedrigen Luftdruck links und etwas vor sich. Je größer die Reibung ist, desto kleiner ist der Ablenkungswinkel. Nimmt die Reibung ab, so wächst *α* und erreicht schließlich nach Aufhören des Reibungseinflusses die Größe von 90°, d. h. der Wind strömt dann in Richtung der Isobare. Abnehmende Reibung beobachten wir beim Übergang vom Festland auf den Ozean und beim Übergang von der Erdoberfläche in größere Höhen der Atmosphäre. Nach beiden Richtungen wird deshalb einmal die Windgeschwindigkeit wachsen und weiterhin der Ablenkungswinkel zunehmen, d. h. mit anderen Worten eine Drehung des Windes nach rechts erfolgen. Die Zunahme der Windgeschwindigkeit infolge Abnahme der Reibung beim Übergang vom Festland auf das Meer erkennen wir aus folgender von Loomis [1] zusammengestellter Übersicht. In ihr sind die Windgeschwindigkeiten in Kilometern pro Stunde angegeben, geographisch sind die Beobachtungen in Richtung West—Ost angeordnet.

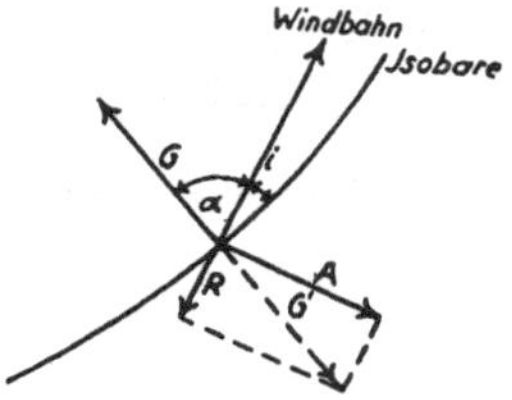

Fig. 35.

	Vereinigte Staaten		Nord-atlant. Ozean	Europa	
	Binnen-land	Ost-küste		West-küste	Binnen-land
Winter	13,7	18,0	53,1	22,3	14,1
Frühling ...	15,2	17,0	49,6	20,3	13,5
Sommer	11,2	12,6	41,0	18,5	10,6
Herbst	12,5	16,1	47,8	20,9	12,5
Jahr	13,1	15,9	47,9	19,8	12,7

In allen Jahreszeiten sehen wir die Windgeschwindigkeit vom Ozean gegen die Küste und von der Küste gegen das Binnenland entsprechend der Zunahme der Reibung abnehmen. Überaus schnell ändert sich der Reibungseinfluß der Erdoberfläche auf die bewegte Luft mit zunehmender Höhe. Infolgedessen nimmt auch die Windgeschwindigkeit sehr schnell mit der Höhe zu. Schon geringe Höhenunterschiede lassen eine starke Windzunahme erkennen. Auf dem 300 m hohen Eiffelturm in Paris ist die Windgeschwindigkeit viermal größer als auf dem 1/2 km davon entfernten Turm der Meteorologischen Zentralanstalt in 21 m Höhe. Noch deutlicher erkennt man die schnelle Änderung der Windgeschwindigkeit mit der Höhe aus den Messungen am Funkturm in Nauen. Bereits in 120 m Höhe ist die Windgeschwindigkeit mehr als doppelt so groß als am Boden. Auch die Drehung des Windes mit der Höhe ist in den unteren 500 m am größten, darüber nimmt das Ausmaß der Drehung ab bis etwa 1500 m und wird dann unregelmäßig. Für Mitteleuropa gibt die nachfolgende Übersicht Mittelwerte der Windgeschwindigkeit und der Windrichtung nach Berechnungen von W. PEPPLER.[2]

Jahresmittel der Windrichtung und Windgeschwindigkeit für Mitteleuropa.

Höhe km	1	3	5	7	9	11	13	15	17
Windrichtung	W 2° N	W 8° N	W 10° N	W 10° N	W 10° N	W 11° N	W 13° N	W 21° N	W 19° N
Windgeschw. in Meter/Sek.	5,7	8,1	11,0	14,1	16,8	18,0	15,0	13,1	12,0

Bis 12 km Höhe wächst demnach die Geschwindigkeit ziemlich stetig. Reduziert man, wie A. EGNELL[3] getan hat, die oberen Strömungen auf die Dichte an der Erdoberfläche, so erhält man nahezu konstante Geschwindigkeiten oder mit anderen Worten: oberhalb 300 m, wo die Reibung am Boden keinen Einfluß mehr ausübt, bis an die Grenze der Troposphäre werden durch den Wind in allen Schichten gleiche Luftmassen transportiert. Dieser Satz von EGNELL gilt aber nur für die Gebiete, in denen die Windgeschwindigkeit in bestimmter Weise mit der Höhe zunimmt. In den Tropen z. B. ist diese Bedingung gewöhnlich nicht erfüllt.

Da Temperaturunterschiede die primäre Ursache für die Luftbewegung sind, ist anzunehmen, daß der täglichen Periode der Temperatur auch eine tägliche Periode des Windes entspricht. Die Windgeschwindigkeit weist auch tatsächlich über Land einen täglichen Gang auf, über dem Meere dagegen tritt keine ausgeprägte tägliche Periode hervor. Auf dem Festland erreicht die Windgeschwindigkeit unter allen Breiten ihr Minimum in den ersten Morgenstunden und ihr Maximum einige Stunden nach Mittag. Sie steigt und fällt also mit der Temperatur. Dieser Parallelismus kommt auch darin zum Ausdruck, daß die tägliche Periode der Windgeschwindigkeit an heiteren Tagen schärfer ausgeprägt ist als an trüben. In den höheren Luftschichten ist dagegen der Gang der Windgeschwindigkeit der umgekehrte wie in der Niederung. Der Wind erreicht sein Maximum in der Nacht, sein Minimum am Tage. Diese Umkehr der täglichen Periode der Windgeschwindigkeit mit der Höhe offenbaren nicht nur die Beobachtungen auf Berggipfeln, sondern auch schon die Ergebnisse der Windregistrierungen auf dem Eiffelturm. Die Espy-Köppensche Theorie gibt eine einfache Erklärung dieses umgekehrten Verhaltens der Windgeschwindigkeit in der Höhe und Niederung. Die Erwärmung am Tage bedingt einen lebhaften vertikalen Austausch zwischen oberer und unterer Luftströmung. Langsam bewegte Luftteilchen der Niederung gelangen durch den Austausch in größere Höhe und bedingen dort eine Herabsetzung der Geschwindigkeit, schneller bewegte Teilchen der Höhe sinken andererseits in tiefere Schichten und erhöhen dort die Geschwindigkeit. Auf diese Weise bildet sich am Tage ein Minimum der Windgeschwindigkeit in der Höhe, ein Maximum am Boden aus. In der Nacht dagegen erkalten die unteren Schichten und haften am Boden fest, die oberen Schichten dagegen werden durch die stagnierenden Luftmassen des Bodens dem unmittelbaren Einfluß der Bodenreibung entzogen und entwickeln so ihre größte Geschwindigkeit.

Stromlinien des Windes. Betrachten wir eine der bekannten synoptischen Wetterkarten, welche den Zustand der Atmosphäre über einem größeren Gebiete zu einer bestimmten Stunde (z. B. 8^h a M. E. Z.) darstellen, so finden wir auf dieser Windpfeile an den einzelnen Stationskreisen eingezeichnet, welche bei hinreichend dichtem Stationsnetz zusammengesetzt eine kontinuierliche Strömung der Luft ergeben. Führt man diese Zusammensetzung der einzelnen Windpfeile unter Beachtung bestimmter, noch darzulegender Regeln zeichnerisch durch, so erhält man Kurven der Luftbewegung oder sogenannte Stromlinien des Windes. Exakter ausgedrückt versteht man unter Stromlinien Kurven, deren Tangenten in jedem Punkte die Richtung des dort herrschenden Windes angeben. Die Stromlinien kennzeichnen also die Bewegung der Luft in einem bestimmten Zeitmoment, geben aber nicht die wahren Bahnen der einzelnen Luftteilchen an. J. W. Sandström[4] hat die Stromlinien in der Meteorologie eingeführt, und V. Bjerknes[5] hat das Verdienst, ihre Anwendung verallgemeinert und vor allen Dingen auf ihre Bedeutung für die Gestaltung des Wetters hingewiesen zu haben. Es zeigt sich nämlich, daß das Wetter in vieler Hinsicht in engerer Beziehung zu den Stromlinien der Luft als zu dem Verlauf der Isobaren steht. Diese Erkenntnis hat sich als überaus fruchtbar für die Wetterkunde erwiesen und die Methode der Wettervorhersage in vieler Hinsicht auf eine andere Grundlage gestellt. Bei der Zeichnung der Stromlinien sind folgende allgemeine Gesichtspunkte zu beachten:

1. Stromlinien dürfen sich im allgemeinen nicht schneiden, 2. sie dürfen nicht frei im Stromfeld anfangen oder enden, sondern müssen in sich zusammenlaufen oder von den Singularitäten des Stromfeldes ausgehen oder in ihnen zusammenlaufen. Unter den Singularitäten des Stromfeldes versteht man Unstetigkeitspunkte und -linien. Die wichtigsten Singularitäten sind: die Konvergenzlinie, die Divergenzlinie, der Konvergenzpunkt, der Divergenzpunkt und der neutrale Punkt.

Die Konvergenzlinie entsteht durch das Zusammenströmen von Stromlinien längs einer Linie (Fig. 36 a) Konvergenzlinien treten gewöhnlich beim Zusammentreffen von Luftmassen verschiedener Dichte auf. Sie stellen deshalb nicht nur eine Unstetigkeitslinie des Windes, sondern auch der Temperatur dar. Dringt wärmere und deshalb leichtere Luft gegen eine kältere und schwerere Querströmung vor, so wird sie gezwungen, an der kalten Luftmasse emporzusteigen. Längs der Abhebungsstelle der warmen Luft verläuft die Konvergenzlinie. Im Vertikalschnitt ist dieser Vorgang in Fig. 36 b dargestellt. Dringt andererseits eine kältere Luftmasse gegen wärmere Luft vor, so wird sie die vorgelagerte warme Luft vom Boden abheben und zum Aufsteigen zwingen. Auch in diesem Falle bildet die Front der vordringenden kalten Luft eine Konvergenzlinie (Fig. 36 c). Die Divergenzlinie bildet den entgegengesetzten Strömungsvorgang der Konvergenzlinie (Fig. 36 d). Bei ihr erfolgt Ausströmen der Luft längs einer Linie, und zwar gewöhnlich als Folge des Abgleitens von Luft längs einer geneigten Grenzfläche zwischen unteren kalten und oberen warmen Luftschichten. Erfolgt das Ein- und Ausströmen von Luftmassen nicht längs einer Linie sondern in einem Punkte, so entsteht der Konvergenz- bez. der Divergenzpunkt (Fig. 36 e u. f). Der Konvergenz- und der Divergenzpunkt sind in der vertikalen von auf- bezw. absteigender Luftbewegung begleitet. Weichen zwei gegeneinander fließende Strömungen vor einander aus, so entsteht schließlich ein neutraler Punkt (Fig. 36 g). Typen dieser besonderen Strömungsformen findet man auf fast jeder synoptischen Wetterkarte; vor allen Dingen sind den Hauptgebilden der Wetterkarten, den Tiefdruckgebieten und den Hochdruckgebieten, bestimmte Strömungsformen eigentümlich, die sich als die eigentlichen Träger des Witterungscharakters erwiesen haben und deren Studium deshalb heute die eigentliche Grundlage der praktischen Witterungskunde bildet.

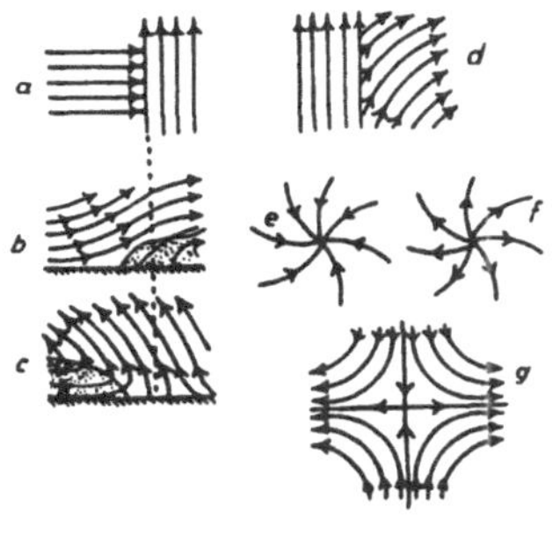

Fig. 36. Singularitäten des Stromfeldes.

Das Tiefdruckgebiet oder die Zyklone [6]. Betrachten wir an einem Tage mit trübem Wetter, das von starken Niederschlägen und stürmischen Winden begleitet ist, die Wetterkarte, so finden wir gewöhnlich, daß ein ausgedehntes Gebiet tiefen Luftdruckes, ein Tiefdruckgebiet, auch Zyklone oder Depression genannt, die Wetterlage beherrscht. Haben wir eine regelmäßig ausgebildete Zyklone vor uns, so nimmt der Luftdruck in ihr gleichmäßig von allen Seiten gegen

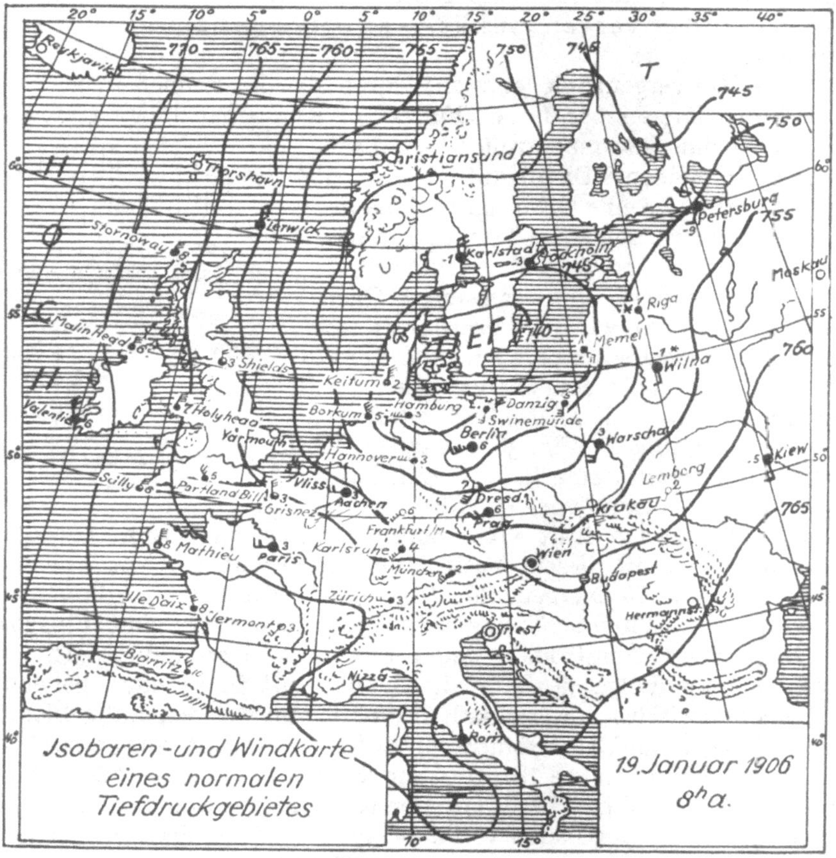

Fig. 37. Isobaren- und Windkarte vom 19. Januar 1906. 8 Uhr vorm.

das Zentrum, den Kern der Zyklone, ab. Die Isobaren oder die Kurven gleichen Luftdruckes bilden ein geschlossenes, kreisförmig oder elliptisch gekrümmtes Kurvensystem (Fig. 37). Je niedriger der Luftdruck im Zentrum des Tiefdruckgebietes ist, desto enger liegen gewöhnlich die Isobaren nebeneinander.

Betrachtet man die Windpfeile im Bereich des Tiefdruckgebietes, so erkennt man den engen Zusammenhang zwischen dem Druck- und Strömungsfeld. Die Windpfeile umkreisen allgemein das Tiefdruckgebiet in einer Richtung, die dem Drehungssinn des Uhrzeigers entgegengesetzt ist. Dieser Bewegungssinn bezieht sich auf die Nordhemisphäre. Auf der südlichen Halbkugel erfolgt die Luftbewegung im Umkreis des Tiefdruckgebietes im Sinne des Uhrzeigers. Entsprechend dem barischen Windgesetz sind die Windpfeile gegen das Zentrum geneigt und ergeben ein Einströmen der Luft nach dem

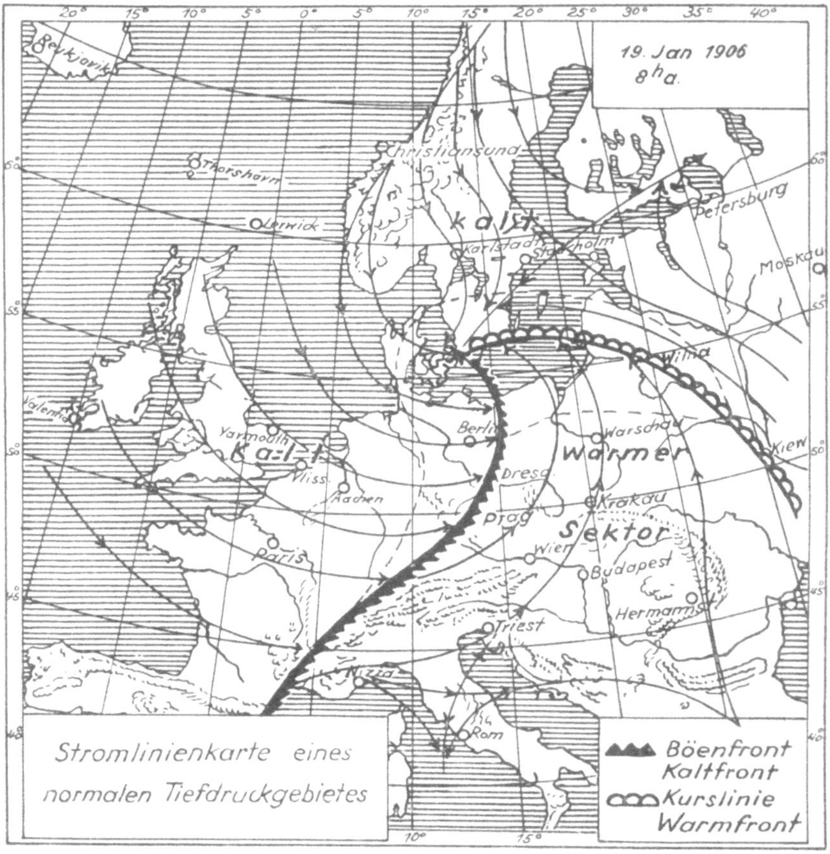

Fig. 38. Strömungskarte vom 19. Jan. 1906. 8ha.

Kern des Tiefs. Das Einströmen der Luft gegen das Zentrum erfolgt aber nicht allseitig gleichmäßig, wie es dem Strömungsbild eines Konvergenzpunktes entsprechen würde, sondern ist an der Vorderseite, im Bereich der südöstlichen und südlichen Winde am stärksten, während auf der Rückseite die nordwestlichen und nördlichen Winde nur geringe Ablenkung gegen das Zentrum aufweisen. V. Bjerknes hat zwei Hauptkonvergenzlinien als charakteristische Merkmale des Stromfeldes eines Tiefdruckgebietes festgestellt, die vom Rande nach dem Zentrum laufen. Auf der Vorderseite der Zyklone liegt die Kurslinie, auf der

Rückseite die **Böenlinie**. Für die Kurslinie ist heute die Bezeichnung **Warmfront** oder **Aufgleitlinie**, für die Böenlinie **Kaltfront** oder **Einbruchslinie** gebräuchlicher.

Allgemein lassen sich die Strömungsverhältnisse und die mit ihnen verbundenen Witterungserscheinungen schematisch nach Art der Fig. 39 darstellen.

In der Mitte der Abbildung 39 ist das horizontale Stromfeld der Zyklone dargestellt. An der Kurslinie oder Warmfront dringt eine wärmere Südwestströmung gegen die vorgelagerte kalte Querströmung östlicher bis südlicher Richtung vor. An der Böen- oder Kaltfront stößt kältere Nordströmung gegen die wärmere Südwestströmung vor.

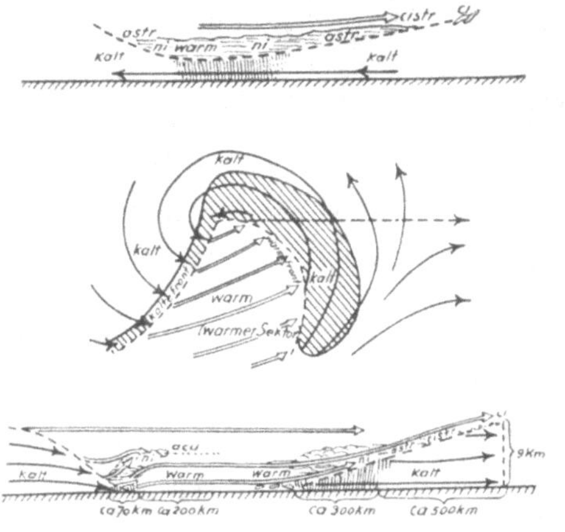

Fig. 39. Querschnitt einer normalen Zyklone nach Bjerknes.

Nach ihrem Ursprung aus südlicheren bzw. nördlicheren Breiten werden die warmen Luftmassen **Tropikluft** oder **Äquatorialstrom**, die kalten Luftmassen **Polarstrom** benannt. Kaltfront und Warmfront bilden in ihrem zusammenhängenden Verlauf die **Polarfront**, welche die polaren und äquatorialen Luftmassen trennt. Den Unstetigkeitslinien des Windes und der Temperatur, der Warmfront an der Vorderseite und der Kaltfront an der Rückseite des Tiefs, ordnen sich auch die Niederschlagsgebiete im Bereich einer Zyklone zu. Vor der Warmfront liegt das breite Band des **Aufgleitniederschlages**, hinter der Kaltfront liegt die schmälere Zone des **Einbruchsniederschlages**. Die Bezeichnung des Niederschlages entspricht der Art seiner Bildung, die aus dem Vertikalschnitt der Zyklone (Fig. 39 unten) ersichtlich ist. Vor der Warmfront gleitet die Äquatorialluft an den vorgelagerten Kaltluftmassen empor. Beim Aufgleiten kommt die Feuchtigkeit zur Kondensation und fällt in Form des Aufgleitniederschlages aus. An der Einbruchsfront dringen kältere polare Luftmassen gegen die Luft des warmen Sektors, den Raum zwischen Aufgleit -und Einbruchsfront, vor und heben die Warmluft gewaltsam in die Höhe. Ein starker Kondensationsprozeß wird durch diese schnelle Hebung der Luft ausgelöst, der zu den heftigen Böenniederschlägen der Einbruchsfront führt. Die beiden Hauptfronten, die Aufgleit- und Einbruchsfront, gehören der südlichen Hälfte des Tiefdruckgebietes an. Die nördliche Hälfte, welche in den unteren Schichten nur polare Luftmassen aufweist, zeigt wesentlich einfachere Strömungsverhältnisse und deshalb auch einen einfacheren Witterungsverlauf. Der Vertikalschnitt im oberen Teil der Fig. 39 stellt den Aufbau der Zyklone über ihrer polaren Seite dar. Über der unteren kalten Luft liegen in der Höhe warme Luftmassen, in denen wir die längs der Polarfront vom Boden abgehobene Luft des warmen Sektors wiederfinden.

Das Hochdruckgebiet. [6]. Das Hochdruckgebiet oder die Antizyklone ist das Gegenstück zum Tiefdruckgebiet und stellt mit geschlossenen, kreisförmigen Isobaren den zweiten Haupttyp der Luftdruckformen dar. Beim Hochdruckgebiet nimmt der Luftdruck von allen Seiten gegen das Zentrum zu. Der Wind umkreist das Hochdruckgebiet auf der nördlichen Halbkugel im Uhrzeigersinn, auf der südlichen Halbkugel im entgegengesetzten Sinne des Uhrzeigers. Gleichzeitig weist die Luftbewegung eine vom Kern des Hochdruckgebietes nach außen gerichtete Komponente auf. Das Strömungsbild des Hochdruckgebietes ist wesentlich einfacher als das des Tiefdruckgebiets. Gewöhnlich ergeben die Stromlinien im Bereiche des Hochs das einfache Bild eines Divergenzpunktes, dessen Zentrum im Kern des Hochs liegt. Mit einem Divergenzpunkt ist in der Vertikalen absteigende Luftbewegung verbunden. Da absteigende Luftbewegung von dynamischer Erwärmung begleitet ist, die zur Auflösung der Bewölkung führt, herrscht im Hochdruckgebiet gewöhnlich heiteres, trockenes Wetter.

Abgesehen von diesen Hauptformen der Luftdruckverteilung, dem Tief- und dem Hochdruckgebiet, unterscheidet man noch zahlreiche Nebenformen, die Randwirbel oder Teildepressionen, die V-förmigen Isobaren und die Tiefdruckfurche, weiterhin die Hochdruckkeile, zungenförmige, von einer Hauptantizyklone vorstoßende Ausläufer, und den Hochdruckrücken, welcher zwei Hauptantizyklonen verbindet. Die Nebenformen der Luftdruckverteilung können bisweilen auf das lokale Wetter von größerem Einfluß sein als die Hauptformen.

Die Entstehung der Zyklonen und Antizyklonen. Polarfronttheorie [6]. Die ältere Theorie, die Konvektions- oder thermische Theorie, suchte die Einleitung der Zyklonenbildung durch eine atmosphärische Gleichgewichtsstörung über relativ warmem Gebiete zu erklären. An übererwärmten Stellen entwickelt sich ein aufsteigender Luftstrom. Sein Dampfgehalt wird dabei kondensiert, und die frei werdende Kondensationswärme verstärkt den Auftrieb. In der Höhe fließt die aufgestiegene Luft seitwärts ab. Als Ersatz fließt am Boden die Luft in zyklonaler Bewegung dem sich entwickelnden Zyklonenzentrum zu. Diese Theorie läßt sich wohl auf einige lokale Druckstörungen an heißen Sommertagen, die gewöhnlich von Wärmegewittern begleitet sind, anwenden, zum Teil mögen sich auch tropische Zyklonen unter ähnlichen Verhältnissen entwickeln, sie kann aber keineswegs die sehr ausgedehnten Zyklonen der gemäßigten Zone erklären, die gerade in der kälteren Jahreshälfte am häufigsten sind. Die Erwärmung des Erdbodens und der aufsteigende Luftstrom können deshalb nicht mehr als die primären Vorgänge der Zyklonenbildung angesehen werden. Die neueren Anschauungen haben bis zu einem gewissen Grade wieder die Lehren H. W. Doves aufgegriffen, der aus der Wechselwirkung der Polar- und Äquatorialströmung, die nebeneinander und in entgegengesetzter Richtung die gemäßigten Breiten überfließen, die Gesamtheit unserer Witterungserscheinungen ableitet. Auf Grund der Beobachtungen in Nordamerika kam Bigelow um die Jahrhundertwende zu dem Ergebnis, daß große allgemeine Luftströmungen verschiedener Richtung und Temperatur die zyklonischen und antizyklonischen Wirbel erzeugen, und Stürme die Begleiterscheinungen zweier nebeneinander fließender, entgegengesetzter Luftmassen sind. Diese Anschauungen sind neuerdings von der norwegischen Meteorologenschule unter V. Bjerknes zur Polarfronttheorie ausgebaut worden, die in vieler Hinsicht den Ergebnissen entspricht, zu welchen die Wiener Meteorologenschule schon etwas früher gelangt war und die neuerdings von F. M. Exner zu einer einheitlichen Zyklonentheorie zusammengefaßt worden sind. Wie in jeder einzelnen Zyklone die kalten Luftmassen durch eine geneigte Unstetigkeitsfläche von den warmen Luftmassen getrennt sind (vgl. Fig. 39) und in Form eines spitzen Keiles sich gegen die Warmluft verflachen, so weist auch das Kaltluftreservoir der Erdoberfläche, die Polarregion, eine Anhäufung kalter Luft auf, die in Form einer Kaltluftkappe das Polargebiet bedeckt und sich keilförmig gegen die Grenze des arktischen Gebietes verflacht (Fig. 40). Der Schnitt der Grenzfläche zwischen kalten (Fig. 40 I) und warmen (Fig. 40 II) Luftmassen bildet die Polarfront (Fig. 40 *M N*), längs der sich scharfe Temperaturgegensätze auf kurze Entfernungen gegenüberliegen. Die Kaltluft innerhalb der polaren Kalotte hat im allgemeinen eine Bewegung von Ost gegen West, die Warmluft südlich der Polarfront und über der polaren Kalotte eine solche von West gegen Ost. Da wo die Temperaturgegensätze auf engem Gebiet am schärfsten auftreten, längs der Polarfront, ist der eigentliche Sitz der Zyklonenbildung. Nach Bjerknes entwickeln sich die Zyklonen aus Wellen, die längs der Polarfront auftreten. Diese Wellen sind Gravitationswellen, die an jeder Grenzfläche zwischen zwei Medien von verschiedener Dichte und verschiedenem Bewegungszustand entstehen. Der Lebenszyklus einer Zyklone, wie er nach den Anschauungen von J. Bjerknes und H. Solberg vom Ursprungsstadium bis zum Absterben der Zyklone abläuft, ist in Fig. 41 dargestellt.

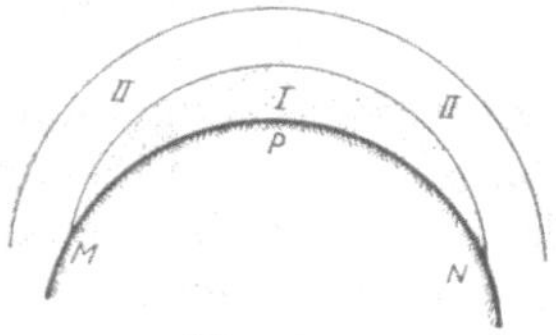

Fig. 40.

Die kleine primäre Welle I, die das Anfangsstadium der Zyklone darstellt, wird durch den anhaltenden Zustrom kalter Luftmassen allmählich ausgeweitet. Kalte Luft drängt nach Süden, warme nach Norden, die Bewegungsenergien werden durch den verstärkten Temperaturgegensatz am größten. Die Zyklone ist im Stadium der Reife (II). Infolge der Ausbreitung der kalten Luftmassen nähern sich die Kalt- u. Warmfront mehr und mehr, bis schließlich die kalte Front die warme Front einholt. Die warme Luft des warmen Sektors ist nunmehr von ihrem südlichen Nährgebiet abgeschnitten. Die Energiezufuhr hört auf, das Stadium des Absterbens der Zyklone ist eingeleitet (III). Ist die Abschnürung erfolgt, so wird das noch verbleibende, wurzellose Warmluftgebiet im Zentrum der Zyklone allmählich ganz vom Boden abgehoben. Die Kaltluftmassen der Vorder- und Rückseite der Zyklone klappen zusammen. Die Okklusion der Zyklone ist erfolgt (IV). Die Temperaturasymmetrie, das Kennzeichen der noch lebensfähigen Zyklone, ist nunmehr verschwunden. Die Zyklone hat symmetrische thermische Struktur angenommen und wird hierdurch aus einem wandernden und sich vergrößernden Wirbel zu einem stationären, der seine Lage nicht mehr wesentlich ändert, sich mehr und mehr ausfüllt und schließlich abstirbt. Die Anschauungen der Wiener Meteorologenschule unterscheiden sich in einigen wesentlichen Merkmalen von der Wellentheorie der norwegischen Meteorologen. Die österreichischen Meteorologen knüpfen an Ableitungen an, die bereits von Helmholtz und Margules aufgestellt worden sind. Die Grenzfläche zwischen der polaren Kaltluftkalotte und den benachbarten warmen Luftmassen kann theoretisch bei bestimmten Temperatur- und Druckverhältnissen erhalten bleiben (Fig. 40), und der Bewegungszustand der neben- und übereinander strömenden polaren Ostwinde und äquatorialen Westwinde stationär sein. Dieser Zustand wird aber in Wirklichkeit niemals erreicht, da stets Möglichkeiten gegeben sind, durch die die gleichförmige Bewegung der kalten und warmen Luftmassen gestört und damit die Gleichgewichtsbedingungen für die Erhaltung ihrer Grenzfläche durchbrochen werden. Wird z. B. durch irgendwelche Umstände die Bewegung der polaren Ostwinde verzögert, so sind die Gleichgewichtsbedingungen nicht mehr erfüllt. Die Grenzlinie der kalten und warmen Luftmassen wird von der Polarluft durchbrochen, die als Kältewelle gegen südlichere Breiten vordringt. Dieser Ausbruch kalter Luftmassen aus dem polaren Reservoir leitet die Zyklonenbildung ein. Als Ersatz der nach Süden vordringenden kalten Luft dringt eine Wärmewelle nordwärts vor. Die auftretenden Temperaturänderungen bedingen Druckänderungen, die im Isobarenbild unter der Kältewelle ein Hochdruckgebiet, unter der Wärmewelle ein Tiefdruckgebiet in Erscheinung treten lassen. Diese thermische Entwicklung der Zyklone wird dynamisch weiter ge-

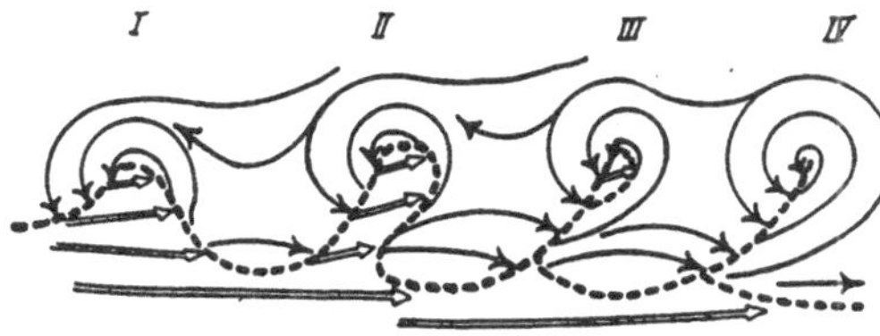

Fig. 41. Lebenszyklus einer Zyklone nach J. Bjerknes und H. Solberg.

fördert. Die gegen Süden vorbrechenden Kaltluftmassen schieben sich riegelartig in die allgemeine Westostströmung der gemäßigten Breiten und erzeugen auf ihrer Rückseite einen Strömungswirbel, wie er im Lee eines jeden Hindernisses, z. B. hinter einem Brückenpfeiler im strömenden Wasser, beobachtet wird.

Die Anschauungen der österreichischen Meteorologen über die Zyklonenbildung setzen voraus, daß die gleichförmige Bewegung der warmen und kalten Luftmassen längs der Polarfront gestört wird. Diese Störung kann z. B. durch Verzögerung der polaren Ostwinde an größeren Hindernissen der Erdoberfläche erfolgen. Tatsächlich haben die Beobachtungen auch ergeben, daß als Hauptausbruchsgebiete für Kältewellen der nördlichen Halbkugel die Ostküste von Grönland, Nowaja-Semlja mit dem Ural, die Ostküste Nordasiens und das nordamerikanische Felsengebirge in Frage kommen. Diese Gebiete, die als Hindernisse die polare Ostströmung anstauen und gegen Süden abdrängen, kommen deshalb auch als Hauptherde für die Zyklonenbildung in Betracht. Da nach der Theorie der österreichischen Meteorologen die Zyklonenbildung gewissermaßen durch das Abtropfen kalter Luftmassen aus dem polaren Reservoir oder durch eine Abriegelung der warmen Strömung durch einen Kaltluftkeil eingeleitet wird, bezeichnet man sie auch als Tropfen- oder Riegeltheorie, im Gegensatz zur Bjerknesschen Wellentheorie der Zyklonenbildung. Da die Tropfentheorie eine recht gute Übereinstimmung mit den tatsächlichen Beobachtungen aufweist, andererseits der nach der Wellentheorie geforderte Übergang von einer kleinen Anfangswelle von wenigen Kilometer Durchmesser in eine Zyklonenwelle vom Ausmaß vieler Hundert Kilometer schwer vorstellbar ist, wird man sich im allgemeinen mit der ersteren leichter befreunden können.

Aus der Theorie der Zyklonenbildung geht hervor, daß die Antizyklonen keine Sonderstellung einnehmen, sondern genetisch mit der Zyklonenbildung verbunden sind. Antizyklone und Zyklone gehören zusammen, wie Kälte- und Wärmewelle, und die ersteren geben zunächst die thermische Einwirkung der letzteren auf den Luftdruck wieder. Sowohl die Tropfentheorie als auch die Wellentheorie der Zyklonen erklären nur eine Untergruppe der Druckgebilde, die niedrigen Zyklonen und Antizyklonen, die nur die unteren Luftschichten bis 2 oder 3 km Höhe einnehmen. Die niedrigen Antizyklonen haben einen kalten, die niedrigen Zyklonen einen warmen Luftkörper. Sie unterscheiden sich wesentlich von den hohen Antizyklonen und Zyklonen, deren Bereich die ganze Troposphäre umfaßt. Die hohen Druckgebilde weisen gerade die umgekehrten thermischen Verhältnisse auf als die niedrigen. Die hohe Zyklone ist kalt, die hohe Antizyklone ist warm. Weiterhin unterscheiden sich die hohen Druckgebilde dadurch von den niedrigen, daß sie häufig stationär wurden, d. h. ihre Wanderung abbrechen und für einige Zeit an einem Orte verharren. Die hohen Druckgebilde kann man auch als zusammengesetzte

Zyklonen und Antizyklonen bezeichnen, da bei ihnen eine Druckschwankung in den unteren Schichten mit einer Druckänderung in großer Höhe zusammenfällt. Aus der Darstellung des Aufbaues einer Zyklone und Antizyklone von STÜVE 7 ersieht man, daß gleichzeitig mit der Kälte- und Wärmewelle und den entsprechenden Druckschwankungen der Niederung Höhenschwankungen der Stratosphäre auftreten, die von Druckschwankungen begleitet sind. Aus dem Zusammenwirken der Druckschwankungen der Höhe und der Niederung dürften die hohen Zyklonen und Antizyklonen entstehen. Sicherlich

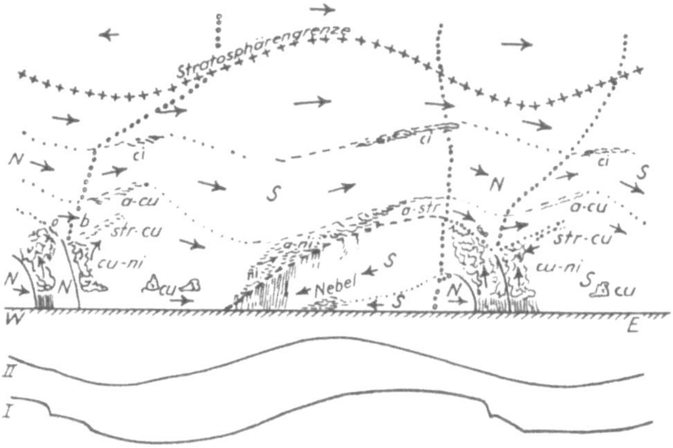

Fig. 42. Schema des Aufbaues einer hohen Zyklone.

treten die Druckänderungen in der Höhe und Niederung nicht unabhängig voneinander auf, doch ist die Frage noch ungeklärt, ob die Änderungen in der Niederung die Schwankungen in der Stratosphäre auslösen oder umgekehrt.

Es hat sich gezeigt, daß die Zyklonen sich nicht willkürlich folgen, sondern in bestimmten Zyklen. Die Perioden dieser Druckwellen umfassen: 5,7—8,7—12,7—24,5 Tage. Bald überwiegt die eine, bald die andere Periode. Ihre Wellenlängen entsprechen: $^1/_4$, $^1/_3$, $^1/_2$, 1 Teil des Erdumfanges. Die physikalische Bedeutung dieser Wellen ist von EXNER [8] und DEFANT [9] klargelegt worden. Es zeigt sich, daß der Wechsel von Kontinent und Meer und die dadurch bedingten thermischen Unterschiede diese Wellen auslösen. Beträgt die Breite eines Kontinentes oder Ozeans annähernd eine halbe Wellenlänge der möglichen Schwingungen, so ist er besonders geeignet, eine Welle hervorzurufen. Die Breite der die kürzeste Welle erzeugenden Ozeane und Kontinente muß demnach $= {}^1/_8$ des Erdumfanges oder $= 45$ Längengrade sein. Auf der Südhemisphäre umfaßt Australien durchschnittlich 45 Längengrade, Südamerika 35°, der Atlantische Ozean 55°. Auf der Nordhemisphäre hat Nordamerika eine Ausdehnung etwas über 50 Längengrade, der Atlantische Ozean über 55°. Es sind also sowohl auf der Süd- wie auf der Nordhalbkugel mehrere Kontinente und Ozeane vorhanden, durch die die beiden kurzen Wellen = $^{1}/_{4}$ und $^{1}/_{3}$ des Erdumfanges, welche in unserem Witterungsverlauf mit besonderer Deutlichkeit hervortreten, eine Hauptstütze finden. Die Betrachtungen über die Entstehung und den Verlauf der Zyklonen haben uns so zu Anschauungen geführt, die den Gang unseres Wetters in recht enger Abhängigkeit von der Gestaltung der Erdoberfläche offenbaren.

Die Hauptwindsysteme der Erde. Betrachten wir die großen Luftströmungen, welche die Erdoberfläche in den verschiedenen Klimagebieten überwehen, so lassen sich im wesentlichen 3 Hauptsysteme unterscheiden, die Passate, die Westwinde der gemäßigten Breiten und die Monsune. Die ersten beiden Systeme gehören der allgemeinen Zirkulation der Atmosphäre an, welche den großen Luftaustausch zwischen Äquator und Pol vermittelt, die letzteren sind Austauschströmungen zwischen den thermisch verschiedenen Kontinenten und Ozeanen und lagern sich als große Störungen über die allgemeine Zirkulation der Atmosphäre.

Passate. Die nur der warmen Zone eigentümlichen Passate zeichnen sich vor allen Dingen durch die Beständigkeit aus, mit der sie eine gewisse Richtung und Stärke einhalten. Die Beständigkeit der Passate hängt mit der Beständigkeit der Luftdruckgebilde zusammen, von denen sie ausgehen und in die sie einmünden, wenigstens auf den Ozeanen, wo sie am ungestörtesten entwickelt sind. Von den Gürteln hohen Luftdruckes zwischen 30 und 35° Nord- und Südbreite strömen die Passatwinde der äquatorialen Tiefdruckfurche zu, unter Einwirkung der ablenkenden Kraft der Erdrotation auf der nördlichen Halbkugel als Nordostpassat, auf der südlichen Halbkugel als Südostpassat. In der äquatorialen Tiefdruckfurche, dem Zwischengebiet zwischen den beiden Passaten, liegt ein schmaler Gürtel variabler Winde und häufiger Stillen, der äquatoriale Kalmengürtel, von den deutschen Seefahrern auch Mallungen, von den Engländern Doldrums genannt. Der Gleichmäßigkeit der Winde im Passatgebiet entspricht auch die Beständigkeit des Wetters im allgemeinen in diesen Breiten. Die Heiterkeit des Himmels, nur unterbrochen durch einzelne, charakteristische Kumuluswolken, die sog. Passatkumuli, und die Trockenheit der Luft, die durch gelegentliche, aus einzelnen Wolken niedergehende, kurze Regenschauer nicht gestört wird, kennzeichnen die Witterung jahrein und jahraus. »Vor dem Winde segelnd rollt in leichtbewegter See das Schiff herüber und hinüber, furcht sein Kiel das kobaltblaue Wasser; am Himmel schwimmen vereinzelte weiße Wolken; alles ist in Klarheit und Licht gebadet. Warme Lüfte umwehen uns. Es sind die idealen Tage der Seefahrt im Passat. Ohne Rast geht die Reise vor sich, und stetig treibt der Passat unser Tag und Nacht gleichmäßig vorrückendes Schiff.« Mit dieser Schilderung einer transatlantischen Segelschiffreise charakterisiert G. SCHOTT [10] vortrefflich die gleichmäßige Schönheit der Passatregion. Gewisse Veränderungen erleidet die Passatzone durch jahreszeitliche Verschiebungen ihrer Grenzen. Die polare und äquatoriale Grenze wandert mit dem jährlichen Gang der Sonne zwischen den Wendekreisen, aber die Schwankungen des Windsystems sind nur geringfügig, wie aus folgender Übersicht hervorgeht.

Mittlere Polar- und Äquatorialgrenzen der Passate in den extremen Monaten.

	März		September	
	Atl. Ozean	Großer Ozean	Atl. Ozean	Großer Ozean
NO-Passat	26—3° n. Br.	25—5° n. Br.	35—11° n. Br.	30—10° n. Br.
Kalmenzone	3° n. Br.—0°	5—3° n. Br.	11—3° n. Br.	10—7° n. Br.
SO-Passat	0°—25° s. Br.	3° n.—28° s. Br.	3° n.—25° s. Br.	7° n.—20° s. Br.

Der Kalmengürtel greift hiernach nicht auf die südliche Halbkugel über. Es hängt dies damit zusammen, daß der Wärmeäquator stets auf der nördlichen Halbkugel liegt. Bemerkenswert ist namentlich auch, daß der SO-Passat im Großen Ozean während des ganzen Jahres, auf dem Atlantischen Ozean im nördlichen Sommer und Herbst, den Äquator überschreitet. Auf der südlichen Halbkugel kann man im Winter von einem ununterbrochenen Passatband rings um die Erde sprechen, im Sommer dagegen wird dieser geschlossene Gürtel durch die Einwirkungen der Kontinente unterbrochen. Auf der nördlichen Halbkugel unterliegt der Passatgürtel das ganze Jahr hindurch erheblichen Beeinflussungen durch die großen Kontinentalmassen. Charakteristisch ist, daß der Passat besonders in den Osthälften der Meere regelmäßig ausgebildet ist, während er im Westen stärkere Ablenkungen erleidet. Es hängt dies damit zusammen, daß auch die Quellgebiete der Passate, die subtropischen Hochdruckgürtel, keine gleichmäßige Intensität aufweisen, sondern in der Nähe der Westküsten ausgeprägte Kerngebiete entwickeln.

Wenn voraufgehend hervorgehoben wurde, daß die Passatgebiete sich einer ständig gleichbleibenden Witterung erfreuen, so bedarf diese Feststellung einer gewissen Einschränkung. Gelegentlich werden auch die Passatzonen von schweren Sturmwirbeln, den tropischen Zyklonen, durchzogen, die heftiger und verhängnisvoller sind als die Zyklonen der gemäßigten Breiten. Aber diese Zyklonen sind zu selten, als daß sie den Gesamtcharakter der Witterung nachhaltig beeinflussen können. Wegen ihrer katastrophalen Wirkungen verdienen sie allerdings ernste Beachtung. Am besten bekannt sind die Wirbelstürme im tropischen Teil des nordatlantischen Ozeans, namentlich die Hurrikane in Westindien. Die Häufigkeit der westindischen Zyklonen und ihre Verteilung auf die einzelnen Monate ersieht man aus folgender Übersicht:

Häufigkeitsverteilung für 44 Jahre 1876—1919.

	Mai	Juni	Juli	Aug.	Sept.	Okt.	Nov.	Jahr	Jahresmittel
Zahl der Hurrikane	1	8	8	39	54	45	4	159	3,6
Proz. Verteilung	1	5	5	24	34	28	3	Aug.-Okt.	86 %

Im Mittel kommen also 3—4 Wirbelstürme auf das Jahr. Die Bahn der Wirbelstürme hat über Westindien parabolische Form, verläuft zunächst gegen WNW und NW und biegt schließlich gegen N und NO um. Der mittlere Umkehrpunkt der Sturmbahnen liegt bei 28° n. Br. und 83° w. L. in der Nähe der Halbinsel Florida. Auf der ostatlantischen Seite bilden sich Sturmzentren an der tropischen Küste Westafrikas, südlich der Kap Verden-Inseln. Sie führen hier den Namen Tornado. Ihre Intensität ist geringer, als die der westindischen Orkane. Gelegentlich kreuzen Sturmzentren des westafrikanischen Herdgebietes den ganzen Nordatlantischen Ozean und gehen in westindische Hurrikane über. Da jede Zyklone westliche Winde auf ihrer äquatorialen und östliche auf ihrer polaren Seite aufweist, so sind die Jahreszeiten für die Entwicklung der tropischen Wirbelstürme am günstigsten, in welchen entgegengesetzte Windströmungen in enge Berührung miteinander kommen können. Über dem Nordatlantischen Ozean ist dies der Sommer und Herbst, wenn der SO-Passat weit nach Norden übergreift und dabei auf der nördlichen Halbkugel, mehr und mehr nach rechts abgelenkt, in einen Süd-, Südwest- bis Westwind übergeht. Die Bildung der westindischen Wirbelstürme geht auf dieses Zusammentreffen des Nordostpassats mit dem abgelenkten Südostpassat zurück. — In ähnlicher Weise geht die Bildung der Wirbelstürme des Stillen Ozeans vor sich, die in Ostasien Teifune genannt werden. Auch sie entstehen im Randgebiet beider Passate und haben ihre größte Häufigkeit von Juli bis Oktober, also ebenfalls in der Zeit, wo der SO-Passat seine größte nördliche Breite erreicht hat. — Die übrigen tropischen Wirbelstürme, die Zyklonen der Bai von Bengalen und des südlichen Indischen Ozeans, stehen in Zusammenhang mit den Monsunströmungen dieser Gebiete, ebenso wie die Tornados im westafrikanischen Monsungebiet. Die Wirbelstürme in der Bai von Bengalen haben ihre größte Häufigkeit zur Zeit des Monsunwechsels im Frühling und Herbst, wo die vordringende ozeanische mit der zurückweichenden kontinentalen Monsunströmung oder umgekehrt in engste Berührung kommt. Die Mauritiusorkane des südlichen Indischen Ozeans entstehen aus dem Zusammenwirken des Nordwestmonsun, der auf die Südhemisphäre übergreift, mit dem SO-Passat und haben ihre größte Häufigkeit gegen Ende des südhemisphärischen Sommers, zu der Zeit, wo auch der NO-Passat am weitesten auf die Südhemisphäre übergreift.

Die westlichen Winde der gemäßigten Breiten. Die polare Abdachung der subtropischen Hochdruckgebiete bildet den Ausgang der westlichen Winde der gemäßigten Breiten. Von den Passaten sind sie durch einen Windstillengürtel, die Windstillen der

Roßbreiten, getrennt. Sie erstrecken sich von subtropischer Breite bis in die Zirkumpolarregion, wo sie durch die Polarfront von den vorwiegend *östlichen Winden der polaren Kalotte* getrennt werden. Hier münden sie in die subarktische und subantarktische Depressionszone ein, die auf der Nordhemisphäre von der nordatlantischen Zyklone an der Südspitze von Grönland und bei Island und der nordpazifischen Zyklone südlich der Beringstraße, auf der Südhemisphäre von dem geschlossenen Gürtel der subpolaren Tiefdruckrinne gebildet wird. Auf der Nordhemisphäre weist die Strömung Winde aus SW bis WSW, auf der Südhemisphäre solche aus WNW bis NW auf. Das Windsystem der gemäßigten Breiten läßt sich, wenigstens auf der nördlichen Halbkugel, in keiner Weise mit der Beständigkeit und Regelmäßigkeit der Passate vergleichen. Es stellt keine einheitliche Bewegung dar, sondern von einer Strömung mit bestimmter Richtung kann man nur bei Betrachtung der *mittleren* Windverteilung sprechen. In den Einzelfällen wechseln nördliche und südliche Komponenten, je nachdem mit dem Durchzug der Zyklonen polare Luftmassen südwärts oder äquatoriale Luftmassen nordwärts vordringen. Gerade die *Störungen* der mittleren Windverteilung sind das charakteristische Merkmal des Windsystemes der gemäßigten Breiten. Nur auf den großen, einheitlichen Ozeanflächen der mittleren und hohen Breiten der Südhemisphäre vermag das Westwindsystem eine größere Einheitlichkeit zu erlangen und bis zu einem gewissen Grade der Regelmäßigkeit der Passate gleichzukommen. Zwischen 40 und 60° s. Br., den »roaring fortieth«, verdienen sie wegen ihrer Beständigkeit die Bezeichnung der »braven Westwinde«.

In tabellarischer Form lassen sich die Windzonen, soweit sie der allgemeinen Zirkulation der Atmosphäre zwischen Äquator und Pol angehören, und die Luftdruckgürtel an der Erdoberfläche in folgender Weise zusammenfassen:

Breite	75° N		60° N		30° N		10° N		0°
Wind		NO		WSW	C	NO		ONO	C
Luftdruck	760,0		758,7		761,7		757,9		758,0
Breite	0°		10° S		30° S		60° S		75° S
Wind	C	OSO		SO	C	WNW		OSO	
Luftdruck	758,0		759,1		763,5		741,7		742,6

C bedeutet eingeschaltete Windstillen, die Stillen der Roßbreiten und die äquatorialen Kalmen.

Monsune. Eine besondere Stellung in den ganzen Windsystemen nehmen die Monsune ein. Sie resultieren nicht aus einer konstanten Luftdruckanordnung, wie sie in der voraufgehenden Übersicht für die Winde der allgemeinen Zirkulation hervortritt, sondern sie hängen von dem jahreszeitlichen Wechsel des Luftdruckes ab, der aus dem verschiedenen thermischen Verhalten der Kontinente und Ozeane im Sommer und Winter hervorgeht. Der Kontinent ist im Sommer wärmer als das Meer, im Winter dagegen kälter. Den Temperaturverhältnissen entsprechend liegt im Sommer über dem Kontinent relativ niedriger Luftdruck, der die Luft vom Ozean nach dem Landinnern ansaugt; im Winter dagegen ist der Kontinent von relativ hohem Luftdruck bedeckt, von dem die Luft nach dem wärmeren und deshalb relativ tiefen Luftdruck aufweisenden Ozean abströmt. Monsune können nur in den Breiten auftreten, wo die jahreszeitlichen Temperaturschwankungen zwischen Kontinent und Ozean hinreichend groß sind, um jahreszeitliche Luftdruckschwankungen im ausreichenden Maße hervorzurufen. Am Äquator und in niedrigen Breiten fehlt der Monsun wegen der gleichmäßigen Erwärmung während des ganzen Jahres. Die Monsunregion beginnt am Rande der Tropen und umfaßt die mittleren und höheren Breiten. Wegen ihrer langen Dauer, — sie umfassen nahezu ein halbes Jahr — ziehen sie große Flächen der Ozeane und Kontinente in ihren Bereich und unterliegen deshalb wie die übrigen großen Windsysteme in ausgeprägtem Maße der Wirkung der ablenkenden Kraft der Erdrotation. Es entstehen auf diese Weise Luftzirkulationen, die in großem Ausmaß das antizyklonale und zyklonale Strömungsschema offenbaren. Für einen im Winter ausströmenden und im Sommer einströmenden Monsun ergeben sich im Umkreis eines Kontinentes folgende Hauptrichtungen:

Hauptrichtungen der Monsunwinde.

Kontinent	Westseite	Nordseite	Ostseite	Südseite
		Nordhemisphäre		
Winter	SO	SW	NW	NO
Sommer	NW	NO	SO	SW
		Südhemisphäre		
Winter	NO	SO	SW	NW
Sommer	SW	NW	NO	SO

Die Hauptmonsune sind der asiatische und der Monsun von Australien. Geringeres Ausmaß hat die Monsunströmung Westafrikas und Nordamerikas. Neuerdings faßt man auch die mit den Kälterückfällen des Juni beginnende Sommerregenzeit Mitteleuropas, die zugleich mit einem Umbiegen der Luftströmung nach NW einsetzt, als eine monsunartige Strömung auf. Der Gegenströmung im Winter entspricht die größere Häufigkeit kontinentaler Ostwinde in dieser Jahreszeit. Den Einsatz des winterlichen Monsunregimes kündet der bekannte »Altweibersommer«, der Nachsommer Ende September und Anfang Oktober an.[11]

Allgemeine Zirkulation der Atmosphäre.[12] Von den großen Windsystemen, die wir voraufgehend kennengelernt haben, gehören die Passate, die Westwinde der gemäßigten Breiten und die Ostwinde der polaren Kalotten der allgemeinen Zirkulation der Atmosphäre an, unter der wir den großen Luftaustausch verstehen, der sich infolge des thermischen Unterschiedes zwischen Äquator und Pol ausbilden muß.

Den Windsystemen entspricht, wie wir gesehen haben, eine bestimmte Luftdruckverteilung am Boden, die durch den Wechsel ständiger Tiefdruck- und Hochdruckzonen zwischen Äquator und Pol gekennzeichnet ist. Im einzelnen erkennen wir die Druckverteilung aus den folgenden Mittelwerten des Luftdruckes für die verschiedenen Breitenkreise im Meeresniveau.

Mittelwerte des Luftdruckes für die verschiedenen Breitenkreise im Meeresniveau.

	Nordbreite									Südbreite							
	80°	70°	60°	50°	40°	30°	20°	10°	0°	10°	20°	30°	40°	50°	60°	70°	80°
Jan.	757,5*	59,8	60,8	62,3	63,9	**64,6**	61,9	59,0	57,8	57,7*	58,8	61,1	**61,2**	52,7	42,3*	43,2	**44,1**
Juli	**758,8**	57,7*	57,7*	59,0	**60,1**	59,4	57,9	57,7*	59,0	60,9	63,5	**65,3**	60,9	53,0	41,3*	42,0	**42,7**
Jahr	**760,5**	58,6*	58,7	60,7	**62,0**	61,7	59,2	57,9*	58,0	59,1	61,7	**63,5**	60,5	53,2	41,7*	41,9	**43,1**

Diese allgemeine Luftdruckverteilung im Meeresniveau dürfen wir sicherlich nicht als primäre Ursache für das allgemeine Windsystem betrachten, sondern sie ist selbst ein Glied der allgemeinen Luftzirkulation und durch diese bedingt. Ausgangspunkt für die Bewegung ist die überwiegende Wärmezufuhr am Äquator und Wärmeentziehung am Pol, welche zunächst in den höheren Schichten der Atmosphäre ein Druckgefälle vom Äquator zum Pol auslösen, da in warmen Luftsäulen der Druck langsamer mit der Höhe abnimmt als in kalten. Tatsächlich ergeben auch die Beobachtungen in der Höhe dieses gleichmäßige Luftdruckgefälle vom Äquator gegen die höheren Breiten, wie aus folgender Übersicht für den Nordatlantischen Ozean hervorgeht:

Mittlerer Sommer-Luftdruck in mm in verschiedenen Höhen.

Höhe	0	2	4	6	8	10	12	14	20 km
10° n. Br	760	601,8	473,3	**369,0**	**285,0**	**217,2**	**163,1**	**120,5**	**46,5**
30° „ „	**766**	**605,5**	**473,4**	367,0	281,3	212,3	157,7	115,6	44,7
50° „ „	761	597,8	465,9	358,1	272,0	203,4	151,8	111,7	**45,0**

Aus diesen Luftdruckwerten geht hervor, daß in 4 km Höhe der Hochdruckgürtel der Roßbreiten nahezu verschwunden und darüber das meridionale Druckgefälle vom Äquator gegen den Pol vollkommen ausgebildet ist. Diesem Druckgefälle folgt zunächst die Luftbewegung. Die am Äquator aufsteigenden, erwärmten Luftmassen strömen in der Höhe nordwärts und südwärts gegen die Pole ab. Zu ihrem Ersatz müssen am Erdboden und in den unteren Schichten Luftmassen von den höheren Breiten gegen den Äquator geführt werden. Auf einer ruhenden Erde könnte sich auf diese Weise eine geschlossene Zirkulation zwischen Äquator und Pol ausbilden, indem in der Höhe die Luft vom Äquator zum Pol, am Boden vom Pol zum Äquator strömt. Auf der rotierenden Erde verhindert die ablenkende Kraft der Erdrotation die Ausbildung dieser einfachen Zirkulation mit einem primären Oberstrom vom Äquator zu den Polen und einem sekundären Unterstrom von den Polen zum Äquator, beide durch Vertikalströme miteinander verbunden. Die Wirkung der ablenkenden Kraft der Erdrotation erläutert folgende Betrachtung: Jeder Punkt am Äquator bewegt sich mit einer Geschwindigkeit von $\frac{40\,070\,000}{24 \times 3600} = 465$ m in der Sekunde von West nach Ost. Am Äquator verharrt jeder Körper mit dieser Geschwindigkeit in relativer Ruhe. Wird er aber, ohne durch Reibung an seiner Geschwindigkeit einzubüßen, nach 30° Br. versetzt, wo die Rotationsgeschwindigkeit nur $\frac{34\,731\,000}{24 \times 3600} = 402$ m in der Sekunde beträgt, so behält er nicht nur seine ursprüngliche Geschwindigkeit bei, sondern er steigert sie noch bis zu 537 m, weil er sich nun in einem kleineren Kreis bewegt als am Äquator *. Er bleibt nun nicht mehr in relativer Ruhe, sondern eilt mit einer Übergeschwindigkeit von 537—402 = 135 m in der Sekunde den Körpern des 30. Parallelkreises voraus.

Wenden wir dieses Ergebnis auf den vom Äquator zu den Polen fließenden Oberstrom an, so ergibt sich, daß ein Luftteilchen, welches vom Äquator dem polwärts gerichteten Gradienten folgend, auf höhere Breiten übergeht, durch die Erhaltung seines anfänglichen Rotationsmomentes bald große Geschwindigkeit in westöstlicher Richtung annimmt, die größer ist als die aus dem anfänglichen Gradienten gegen den Pol resultierende. Sofern der gegen den Pol gerichtete Gradient nicht in dem gleichen Maße wachsen würde als die Westostgeschwindigkeit, würde das Luftteilchen sehr bald verhindert werden, weiter polwärts zu wandern, sondern es würde eine reine westöstliche Bewegung annehmen. Derartig große, polwärts gerichtete Gradienten, welche die Westostbewegung kompensieren können, treten aber unmöglich auf. Hieraus folgt, daß ein Luftteilchen nur soweit vom Äquator gegen die Pole vordringen kann, bis Gleichgewicht eingetreten ist zwischen der Beschleunigung, welche das Luftteilchen aus dem polwärts gerichteten Gradienten erfährt, und der Beschleunigung durch die Erdrotation, welche das Luftteilchen nach rechts (Nordhemisphäre) ablenkt und es so äquatorwärts zurücktreibt. Dieser Gleichgewichtszustand wird in ungefähr 30° Breite erreicht. In höhere Breite kann also der äquatoriale Oberstrom nicht vordringen, sondern umkreist hier die Erde in geschlossenem Ring von West nach Ost. Da durch dauernde Wärmezufuhr am Äquator auch die Luftzufuhr anhält, stauen sich die äquatorialen Luftmassen längs der Breite von 30° und bedingen

---

* Die so erhaltene Geschwindigkeit ($G\varphi$) in der Breite φ verhält sich zu der am Äquator umgekehrt wie die Halbmesser der betreffenden Parallelkreise:

$$G\varphi : 465 = R : R \cos\varphi;\; G\varphi = \frac{465}{\cos\varphi}.$$

durch diesen Luftstau die Bildung der subtropischen Hochdruckgürtel. Die gestauten Luftmassen steigen infolge der Unmöglichkeit, polwärts abzuströmen, im Bereich der subtropischen Hochdruckzone zur Erdoberfläche herab und speisen dort den Strom, der zum Ersatz der am Äquator aufgestiegenen Luft an der Erdoberfläche zum Äquator zurückfließen muß. Auf diese Weise ist der Kreisstrom geschlossen, der sich mit entgegengesetztem Ober- und Unterstrom und entsprechenden Vertikalbewegungen infolge der ablenkenden Kraft der Erdrotation zwischen dem Äquator und den Subtropen entwickelt.

Der Unterstrom wird von den Passaten gebildet, der Oberstrom von dem Antipassat. Der Antipassat ist durch viele Beobachtungen nachgewiesen. Am besten sind wir über ihn aus der Passatregion des Nordatlantischen Ozeans orientiert. Für 20° w. L. gibt folgende Übersicht die Windverteilung über dem Nordatlantischen Ozean auf verschiedenen Breiten im Sommer:

Nordbreite	0°	10°	20°	30°	40°
Höhe 0 km	S (variabel)	NNO	NNO	NO	NNO
1 „	SO	NO	NNO	NO	N (variabel)
2½ „	SO	O	NW	NW	NW
5 „	O	OSO	S	WSW	W
7½ „	OSO	OSO	S	SW	W
10 „	OSO	OSO	SO	SW	W

In Äquatornähe herrschen demnach östliche Winde bis in große Höhe. Von 20° n. Br. finden wir über dem NO-Passat von 5 km Höhe an den Antipassat deutlich ausgeprägt.

Wie gestaltet sich nun der Luftaustausch in den höheren Breiten? Luftmassen können nur dann auf höhere Breiten übertreten, wenn sie die Westostgeschwindigkeit, die sie durch Erhaltung des Rotationsmoments mitbringen, soweit verringern können, daß der polwärts gerichtete Gradient das Übergewicht bekommt. Diese Verkleinerung des Rotationsmomentes kann durch Mischung von Luftmassen verschiedener Richtung und durch äußere Reibung an der Erdoberfläche, namentlich an Bodenerhebungen, erfolgen. Nachdem sich so durch Mischung und Reibung die Rotationsmomente der Luft jeweils dem der Erde unter ihnen angepaßt haben, vermögen die Westwinde polwärts, die polaren Ostwinde, die ihr Rotationsmoment vergrößern, äquatorwärts vorzudringen. Auf diese Weise müssen wir uns den Verlauf des Luftaustausches in den gemäßigten Breiten vorstellen. An Stelle einer einzigen Zirkulationsbewegung, bei der die Strömungen übereinander liegen, und wie sie zwischen den Subtropen und dem Äquator vorherrscht, treten in den mittleren und höheren Breiten eine Reihe kleinerer Zirkulationen auf, bei welchen die Gegenströmungen nebeneinander liegen. Diese kleineren Zirkulationen sind die Zyklonen der gemäßigten Breiten, in deren Bereich eine fortwährende Vermischung entgegengesetzter Luftströme und dadurch ein Ausgleich der Rotationsmomente erfolgt. Auf ihrer Vorderseite führen die Zyklonen die äquatorialen Winde polwärts, auf der Rückseite die polaren Luftmassen äquatorwärts. Hierdurch bilden die Zyklonen die Hauptglieder der allgemeinen Zirkulation der Atmosphäre in den gemäßigten Breiten. Ein anschauliches Schema der allgemeinen Zirkulation der Atmosphäre hat V. BJERKNES [13] aufgestellt. Im mittleren Halbkreis der Figur 43 sind die Strömungen an der Erdoberfläche dargestellt. Der einheitlichen Passatströmung steht die unregelmäßige Mischungszone der gemäßigten Breiten gegenüber, die in der schon früher hervorgehobenen BJERKNESschen Zyklonendarstellung

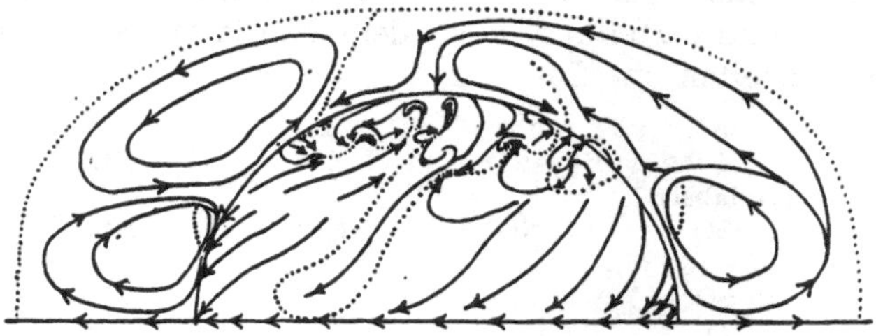

Fig. 43.

(vgl. S. 166) überaus anschaulich das Nebeneinander von äquatorialen und polaren Luftmassen offenbart und in einem Falle auch einen großen Durchbruch polarer Luftmassen vom Pol bis zum Äquator aufweist. Im äußeren Umkreis der Figur 43 werden links und rechts Vertikalschnitte des Luftaustausches zwischen Äquator und Pol gegeben. Der linke Vertikalschnitt zeigt geschlossene Zirkulationen, wie sie sich aus den mittleren Komponenten der Luftbewegung ergeben. Reell ist in dieser Darstellung nur die Zirkulation des Passates und Antipassates. Die Zirkulation über den gemäßigten Breiten ist nur eine Abstraktion aus den Mittelwerten. Rechts ist deshalb der Luftaustausch noch so dargestellt, wie er durch Vermittlung der Zyklonen der gemäßigten Breiten tatsächlich erfolgt.

Literaturnachweise. [1] E. LOOMIS im American Journal of Science 1885, Bd. XXX. Über die geographische Verteilung der Windgeschwindigkeit siehe auch G. HELLMANN, Untersuchungen über die jährliche Periode der Windgeschwindigkeit; Meteorol. Zeitschr. 1897. — [2] W. PEPPLER, Die Windverhältnisse der freien Atmosphäre; Arbeiten des Preuß. Aeronautischen Observatoriums bei Lindenberg, XIII. Bd., 1919. — [3] Meteorol. Zeitschr. 1903. — [4] J. W. SANDSTRÖM, Über die Bewegung der Flüssigkeiten; Annalen der Hydrographie u. marit. Meteorologie 1909. — [5] V. BJERKNES, Dynamische Meteorologie und Hydrographie; Bd. II, Braunschweig 1912. — [6] Aus der reichen Literatur über die neueren Anschauungen der Zyklonenbildung und der gesamten Wetterbetrachtung überhaupt führen wir an: J. BJERKNES, On the structure of moving cyclones; Geofysiske Publikationer, vol. I, Nr. 2, Kristiania 1919. J. BJERK-

NES u. H. SOLBERG, Meteorological conditions for the formation of rain; Geofysiske Publik. Vol. II, Nr. 3, Kristiania 1921. J. BJERKNES u. H. SOLBERG, Life cycle of cyclones and the polar theory of atmospheric circulation; Geofys. Publik. Vol. II, Nr. 1, Kristiania 1921. Referate zu diesen Arbeiten: W. MILCH, Über BJERKNES' Dynamik der Wirbel und Wellen, Meteorol. Zeitschr. 1923. H. v. FICKER, Polarfront, Aufbau, Entstehung und Lebensgeschichte der Zyklone; Meteorol. Zeitschr. 1923. F. M. EXNER, Anschauungen über kalte und warme Luftströmungen nahe der Erdoberfläche und ihre Rolle in den niedrigen Cyklonen; Geografisker Annaler 1920, H. 3, Stockholm 1920. F. M. EXNER, Sind die Cyklonen Wellen in der Polarfront oder Durchbrüche derselben; Meteorol. Zeitschr. 1921. F. M. EXNER, Die thermische und dynamische Auffassung der Luftbewegung; Meteorol. Zeitschr. 1922. F. M. EXNER, Über die Bildung von Windhosen und Cyclonen; Wiener Sitzungsberichte 1923. Referat Meteorol. Zeitschr. 1923. W. GEORGII, Wettervorhersage; Wissenschaftliche Forschungsberichte Bd. XI, Dresden und Leipzig 1924. — [7] G. STÜVE, Aerologische Untersuchungen zum Zwecke der Wetterdiagnose; Arbeiten des Preuß. Aeron. Observatoriums bei Lindenberg, 1914. — [8] F. M. EXNER, Grundzüge einer Theorie der synoptischen Luftdruckänderungen; Wiener Sitzungsberichte 199 (1907). — [9] A. DEFANT, Die Veränderungen der allgemeinen Zirkulation der Atmosphäre in den gemäßigten Breiten der Erde; Meteorol. Zeitschr. 1913. — [10] G. SCHOTT, Geographie des Atlantischen Ozean; Hamburg 1926. — [11] K. ALMSTEDT, Die Kälteeinbrüche im Mai und Juni; Göttinger Diss. 1913. — [12] H. HILDEBRANDSSON, Hann-Band der Meteorol. Zeitschr. 1906. TEISSERENC DE BORT und ROTCH, Meteorol. Zeitschr. 1907. F. M. EXNER, Dynamische Meteorologie; Leipzig 1917. — [13] Geofysiske Publicationer Vol. II, Nr. 4.

Luftdruck- und Windverteilung in den extremen Jahreszeiten[1].

In derselben Weise, wie einst DOVE die mittlere Temperaturverteilung in den Monaten und im Jahresdurchschnitt kartographisch durch Isothermen darstellte, hat BUCHAN[2] Isobaren und Windkarten entworfen, die uns die mittleren Druck- und Bewegungszustände des Luftmeeres vor Augen führen. Vergleichen wir die Ergebnisse dieser Darstellung mit der aus der allgemeinen Zirkulation der Atmosphäre gewonnenen Vorstellung von den Luftdruck- und Bewegungszuständen, so erkennen wir, daß eigentlich nur auf einem Teil der Ozeane, insbesondere auf dem Atlantischen Ozean, das Windsystem im Einklange mit der Theorie steht oder dem planetarischen Windsystem entspricht, wie es sich auf einer homogenen Erdoberfläche ausbilden würde, daß im übrigen aber durch die Kontinente tiefgreifende Umgestaltungen der Druck- und Windverteilung hervorgerufen werden. An Hand der Karten, die in jedem Atlas zu finden sind, sei eine Übersicht der tatsächlichen Luftdruck- und Windverteilung in den extremen Jahreszeiten gegeben.

Die südliche subtropische Hochdruckzone und das subantarktische Windsystem. Es empfiehlt sich, mit demjenigen Teil der Erde zu beginnen, der sich am meisten der Voraussetzung einer homogenen Oberfläche nähert. Von Februar bis November umschlingt die subtropische Hochdruckzone bandartig Land und Meer, aber in der Nähe der abnormal kältesten Gebiete entwickeln sich Kerne höheren Luftdrucks mit antizyklonischen Winden. Dagegen ist sie in den Sommermonaten Dezember und Januar auf die Meere beschränkt, während über den wärmeren Kontinenten flache Zyklonen lagern: das erste Beispiel einer thermischen Störung der fundamentalen Luftdruckzonen.

Entsprechend der jahreszeitlichen Verschiebung der subtropischen Hochdruckzone beginnt das subantarktische Windgebiet in etwa 45, im Winter in 40° Br. Hier scheint in der Tat die Depressionszone mit ihren westöstlich ziehenden Zyklonen, wenigstens im S des Indischen Ozeans, die Form einer Rinne oder Mulde beibehalten zu haben. Sie erleidet jahreszeitliche Verschiebungen, und mit ihr auch die antarktische Antizyklone, deren Kern sich im Jahr der Belgica-Expedition (1898—99) deutlich im Sommer gegen den Pol und im Winter gegen die östliche Halbkugel verrückte. Dies scheint darauf hinzudeuten, daß die Hauptmasse des antarktischen Kontinents südlich von der Alten Welt liegt, denn erfahrungsgemäß entwickeln sich winterliche Barometermaxima abseits vom Pol nur auf größeren, intensiv erkaltenden Landmassen.[3]

Südlich von Amerika springt das westantarktische Land meridional nach N vor, und überall, wo solches vorkommt, erleidet die bandartige Anordnung der Luftdruckzonen Störungen. Hier treten, wie Mecking[4] es wahrscheinlich gemacht hat, an die Stelle der barometrischen Rinne in sich geschlossene zyklonale Gebilde, im Sommer zu beiden Seiten des eisbedeckten Landes, im Winter aber nur in dem wärmeren Weddellmeer.

Das Passatgebiet und die nördliche Halbkugel im nördlichen Winter. Der charakteristische Zug dieser Jahreszeit ist die Auflösung der subarktischen Depressionszone.

Im Band hohen Luftdruckes, das sich vom Dezember bis zum März um unsere Halbkugel schlingt, liegen vier antizyklonische Zentren: zwei, von denen die NO-Passate ausgehen, am Rande der Tropenzone, und zwar das atlantische im S der Azoren, das pazifische nordöstlich von Hawaii, die beiden anderen dagegen auf den Kontinenten in der Nähe der Gebiete größter negativer Wärmeanomalie. Das ostsibirische Maximum ist um 10 mm höher als das nordamerikanische, denn dort sinkt die Temperatur um 24°, hier nur um 10° unter den Breitendurchschnitt. Die Isobaren von 775 bis 765 mm buchten sich auf der Ostfeste scharf nach W aus, und ähnliche Krümmungen zeigen auch die Isanomalen.

Das äquatoriale Minimum liegt auf dem Atlantischen und dem Pazifischen Ozean nördlich vom Gleicher, nur auf dem warmen Indischen Ozean ist es mit der Sonne etwas nach S gewandert.

Hoher Luftdruck breitet sich über die ganzen Nordkontinente aus und schließt sich im nördlichen Polarmeer zu der allmählich nach W sich verschiebenden arktischen Windscheide[5] zusammen. Auf diese Weise werden zwei subpolare Gebiete niederen Barometerstandes, deren Minima bei Island und den Aleuten, also in der Nähe der relativ wärmsten Gegenden unserer Hemisphäre liegen, vollständig abgegrenzt. Auch hier ist wieder der Zusammenhang mit der Temperaturverteilung deutlich ausgeprägt. Die größere Tiefe des nordatlantischen Minimums ist durch den höheren Grad der positiven Anomalie bedingt, und auch die Biegungen der Isobaren sind in den Isanomalen vorgezeichnet, wie beispielsweise das wichtige Teilminimum in der Davisstraße.

Der thermische Gegensatz von West und Ost, der das Winterklima unserer Halbkugel beherrscht, kommt auch darin zum Ausdruck, daß in derselben Richtung Windsysteme von entgegengesetztem Charakter einander ablösen. Auf die nordatlantische Zyklone folgt die ostasiatische Antizyklone, dann die nordpazifische Zyklone und endlich die nordamerikanische Antizyklone. Eine Linie, die auf den Meeren ungefähr mit dem 30. Parallel zusammenfällt, auf den Kontinenten aber beträchtlich höher ansteigt, bildet, gleichsam wie ein barometrisches Gebirge, die Hauptwindscheide zwischen den vier nördlichen und den südlichen Systemen.

Von jenen ist die nordatlantische Zyklone für uns am wichtigsten, überdies auch am eingehendsten erforscht. Eine von den Bermudas gegen Island gezogene Linie trennt die Polar- von der Äquatorialseite. Auf der letzteren herrschen südliche und westliche Winde vor, welche die höhere Lufttemperatur über der Atlantischen Strömung, größere Feuchtigkeit und reichlichere Niederschläge über das mittlere und polare Europa bis nach Westsibirien verbreiten, aber natürlich in immer geringerem Maß, je weiter sich die ozeanischen Winde von ihrer Ursprungsstätte entfernen, und je mehr kontinentale Luftmassen in den Wirbel hineingezogen werden. In Nordamerika nimmt die Häufigkeit der nördlichen Winde nach Süden rasch ab (und infolgedessen die Temperatur ebenso rasch zu), ja stellenweise herrschen sogar die Äquatorialwinde, wenn auch nicht bedeutend, vor. Dies erklärt sich aus der regelmäßigen Wanderung von Zyklonen aus dem Innern der Vereinsstaaten gegen Osten, wodurch ihre Zugstraßen, sowie die südlich davon gelegenen Landstriche häufig der Wohltat äquatorialer Winde teilhaftig werden.

Die nordpazifische Zyklone unterscheidet sich von der atlantischen in einigen wesentlichen Punkten. Sie umfaßt auf der einen Seite die Ostabdachung Asiens, auf der andern den schmalen pazifischen Rand von Nordamerika. Ihre kontinental abgeschlossene Nordseite ist viel ausgebildeter als die offene der atlantischen Zyklone; überall in der Umgebung der Beringstraße herrschen Polarwinde vor, wie die Vega-Expedition bestätigen konnte. Aus dem gleichen Grund liegt das Minimum hier wenigstens 10 Breitengrade südlicher als im Atlantischen Ozean; Alaska befindet sich schon auf der Polarseite, während Skandinavien noch auf der Äquatorialseite liegt. Die letztere ist also in der Neuen Welt in nordsüdlicher Richtung beschränkter als in der Alten Welt, aber auch gegen Osten hin, weil Gebirge ein tieferes Eindringen nicht gestatten. Dagegen ist die Ostseite Nordamerikas ungleich begünstigter, als die Eurasiens, denn hier sind die kalten NW-Winde beständiger und herrschen bis an den Wendekreis. Daher nimmt die Temperatur langsamer nach Süden zu; Schanghai hat nur eine mittlere Januartemperatur von 2,8 °. Noch schärfer tritt der Gegensatz in den Niederschlagsverhältnissen hervor, wie wir später sehen werden. Woher dieser Unterschied? Offenbar findet in Ostasien keine so lebhafte Zyklonenbewegung statt wie in den Vereinigten Staaten. Alle Bewegung nimmt in diesen Breiten eine östliche Richtung, und in dieser stößt sie auf hohe Gebirge. Ebensolche verhindern auch den Abfluß der Luft nach Süden. So gewinnt die sibirische Antizyklone eine größere Festigkeit als die nordamerikanische, und dadurch ist wohl auch zum Teil die abnorme Höhe des Luftdruckes bedingt.*

Außer den beiden genannten Antizyklonen dürfte sich noch eine dritte im Gebiet des arktischen Kältepols befinden. Darauf deuten die sehr beständigen NW-Winde hin, die das ganze arktische Amerika bis in die Baffinbai und Davisstraße überwehen.

An der Hauptwindscheide finden wir schwankende Strömungsverhältnisse, da sich die Grenzen der Windgebiete, der Beweglichkeit des Elementes entsprechend, beständig verschieben. Je weiter wir aber gegen Süden vordringen, desto mehr nimmt die Luftzirkulation einen passatischen Charakter an. Die Polargrenze des eigentlichen NO-Passates liegt im Osten und Westen des Atlantischen Ozeans in ungefähr 26 ° Br. und sinkt in der Mitte auf etwa 18 ° herab; die westliche Sahara auf der einen Seite, und Zentralamerika und der nördliche Teil von Südamerika auf der andern gehören noch diesem Gebiet an. Auch im Pazifischen Ozean treffen wir den ausgebildeten Passat erst jenseits des 30. Parallels im Osten und des 21.—25. im Westen an. In der östlichen Sahara, in Arabien und in Mesopotamien zieht eine sehr beständige NW-Strömung zum Indischen Ozean. In Zentralasien beginnt das passatische System erst jenseits des Himalaya, der weit in die Region der antipassatischen Strömung hineinragt; diesseits desselben bis zum 50. Breitengrad ist ein Übergangsgebiet mit schwankenden Winden, unter denen jedoch die polaren vorherrschen. Wie hier das Relief des Erdbodens die Passatgrenze nach Süden schiebt, so rückt im Westen das Mittelmeer die Hauptwindscheide nach Norden. Auch hier nimmt der Luftdruck vom Festland gegen die See ab; aber das vielfach gegliederte Mittelmeer beherbergt mehrere Minima, und die Windverhältnisse sind daher ziemlich komplizierter Natur. Doch herrschen an den nördlichen und westlichen Küsten im allgemeinen nördliche und an den südlichen südliche Winde vor.

---

* Der höchste Luftdruck, der bisher überhaupt auf der Erde verzeichnet wurde, wurde nach Woeikow am 23. Januar 1900 in Barnaul beobachtet: 789,2 mm, oder auf das Meeresniveau reduziert 808,7 mm.

Jenseits des Himalaya fließt die Luft durch die großen Täler des Ganges und Brahmaputra zum Indischen Ozean, wo die Strömung erst die regelmäßige passatische Richtung annimmt. Überall, wo der Kalmengürtel im Süden des Äquators liegt, also im ganzen Indischen Ozean und in der westlichen Südsee, dringt der NO-Passat in die Südhemisphäre hinüber bis ungefähr 10° Br. und in Australien noch weiter. Er wird hier durch die Rotation in einen NW- bis W-Wind umgewandelt, und daher im malaiischen Archipel und in Australien als NW- oder Australmonsun bezeichnet. Der indische Passat wird gleichfalls treffender als NO-Monsun bezeichnet, weil er im Sommer vom SW-Monsun abgelöst wird.

Der SO-Passat überschreitet im Sommer nur in den östlichen Teilen des Atlantischen und Pazifischen Ozeans den Äquator, während er sonst von dem nördlichen Passat bis etwa 10° s. Br. zurückgedrängt wird. Im Osten wird er durch die benachbarten kontinentalen Minima in SW umgewandelt (besonders deutlich ist diese Ablenkung an der afrikanischen Westküste ausgebildet), im Westen tritt (ebenfalls unter dem Einfluß jener Minima) Umkehrung ein, wodurch die antizyklonische Bewegung um die subtropischen Maxima geschlossen wird. Nirgends und niemals ist dieses Phänomen kräftiger ausgebildet als in dieser Jahreszeit auf der Südhemisphäre. Wir finden es sogar mitten in der Südsee wieder, wo das östliche Passatgebiet von dem schwächer entwickelten westlichen durch ein Band des rückkehrenden Passats getrennt ist.

Das Passatgebiet und die nördliche Halbkugel im nördlichen Sommer. Der April ist für die nördliche Halbkugel ein Übergangsmonat. Im Mai weicht schon die Zone hohen Luftdruckes gegen N zurück, und der äquatoriale Gürtel niederen Luftdruckes dringt von S aus vor. Im Juli und August ist die sommerliche Verteilung des Barometerstandes, von der wir sogleich sprechen werden, zur höchsten Ausbildung gelangt.

Lassen wir die Alte Welt vorläufig außer Betracht. Das äquatoriale Minimum ist mit dem thermischen Äquator allenthalben nach Norden gerückt, im Mittel bis 10° n. Br., nur an den Westseiten der Festländer bis 15—20° n. Br. Überall folgt ihm der SO-Passat auf unsere Hemisphäre und wird in der Nähe der erhitzten östlichen Festländer in SW umgewandelt. Auch die subtropischen Maxima liegen nördlicher als im Winter, unter ungefähr 40° Br., und damit verschiebt sich die Hauptwindscheide in höhere Breiten. Auf den Kontinenten, die wärmer als das Meer in gleicher Breite sind, biegen sich die Isobaren nach Süden um, und der Luftdruck nimmt landeinwärts ab; daher sinkt die Hauptwindscheide in Amerika bis zum 20. Parallel, und in der Alten Welt verschwindet sie völlig.

Die nordhemisphärische Passatzone reicht im Sommer nur von der Saharaküste westwärts ungefähr bis zum Meridian von Sachalin.

Ihre Polargrenze liegt auf den Meeren durchschnittlich in 28° Br., steigt aber im Osten auf über 30° an. Die Nähe der erhitzten Kontinentalflächen erzeugt eine vollständige antizyklonische Bewegung um die subtropischen Maxima, wie wir sie bisher nur auf der Südhemisphäre beobachten konnten.

In den mittleren und höheren Breiten lagern vier zyklonische Windgebiete nebeneinander, nur das der Alten Welt reicht auch in die Tropenzone hinein. Eine strenge Scheidung durch ausgedehnte antizyklonische Systeme findet nur in den mittleren Breiten statt, in den höheren treten die Windscheiden nur auf sehr detaillierten Isobarenkarten deutlich hervor. Außerdem sind die Winde nicht so stark wie im Winter, denn die Druckdifferenzen sind nach allen Richtungen kleiner, ebenso wie die Temperaturunterschiede. Sie sind auch in den höheren Breiten von geringerer klimatologischer Bedeutung als im Winter, weil die Verteilung der Temperatur hauptsächlich durch die Insolation bedingt wird, und es genügt daher eine nur flüchtige Betrachtung derselben.

Im nordatlantischen Zyklonengebiet liegt das Minimum östlich von Island. Amerika östlich vom Mississippi und von einer Linie, die man sich zwischen der Seenregion und der Hudsonbai nach Nordwesten gezogen denkt, ferner der Atlantische Ozean nördlich einer Linie von Florida bis Frankreich, die britischen Inseln, Frankreich und das westliche Deutschland gehören dazu. Im Norden der Linie Jamesbai-Island herrschen Polar-, südlich davon Äquatorialwinde vor. Die Nähe der großen ostkontinentalen Barometerdepression macht sich auch hier insofern geltend, als in Westeuropa die Polarströmung häufiger ist als im Winter. Über die Lage des Minimums in der pazifischen Zyklone ist nichts Genaues bekannt. Die amerikanische Zyklone zieht S- und SO-Winde aus dem Golf von Mexico an, die das ganze Prärienplateau überströmen, und erzeugt anderseits NW-Winde an der pazifischen Küste. Weitaus am wichtigsten ist aber das Zyklonengebiet der Alten Welt. Das Hauptminimum verlegt Hann nach Iran und in das Indusgebiet, aber die Biegungen der Isobare von 755 mm verraten nicht minder wichtige Teilminima im östlichen Sibirien und in der Sahara.* Überall ist in den weiten erhitzten Ebenen Gelegenheit zur Bildung barometrischer Minima vorhanden, an allen Seiten saugt der Kontinent Luft ein, wie er im Winter Luft ausatmet. Im Süden wird — das einzige Beispiel dieser Art — der indische NO-Passat völlig unterdrückt, und der SO-Passat über den Äquator herübergezogen und durch die Erdrotation in den SW-Monsun verwandelt. Talaufwärts strömt dieser in Hindustan bis zur großen

* In Asien unterscheidet A. Woeikow, der die übliche Isobarendarstellung mit Reduktion des Luftdrucks auf das Meeresniveau im Gebiet der großen Hochflächen für unstatthaft erklärt, drei Depressionszentren: das indische im S des Himalaya, das zentralasiatische im Tarimbecken und das turkestanische (Meteorologische Zeitschrift 1904).

Himalaya-Barriere, ja in tieferen Einschnitten vielleicht auch darüber hinweg. Nach Westen herrscht er bis Arabien, nach Osten bis zu den Philippinen. In der Sahara dringt der SO-Pasat bis gegen 20° N vor; in China, Japan und auf dem benachbarten Festland löst der SO-Wind den winterlichen NW ab. Auf der anderen Seite des großen Depressionsgebietes herrschen von dem östlichen Deutschland und der Balkanhalbinsel bis Sibirien und Turan polare Strömungen vor.

Dasselbe Gesetz, das hier die Luftzirkulation über einem Drittel der Erdoberfläche regelt, macht sich auch im kleinen geltend. Skandinavien und die iberische Halbinsel sind ebenfalls abgeschlossene Zyklonengebiete, wie im Winter kleine antizyklonische Zentren. Auch Italien zieht Seewinde an, während im südlichen Mittelmeer nördliche Winde zur Sahara ziehen.

Überblicken wir noch einmal die Luftdruckverteilung in den extremen Jahreszeiten. Überall, wo in ostwestlicher Richtung Land und Meer wechseln, ist die fundamentale Ordnung nur auf den Meeren zu suchen. Nur hier folgen stets äquatoriales Minimum, subtropisches Maximum, subpolares Minimum und polares Maximum aufeinander. Sie sind permanent, wandern aber mit der Sonne. Die Festländer beherbergen dagegen in der warmen Jahreszeit Minima und in der kalten Maxima. Diese zyklonischen und antizyklonischen Gebilde sind thermischer Natur und daher periodisch.

Aktionszentren der Atmosphäre. Aus der voraufgehenden allgemeinen Betrachtung der Luftdruck- und Windverteilung ergeben sich die folgenden ständigen oder wenigstens jahreszeitlich stationären Hoch- und Tiefdruckgebiete:

A. Auf der nördlichen Hemisphäre:
1. die nordatlantische oder isländische Zyklone,
2. die nordpazifische oder Alaska-Zyklone,
3. die nordatlantische oder Azoren-Antizyklone,
4. die nordpazifische oder Honolulu-Antizyklone,
5. die zentralsibirische Winter-Antizyklone,
6. die asiatische Sommer-Zyklone,
7. die arktische Antizyklone.

B. Auf der südlichen Halbkugel:
1. die subantarktische Tiefdruckfurche,
2. die südatlantische oder Helena-Antizyklone,
3. die Mauritius-Antizyklone des Indischen Ozeans,
4. die südpazifische Antizyklone,
5. das australische Winter-Hoch,
6. die antarktische Antizyklone.

C. Die äquatoriale Tiefdruckfurche.

Teisserenc de Bort hat für diese ständigen, die großen Windsysteme der Erde beherrschenden Luftdruckgebilde die Bezeichnung

Aktionszentren der Atmosphäre eingeführt. Das Studium dieser Aktionszentren ist in neuerer Zeit mit besonderem Eifer betrieben worden, und überraschende Zusammenhänge haben sich hieraus für die auftretenden Schwankungen der Aktionszentren selbst und der durch sie bedingten jahreszeitlichen Witterungserscheinungen an verschiedenen Erdstellen ergeben. HANN [6] hat schon vor längerer Zeit nachdrücklich darauf hingewiesen, wie notwendig es ist, die »Kirchturmpolitik« in der Meteorologie, die nur die meteorologischen Vorgänge an Ort und Stelle verfolgt, zu verlassen und die atmosphärischen Erscheinungen in ihrem Zusammenspiel auf der ganzen Erdoberfläche zu verfolgen. Es ist ja klar, daß alle Hauptströmungen der Luft als Glieder eines großen einheitlichen Systemes nicht unabhängig voneinander sein können. Abweichungen des normalen Verlaufes an irgendeiner Stelle müssen anderen Ortes kompensiert werden. Am einfachsten offenbart sich die Notwendigkeit dieser Zusammenhänge aus den Luftdruckverhältnissen. Da der mittlere Luftdruck der Erdoberfläche konstant ist, so ergibt sich notwendigerweise, daß eine positive Druckanomalie an irgendeiner Stelle durch eine negative an anderem Orte ausgeglichen werden muß. Der Ausgleich dieser Druckschwankungen erfolgt durch die Aktionszentren der Atmosphäre. Am bekanntesten sind die gleichzeitigen Schwankungen der nordatlantischen Aktionszentren, des Azorenhochs und des isländischen Tiefs[7]. Einer negativen Luftdruckabweichung in Stykkisholm auf Island entspricht eine positive Druckabweichung in Ponta-Delgada auf den Azoren und umgekehrt. G. T. WALKER [8] hat neuerdings die Zusammenhänge aller Aktionszentren untereinander untersucht und ist zu sehr wichtigen Resultaten gelangt. Es ergeben sich hiernach nicht nur gleichzeitige, zusammenhängende Schwankungen, sondern auch Abweichungen eines Aktionszentrums mit voraufgehenden oder nachfolgenden Schwankungen anderer Aktionszentren. Diese Beziehungen offenbaren uns eine neue Vorstellung vom »Weltwetter«, das alle Witterungserscheinungen unserer Erde miteinander verbindet und in Abhängigkeit von einander bringt. Wir kennen heute schon eine ganze Reihe derartiger Zusammenhänge zwischen dem Witterungscharakter weit entfernter Erdstellen. GILBERT WALKER konnte beispielsweise nachweisen, daß die Intensität des sommerlichen Monsunregens in Indien in Beziehung steht zu den Luftdruckabweichungen der Mauritius-Antizyklone und zu den Abweichungen des Luftdruckes in Argentinien. P. H. GALLÉ [9] konnte zeigen, daß die Stärke des sommerlichen Nordostpassates über dem Atlantischen Ozean und die Temperaturen des nachfolgenden Winters in Europa nicht unabhängig von einander sind. Auch besteht eine Parallelität zwischen der Intensität des NO-Passates und der Niederschlagsmenge in England. Noch enger ist aber die von SHAW gefundene Korrelation zwischen dem SO-Passat und dem Regen in England. GEORGII [10] konnte den Nachweis erbringen, daß einem schwachen

Sommerpassat über dem Nordatlantischen Ozean ein starker Monsun über Indien entspricht und umgekehrt, und daß die Temperatur in Mitteleuropa sich in voraufgegangenen Luftdruckanomalien in Indien, Nordamerika, Argentinien und in der subantarktischen Tiefdruckrinne widerspiegelt. Es können hier aus der Fülle der in neuerer Zeit gefundenen Beziehungen nur einige aufgeführt werden. Alle Schwankungen sind letzten Endes die Folge länger anhaltender Abweichungen der zugestrahlten Sonnenenergie, hervorgerufen durch kosmische oder terrestrische Einflüsse, die sich zuerst in den Hauptgebieten der Wärmeaufnahme unserer Erde, in der Äquatorialzone, auswirken, von hier durch die allgemeine Zirkulation der Atmosphäre auf die übrigen Aktionszentren übertragen werden und so nach und nach die Witterung der ganzen Erde beeinflussen.

Mittlere monatliche Barometerschwankungen. Wie die Wärmeschwankungen, so sind auch die mittleren Schwankungen des Luftdruckes ein bedeutungsvolles klimatisches Element. KÖPPEN und BROCKMÜLLER[11] haben sie kartographisch durch »isobarometrische Linien« (eine Bezeichnung von KÄMTZ) dargestellt. Je größer die Schwankungen sind, desto unruhiger ist durchschnittlich das Wetter, desto steiler der Gradient, und desto stärker sind die Winde. Als Gegend größter atmosphärischer Unruhe findet man so die Umgebung von Island im Nordatlantischen Ozean. Allgemein nimmt auf der Nordhemisphäre die durchschnittliche monatliche Barometerschwankung vom Äquator bis zum 60. Parallel, der Gegend der subpolaren Minima, zu, weiter nördlich wieder ab. Das gleiche gilt auch für die südliche Halbkugel.

Mittlere monatliche Barometerschwankung der nordhemisphärischen Breitenkreise nach BROCKMÜLLER.

Breite:	0°	10°	20°	30°	40°	50°	60°	70°	80°
					Winter				
Meer	2,5	4,0	7,0	14,0	25,0	35,0	**43,0**	39,5	34,5 mm
Festland	3,0	4,5	7,5	13,5	22,0	28,5	**36,0**	35,0	—
					Sommer				
Meer	1,9	3,0	4,5	8,0	13,5	19,0	**24,0**	22,0	16,5 mm
Festland	2,2	3,5	5,5	8,0	12,0	17,5	20,0	**21,0**	—

Im Winter sind die Schwankungen überall größer als im Sommer, aber in den höheren Breiten der Südhalbkugel ist dieser Unterschied nicht sehr bedeutend. Der barometrische Gradient ist hier immer steil, und die warme Jahreszeit mildert nur wenig den stürmischen Charakter der herrschenden Westwinde.

Periodische Luftmassenverschiebungen. Vergleicht man die mittleren Barometerstände der beiden Hemisphären in entgegengesetzten Jahreszeiten miteinander, so ergibt sich das zunächst überraschende Resultat, daß sich die Unterschiede auf keiner von beiden Halbkugeln ausgleichen. In jeder Hemisphäre ist der auf das Meeresniveau reduzierte Barometerstand im Winter größer als im Sommer, wie aus den von BASCHIN [12] berechneten Werten hervorgeht.*

Breite	N 50—30°	30°—0	S 0—30°	30—50°	N 0—50°	S 0—50°
Januar	763,5	761,2	758,6	760,1	762,2	759,2
Juli	759,4	758,5	762,3	760,1	758,9	761,3

Da der Luftdruck auf der ganzen Erde konstant bleibt, tritt offenbar Luft von der jeweiligen Sommerhalbkugel auf die Winterhalbkugel über. Die vom Winter zum Sommer von der einen Hemisphäre auf die andere abgeflossenen Luftmassen entsprechen nach SPITALER [13] dem Gewicht einer Wassermasse von 380 000 Kubikkilometer. Auf diese Massenverlagerung führt SPITALER die kleinen Schwankungen der Polhöhen zurück, die in den letzten Jahrzehnten des 19. Jahrhunderts erschlossen worden sind. Der Nordpol führt hiernach in durchschnittlich 14 Monaten einen Umlauf um seine mittlere Lage aus, entfernt sich aber davon nach den bisherigen Beobachtungen nur bis auf $\pm$ 0,37 Bogensekunden oder 12 m. So geringfügige Schwankungen der geographischen Breiten sind natürlich ohne merklichen Einfluß auf die den Geographen interessierenden physikalischen Verhältnisse der Erdoberfläche.

Literaturnachweise. [1] A. SUPAN, Statistik der unteren Luftströmungen; Leipzig 1881. — [2] A. BUCHAN, Monats- u. Jahresisobaren im Challenger-Werk, zit. S. 145, und in BARTHOLMEWS Physical Atlas, zit. S. 94. Ein noch unerreichtes Muster von Isobarenkarten ist J. HANN, Die Verteilung des Luftdruckes über Mittel- u. Südeuropa; Wien 1887. Für die Methode der Bearbeitung mariner Beobachtungen ist G. RUNG, Repartition de la pressure atmosphérique sur l'ocean atlantique septentrional, Kopenhagen 1894, maßgebend. — [3] A. SUPAN, Das antarktische Klima; Peterm. Mitt. 1901. W. MEINARDUS, Meteorologische Ergebnisse der Winterstation des »Gauß« 1902—03; Bd. III der »Deutschen Südpolarexpedition 1901—03«. — [4] L. MECKING, Zum antarktischen Klima; Peterm. Mitt. 1909. — [5] A. SUPAN, ebenda 1891. — [6] J. HANN, Meteorol. Zeitschr. 1906. — [7] A. DEFANT in Geografiska Annaler, Årg. 6, Stockholm 1924. — [8] G. T. WALKER, Correlation in seasonal variations of weather; VII. Mem. of the Ind. Meteorol. Dep. XXIII, P. II. — [9] P. H. GALLÉ, Beziehungen zwischen der Stärke des Nordostpassates im Sommer und der Wintertemperatur von Europa; Referat: Annalen der Hydrographie u. marit. Meteorol. 1916. — [10] W. GEORGII, Annalen der Hydrographie und marit. Meteorologie 1923. — [11] W. KÖPPEN, Die monatlichen Barometerschwankungen; Annalen der Hydrographie u. marit. Meteorologie 1882. — W. BROCKMÖLLER, Die geographische Verteilung der monatlichen Barometerschwankungen; Archiv der Deutschen Seewarte 1911. — W. KÖPPEN, Meteorologische Zeitschrift 1912. — [12] O. BASCHIN in der Zeitschrift der Gesellschaft für Erdkunde, Berlin 1907, u. in den Annalen der Hydrographie usw. 1907. — [13] R. SPITALER, Periodische Verschiebungen des Schwerpunktes der Erde; Sitzungsberichte der Wiener Akad. d. Wissensch., math.-naturw. Kl. 1905, Bd. CXIV, Abt. II. a.

* Auch die wirklichen, nicht auf das Meeresniveau reduzierten Barometerstände geben eine solche, allerdings kleinere Differenz, die der Massenverschiebung aber besser entspricht.

Lokale Winde.

Die lokalen Winde können in zwei Hauptarten geteilt werden. Zur ersten gehören die lokalen Winde in des Wortes eigentlichster Bedeutung, die nicht durch die allgemeine geographische Verteilung des Luftdruckes, sondern durch örtlich beschränkte barometrische Unterschiede hervorgerufen werden. Es ist klar, daß solche lokale Druckdifferenzen nur bei ruhiger Wetterlage zur Wirkung gelangen können. Die Winde dieser Kategorie sind daher nicht nur örtlich, sondern auch zeitlich beschränkt. Sie stehen gewöhnlich in Verbindung mit dem täglichen Gang der Erwärmung und Abkühlung. Die zweite Hauptart bilden jene Winde, die zwar durch die allgemeine Luftdrucksituation über einem größeren Gebiet bedingt sind, aber in bestimmten Gegenden oder unter bestimmten Umständen lokale Beeinflussung erfahren.

Lokale Windsysteme. Zur ersten Art gehören die Land- und See-, weiterhin die Berg- und Talwinde. Die Land- und Seewinde finden wir an den Gestaden aller größeren Wasserflächen, hauptsächlich an den Meeresküsten. In niedrigen Breiten treten sie während des ganzen Jahres auf, in höheren Breiten nur während der wärmeren Jahreszeit. Ihrem Wesen nach stellen sie im kleinen Ausmaß eine Luftzirkulation dar, wie wir diese früher im größten Maßstab im Monsunsystem kennen gelernt haben. Durch die stärkere Erwärmung der Luft heben sich am Tage über dem Lande die Flächen gleichen Druckes höher als über der Wasserfläche. Es entsteht in der Höhe ein Druckgefälle vom Land zum Wasser, dem die Luftbewegung in der Höhe im gleichen Sinne folgt. Nach Einleitung dieser Bewegung sinkt der Luftdruck am Boden über dem Lande, während er über der Wasserfläche steigt, und vom Wasser strömt nunmehr die untere Ausgleichsströmung als Seewind gegen das Land. Die Höhe der Zirkulation beschränkt sich in mittleren Breiten auf ca. 300 m, in den Tropen werden 1000 m selten überschritten. In den Abendstunden gleichen sich die Druckunterschiede aus, und nach Mitternacht, wenn sich das Land mehr abgekühlt hat als das Meer, entwickelt sich die umgekehrte Bewegung: in den unteren Schichten weht gegen das Meer der Landwind, während in den oberen Schichten eine Gegenströmung vom Meer gegen das Land auftritt. Für das Verhalten des Land- und Seewindes in der Vertikalen geben die folgenden Beobachtungen ein gutes Beispiel:

Vertikale Windverteilung über dem Bodensee nach KOPFMÜLLER.[1]

Höhe	20	50	100	200	400	600	800	1000	1200 m
		Landwind			Gegenwind			Oberwind	
6^h a	N25O	N43O	N76O	S49O	S23W	S39W	S85W	N87W	N88W
	2,0	2,4	1,4	1,2	0,8	0,5	0,6	1,0	1,4 m/sec
		Seewind			Gegenwind			Oberwind	
1^h p	S48W	S45W	S56W	N30W	N17O	N13O	N9O	N12W	S33W
	2.3	2.3	1.3	0,6	1,6	1,2	0,8	0,4	0,6 m/sec

Über den Ursprung des Windes auf See liegen nur wenige Beobachtungen vor. An der Ostsee entsteht die Seebrise $7^1/_2$ bis 9 km vor der Küste, der Landwind dringt ziemlich weit, bis zu 15 km, seewärts vor[2]. Die innere Grenze des Seewindes liegt 20—40 km landeinwärts. Mit größerer Entfernung von der Küste landeinwärts nimmt die Dauer des Seewindes ab, gleichzeitig verspätet sich die Stunde seines Einsatzes mehr und mehr. Im Landinnern an der Grenze seines Vordringens beschränkt sich seine Dauer auf wenige Minuten am Nachmittag.

Ein echter Tagesmonsun sind auch die Berg- und Talwinde, ein allen Gebirgsländern gemeinsames Phänomen, wenn auch kaum irgendwo großartiger und regelmäßiger entwickelt als in Tibet und Kaschgarien, wo die Heftigkeit des Bergwindes am Nachmittag das Überschreiten der Gebirgspässe geradezu unmöglich macht. Die Erklärung der Berg- und Talwinde ist zuerst von J. Hann[3] gegeben worden. Wenn sich mit steigender Sonne die Luft im Tal und an den Berghängen erwärmt, dehnen sich die Luftsäulen a b und c d bis b′ und d′ aus, und zwar dehnt sich die mächtigere Luftsäule a b in stärkerem Maße aus als die kürzere c d. Hierdurch tritt eine Neigung der Flächen gleichen Druckes von der Talmitte gegen den Berghang auf. Dazu kommt noch, daß sich die Luft am Abhang mehr erwärmt, als in der freien Atmosphäre im gleichen Niveau, und deshalb in die Höhe strebt und durch zuströmende Luft ersetzt werden muß. Zwei Komponenten wirken somit auf die dem Berghang aufliegende Luft, eine senkrecht nach oben, die andere horizontal gegen den Hang gerichtet, und führen sie längs des Berghanges nach oben. Der Talwind des Nachts bedarf kaum einer besonderen Erklärung. Die am Hange erkalteten Luftmassen folgen dem natürlichen Bodengefälle und strömen nach der Ebene ab. Wo die Berghänge mit Schnee und Eis bedeckt sind und erkaltend auf die Luftschichten wirken, da entsteht auch bei Tag ein kalter Fallwind. Dieser Art sind z. B. die Nevados oder Schneestürme auf dem mit hohen Bergen gekrönten Plateau von Quito.

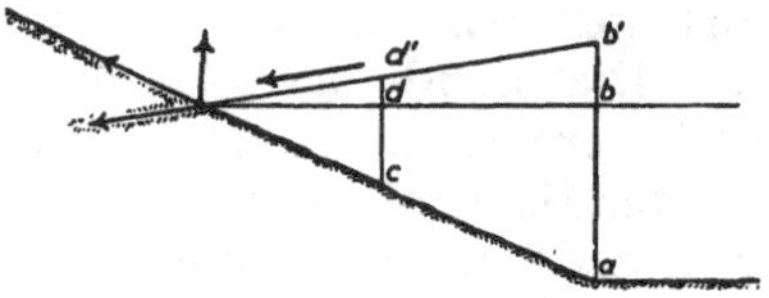

Fig. 44. Erklärung des Bergwindes.

Im obern Engadin weht der Wind im Sommer bis nach Scanfs auch bei Tag talabwärts. Diese Anomalie bereitete der Theorie einige Schwierigkeiten, bis sie Billwiller[4] durch die eigentümlichen orographischen Verhältnisse des Tals befriedigend erklärte. Auch hier finden wir den regelrechten Steigungswind, aber der Ersatz dafür kommt nicht von dem stark eingeengten unteren Tal, sondern von dem offenen obern Ende.

Enge Nebentäler, die von hohen und steilen Felswänden eingeschlossen und daher nur wenige Stunden von der Sonne beschienen werden, senden oft, besonders im Sommer, kalte Winde in das viel wärmere Hauptal. Bekannt ist der Wisperwind, der, aus dem Taunus kommend, manchmal das um 12—18° wärmere Rheintal heimsucht. Eine ähnliche Wirkung erzeugt die Nachbarschaft von Gebirge und Ebene, besonders im Frühjahr und Herbst; das Klima des bayrischen Plateaus und der Po-Ebene wird zum Teil durch diesen Gegensatz bedingt. Zu den echten lokalen Winden gehört auch jene eigentümliche und, wie es scheint, ganz abgeschlossene Luftzirkulation im Ghôr, wo im Sommer Süd- und im Winter Nordwinde ausschließlich herrschen.

Einfluß lokaler Verhältnisse auf die Winde. Zweige der allgemeinen Luftbewegung können durch bestimmte lokale Verhältnisse in ihrer ursprünglichen Richtung oder Stärke verändert werden, oder auch einen eigentümlichen klimatischen Charakter erhalten. So werden im meridionalen Champlain-Hudsontal im Staate New York die winterlichen NW-Winde in N- und die sommerlichen SW-Winde in S-Winde umgewandelt. Das von Nordwesten nach Südosten ziehende Ebrotal kennt eigentlich nur zwei Luftströmungen: den Cierzo (NW) und den Bochorno (SO). Ein großartiges Beispiel dieser Art liefert auch Hindustan, wo der Wintermonsun talabwärts und der Sommermonsun talaufwärts fließt, und selbst die antipassatische Strömung in 2000 m Höhe im Winter genau den Bahnen des Sommermonsuns folgt. Auf wie weite Strecken hin ein Gebirge die Windrichtung zu bestimmen vermag, beweisen die Gegenden an der Ostseite der Karpathen, wo NW- und SO-Winde von Bessarabien bis in die Nähe von Lemberg entschieden vorherrschen.

In noch höherem Grad als die Richtung unterliegt die Stärke des Windes der lokalen Beeinflussung, besonders durch Temperaturunterschiede, wie zwischen dem Meer und einem gebirgigen Hinterland im Winter oder zwischen einem solchen und einer erhitzten Küstenebene im Sommer. Auf diese Weise erhält der Mistral[5], ein stürmischer N- oder NW-Wind, der die Küstengegenden von der Ebromündung bis in den innersten Winkel des genuesischen Golfs so häufig heimsucht, seinen eigentümlichen Charakter. Besonders heftig ist er in der Provence und im Languedoc, wo die Gebirgsmauern der Cevennen und Alpen fast aufeinander stoßen, und wo er regelmäßig auftritt, wenn sich ein Minimum im Süden oder Südosten der Provence befindet, während eine Antizyklone über dem mittleren und südwestlichen Frankreich lagert. Diese Druckverteilung ist im Winter die normale, daher auch der Mistral in dieser Jahreszeit am häufigsten. Seine Heftigkeit erklärt sich daraus, daß die Gegensätze nicht sofort ausgeglichen werden, indem sich die von Norden kommende Luft einige Zeit hinter dem Gebirge staut. Ähnlich verhält sich die Bora[6] an den gebirgigen Küsten von Triest, Dalmatien und Albanien. Man versteht darunter NO- und O-Winde, die besonders im Winter durch Minima auf dem Adriatischen Meer erzeugt werden. Die zeitweise Stauung und das plötzliche Hereinbrechen über die Pässe des Gebirges kommt in dem stoßweisen Wehen dieser oft gefährlichen Stürme zum Ausdruck, die am wütendsten dort sind, wo der Gebirgskamm mindestens 300—600 m hoch und zugleich in horizontaler Richtung nur ein paar Kilometer von der warmen See entfernt ist. Solche Borastürme kommen übrigens auch bei Nowo-rossiisk am NO-Ufer des Schwarzen Meeres und an der ochotskischen Küste vor.

Diese Fallwinde sind relativ kalt und trocken. Ein anderer Fallwind, der Föhn, ist relativ warm und trocken. Er bringt diese Eigenschaften nicht aus seinem Ursprungsgebiet mit, sondern erhält sie erst durch die Veränderungen, die er auf seinem Wege erleidet [7]. Nehmen wir an, ein Gebirge von 1000 m Höhe trennt die Orte A mit 8° und B mit 12° Temperatur, und die Luft setze sich von A nach B in Bewegung. Beim Aufstieg zum Kamm kühlt sie sich ab, beim Abstieg erwärmt sie sich. Das Maß der Abkühlung ist verschieden und hängt von der Kondensation des Wasserdampfes in der aufsteigenden Luft ab, das der Erwärmung der absteigenden Luft ist aber 1° auf 100 m. Die Endtemperatur des Luftstromes hängt nun von der Differenz der Erwärmung und Erkaltung ab, die bestimmt wird durch die Fallhöhe der Luft und die Temperaturabnahme beim Aufstieg am Gebirge. Beträgt diese 0.8° auf 100 m, so ist im vorliegenden Beispiel die Endtemperatur $= 8°$ (ursprüngliche Temperatur) $+ (10° - 8°) = 10°$; beträgt dagegen die vertikale Temperaturabnahme nur 0,4° auf 100 m, so ist die Endtemperatur $= 8° + (10° - 4°) = 14°$. Verglichen mit der ursprünglichen Temperatur am Orte B kommt im ersteren Fall der Wind als relativ kalt, also als boraartiger Wind, im zweiten Fall als warmer Föhn an. In Castasegna im Bergelltal z. B. kommt in der Tat der über den Malojapaß herüberwehende Wind bald als Bora, bald als Föhn an. Stets aber ist, solange der Abnahmekoeffizient der Temperatur $< 1°$ ist, der Luftstrom an der Endstation wärmer als am Ursprungsort, und daher auch trockener. Bei der eigentlichen Bora ist der vertikale Temperaturgradient $>$ als 1° auf 100 m. Da die Größe der relativen Erwärmung beim Föhn von der Größe der Temperaturabnahme mit der Höhe abhängt, diese aber im Sommer wesentlich größer als im Winter ist, wird auch der Föhn im Sommer weniger fühlbar.

Der Föhn ist eine zahlreichen Gebirgen gemeinsame Erscheinung, während man ihn früher nur auf die Nordalpen beschränkt glaubte. Hier ist dieser warme und trockene Südwind (SW—SO), der sich zeitweise zum Sturm steigert, von Besançon am Jura bis Vorarlberg zu Haus, erreicht aber in seinen östlichen Ausläufern auch das untere Inntal und manchmal sogar die Täler Salzburgs und des Salzkammergutes. Er erzeugt durch die sommerliche Wärme mitten im Winter oft plötzliche und gefährliche Schneeschmelzen und Überschwemmungen, ist aber auch von dauerndem Einfluß auf das Klima * und ermöglicht die Maiskultur in Gegenden, wo sie sonst ausgeschlossen ist. Nach neueren Untersuchungen von L. LAMMERT[8] reicht die Temperaturbeeinflussung der unteren Schichten durch den Alpenföhn in horizontaler Richtung sehr weit in das Alpenvorland. Selbst bis Mitteldeutschland läßt sich seine Wirkung nachweisen.

Nach HANN tritt der typische Föhn auf der Nordseite der Alpen dann auf, wenn sich eine tiefere Barometerdepression auf dem Atlantischen Ozean zwischen dem Golf von Biscaya und Nordschottland einstellt. Durch das heranziehende Tiefdruckgebiet wird die Luft aus den Tälern der Alpen herausgesaugt, so daß zu ihrem Ersatz vom Gebirgskamm der Föhn herabwehen muß. Ist der Luftdruck auf der Südseite der Alpen beträchtlich tiefer als im Norden, so erscheint der Nordföhn in den südlichen Tälern.

Auch die niedersinkende Luft in Antizyklonen gibt Veranlassung zu föhnartigen Erscheinungen. Manchmal treten unter solchen Umständen in den Alpen Nord- und Südföhn gleichzeitig auf, besonders dann, wenn auf der Nord- und Südseite einer alpinen Antizyklone kräftige Zyklonen vorüberziehen, ein Fall, der im Winter nicht allzu selten ist. Unter ähnlichen Umständen bilden sich auch in Grönland an beiden Küsten föhnartige Winde. Antizyklonen geben auch ohne Einfluß des Bodenreliefs Veranlassung zu Fallwinden, welche die gleichen Eigenschaften, wie der eigentliche Föhn, Wärme und Trockenheit, aufweisen. BILLWILLER JUN. unterscheidet deshalb zwischen Gradientföhn, d. h. horizontalen Strömungen, die durch orographische Hindernisse unter Einwirkung eines stärkeren barometrischen Gradienten hervorgerufen zum Auf- und Absteigen gezwungen werden, und antizyklonalem Föhn, erzeugt durch die dynamische Erwärmung absinkender Luftmassen im Bereich einer Antizyklone. Der antizyklonale Föhn ist durch die neueren Anschauungen über den Aufbau der Antizyklonen und Zyklonen genauer definiert worden. In dem Schema des Aufbaues einer Zyklone und Antizyklone von G. STÜVE (Fig. 42 auf Seite 171) finden wir auf der Rückseite der Antizyklone vor der Aufgleitfläche die Abgleitfläche. Längs dieser Fläche sinken die an der Vorderseite des Hochs gewaltsam gehobenen Luftmassen wieder nieder und erzeugen so eine Zone starker Erwärmung und Lufttrockenheit an der Rückseite des Hochs, den sogenannten antizyklonalen Föhn. Die Bezeichnung Gradientföhn für den an Hindernissen erzeugten Fallwind ist wenig glücklich. Auch der antizyklonale Föhn

---

*	Höhe	Winter	Frühling	Sommer	Herbst	Jahr
Zürich	470 m	—0,3°	8,9°	17,6°	8,8°	8,7°
Altdorf (Föhngebiet)	454 „	1,1°	9,5°	17,3°	10,0°	9,5°

PERNTER hat die Mitteltemperatur der Föhn- und föhnlosen Tage in Innsbruck besonders berechnet und gefunden, daß der Föhn die mittlere Temperatur im Winter um 0,85° und im Jahr um 0,6° erhöht.

wird gefördert und gestärkt durch die ansaugende Wirkung einer gegen die Antizyklone vordringenden Zyklone und wird auf diese Weise durch den barometrischen Gradient beeinflußt. Es dürfte deshalb besser sein, lediglich von Gebirgsföhn zu sprechen, wodurch die Zuordnung eindeutig ist.

Heutzutage weiß man, daß der Föhn ein allgemein verbreitetes Phänomen ist. Der sogenannte Scirocco auf der Nordseite der Pyrenäen und in Algier ist nach Herbert nichts anderes als Föhn. In Modena nimmt der SW-, in Simferopol auf der Krimhalbinsel der SO-, in Trapezunt und im Kurtal der SW-, in Kutais dagegen der ONO-Wind zeitweise einen föhnartigen Charakter an. Für die Westküste Japans hat Knipping das Vorkommen des Föhns nachgewiesen. In Nordamerika ist diese Windart sowohl in den Alleghanies wie auch im westlichen Hochland häufig; im letzteren ist sie unter dem Namen Chinook bekannt und erstreckt sich (wahrscheinlich als antizyklonale Begleiterscheinung) weit in die Prärien hinein, angeblich sogar bis Wisconsin[10]. In Neuseeland ist sie besonders entwickelt auf der Ostseite der Südalpen. Die auffallend hohen Julitemperaturen mancher Jahre an der SW-Küste Afrikas in Port Nolloth und an der Walfischbai führt v. Danckelman auf föhnartige Ostwinde zurück. In Grönland ist der Föhn an beiden Küsten heimisch, sowohl bei antizyklonischer Wetterlage als auch dann, wenn ein tiefes barometrisches Minimum westlich oder östlich von dieser Kontinentalmasse erscheint, nur daß in diesem Fall nicht ein Überwehen des ganzen inneren Eisplateaus vorausgesetzt werden darf, sondern ein Abströmen der Luft von demselben genügt, um ähnliche thermo-dynamische Wirkungen zu erzeugen wie in schmalen Gebirgszügen. Von großer klimatischer Bedeutung ist er an der Westküste, wo er im Winter und Frühjahr die Temperatur häufig über den Gefrierpunkt hebt. In Jakobshavn z. B. ist die durchschnittliche Zahl der Föhntage 16 (in der Schweiz 40) im Jahr. In Nischne-Kolymsk erwähnt schon Wrangel einen trocknen und warmen Wind aus Südosten, wo ein Ausläufer des Stanowoigebirges liegt. Woeikow hat auch den Föhn herangezogen, um manche Eigentümlichkeiten des ostasiatischen Winterklimas zu erklären. Wo der Gebirgsrand unterbrochen ist, bringt der herrschende Nordwest die Temperatur des sibirischen Kältezentrums bis an die Küste; wo er aber ein Gebirge übersteigen muß, erwärmt er sich beim Herabsinken. Daher ist z. B. Ajan im Januar um 2,8° wärmer als Nikolajewsk, und Peking um 4,8° wärmer als Niutschwang.

Die Trockenheit und die Wärme hat der Föhn mit den Wüstenwinden gemein, und lange Zeit hielt man ihn auch für einen solchen. Er erhält aber, wie wir gesehen haben, seinen Charakter in der Regel durch lokale Verhältnisse und verliert ihn auch wieder, sobald diese zu wirken aufhören; während die Wüstenwinde ihn aus der Wüste, in der sie entstehen oder die sie passieren, mitbringen. So sendet die

Sahara den Khamsin nach Ägypten, den Harmattan nach Oberguinea, und sogar über breite Meeresstrecken den Leste nach Madeira und den Canarischen Inseln, den Leveche an die spanische Ostküste von Kap Gata bis zum Kap Não, und den Scirocco (nicht zu verwechseln mit den ebenso genannten feucht-warmen Winden in Italien und auf dem Adriatischen Meer) nach Sizilien. Ein Wüstenwind ist ferner der bekannte Samum im mittleren und nördlichen Arabien. Auch von der Mohavewüste im westlichen Nordamerika sind solche Winde bekannt.

Passieren diese Wüstenwinde auf ihrem Wege noch Gebirge, so unterliegen sie überdies noch der Föhnwirkung und steigern hierdurch ihre Wärme und Trockenheit zum Extrem. Solche Fälle sind bekannt vom Scirocco oder Khamsin in Palästina und in Australien von dem Melbourner Nordwind.[9]

Literaturnachweise. [1] A. Kopfmüller, Der Land- und Seewind am Bodensee; Zeitschrift »Das Wetter« 1922. — [2] M. Kaiser, Land- und Seewinde an der deutschen Ostseeküste; Halle a. S. 1906. — [3] J. Hann, Zur Theorie der Tal- und Bergwinde; Zeitschrift der österr. Gesellschaft für Meteorologie 1879. — [4] Billwiller, Zeitschrift für Meteorologie 1880 u. Meteorol. Zeitschrift 1896. — [5] O. Dresch, Der Ursprung des Mistral; Zeitschr. d. österr. Ges. für Meteorologie 1881. — [6] J. v. Lorenz, Physikalische Verhältnisse des Quarnero; Wien 1863. Ferner W. v. Kesslitz, Die Bora des Adriatischen Meeres; Meteorol. Zeitschrift 1914 und Arvid Arndt, Über die Bora in Noworossisk; Meteorol. Zeitschr. 1913. — [7] Die reiche Literatur über Föhn vgl. Hann-Süring, Lehrbuch der Meteorologie; 4. Auflage, Leipzig 1926. — [8] Luise Lammert, Der mittlere Zustand der Atmosphäre bei Südföhn; Arbeiten d. Geophysik. Institut Leipzig, Bd. 2, Heft 7, 1920. — [9] W. Georgii, Meteorol. Zeitschrift 1919. Ferner W. Späth, Meteorol. Zeitschrift 1920. H. Koschmieder, ebenda, 1920. Sehr eingehende Behandlung des Scirocco in P. Zistler, Die Temperaturverhältnisse der Türkei; Der Scirocco, 2. Heft zum Klima der Türkei, herausgegeben v. d. Bayerischen Landeswetterwarte, München 1926.

Der Wasserdampf in der Atmosphäre und die Ursachen seiner Kondensation.

Verschiedene Maße der Luftfeuchtigkeit. Der Wasserdampf der Atmosphäre stammt zum allergrößten Teile von der Verdunstung auf den Ozeanen und Meeren. Weiterhin tragen auch alle anderen Wasserflächen, Seen und Flüsse, feuchter Erdboden und vor allem die Vegetationsdecke zur Verdunstung und damit zur Verbreitung des Wasserdampfes bei. Die Verdunstungsmengen von Süß- und Salzwasser (Meereswasser) sind in gleicher Zeit und unter gleichen Umständen verschieden. Mazelle gibt das Verhältnis der Verdunstung von Süß- und Meereswasser zu 100 : 82,5, Okada zu 100 : 95 an[1]. Allgemein ist die Verdunstung eine Funktion der Temperatur und des Luftdruckes. Sie ist umso größer, je höher die Temperatur und je geringer der Luftdruck ist. Auch die Windbewegung ist von Einfluß auf die Verdunstung, da bei bewegter Luft eine Anreicherung feuchter Luft und dadurch rasche Sättigung an Ort und Stelle verhindert wird. Absolute Werte der Verdunstung zu erhalten, ist überaus schwierig, wenn nicht unmöglich, da die Verdunstungsmessung zu sehr von der Art des Verdunstungsgefäßes, seiner Aufstellung und der Umgebung des Aufstellungsortes abhängen. G. WÜST [2] verdanken wir eine Aufstellung der Verdunstungshöhen unter verschiedenen Breitengraden.

Zonale Verdunstungsverteilung auf der Erde.

	Areal in 10^6 km²		Verdunstungshöhen cm/Jahr		
Zone	Meer	Land	Meer	Land	ganze Erde
90—80° N	3,5	0,4	(5)	(5)	(5)
80—70	8,2	3,4	(9)	(9)	(9)
70—60	5,6	13,3	12	(12)	(12)
60—50	10,9	14,7	40	36	38
50—40	15,0	16,5	70	33	51
40—30	20,8	15,6	96	38	71
30—20	25,1	15,1	115	50	91
20—10	31,5	11,3	120	79	109
10—0	34,0	10,1	100	115	103
0—10° S	33,7	10,4	114	122	116
10—20	33,4	9,4	120	90	113
20—30	30,9	9,2	112	41	96
30—40	32,3	4,1	89	51	85
40—50	30,5	1,0	58	50	58
50—60	25,4	0,2	23	(20)	23
60—70	17,1	0,8	(9)	(10)	(9)
70—80	3,1	8,5	(5)	(5)	(7)
80—90	0,0	3,9	0	(5)	(5)
90°N—90° S	361,1	148,9	84.2	50.4	74.3

Nach dieser Übersicht steigt die Verdunstung von den Polen gegen den Äquator. Auf dem Meere zeigt allerdings der Äquator ein sekundäres Minimum. Land und Meer gleichen sich in den Verdunstungshöhen in den Breiten von 90—50°; in den subtropischen und tropischen Gebieten, mit Ausnahme der äquatorialen Zone, ist die Verdunstung auf dem Meere wesentlich größer als auf dem Lande. Die Verdunstung bestimmt den Wasserdampfgehalt der Luft. Der Gehalt der Luft an Wasserdampf kann auf mehrfache Weise zahlenmäßig ausgedrückt werden. Man mißt den Dampfgehalt durch Angabe des Dampfdruckes, ausgedrückt durch die Höhe der Quecksilbersäule in Millimeter, welcher der Expansivkraft des Wasserdampfes das Gleichgewicht hält. Weiter gilt als Maß des Wasserdampfgehaltes das Gewicht des Wasserdampfes in der Volumeinheit. Man bezeichnet dieses Maß in Gramm pro Kubikmeter als absolute Feuchtigkeit. Dampfdruck und absolute Feuchtigkeit unterscheiden sich zahlenmäßig nur um ein Geringes, wie aus folgender Übersicht hervorgeht, welche das Maximum des Wasserdampfes angibt, das die Luft bei einer bestimmten Temperatur aufnehmen kann.

Temperatur.....	—25°	—20°	—15°	—10°	—5°	0°	+5°	+10°	+15°	+20°	+25°	+30° C
Maximaldampfdruck (mm)..	0,61	0,96	1,44	2,16	3,17	4,58	6,54	9,21	12,79	17.54	23,76	31,83
Maximalgewicht (g) ..	0,71	1,10	1,61	2,38	3,42	4,85	6,81	9,42	12,85	17,32	23,07	30,40

Anschaulicher als die bisherigen Größen ist die relative Feuchtigkeit, welche das Verhältnis des wirklichen Dampfdruckes (e) zu dem bei der herrschenden Temperatur größtmöglichen (E) bildet. Sie wird gewöhnlich in Prozenten ausgedrückt und errechnet sich aus $\frac{e}{E} \cdot 100$. Die relative Feuchtigkeit gestattet unmittelbar einen Rückschluß, ob Luft als trocken oder feucht anzusprechen ist. Statt das Verhältnis des vorhandenen und möglichen Dampfdruckes $\frac{e}{E}$ zu bilden, wie es bei der relativen Feuchtigkeit geschieht, kann man auch die Differenz $E - e$ wählen und erhält so das Sättigungsdefizit. Man kann verschiedener Meinung sein, welcher Ausdruck für den Feuchtigkeitsgrad der Luft dem Klimatologen mehr zu empfehlen ist, die relative Feuchtigkeit oder das Sättigungsdefizit. Eine anschauliche Vorstellung vom Grad der Feuchtigkeit geben beide, trotzdem zieht man die relative Feuchtigkeit vor, und dies mit umso größerem Rechte, da die organische Natur, pflanzliche und tierische Bestandteile, unmittelbar auf die relative Feuchtigkeit reagieren (Haarhygrometer). In der theoretischen Meteorologie findet in besonderem Maße die spezifische Feuchtigkeit Anwendung. Sie gibt das Gewicht des Wasserdampfes in der Gewichtseinheit (gr/kg). Die folgende Übersicht gibt den jahreszeitlichen Wasserdampfgehalt für verschiedene Orte Deutschlands in den gebräuchlichen Maßen wieder.

	Winter	Frühling	Sommer	Herbst	Jahr
		Absolute Feuchtigkeit (gr/m³)			
Königsberg	3,5*	5,3	**10,4**	6,2	6,5
Breslau	3,7*	5,6	**10,2**	6,8	6,5
Borkum	4,9*	6,5	**11,5**	8,2	7,8
Trier..............	4,5*	6,0	**10,3**	7,3	7,0
		Relative Feuchtigkeit (Proz.)			
Königsberg	**87**	76	74*	83	80
Breslau	**83**	71	69*	78	75
Borkum	**91**	84	82*	87	86
Trier..............	**85**	68*	69	80	75
		Sättigungsdefizit (mm)			
Königsberg	0,5*	1,8	**3,7**	1,3	1,8
Breslau	0,7*	2,4	**4,6**	2,0	2,4
Borkum	0,5*	1,3	**2,5**	1,2	1,4
Trier..............	0,9*	2,8	**4,6**	2,0	2,6

Man ersieht aus ihr, daß ohne Berücksichtigung der Temperatur die absolute Feuchtigkeit nichts darüber aussagt, ob die Luft ihrer Sättigung nahe, somit feucht, oder fern und deshalb trocken ist. Der

Sommer, der die größte absolute Feuchtigkeit aufweist, ist tatsächlich die trockenste Jahreszeit. Die Zusammenstellung der verschiedenen Feuchtigkeitsmaßsysteme zeigt weiterhin, daß sich der jährliche Gang der absoluten Feuchtigkeit der Temperatur anschließt mit einem Minimum im Winter und einem Maximum im Sommer, daß dagegen die relative Feuchtigkeit den umgekehrten Gang hat. Es kommt dies daher, daß die Verdunstung, die wohl mit zunehmender Temperatur wächst, sich nicht in gleichem Maße steigert, wie die Temperatur, und hierdurch die Luft trotz tatsächlicher Zunahme des Wasserdampfes trockener wird.

Die Abnahme des Dampfdruckes mit der Höhe folgt einem logarithmischen Gesetz, allerdings nicht dem theoretischen Gesetz, wie es für eine selbständige Wasserdampfatmosphäre gültig ist, sondern einer empirisch aus den Beobachtungen abgeleiteten Formel, die eine wesentlich raschere Abnahme mit der Höhe ergibt, als sie nach der Theorie in einer selbstständigen Dampfatmosphäre auftritt. In einer Höhe von 3 km enthält die freie Atmosphäre nur noch $1/4$ des Dampfgehaltes im Meeresniveau, in 5 km Höhe rund $1/10$. Im Gebirge erfolgt die Abnahme etwas langsamer. Unter höheren Breiten ist der vertikale Gradient der Abnahme des Wasserdampfes größer als in niederen. Allerdings gilt dies nicht allgemein; gewisse Gebiete, wie z. B. die Passatzonen, bilden Ausnahmen. Bei der relativen Feuchtigkeit kann man kaum von einer regelmäßigen Abnahme mit der Höhe sprechen. Kondensationsvorgänge in der Atmosphäre bedingen oft große Unterschiede in der vertikalen Verteilung der relativen Feuchtigkeit. Auch die relative Feuchtigkeit ist im Gebirge größer als im gleichen Niveau der freien Atmosphäre, weil die am Gebirge hochsteigende Luft bei ihrer Abkühlung feuchter wird.

Die Verbreitung der atmosphärischen Feuchtigkeit längs der Erdoberfläche hat Svante Arrhenius für Zehngrad-Zonen bestimmt.

70°/60° N	60°/50°	50°/40°	40°/30°	30°/20°	20°/10°	10°/0°	0°/10° S	10°/20°	20°/30°	30°/40°	40°/50°	50°/60°
						Temperatur						
—7,0	1,2	8,7	15,3	21,9	25,4	25,5	25,1	23,2	19,7	14,5	8,7	2.1°
					Relative Feuchtigkeit. Jahr.							
82	78	74	70*	71	75	79	81	79	77*	79	81	(81)%
						Absolute Feuchtigkeit.						
3,1	4,9	7,0	9,7	13,8	17,2	18,9	18,7	16,4	13,2	9,8	7.0	(4.5) gr

Die absolute Feuchtigkeit folgt der Temperatur und nimmt mit dieser vom Äquator gegen die Pole ab. Die relative Feuchtigkeit hat ihre geringsten Werte zwischen 20 und 40° Breite, im Bereich der kontinentalen Wüstengürtel und der Passatgebiete auf den Ozeanen. Im einzelnen schließt sich die absolute Feuchtigkeit enge dem Verlauf der Isothermen an. Selbst in den Wüsten Nordafrikas sinkt im Sommer die absolute Feuchtigkeit im Monatsmittel im allgemeinen nicht unter 8—10 gr. Die relative Feuchtigkeit nimmt von den Küsten landeinwärts ab; Ausnahmen kommen im arktischen Gebiet im Winter vor, wo die relative Feuchtigkeit landeinwärts wegen der tieferen Kältegrade steigt. Die kleinsten Monatsmittel treten in den nordhemisphärischen Küstengebieten auf, betragen aber immer noch 25—30 %. Man darf deshalb dem im HANN-SÜRING [4] ausgesprochenen Satze beipflichten, daß die Regenlosigkeit der Wüsten nicht ihre Ursache hat in einem Mangel an Wasserdampfgehalt der Luft, sondern in dem Fehlen von Veranlassungen zu seiner Kondensation.

Da die Luft in fortwährender Bewegung ist, so kann der an einem Orte erzeugte Wasserdampf auch anderen, oft weit entfernten Orten zugute kommen. In der Regelung der Verteilung des Wasserdampfes und damit der Niederschläge beruht die weitere große klimatische Bedeutung des Windes. Seewinde sind feuchter als Landwinde, büßen aber ihren Charakter immer mehr ein, je weiter sie landeinwärts vorrücken. Winde, die aus kälteren in wärmere Gegenden kommen, sind relativ trocken, weil sich ihr Dampfgehalt immer weiter vom Sättigungspunkt entfernt; umgekehrt sind Luftströmungen (mit Ausnahme der von Natur trockenen Küstenwinde) relativ feucht, wenn sie aus wärmeren in kältere Gegenden versetzt werden.

Kondensation des Wasserdampfes. Es entsteht nun die wichtige Frage: unter welchen Bedingungen verdichtet sich der in der Luft vorhandene Wasserdampf in Wasser oder mit anderen Worten, wann tritt Kondensation ein? Offenbar kann nur so lange Wasserdampf aufgenommen werden, als die Luft noch nicht gesättigt ist, d. h. solange die relative Feuchtigkeit 100 Prozent noch nicht erreicht hat. Sobald aber ganz oder nahezu gesättigte Luft abgekühlt wird, muß ein Teil des Wasserdampfes ausgeschieden werden. In der freien Atmosphäre ist für die Einleitung der Kondensation außer der Abkühlung der Luft auf die Sättigungstemperatur die Anwesenheit von Kondensationskernen erforderlich; ohne diese kann die Kondensation erst bei erheblicher Übersättigung eintreten, wie sie in der Atmosphäre nicht vorkommt[4]. Da der Sättigungsdruck des Wasserdampfes auf einer konvexen Oberfläche größer ist als auf einer ebenen, können kleine Wassertropfen wegen ihrer starken Krümmung bei normal gesättigter Luft nicht bestehen, sondern verdampfen wieder. Sind Kondensationskerne in der Luft vorhanden, so wirken diese als Ansatzkerne für die erste Kondensation und bilden Tröpfchen, die schon groß genug sind, um sich bei normaler Sättigung oder nur geringer Übersättigung zu halten. Durch Zusammenfließen mehrerer solcher Tröpfchen entstehen größere, die dann durch fortschreitende Kondensation rasch anwachsen.

Die Sättigung der Luft wird nur selten durch Steigerung des Dampfgehaltes erreicht, in der Regel erfolgt sie durch Erniedrigung der Temperatur. Unter welchen Bedingungen kann nun die Abkühlung feuchter Luft und damit Kondensation eintreten? Nächtliche Wärmeausstrahlung und Berührung feuchter Luft mit Körpern, deren Temperatur unter die der umgebenden Atmosphäre gesunken ist, bilden eine dieser Ursachen. Die Kondensation beschränkt sich aber in diesem Falle auf die untersten Luftschichten. Nennenswerte Niederschläge werden nicht erzeugt. Bei der Berührung der Luft mit kalten Körpern entstehen Tau und Reif. Messungen in Europa ergaben für diese Niederschlagsform eine jährliche Höhe von 8—41 mm. In regenarmen Gegenden spielt der Tauniederschlag immerhin schon eine nicht unbedeutende Rolle. Die wichtigste Form der Abkühlung der Luft für die Kondensation und Niederschlagsbildung ist die dynamische Abkühlung, die durch Ausdehnung ohne Wärmezufuhr bei aufsteigender Luft erfolgt (vergl. Seite 108). Aufsteigende Luft entsteht durch Konvektion, in Zyklonen oder an Geländehindernissen. Konvektionsströme entwickeln sich an heißen, windstillen Sommertagen durch Überhitzung der bodennahen Schichten. Die wärmeren und deshalb leichteren Luftmassen steigen empor und erreichen in bestimmter Höhe ihr Kondensationsniveau. Durch den Vorgang der Konvektion werden häufig sehr kräftige Niederschläge ausgelöst. In den Tropen ist diese Form der Kondensation und Niederschlagsbildung die alltägliche.

Die umfangreichsten und mächtigsten Kondensationserscheinungen finden in den Tiefdruckgebieten der gemäßigten Breiten statt. Die aufsteigende Bewegung der Luft im Bereich der Barometerdepressionen hat man früher auf die zyklonale Strömung der Luft zurückgeführt. Die neueren Anschauungen über den Bau der Zyklonen, die wir an früherer Stelle kennengelernt haben, geben eine einfachere Darstellung der Vertikalbewegungen der Luft in Tiefdruckgebieten. Das Emporsteigen der Luft erfolgt durch Aufgleiten wärmerer Luftmassen an den geneigten Grenzflächen kälterer Luft oder durch gewaltsames Emporheben der warmen Luft durch einbrechende Kaltluftmassen. Diese Bewegungen treten längs bestimmter, jedem Tiefdruckgebiet eigentümlicher Fronten auf und zwar längs der Aufgleitfront an der Vorderseite und der Einbruchsfront an der Rückseite der Zyklone (vergl. Seite 166). Schließlich werden horizontale Luftströmungen durch orographische Hindernisse, besonders durch Gebirge, zum Aufsteigen gezwungen. Hierdurch können selbst relativ trockene Winde in Regenwinde verwandelt werden (Passate). Auch jede Abnahme der Geschwindigkeit zwingt einen horizontalen Luftstrom zum Aufsteigen, sofern er seinen Querschnitt nicht verbreitern kann. Solche Veränderungen der Strömungsgeschwindigkeit vollziehen sich namentlich dort, wo die Reibung zunimmt, also namentlich beim Übergang vom Meere auf das Land, in geringerem Maße auch beim Übergang von einer freien Ebene in bewaldetes Gelände.

Solange der Wasserdampf gasförmig in der Atmosphäre verteilt ist, ist er vollkommen durchsichtig. Kondensiert er aber zu Tröpfchen, so erzeugt er Trübung und eine weißliche Färbung des Firmamentes. Eine örtliche Anhäufung von Wassertröpfchen verschiedener Größe oder — in bedeutenden Höhen — von Eisnadeln nennt man Wolken. Man unterscheidet 3 Hauptgruppen der Wolkenformen, die Cirruswolken, hohe, weiße, leichte Wolkenbildungen aus Eiskristallen zusammengesetzt, die Haufen- oder Cumuluswolken, große, sich auftürmende Wolkenmassen gewöhnlich in mittleren Höhen, und schließlich die Schicht- oder Stratuswolken, ausgedehnte, keine äußere Formung aufweisende Wolkendecken zumeist in geringer Höhe. Zu den Schichtwolken gehört im gewissen Sinne auch der Nebel; er stellt eine Stratusdecke dar, die dem Boden aufliegt. Nebel bildet sich gewöhnlich über relativ kalten Erdstellen, im Winter deshalb auf dem Lande, im Sommer auf dem Wasser. Berührungsstellen kalter und warmer Meeresströme sind besonders berüchtigte Nebelgebiete. Hierher gehören z. B. die Nebel der Neufundlandbank, desgleichen die Nebel an tropischen Küsten mit Auftriebwasser. Die Wolkenformen zeigen eine gewisse Abhängigkeit von der geographischen Breite. Im Polargebiet herrschen die Stratuswolken vor; die gemäßigten Breiten zeichnen sich durch gemischte Bewölkung aus, Cumulus- und Stratusformen wechseln mit gleicher Häufigkeit; die niederen Breiten endlich bringen die Cumulusformen zur mächtigsten Entwicklung.

Den Grad der Himmelsbedeckung durch Wolken schätzt man unter Zugrundelegung einer 10-teiligen Skala nach dem Ausmaß der Bedeckung des sichtbaren Himmelsgewölbes. Bewölkungsstärke 0 bedeutet klar, 5 halbbedeckt, 10 ganzbedeckt. Die geographische Verteilung der Bewölkung hat wieder S. Arrhenius [6] bestimmt. Seine Mittelwerte für die verschiedenen Breitenkreise gibt folgende Übersicht.

Mittlere Bewölkung der Breitenkreise.

70° N	60°	50°	40°	30°	20°	10°	Äqu.	10°	20°	30°	40°	50°	60° S
5,0	**6,1**	4,8	4,9	4,2	4,0*	5,0	**5,8**	5,7	4,8	4,6*	5,6	6,6	**7,5**

Die Verteilung der Bewölkung zeigt eine unmittelbare Abhängigkeit von den Vertikalbewegungen der Luft, die unter dem Einfluß der allgemeinen Zirkulation der Atmosphäre auftreten. Die höheren Breiten, die dem Hauptstörungsgebiet der Atmosphäre durch Zyklonen angehören, weisen die größten Bewölkungsstärken auf. Die geschlossene Zirkulation, die den Luftaustausch der niederen Breiten charakterisiert, kommt auch in der Bewölkung zum Ausdruck: der aufsteigende Zweig der Zirkulation am Äquator erzeugt das äquatoriale Bewölkungsmaximum, der absteigende Zweig bedingt die geringe Bewölkung am Rande des Tropengebietes. Im allgemeinen ist die Bewölkungsstärke auf Meeren und an Küsten größer als über dem Festland. Deshalb ist das Bewölkungsmittel der Südhemisphäre auch größer als das der Nordhemisphäre. Außerdem sind die Luvseiten der Gebirge noch Gebiete größerer Bewölkungsstärke, während die Leeseiten gewöhnlich Aufheiterungsgebiete darstellen. In besonderem Maße erfreuen sich gebirgsumschlossene Gebiete eines verhältnismäßig heiteren Himmels[7].

Der Kondensationsprozeß des atmosphärischen Wasserdampfes, der mit der Wolkenbildung beginnt, führt in seiner weiteren Entwicklung zu Niederschlägen in der Form von Regen, Schnee oder Hagel. Sie sind neben der Temperatur und den Winden das dritte klimatologische Hauptelement, von dem nicht nur das organische Leben, sondern auch die Form der Erdoberfläche zum großen Teil abhängen.

Literaturnachweise: [1] E. MAZELLE, Verdunstung des Meereswassers und des Süßwassers; Sitzungsber. d. Wiener Ak. d. W. Math.-nat. Kl. 1898. T. OKADA in der Meteorol. Zeitschr. 1913. — [2] G. WÜST, Die Verdunstung auf dem Meere; Veröffentl. des Institutes für Meereskunde (Berlin), Neue Folge A. Heft 6, 1920. — [3] HANN-SÜRING, Lehrbuch der Meteorologie. 4. Auflage. — [4] I. AITKEN, Transact. R. S. Edinburg. Bd. 30, 1880, u. C. T. R. Wilson, Phil. Trans. Bd. 189, 1897. — [5] C. LEY, Cloudland; a Study on the Structure and Character of Clouds; London 1894. — Internationaler Wolkenatlas, herausgegeben von H. HILDEBRANDSSON, A. RIGGENBACH und L. TEISSERENC DE BORT, Paris 1896. — Atlas international des nuages. Paris 1910. 2. Ausgabe. Text deutsch, französisch, englisch. — [6] S. ARRHENIUS in Philos. Mag. 1896, Vol. 41. — [7] Größere Arbeiten über die Verteilung der Bewölkung in verschiedenen Ländern s. HANN-SÜRING, zit. S. 93.

Die Verteilung der jährlichen Niederschläge.[1]

Gesetze der Verbreitung der Niederschläge. Kein zweites meteorologisches Element ist so sehr von örtlichen Verhältnissen abhängig, keines wechselt so sehr von Jahr zu Jahr wie die Niederschlagsmenge, und zwar — zum Unterschied von der Temperatur — in den Tropenländern ebenso wie in der gemäßigten Zone. Zur Feststellung verläßlicher Mittelwerte sind daher langjährige Beobachtungen nötig. Für die Vergleichbarkeit ist auch die Aufstellung der Meßinstrumente wichtig, namentlich muß Schutz gegen Wind verlangt werden, da dieser das Auffangen des Regens und noch mehr des Schnees ungünstig beeinflußt. Auf dem Meer gibt es feste Stationen nur auf den Inseln, aber die Regenmengen, die hier gemessen, bieten keine zuverlässigen Anhaltspunkte für die der Wasserflächen. Sie sind auf der Windseite hoher Inseln stets beträchtlich größer als auf dem Meere selbst, und können auf der Leeseite erheblich kleiner sein. Wohl könnten Beobachtungen auf flachen Inseln, wie auf den Atollen der Südsee, gute Dienste leisten, wenn sie nicht so spärlich wären; aber selbst diese Messungen würden nicht völlig einwandfrei sein, berichtet doch HOGUE von der Bakerinsel, daß die vom erhitzten Land aufsteigende Luft wiederholt den herannahenden Regen in zwei Teile spaltete, die nördlich und südlich vorüberzogen. Indes läßt sich nach der Methode von SUPAN eine ungefähre Vorstellung von der Verteilung der jährlichen Regenmengen über den Ozeanen gewinnen. Man hat nur nach den wenigen Messungen an Bord die durchschnittliche tägliche Regendichte für

Gradfelder von größerer oder geringerer Ausdehnung zu bestimmen und mit der viel genauer bekannten mittleren jährlichen Anzahl von Regentagen zu multiplizieren. Trotz des für die ganze Erde noch recht spärlichen Beobachtungsmateriales lassen sich einige Hauptgesetze aufstellen. SIR JOHN MURRAY hat zuerst den Versuch gemacht, auf Grund der Regenkarte von LOOMIS die mittleren Regenmengen für einzelne Breitenzonen abzuschätzen. Später haben SUPAN, R. FRITZSCHE und F. v. KERNER derartige Berechnungen durchgeführt. Die neuesten Werte sind von G. WÜST [2] zusammengestellt worden. Ihnen entsprechen die Angaben folgender Übersicht:

Zone	Areal in 10^6 km²		Niederschlagshöhen cm/Jahr			Mengen in 1000 km³/Jahr		
	Meer	Land	Meer	Land	ges. Erde	Meer	Land	ges. Erde
90—80° N	3,5	0,4	(15)*	(34)	(17)	(0,5)	(0,1)*	(0,6*)
80—70	8,2	3,4	(29)	(26)*	(29)	(2,4)	(0,9)	(3,3)
70—60	5,6	13,3	48	35	(39)	2,7	4,7	7,3
60—50	10,9	14,7	96	50	69	10,4	7,4	17,8
50—40	15,0	16,5	**117**	51	**83**	17,6	8,4	**26,0**
40—30	20,8	15,6	51	52	51	10,7	8,1	18,8
30—20	25,1	15,1	22*	79	43*	5,5*	11,9	17,4*
20—10	31,5	11,3	62	95	71	19,7	10,7	30,5
10—0	34,0	10,1	**140**	172	**147**	**47,5**	17,4	**64,9**
0—10° S	33,7	10,4	95	**181**	116	32,2	**18,8**	51,0
10—20	33,4	9,4	66	110	76	22,2	10,3	32,5
20—30	30,9	9,2	51*	64	54*	15,9*	6,0	21,96
30—40	32,3	4,1	88	57*	85	**28,6**	2,3	**30,9**
40—50	30,5	1,0	**92**	87	**92**	28,0	0,9	28,9
50—60	25,4	0,2	70	**102**	(70)	17,7	0,2	17,9
60—70	17,1	0,8	29	(30)	(28)	(5,0)	(0,2*)	5,2
70—80	3,1	8,5	15*	(30)	(26)	(0,5*)	(2,6)	3,1
80—90	0,0	3,9	0	(30*)	(30)	0,0	(1,2)	(1,2)*
90° N—90° S	361,1	148,9	74,2	75,3	74,3	267,1	112,1	379,2

Der Unterschied der Niederschlagshöhen zwischen Meer und Land ist nicht sehr groß: 74,2 cm gegenüber 75,3 cm. Auf der Nordhemisphäre ist im Bereich der lebhaften ozeanischen Zyklonentätigkeit zwischen 70 und 40 ° Br. der Niederschlag auf dem Meere größer als auf dem Land. Das gleiche ist der Fall auf der Südhemisphäre zwischen 30 und 50° s. Br. Die meridionale Verteilung des Niederschlages entspricht im wesentlichen derjenigen der relativen Feuchtigkeit, der Bewölkung und des Luftdruckes. Nicht bloß die jährlichen Niederschlagssummen, sondern auch die durchschnittliche Intensität des Regenfalles erreicht in der Äquatorialzone ihren höchsten Wert. Die Form der Niederschläge kann aber auch in den Tropen recht verschieden sein. Die Niederschläge treten hier durchaus nicht regelmäßig in Form heftiger Platzregen auf, sondern gleichen nicht selten den in gemäßigten Breiten bekannten

Landregen. Auch sind die intensivsten Platzregen bisher nicht im Äquatorialgürtel, sondern in mittleren Breiten beobachtet worden [3]. HELLMANN gibt eine Übersicht der Intensität der größten Niederschläge pro Minute in Abhängigkeit von ihrer Dauer. Nach dieser Zusammenstellung wird die Intensität der kurzdauernden Niederschläge in Mitteleuropa keineswegs in den Tropen überboten. Es ist deshalb durchaus übertrieben, daß in den Tropen der Regen gleich Wasserfäden niedergehen soll. Auch die größten Regenmengen von 1000 mm in 24 Stunden, wie sie in Extremfällen vorkommen, ergeben nur eine minütliche Intensität von 0,70 mm. Die größten Tagesmengen, die bisher beobachtet wurden, sind 1036 mm am 14. Juni 1876 zu Cherrapunji in den Khasibergen (Assam) und 1168 mm vom 14./15. Juli 1911 zu Baguio auf den Philippinen.

Intensität der größten Niederschläge pro Minute nach ihrer Dauer.

Dauer.....	1—5	6—15	16—30	31—45	40—60 Min.	1—2	2—3 Std.
	Intensität pro Minute.						
Deutschland	3,19	2,57	1,87	1,37	0,99	0,85	0,45 mm
Batavia ..	—	2,33	1,84	1,77	1,45	1,12	—

Die meridionale Verbreitung der jährlichen Niederschlagsmengen für die Erde wird im wesentlichen durch die Niederschlagsverteilung auf dem Meere bestimmt. Auf dem Land wird das Gesetz der Breite unter dem Einfluß anderer, mächtigerer Faktoren zum Teil völlig verdeckt. Als Regel, aber nicht als ausnahmsloses Gesetz darf es gelten, daß die Niederschläge von der Küste nach dem Innern abnehmen. Man hat daraus den Schluß gezogen, daß auch für das Land die Ozeane der tropischen und gemäßigten Zone die Hauptquelle des Regens bilden. Doch bereits WOEIKOW hat es für unwahrscheinlich erklärt, daß die reichlichen Niederschläge des Amazonasgebietes nur vom Meer herstammen. Welchen Anteil die Verdunstung der Landgewässer und Vegetationsflächen an den Niederschlagsmengen des Landes haben, können wir aus einer Berechnung über den Wasserhaushalt der Erde abschätzen. BRÜCKNER [4] hat die Grundgleichungen des Wasserhaushaltes der Erde aufgestellt. Wenn man von der Voraussetzung ausgeht, daß Niederschlag = Verdunstung ist, da sonst die Luftfeuchtigkeit ständig zu- oder abnehmen müßte, und wenn man den Niederschlag auf dem Meer mit N_m und den auf dem Lande mit N_l und in gleicher Weise die Verdunstung auf dem Meere und auf dem Lande mit V_m bez. V_l bezeichnet, so besteht die Gleichung $N_m + N_l = V_m + V_l$. Von diesen Größen ist N_l, der Niederschlag auf dem Lande, und V_m, die Verdunstung auf dem Meere, aus Beobachtungen hinreichend genau bestimmbar. Da sich weiterhin der Wasserstand des Meeres nicht ändert, kann man folgern, daß die Verdunstung auf dem Meere (V_m) der gesamten Wasserzufuhr, die sich aus dem Niederschlag auf dem Meere (N_m) und der Wasserzufuhr der Flüsse (F) zusammensetzt, das Gleichgewicht hält, und kann deshalb setzen: $V_m = N_m + F$. Die Menge des jährlich in das Meer abgeführten Flußwassers ist ebenfalls bekannt und = 37000 km³. Aus der letzten Gleichung läßt sich also der Niederschlag auf dem Meere $N_m = V_m - F$ berechnen und weiterhin aus der ersten Gleichung die Verdunstung auf dem Lande $V_l = N_l - F$. Diese Berechnungen hat G. WÜST [2] auf Grund der neuesten Beobachtungsergebnisse durchgeführt und den Wasserhaushalt der Erde in folgender Tabelle zusammengestellt:

Zonale Verteilung von Niederschlag und Verdunstung auf der Erde.
(Wassermengen in 1000 km³ pro Jahr.)

Zone	Weltmeer			Festland			Ganze Erde		
	N_m	V_m	$N_m—V_m$	N_l	V_l	$N_l—V_l = F$	N	V	$N—V$
N 90—80°	(0.5*)	(0,2)	(+ 0,3)	(0,1*)	(0,0*)	(+ 0,1*)	(0,6*)	(0,2*)	(+ 0,4)
80—70	(2,4)	(0,7)	(+ 1,7)	(0,9)	(0,3)	(+ 0,6)	(3,3*)	(1,0)	(+ 2,3)
70—60	2,7	0,7	+ 2,0	4,7	1,6	+ 3,1	7,3	(2,3)	+ 5,0
60—50	10,4	4,4	+ 6,0	7,4	5,3	+ 2,1	17,8	9,7	+ 8,1
50—40	**17,6**	10,5	+ **7,1**	8,4	5,5	+ 2,9	**26,0**	15,9	**+10,1**
40—30	10,7	20,0	— 9,3	8,1	5,9	+ 2,2	18,8	25,9	— 7,1
30—20	5,5*	28,9	—23,4*	11,9	7,5	+ 4,3	17,4*	36,4	—19,0*
20—10	19,7	**37,8**	—18,1	10,7	8,9	+ 1,8	30,5	**46,7**	—16,2
10— 0	47,5	34,0*	**+18,5**	17,4	11,6	+ **6,8**	**64,9**	45,6	**+19,3**
S 0—10°	32,2	38,4	— 6,2	**18,8**	**12,7**	+ 6,1	51,0	**51,2**	— 0,2
10—20	22,2	**40,1**	—17,9	10,3	8,5	+ 1,8	32,5	48,5	—12,0
20—30	15,9*	34,6	—18,7*	6,0	3,8	+ 2,2	21,9*	38,4	—16,5*
30—40	**28,6**	28,8	— 0,2	2,3	2,1	+ 0,2	**30,9**	30,8	+ 0,1
40—50	28,0	17,7	+10,3	0,9	0,5	+ 0,4	28,9	18,2	+10,7
50—60	17,7	5,8	**+11,9**	0,2	(0,0*)	+ 0,2	17,9	5,9	**+12,0**
60—70	(5,0)	(1,5)	+ 3,5	(0,2*)	(0,1)	(+ 0,1)	(5,2)	(1,6)	+ 3,6
70—80	(0,5)	(0,2*)	+ (0,5)	(2,6)	(0,4)	(+ 2,2)	(3,1)	(0,6)	+ 2,5
80—90	(0,0*)	(0,0)	(+ 0,0)	(1,2)	(0,2)	(+ 1,0)	(1,2)	(0,2*)	+ 1,0
Ganze Erde	267,1	304,2	—37,1	112,1	75,0	+37,1	379,2	379,2	0,0

Aus dieser Übersicht geht hervor, daß das Land rund 67% seines Niederschlages durch eigene Verdunstung zu decken vermag. Die übrigen 33% bezieht es vom Ozean und erstattet sie durch den Abfluß der Flüsse wieder zurück. Die zonale Verteilung der Differenz Niederschlag—Verdunstung offenbart, daß die Verdunstungszonen im wesentlichen die Passatgebiete der Ozeane darstellen. Sie liefern, und zwar in erster Linie auf beiden Hemisphären die Breitenzonen von 30—10°, die Wasserdampfmengen für die Hauptniederschlagsgebiete. Über dem Lande zeigt das Überwiegen des Niederschlages gegenüber der Verdunstung in den verschiedenen Breitenzonen relativ geringe Unterschiede. Nur das äquatoriale Gebiet zeigt eine größere positive Differenz zwischen Niederschlag und Verdunstung. Auf dem Meere heben sich drei ausgeprägte Maxima überwiegenden Niederschlages heraus, und zwar zwischen 40 und 60° Breite auf beiden Hemisphären und außerdem am Äquator.

Über die regionale Verteilung der Niederschläge geben die Karten der jahreszeitlichen und monatlichen Niederschlagsmengen Aufschluß. Im Winter empfangen im großen und ganzen nur die meernahen Gegenden reichlichere Niederschläge. Abgesehen von den echten Wüsten und den subtropischen Gebieten an den Westseiten der Kontinente dringen die Regenzonen immer weiter gegen den Pol vor, je mehr sich die Sonne dem Wendekreis der betreffenden Halbkugel nähert. Im Sommer breiten sich die Niederschläge über Binnen- und Küstenland aus, und die Anordnung der Regenstufen entspricht im allgemeinen dem Gesetz der Breite. Mit der Sonne wandern dann auch die Regenzonen nach dem Äquator zurück, aber auf jedem Parallel ist im Durchschnitt der Herbst feuchter als der Frühling, denn im Herbst wirkt noch die Sommerwärme nach, wie im Frühling die Winterkälte. Wir wollen diese jahreszeitlichen Gegensätze an einem Beispiel im kleinen illustrieren und wählen zu diesem Zweck vier skandinavische Stationen unter ungefähr 63° Br.: Kristiansund am äußersten atlantischen Rand, Trondhjem im Innern eines Fjordes der Westküste, Östersund im Binnenland jenseits der Wasserscheide und Hernösand an der Ostsee:

	Kristiansund	Trondhjem	Östersund	Hernösand
Winter	286	251	73	101 mm
Frühling	207	179	74	89 „
Sommer	216	194	174	177 „
Herbst	348	281	111	194 „
Jahr	1057	905	432	561 „

	Kristiansund	Trondhjem	Östersund	Hernösand
		In Prozenten von Östersund		
Winter	392	344	100	138
Frühling	289	228	100	120
Sommer	124	113	100	102
Herbst	313	253	100	175
Jahr	245	209	100	130

Aus diesen Zahlen geht deutlich hervor, daß die Sommerregen anderen Ursprungs sind als die Winterregen, denn kämen sie wie die letzteren vom Westen, so wäre nicht einzusehen, warum das skandinavische Gebirge im Sommer seine schützende Wirkung verlöre. Allerdings mag ein gut Teil Feuchtigkeit auch von der Ostsee kommen, denn eine flache barometrische Depression bedeckt im Juli das innere Skandinavien und zieht von allen Seiten Seewinde in das Land. Der andere Teil der skandinavischen Sommerregen wird durch die im Land selbst erzeugte Feuchtigkeit ernährt. Im Winter versiegt diese Quelle in den mittleren und höheren Breiten nahezu ganz, der Regen kommt dann tatsächlich vom Meer und nimmt mit der Entfernung von der

Küste rasch ab. Je wärmer es wird, desto mehr entwickelt sich die Verdunstung der Landflächen, und desto weiter breiten sich die Niederschläge auch über Binnengebiete aus, wohin nur wenig Meerfeuchtigkeit dringt. In der Tropenzone kann allerdings das ganze Jahr hindurch Landfeuchtigkeit produziert werden, aber das genügt nicht, es müssen auch günstige Kondensationsbedingungen vorhanden sein, die in erster Linie durch das Auftreten verstärkter atmosphärischer Konvektion geschaffen werden.

Die Bevorzugung der Küsten gegenüber den Binnenlandschaften beruht also, wie aus obigem Beispiel hervorgeht, nicht bloß darauf, daß es dort reichlicher, sondern auch darauf, daß es dort häufiger regnet. Aber nicht alle Küsten sind gleichmäßig begünstigt, sondern vor allem diejenigen mit vorherrschenden Seewinden, in unseren Breiten also die Westküsten und in den Tropen die Ostküsten.

Ebenso entscheidend wie die Entfernung vom Meer sind die orographischen Verhältnisse. Wenn der Boden ansteigt, steigt auch die Regenmenge; daher kann sie im bergigen Gelände innerhalb kurzer Entfernungen sehr variieren. Ganz beispiellos ist in dieser Hinsicht die Umgebung von Honolulu, der Hauptstadt der Hawaiigruppe. Wenn man gesagt hat, daß hier fast jede Straße eine andere Regenmenge habe, so ist dies durch Hanns Bearbeitung der Messungen nahezu bestätigt worden. Das dreijährige Mittel 1890—92 schwankt in der Stadt selbst zwischen 612 mm im Kapiolanipark, in 3 m Seehöhe und 982 mm in der 15 m hoch gelegenen Nuuanustraße. Im oberen Nuuanutal (76 m hoch) steigt es auf 1782 mm, auf der elektrischen Station (123 m) auf 2295, am Half Way House (224 m) auf 2974, in Luakaha (260 m) auf 3652 mm — auf eine Entfernung von nur 8 km also auf das Sechsfache des Betrages am Strand! Aber die Zunahme erreicht endlich auch eine Grenze. In Hindustan liegt nach Hill die Maximalregion des Sommerregens in 1270 m Höhe, d. h. dort, wo im Mittel eine von der Ebene aufsteigende Luftmasse den Sättigungspunkt des Wasserdampfes erreicht. Der Mt. Owen Stanley auf Neuguinea, nur 8° vom Äquator entfernt, ist bis 2400 m feucht, dann trocken. Auf den Hochländern Zentralasiens schlagen die Eingeborenen in der schneearmen Region über der Maximalgrenze ihre Winterlager auf; Wood fand solche im Pamir in 4880 und Sven Hedin im tibetanischen Arkatag in 4356 m Höhe. Am Montblanc lag die winterliche Maximalzone 1903—04 in ungefähr 2500 m Höhe, dagegen erreicht sie in den bayrischen Alpen nur eine Höhe von 600 bis 1000 m, steigt aber mit zunehmender Temperatur immer höher. Es ist daher einleuchtend, welche wichtige Rolle die Gebirge besonders in sonst regenarmen Gegenden spielen. Selbst in der Sahara vermögen sie noch zeitweise kräftige Flüsse zu entsenden, im regenlosen Sommer Südeuropas werden die Gebirge immer noch benetzt, und in der Sandwüste am oberen Hwangho ist der Alaschan mit einem Waldgürtel bekleidet.

Wenn ein Gebirgszug mehr oder weniger senkrecht steht zur Richtung der feuchten Luftströmungen, so ist die Windseite regenreicher als die Leeseite, und dieser Kontrast steigert sich mit der Höhe des Gebirges. Sein Einfluß reicht auch noch weit über seine orographischen Grenzen hinaus, indem es kleineren und größeren Strecken des im Windschatten gelegenen Flachlandes Regen entzieht, bis eine abermalige Erhebung des Bodens eine abermalige Steigerung der Niederschläge hervorruft. Darauf beruht die Bedeutung so vieler Gebirge als Wetter- und Klimascheiden.

Es dürfte hier erforderlich sein, auch auf den Einfluß des Waldes auf die Niederschlagsverhältnisse hinzuweisen. Dieser ist sicherlich vorhanden, da der Wald ein Feuchtigkeitssammler ist und vor allen Dingen die erhöhte Reibung, welche die Luftströmung über dem Walde erleidet, Vertikalbewegungen auslöst, die genügen, in Luft von hoher Feuchtigkeit verstärkte Kondensation und Niederschlagsbildung hervorzurufen. Allerdings darf man die Wirkung nicht überschätzen. SCHUBERT [5] fand in waldreichen Gegenden im Sommerhalbjahr einen Mehrniederschlag von 6 Prozent, davon sind aber 3 Prozent auf Rechnung der Aufstellung des Regenmessers zu setzen, weil ein geschütztes Instrument mehr Regen auffängt als ein ganz frei stehendes; auch die übrigen 3 Prozent sind noch mit Unsicherheiten behaftet. In Schlesien ist die Regenmenge im Waldland 25 mm höher als im Freiland, der Einfluß des Waldes ist demnach etwa einer Bodenerhebung von 44 m gleichzuachten. Ein Beweis für die regenerhöhende Kraft des Waldes in umfangreicherem Maße scheint aus folgendem hervorzugehen. BLANFORD hat die Regenverhältnisse eines Gebietes von ungefähr 160 000 qkm in den indischen Zentralprovinzen vor und nach der Bewaldung, die 1875 begann, untersucht und mit den Niederschlägen von ganz Indien verglichen. Das Ergebnis war folgendes:

	1869—75	1875—83
Wald der Zentralprovinzen	1215 mm	1369 mm
Ganz Indien	1072 „	1074 „

Das betreffende Gebiet war vor der Bewaldung um 13, nach derselben aber um 27 Prozent regenreicher als Indien im Gesamtdurchschnitt. 14 Prozent könnten also auf Rechnung der Bewaldung gesetzt werden. Der Betrag ist hoch, zumal für die relativ kurze Zeit nach Beginn der Bewaldung. Allerdings dürfte die Wirkung des Waldes in tropischem Gebiet auch größer sein. Da aber in dem fraglichen Gebiet schon 1874, also ein Jahr vor Beginn der Bewaldung, die Regenkurve stark angestiegen ist, kann man dem Ergebnis keine allzugroße Sicherheit beimessen.

Hinsichtlich der Abhängigkeit der übrigen Klimafaktoren vom Einfluß des Waldes ist nicht viel mehr als über den Niederschlag zu sagen. Am stärksten wird natürlich der Wind beeinflußt. Die windschützende Wirkung des Waldes ist allgemein bekannt. Betreffs der

Lufttemperatur ist festgestellt, daß sie unter den Baumkronen etwas niedriger ist als in den Lichtungen, und hier wieder etwas niedriger als an den benachbarten Freilandstationen, aber im Jahresmittel um wenige Zehntel Grad. Auch sind die Schwankungen im Wald geringer als in der Lichtung und im Freiland, da die Bäume die Ein- und Ausstrahlung herabsetzen. Das Waldklima nähert sich in dieser Hinsicht dem Seeklima.

Die warme Zone. Halten wir uns die voraufgehend erörterten Hauptsätze der Abhängigkeit der jährlichen Regenmenge von der Breite, von der Verteilung von Wasser und Land und von dem Relief des Erdbodens vor Augen, und erinnern wir uns daran, was früher über die Verbreitung der Winde gesagt wurde, so wird uns die Verteilung des Niederschlages auf der Erdoberfläche leicht verständlich. Wir unterscheiden drei Stufen: regenarm unter 250 mm, mäßige Niederschläge von 250 bis 1000 mm und regenreich über 1000 mm.

Die äquatoriale Zone gehört fast ihrer ganzen Ausdehnung nach der obersten Stufe an, denn hier vereinigt sich höchster Feuchtigkeitsgehalt der Luft mit günstigsten Kondensationsbedingungen in den beiden Perioden des Zenitstandes der Sonne, so daß wenigstens in der unmittelbaren Nähe des Äquators, aber auch noch an der Küste von Oberguinea keine Trockenzeit im strengeren Sinne des Wortes vorkommt. Namentlich sind es zwei Gebiete, die durch ihren Regenreichtum hervortreten: die ostindische Inselwelt und der von mächtigen Strömen durchzogene Urwaldgürtel am Amazonas und dessen Nebenflüssen[6]. Das äquatoriale Afrika ist entschieden trockener, und wir haben keinen Grund anzunehmen, daß uns eine detailliertere Kenntnis von dem Klima dieses Erdteiles, als wir sie jetzt besitzen, eines anderen belehren würde. Der Gegensatz zwischen den hochgelegenen Steppenlandschaften im Osten und dem weiten, fluß- und waldreichen Kongobecken darf als erwiesen angenommen werden. Aber sicher wird sich mit fortschreitender klimatologischer Erforschung auch die Regenkarte der Tropenzone bunter gestalten, und viel mehr regenreiche Gebirge (z. B. in Ostafrika [7]) und trockene Windschattengebiete (z. B. in Südamerika) aufweisen. — Im nördlichen Westafrika zwischen 29° und 4° n. Br. von der Küste bis 24° ö. L. beobachtet man eine Zunahme der Niederschläge von der Regenlosigkeit der Sahara in südlicher Richtung auf 4000 mm im Westen und auf 10 000 mm im Osten. Zwischen diesen beiden regenreichen Gebieten ist das Trockengebiet der Goldküste mit nur 585 mm in der Nähe der Voltamündung eingelagert. Kaltes Auftriebwasser und der Verlauf der Küste parallel zur Hauptwindrichtung bedingen diese auffallenden regionalen Schwankungen der Niederschlagsmenge.[8]

Wenn irgendwo die Anschauung von der Anteilnahme der Landfeuchtigkeit an dem kontinentalen Regen eine unmittelbare Bestätigung findet, so ist es im südäquatorialen Gürtel Afrikas. Das regenreiche Gebiet des Kongobeckens ist von beiden Meeren durch höher gelegene und trotzdem regenärmere Striche getrennt*. Vom Atlantischen Ozean kann der Kongoregen nicht herstammen, denn hier nimmt der Niederschlag nach der Küste rasch ab, aber auch der Indische Ozean liefert nur der Ostküste reichlichen Regen, und sein Einfluß erstreckt sich nicht weit landeinwärts, denn sonst müßte das Seenhochland feuchter sein als das Kongobecken auf der Leeseite des Passates. In Südamerika liegen die Verhältnisse ähnlich, das Regengebiet, das 2000 mm Niederschlag umfaßt, erstreckt sich am Amazonas beträchtlich weiter nach N und S als an der Küste.

In Südafrika, Australien und Amerika ist normalerweise die Ostküste regenreicher als die Westküste, im nordäquatorialen Afrika findet aber das umgekehrte Verhältnis statt. Die nach NO verlaufende Küste des Somalihorns wird sowohl vom NO- wie vom SW-Monsun mehr gestreift als direkt getroffen, und es ist bezeichnend, daß Regenmengen von mehr als 1000 mm erst bei Mombassa beginnen, wo die Küste in die südliche Richtung umbiegt. Der Golf von Guinea ist infolge meridionaler Lagerung von Wasser und Land ein kleines Monsungebiet; der SO-Passat wird in der warmen Zeit über den Äquator herübergezogen und in einen SW-Wind verwandelt, der namentlich den maritimen Abhang des Kamerunberges mit gewaltigen Regengüssen überschüttet. Debundja, nur 5 m über dem Meer, hat einen jährlichen Niederschlag von 10 469 mm.

Im großartigsten Maßstab ist das Monsunphänomen in Indien entwickelt. Seine Eigentümlichkeit besteht darin, daß gerade in der warmen Jahreszeit, wenn die Verdunstung auf dem Land ihren Höhepunkt erreicht, auch Meerfeuchtigkeit durch den Seemonsun weit landeinwärts getragen wird. Wir haben also hier an den Westküsten, die den SW-Monsun aus erster Hand empfangen, bedeutende Regenmengen zu erwarten. Und das ist in der Tat auch der Fall. Leider hat Dekan seinen hohen Rand im W, das Innere liegt daher im Schatten des regenspendenden Monsuns, und wenn dieser nicht kräftig entwickelt ist, leidet es an Dürre und Hungersnot. In Hindustan weht der Sommermonsun aus dem bengalischen Golf talaufwärts und in gleicher Richtung nehmen die Niederschläge ab. Im östlichen Bengalen beträgt ihre jährliche Höhe überall über 2200 mm; am Südabhang des Khasigebirges

* Als Beispiel dienen folgende Stationen, die unter ungefähr gleicher Breite liegen:

	S. Br.	Ö. L.	Seehöhe m	Jährliche Regensumme mm
Westküste: Banana	6,0°	12,4°	2	727
Westliches Randgebirge: S. Salvador	6,3	14,9	579	988
Kongobecken: Luluaburg	5,9	22,8	620	1544
Seenhochland: Tabora	5,1	32,8	1214	852
Ostküste: Daressalam	6,8	39,2	—	1154

liegt in 1250 m Höhe Cherrapunji, die bisher als die regenreichste Beobachtungsstation der Erde mit 11 627 mm Niederschlag angesehen wurde*. Im westlichen Bengalen schwankt die Niederschlagshöhe zwischen 1000 und 2000 mm, in der Ebene am mittleren Ganges und an der Djumna beträgt sie durchschnittlich 850 mm, im südlichen Pandjab und am mittleren Indus sinkt sie schon unter 200 mm. Im östlichen Asien weht der Sommermonsun aus SO, und die Regenmenge nimmt nach W ab. Soweit wir über das Klima von China unterrichtet sind, reicht das regenreiche Gebiet bis an den Jangtsekiang.

Der regenarme Gürtel. Für die tropischen Festländer, abgesehen von dem asiatischen Monsungebiet, bilden ungefähr 20° n. und s. Br. bedeutsame Grenzen. Wir nennen die Zone, die sich von da (auch nur ungefähr) bis 32° n. und s. Br. ausdehnt, den regenarmen Gürtel, nicht als ob hier überall Regenarmut herrschte, sondern weil sie hier zum erstenmal als ein Phänomen von regionaler Bedeutung auftritt. Regenreichtum bildet hier nicht wie in der warmen Zone die Regel, sondern die Ausnahme.

Auf der südlichen Halbkugel fällt diese Zone mit der mittleren Lage des subtropischen Hochdruckgürtels zusammen. Hoher Barometerstand mit absteigender Luft ist unter allen Umständen für die Kondensation der ungünstigste Zustand. Im Sommer entwickeln sich über den Festländern allerdings flache Zyklonen, die wohl auf der Ostseite den Passat verstärken, auf der Westseite aber, wo sich die subtropischen Antizyklonen eng an die Küste anschmiegen, keinen Einfluß auf die Windrichtung ausüben. Daher reicht hier die Wüste bis an das Meer heran — eine eigentümliche Erscheinung: Landstriche, die im Angesicht des Ozeans verdursten! Diese Küstenwüsten erstrecken sich in Australien vom Dampierarchipel (21° s. Br.) bis zur Murchisonmündung (28° s. Br.), in Südafrika von 19 bis 29° s. Br., in Südamerika sogar vom Äquator bis zum 32. Parallel. Die Kondensation tritt hier im wesentlichen in Form von Nebel auf, der eine allgemeine Erscheinung in diesen Gebieten bildet. Unzweifelhaft wirkt hier das kalte Küstenwasser mit, denn in Australien, wo es fehlt, ist das Phänomen der Küstenwüste am schwächsten entwickelt. Die hohen Ostränder Australiens und Südafrikas werden von dem aufsteigenden Passat getränkt; in Australien ist die Ostmauer geschlossener als in Südafrika, und das regenarme Binnengebiet daher ausgedehnter. Den schroffsten Gegensatz dazu bildet Südamerika, das nach Osten offen liegt; die innerkontinentale Regenarmut beschränkt sich daher in diesen Breiten auf das schmale Hochland zwischen den Andenketten. Indes muß betont

* Die regenreichste Station soll der Gipfel des Waialealeberges (1738 m) auf Kauai, der nördlichsten der vier großen Hawaiischen Inseln, mit 12 500 mm nach fünfjährigen Messungen (1912—1916) sein (Geographische Zeitschrift XXIV, 1918). Niederschläge ähnlicher Größenordnung sind außerdem noch vom Kamerunberg bekannt (Debundja 10 469 mm, Bibundi 10 242 mm).

werden, daß auch in Südafrika und in Australien die dauernde Regenarmut nicht soweit verbreitet ist als diejenige, die in der Jahressumme zum Ausdruck kommt. In der Kalahari z. B. sind die Sommerregen genügend, um den strengen Wüstencharakter fernzuhalten.

So einfach und klar, wie auf den südlichen Festländern, ist die Regenverteilung auf der nördlichen Halbkugel nicht. Die große Mannigfaltigkeit der horizontalen und vertikalen Gliederung schafft hier grelle Gegensätze. Die kompakte saharisch-arabische Tafel, im N von einem beständig kälteren Meer oder von Land begrenzt, daher das ganze Jahr von kondensationsfeindlichen, trockenen polaren Luftströmungen überweht, ist die größte zusammenhängende Wüste der Erde. Dagegen in der Neuen Welt in denselben Breiten Auflösung der Kontinentalmasse, daher im Sommer Zunahme der Temperatur und Abnahme des Luftdrucks nach NW und die Möglichkeit feuchter Seewinde aus dem Golf; endlich auch ein wechselvolleres Relief. Ganz fehlt allerdings auch hier die Regenarmut nicht; sie beginnt an der Westküste in der Gegend von S. Diego und reicht wahrscheinlich nur bis zum Kap S. Eugenio, wo eine scharfe Vegetationsgrenze einen Klimawechsel anzeigt, erstreckt sich also nur über fünf Breitengrade (33—28°). Nach innen verbreitet sie sich über die Gila- und Mohavewüste, während das regenarme Gebiet im O der Sierra Nevada trotz seines räumlichen Zusammenhangs mit dem subtropischen Trockengebiet schon einer andern Kategorie angehört.

Die gemäßigten Zonen. Die Äquatorialgrenze der gemäßigten Regenzonen läßt sich nur an den Westküsten genau feststellen; sie liegt dort, wo die Küstenwüsten aufhören. Die Niederschläge nehmen dann rasch polwärts zu, und von durchschnittlich 40° Br. ab ist der Vorrang der Westküsten über die Ostküsten überall entschieden. In ungefähr 60° Br. begegnen wir den ersten Anzeichen polarer Regenarmut am Ochotskischen Meer und im Innern Nordamerikas.

Auf der südlichen Halbkugel gelangt die gemäßigte Regenzone nur auf Neuseeland, Tasmanien und in Südamerika zur typischen Ausbildung. Sobald wir in das Gebiet der Westwinde gelangen, vertauschen hier beide Küsten wie mit einem Zauberschlag ihre Rollen; besonders auffallend und ohne Seitenstück auf den nördlichen Festländern ist die Regenarmut der patagonischen Küste.

Auch in Nordamerika gestaltet sich die Regenverteilung zu einem einfachen und klaren Bild. Der regenreiche Westgürtel ist wie in Chile schmal; die westliche Randstellung der Hochgebirge, die in der Tropenzone so außerordentlich günstig wirkt, gereicht hier zum Nachteil. Man vergleiche damit nur unsern Erdteil mit seinem aufgeschlossenen Westrand. Wie weit dringt hier die Niederschlagshöhe von 500 mm landeinwärts vor! Nur das nördliche Skandinavien mit seinem westlichen Steilabfall bietet ein Seitenstück zu Nordamerika. Aber dafür hat dieses Festland einen andern, schwer wiegenden Vorzug gegenüber Eurasien: ein ausgedehntes regenreiches Gebiet im Osten, das es dem tief eindringenden mexikanischen Golf verdankt. — In Ostasien finden wir Regenhöhen über 1000 mm nur an den Küsten, die noch von den Ausläufern des SO-Monsuns berührt werden, an den Ostküsten von Korea und Kamtschatka, und vor allem auf den japanischen Inseln, die aber auch von W Regen empfangen. Im schlanken, bis auf den Westen vorwiegend flachen Nordamerika dringt dagegen der Einfluß des Atlantischen Ozeans sehr weit in das Innere; ein größeres regenarmes Windschattengebiet ist nur die Hochfläche zwischen dem Felsengebirge und der kalifornischen Sierra Nevada. — Viel mächtiger entwickelt ist diese Kategorie in Eurasien: Teile vom inneren Kleinasien und die inneren Hochflächen von Iran und Zentralasien sind der Jahressumme nach regenarm, dauernd allerdings sicher nur das Tarimbecken und das westliche Tibet. Eigenartig ist dagegen das regenarme Gebiet von Turan. Nach S und O ist es wohl durch hohe Gebirge abgesperrt, nach W und NW liegt es aber offen, und außerdem senden die großen Seeflächen selbst viel Feuchtigkeit in die Luft. Es müssen hier außer der Entfernung vom Meer noch sehr ungünstige Kondensationsbedingungen wirksam sein, und es liegt nahe, diese den stetigen nördlichen Luftströmungen zuzuschreiben. So schließen sich in der Alten Welt regenarme Gebiete von verschiedener Entstehung zu einem, nur von feuchteren Gebirgen unterbrochenen Wüsten- und Steppengürtel zusammen, der sich durch 135 Längengrade von dem atlantischen Gestade bis zu dem oberen Hwangho ausdehnt und auf die Geschicke der Menschheit einen so ungünstigen Einfluß ausgeübt hat. Nichts Derartiges weist die Westfeste auf, Amerika ist mit viel reichlicheren Niederschlägen gesegnet und schon deshalb zu einer noch größeren weltgeschichtlichen Rolle berufen, als es bisher gespielt hat.

Zum Schluß noch ein paar Worte über Europa [9]. Den einfachen Schlüssel zum Verständnis der Regenkarte bietet das Gesetz der Abnahme der Niederschläge nach Ost, das auch für den ganzen Umkreis des Mittelländischen Meers und des Pontus Geltung hat, und ebenso zutage tritt, wenn wir Europa als Ganzes betrachten, wie wenn wir die West- und Ostküsten der Inseln und Halbinseln oder die West- und Osthänge der Gebirge miteinander vergleichen*. Die Westhälfte gehört im großen und ganzen der zweiten Stufe der mäßigen Niederschläge (500—750 mm) an. Aber die große Mannigfaltigkeit der Geländege-

* Ein lehrreiches Beispiel bieten die Stationen am Arlberg:

	Westseite					Ostseite	
	Bludenz	Klösterle	Langen	Stuben	St. Christof	St. Anton	Landeck
Gerade Entfernung von Arlberg in km	30,4	10,1	9,0	5,1	1,2	3,8	26,6
Seehöhe	560	1062	1220	1405	1790	1280	810
Niederschlag mm ...	1191	1513	1833	1849	1894	1188	608

staltung erzeugt ein viel bunteres Bild, als es der kleine Maßstab einer Regenkarte wiederzugeben vermag. Nicht bloß die Hochgebirge, auch die höheren Teile der meisten Mittelgebirge sind regenreich. Die größten Mengen finden wir an den westlichen Küstengebirgen: in Skandinavien, vor allem an der Küste zwischen Stadtland und dem Hardangerfjord (Domsten 1954 mm), im westlichen Großbritannien (Glencoe in Schottland 3242 mm, der Styehead-Paß in Cumberland 4720 mm), und in der Serra da Estrella (3900 mm) trotz ziemlicher Entfernung vom Meer. Durch großen Regenreichtum sind ferner die Alpenländer ausgezeichnet, besonders der südliche Abhang (Hermsburg in Krain 3173 mm), aber sie werden noch von dem dalmatinischen Gebirge übertroffen, wo sich außer dem schon genannten Styehead-Paß die einzige europäische Station mit 4 m Niederschlag findet (Crkvice 4642 mm[10]). Unter 500 mm sinkt die jährliche Regenhöhe allerdings auch in Mitteleuropa hier und da in besonders geschützten Lagen, wie z. B. im gebirgsumschlossenen Böhmen, auf weite Strecken aber nur in den östlichen Teilen der skandinavischen und der pyrenäischen Halbinsel. Jedenfalls ist die SO-Küste Spaniens das niederschlagsärmste Gebiet von Westeuropa, wo nach WILLKOMM drei und mehr Jahre ohne einen einzigen anhaltenden Regen vergehen, die Bewölkung saharisch gering ist, und die Dattelpalme ihre Früchte reift. Osteuropa hat natürlich einfachere Regenverhältnisse. Der weitaus größere Teil hat weniger als 500 mm im Jahr. Interessant ist das Vorspringen der Niederschlagshöhe von 500 mm im mittleren Rußland, das sicher unterbleiben würde, wenn an Stelle der Ostsee Land wäre.

Mittlere Regenwahrscheinlichkeit[11]. Wir haben bisher nur von den jährlichen Regenmengen gesprochen, ohne auf die Regenhäufigkeit oder Regenwahrscheinlichkeit * Rücksicht zu nehmen. Da Menge und Dauer der Niederschläge aber nicht gleichmäßig wachsen und abnehmen, so müssen wir — soweit es das Beobachtungsmaterial gestattet — wenigstens einen flüchtigen Blick auf die geographische Verteilung der Regenwahrscheinlichkeit werfen. Zu beachten ist dabei nur, daß dieser Begriff bisher einer strengen Präzision entbehrt, indem noch immer nicht Übereinstimmung darüber herrscht, ob auch Tage, an denen nur einige Tropfen fallen, zu den Regentagen zu rechnen seien. Im allgemeinen werden Tage mit mindestens 0,1 mm Niederschlag als Regentage gezählt.

Auf den Meeren ist die Anordnung der Dauer und der Menge der Niederschläge in den wesentlichen Zügen dieselbe, nur mit dem wichtigen Unterschied, daß es in der äquatorialen Kalmenzone zwar stärker, aber seltener regnet als in den mittleren Breiten. Mit allem

* Der Quotient aus der Anzahl der Regentage einer Periode (Monat, Jahr usw.) dividiert durch die Gesamtzahl der Tage der betreffenden Periode. Eine Regenwahrscheinlichkeit von 0,50 sagt also, daß von 100 Tagen 50 Regentage sind.

Vorbehalt, der durch die Dürftigkeit des Beobachtungsmaterials geboten erscheint, sei die Bemerkung gestattet, daß der Atlantische Ozean verhältnismäßig am regenärmsten ist, vielleicht aber doch noch von dem Ostpazifischen Ozean übertroffen wird. Ein Gegensatz zwischen den beiden Hälften des Stillen Ozeans tritt auch in der Regendichtigkeit zutage. Merkwürdig ist die Zweiteilung des äquatorialen Regengürtels durch eine Trockenzone in der westlichen Südsee.

Mittlere Regenhäufigkeit auf den Ozeanen.[12]

	Atlantischer Ozean	Westpazifischer Ozean	Ostpazifischer Ozean	Indischer Ozean
über 40° N	**0,58**	**0,61**	—	—
40—30	0,47	0,46	—	—
30—20	0,34	0,43*	—	—
20—10	0,32*	0,55	—	—
10— 0	**0,52**	**0,56**	—	**0,58**
0—10 S	0,48	0,52	—	0,58
10—20	0,48	0,50	0,38	0,50
20—30	0,41*	0,43*	0,32*	0,46*
30—40	**0,45**	0,57	0,38	} **0,62**
über 40	**0,60**	**0,82**	—	

Auf den *Kontinenten* finden wir den marinen Typus der mit der Breite erst ab-, dann zu- und endlich wieder abnehmenden Regenwahrscheinlichkeit nur an den *Westseiten* vollkommen ausgebildet, während an den *Ostseiten* eine ziemlich gleichmäßige Abnahme gegen die Pole stattfindet. Zwischen 40° n. und etwa ebensoviel s. Br. sind eben die regenarmen Küstengebiete nur auf die Westseite beschränkt.

Auch auf dem Festland ist die Äquatorialzone durch eine Regenwahrscheinlichkeit von mehr als 0,40, stellenweise von über 0,50 ausgezeichnet. Dann folgt in der Alten Welt eine Zone von 0,30—0,40 Regenwahrscheinlichkeit, wozu die oberen Nilgegenden, die Malabarküste, das östliche Hinterindien und Südchina gehören. In Oberguinea, Bengalen und Nippon schwankt die Regenwahrscheinlichkeit zwischen 0,20 und 0,30 und sinkt in Senegambien, in Vorderindien mit Ausnahme der genannten Teile und des Pandjab und in den Ebenen von Peking auf 0,10—0,20 herab. Im Wüstengebiet beträgt sie weniger als 0,10, steigt aber von da wieder in nordwestlicher Richtung. Die Zone 0,10 bis 0,20 umfaßt Syrien, Kleinasien, Mesopotamien und Turan; die von 0,20—0,30 das mediterrane Europa, Südrußland, die Kirgisensteppe und Sibirien; die Zone 0,30—0,40 das mittlere und südliche Frankreich, den Nordrand der Alpen und die Karpathen, ferner Nord- und Zentralrußland; endlich die Zone 0,40—0,50 Britannien, fast ganz Deutschland und Norwegen.

Eine ähnliche Anordnung finden wir an der schmalen Westabdachung Nordamerikas, eine wesentlich andere aber im Osten. In Zentralamerika und an der Golfküste von Mexiko beträgt die Regenwahrscheinlichkeit 0,30—0,40, auf dem mexikanischen Tafelland und in den Vereinigten Staaten östlich vom Felsengebirge 0,20—0,30, stellenweise wie in Virginien, Georgia und Karolina, sogar weniger, als 0,20. Unter diesem Mittelwert bleibt sie auch im ganzen arktischen Gebiet. Auf den südlichen Festländern erreicht sie nur in der Zone der Äquatorialwinde (Chile und westliches Neuseeland) 0,40 und mehr, sonst hält sie sich fast überall unter 0,30 und in den regenarmen Gegenden unter 0,10.

Schon aus dieser kurzen Beschreibung ergeben sich zwei wichtige Gesetze: 1. Zwischen ungefähr 35° n. und s. Br. ist der Regen an der Westküste seltener als an der Ostküste, jenseits dieser Grenzparallelen werden aber die Westküsten häufiger von Regen heimgesucht. Die beiden Küsten verhalten sich also in bezug auf die Häufigkeit (wie im allgemeinen auch bezüglich der Menge) der Niederschläge ebenso zueinander wie in bezug auf die Erwärmung. 2. Die Regenwahrscheinlichkeit ist im allgemeinen auf dem Meer größer als auf dem Festland in gleicher Breite. Ganz besonders gilt dies von der ozeanischen Passatzone im Vergleich zu den Wüsten. Auch in diesem Punkt nimmt der nordatlantische Ozean eine Sonderstellung ein; ebenso ausgedehnt wie die Passatzone, ist hier die Regenarmut, und zwar sowohl nach Menge wie nach Dauer — gibt es doch auch nirgends eine so ausgedehnte Wüste, wie die ihm benachbarte Sahara. Intensiver ist die Regenarmut vielleicht an der Westküste des tropischen Südamerika, aber sie reicht hier nicht weit in die See hinaus; nach Köppen im Sommer bis 79°, im Winter nur bis 76° w. L.; ja ausnahmsweise wurde sogar schon in 70½° w. L. Regen notiert.

Literaturnachweise. [1] A. Supan, Die Verteilung der Niederschläge auf der festen Erdoberfläche; Gotha 1898 (erste Regenkarten für die Jahreszeiten!). Die jährlichen Niederschlagsmengen auf den Meeren; Petermanns Mitteilungen, 1898. A. J. Herbertson, The Distribution of Rainfall over the Land; London 1901 (erste Monatskarten der Niederschläge!) — [2] G. Wüst, Verdunstung und Niederschlag auf der Erde; Zeitschr. d. Gesellschaft für Erdk., Berlin 1922, Heft 1—2. — [3] A. Woeikow, Regenintensität und Regendauer in Batavia; Meteorol. Zeitschr. 1906. — [4] E. Brückner, Die Bilanz des Kreislaufes des Wassers auf der Erde; Geographische Zeitschrift 1905. — [5] J. Schubert, Wald und Niederschlag in Schlesien; Eberswalde 1904. — [6] Vgl. die Regenkarte von Südamerika in E. L. Voß, Die Niederschlagsverhältnisse von Südamerika; Ergänzungsheft Nr. 157 zu Petermanns Mitteilungen, Gotha 1907. — [7] Vgl. die Regenkarte von Afrika von G. Fraunberger in Petermanns Mitteilungen 1906. — [8] K. Niehoff, Oberflächengestaltung, Niederschlag und Abfluß des Niger und seiner Nachbargebiete; Mitt. aus den Deutschen Schutzgebieten XXX. — [9] J. Reger, Regenkarte von Europa; Petermanns Mitteilungen 1903. — [10] C. Kassner, ebenda 1904, Meteorol. Zeitschr. 1910. — [11] W. Köppen, Die jährliche Periode der Regenwahrscheinlichkeit in der nördlichen Hemisphäre; Zeitschr. der Oesterreichischen Gesellschaft f. Meteorol. 1876. — [12] Die Tabelle beruht auf dem Material, das von W. Köppen u. A. Sprung (Annalen der Hydrogr. u. marit. Meteorol. 1880), Köppen (ebenda 1895), A. v. Danckelmann (Zeitschrift d. Gesellschaft für Erdkunde in Berlin 1886) und P. Schlee (Archiv der Deutschen Seewarte 1892, Nr. 3) mitgeteilt ist.

Die jahreszeitliche Verteilung der Niederschläge.

Winter- und Sommerregen. Neben der mittleren Menge und Dauer der Niederschläge ist ihre jahreszeitliche Verteilung, namentlich für das Pflanzenleben, von größter Bedeutung. Da Verdunstung und absolute Feuchtigkeit mit der Temperatur steigen, so ist zu erwarten, daß das Sommerhalbjahr * regenreicher ist als das Winterhalbjahr. In der Tat ist das auch für das Festland die Regel, während für die Meere, mit Ausnahme der niederen Breiten, gerade das Entgegengesetzte gilt. Zwar wird auch hier im Sommer mehr Feuchtigkeit der Luft zugeführt, aber die Kondensationsbedingungen sind ungünstiger, weil die Luftdruckdifferenzen sich mehr ausgleichen und der barometrische Gradient sich verflacht, während Winter und Herbst als die Hauptzeit der Zyklonenbildungen Veranlassung zu Niederschlagsbildungen bieten. Winterregen sind also der ozeanische, Sommerregen der kontinentale Typus. Im Norden gibt es, entsprechend der Anordnung von Wasser und Land, zwei Gebiete der Winterregen, das atlantische und das pazifische, im Süden umschlingt im zirkumterranen Ozean ein Gürtel mit Winterregen die ganze Erde und dringt in breiten Zungen weit gegen den Äquator vor, am weitesten an der Westküste von Südamerika, wo er sogar den Äquator erreicht. Nach beiden Seiten greift der ozeanische Typus auf das Festland über, aber (mit Ausnahme von Afrika zwischen 9 und 18 ° n. Br.) an den Westküsten, besonders im Bereich der westlichen Winde, weiter als an den Ostküsten. Es gibt also auf jeder Halbkugel eine Zone, wo die beiden Festlandsküsten verschiedenen Regimen angehören; auch in Japan finden wir diesen Gegensatz ausgeprägt.

Nur an einer Erdstelle hat der ozeanische Typus weite Festlandsräume erobert; er herrscht im ganzen Umkreis des Mittelmeeres, auf der Wüstentafel, in Iran und in einem großen Teil von Turan. Es ist indes fraglich, ob diese Erscheinung überall einheitlich begründet, oder ob der räumliche Zusammenhang von Gebieten, wo verschiedene Ursachen wirksam sind, gleichsam nur zufällig ist. Unzweifelhaft sind hier überall die Kondensationsbedingungen durch die Zyklonenbildung im Winter günstiger als im Sommer, in dem die polare Luftströmung fast ausschließlich herrscht. Aber die winterlichen Zyklonen, die das Mittelmeergebiet nach O durchwandern, reichen nicht bis nach Iran, sondern hier befindet sich, wie aus ELIOTS Untersuchungen hervorgeht [1], eine zweite Geburtsstätte flacher Depressionen, die auch nach O ziehen, Hindustan durchqueren und sich bis Burma verfolgen lassen, und die im Hochgebirge von Afghanistan und im Himalaya gewaltige Schneemassen entladen. Auch kann man nicht sagen, daß hier überall der ozeanische Typus ungetrübt herrsche. Dazu gehört auch, daß der Frühling relativ

* Das nordhemisphärische Sommerhalbjahr zählt man von April bis September, das südhemisphärische von Oktober bis März.

trockener ist als der Herbst, und an den Küsten ist dieser Gegensatz besonders ausgebildet, weil der Wärmeüberschuß des Meeres über das Land im Herbst am größten und im Frühjahr am kleinsten ist. Die westlichen Südwinde sind im Herbst daher verhältnismäßig am wärmsten und bedürfen zur Kondensation nur eines geringen Anstiegs. Dem großen Subtropengebiet der Alten Welt sind zwar Winterregen und trockene Sommer gemeinsam, in den übrigen Jahreszeiten verhalten sich aber die Küsten- und die Binnenlandschaften ganz abweichend voneinander. Die ersteren haben, wie alle Küsten mittlerer und höherer Breiten, Herbstregen, die letzteren Frühjahrsregen, welche ein Äquivalent der Sommerregen höherer Breiten darstellen dürften[2]. In Vorderasien, im Innern der pyrenäischen Halbinsel, von Algerien usw. steigt die Temperatur im Frühjahr sehr rasch; Temperaturgegensätze mit benachbarten Gebieten können sich leicht entwickeln, und damit ist die Möglichkeit zu Gewitterregen gegeben, wie wir sie in unsern Gegenden meist nur im Sommer erleben. Dagegen können die gleichmäßigen, stationären Luftdruck- und Temperaturverhältnisse und die stetig wehenden Polarwinde im Sommer keinen Regen mehr erzeugen.

Noch ist zweier vereinzelter Vorkommnisse von vorherrschenden Winterregen im Gebiet der Sommerniederschläge zu gedenken. Eine solche Ausnahme bilden einige Ostküsten der Passatzone, auf die wir später noch zu sprechen kommen werden; die andere Ausnahme wurde beobachtungsmäßig bisher zwar nur in unseren Mittelgebirgslandschaften und in den südlichen Vereinigten Staaten nachgewiesen, ist aber sicher eine viel weiter verbreitete Erscheinung. Im Winterhalbjahr erfolgt die senkrechte Zunahme der Niederschläge rascher als in der Sommerhälfte, die Maximalzone liegt aber tiefer. Ein lehrreiches Beispiel bietet das dichte Beobachtungsnetz in Belgien:

Höhe m	Niederschlag mm			Relativzahlen			In Prozenten der Jahressumme	
	Winter-hälfte	Sommer-hälfte	Jahr	Winter-hälfte	Sommer-hälfte	Jahr	Winter-hälfte	Sommer-hälfte
unter 100	332	368	700	100	100	100	47	53
100—200	371	415	786	112	112	112	47	53
200—300	435	449	884	131	122	126	49	51
300—400	455	459	914	137	125	131	50	50
400—500	**505**	452	957	**152**	123	137	53	47
über 500	485	**525**	1010	146	**140**	144	48	52

Hier haben wir zwei Umkehrungsniveaus, in ungefähr 350 und 450 m Höhe. Orte unter 350 m Seehöhe haben Sommerregen, zwischen 350 und 450 m Winterregen, über 450 m wieder Sommerregen. Unsere meisten Mittelgebirge ragen in die Zone der Winterregen hinein, aber nur in West- und Mitteldeutschland, weil nur hier auch am Fuß der Gebirge die Sommerregen nicht sehr überwiegen. Im östlichen Deutsch-

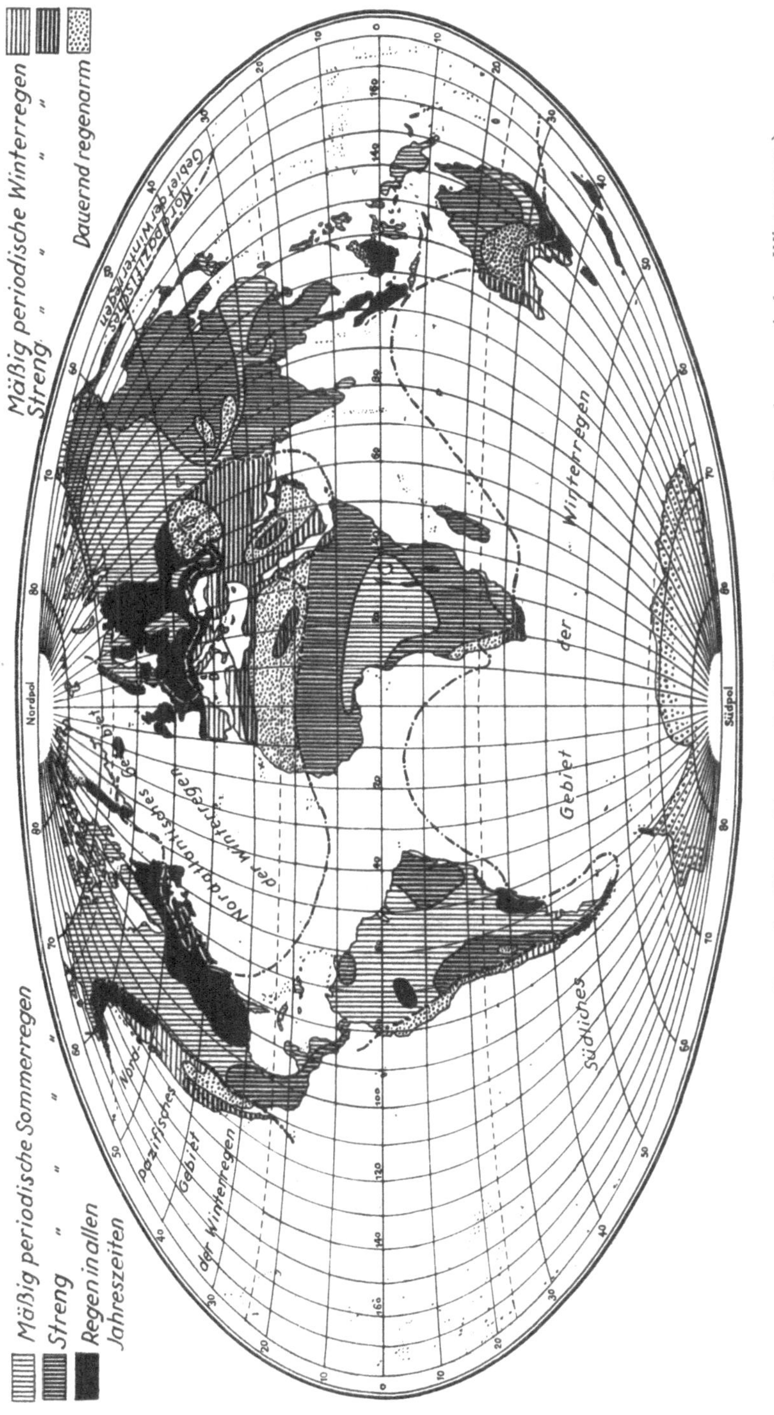

Fig. 45. Jahreszeitliche Verteilung der Niederschläge nach A. Supan. (—·—·— Grenze der ozeanischen Winterregen.)

land ist der hydrometeorische Unterschied der Jahreshälften schon beträchtlicher, er mildert sich zwar auch mit der Höhe, aber das untere Umkehrungsniveau liegt höher als die Schneekoppe, der höchste Punkt unseres Mittelgebirges.

Die jährliche Niederschlagsschwankung. Wir verstehen darunter den Unterschied der größten und kleinsten Monatsmenge, ausgedrückt in Prozenten der Jahresmenge. Auf Fig. 45 unterscheiden wir vier Kategorien:

1. Niederschläge zu allen Jahreszeiten mit einer Schwankung unter 10 Prozent. Dieser Ausdruck ist nicht so zu verstehen, als ob es jedes Jahr das ganze Jahr hindurch regnen würde, sondern es ist damit nur gesagt, daß Maxima und Minima in verschiedenen Jahren in verschiedene Jahreszeiten fallen. Die mittlere Schwankung ist kleiner als die in den einzelnen Jahren, weil sich in langjährigen Monatsmitteln ein Ausgleich vollzieht. Regellosigkeit ist der eigentliche Charakter der hierher gehörigen Gegenden.

2. In den Gebieten mit mäßig-periodischen Niederschlägen, d. h. mit einer mittleren Schwankung von 10—20 Prozent sind Maxima und Minima schon fester an bestimmte Jahreszeiten gebunden, der Gegensatz von nassen und trockenen Monaten ist schon schärfer ausgeprägt, aber es fehlen noch länger andauernde Trockenperioden.

3. Streng-periodische Niederschläge nennen wir solche, die eine mittlere Schwankung von 20 Prozent und darüber aufweisen. Jahraus jahrein herrscht mit geringen Schwankungen die gleiche Periodizität. Maxima und Minima verschieben sich zwar auch von einem Monat zum andern, aber es kommt (mit seltenen Ausnahmen) nicht mehr vor, daß in einem und demselben Monat in dem einen Jahre das Minimum, in dem andern das Maximum eintritt. Also nicht völlige, aber doch verhältnismäßig größte Regelmäßigkeit, und damit auch die Ausbildung längerer Trocken- und Regenperioden auf die die Bewohner der Tropenzone, in der die gleichmäßige Temperatur den Gegensatz von Winter und Sommer verwischt, die klimatische Einteilung des Jahres gründen.

4. Als vierte Kategorie sind die Gebiete mit dauernder Regenarmut ausgeschieden, weil es hier praktisch von keinem Wert ist, die Periodizität festzustellen. Wir empfehlen einen Vergleich der dauernd regenarmen Gebiete auf Fig. 45 mit den nach der Jahressumme als regenarm bezeichneten Landstrichen einer Karte der Niederschlagsmengen. Man wird sehen, daß die ersteren eine erheblich geringere Fläche einnehmen. Dauernd nennen wir die Regenarmut, wenn die Niederschläge in keiner Jahreszeit 60 mm erreichen; das hindert aber nicht, daß sich hier und da, freilich nach oft jahrelanger Regenlosigkeit, schwere Wolkenbrüche ereignen. Nicht bloß in der australischen Wüste kommen solche vor, sondern auch in der Sahara, und sie erzeugen sogar plötzliche Überschwemmungen, wie z. B. am 12. April

1899 im Wadi Urirlu, wo innerhalb weniger Sekunden eine Fläche von 800 m im Durchmesser mannshoch unter Wasser gesetzt wurde, und sechs Mann einer französischen Militärabteilung dabei ihr Leben verloren. Im Hoggar erlebte die französische Strafexpedition im Oktober 1902 mehrtägige Platzregen. Genetisch können wir diese dauernd regenarmen Gebiete einteilen 1. in polare, 2. in innerkontinentale, 3. in Windschattengebiete und 4. in passatische Wüsten mit beständigen Polarwinden.

Die gemäßigten Zonen. Wenn wir in Eurasien vom atlantischen Gestade nach Osten fortschreiten, so sehen wir die Niederschlagsverteilung ganz allmählich aus dem ozeanischen in den kontinentalen Typus übergehen. In Irland herrscht der erstere noch unbedingt. Im westlichen England verschiebt sich das Maximum schon auf den Herbst. Im mittleren und östlichen England übertrifft der Sommerregen bereits den winterlichen. Im nordwestlichen Deutschland ist der Sommer die Hauptregenzeit, aber das Minimum fällt noch in den Frühling. In Mitteldeutschland ist der kontinentale Typus hergestellt, aber noch strömt auch in der kalten Zeit genug atlantische Feuchtigkeit in das Land, um eine große Schwankung nicht aufkommen zu lassen, und das sommerliche Maximum ist selbst in Brandenburg und an der deutschen Ostseeküste nur eine Folge der Gewitterregen[3]. Erst in den östlichsten Binnengegenden Deutschlands, in Rußland und in Westsibirien tritt die maritime gegen die Landfeuchtigkeit zurück, und die Niederschläge konzentrieren sich immer mehr auf die warme Jahreshälfte. Ostsibirien ist das ganze Winterhalbjahr hindurch in den Gürtel hohen Luftdruckes eingeschlossen und damit allseitig von der Zufuhr ozeanischer Feuchtigkeit abgeschnitten. Die pazifischen Randländer teilen dasselbe Schicksal, denn die winterliche Bodenständigkeit der ostasiatischen Antizyklone bewirkt eine ebenso große, nahezu passatische Konstanz trockener nordwestlicher Landwinde, die weit auf das Meer hinaus vordringen und nur über dem Japanischen Meer etwas Feuchtigkeit aufnehmen, um sie der vorgelagerten Inselkette zuzuführen. Im Sommer herrscht hier aber bis über die Amurmündung hinaus der regenbringende SO-Monsun. So entsteht ein schärferer Gegensatz zwischen Winter

	Prozent der Jahresmenge				
	Winter	Frühling	Sommer	Herbst	Schwankung
Irland	**28**	21*	24	27	5
Westengland	28	19*	24	**29**	5
Ostengland	23	19*	28	**30**	5
Nordwestdeutschland	23	22*	**31**	24	5
Mitteldeutschland	20*	23	**34**	23	6
Ostdeutschland	19*	22	**37**	22	7
Westrußland	16*	21	**39**	24	10
Mittelrußland	16*	22	**37**	25	10
Westsibirien	13*	13	**42**	32	14
Ostsibirien	9*	12	**58**	21	21

und Sommer als irgend wo anders in den höheren Breiten, und eine strenge Periodizität der Niederschlagsverteilung, die an die Tropen gemahnt. Man vergleiche damit Nordamerika. Der ganze Osten hat hier Regen zu allen Jahreszeiten, weil die das Festland durchziehenden Zyklonen auch im Winter Seewinde aus dem Mexikanischen Golf in das Land ziehen. Dagegen ist diese Kategorie im W wenig entwickelt, einerseits, weil hier die Kordilleren dem Einfluß der pazifischen Westwinde bald ein Ziel setzen, anderseits weil die subtropische Antizyklone im Sommer im nordpazifischen Ozean weiter nach N rückt als im nordatlantischen. Der letztere Umstand hat zur Folge, daß der Sommer in Britisch-Columbien und Washington relativ trockener ist, als in den entsprechenden europäischen Küstenländern.

Die Etesiengebiete. Wenn wir von Mitteleuropa nach S fortschreiten, so vollzieht sich ebenfalls ein Übergang in der jährlichen Regenverteilung, aber im gerade entgegengesetzten Sinn wie bei dem Fortschreiten nach Ost. In Nordtirol haben wir noch den normalen mitteleuropäischen Typus. In Südtirol verschiebt sich das Maximum schon auf den Herbst. In der Po-Ebene zeigt sich bereits im Sommer ein sekundäres Minimum, das in Mittel- und noch mehr in Süditalien zum Hauptminimum wird; zugleich ist die jährliche Schwankung beträchtlich gestiegen. In Sizilien fällt das Maximum in den Winter, und der Sommer ist beinahe regenlos; mit anderen Worten: der Etesientypus ist zur völligen Ausbildung gelangt. Gehen wir noch weiter nach S, z. B. nach Malta, so sehen wir diesen Typus immer schärfer ausgeprägt, und es tritt strenge Periodizität ein. Nicht das winterliche Maximum ist charakteristisch, denn das finden wir ja auch in den höheren ozeanischen Breiten, sondern das tiefe sommerliche Minimum, das sich bis zur völligen Regenlosigkeit steigert.

Prozente der Jahresmenge.

	Winter	Frühling	Sommer	Herbst	Schwankung
Nordtirol	16*	24	**37**	23	9
Südtirol	14*	26	28	**32**	8
Po-Ebene	20*	26	24	**30**	6
Mittelitalien	25	24	17*	**34**	9
Süditalien	31	25	11*	**33**	11
Sizilien	**39**	22	3*	36	15
Malta	**48**	14	2*	36	22

Diese völlige Umkehr der kontinentalen Regenkurve beruht auf den jahreszeitlichen Verschiebungen des Passates und muß im Zusammenhang mit den tropischen Verhältnissen betrachtet werden. Dazu eignet sich am besten die atlantische Ostküste, weil nur hier alle Glieder deutlich ausgebildet sind. Wie Fig. 46 zeigt, wandert das ganze Passatsystem mit der Sonne. Im Bereich der subtropischen Antizyklonen und des strengen Passats herrscht Trockenheit, im Bereich der tropischen Luftauflockerung und der westlichen Winde regnet es. Auf diese Weise entsteht eine regelmäßige Folge:

I. Nördlich von 40° n. Br. dauernd Regen.
II. 40—27° n. Br. regenarm im Sommer (Etesienklima).
III. 27—19° n Br. dauernd regenarm.
IV. 19—7° n. Br regenarm im Winter (tropische Regen).
V. 7—1° n. Br dauernd Regen (Äquatorialgürtel).
VI. 1° n.—17° s. Br. regenarm im Winter (tropische Regen).
VII. 17—30° s. Br dauernd regenarm.
VIII. Über 30° s. Br. regenarm im Sommer (Etesienklima).
(IX. dauernd Regen nur auf dem Ozean, da die afrikanische Westküste in diese Zone nicht mehr hineinreicht.)

Die alten Griechen nannten die sommerlichen Winde des Mittelmeeres Etesien, und dementsprechend bezeichnen wir mit HETTNER ein Klima, das sich durch winterliche Niederschläge und sommerliche Dürre auszeichnet, als Etesienklima. Man vermeidet damit Mißverständnisse, die mit dem vielgebrauchten Ausdruck Subtropen verknüpft sind. Die Subtropen bilden den thermischen Übergang von den Tropen zur gemäßigten Zone, ihre Niederschläge haben teils ozeanischen, teils kontinentalen Charakter, und das Etesienklima ist nichts anderes als der ozeanische Typus des Subtropenklimas.

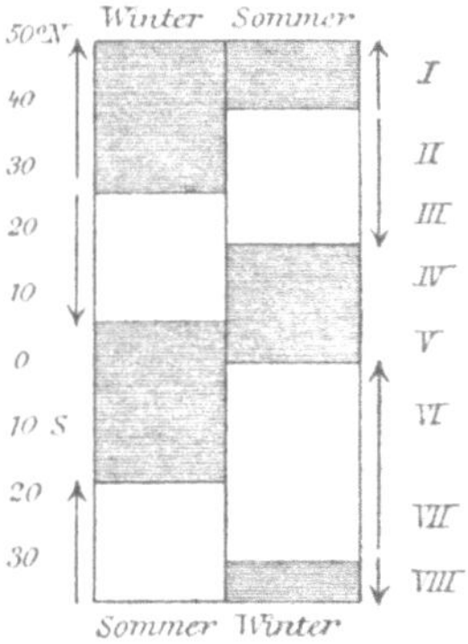

Fig. 46. Regenzonen (dunkel) und regenlose Zonen (hell) an der atlantischen Ostküste im Winter und Sommer. Die Pfeile zeigen die Richtung der Winde.

Etesiengebiete sind auch Kalifornien, Nordchile und Westaustralien, wir finden sie also stets nur an den Westküsten, während die Ostküsten gerade durch den Passat Niederschläge empfangen. Überall sind sie, ebenso wie die sich daran anschließenden passatischen Wüsten, eine litorale Erscheinung, nur in der Alten Welt sind beide zonenartig entwickelt. Etesisch ist hier die Regenverteilung im ganzen Umkreis des Mittelmeers und in ganz Vorderasien, vielleicht nur mit Ausnahme des Gebirges von Jemen.

Tropenzone. Ombrometrisch ist nach dem Gesagten eine scharfe Abgrenzung der Tropenzone nur an den Westseiten der Kontinente möglich. Tropenregen sind diejenigen, die bei dem Zenitstand der Sonne eintreten. In der Nähe der Wendekreise (Fig. 47) erreicht die Sonne allerdings auch zweimal, aber rasch hintereinander ihren höchsten Stand, und die beiden Regenzeiten verschmelzen infolgedessen zu einer einzigen. So entsteht eine einfache Regenkurve mit strenger Periodizität, entsprechend der großen Schwankung der Sonnenhöhe; mit seinem regnerischen Sommer und regenlosen Winter bildet der tropische Grenztypus den geraden Gegensatz zum etesischen.

Je mehr wir uns dem Äquator nähern, um so mehr treten die beiden Zenitstände der Sonne auseinander, es entwickelt sich eine Doppelkurve mit zwei Regen- und zwei Trockenzeiten,* und der Grenztypus geht allmählich in den Äquatorialtypus über. Aus Fig. 47

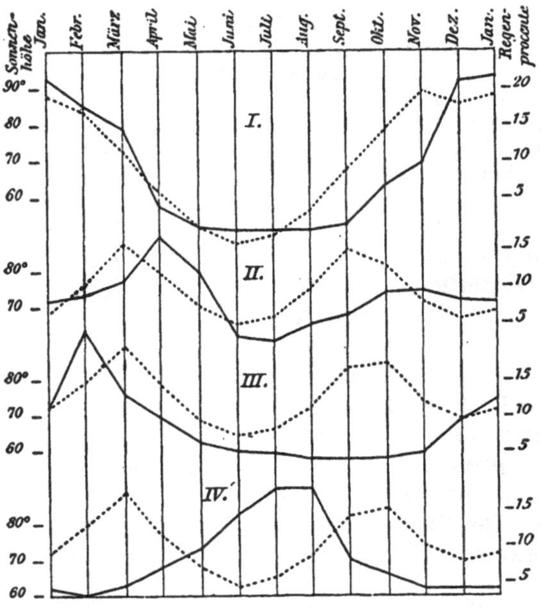

I. Tropischer Grenztypus (Antananarivo Madagaskar, 18,9° s. Br.).

II. Äquatorialtypus (Quito, Ecuador, 0,2° s. Br.).

III. Monsuntypus (Wahaai an der Nordküste von Ceram, Molukken 2,8° s. Br.).

IV. Passattypus (Amahei an der Südküste von Ceram, 3,3° s. Br.).

Fig. 47. Regentypen der Tropenzone.

——— Regenkurve (Prozente der Jahresmenge)

.... Jährlicher Gang der Sonnenhöhe nach dem Stand in den Monatsmitten.

ist ersichtlich, daß die Regenmaxima den Zenitständen etwas nachfolgen, und daß sie, ebenso wie die Minima, ungleich entwickelt sind.

---

* Als Beispiel diene Loanda an der Westküste Afrikas unter 8° 49′ s. Br., wo mehrjährige Beobachtungen vorliegen. Die Sonne steht hier am 26. Februar und 17. Oktober im Zenit; dem ersteren Stand entspricht die kleine, dem letzteren die große Regenzeit.

Jahr	Beginn der kleinen Regenzeit	Beginn der großen Trockenzeit	Beginn der großen Regenzeit	Beginn der kleinen Trockenzeit
1879	?	6. Mai	5. Okt.	21. Dez.
1880	18. Febr.	29. April	4. Sept.	29. Dez.
1881	5. Febr.	10. April	2. Dez.	27. Dez.
1882	8. Febr.	23. Mai	8. Okt.	—
1883	—	5. Mai	29. Nov.	?

Die mittlere Dauer der vier Perioden berechnet sich folgendermaßen: Große Trockenzeit 164, große Regenzeit 107, kleine Trockenzeit 35, kleine Regenzeit 59 Tage. Man beachte besonders die große Unregelmäßigkeit im Beginn der Hauptregenzeit, den zeitweiligen

Auch kann man hier nur von relativen Trockenzeiten sprechen, da auch sie nicht völlig regenlos sind. Die jährliche Niederschlagsschwankung sinkt im Äquatorialgürtel fast überall unter 20, am oberen Amazonas und im westlichen malaiischen Archipel sogar unter 10 Prozent. Wir haben also hier, wo die Luft das ganze Jahr mit Feuchtigkeit geschwängert ist und kein Passat zeitweise die Kondensation hindert, ebenso Regen zu allen Jahreszeiten wie im ozeanisch modifizierten Klima der höheren Breiten, mit denselben Unregelmäßigkeiten in dem Auftreten der Maxima und Minima.

Eine andere jahreszeitliche Regenverteilung finden wir in den Ländern mit semesterweisem Windwechsel. Der Monsuntypus unterscheidet sich vom Tropentypus dadurch, daß nur ein Zenitstand der Sonne von Niederschlägen begleitet ist. Hier entsteht ebenfalls eine einfache Kurve wie im tropischen Grenztypus, und daher können beide Typen nur in der Nähe des Äquators streng auseinander gehalten werden. Das größte Monsungebiet ist das asiatische, das sich von Indien bis über die Amurmündung hinaus erstreckt; im indischen Bereich ist SW mit seinen Abzweigungen, im pazifischen SO der Regenwind, der ozeanische Feuchtigkeit tief in das Land hineinträgt. Daher die gewaltigen Wassermassen, die hier überall niedergehen, wo der Sommermonsun auf eine Bodenerhebung stößt, und zwar — was besonders beachtenswert ist — trotz strenger Periodizität, während sonst in der Regel die jährliche Niederschlagsmenge im umgekehrten Verhältnis zur Schwankung steht.

Im Gebiet des Australmonsuns lernen wir eine Mischform von Monsun- und Tropentypus kennen. Batavia z. B. hat noch reine Monsunregen, das benachbarte Buitenzorg aber zwei Maxima: ein Monsunmaximum im Januar, das zwei Monate vor dem ersten Zenitstand der Sonne eintritt, und ein Tropenmaximum im Oktober zur Zeit des zweiten Zenitstandes. Für Fig. 47 sind die Monsunregen an der Nordküste von Ceram gewählt worden, um zu zeigen, wie in den Tropen die Extreme oft nahe beieinander liegen. Der Nordküste bringt der NW-Monsun, der Südküste der SO-Monsun, d. h. der Passat, Regen; ihre Regen- und Trockenzeiten fallen somit in die entgegengesetzten Jahreszeiten. Der Passattypus mit dem Maximum zur Zeit des tiefsten Sonnenstandes ist der gerade Gegensatz des Tropentypus; er ist zwar dem etesischen ähnlich, unterscheidet sich aber dadurch von ihm, daß auch der Sommer nicht regenlos ist. Die warme Jahreszeit bringt, wie überall in den Tropen, zyklonale und konvektive Regen, der Winter aber orographische. Während Tropen- und Monsuntypus über weite Gebiete herrschen, tritt der Passattypus nur an den Ostküsten auf,

---

Wechsel beider Regenzeiten (1881 dauerte die »große« Regenzeit nur 25 Tage, die darauf folgende »kleine« aber 104) und das vollständige Fehlen der kleinen Perioden im Jahre 1882—83. Das alles zeigt deutlich, welchen Schwankungen der Tropenregen unterworfen ist.

aber auch hier selten rein, sondern in mannigfacher Mischung mit dem Tropentypus. In Sansibar z. B. erreicht die Sonne ihren höchsten Stand im März und Oktober, ihren tiefsten im Juni und Dezember; das Hauptregenmaximum im April ist echt tropisch, das sekundäre im Dezember aber passatisch. Überall wird durch die passatischen Steigungsregen die Periodizität gemildert, und nur dem Umstand, daß Südamerika dem Passat offen liegt, ist es zuzuschreiben, daß hier, mit Ausnahme einiger weit entlegener oder vom Wind geschützter Gegenden, der Gegensatz von Regen- und Trockenzeit nicht so schroff ist wie in Afrika und in Australien.

Aus dem Gesagten geht hervor, daß die Regenverhältnisse der Tropen viel mannigfaltiger sind als die der gemäßigten Zone, wo mehr die Temperaturunterschiede in den Vordergrund treten. Einförmigkeit herrscht nur in der Polarwelt.

Schwankungen des Regenfalls. Die Regenschwankungen von Jahr zu Jahr besitzen selbstverständlich nicht bloß theoretisches Interesse, sondern auch größte wirtschaftliche Bedeutung. Das Wenige, was wir darüber wissen, verdanken wir HELLMANN[4]. Unter sonst gleichen Umständen stehen sie im geraden Verhältnis zur Periodizität des Regenfalls und im umgekehrten zur durchschnittlichen jährlichen Regenmenge. Tropen- und Etesiengebiete sind also auch besonders großen Niederschlagsschwankungen von Jahr zu Jahr unterworfen. Wir betonen aber nochmals: unter sonst gleichen Umständen, denn an der Luvseite der Regenwinde sind die Schwankungen überall sehr mäßig.

Gewitter. Aus der geographischen Verteilung[5] und jährlichen Periode der Gewitter kann man den Schluß ziehen, daß sie Begleiterscheinungen des Kondensationsprozesses des Wasserdampfes sind. In der Tat ist auch das Auftreten großer elektrischer Spannungen, welche die Blitzentladungen herbeiführen, an die Kondensation des Wasserdampfes gebunden. Die meteorologischen Beobachtungsvorschriften machen die Notierung eines Gewitters von der Hörbarkeit des Donners abhängig, da Blitze am Tag leicht übersehen werden. Wie die Regenmenge nehmen auch die Gewitter mit zunehmender Breite ab. Nirgends tritt dieses Phänomen häufiger und großartiger auf als in den Tropen. In Abessinien gibt es jährlich 424 Gewitter im Mittel, die sich auf 216 Tage verteilen. Durchschnittlich kann man in der äquatorialen Zone 100—150 Gewittertage annehmen. Es gibt aber auch in niedrigen Breiten Gebiete, wo die Gewitter selten sind, so die regenarmen Passatgürtel und die regenarmen Küsten von Peru. Merkwürdig ist auch die Seltenheit der Gewitter an der regenreichen tropischen Ostküste Südamerikas von Pernambuco bis Bahia. In der gemäßigten Zone beträgt die durchschnittliche Häufigkeit der Gewitter 30—50 Tage im Jahr. Das kontinentale Klima weist größere Gewitterhäufigkeit auf als das ozeanische (Norwegen: 5,7—4,6 Gewittertage, Schweden: 9,5—6,3; Island Westküste: 4,3, Ostküste: 6,6). Auch nimmt die Gewitterfrequenz mit Annäherung an Gebirge zu. In Rußland zeigen der Kaukasus, das Uralgebirge und der Altai diese Zunahme. Die folgenden Mittelwerte offenbaren die gleiche Erscheinung im Vorgelände und am Rande des Riesengebirges [6]. Im Gebirge selbst nimmt die Gewitterhäufigkeit wieder ab:

	Breslau	Eichberg	Schreiberhau	Schneekoppe
Gewittertage im Jahr	18,5	28,3	23,2	18,1

In den Zirkumpolarregionen sind die Gewitter selten oder fehlen ganz[7]. Die Grenze, wo keine Gewitter mehr vorkommen, liegt auf der Nordhemisphäre zwischen 70° und 75° Breite, auf der Südhemisphäre schon zwischen 50 und 55°. Auf beiden Hemisphären fällt die Gewittergrenze ungefähr mit der 4°-Isotherme des wärmsten Monats zusammen.

Auf dem Meere[8] sind die Gewitter seltener als über Land. Ihre Häufigkeit wächst, besonders in den gemäßigten Breiten, mit Annäherung an das Land. Warme Strömungen vermehren die Gewitterhäufigkeit auf dem Meere und verschieben auch die polare Grenze. Über warmen Strömungen rückt die Gewittergrenze polwärts, über kalten äquatorwärts. Im Gegensatz zu dem Festland, das überwiegend Sommergewitter aufweist, treten die Wintergewitter in der Hauptsache auf dem Meere auf.

Nach ihrer Entstehung unterscheidet man Wärmegewitter und Wirbel- oder Frontgewitter. Die Wärmegewitter sind Folgeerscheinungen des labilen Gleichgewichtszustandes der Luft, wie er sich an warmen, heiteren Tagen bei schwacher Windbewegung über dem Lande ausbildet. Allerdings braucht nicht ausschließlich Überhitzung der unteren Schichten die Veranlassung für die labile Temperaturverteilung in der Vertikalen zu geben. Sie kann auch durch stärkere Abkühlung in der Höhe herbeigeführt werden. Infolge ihrer unmittelbaren Abhängigkeit von dem Gang der Erwärmung treten die Wärmegewitter am häufigsten in den Nachmittagstunden auf. Die Gewitter der Tropen gehören ausschließlich diesem Typus an. In den gemäßigten Breiten kommen über dem Festland neben den Wärmegewittern die zweite Art, die Wirbel- oder Frontgewitter, auch im Sommer häufig vor. Die Wirbelgewitter sind, ihrem Namen entsprechend Begleiterscheinungen der großen Zyklonen der höheren Breiten. Sie wandern mit diesen und überschreiten in ausgedehnten Fronten große Gebiete. Hierdurch unterscheiden sie sich wesentlich von den Wärmegewittern, die lokale Bildungen sind und sich nur wenig von ihrem Ursprungsort entfernen. Die Wirbelgewitter sind eine charakteristische Erscheinung der Böenfront der Zyklone. Die plötzliche und gewaltsame Kondensation, die beim Einbruch der Kaltluft längs der Böenfront in den warmen Sektor der Zyklone erfolgt, löst auch die Gewitterbildung aus. Je größer die Temperaturdifferenz längs der Böenfront, desto heftiger ist die Intensität des Gewitters. Die Gewitter auf dem Meere sind fast ausschließlich Wirbelgewitter.

Hagel. Gewitterscheinungen sind gelegentlich von Hagel begleitet. Unter Hagel versteht man Eiskörner, die einen trüben, milchigen Eiskern aufweisen, der von mehreren durchsichtigen Eishüllen umgeben ist. Wegen seiner verderblichen Wirkung kommt dem Hagel ein gewisses geographisches Interesse zu. Freilich ist seine Statistik ziemlich mangelhaft, da Hagel häufig mit Graupeln und Eisregen verwechselt wird. Graupeln sind kleine Schneeballen, zusammengebackene Schneekristalle, gewöhnlich ohne Eisüberzug, Eisregen wird von kleinen durchsichtigen Eiskörnern, gefrorenen Regentropfen, gebildet. Der Hagel ist somit gewissermaßen eine Kombination von Graupeln und Eisregen. Die Größe der Hagelkörner ist verschieden, als »Riesel« haben sie die Größe einer Erbse, als »Schlossen« erreichen sie Nußgröße, ja selbst die Größe von Hühnereiern.

Hagelfälle kommen fast auf der ganzen Erde vor, in Äquatornähe und bis über den Polarkreis hinaus. Ihre eigentliche Heimat dürften aber die gemäßigten Breiten sein. Hinsichtlich der Größe der Hagelkörner scheinen die schwersten Hagelwetter in subtropischen Breiten aufzutreten. In Oberindien, Mesopotamien, Kleinasien, Australien, Natal und in den mittleren und südlichen Vereinigten Staaten treten gelegentlich große Hagelkatastrophen auf. In Europa nehmen die Hagelfälle von Westen nach Osten ab. Bevorzugt sind in erster Linie Gebirgsränder und Hügelland. In Deutschland ist das mitteldeutsche Hügelland, der nördliche Schwarzwald und die Rauhe Alb durch größere Hagelhäufigkeit gekennzeichnet. In der Schweiz wird die Hochebene und der Jura am meisten durch Hagelfälle geplagt, in Kärnten das niedrige Bergland der Osthälfte, und ebenso in Steiermark das Hügelland gegen die ungarische Grenze hin.

Die Entstehung des Hagels ist noch nicht eindeutig geklärt. Da der Hagel fast ausnahmslos bei Gewittern auftritt, müssen die die Gewitterbildung auslösenden Vorgänge, starke Vertikalbewegungen der Luft und plötzliche kräftige Kondensation, auch die Entstehung des Hagels begünstigen. Der Hagel begleitet aber nicht das Gewitter auf seinem ganzen Zug und längs seiner ausgedehnten Front, sondern bildet eine lokale, örtlich beschränkte Erscheinung innerhalb des Gewitters. Vermutlich wird die Hagelbildung hervorgerufen durch eine Wirbelbewegung der Luft und zwar durch Wirbel mit vertikaler Achse, die während des Gewitters örtlich sich bilden. Da diese Wirbel gewöhndurch Hindernisse der Erdoberfläche, namentlich Gebirge, hervorgerufen werden, ist das Auftreten bevorzugter Hagelstriche verständlich.

Literaturnachweise. [1] J. ELIOT, An Account of the more important Cold Weather Storms in India 1876—91; India Meteorological Memoirs, Bd. IV, Calcutta 1893. — [2] A. SUPAN, Die jahreszeitliche Verteilung der Niederschläge in Europa, Westasien und Nordafrika; PETERMANNS Mitteilungen 1890. — [3] G. SCHWALBE, Über Niederschlagstypen; Meteorol. Zeitschr. 1907. — [4] G. HELLMANN, Untersuchungen über die Schwankungen der Niederschläge; Abhandlungen des Meteorol. Inst. in Berlin 1909. — [5] A. KLOSSOWSKY, Distribution annuelle des orages à la surface du globe terrestre; Odessa 1894. E. ALT, Die Häufigkeit der Gewitter in Europa, mit Karte; PETERMANNS Geographische Mitteilungen 1910. C. E. BROOKS, The distribution of the thunderstorms over the globe; Geophys. Memoirs Nr. 24, London 1925, mit 3 Karten der Gewitterverteilung auf der Erde. — [6] R. REIMANN, Gewittererscheinungen im Riesengebirge; Meteorol. Zeitschr. 1886. — [7] H. HARRIES, Arctic hail and thunderstorms; Journal R. Met. Soc. 1896, mit Kartenskizze. — [8] A. v. DANKELMANN, Regen, Hagel und Gewitter im Indischen Ozean; Archiv d. Deutschen Seewarte, III, 1880, Nr. 2. — P. SCHLEE, Niederschläge, Gewitter und Bewölkung im Südatlantischen Ozean; ebenda 1892. — G. HELLMANN, Meeresströmungen u. Gewitterhäufigkeit; »Das Wetter«, ASSMANN-Sonderheft 1915.

Verbreitung des Schnees.

Verbreitung. Unsere Gegenden gehören der Zone der gemischten Niederschläge an: in der kälteren Jahreszeit schneit es, in der wärmeren regnet es. Gehen wir weiter nach Süden oder Norden, so zeigt sich, daß alle Kondensationen in fester Form, mit Ausnahme des Hagels, eine Äquatorialgrenze, alle Kondensationen in flüssiger Form eine Polargrenze haben.[1] In gleicher Weise haben die Hydrometeore eine Höhengrenze, die man sich als unregelmäßige, gegen die Erdoberfläche konkave Fläche denken muß und die vom Äquator gegen die Pole geneigt ist. Ihre Schnittlinie mit der Erdoberfläche stellt die Polargrenze der betreffenden Hydrometeore dar. Über die Äquatorialgrenze des Schnees gibt die Arbeit von H. FISCHER [2] Aufschluß. Schon im mittleren Italien sind Schneefälle in den Niederungen selten, aber immerhin hat noch Rom durchschnittlich 1,4 Schneetage im Jahr. Jenseits des Atlasgebirges und des Nefud, wo NOLDE am 2. Februar 1893 einen starken Schneefall erlebte, ist der Schnee in der Ebene unbekannt. An der Ostseite der nordhemisphärischen Kontinente rückt aber die Äquatorialgrenze, den Winterisothermen folgend, weiter nach Süden, in Ostasien bis über Canton hinaus (23° Br.).

Eine Polargrenze des Regenfalles ist auf der Nordhemisphäre wahrscheinlich nur in geringem Umfang vorhanden. Die mittlere Julitemperatur beträgt nach MOHN am Nordpol —1° bis 0° und läßt somit zeitweise positive Temperaturen und deshalb auch Niederschläge in flüssiger Form erwarten. NANSEN hat auf der Drift der »Fram«, die bis in 83° n. Br. kam, in den Monaten Mai bis September insgesamt 24 Tage mit Regen verzeichnet. Dagegen gibt es auf dem bis 3000 m ansteigenden Rücken von Grönland wahrscheinlich keinen Regen. Auf der Südhalbkugel nimmt die Zahl der Regentage jenseits 65° s. Br. rasch ab. HELLMANN gibt hierfür folgende Übersicht:

Südpolarexpedition	Südliche Breite des Standquartiers	Zahl der Regentage im Jahr
Schwedische	64° 22′	15
1. französische	65° 4′	43
2. französische	65° 10′	66
1. deutsche	66°	12
Belgische	70° 36′	20
2. deutsche	77°	0
2. englische / Norwegische }	77°—78,5°	0

Es wird also die Polargrenze des Regenfalles auf der Südhalbkugel in etwa 75° bis 77° Breite zu suchen sein.

Im Gebirge fällt Schnee auch innerhalb der Äquatorialgrenzen seines Vorkommens in der Niederung. Da die isotherme Fläche von 0° im Äquatorialgebiet durchschnittlich in 5200 bis 5500 m Höhe liegt, kann man annehmen, daß in diesem Gebiet über 5600 m alle Niederschläge in fester Form erfolgen. Sogar in der Sahara wird auf den über 1500 m hohen Gipfeln des Asdjer in jedem Winter Schnee beobachtet. Im heißesten Monat (Juli) kommen Schneefälle in der Schweiz nur oberhalb 1000 m vor, aber auch in der oberen Region regnet es noch ziemlich häufig. Die meteorologische Station auf dem Sonnblick in den Tauern (3100 m Höhe) verzeichnete im Durchschnitt der Jahre 1886 bis 1906 in den Monaten Juni bis Oktober 126 mm Regen, d. h. 6 Prozent der gesamten Niederschlagsmenge.

Während die steigende Sonne in den gemäßigten Breiten in der Ebene und den unteren Gebirgsregionen den winterlichen Schnee aufzehrt, bleibt er in größeren Höhen das ganze Jahr liegen und wird noch durch gelegentliche sommerliche Schneefälle vermehrt. Über die Veränderungen, die die Schneedecke eines Gebirges im Laufe eines Jahres erleidet, liegen langjährige Beobachtungen vom Säntis, vom Inntal bei Innsbruck, von der Sonnblickgruppe in den Hohen Tauern und vom Hohen Priel in den oberösterreichischen Kalkalpen vor. Im Winter sind alle Talgründe mit Schnee bedeckt, dann zieht sich seine untere Grenze bis zum Spätsommer in immer größere Höhe zurück, um im Herbst sich rasch wieder zu Tal zu senken.*

Die Schneegrenze.[4] Der pulverig trockene Schnee, der in den höchsten Regionen unserer Alpen fällt, bleibt auf den steilen Graten und Abhängen nicht lange haften. Das Spiel der Winde und die eigene Schwere führen ihn jenen großen Mulden und kesselförmigen Vertiefungen zu, mit denen die Täler nach oben enden, und häufen ihn hier, zusammen mit dem an Ort und Stelle gefallenen Schnee, zu ge-

* Als Beispiel diene die temporäre Schneegrenze im Inntal.

	März	April	Mai	Juni	Juli	Aug.	Sept.	Okt.	Nov.	
Südhang	960	1270	1700	2190	2680	3130	3210	2150	1300	m
Nordhang	720	1110	1540	2030	2470	2930	2760	1890	1010	m
Unterschied ...	240	160	160	160	210	200	450	260	290	m

waltigen Massen an, die an den sanfteren Böschungen des umgebenden Höhenkranzes stellenweise bis an den Kamm hinaufziehen, jedoch so, daß aus der weißen Fläche gelegentlich noch immer schneefreie Felseninseln aufragen. Der Hochschnee nimmt hier unter dem Einfluß wechselnden Auftauens an Sommertagen und nächtlichen Wiedergefrierens eine graupelförmig-körnige Beschaffenheit an, er wird zum Firn. Nach unten geht dieser durch den Druck seiner eigenen Masse in Eis über; die Schneedecke, die darüber lagert, wird talabwärts immer dünner und endet an jener Linie, wo die Sommerwärme hoch genug ist, um die Schneemenge des vorigen Winters und gelegentlichen Neuschnee aufzuzehren. Diese Linie ist die Schnee- oder Firnlinie; beide Begriffe können in unseren Hochgebirgen tatsächlich als identisch betrachtet werden, denn die Schneegrenze wird immer an den Firnfeldern gemessen. Oberhalb derselben herrscht Anhäufung, unterhalb Abschmelzung vor.*

Firnfeld reiht sich an Firnfeld; es ist selten eine auf weite Strecken zusammenhängende Schneedecke, aber es sieht, von ferne betrachtet, fast so aus. Wir können die einzelnen Firnlinien über die trennenden Kämme hinweg zu einer einzigen Linie verbinden, die dem Gebirge entlang laufend, im Sommer das vorwiegend schneebedeckte von dem vorwiegend schneefreien Land trennt. Das ist die klimatische Schneelinie.

Aber diese Linie fällt nicht mit einer bestimmten Isohypse zusammen, denn die Bedingungen zu dauernder Schneeanhäufung sind nicht überall gleich. Die Höhe der Grenze hängt allerdings zunächst von zwei klimatischen Faktoren ab: von der Sommerwärme und von der Niederschlagsmenge; aber selbst wenn innerhalb eines Gebirges von beschränkter Ausdehnung diese beiden Faktoren nicht erheblich variieren, schwankt doch die Schneegrenze infolge orographischer Verschiedenheiten, die in der Lage und im Bau der Firnmulden begründet sind. Maßgebend ist vor allem die Lage an der Sonnen- oder Schattenseite eines Gebirges, der Neigungswinkel und die Lage gegenüber der herrschenden Windrichtung. Am Finsteraarhorn-Massiv z. B. hat die Schneegrenze an der

---

* Machatschek 3 hat die mittlere jährliche Anhäufung (+) und Abschmelzung (—) in der Sonnblickgruppe rechnerisch bestimmt. Die Schneegrenze liegt in 2700 m Höhe.

Höhe		
3100—3000 m	+ 1,4 m	Firnregion
3000—2900	+ 1,1	
2900—2800	+ 0,8	
2800—2700	+ 0,4	
2700—2600	— 0,1	Gletscherregion
2600—2500	— 0,7	
2500—2400	— 1,25	
2400—2300	— 1,9	
2300—2200	— 2,4	

Nordabdachung	eine	Seehöhe	von	2850	m
Ostabdachung	„	„	„	2860	m
Südabdachung	„	„	„	3010	m
Westabdachung	„	„	„	2900	m

Der Gegensatz von Nord- und Südabdachung tritt in den Alpen überall deutlich hervor, obwohl im allgemeinen der Niederschlag auf der Südseite größer sein dürfte. Daß aber auch der Einfluß des letzteren nicht zu gering zu achten ist, geht aus folgendem Beispiel hervor. Die Bestrahlungsstärke einer unter der Breite φ gelegenen und unter dem Winkel α geneigten Fläche ist bei nördlicher Exposition gleich der Bestrahlungsstärke auf einer horizontalen Fläche in der Breite $\varphi + \alpha$, und bei südlicher Exposition gleich einer solchen in der Breite $\varphi - \alpha$. Nach der Berechnung von MACHATSCHEK [3] hat der Weißenbachkees in der Sonnblickgruppe ein solares Klima wie ein Ort in 62 ° Br., und der große Zirknitzkees in demselben Gebirge ein solches wie ein Ort in 32 ° Br. Die Beschattungsverhältnisse sind bei beiden Gletschern nahezu dieselben und ihr Einfluß ganz geringfügig, man sollte also bei so gewaltigen Unterschieden in der Bestrahlungsstärke auch eine entsprechende Differenz der Schneegrenze erwarten, und doch liegt sie in beiden Fällen nahezu gleich hoch (2715 und 2710 m). Hier müssen also noch andere klimatische Faktoren eingreifen, und wir dürften nicht fehlgehen, wenn wir dazu auch den Niederschlag rechnen. Sein Einfluß tritt am deutlichsten in tropischen Gebirgen hervor, die keine dauernde Schattenseite haben. Am Kilimandscharo z. B. liegt die Schneegrenze nach HANS MEYER im Osten und Norden in 5800, im Westen in 5430 und im Süden in 5380 m Höhe.

Selbst bei benachbarten Gletschern von gleicher Lage kann die Höhe der Firngrenze sehr verschieden sein. Wählen wir wieder ein Beispiel aus dem Finsteraarhorn-Massiv. Dem großen Aletschgletscher fließen rechts der Mittelaletsch-, der Triest- und der Oberaletschgletscher zu; bei dem ersten liegt die Schneegrenze in 3060, bei dem zweiten in 3210, bei dem dritten in 2830 m Seehöhe. Sie alle fließen nach SO, und doch schwankt die Schneegrenze um volle 380 m! Ein näheres Eingehen auf den Bau der Firnmulden erklärt uns diese Unterschiede; die Triester Mulde liegt der Mittagssonne ganz offen, während der Ober-Aletschfirn durch hohe Kämme beschattet wird.

Als klimatisches Phänomen ist die Firngrenze natürlich auch Schwankungen von Jahr zu Jahr unterworfen. Eine einzige Messung hat daher nur beschränkten Wert. Aber Messungen sind in den alpinen Gebirgen überhaupt schwierig und bieten nicht im entferntesten jene Gewähr, wie an den Vulkankegeln des tropischen Südamerikas, wo die Schneelinie durch Regelmäßigkeit und Beständigkeit schon früh die Aufmerksamkeit der Forschungsreisenden auf sich gelenkt hat. Man versuchte daher, die Seehöhe der Firngrenze zu berechnen, zunächst auf direktem Wege durch Einstellung klimatischer Mittelwerte, wie es v. SONKLAR getan hat. Aber diese Methode konnte zu keinem befriedigenden Resultat führen, weil die Grundlagen nicht gesichert sind. Die ältere Vorstellung, daß die Schneegrenze mit der Höhenisotherme von 0° zusammenfalle, wurde bald als unhaltbar erkannt. Vier indirekte Methoden sind mit Erfolg angewendet worden. Die geographische, von PARTSCH eingeführte Methode [5] gibt eigentlich nur Grenzwerte; die obere Grenze stellen die Gipfelhöhen jener Bergmassen dar, die Gletscher entsenden, die untere bezeichnen jene benachbarten Gipfelhöhen, die trotz günstiger Lage keine großen Schneefelder mehr beherbergen. Man kann die Frage auch so stellen: welche Isohypse muß ein Berg übersteigen, um Gletscher bilden zu können? Diese Isohypse ist dann annähernd die Schneegrenze innerhalb eines größeren Gebirgsabschnittes. Die orometrische Methode BRÜCKNERS [6] geht von der Annahme aus, daß mindestens 3/4 einer Gletscherfläche über der Schneegrenze, d. h. im Sammelgebiet liege, und bestimmt nun, welcher Isohypsenfläche dieses Firnareal an Größe gleichkommt. Die betreffende Isohypse stellt die Maximalhöhe der Schneelinie dar; die Maximalhöhe insofern, als das Verhältnis der Eiszunge zum Firnfeld mit Ausnahme der großen Talgletscher sicher überschätzt ist, und weil sich innerhalb des ewigen Schnees schneefreie Partien befinden, die nicht in das Gletscherareal einbezogen werden. Die Ausdehnung dieser Partien, die ihre Schneefreiheit nur ihrer Steilheit verdanken, kann aber unter Umständen sehr beträchtlich sein; für den Ankogel z. B. fand RICHTER [7] innerhalb der Höhenlinie von 2700 m 41 Prozent schneefrei. Die dritte Methode rührt von KUROWSKI [8] her. Wenn — so schließt er — der schneeige Niederschlag proportional der Höhe wächst und die Abschmelzung in gleichem Verhältnis abnimmt, so muß die mittlere Höhe der Gletscheroberfläche (Eiszunge und Firn) diejenige Linie sein, wo sich beide Faktoren das Gleichgewicht halten, d. h. die Schneegrenze. Da unser positives Wissen von dem Klima der Hochalpen außerordentlich lückenhaft ist, so schwebt die gemachte Voraussetzung ganz in der Luft, und die nahe Übereinstimmung der berechneten und beobachteten Grenzhöhen in den gewählten Beispielen mag zufällig sein. Diese Methode ist neben der geographischen angewendet worden, um zu Vorstellungen über die Höhe der eiszeitlichen Schneegrenze zu gelangen.

Als vierte Methode gesellt sich endlich die von HESS [9] hinzu. Sie beruht auf der Tatsache, daß die Form der Isohypsen oder Linien gleicher Höhe im Firngebiet eine andere ist als im Abschmelzungsgebiet; dort gehen sie ohne schroffe Richtungsänderung vom Firn in die Felsumrahmung über, hier bilden sie an der Grenze von Gletscher und Fels eine scharfe Einknickung. Die Höhe, wo die eine Form in die andere übergeht, ist die gesuchte Firnlinie. Sie liegt in der Schweiz durchschnittlich 180 m tiefer als die Schneegrenze nach KUROWSKIS Methode. Gemeinsam ist allen diesen Methoden mit Ausnahme der ersten, daß sie nur auf diejenigen Gebirge anwendbar sind, von denen wir genaue Höhenschichtenkarten besitzen. Gemeinsam scheint ihnen allen auch zu sein, daß sie zu niedere Werte geben [10], und ihr einziger Vorzug vor Messungen in der Natur besteht darin, daß sie mittlere Zustände zum Ausdruck bringen.

Indem man die einzelnen Bestimmungen der klimatischen Schneegrenze innerhalb eines Gebirgsabschnittes zu einem Mittelwert vereinigt, setzt man voraus, daß sich die Gunst und die Ungunst örtlicher Verhältnisse ausgleichen. Nur wenn die Zahl der Bestimmungen groß ist und alle Lagenverhältnisse berücksichtigt sind, ist diese Voraussetzung einigermaßen berechtigt. Auf diese Weise gelangt man zum Begriff der mittleren klimatischen Schneegrenze eines Gebirges; man definiert sie als die Schneegrenze auf einer gedachten horizontalen Fläche, wo der Gegensatz von Sonnen- und Schattenseite, von Wind- und Leeseite, von feuchter und trockener Seite wegfällt. In der Finsteraarhorngruppe z. B. schwanken nach Kurowski die klimatischen Firngrenzen zwischen 2490 und 3210 m. Der Mittelwert ist 2950 m, und man nimmt an, daß hier ein Hochplateau mit ewigem Schnee bedeckt wäre, wenn es sich über diese Grenze erhöbe. Das ist natürlich eine Fiktion, weil sich dann die Niederschlagsverhältnisse anders gestalten würden. Es liegt auf der Hand, daß die Mittelwerte um so reeller sind, je geringer die Schwankungen; man wird sich also auf kleine Gebirgsabschnitte mit möglichst gleichartigen Niederschlagsverhältnissen beschränken müssen.

Unterhalb der klimatischen Schneegrenze finden sich in den Vertiefungen der meisten Gebirge noch vereinzelte Firnflecken, die ihre dauernde Erhaltung nur abnorm günstigen orographischen Bedingungen verdanken, und deren untere Grenze Ratzel [11] daher als orographische Schneegrenze bezeichnet hat. Über die Lage beider Grenzlinien zueinander geben M. Fritzschs Messungen am Ortler Auskunft:

Lage	N	NW	W	SW	S	SO	O	NO	Mittel
Klimatische Firngrenze	2855*	2900	3000	3070	**3090**	2980	2970	2855*	2965 m
Orographische Firngrenze	2535*	2535*	2630	2745	**2755**	2725	2630	2570	2630 m
Unterschied	320	365	**370**	325	335	255*	340	285	335 m

Verteilung der Schneegrenze [12]. Die Liste der gemessenen und geschätzten Schneegrenzen in verschiedenen Teilen der Erde ist ziemlich reichhaltig, aber so außerordentlich ungleichmäßig, daß man am besten tut, auf ihre Reproduktion zu verzichten. Daß vereinzelte Messungen nur problematischen Wert haben, wurde schon oben erörtert, und die schätzungsweisen Angaben lassen sich nicht immer auf den Grad ihrer Zuverlässigkeit prüfen. Noch bedauerlicher ist die Verwirrung, die bis auf die neueste Zeit in bezug auf den Begriff der Schneegrenze bestand, so daß man oft nicht weiß, ob sich eine Zahl auf die orographische oder die klimatische Schneegrenze bezieht und in welcher

Weise die klimatische Schneegrenze aufgefaßt wurde. Ja bei manchen Gebirgen ist es überhaupt schwer zu entscheiden, ob man es mit rein orographisch oder mit klimatisch bedingtem Firn zu tun hat. Aber trotz aller Mängel des Zahlenmaterials lassen sich doch schon einige allgemeine Gesetze aufstellen.

Wenn wir von den Niederschlägen vorerst ganz absehen, so müssen wir voraussetzen, daß sich die Schneegrenze von dem thermischen Äquator nach beiden Polen senkt, und zwar rascher nach dem Südpol, weil auf der Südhemisphäre die Sommertemperatur niedriger ist als unter entsprechenden nördlichen Breiten. Das ist auch in der Tat der Fall. Im Kaskadengebirge Oregons liegt die Schneegrenze in 2100 bis 2400 m, in den südchilenischen Anden unter 44° Br. aber schon in 1400 m. Im streng ozeanischen Klima Kerguelens, das in gleicher Breite wie das fruchtbare Neckartal von Heidelberg liegt (49 ½°), reicht die Schneegrenze bis ungefähr 600 m herab, auf dem grönländischen Inlandeis unter 71° Br. versetzt sie v. Drygalski aber erst in die Höhenzone zwischen 700 und 800 m. Noch eindringlicher führen uns die Polhöhen der beiden einzigen außerhalb des antarktischen Festlandes bekannten Stellen, wo die klimatische Schneegrenze den Meeresspiegel erreicht, den Gegensatz beider Halbkugeln vor Augen: die grönländische Ostküste unter 81° n. Br. [13] und die Heardinsel in 53° 8′ s. Br., 73° 34′ ö. L. [14], d. h. in der Breite von Bremen! Nur die Lage der orographischen Schneegrenze im Meeresniveau ist eine in den Polarzonen allgemein verbreitete Erscheinung.

Die höchste Seehöhe erreicht die Schneegrenze zwar stets innerhalb der inneren Zone, wo das Landklima wärmer ist als das Seeklima, aber nicht unter dem Äquator, sondern in den trockensten Gegenden. Im westlichen Hochgebirgswall Amerikas[15], der sich wegen seiner Erstreckung durch alle Klimagürtel am besten zu Gletscherstudien eignet, aber in dieser Beziehung leider noch wenig bekannt ist, liegt die Schneegrenze in Ecuador in 4700—4800 m Höhe, steigt dann von 11° s. Br. beträchtlich an und erreicht in der Westkordillere unter 24° s. Br. ihren Scheitelpunkt in 6200 m Seehöhe. Auf der Ostkordillere aber, die schon dem subtropischen Wüstenklima entrückt ist, liegt die Schneegrenze etwa um 1000 m tiefer, trotzdem der Sommer hier heißer ist. In der Alten Welt steigt die Schneelinie um so höher an, je mehr wir uns den trockenen Gebieten Zentralasiens nähern. Pyrenäen, Kaukasus und Tienschan liegen in derselben Breite; im Hauptkamm des spanischen Grenzgebirges hat die Firnlinie eine Höhe von 2800 m, im Kaukasus schwankt sie zwischen 2700 m im W und 3800 m im O, und in Tienschan erreicht sie schon 4000 m. Zwischen dem Kwenlun und den Südketten des Himalaya finden wir sie erst in Höhen von mehr als 5000 m, und auf dem Changlangpaß des Karakorumgebirges verlegt sie Schlagintweit sogar in eine Höhe von mehr als 6000 m. Solche Maximalhöhen, die denen der Neuen Welt entsprechen, dürften auch im Transhimalaya häufig vorkommen. Im Himalaya erhebt sich die Schneegrenze in der gleichen Richtung, in der die Niederschläge abnehmen, nämlich nach N; aber in jeder Kette liegt sie ganz normal auf der Südseite höher als auf der nördlichen.

Genauer bekannt ist uns die Verteilung der klimatischen Schneegrenze nur im Kaukasus, im norwegischen Gebirge und in den Schweizer und österreichischen Alpen. Für die letzteren hat Hess [9] die Messungen Richters und die Schweizer Karte Jegerlehners [16] zu einem lehrreichen Bilde vereinigt (Fig. 48). Das stetige Ansteigen der Firngrenze von dem Nordrand nach dem Innern der Alpen könnte man wohl der Abnahme der Niederschläge in gleicher Richtung zuschreiben,

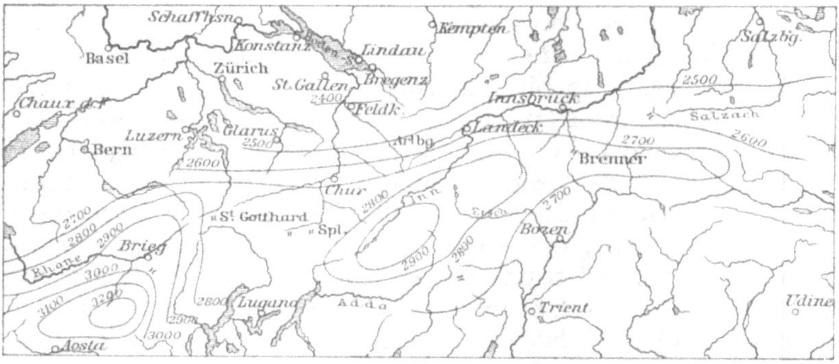

Fig. 48. Verteilung der Schneegrenze in den Alpen nach Hess.

obwohl wir darüber nicht genau unterrichtet sind; aber für die auffallende Tatsache, daß die Firngrenze in den Gebirgsteilen größter Massenerhebung am höchsten liegt, kann dieser klimatische Faktor nicht verantwortlich gemacht werden. Dafür geben uns nur die schon auf S. 118 erwähnten Isothermenkarten von A. de Quervain eine ausreichende Erklärung. Die Schneegrenzen-Isohypsen folgen genau den Mittagsisothermen in 1500 m Höhe, und denselben Verlauf nehmen in der Schweiz auch die Isohypsen der Wald- und Siedelungsgrenzen [17]. Je massiger ein Gebirge ist, desto intensiver wird es in den Mittagsstunden erwärmt, und desto höher steigen die Höhengrenzen. Eine Bestätigung findet dieses Gesetz durch Hansens Karte der Schneegrenzen in Norwegen [18]. Auch hier ein allmähliches Ansteigen der Firnlinie nach dem Innern, wobei ihre Isohypsen getreu den Konturen der Küste folgen; nach Rekstad [19] paßt sie sich ungefähr der 0°-Isotherme des Sommerhalbjahres an (April—September), liegt aber im ganzen etwas tiefer als diese. Die Abnahme der Niederschläge nach dem Innern mag diese Anordnung noch verschärfen. Dagegen decken sich im Kaukasus [20] beide Faktoren nicht völlig. Im Gegensatz zu den Alpen liegt hier die Schneegrenze an den Nordabhängen höher als an den südlichen, aber auf beiden Seiten steigt sie um so höher an, je höher der Kamm ist. Die erste charakteristische Eigenschaft ist offenbar in den Niederschlags-, die zweite in den Temperaturverhältnissen begründet.

Die obere Schneegrenze. Da einerseits die Niederschläge von ihrer Maximalgrenze im Gebirge nach oben abnehmen, weil die absolute Feuchtigkeit mit sinkender Temperatur sich verringert, anderseits die Verdunstung, die auch am Schnee und Eis zehrt, mit abnehmendem Luftdruck sich steigert, so läßt es sich wohl denken, daß in einer gewissen Höhe die Verdunstung über den Niederschlag die Oberhand gewinnt, und eine Anhäufung von Schnee nicht mehr stattfindet. Alle unsere Gebirge liegen unter dieser oberen Schneegrenze, vielleicht — wie Brückner[21] vermutet — mit alleiniger Ausnahme des 3000 m hohen Zentralplateaus der Antarktis. Er schließt es daraus, daß die Eisentwicklung sich hier im Rückschritt zu befinden scheint, obwohl die untere Schneegrenze noch immer im Meeresniveau liegt.

Literaturnachweise. G. Hellmann, Die Verbreitung der Hydrometeore auf der Erde; Sitzungsber. der Preuß. Akad. der Wiss., Phys.-math. Kl. 1925. — [2] Hans Fischer, Die Äquatorialgrenze des Schneefalls; Mitteilungen d. Vereins für Erdkunde, Leipzig 1888. — [3] F. v. Kerner, Die Schneegrenze im Gebiet des mittleren Inntales; Denkschr. d. Wiener Akad. d. Wiss. 1887. F. Machatschek, Zur Klimatologie der Gletscherregion der Sonnblickgruppe; Jahresbericht des Sonnblickvereins für 1899. F. Schwab, Über die Schneeverhältnisse im Gebiet von Stoder; Verein für Naturkunde Linz. J. Maurer in der Meteor. Zeitschr. 1909, 1910, 1911. — [4] F. Klengel, Die historische Entwicklung des Begriffs der Schneegrenze; Mitteilungen d. Vereins für Erdkunde, Leipzig 1889. — [5] E. Brückner, Die Vergletscherung des Salzachgebiets; Wien 1886. — [6] E. Brückner, Die Hohen Tauern und ihre Eisbedeckung; Zeitschrift d. D. u. Ö. Alpenvereins 1886. — [7] E. Richter, Die Gletscher der Ostalpen; Stuttgart 1888. — [8] L. Kurowski, Die Höhe der Schneegrenze; Arbeiten des geographischen Instituts der Universität Wien, 1891. — [9] H. Hess, Die Gletscher; Braunschweig 1904. — [10] Vgl. die Kritik von H. Crammer in der Zeitschrift der Gesellschaft für Erdkunde, Berlin 1911. — [11] Fr. Ratzel, Zur Kritik der natürlichen Schneegrenze; Leopoldina, 1886. — [12] V. Paschinger, Die Schneegrenze in verschiedenen Klimaten; Gotha 1912. — [13] J. P. Koch u. A. Wegener, Die glaziologischen Untersuchungen der Danmark-Expedition; Meddelelser om Grønland, Bd. XLVI, 1911. — [14] Nach E. v. Drygalski im Bd. II der »Deutschen Südpolarexpedition 1901—03«. — [15] W. Sievers, Die heutige und die frühere Vergletscherung Südamerikas; Verhandlungen der Gesellschaft deutscher Naturforscher und Ärzte 1911. — [16] J. Jegerlehner, Die Schneegrenze in den Gletschergebieten der Schweiz; Gerlands Beiträge zur Geophysik, 1902, Bd. V. — [17] E. Brückner, Höhengrenzen in der Schweiz; Naturwissenschaftliche Wochenschrift, Bd. IV, 1905. — [18] A. M. Hansen, Snegraensen i Norge; Norske Geografiske Selskabs Aarbog, Bd. XIII, 1901—02. — [19] J. Rekstad, Die Abhängigkeit der Lage der Schneegrenze von den Sommerisothermen in Norwegen; Forhandlingar Videnkabselskabet i Christiana 1907. — [20] A. v. Reinhard in der Zeitschrift der Berliner Gesellschaft für Erdkunde 1911. — [21] E. Brückner in der Zeitschrift für Gletscherkunde 1913, Bd. V.

Das Klima.

Klimatypen. Unter dem Klima eines Ortes verstehen wir den mittleren Zustand seiner Atmosphäre, wie er sich aus langjährigen meteorologischen Durchschnittswerten ergibt. Als die meteorologischen Hauptfaktoren des Klimas haben sich nach den voraufgehenden Betrachtungen Temperatur, Niederschlag und Wind erwiesen. Aufgabe der Klimatologie ist es nun, das Zusammenspiel dieser Faktoren an den einzelnen Örtlichkeiten zu untersuchen, Gemeinsames zusammenzufassen und bestimmte Klimatypen aufzustellen. Die Verbreitung dieser Klimatypen auf der Erdoberfläche liefert die Klimareiche, die sich aus Klimaprovinzen zusammensetzen. Bei der Aufstellung der Klimatypen kann man von verschiedenen Gesichtspunkten ausgehen, je nachdem man den Einfluß des Klimas auf die organische oder anorganische Natur in den Vordergrund stellen oder aber die Änderungen der meteorologischen Hauptfaktoren des Klimas selbst der Klassifikation zugrunde legen will. Den verschiedenen Gesichtspunkten, von welchen man bei der Aufstellung der Klimatypen ausgehen kann, entspricht die Verschiedenartigkeit der durchgeführten Klassifikationen. Köppens[1] erster Versuch einer Klassifikation der Klimate geht hauptsächlich von pflanzengeographischen Gesichtspunkten aus. Er unterscheidet sechs Haupttypen: das tropische Tieflandklima, das Xerophilenklima, das sich durch Trockenheit auszeichnet, das mittelwarme, kühle und kalte Klima und endlich den Typus des ewigen Frostes. Jede Abteilung zerfällt wieder in mehrere Untertypen, die meist nach charakteristischen Pflanzen benannt sind, so daß im ganzen 24 Klimatypen unterschieden und auf ihre geographische Verbreitung hin untersucht werden. Auf ähnlichen Prinzipien beruhen die Einteilungen von Hult, de Martonne und Hettner.[2] A. Penck[3] legt seiner Klassifikation die Einwirkung des Klimas auf die anorganische Natur, in Sonderheit auf die Gestaltung der Erdoberfläche, zugrunde und sucht sie einheitlich auf den Kreislauf des Wassers zurückzuführen. Penck unterscheidet die folgenden 3 Gruppen und 6 Typen:

a) Das humide Klima, in welchem mehr Niederschlag fällt als durch die Verdunstung entfernt werden kann, so daß ein Überfluß in Form von Flüssen abfließt.

1. Polarer Klimatyp. Bodeneis statt Grundwasser, keine Grundwasserquellen, nur oberflächlich abfließendes Wasser. Lange Eisbedeckung der Flüsse, Speisung durch Schneeschmelze; kurzes Sommerhochwasser und langes Winterniederwasser.

2. Phreatischer Klimatyp. Teilweises Einsickern der Niederschläge. Grundwasser und Grundwasserquellen. Nur teilweise Speisung der Flüsse durch ablaufenden Regen. Untertypen entsprechend jahreszeitlicher Verteilung und Art der Niederschläge: vollhumider Typ mit gleichmäßig über das Jahr verteiltem Regen; semihumider Typ mit jahreszeitlichem Wechsel von humiden und ariden Zuständen; subnivaler Typ, gekennzeichnet durch regelmäßig sich bildende Schneedecke, die das Einsickern des Wassers hindert und beim Schmelzen Grundwasser und Flüsse kräftig speist. Schneeschmelzhochwasser.

b) Das aride Klima, in dem die Verdunstung den Niederschlag aufzehrt. Keine regelmäßig fließende Flüsse.

KLIMATE DER ERDE

von

W. Köppen

Maßstab 1:60 000 000
(Mittelpunktmaßstab)

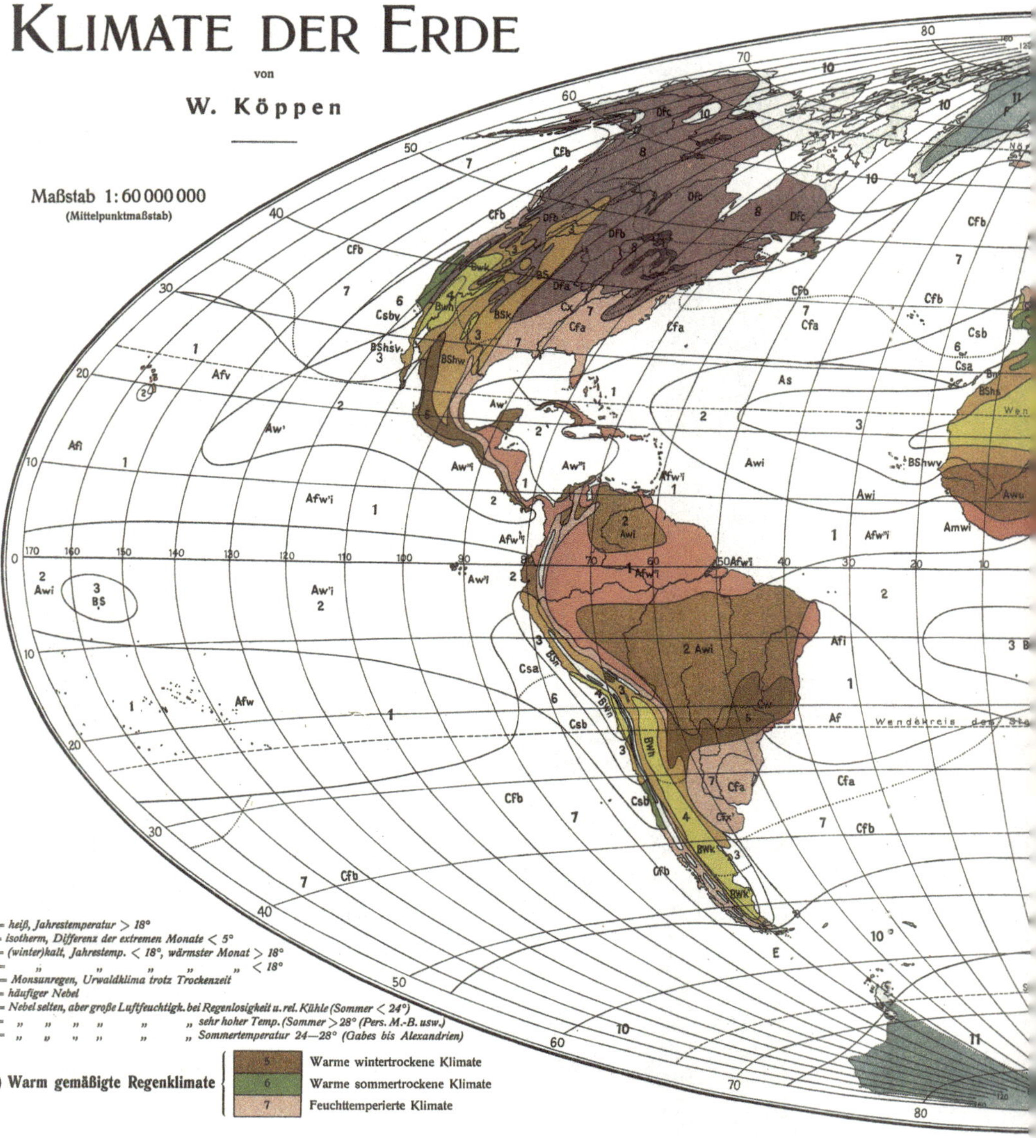

h = *heiß, Jahrestemperatur > 18°*
i = *isotherm, Differenz der extremen Monate < 5°*
k = *(winter)kalt, Jahrestemp. < 18°, wärmster Monat > 18°*
k' = „ „ „ „ „ < 18°
m = *Monsunregen, Urwaldklima trotz Trockenzeit*
n = *häufiger Nebel*
n' = *Nebel selten, aber große Luftfeuchtigk. bei Regenlosigkeit u. rel. Kühle (Sommer < 24°)*
p = „ „ „ „ „ „ *sehr hoher Temp. (Sommer > 28° (Pers. M.-B. usw.)*
p' = „ „ „ „ „ „ *Sommertemperatur 24—28° (Gabes bis Alexandrien)*

C) Warm gemäßigte Regenklimate
- 5 Warme wintertrockene Klimate
- 6 Warme sommertrockene Klimate
- 7 Feuchttemperierte Klimate

Aus: Petermanns Mitteilungen, Gotha

Verlag von

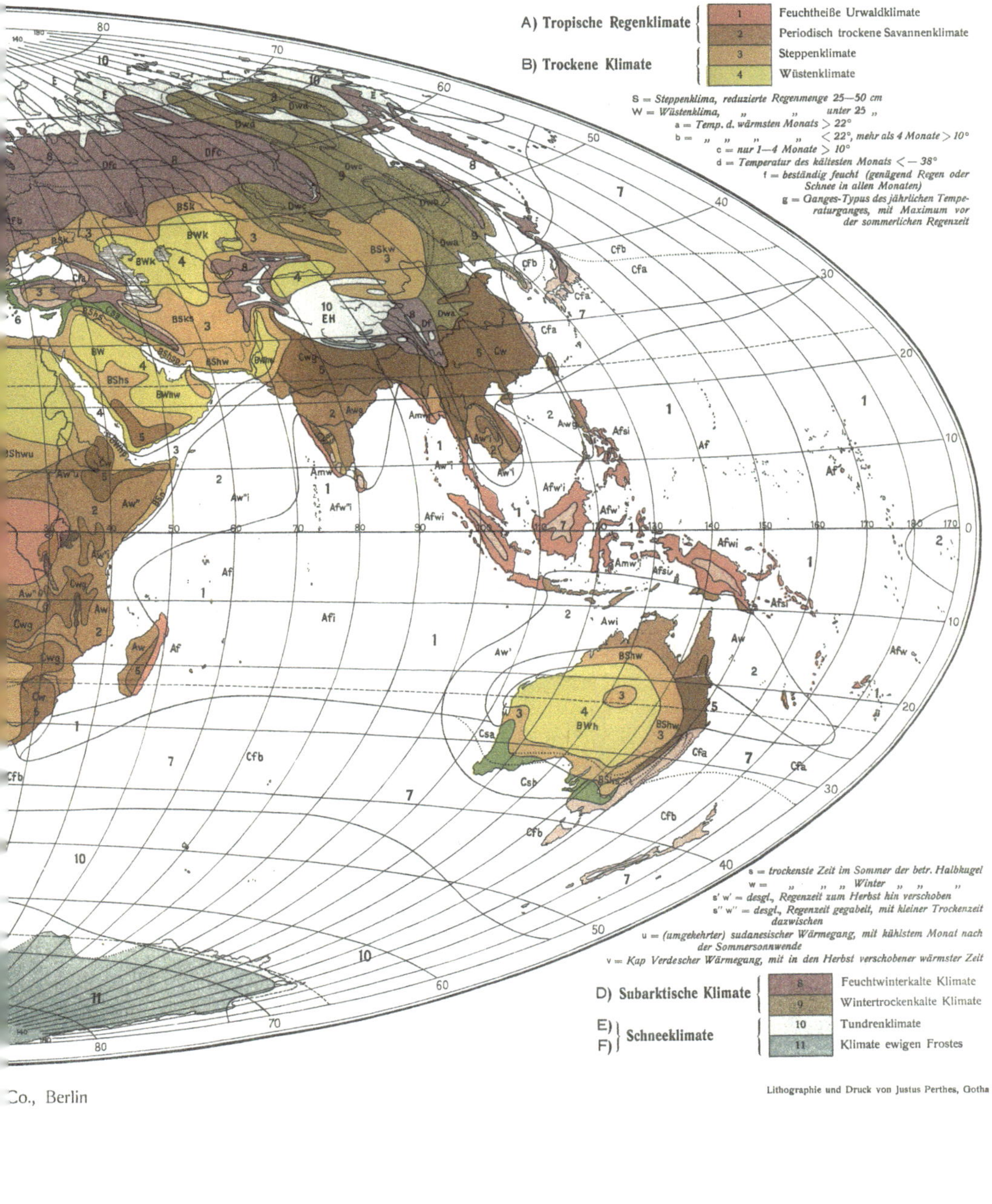

Co., Berlin

Lithographie und Druck von Justus Perthes, Gotha

3. Semiarider Typ. Das bei einzelnen Regengüssen gefallene Wasser fließt zum Teil ab, zum Teil versickert es. Das einsickernde Wasser bildet jedoch kein Grundwasser, sondern verdunstet. Oberflächenkrusten.

4. Vollarider Typ. Die Niederschläge reichen nicht zu einer Durchfeuchtung des Bodens. Die Krustenbildung fehlt.

c) Das nivale Klima, in dem mehr Niederschlag in fester Form auftritt, als durch örtliche Ablation entfernt wird. Abfuhr durch Gletscher.

5. Seminivaler Typ. Der Niederschlag in fester Form wird gelegentlich durch Regen abgelöst.

6. Vollnivaler Typ mit Niederschlägen ausschließlich in fester Form.

Nunmehr hat W. Köppen [4] eine Klimaklassifikation aufgestellt, die von allgemeineren Gesichtspunkten ausgeht als sein erster, auf pflanzengeographischer Grundlage aufgebauter Versuch. Diese neue Klimaklassifikation stellt nach Temperatur, Niederschlag und jährlichem Verlauf 11 Klimatypen auf. Zur einfachen Formulierung werden die Klimatypen fortlaufend mit großen Buchstaben des Alphabets bezeichnet. Zur weiteren Spezialisierung werden kleine Buchstaben zugefügt, welche folgende Bedeutung haben: f = beständig feucht, *m* = Niederschläge mäßig periodisch (Monsunregenklima), *w* = wintertrocken, *s* = sommertrocken, *S* = Steppe, *W* = Wüste, *H* = Höhenklima. Hiernach ergeben sich folgende Klimatypen:

A-Klimate. Tropische Regenklimate.

Kein Monatsmittel unter 18°. Bei einer mittleren Jahrestemperatur von 20°, 25° ist die jährliche Regenmenge mehr als 60, 70 cm.

1. Feuchtheiße Urwaldklimate.
   Af = beständig feucht, im regenärmsten Monat mindestens 6 cm Regen.
   Am = Monsunregenklima mit mäßiger Trockenheit.
2. Periodisch trockene Savannenklimate.

Bei einer jährlichen Regenhöhe von	100,	150,	200,	250 cm hat
der regenärmste Monat höchstens	6,	4,	2,	0 cm.

A s = sommertrockene Savannenklimate,
A w = wintertrockene Savannenklimate.

B-Klimate. Trockene Klimate.

3. Steppenklimate = *BS*.

Bei einer mittleren Jahrestemperatur von	25°,	20°,	15°,	10°,	5°,	0°,	—5°
ist die jährliche Niederschlagshöhe kleiner	70,	60,	50,	40,	30,	20,	10 cm.

4. Wüstenklimate = *BW*

Bei einer mittleren Jahrestemperatur von	25°,	20°,	15°,	10°,	5°,	0°,	—5°
ist die jährliche Regenhöhe kleiner als	35,	30,	25,	20,	15,	10,	5 cm.

C-Klimate. Warm gemäßigte Regenklimate.

Temperatur des kältesten Monats zwischen + 18° und — 2°.

Bei einer mittleren Jahrestemperatur von	5°,	10°,	15°,	20°
ist die jährliche Regenhöhe größer als	30,	40,	50,	60 cm.

5. Warme wintertrockene Klimate = *Cw*.
   Der regenreichste Monat bringt mehr als zehnmal so viel Niederschlag als der regenärmste Monat.
6. Warme sommertrockene Klimate = *Cs*.
   Der regenreichste Monat bringt mehr als dreimal so viel Niederschlag als der regenärmste Monat.

7. Feuchttemperierte Klimate = *Cf*.
Unterschied der jahreszeitlichen Verteilung der Niederschläge geringer als in *Cw* und *Cs*.

D-Klimate. Winterkalte, subarktische Klimate.

Kältester Monat unter — 2°, wärmster Monat über 10°.
Bei einer mittleren Jahrestemperatur von 0°, 5°, 10°, 15°
ist die jährliche Niederschlagshöhe größer als 20, 30, 40, 50 cm.

8. Feuchtwinterkalte Klimate = *Df*.
Beständig feucht.

9. Wintertrockenkalte Klimate = *Dw*.
Periodizität der Niederschläge wie in *Cw*.

E-Klimate. Schneereiche Tundrenklimate.

Wärmster Monat zwischen 10° und 0°.

10a. Tundrenklimate.

10b. Höhenklimate oberhalb 3000 m = *EH*.

F-Klimate. Klimate ewigen Frostes.

Wärmster Monat unter 0°.

11. Klimate ewigen Frostes.

Vergleicht man das Köppensche Schema mit der voraufgehend aufgeführten Klassifikation von Penck, so entsprechen sich beide Systeme etwa in folgender Weise:

BW = vollarider Typ, *BS* = semiarider Typ, *Aw* + *Cw* + *Cs* = semihumider Typ, *Af* + *Cf* = vollhumider Typ, *Df* + teilweise *E* = subnivaler Typ, Teile von *Dw* + *E* = polarer Typ, *F* = nivaler Typ.

Die Hauptgliederung der Köppenschen Klassifikation wird durch weitere Unterteilung, die in gleicher Weise durch Buchstaben gekennzeichnet ist, weitgehend spezialisiert. Die Buchstabenkennzeichnung gestattet kurze Klimaformeln aufzustellen, die den komplexen Begriff der Klimaeigentümlichkeit auf eine einfache kurze Form bringen. In einer Weltkarte hat Köppen seine Klimate kartographisch dargestellt (Tafel III).

Klimaschwankungen. Man hat schon lange darüber gestritten, ob das Klima eines Ortes konstant oder veränderlich sei. Der Begriff der Veränderlichkeit muß aber schärfer gefaßt werden; wir haben zwischen dauernden Veränderungen nach einer Richtung und periodischen Schwankungen zu unterscheiden, und es ist auch die Frage zulässig, ob Bewegungen beider Art nebeneinander stattfinden.

Belehrt durch vielerlei Erfahrungen, sind wir jetzt zu der Auffassung geneigt, daß die meteorologischen Prozesse regelmäßigen Schwankungen unterliegen, und zwar in der Weise, daß jede Periode wieder in eine Reihe von Perioden kürzerer Dauer zerfällt. Wenn wir diese Schwankungen im Sinn ihrer gewöhnlichen graphischen Darstellung als Wellen auffassen, so können wir auch sagen, daß jede Welle sich in kleinere auflöst, diese wieder in kleinere usw., daß aber dabei niemals ganz regelmäßige Gestalten entstehen.

Wir haben die tägliche und die jährliche Periode der Temperatur bereits kennen gelernt. Wir können die erstere unterdrücken, wenn wir die mittleren Tagestemperaturen berechnen, und die Aneinanderreihung dieser Mittel läßt uns die jährliche Periode erkennen. Wir können auch diese ausschalten, wenn wir das Jahresmittel berechnen. Das zweite maßgebende Klimaelement, der Regen, ist in seiner Periodizität schwieriger zu behandeln, weil er kein Zustand, sondern ein Ereignis ist, doch ist auch er deutlichen jährlichen Schwankungen unterworfen, wenn diese auch in verschiedenen Gegenden bald stärker, bald schwächer hervortreten.

In der täglichen wie in der jährlichen Temperaturkurve sind zwei Elemente deutlich zu unterscheiden. Das periodische bewirkt stetige Zunahme vom Minimum zum Maximum und dann wieder ebenso stetige Abnahme, und nur die unperiodischen, nicht an bestimmte Zeiten gebundenen Veränderungen rufen in dem streng regelmäßigen Verlauf der Temperaturkurve Störungen hervor. In noch höherem Grad ist das bei der Regenkurve der Fall. Gerade dieses unperiodische Element suchen wir durch Bildung langjähriger Mittelwerte zu beseitigen, indem wir — wenn auch nicht ganz zutreffend — annehmen, daß es ebenso oft im positiven wie im negativen Sinne wirke.

Reihen wir nun die klimatologischen Jahresmittel eines Ortes aneinander. Kalte und warme, nasse und trockene Jahre wechseln miteinander ab, scheinbar ohne Gesetzmäßigkeit. Sind diese Schwankungen von Jahr zu Jahr nur unperiodischer Art oder steckt darin auch ein periodisches Element?

Daß man das letztere so lange vergeblich suchte, hat seinen Grund offenbar darin, daß die unperiodischen Veränderungen mit der Länge der Periode an Bedeutung wachsen. Zunächst suchte man Beziehungen zu der elfjährigen Sonnenfleckenperiode[6], die auf den Erdmagnetismus und die Polarlichter von so entscheidendem Einfluß ist. Bekanntlich zeigt die Fleckenhäufigkeit nach Wolfer eine ausgeprägte Periodizität von 11,124 Jahren. Auch die Sonnenfackeln und Protuberanzen folgen dieser Periode und lassen außerdem noch eine sekundäre periodische Schwankung von 3,7 Jahren erkennen. Da die Sonnenenergie letzten Endes ausschlaggebend ist für die meteorologischen Vorgänge auf der Erde, liegt der Gedanke nahe, daß die Schwankungen der Fleckenhäufigkeit sich bis zu einem gewissen Grade in den atmosphärischen Erscheinungen widerspiegeln. Allgemein stellte man fest, daß eine gewisse Beeinflussung der Temperatur- und Niederschlagsverhältnisse erfolgt. Auch ergab sich, daß die Häufigkeit der Wirbelstürme in Ost- und in Westindien sich mit der Häufigkeit der Flecken steigert. Die Einzelergebnisse, die für verschiedene Erdstellen gewonnen wurden, schienen sich aber teilweise zu widersprechen. Mit der

Frage des Einflusses der Fleckenhäufigkeit auf die Temperatur haben sich vor allem KÖPPEN, NORDMANN und MIELKE [5] befaßt. In einer neueren Arbeit hat KÖPPEN [6] die Ergebnisse der bisherigen Untersuchungen zusammengefaßt. Er kommt zu dem Resultat, daß die 11 jährige Schwankung der Temperatur sich nach dem neueren Material kleiner, aber viel regelmäßiger herausstellt als nach den Ergebnissen der früheren Arbeiten. In jeder der letzten fünf Fleckenperioden, in denen von etwa ein Sechstel der Erdoberfläche die Temperaturverhältnisse bekannt sind, war die mittlere Temperatur dieses Gebietes zur Zeit der Fleckenminima oder bald darnach etwa $^1/_2{}^\circ$ höher als in den auf das Fleckenmaximum folgenden Jahren (vgl. Fig. 49).

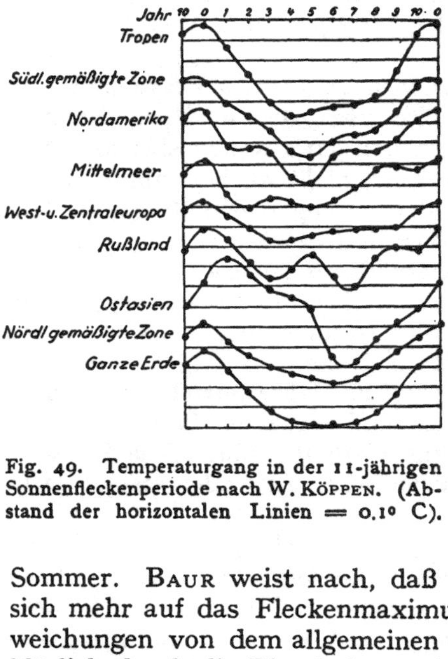

Fig. 49. Temperaturgang in der 11-jährigen Sonnenfleckenperiode nach W. KÖPPEN. (Abstand der horizontalen Linien = 0,1° C).

Die Periode tritt nur bei Betrachtung großer Gebiete deutlich hervor. Ganz neuerdings geht man bei der Untersuchung des Einflusses der Sonnenfleckenperiode auf die Temperatur mehr auf jahreszeitliche und regionale Differenzierung aus. Hierher gehören Arbeiten von MECKING, BAUR und DROSTE [7]. DROSTE kommt zu dem Resultat, daß auf der Nordhemisphäre die Temperatur stärker im Winter auf die Fleckenhäufigkeit reagiert als im Sommer. BAUR weist nach, daß in Europa das Temperaturmaximum sich mehr auf das Fleckenmaximum verschiebt. Diese regionalen Abweichungen von dem allgemeinen durchschnittlichen Verhalten sind erklärlich durch die Einschaltung der allgemeinen Zirkulation der Atmosphäre, die naturgemäß durch die Sonnenfleckenperiode beeinflußt werden muß und die aus der Fleckenhäufigkeit hervorgehende Abweichung regional zur Umkehrung bringen kann. Eine umfassende Bearbeitung des Einflusses der Sonnenfleckenperiode liegt auch von G. T. WALKER [8] vor.

Noch verschiedenartiger als für die Temperatur ergibt sich regional die Abhängigkeit der Niederschläge von der Fleckenhäufigkeit. Nach den Untersuchungen von HELLMANN [9] offenbaren die Niederschlagsverhältnisse von Deutschland in der Sonnenfleckenperiode zwei Maxima. Das Hauptmaximum des Niederschlages fällt auf das Minimum der Sonnenflecken, das sekundäre Maximum auf deren Maximum. Im Verhältnis zu den großen unperiodischen Schwankungen des Niederschlages, die bis zu 30 und 40 % vom Normalmittel betragen, ist diese Schwankung in Abhängigkeit von der Fleckenhäufigkeit mit 12 % recht klein.

Beziehung zwischen den Sonnenflecken und den Niederschlagsmengen (1851—1900) in Deutschland.

	—5	—4	—3	—2	—1	Min.	+1	+2	+3	+4	+5
Jahresmittel der Sonnenfleckenrelativzahlen.											
	59,6	44,6	30,9	19,0	10,8	9,8*	22,8	51,7	79,6	**86,2**	77,2
Summe der quantitativen Abweichungen von 21 Stationen.											
Jahr	—32	—56	—66*	—10	**+103**	+91	—6	—42*	—28	**+36**	+27
Sommer	—12	—9	—27	—28*	+62	**+93**	—11	—80*	—49	**+59**	+32
Winter	—66	—126*	—91	+83	**+206**	+105	+2	+5	—2*	—2	**+11**

Auf Perioden höherer Ordnung weisen die Schwankungen der Gletscher und des Niveaus abflußloser Seen hin. Hier setzte E. Brückner [10] den Hebel an. Er untersuchte die Wasserstandsschwankungen einer größeren Zahl von abflußlosen Seen, Flußseen und Flüssen aus allen Gegenden der Erde; die Temperatur- und Regenmessungen, die bis in die Mitte bzw. den Anfang des 18. Jahrhunderts hinaufführen; die Eisverhältnisse der russischen Flüsse, deren Aufzeichnungen ebensoweit (betreffs der Düna bei Riga sogar bis 1556) hinaufreichen; die sorgfältigen Aufzeichnungen über das Datum der Weinernte in Westeuropa, die sich bis zum Ende des 14. Jahrhunderts zurückverfolgen lassen, und endlich die Nachrichten über besonders kalte Winter, die das Material bis ungefähr 1000 n. Chr. ergänzen.

Das Ergebnis war die Entdeckung einer durchschnittlich 35 jährigen Periode. Jede Periode zerfällt in eine kalte und eine warme Hälfte; die Jahrestemperaturen steigen bis zu einem Maximum an und sinken dann bis zu einem Minimum hinab, freilich noch unregelmäßiger als die Tagestemperaturen innerhalb der Jahresperiode, weshalb es Brückner vorgezogen hat, fünfjährige Durchschnittszahlen zu verwerten, die in ihrem Wesen genau den Monatsmitteln entsprechen. Die Zeit zwischen zwei Temperaturminima schwankt zwischen 20 und 50 Jahren, ebenso wie auch die Zeit zwischen zwei jährlichen Minima nicht immer 365 Tage beträgt; das Mittel von 35 Jahren genauer 34,8 Jahren, ergibt sich aber aus verschiedenen Ansätzen.

Auch diese Schwankung erscheint auf den ersten Blick nicht beträchtlich, nach der Tabelle auf S. 246 nur höchstens 1° C, in der Periode 1836—70 sogar nur 0,5°. Aber man muß beachten, daß sich bei der Zusammenfassung der Beobachtungsreihen einzelner Orte zu Gruppenmitteln und dieser wieder zu einem Mittel für die ganze Erde viele Gegensätze ausgleichen. Wir können vermuten, daß im kontinentalen Klima die Amplituden größer werden (im südwestlichen Rußland z. B. bis 2°), und möglicherweise findet auch eine Steigerung mit der Breite statt.

Diese Temperaturschwankungen treten gleichzeitig auf der ganzen Erde ein, die Ursache muß daher außerhalb der Erde liegen, und wir sind geneigt, auch sie in periodischen Veränderungen des Strah-

Klimaschwankungen.*

Jahre	Temperatur	Regen (Prozente)	Seen	Beginn der alpinen Gletscherbewegungen	Häufigkeit der Sonnenflecken nach LIZNAR
1731—1735	— 0,34°	— 4		1735 Vorstoß	
1736—1740	— 0,43*	+ 9	1740 Max.		
1741—1745	— 0,35	— 6*			
1746—1750	+ 0,45	+ 5		1750 Rückzug	
1751—1755	+ 0,16	+ 5			
1756—1760	— 0,08	— 3	1760 Min.		
1761—1765	—0,10	+ 0			
1766—1770	— 0,42*	— 4*		1767 Vorstoß	
1771—1775	+ 0,24	+ 7			
1776—1780	+ 0,15	— 2	1780 Max.		
1781—1785	+ 0,18	— 2			
1786—1790	— 0,11	+ 2			
1791—1795	+ 0,46	+ 2			
1796—1800	+ 0,07	— 1	1800 Min.	1800 Rückgang	
1801—1805	+ 0,26	— *			
1806—1810	— 0,18	+ 8			
1811—1815	— 0,46*	+ 0		1814 Vorstoß	
1816—1820	— 0,35	+ 0	1820 Max.		
1821—1825	+ 0,56	— 2		1823 Rückgang	
1826—1830	+ 0,14	— 0			
1831—1835	+ 0,03	— 8*	1835 Min.		
1836—1840	— 0,39*	— 5		1840 Vorstoß	1840,5 Max.
1841—1845	— 0,00	+ 1			
1846—1850	— 0,08	+ 8	1850 Max.		
1851—1855	+ 0,11	+ 1			
1856—1860	+ 0,06	— 4		1856 Rückgang	1856,0 Min.
1861—1865	— 0,06	— 5*	1865 Min.		
1866—1870	+ 0,11	— 1			
1871—1875	— 0,04	+ 2		1875 Vorstoß	1872,5 Max.
1876—1880	— 0,07	+ 7	1880 Max.		1886,0 Min.
1881—1885	— 0,08*	+ 6			

lungsvermögens der Sonne zu suchen. Über diesen Punkt hat erst in jüngster Zeit WILHELM LOCKYER [11] einiges Licht verbreitet. Die nach-

* Mittel aus sämtlichen Gruppen der Erde; die positiven und negativen Werte stellen Abweichungen von der mittleren Temperatur bzw. Jahresmenge des Regens dar, im letzten Fall in Prozenten der mittleren Jahresmenge. Die dicken Striche scheiden die nach den Schwankungen der Weinernte aufgestellten Perioden, die feineren die kalt-feuchten und warm-trockenen Phasen. Gegenwärtig müßte wieder eine warm-trockene Periode vorherrschen.

stehende Tabelle zeigt, daß neben der im Durchschnitt 11,3 jährigen Periode der Fleckenhäufigkeit noch eine zweite Periode höherer Ordnung besteht, die sich einerseits in der Wachstumsdauer der Fleckenhäufigkeit vom Minimum zum Maximum, anderseits — und dies ist besonders wichtig — in der Fleckenbedeckung der Sonnenscheibe kund tut. Diese Periode dauert (1843,5—1879,0) 35,5 Jahre, stimmt also mit der BRÜCKNERschen Periode überein. Leider enthält unsere Temperaturtabelle auf S. 246 gerade für diese Zeit Unregelmäßigkeiten; berücksichtigt man aber nur das zweite Maximum, so herrscht leidliche Übereinstimmung: Minimum 1836—40, Maximum 1866—70, Minimum 1881—85; jedenfalls fallen die Minima in die Perioden geringer Fleckenbedeckung. A. SCHUSTER [12] findet aus der Sonnenfleckenhäufigkeit von 1749—1900 drei wahrscheinliche Perioden: 11.13, 8.32, und 4.76 Jahre, die sämtlich einfache Bruchteile einer »Oberwelle« von 33,375 Jahren sind und ebenfalls zu der Annahme führen, daß die BRÜCKNERsche Schwankung auf Schwankungen der Sonnenstrahlung beruhen. Mit der Temperatur schwankt auch der Niederschlag, aber im Gegensatz zu jener nicht überall in dem gleichen Sinn. In warmen Periodenhälften muß die Verdunstung größer sein, und man sollte daher auch reichlichere Niederschläge erwarten, aber nur auf den Meeren und in den ozeanischen Randpartien scheint diese Voraussetzung erfüllt zu sein, während im Binnenland die warme Zeit entschieden die trockene ist. Es müssen also — und das gleiche gilt auch für die fleckenarmen Jahre — die Kondensationsbedingungen auf dem Land ungünstiger sein. BRÜCKNER hat auf die periodischen Veränderungen des Luftdruckes hingewiesen. Dieser sinkt in der trocken-warmen Hälfte auf dem nordatlantischen Ozean und steigt über Europa; dort vertieft sich das subpolare Minimum, hier entsteht eine Antizyklone, die uns von der Zufuhr feuchter Meeresluft abschneidet. In der feucht-kühlen Hälfte gleichen sich die Gegensätze etwas aus; über dem nordatlantischen Ozean steigt das Barometer, über Europa sinkt es. Diese Erklärung reicht jedoch nicht aus, denn gerade in der sommerlichen Hauptregenzeit ist die Zufuhr ozeanischer Feuchtigkeit von untergeordneter Bedeutung. Nur detaillierte Untersuchungen der jahreszeitlichen Regenverteilung in den beiden Periodenhälften können eine Lösung dieser Frage anbahnen.*

Die feuchten und trockenen Periodenhälften decken sich nicht genau mit den kalten und warmen, namentlich scheint sich die Zeit 1756—1805 durch fast permanente Trockenheit ausgezeichnet zu haben. Wir können aber noch nicht entscheiden, ob diese Anomalie tatsächlich ist oder ob sie nur in der bedauerlichen Mangelhaftigkeit des Beobach-

---

* BRÜCKNER [13] hat für beide Periodenhälften eine Bilanz des Regens von kontinentalem und ozeanischem Ursprung aufgestellt, aber unter der ganz willkürlichen Voraussetzung, daß das prozentische Verhältnis beider Niederschlagsquellen konstant bleibt.

tungsmaterials ihre Erklärung findet.* Von der Größe der Regenschwankungen gibt uns jene Tabelle kein richtiges Bild, weil in dem Mittel für die ganze Erde die europäischen Stationen wegen ihrer großen Anzahl naturgemäß dominieren, und auch die nordatlantischen Gebiete einbezogen sind. In Europa beträgt die Schwankung nur 14—20 Prozent, in den echt kontinentalen Gebieten Asiens aber schon bis 36 Prozent, in Barnaul in Sibirien über 100 Prozent der mittleren Jahressumme (1861—1865 durchschnittlich 150, 1881—1885 460 mm!). Solche Gegenden, die ja an und für sich schon an Wasserarmut leiden, verändern in der Trockenzeit in der Tat ganz ihr Aussehen, und hier greifen die Klimaschwankungen noch viel tiefer als bei uns in die menschlichen Verhältnisse ein.

Von den in die physische Geographie einschlägigen Erscheinungen werden die Wasserstände der Seen und Flüsse, das Meeresniveau, die Eisbildung auf den nordischen Flüssen und die Bewegung der Gletscher am meisten beeinflußt; der Zusammenhang tritt schon in der Haupttabelle deutlich hervor, noch besser aber, wenn wir die Alpengletscher-Epochen mit den Schwankungen in Süddeutschland in Vergleich setzen.

Auf eine neuerdings von A. WAGNER[15] entdeckte 16 jährige Klimaschwankung sei noch kurz hingewiesen. WAGNER fand in der Temperaturreihe von Wien, von 1776 angefangen, eine auffallend regelmäßige Schwankung der Temperaturdifferenzen Sommer — voraufgehenden Winter mit einer Periode von nahezu genau 16 Jahren und einer Amplitude von 0,735 °C. Auch andere Stationen in Mittel- und Südeuropa zeigen diese Klimaschwankung. Zur Zeit der Maxima der Periode treten in Mittel- und Südeuropa strenge Winter und warme Sommer, im Norden gleichzeitig milde Winter und kühle Sommer auf. Beim Minimum sind die Verhältnisse umgekehrt. Das letzte Maximum (kalte Winter, warme Sommer) fiel auf das Jahr 1923.

---

* Wenn man nur längere Beobachtungsreihen in Betracht zieht, ist die Übereinstimmung leidlicher. HANN[13] hat die Regenbeobachtungen von Padua (1725—1900), Mailand (1764—1900) und Klagenfurt (1813—1900), und LOCKYER[14] die der britischen Inseln, Brüssels, Madras', Bombays, Kapstadts und des oberen Ohiotals daraufhin untersucht und folgende ungefähre Epochen gefunden. Wir fügen das mittlere Jahr der Temperatur-Quinquennien nach der Tabelle auf S. 246 hinzu.

Regen HANN	LOCKYER	Temperatur BRÜCKNER
Max. 1738	—	Min. um 1738
Min. 1753	—	Max. „ 1748
Max. 1773	—	Min. „ 1768
Min. 1788	—	Max. „ 1793
Max. 1808	1815	Min. „ 1813
Min. 1823	1825—30	Max. „ 1823
Max. 1843	1845	Min. „ 1838
Min. 1859	1860	Max. „ 1853
Max. 1878	1878—83	Min. „ 1883
Min. 1893	1893—95	

Die Prüfung der Periode nach dem SCHUSTERschen Kriterium[16] läßt diese Schwankung als reell erscheinen.

Säkulare Perioden. Aus den Normalmitteln ist die 35 jährige Periode eliminiert, wie aus den Jahresmitteln die jährliche, aus den Tagesmitteln die tägliche. Es entsteht nun die Frage, ob die Normalmittel, aneinandergereiht, eine ähnliche Schwankung zeigen wie die Jahresmittel, ob noch Perioden höherer Ordnung bestehen. Ziffernmäßig lassen sich diese nicht mehr nachweisen, denn wenn auch manche Temperaturreihen bis in die Mitte oder den Anfang des 18. Jahrhunderts hinaufreichen, so sind sie doch selten homogen und überdies zu spärlich verteilt, um Rückschlüsse auf Bewegungen über die ganze Erde zu gestatten. Beachtenswert ist indes die Entdeckung HELLMANNS, daß in Berlin in der Periode 1848—1907 die Winter im Durchschnitt wärmer und die Sommer kälter waren als im Zeitraum 1756—1847, denn ähnliche Erfahrungen hat man auch in Wien und Stockholm gemacht. Mancherlei Beobachtungen über die Wasserstände des Kaspisees, die Eisbedeckung der Flüsse, die Weinernte, die Gletschervorstöße sprechen dafür, daß die 35 jährigen Perioden nur Auszackungen größerer Wellen sind, die sich vielleicht über ein Jahrhundert und mehr ausdehnen. Sie verdienen daher mit größerem Recht als die BRÜCKNERschen die Bezeichnung säkulare Perioden. Bemerkenswert ist vor allem die von TURNER aufgedeckte 260 jährige Periode.[17]

Jahr	10	30	50	70	90	110	130	150	170	190	210	230	250
Bäume (Zuwachs) ...	6,85	6,72	6,62	6,62	6,57	6,50*	6,55	6,67	6,82	6,77	6,80	6,83	**6,93**
Nilfluß													
Max.	919	925	888*	904	908	923	895	913	915	927	939	**972**	959
Min.	291	278	242	243	228	253	208*	215	252	281	309	**338**	281

In den letzten Jahrzehnten ist die Frage lebhaft erörtert worden, ob sich seit dem Ende jenes großen Klimaabschnittes, den wir Eiszeit nennen, bis zur geschichtlichen Gegenwart, Klimaschwankungen von langer Dauer vollzogen haben. J. G. ANDERSSON hat aus Anlaß des internationalen Geologenkongresses in Stockholm (1910) die Ansichten der verschiedenen Forscher eingeholt und zu einem stattlichen Band vereinigt[18]. Das Ergebnis dieses wissenschaftlichen Zeugenverhörs ist noch recht mager, was sich aus der Schwierigkeit des Problems leicht erklärt. Denn es handelt sich dabei wesentlich um Veränderungen in der organischen Welt, deren Reste wir in gehobenen Meeresablagerungen, in Torfmooren usw. finden, und aus denen wir Rückschlüsse auf die Veränderungen des Klimas ziehen.

Als ziemlich gesichert gilt, daß in Skandinavien seit der Eiszeit die Temperatur stetig zu- und dann wieder abnahm. Als sie den Höhepunkt erreichte, war der Haselnußstrauch weit über seinen gegenwärtigen Bezirk hinaus verbreitet. Seine heutige Nordgrenze fällt mit der August-September-Isotherme von 12° zusammen, an seiner ehemaligen beträgt die Temperatur im Spätsommer jetzt 9,5°, und man schließt daraus auf eine sommerliche Wärmeabnahme von ungefähr $2^1/_2$°. Solche horizontale Verschiebungen der Pflanzengrenzen mußten auch vertikale zur Folge haben, und in der Tat hat sich die Waldgrenze im südlichen Norwegen nach REKSTAD [19] um 350—400, im mittleren Schweden um 150 bis über 200 und in Lappland um 200—250 m gesenkt [20]. Die Wärmewelle breitete sich über Finnland, Island, Spitzbergen und Grönland aus, scheint aber das arktische Nordamerika nicht erreicht zu haben, was um so auffälliger ist, als im östlichen Teil dieses Festlandes Anzeichen davon vorhanden sind.

Geologische Perioden. Verfolgen wir die Entwicklungsgeschichte Nordeuropas von dem Temperaturmaximum weiter nach rückwärts, so gelangen wir in eine Periode, da das Klima kälter war als heutzutage, und endlich in die Eiszeit, deren Zeuge bereits der Mensch war. Wie heutzutage Grönland, so war damals ganz Nordeuropa [21] unter einer Eisdecke begraben, deren mächtigster Ausgangspunkt Skandinavien war. Im nördlichen Asien sandten nach KROPOTKIN alle Bodenerhebungen über 1000 m Höhe Gletscher aus, die die Täler bis 300 m Seehöhe erfüllten, während die Ebenen unter 600 m Seehöhe eisfrei blieben. Dies gilt jedoch nicht für die Küste des Eismeeres, wo NANSEN von der Karasee bis zur Taimyrbucht unzweifelhafte Glazialspuren entdeckte. v. TOLL [22] hielt auch das merkwürdige ostsibirische S t e i n e i s, d. h. wirkliche Eislager innerhalb eines Schichtensystems, für Reste ehemaliger Inlandeismassen, doch ist diese Deutung jetzt wieder zweifelhaft geworden [23]. In Nordamerika füllte den Raum zwischen der kanadischen Küstenkette und dem Felsengebirge ein gewaltiger Gletscher aus, der von etwa 52—59° n. Br. nach Nordwesten und Südosten floß. Östlich vom Felsengebirge strahlte das Inlandeis von der Gegend zwischen dem Mackenzie und der Hudsonbai und von Labrador aus und ergoß sich sogar bis in die nördlichsten Vereinsstaaten, in Ohio und Indiana bis über den 40. Parallel, also weiter als in der Alten Welt, wo selbst in Rußland der 49. Breitenkreis wohl nirgends überschritten wurde. Alle Gebirge der gemäßigten Zonen, die jetzt noch Gletscher tragen, waren damals bis in die Haupttäler herab vereist; unsere alpinen Gletscherströme rückten bis in die nördlichen und südlichen Ebenen vor und lagerten hier ihre gewaltigen Moränenmassen ab, nur im O waren auch damals die Bedingungen weniger günstig, so daß der Murgletscher nach den Untersuchungen v. BÖHMS schon in der Gegend von Judenburg sein Ende fand. In dem deutschen Mittelgebirge trugen wenigstens der Harz, die Vogesen, der Schwarzwald und das Riesengebirge ansehnliche Gletscher; STEINMANN meint sogar, es habe hier keinen Fleck eisfreien Landes gegeben. Die Glazialzeit des Karpathensystems haben PARTSCH, PAUL LEHMANN, DE MARTONNE und LUCERNA, die der Balkanhalbinsel CVIJIĆ u. a. eingehend studiert. Gegen Westen können wir ihre sicheren Spuren über die Zentralapenninen, Korsika und die Pyrenäen bis Estremadura verfolgen. In den Hochgebirgen Zentralasiens tritt die großartige Entfaltung des eiszeitlichen Gletscherphänomens mit jedem Jahr deutlicher hervor. Auch die Tropen blieben von der Klimaänderung nicht verschont[24]. Auf den Vulkanriesen des östlichen Äquatorialafrika (Ruwenzori, Kenia und Kilimandscharo), wie in den Anden von Kolumbia, Ecuador, Nordperu und Bolivia reichten die Gletscher 900—1000 m tiefer als jetzt herab. In den jetzt schneefreien Australalpen sind Gletscher am Mt. Kosciusko und Mt. Bogong nachgewiesen, auf Tasmanien findet man Glazialablagerungen schon in 120—210 m Seehöhe. An der Westseite Neuseelands stiegen die Gletscher bis an das Meer hinab. Kerguelen und Patagonien waren ganz mit Eis bedeckt. Mit einem Wort: Unter allen Breiten findet man Spuren einer — geologisch gesprochen — jugendlichen Eisbedeckung, soweit Land über die damalige Schneegrenze[25] hinausragte. Auch in Südafrika und Japan[26], wo die Verhältnisse lange Zeit zweifelhaft waren, sind inzwischen eiszeitliche Gletscherspuren einwandfrei nachgewiesen worden.

Eine zweite Gruppe von klimatischen Erscheinungen in der Quartärzeit betrifft die gegenwärtigen Trockengebiete. HULL[27] nannte die Zeit, in der das Tote Meer so anschwoll, daß es das ganze Ghôr erfüllte, die Pluvialzeit. Einer solchen begegnen wir auch in den Wadis der Arabischen Wüste, wo BLANKENHORN[28] drei gewaltige Schotterablagerungen entdeckte, und aus den ägyptischen Gräberfunden aus dem vierten vorchristlichen Jahrtausend erfahren wir, daß damals in der benachbarten Wüste noch Giraffen, Elefanten und Löwen gejagt wurden, woraus man wohl auf einen mehr steppenartigen Charakter schließen darf. Das Stauwerk, das die alten Ägypter im Wadi Geraui errichtet haben, wäre zwecklos gewesen, wenn es damals nicht mehr geregnet hätte als heutzutage[29]. Wir wissen auch, daß die Sahara einst wasserreicher war, daß Flüsse damals Täler ausfurchten, und in der Oase Chargeh Steineichen wuchsen. GAUTIER, der die Wüste zwischen Algerien und dem Niger durchquerte, fand zahlreiche Beweise, daß auch diese Gegenden noch in der jüngeren Steinzeit verhältnismäßig dicht bevölkert waren. Auch für Südafrika hat PASSARGE[30] eine Pluvialzeit nachgewiesen. In Turan hatten sich die Seen mächtig ausgebreitet, der Kaspisee stand noch mit dem Schwarzen Meer in Verbindung. Die Gleichzeitigkeit der Eis- und der Pluvialperiode ist nicht erwiesen, aber wahrscheinlich. Die großen Seen auf dem trockenen Hochland der westlichen Vereinigten Staaten, der Bonneville-See[31], dessen kümmerlicher Überrest der Große Salzsee ist, der Lahontan-See[32] am Fuß der Sierra Nevada u. a. haben so deutliche Strandlinien hinterlassen, daß man ihre einstige Fläche — 109 300 qkm gegen 15 400 qkm in der Gegenwart — ziemlich genau ermitteln konnte. Entscheidend ist, daß hier zwei Schwellungsperioden deutlich erkennbar sind, und daß in der Zwischenzeit die Seenbedeckung wahrscheinlich noch unter das gegenwärtige Maß herabsank. Man hat sie mit den früher angenommenen zwei Eiszeiten in Nordamerika in Verbindung gebracht, aber dieser Beweis hat etwas an Kraft eingebüßt, weil die Zahl der Eiszeiten unsicher geworden ist. Ein anderes Zeichen für die Gleichzeitigkeit hat man darin erblickt, daß in Nordindien, wo die diluviale Schneegrenze in etwa 3600 m Seehöhe gelegen sein mochte, der südliche Himalaya Gletscher bis 2000 m hinabsandte, während im Salt Range, der in 1530 m gipfelt, die Diluvialzeit nach E. Koken durch reichlichere Niederschläge als jetzt und große Ströme ausgezeichnet war. In den großen Talterrassensystemen, die Volz [33] in Sumatra beobachtet hat, sieht er einen Beweis, daß auch die feuchteren Tropengebiete zum Beginn des quartären Zeitalters eine regenreichere Periode erlebt haben. Das Hauptargument für die Gleichzeitigkeit der Eis- und der Pluvialperiode scheint uns aber darin zu liegen, daß auch die große Schneeanhäufung in den Glazialgebieten reichlichere Niederschläge voraussetzen läßt. Nach den auf S. 235 beschriebenen Methoden hat man ermittelt, daß die klimatische Schneegrenze damals in den Alpen 12—1300, in den Pyrenäen 1100, in dem Großen Becken Nordamerikas 1000, in den Australalpen ungefähr ebensoviel, in den Tropen und im trockenen Tienschan aber nur 5—600 m unter der gegenwärtigen lag. Indes ist man doch mit Ausnahme von Brockmann-Jerosch [34] darüber einig, daß auch eine allgemeine, mäßige Temperaturerniedrigung von 2—3° im Jahresmittel für die Eiszeit angenommen werden müsse. Dabei kommt es hauptsächlich darauf an, daß eine niedere Sommertemperatur den Schmelzprozeß unterband*.

Daß die Gletscheranschwellung annähernd gleichzeitig in den verschiedenen Gegenden eingetreten ist und endete, natürlich nach Maßgabe der geographischen Breite, ist zwar auch nicht streng zu erweisen, aber in noch höherem Grad wahrscheinlich, als die Gleichzeitigkeit von Eis- und Pluvialzeit. Vor allem spricht dafür die Eiszeit der Äquatorialzone. Auch folgte die Verteilung der Schneegrenzen den gleichen Gesetzen wie in der Gegenwart. Sie senkte sich von den Tropen gegen die Pole, wenn auch nicht um den gleichen Betrag, wie man früher vermutet hatte. Doch läßt sich auch dafür eine Erklärung geben, wenn man annimmt, daß das Maß ihrer Erniedrigung in der warmen Zone die Norm war, und der höhere Betrag in den mittleren

* An der Magalhaesstraße liegt die Schneegrenze jetzt ebenso hoch wie in der Eiszeit in den nördlichen Alpen, nämlich in 1100 m Schneehöhe, trotzdem der Winter wärmer ist als jetzt in Salzburg:

	Winter	Frühling	Sommer	Herbst	Kältester Monat	Wärmster Monat	Jahr
Salzburg (+) ..	—1,5°	8,0°	17,0°	8,3°	—2,4°	17,8°	7,9°
Punta Arenas (—)	2,1°	6,6	10,5	7,0	1,0	11,0	6,5
Unterschied	—3,6	+1,4	+ 6,5	+1,3	—3,4	+ 6,8	+ 1,4

Entscheidend ist also die Temperatur der wärmeren Jahreshälfte.

Breiten auf Rechnung des erkältenden Einflusses der benachbarten großen Inlandeismassen zu setzen ist. Soweit unsere Kenntnisse reichen, hob sich die diluviale Schneegrenze in allen Breiten in der Richtung von der Küste landeinwärts*; die Verteilung von Wasser und Land dürfte also damals nicht wesentlich anders gewesen sein als heutzutage.

Daß auch die diluviale Eisdecke starken Oszillationen unterworfen war, wird allgemein anerkannt, aber die Mehrzahl der gegenwärtigen Glazialforscher neigt auch der Ansicht zu, daß die Rückzugsphasen nach Dauer und Intensität völlige Unterbrechungen der Eiszeit waren. In den warmen und trockenen Interglazialzeiten soll die Eisbedeckung nicht größer, ja z. T. sogar kleiner gewesen sein als in der Gegenwart. So unterscheiden Penck und Brückner [36] in den Alpen vier Eiszeiten, denen im nördlichen Vorland ebenso viele Schotterablagerungen entsprechen, und drei Interglazialzeiten, die sich dort durch Zwischenschichten aus Löß dokumentieren**. Die deutlichsten Spuren hat selbstverständlich die letzte Eiszeit hinterlassen; auch während derselben machten sich Schwankungen bemerkbar, und ihr Übergang zur Gegenwart vollzog sich etappenweise mit einem deutlichen Rückfall. Ob diese Vierteilung auch für andere Gegenden paßt, ist noch eine offene Frage. Für die Einheitlichkeit der Eiszeit, die noch Lepsius [37], Geinitz [38] und Frech [39] verfochten, sprachen lange Zeit die Verhältnisse in Skandinavien, bis es gelang, auch hier — in den Bohrprofilen von Jaederen — interglaziale Ablagerungen festzustellen [40].

Aber nicht genug, daß sich die quartäre Eiszeit in eine Vielheit spaltet, auch in den älteren Perioden der Erdgeschichte treten Spuren von Eiszeiten auf. Wir lassen es dahingestellt sein, ob die Beweise für die unterkambrische, die silurische und die devonische Eiszeit stichhaltig genug sind, aber gewisse permische Ablagerungen verraten deutliche Anzeichen glazialen Ursprungs. Man kannte sie bisher nur von dem Umkreis des Indischen Ozeans (Australien, Vorderindien, Südafrika), jetzt hat man sie auch im Kongobecken und in Togo ent-

* Sehr deutlich zeigt sich dies auf der Balkanhalbinsel [35], z. B.

Orjen (Dalmatien)	Höhe 1895,	Schneegrenze 12—1400,	Gletscherende unter 1000 m
Rila (Bulgarien)	„ 2930,	„ 2100,	„ „ 1600 m.

** Einteilung mit Angabe der Schneegrenze unter (—) und über (+) der gegenwärtigen.

IX.	Gegenwart	± o
VIII.	Übergangsperiode	
	4. Daunstadium	— 300
	3. Gschnitzstadium	— 600
	2. Bühlstadium	— 900
	1. Achenschwankung	— 700
VII.	Würmeiszeit	
	3. Zweites Maximum	—1200
	2. Laufenschwankung	—1000
	1. Erstes Maximum	—1200
VI.	Würm-Riß-Interglazialzeit	+ 300
V.	Riß-Eiszeit	—1300
IV.	Riß-Mindel-Interglazialzeit	?
III.	Mindel-Eiszeit	?—1300
II.	Mindel-Günz-Interglazialzeit	?
I.	Günz-Eiszeit	?—1200

deckt, und man darf daraus, auch wenn man mit PHILIPPI [41] das Vorkommen in Westfalen als fragwürdig ausschaltet, den Schluß ziehen, daß die permische Eiszeit ein ebenso allgemeines Phänomen war wie die quartäre.

Wir gelangen damit zu Klimaänderungen höchster Ordnung. In der Diluvialzeit war das Klima in Mitteleuropa glazial, in der Pliozänzeit gemäßigt wie jetzt, im Miozän halb tropisch; im ältesten Tertiär tropisch. Die tertiäre Waldflora von Spitzbergen und Grönland trägt einen gemäßigten, die ebenfalls tertiäre Flora der antarktischen Seymourinsel (64° Br.) einen fast halbtropischen Charakter.

Fragen wir nach der Ursache dieser großen geologischen Klimaschwankungen, so braucht man zunächst aus der Wiederholung der Eiszeit, ausgehend von der permischen, im Quartär noch nicht auf einen periodischen Vorgang zu schließen, sondern kann ihn als eine im ganzen Entwicklungsgang der Erde begründete, wiederkehrende Erscheinung auffassen, die unabhängig ist von großen Klimawellen. Die Erklärungsversuche beruhen im wesentlichen auf geophysikalischer, astrophysikalischer und astronomischer Grundlage. Die geophysikalischen Theorien nehmen teilweise eine Änderung in der Zusammensetzung der Atmosphäre an, durch die die thermische Durchlässigkeit der Lufthülle für die eintretende Sonnenstrahlung und für die Wärmeausstrahlung der Erdoberfläche beeinflußt wird. Die Klimaschwankungen werden in diesem Falle aufgefaßt als Folgeerscheinungen des an- und abschwellenden Vulkanismus. DE MARCHI [42] legt dabei das Hauptgewicht auf die Zufuhr von Wasserdampf, ARRHENIUS [43] auf die Zufuhr von Kohlensäure, SARASIN [44] auf die Erzeugung von Staub in großer Höhe nach Art der Staubtrübung, die den Krakatau-Ausbruch begleitet hat, und HOFFMANN [45] auf das Zusammenwirken aller drei Momente. Nach ARRHENIUS besteht die Bedeutung der Kohlensäure darin, daß sie die Rückstrahlung der der Erde zugeführten Wärme in den Weltenraum durch ihr Absorptionsvermögen vermindert. Man hat berechnet, daß eine Verarmung der Luft an Kohlensäure um 54 Prozent ihres gegenwärtigen Gehaltes hinreichen würde, um die mittlere Temperatur um 4—5° zu erniedrigen, und daß eine Steigerung des Gehaltes um das Vier- bis Sechsfache die gegenwärtige Temperatur um 8—9° erhöhen würde. Der Gehalt an Kohlensäure wechselt, er wird gesteigert durch vulkanische Eruptionen und durch die kohlensauren Gas- und Wasserquellen, vermindert hauptsächlich durch Kohlen- und Kalkbildung und durch den Zersetzungsprozeß der Silikate. FRECH [46] findet diese Theorie in der Erdgeschichte bestätigt: »Jede Eiszeit fällt mit dem völligen oder annähernd völligen Aufhören der vulkanischen Tätigkeit zusammen, jeder Höhepunkt vulkanischer Ausbrüche schließt Eiszeiten aus.« Die permische und quartäre Eiszeit folgt auf Perioden starker Kohlenanhäufung, aber eine Erklärung der Interglazialzeiten fehlt, da sich diese durch keine lebhaftere vulkanische Tätigkeit auszeichneten. Um diesem Mangel abzuhelfen, haben CHAMBERLIN und SALISBURY [47] die Ansicht zu begründen versucht, daß in den Interglazialzeiten die warmen, in den Eiszeiten die kalten Meeresströmungen vorherrschten, ohne indessen mit dieser Erklärung befriedigen zu können.

Die astrophysikalischen Anschauungen über die Ursachen der Eiszeit gehen von Schwankungen der Sonnenstrahlung selbst aus. Die Ansichten über die Veränderungen auf der Sonne, die solche Schwankungen hervorrufen, sind aber so ungeklärt, daß diesen Theorien zunächst keine größere Bedeutung zukommt.

Größere Beachtung haben die Theorien gefunden, welche von astronomischen Grundlagen ausgehen und die Ursache der geologischen Klimaschwankungen in den Veränderungen der Stellung der Erde zur Sonne suchen. Diese sind dreierlei Art. Die Schiefe der Ekliptik, die jetzt 23° 27′ beträgt, schwankt innerhalb von etwa 40 000 Jahren zwischen 22° 6′ und 24° 50′. Der Einfluß dieser Schwankung ergibt sich aus den Grundgesetzen des solaren Klimas. Mit zunehmender Schiefe der Ekliptik wächst (mit Ausnahme des Äquators) Sonnenhöhe und Tageslänge im Sommer und nimmt im Winter ab*. Aber die von EKHOLM [48] berechneten Abweichungen der Temperatur von der gegenwärtigen ** reichen an sich nicht aus, um Eiszeiten zu erzeugen. Anderseits stimmen die Sommertemperaturen für die Maximalschiefe vor 9100 Jahren gut mit denjenigen, die sich aus der Verbreitung der Haselnuß in Schweden in der nachglazialen Wärmeperiode ergeben.

Eine zweite Störung haben wir unter dem Namen Präzession bereits kennen gelernt. Gegenwärtig liegt die Schneegrenze auf der südlichen Halbkugel tiefer als auf der nördlichen. Ein aphelischer Winter scheint also der Vereisung günstig zu sein, doch ist dem entgegenzuhalten, daß die Verteilung von Wasser und Land ein viel wichtigerer Faktor ist als die Entfernung der Erde von der Sonne. Aber auch diese

* Für 60° Br. ergibt sich z. B.:

Schiefe der Ekliptik	Sonnenhöhe: Sommer-Solstitium	Sonnenhöhe: Winter-Solstitium	Tageslänge: größte	Tageslänge: kleinste
23° 27′	53° 27′	6° 33′	18h 30m	5h 30m
24 50	54 50	5 10	19 6	4 54
22 6	52 6	7 54	17 54	6 4

** Positive und negative Abweichungen der Temperatur von der gegenwärtigen im Winter- (WH) und Sommerhalbjahr (SH) und im Jahresmittel (J).

	Vor 9 100 Jahren, Sch. d. E. = 24,24°			Vor 28 300 Jahren, Sch. d E. = 22,13°		
NB.	WH.	SH.	J.	WH.	SH.	J.
90°	0,0°	3,2°	1,6°	0,0°	— 5,1°	— 2,55°
70	— 0,4	2,4	1,0	0,7	— 3,8	— 1,55
50	— 1,0	1,1	0,05	1,7	— 1,6	— 0,05
30	— 0,7	0,5	— 0,1	1,3	— 0,6	0,35
10	— 0,4	0,0	— 0,2	0,7	0,1	0,4
0	— 0,2	— 0,2	— 0,2	0,4	0,4	0,4

ändert sich. Die Exzentrizität der Erdbahn (ε), die jetzt nur 0,0167 beträgt, ist einer Periode von 91 800 Jahren unterworfen und schwankt zwischen den allerdings nur in den seltensten Fällen erreichten Extremen 0,0745 (oder 0,0778) und nahezu Null. Bei hoher Exzentrizität steigert sich der Unterschied zwischen dem Winter- und Sommerhalbjahr (= 465 ε), der jetzt nur 7,8 Tage beträgt, auf 34,6 (oder 36,2) Tage, und darauf gründete CROLL [49] seine berühmte Theorie, die sich lange Zeit hindurch des größten Ansehens erfreute. Bei hoher Exzentrizität habe diejenige Halbkugel Eiszeit, deren Winter in das Aphel fällt. Aber die Tatsachen sprechen für die Gleichzeitigkeit der Eiszeit auf beiden Halbkugeln, nicht für abwechselnde Eiszeiten auf der einen, dann auf der anderen Halbkugel. Die CROLLsche Theorie ist in erweiterter Form von PILGRIM [50] aufgenommen worden durch einen Versuch der rechnerischen Behandlung des Eiszeitproblemes. PILGRIM berücksichtigt auch die Schwankung der Schiefe der Ekliptik und berechnet das Zusammenwirken aller drei astronomischen Störungen für eine Million Jahre in der Vergangenheit. Aus diesen Ergebnissen leitet er dann die Schwankungen der Schneegrenze in den Alpen ab. Die durch die astronomischen Verhältnisse bedingten Schwankungen sind verhältnismäßig klein und reichen nicht aus, die Gesamterscheinung der diluvialen Glazialperiode zu erklären. Ist aber erst einmal eine Inlandeisdecke entstanden, so wirkt diese selbst abkühlend, und dieser Faktor fällt mehr ins Gewicht als der astronomische. Ja sein Einfluß dehnt sich noch bis in die folgende Interglazialzeit aus und bewirkt, daß Inlandeismassen auch Interglazialzeiten überdauern können. Das grönländische Inlandeis z. B. ist nach dieser Auffassung ein Überbleibsel aus der früheren Glazialzeit. Die Berechnung von PILGRIM gibt ein fortwährendes Auf- und Abschwanken der alpinen Schneegrenze. Das sind die alle 10 000 Jahre wechselnden astronomischen Glazial- und Interglazialzeiten. Die kürzeren Schwankungen sind aber von Perioden höherer Ordnung überlagert, welche die geologischen Eis- und Interglazialzeiten veranschaulichen.

In umfassender Weise haben W. KÖPPEN und A. WEGENER das Gesamtproblem der Paläoklimatologie neuerdings in ein abgeschlossenes System durch die konsequente Anwendung der Theorie der Kontinentverschiebung von A. WEGENER eingeordnet. Als Grundgesetz des Klimas wird von KÖPPEN und WEGENER seine zonale Gliederung vorangestellt, die trotz ungleicher Verteilung von Wasser und Land nirgends gänzlich unterdrückt werden kann. Ihr charakteristisches Merkmal ist die Unterteilung des Klimas in drei Regengürtel, den äquatorialen und den nördlichen und südlichen der gemäßigten Breiten, zwei Trockengürtel, eingelagert auf beiden Hemisphären zwischen den beiden Regenzonen, und zwei kalte Kalotten an den beiden Polen. Es läßt sich nun dieses Grundgesetz des heutigen Klimas auch in der geologischen Vergangenheit unter Berücksichtigung der sich aus der Theorie der Kontinentverschiebung ergebenden Oberflächengestaltung der Erde aufdecken und so der Nachweis erbringen, daß die Klimaänderungen der geologischen Vorzeit auf die aus der Verschiebungstheorie hervorgehenden Breitenänderungen zurückzuführen sind. Zur Bestimmung der verschiedenen Klimagürtel dienen die fossilen Klimazeugen. Als Klimazeugen sind anzusehen: für polares Klima fossiles Steineis, Blocklehme und Steinmeere, für die Regengürtel, den tropischen und

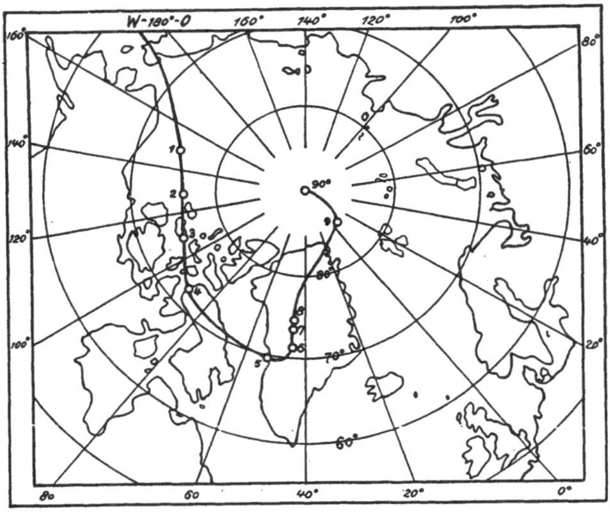

Fig. 50. Weg des Nordpols, bezogen auf Europa, nach KÖPPEN und A. WEGENER.

die der gemäßigten Breiten, Kohle und für die Trockengebiete Salz, Gips und Sandsteine. Im großen und ganzen läßt sich sagen, daß diese Klimazeugen auf der nach der WEGNERschen Verschiebungstheorie rekonstruierten Erdoberfläche ohne unwahrscheinlichen Zwang eine zonale Anordnung, den Klimazonen entsprechend, ergeben, aus der sich weiterhin die jeweilige Lage der Pole ableiten läßt.

Im Einklang mit den geologischen Befunden ergibt sich aus dieser Darstellung, daß Europa in dem gewaltigen Zeitraum vom Karbon bis zum Miozän erheblich wärmer gewesen ist als in der Gegenwart, daß speziell Mitteleuropa vom Karbon bis zum Eozän tropisches Klima gehabt hat, und daß erst in den folgenden Epochen raschere Erkaltung eingesetzt hat, die zu Beginn des Quartärs unter den klimatischen Charakter der Jetztzeit herabgegangen ist. Ursache der Klimaänderung sind die aus der Kontinentverschiebung hervorgehenden Breitenänderungen. Beispielsweise haben KÖPPEN und WEGENER für Leipzig folgende Breitenänderungen abgeleitet: im Karbon Äquatorlage, im Perm Schwankungen zwischen 13° und 20° n. Br.; im Miozän beginnt die stärkste Änderung der Breitenlage in Richtung gegen den Pol, wir finden Leipzig im Miozän unter 39° n. Br. und zu Beginn des Quartärs in 53° n. Br., also 2° nördlicher, als seiner heutigen Lage entspricht. Für Europa brachte diese nördlichere Lage die gewaltige Umwälzung von tropischen und subtropischen Verhältnissen während einer ungeheuer langen Zeitspanne zur quartären Eiszeit. Der Nordpol lag zu Beginn des Eiszeitalters etwa über der nördlichen Hudsonbai.

Auch Köppen kommt zu dem Schluß, daß als ausschlaggebendes meteorologisches Element für die Vereisung die Temperatur anzusehen ist und als wirksame Jahreszeit der Sommer. Nicht die Größe der Schneemenge ist der Hauptfaktor für das Wachstum der Gletscher, sondern niedrige Temperatur, und diese besonders im Sommer, also nicht etwa klimatische Verhältnisse, wie sie heute in Feuerland und Neuseeland herrschen, sondern wie sie den gegenwärtigen auf Grönland und der Antarktis entsprechen, wo die niedrigen Temperaturen die geringen, aber nur in fester Form fallenden Niederschläge nicht abschmelzen, sondern sich zu Eisströmen ansammeln lassen. Winterkälte und ein daraus hervorgehendes tiefes Jahresmittel der Temperatur reichen allein nicht für die Vergletscherung aus, sondern niedrige Sommertemperaturen sind ausschlaggebend für die Bildung des Inlandeises. Sibirien zwischen 60 und 70° n. Br. hat eine um 8° niedrigere Jahrestemperatur als Grönland unter gleicher Breite. Der Boden ist dort bis in Tiefen von 100 m gefroren, doch ist er völlig frei von Gletschern. (Unvergletschert: Werchojansk: Winter — 47° C., Sommer + 17° C., Jahr — 14° C. Vergletschert: Godthab: Winter — 10° C., Sommer + 6° C., Jahr — 2° C.)

Die astronomischen Änderungen der Bahnelemente der Erde werden von Köppen-Wegener nur zur Erklärung der Gliederung der Eiszeit herangezogen, während die Gesamterscheinung auf Polverschiebungen zurückzuführen ist. Außerdem geben die astronomischen Änderungen eine einigermaßen zuverlässige Vorstellung für die absolute Zeitrechnung der Eiszeit. Auf Grund der vorliegenden astronomischen Berechnungen der Änderungen der Ekliptikschiefe, der Exzentrizität und der Länge des Perihels von Pilgrim hat Milankowitsch [52] den säkularen Gang der Erdbestrahlung durch die Sonne bestimmt. Die durchschnittlichen Strahlungsmengen, die sich für Winter und Sommer berechnen lassen, geben allerdings kein eindeutiges Bild, da die verschiedene Dauer der Jahreszeiten auf die Aufnahme und den Verbrauch dieser Wärmemengen von Einfluß ist. Die Strahlungskurve eines Jahres wird durch die astronomischen Halbjahre nicht gleichartig geteilt, da zunächst die Bestrahlung an den beiden korrespondierenden Punkten, dem Frühlings- und Herbstäquinoktium, infolge der verschiedenen Entfernung der Erde von der Sonne zu beiden Terminen verschieden ist, und weiterhin die Variation der Exzentrizität Ungleichheiten in der Dauer der Jahreszeit bedingt. Diese Unsymmetrien der Strahlungskurve beseitigt Milankowitsch durch Einführung der kalorischen Halbjahre an Stelle der astronomischen. Das kalorische Sommerhalbjahr umfaßt alle die Tage, an denen die Strahlung stärker ist als an irgendeinem Tage des kalorischen Winterhalbjahres. Die kalorischen Halbjahre haben stets die gleiche Dauer, doch wechselt der Zeitpunkt ihres Beginnes. Die Strahlungssummen dieser kalorischen Halbjahre sind nun für eine bestimmte Breite berechenbar, ebenso läßt sich berechnen, unter welcher geographischen Breite gegenwärtig die gleiche Strahlungsmenge angetroffen wird. Die sich ergebende Breitendifferenz kann als vergleichbares Maß für die anzunehmende Er-

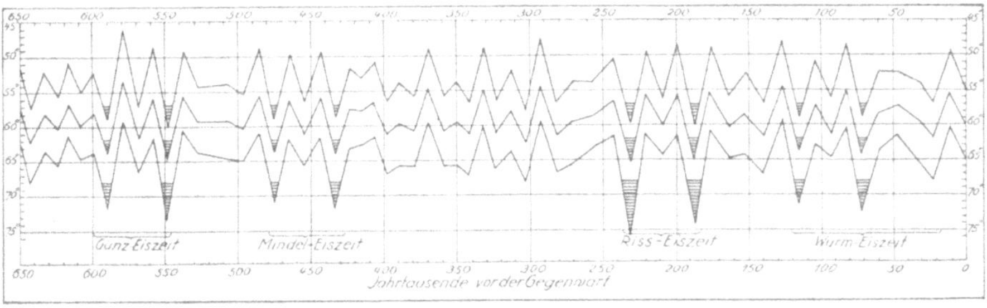

Fig. 51. **Sonnenstrahlung des Sommerhalbjahres in höheren Breiten im Quartär seit 650000 Jahren nach Milankowitch.***

wärmung und Abkühlung dienen. Das ganze Problem der säkularen thermischen Änderung wird so anschaulich durch Breitenschwankungen ausgedrückt.

Die von Milankowitsch abgeleitete Klimakurve für 650 Jahrtausende vor der Gegenwart deckt sich recht gut mit den Forschungsergebnissen der Eis- und Interglazialzeiten in Europa. Auch für die postglaziale Zeit bis zu den ersten geschichtlich belegten Klimaangaben gibt die Strahlungskurve im wesentlichen mit den anderen Befunden übereinstimmende Ergebnisse. Sie offenbart als Hauptmerkmal ein Strahlungsoptimum vor etwa 10000 Jahren, das der postglazialen Wärmezeit entspricht.

Die geschichtliche Zeit müßte eine Fortdauer der Abkühlung nach dem letzten Klimaoptimum für Europa bringen, da, konstante Breite vorausgesetzt, die sommerliche Sonnenstrahlung bei dauernder Abnahme der Ekliptikschiefe und zunehmender Sonnennähe im Sommer die zugestrahlte Sonnenintensität stetig abnimmt. Außer mehr oder weniger deutlich ausgeprägten kürzeren Klimaperioden läßt das geschichtliche Zeitalter aber keine eindeutige, nach einer Richtung wirkende Klimaänderung erkennen, weder hinsichtlich der Temperatur

* Die Änderungen der Strahlung sind durch entsprechende Änderungen der nördlichen geographischen Breite dargestellt mit abwärts wachsenden Breiten, um die Strahlung (und die Temperatur) aufwärts wachsen zu lassen.

noch des Niederschlages. Mit großer Bestimmtheit tritt zwar die Behauptung einer zunehmenden Austrocknung auf. Daß die Eiszeit in eine wasserreichere Periode, die GÖTZ [53] als Regenzeit und KROPOTKIN [54] als Seenperiode bezeichnet, ausklang, ist möglich. Die Frage ist aber die: nehmen die Niederschläge seit jener Zeit beständig ab, und sind die längeren Perioden, z. B. die BRÜCKNERschen, nur als untergeordnete Schwankungen zu betrachten? Selbst langjährige Aufzeichnungen * liefern keinen Anhaltspunkt dafür, aber man kann einwenden, daß sie zur Beantwortung dieser Frage nicht ausreichen. Man beruft sich auf die Zeugnisse der Geschichte. Aber wie schwer ist es hier, die Ursachen einer Veränderung reinlich voneinander zu scheiden! Hat, wie man von Zeit zu Zeit immer wieder behauptet, stetige Regenabnahme Griechenland, Kleinasien, Syrien und andere Kulturstätten des Altertums zur Verödung verurteilt, oder ist nur die Untüchtigkeit der jetzigen Bewohner dafür verantwortlich zu machen? Wahrscheinlich das letztere, denn einerseits hat UNGER schon vor Jahren nachgewiesen, daß jene Länder auch im Altertum an Wassermangel litten, und anderseits blüht die alte Fruchtbarkeit wieder auf, wenn — wie bei Urfa, Aintab, Mess'r und a. a. O. — der Boden durch ein ausgebreitetes Kanalsystem genügend benetzt wird. Für Nordafrika hat LEITNER [55] die Frage der Klimaänderung in geschichtlicher Zeit sorgfältig untersucht und ist zu einem verneinenden Ergebnis gekommen. Die Behauptung, daß die Sahara nach Süden vorrücke, wird von ihrem ausgezeichneten Kenner CHUDEAU [56] zurückgewiesen; vielmehr habe seit einer unbestimmten Epoche der Quartärzeit die Wüste an der Sudangrenze an Ausdehnung verloren. Es ist bezeichnend, daß alle neueren Nachrichten über Austrocknung aus Gebieten stammen, die von Natur aus regenarm sind, wie aus Zentralasien, wo die Entdeckung buddhistischer Ruinenstätten in der Wüste Taklamakan berechtigtes Aufsehen erregt hat [57], aus dem östlichen Iran [58], aus Südamerika [59] und aus Südafrika. Das Seichterwerden von Flüssen, das Versiegen von Quellen und Brunnen sind Veränderungen, die hier tief in das menschliche Wirtschaftsleben einschneiden und daher einwandfrei festzustellen sind. Aber alle diese Erscheinungen können auch andere Ursachen haben, als eine Abnahme der Niederschläge. Sandverwehung durch den Wind kann die Grenzen der Wüste verschieben. Die Vernichtung von Waldbeständen kann die Bodenfeuchtigkeit vermindern, namentlich in Ländern ohne Schneedecke und mit kurzer Regenzeit. PASSARGE [30] hat auch betont, daß der aus der Pluvialzeit stammende Vorrat von unterirdischem Wasser in Ländern, die von Natur aus trocken sind, auch ohne Regenabnahme

* 35jährige Normalmittel nach HANN: [14]

	1726—60	1761—95	1795—1830	1831—65	1865—1900
Padua	880	923	835	836	835 mm
Mailand	—	920	1010	1080	1020 „
Klagenfurt	—	—	—	950	1020 „

einer allmählichen Erschöpfung entgegengehen muß, besonders wenn der Mensch ihn ausnutzt. Übrigens ist auch die Möglichkeit zunehmender Austrocknung solcher Länderräume, die von der Zufuhr maritimer Feuchtigkeit abgeschnitten sind, nicht von der Hand zu weisen, braucht aber nichts mit einer allgemeinen Klimaänderung zu tun zu haben, weil jede zufällige Verminderung der im Land erzeugten Luftfeuchtigkeit eine Verminderung des Niederschlages, diese eine weitere Verminderung der Feuchtigkeitsquelle usw. zur Folge hat, die Wirkung also die Ursache steigert. Das Hauptgewicht legte man auf die Zusammenschrumpfung der Seen, aber dieses Argument erwies sich als wenig stichhaltig, und nichts ist geeigneter, vor voreiligen Schlüssen in dieser Frage zu warnen, als die Tatsache, daß der Aralsee seit ungefähr 1880 wieder im Steigen begriffen ist. Eine Wasserstandsmarke vom Jahr 1874 war 1903 bereits um 2,75 m überschritten, und das nordöstliche Ufer ist ein paar Kilometer weit überschwemmt. Nach WOEIKOWS Schätzung enthielt der Aralsee 1908 20 Proz. mehr Wasser als 1880. Eine ähnliche Zunahme wurde auch an anderen Seen benachbarter Gegenden, z. B. im Gouvernement der Steppe, am Issykkul, Balkaschsee, Saissan-nor u. a. beobachtet und steht in völliger Übereinstimmung mit dem gleichzeitigen Anschwellen der Flüsse und dem Vorrücken der Gletscher des Tienschan[60]. SPAFFORD[61] fand 1911 auch das Tote Meer im Steigen begriffen und bringt dies in Zusammenhang mit der Zunahme der Niederschläge in Jerusalem.

Wie REICHELT[62] urkundenmäßig nachweisen konnte, hatte der Weinbau in Deutschland um das Jahr 1300 seine größte Ausbreitung erreicht, selbst nach Niederbayern, Thüringen und Brandenburg war er vorgedrungen. Hat sich seitdem das Klima verschlechtert? Nichts zwingt uns zu diesem Schluß. Der kirchliche Gebrauch des Weines bei der Messe ließ es, besonders den Klöstern, wünschenswert erscheinen, ihn überall anzubauen, wo er in günstigen Jahren eben noch fortkommt; die Güte des Erzeugnisses spielte dabei keine Rolle. Je mehr sich aber der Geschmack und die Verkehrsmittel verbesserten, desto mehr zog sich der Weinbau in Gegenden zurück, wo er noch als ein lohnender Zweig der Landwirtschaft betrieben werden kann. Sehr oft werden Kulturen aufgegeben, weil sich ihr Erträgnis aus äußeren Gründen vermindert. So verschwindet allmählich der Maulbeerbaum aus Südtirol, weil die Konkurrenz der ostasiatischen Seide zu mächtig geworden ist, und in einigen Jahrhunderten könnte ein Gelehrter daraus eine Klimaänderung folgern, wenn ihn nicht die zahlreichen Geschichtsquellen der Gegenwart über die wahren Ursachen belehren würden. Ganz in das Gebiet der Sage gehören die Nachrichten von dem einstigen Kornreichtum Islands, von skandinavischen Ansiedlungen an der Ostküste Grönlands, von der Gangbarkeit alpiner Pässe, die jetzt vergletschert sind usw. Sie sind alle teils durch Untersuchungen an Ort und Stelle — wie in Grönland —, teils durch die historische Kritik widerlegt worden, was natürlich nicht verhindern wird, daß man sie von Zeit zu Zeit immer wieder einem leichtgläubigen Publikum aufzutischen versuchen wird.

Klima und Mensch. Unter dem Klima eines Ortes hatten wir den mittleren Zustand der Atmosphäre verstanden, wie er sich aus langjährigen Durchschnittswerten der einzelnen Klimafaktoren ergibt. Es hat sich aber gezeigt, daß für die Charakterisierung eines Klimas nicht allen klimatischen Elementen gleiche Bedeutung zukommt, sondern daß gegenüber den Hauptfaktoren, wie Temperatur, Wind und Niederschlag, andere, wie z. B. der Luftdruck, weniger bedeutungsvoll sind. Diese unterschiedliche Einschätzung der Klimafaktoren setzt ein, sobald man aus der Klimatologie die Folgerungen für den Menschen zieht und dessen vielseitige Abhängigkeit vom Klima in den Vordergrund stellt. Unter diesem Gesichtspunkt erfährt nicht nur die Bedeutung einzelner Klimafaktoren eine Einschränkung, sondern auch die räumliche Anwendung des Klimabegriffes. Sie beschränkt sich auf die Gebiete, wo Menschen sich dauernd aufhalten. Es hat deshalb keinen Sinn von einem Klima der freien Atmosphäre zu sprechen. Dieser Einstellung trägt eine weitere Definition des Klimas Rechnung, welche darunter »die Gesamtheit der atmosphärischen Bedingungen« versteht, »die einen Ort der Erdoberfläche mehr oder weniger für Menschen, Tiere und Pflanzen bewohnbar machen.«

Die Abhängigkeit des Menschen vom Klima ist annähernd die gleiche wie diejenige der Tiere und Pflanzen. Selbst wenn der Mensch ein größeres klimatisches Anpassungsvermögen besitzt, ist er doch für seine Ernährung auf Pflanzen und Tiere angewiesen und hierdurch an die gleichen Klimagrenzen gebunden. Aber über diese durch die Notwendigkeit des Lebensunterhaltes bedingte Abhängigkeit hinaus ist die Einwirkung des Klimas auf den Menschen auch eine durchaus spezifische, die sich in seinem körperlichen Befinden, seiner Lebensweise und seiner Entwicklung äußert. Die Besprechung der einzelnen Klimafaktoren hat wiederholt Veranlassung gegeben, ihre Bedeutung für den Menschen hervorzuheben. Der Unterschied zwischen der Lufttemperatur und der »gefühlten« Temperatur ist am schärfsten in dem sonnigen, windstillen Hochgebirgsklima hervorgetreten, wo der Mensch bei 10 Grad Kälte sich im gleichen Maße thermisch behaglich fühlt wie bei sommerlichen Temperaturen unter anderen meteorologischen Bedingungen. Der Wechsel der Temperatur innerhalb kurzer Zeiträume beeinflußt das Befinden des Menschen in dem Maße, daß sich eine unmittelbare Beziehung zwischen der Veränderlichkeit der Temperatur und der Sterblichkeit des Menschen nachweisen lassen konnte. Andererseits offenbart aber gerade wieder diese Veränderlichkeit der Temperatur eine klimatische Begünstigung, indem sie Körper und Geist zu gesteigerter Betätigung anregt und hierdurch zu einer höheren Entwicklung führt. Die gegenteilige Wirkung geht von gleichbleibender hoher Temperatur aus; sie führt zu körperlicher und geistiger Erschlaffung und damit zu Entartung. In ähnlicher Weise, bald in belebendem, bald in hemmendem Sinne, wirken auch die übrigen Klimafaktoren. Dem Wind kommt noch eine besondere Bedeutung zu. Als reinigender Ventilator der Luft macht er gewisse Gebiete dem Menschen zuträglicher, andererseits kann er als Träger der Luftbeimengungen klimatisch ungünstig wirken. Der Seewind ist rein und gesund, der Landwind nicht selten der Verbreiter von Epidemien.

Alle diese Beziehungen zwischen Klima und Mensch, von denen die angeführten nur wenige Beispiele geben, sind zunächst Einzelerscheinungen, die sich in gewissen Klimazonen in ihrer Wirkung nach der einen oder anderen Richtung summieren und dadurch von tief einschneidender Bedeutung für die Menschheit, für ihre Verteilung auf der Erde und ihren Kulturstand werden.

Wenn auch der Mensch ein großes klimatisches Anpassungsvermögen besitzt, so werden doch die Gegenden von ihm bevorzugt sein, wo die beiden Hauptlebensnotwendigkeiten, klimatische Begünstigung zur Erhaltung und Vermehrung und gute Ernährungsmöglichkeiten, gegeben sind. Die Verteilung des Menschen auf der Erde wird deshalb bis zu einem gewissen Grade klimatisch bedingt sein. Woeikow [63] hat 1906 eine Zusammenstellung der Verbreitung der Menschen nach Breitenzonen gegeben:

	Einwohner (in Millionen)		
Nördlich 40° n. Br.	im ganzen	in Städten (über 100 000) abs. Zahl	in %
Europa und Vorderasien	410	48	11,6
Nordamerika	45	10	22,6
Summe oder Mittel	455	58	12,6
20°—40° n. Br.			
Europa, Vorderasien, Nordafrika	71	4,3	6,1
Süd- und Ostasien	690	24,0	3,5
Amerika	45	5,4	12,0
Summe oder Mittel	806	33,7	4,1
Südlich 20° n. Br.			
Südasien	146	3,9	2,7
Australien, Ozeanien............	6	1,3	21,7
Afrika (außer N)	116	1,0	0,8
Amerika	53	3,8	7,2
Summe oder Mittel	321	10	31

Mehr als die Hälfte der Menschen wohnt zwischen 20° und 40° n. Br. Prozentual der geringste Teil wohnt in dieser Zone in Städten. Sehen wir die Wohnung auf dem Lande durch das Verwachsensein des Menschen mit der Natur als die natürliche an, so würde sich der Schluß ergeben, daß die Zwischenzone zwischen Tropen und gemäßigten Breiten die günstigsten Bedingungen hinsichtlich Klima und Ernährung dem Menschen bieten. In der Tat hat diese Folgerung ihre Berechtigung. In den Subtropen ist der Klimawechsel in kleinen und größeren Zeiträumen ausgeprägt genug, um den Menschen vor den Nachteilen, die klimatische Gleichförmigkeit mit sich bringt, zu bewahren und doch wieder soweit abgeschwächt, daß die natürliche Lebensweise nicht durch die Unbill kalter Jahreszeiten gestört wird. Reiche Anbaumöglichkeiten gewährleisten eine gesicherte Ernährung. Die Kulturpflanzen der gemäßigten und tropischen Breiten finden sich auf diesem Gebiet zusammen und geben mehrfachen Jahresertrag. Auch die Wüstengebiete dieses Gürtels sind nicht steril, sondern können bei Bewässerungsmöglichkeit reichen Ertrag geben.

Und doch tragen diese von der Natur so begünstigten Subtropen in ihrer gegenwärtigen Beschaffenheit mehr Spuren des Verfalls, als wir sie anderswo finden. Der Mensch dieser Zone versteht die ihm von der Natur gebotenen Gaben nicht zu bewirtschaften, er treibt Raubbau und beweist damit, daß er intellektuell zurückgeblieben ist. Auch dies infolge seiner klimatischen Begünstigung! Leicht erworbener Reichtum erzeugt Selbstüberhebung und Trägheit, die beide zum Verfall führen. Die Subtropen lehnen sich in dieser Hinsicht an die Tropen an. Hier läßt die Gleichmäßigkeit des Klimas und die überreiche Fülle der Natur den Menschen zu körperlicher und geistiger Schlaffheit verkümmern. Die Entwicklung des Menschen schreitet nicht fort, Intelligenz und Energie, nach den Tropen verpflanzt, geht in kurzer Zeit verloren. Ist es in den Tropen gleichmäßige Wärme und Überfluß der Natur, welche die menschliche Tatkraft lähmt, so wirkt in der polaren Zone gleichmäßige Kälte und Dürftigkeit der Natur in gleicher Weise. Der Kampf mit den Naturkräften, die Mühen und Gefahren der Nahrungsbeschaffung verbrauchen die ganze Energie des Bewohners der polaren Zone und unterdrücken Wille und Kraft zu einer Betätigung über die unmittelbare Nahrungsbeschaffung hinaus.

So bleibt die gemäßigte Zone als ein Zwischenglied zwischen subtropischem Naturreichtum und polarer Armut, welche durch ihr wechselvolles Klima die körperliche und geistige Betätigung nicht nur anregt, sondern sogar erzwingt. Denn die Natur ist hier nicht so freigebig, daß sie dem Einzelnen mühelos seinen Lebensunterhalt darbietet, sondern sie läßt sich ihn abringen. Nur der Tüchtige kommt so voran, und im Konkurrenzkampf wird Wille und Leistung gesteigert. Der klimatische Reiz wird so zum Ansporn für Körper und Geist und führt die Menschen dieser Breiten in stetigem Fortschritt zu höherer Kultur.

Ob diese Vorzugsstellung der gemäßigten Breiten für alle Zeiten Bestand haben wird, erscheint allerdings sehr fraglich. Schon heute ist in bestimmten Ländern der gemäßigten Breiten eine der Hauptlebensnotwendigkeiten, die sichere Ernährungsmöglichkeit, nicht mehr bedingungslos erfüllt. Man denke an Deutschland während der Kriegsjahre, man denke an den gewaltigen Strom von Lebensmitteln aller Art, der selbst in normalen Zeiten nach den Ländern West- und Mitteleuropas gerichtet ist. Wenn wir heute noch von einer allgemeinen Übervölkerung, auch in den gemäßigten Breiten, weit entfernt sind, so müssen wir doch voraussehen, daß diese bei der vorherrschenden Vermehrung der Menschheit in der Zukunft eintreten kann und daß hierdurch große Umwälzungen in der Verteilung der Menschen auf der Erde eintreten müssen. A. Penck[64] hat auf dieses Problem der physischen Anthropogeographie nachdrücklich hingewiesen. Er legte dar, daß gegenüber den gemäßigten Breiten, welche heute die größte faktische Bevölkerungsdichte aufweisen, die Tropen das Gebiet stärkster potentieller Volksdichte oder großer Menschenanhäufungen der Zukunft sind, an das die gemäßigten Breiten später ihren Überschuß werden abgeben müssen.

Literaturnachweise. [1] W. Köppen, Versuch einer Klassifikation der Klimate; Geographische Zeitschrift 1901. — [2] R. Hult in den Vetenskapliga Meddelanden af geografiska föreningen i Finland. I. 1892—93. — E. de Martonne, Traité de géographie physique; Paris 1924. A. Hettner, Die Klimate der Erde; Geographische Zeitschrift 1911. — [3] A. Penck, Versuch einer Klassifikation auf physiographischer Grundlage; Sitzungsberichte der Preuß. Akad. der Wiss. 1910. — [4] W. Köppen, Die Klimate der Erde, Grundriß der Klimakunde; Berlin 1923. Ders., Klassifikation der Klimate nach Temperatur, Niederschlag und Jahresverlauf; Petermanns Mitteil. 1918. Eine Zusammenstellung der verschiedenen Klimaklassifikationen hat E. Obst gegeben, Die Klimate und ihre geographische Verbreitung, Enzyklopädie der Erdkunde; Lufthülle und Klima, bearbeitet von A. Defant u. E. Obst; Leipzig, Wien 1923. — [5] W. Köppen, Über mehrjährige Perioden der Witterung; Österr. Zeitschrift f. Meteorol. 1873 u. 1881. Ch. Nordmann in den Comptes rendus der Pariser Akad. d. Wiss. 1903, Bd. CXXXVI. J. Mielke, Die Temperaturschwankungen 1870—1910 in ihrem Verhältnis zu der 11-jährigen Sonnenfleckenperiode; Archiv d. Deutschen Seewarte 1913, Nr. 3. — [6] W. Köppen, Lufttemperaturen, Sonnenflecke und Vulkanausbrüche; Meteorol. Zeitschr. 1914. — [7] L. Mecking, Nordamerika, Nordeuropa und der Golfstrom in der 11-jährigen Klimaperiode; Annal. d. Hydrogr. 1918. Fr. Baur, Die 11-jährige Temperaturperiode in Europa in ihrem Verhältnis zur Sonnenfleckenperiode; Meteorol. Zeitschr. 1922. B. Droste, Die 11-jährige Sonnenfleckenperiode und die Temperaturschwankungen auf der nördlichen Halbkugel in jahreszeitlicher und regionaler Differenzierung; Meteorol. Zeitschr. 1924. — [8] G. T. Walker, Correlation in seasonal variations of weather IV, V and VI (Sunspots and Rainfall, temperature, pressure); Mem. Ind. meteor. Dep. Vol. XXI, p. X, XI, XII. — [9] G. Hellmann, Die Niederschläge in den Norddeutschen Stromgebieten; Berlin 1906. — [10] E. Brückner, Klimaschwankungen seit 1700; Wien 1890. — [11] W. Lockyer, Die Sonnentätigkeit 1833—1900; Proceedings of the Royal Society 1901, Übersetzung Meteorol. Zeitschr. 1902. — [12] A. Schuster, Sonnenfleckenperioden; Meteorol. Zeitschr. 1906. — [13] J. Hann, Die Schwankungen der Niederschlagsmengen in größeren Zeiträumen; Sitzungsber. der Wiener Akad. der Wissensch., Math.-naturw. Klasse, 1902, Bd. CXI, Abt. II a. — [14] W. Lockyer in »Nature« 1903, Bd. LXVIII. — [15] A. Wagner, Eine bemerkenswerte 16-jährige Klimaschwankung; Sitzungsber. der Wiener Akad. 1924, Bd. 133. — [16] A. Schuster, On the investigation of hidden periodicities usw.; Terr. Magn. 1898, Vol. III. — [17] Zeitschr. d. Gesellsch. f. Erdkunde, Berlin 1910. Vgl. auch C. Easton über eine 89-jährige Witterungsperiode in Verslagen v. der K. Akad. von Wetenschappen, Naturk. Afd. 1904 u. 1905; desgl. W. Köppen in Annal. d. Hydr. und marit. Meteorol. 1917 u. Meteorol. Zeitschr. 1921 über die 2½ Jahrhundert lange Periode. — [18] Die Veränderungen des Klimas seit dem Maximum der letzten Eiszeit, Stockholm 1910. — [19] G. Rekstad im Zentralblatt für Mineralogie usw. 1903. — [20] A. Gavalin in der Skogsvårdsfören. Tidskrift, Stockholm 1909. — [21] E. Geinitz, Das Quartär von Nordeuropa; Stuttgart 1904. — [22] E. v. Toll, Die fossilen Eislager und ihre Beziehungen zu den Mammutleichen; Mémoires de l'Academie imper. des Sciences de St. Petersbourg, 1895, Bd. XLII. Über Vorkommnisse in Nowaja Semlja u. Spitzbergen s. La Géographie 1910, Bd. XXII. — [23] A. BUNGE in den Verhandl. der Kais. Russischen Mineralogischen Gesellschaft 1903, Bd. XL. J. P. TOLMATSCHEW, ebenda. J. B. TYRREL im Journal of Geology 1904, Bd. XII. — [24] HANS MEYER, Die Eiszeit in den Tropen; Geographische Zeitschrift 1904. — [25] A. PENCK, Höhenkarte der Schneelinie in Europa während der Gegenwart und Eiszeit; Verhandl. des IV. Deutschen Geographentages 1884. — [26] H. SIMOTOMAI, Die diluviale Eiszeit in Japan; Zeitschr. Ges. f. Erdk. Berlin, 1914. — [27] E. HULL, The Survey of Western Palestine; London 1886. — [28] M. BLANCKENHORN, Neues zur Geologie und Paläontologie Ägyptens; Zeitschr. d. Deutsch. Geolog. Gesell. 1900 u. 1901. — [29] H. BURMESTER im Globus 1910, Bd. XCVIII. — [30] S. PASSARGE, Die Kalahari; Berlin 1904. — [31] G. K. GILBERT, Lake Bonneville; Washington 1890. — [32] J. C. RUSSELL, Geological History of Lake Lahontan; Washington 1885. — [33] W. VOLZ, Nordsumatra, Bd. I, Berlin 1909. — [34] H. BROCKMANN-JEROSCH, Die fossilen Pflanzenreste des glazialen Deltas bei Kaltbrunn; Jahrbuch der St. Gallischen Naturwissenschaftlichen Gesellschaft 1909. — [35] J. CVIJIĆ, Neue Ergebnisse über die Eiszeit auf der Balkanhalbinsel; Mitteilungen der Wiener Geographischen Gesellschaft, 1904. — [36] A. PENCK und E. BRÜCKNER, Die Alpen im Eiszeitalter; Leipzig 1901—09. Ein fundamentales Werk! Eine übersichtliche Darstellung der Resultate gab H. LAUTENSACH im Geographischen Anzeiger 1909 (mit Karte, die im Original fehlt) und in der Zeitschrift für Gletscherkunde Bd. IV. — [37] R. LEPSIUS in der Zeitschrift der Deutschen Geologischen Gesellschaft 1911, Monatsberichte. — [38] E. GEINITZ, Wesen und Ursache der Eiszeit; Archiv des Vereins der Freunde für Naturgeschichte in Mecklenburg, Bd. LIX, 1905. — [39] F. FRECH in der Zeitschrift der Gesellschaft für Erdkunde 1906. — [40] O. BJØRLIKKE, Jaederens Geologie; Kristiania 1908. — [41] E. PHILIPPI, Über einige paläoklimatische Probleme; Neues Jahrbuch für Mineralogie usw. Beilageband XXIX, 1910. — [42] L. DE MARCHI, Le cause dell' Era glaciale; Pavia 1895. — [43] SVANTE ARRHENIUS, On the Influence of Carbonic Acid in the Air upon the Temperature of the Ground; Philosophical Magazine 1896, Bd. XLI. Die vermutliche Ursache der Klimaschwankungen; Meddellanden from K. Vetenskapsakademiens Nobelinstitut, Bd. I, 1906. Die physikalischen Grundlagen der Kohlensäuretheorie der Klimaveränderungen; Zentralblatt für Mineralogie usw., 1909. — [44] P. und F. SARASIN, Über die mutmaßliche Ursache der Eiszeit; Verhandlungen der Naturforschenden Gesellschaft in Basel, Bd. VIII, 1901. — [45] J. F. HOFFMANN, Grundlagen einer Theorie der Eiszeiten; Beiträge zur Geophysik, 1908, Bd. IX. — [46] F. FRECH, Studien über das Klima der geologischen Vergangenheit; Zeitschrift der Gesellschaft für Erdkunde, Berlin 1902. Die wichtigsten Ergebnisse der Erdgeschichte; Geographische Zeitschrift 1905. Über das Klima der geologischen Perioden; Neues Jahrbuch für Mineralogie usw. 1908, Bd. II. — [47] TH. C. CHAMBERLIN u. R. D. SALISBURY, Geology; New York 1907, Bd. II u. III. — [48] N. EKHOLM, On the variations of the Climates of the Geological and Historical Past, and their Causes; Quarterly Journal of the R. Meteorological Society, Bd. XXVII. 1901. — [49] J. CROLL, Climate and Cosmology; Edinburgh 1885. — [50] L. PILGRIM, Versuch einer rechnerischen Behandlung des Eiszeitproblems; Jahreshefte des Vereins für vaterländische Naturkunde in Württemberg 1904. — [51] W. KÖPPEN und A. WEGENER, Die Klimate der geologischen Vorzeit; Berlin 1924. — [52] Zitiert in W. KÖPPEN u. A. WEGENER S. 51. — [53] W. GÖTZ, Historische Geographie; Leipzig 1904. Das Klima am Beginn der neolithischen Zeit; Verhandl. d. 16. Deutschen Geographentags, Berlin 1907. — [54] P. KROPOTKIN, The Dessiccation of Eurasia; Geographical Journal, London 1904, Bd. XXIV. — [55] H. LEITNER, Die Frage der Klimaänderung während geschichtlicher Zeit in Nordafrika; Abhandl. der Geogr. Gesellsch. in Wien, Bd. VIII, 1909. — [56] R. CHUDEAU, Sahara Soudanais; Paris 1909. — [57] ELLSWORTH HUNTINGTON, The Rivers of Chinese Turkestan and the Dessiccation of Asia: Geographical Journal, Bd. XXVIII, London 1906. M. A. STEIN, Land-Buried Ruin of Khotan; London 1903. — [58] R. PUMPELLY, W. M. DAVIS and ELLSW. HUNTINGTON, Explorations in Turkestan; Washington 1905. — [59] J. BOWMAN, Man and Climatic Change in South America; Geographical Journal, Bd. XXXIII, London 1919. — [60] L. BERG, Trocknet Zentralasien aus? Iswestijä der Kais. Russ. Geograph. Gesellsch. 1905,

Bd. XLI. Auszug in Petermanns Mitteil. 1906, Literaturbericht Nr. 491. Vgl. auch J. DE SCHOKALSKY in den Annales de géographie, 1909, Bd. XVIII, u. A. WOEIKOW, Der Aralsee; Petermanns Mitteilungen 1909. — [61] J. E. SPAFFORD, Geographical Journal 1912, Bd. XXXIX. — [62] K. REICHELT, Beiträge zur Geschichte des ältesten Weinbaues in Deutschland; Reutlingen 1886. — [63] A. WOEIKOW, Verteilung der Bevölkerung auf der Erde unter dem Einfluß der Naturverhältnisse und der menschlichen Tätigkeit; Petermanns Mitteil. 1906. Ferner KURT WEGENER, Klima und Kulturzonen; KÖPPEN-Heft der Annalen d. Hydr. u. Marit. Meteorologie, Beiheft 1926. — [64] A. PENCK, Das Hauptproblem der physischen Anthropogeographie; Sitzgsber. d. Preuß. Akad. d. Wiss., XXII 1924. A. HAUSHOFER, Bemerkungen zum Problem der Bevölkerungsdichte auf der Erde; Zeitschr. f. Geopolitik 1926.

Dritter Abschnitt.

Das Wasser.

A. Das Meer[1].

Von

Gerhard Schott.

Morphologie des Meeres.

Mit der Luft teilt das Wasser die Eigenschaften der Beweglichkeit seiner Teilchen, aber dieser Beweglichkeit ist eine Schranke gesetzt durch die Gestaltung des Gefäßes, das das Wasser umschließt.

Gliederung des Weltmeeres. Die Verschiedenheiten in der Gestalt der Ozeane finden in ihrer mittleren und größten Küstenentfernung einen ziffernmäßigen Ausdruck. JEAN DE WINDT[2] ermittelte unter Mitberücksichtigung auch der Inselküsten folgende Werte, wobei er die Grenzen der drei Hauptozeane nach S bis zu dem Südpolarkontinent verlängerte:

	Mittlerer Küstenabstand	Größter Küstenabstand
Atlantischer Ozean	606 km	2050 km
Indischer Ozean	621 „	1700 „
Großer Ozean	765 „	2265 „
Gesamtes Weltmeer	695 „	—

Der Große Ozean weist die höchsten Werte auf, obwohl er von vielen Inselschwärmen durchsetzt ist, der Indische Ozean ist eine große Bucht mit immer weiter auseinander fliehenden Landgrenzen und hat daher, obwohl der kleinste, einen größeren mittleren Küstenabstand als der Atlantische Ozean, der eine vergleichsweise schmale talförmige Senke darstellt.

Die wagerechte Gliederung des Meeres spiegelt sich nur zum kleinsten Teil in der des Landes wieder. Wohl entspricht das Adriatische Meer der langgestreckten Gestalt Italiens und der Bengalische Busen der Dreiecksform Vorderindiens, aber zwischen der arabischen und vorderindischen Halbinsel einerseits und den sie begrenzenden Meereseinschnitten andererseits finden wir keine morphologischen Beziehungen mehr. Die dort vorhandenen großen Meeresbuchten, der

Arabische und Bengalische Meerbusen, sind lediglich unselbständige Teile des angrenzenden Ozeans, weil der Boden der genannten Golfe allmählich zur Tiefsee absinkt. Anderen Meeresbuchten kommt eine gewisse Selbständigkeit zu, z. B. der trogförmig gestalteten Baffinbai; eine unterseeische Schwelle trennt sie von dem Becken des offenen Atlantischen Ozeans. Macht sich die Trennung auch oberseeisch geltend, indem sich die Verbindungsstelle zwischen dem offenen Ozean und seinem Nebenraum zu schmaler Pforte verengt, so entsteht ein Binnenmeer. Es gibt Binnenmeere sehr verschiedenen Charakters. Bald ist die Verbindungsstelle ein einziger schmaler Kanal, wie bei dem europäischen Mittelmeer, bald ist sie durch insulare Mittelpfeiler in mehrere Eingänge geteilt, wie bei der Ostsee; bald füllen diese Meere tiefe Einstürze der Erdkruste aus, wie im Roten und Mittelländischen Meer, bald flach schüsselförmige Einsenkungen, wie in der Ostsee und Hudsonbai. Eigenartig sind die inselabgeschlossenen Meere in dem Bereich zertrümmerter Faltenzüge. Sie sind eine charakteristische Eigentümlichkeit der pazifischen Welt, die sie am West- und Nordrand umsäumen: das Bering-, Ochotskische und Japanische Meer, die Ostchinesische See und das Australasiatische Mittelmeer bilden eine ununterbrochene Übergangszone zwischen dem größten Festland und dem größten Meer. Der Atlantische und der Indische Ozean haben nur je ein Glied dieser Art: das Amerikanische Mittelmeer und das Andamanische Meer, beide von »pazifischem« Bau.

Der verschieden starke Abschluß vom offenen Ozean wird sich als wichtig für die senkrechte Temperaturverteilung erweisen. Diese Nebenmeere besitzen somit eine gewisse Selbständigkeit, und zwar die Binnenmeere in noch höherem Grad als die inselabgeschlossenen, weil jene von den großen Meeresströmungen nicht berührt werden. Sie gleichen geschlossenen Häusern mit einem einzigen Tor, während die Meere, die durch Inselketten vom Ozean geschieden werden, offenen Säulenhallen ähnlich sind, durch deren Eingänge die Meeresströme ziemlich ungehindert ein- und ausfließen können, sofern nicht die Tiefenverhältnisse Hindernisse bereiten. Die Nordsee zählen wir nicht zu den Binnenmeeren; sie ist in Wirklichkeit ein offener Meerbusen, durchaus abhängig von den Vorgängen des Atlantischen Ozeans am breiten Nordausgang, der Typus eines Randmeeres.

Die Nebenmeere haben, so sehr sie auch räumlich hinter dem Ozean zurücktreten — sie machen nur 7,2 % des Weltmeeres aus — und nur als geringfügige Anhängsel desselben erscheinen, die ursprüngliche menschliche Entwicklung in viel höherem Maße beeinflußt. Gerade ihre verhältnismäßig kleinen Dimensionen befähigten sie dazu, die völkerverbindende Kraft des Meeres früher zur Geltung zu bringen als die ungeheure Wasserwüste des offenen Ozeans. Je gegliederter diese Nebenmeere sind, um so besser konnten sie ihre Kulturaufgabe er-

Ozeane und Nebenmeere nach Kossinna[3]	Fläche in 1000 qkm	Mittlere Tiefe m	Größte bekannte Tiefe m
Atlantischer Ozean*	96 531.6	3530*	8526
Kanal und Irische See	178.5	58	263
Nordsee	575.3	94	665***
Ostsee	422.3	55	463
Europäisches Mittelmeer	2 965.9	1429	4404
Hudsonbai	1 232.3	128	229
St. Lorenz-Golf	237.8	127	549
Amerikanisches Mittelmeer	4 319.5	2216	6269
Indischer Ozean	73 442.7	3963	7450
Rotes Meer	437.9	491	2359
Persischer Golf	238.8	25	84
Andamanisches Meer	797.6	870	4177
Großer Ozean**	165 321.0	4279	10800
Australasiatisches Meer	8 143.1	1212	6504
Ostchinesisches Meer	1 249.2	188	2377
Japanisches Meer	1 007.7	1350	3712
Ochotskisches Meer	1 527.6	838	3374
Beringsmeer	2 268.2	1437	4273
Golf von Kalifornien	162.2	813	2274
Offene Ozeane	335 295.3	3994*	
Nebenmeere	25 763.9	1209	
Gesamtes Weltmeer	361 059.2	3795	

füllen. In dieser Beziehung wird das europäische oder das Mittelmeer schlechtweg von keinem übertroffen.

Unterseeische Bodenformen. Der ozeanographische Zweig der physischen Erdkunde war noch vor 50—60 Jahren ein seltsames Gemisch von wahren und falschen Vorstellungen, guten Beobachtungen und willkürlichen Annahmen; erst die wissenschaftlichen, mit zuverlässigen Apparaten ausgerüsteten Seeexpeditionen, die seit den sechziger Jahren begannen, und unter denen die des britischen Kriegsschiffes »Challenger« (1872—76)[4] hervorragt, haben eine wissenschaftliche Meereskunde begründet. Ihnen sowie den zahlreichen Kabellegungen verdanken wir zunächst eine richtigere Vorstellung von der Tiefe und Beschaffenheit des Meeresbodens. Alle Tiefenmessungen bis 1923 sind durch zeitraubende Drahtlotungen beschafft, indem an dünnem Stahldraht ein ablösbares Gewicht versenkt wird. Jetzt darf

* Einschließl. Baffinsmeer und Nordpolarbecken. Ohne sie würde die mittlere Tiefe des Atlant. Ozeans 3926 m und die der offenen Ozeane 4117 m betragen.

** Einschließl. Tasman-See (Baß-Straße).

*** Im Skagerak. Eine ältere Messung mit 809 m ist zweifelhaft.

man hoffen, durch die akustische Methode des Echolotes, die z. B. das deutsche Vermessungsschiff »Meteor« 1925—1927 mit großem Erfolge benutzte, in Bälde leidlich genaue Tiefenkarten zu erhalten. Zurzeit lassen selbst unsere besten Isobathenkarten 5 mehr vom Relief ahnen, als sie wirklich darstellen. Die bisherigen Lotungen sind nicht bloß verhältnismäßig spärlich, sondern auch sehr ungleichmäßig verteilt; sie drängen sich dichter in der Nähe der Küsten, wo das praktische Bedürfnis der Seefahrer schon früh zu Tiefenuntersuchungen geführt hat.

Der Meeresboden ist offenbar im großen und ganzen, besonders in den Kleinformen, ebener als die Oberfläche des Festlandes. Daran ändern auch nichts die jetzigen durch Echolotungen erhaltenen genaueren Profile (Fig. 52); sie sind oft gewaltig übertieft und erwecken leicht falsche Vorstellung. Freilich, wo Land untergetaucht ist, erinnert das marine Bodenrelief an die Mannigfaltig-

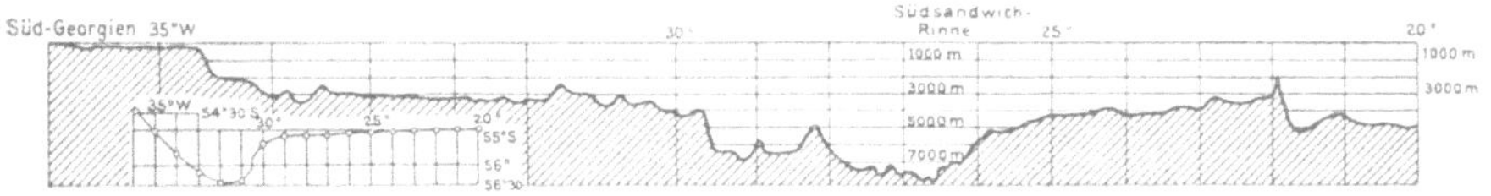

Fig. 52. Schnitt durch den Meeresboden auf rund 55—56° s. Br. von 35—20° w. L. (s. Einsatzkarte). Übertiefung 15 fach. »Meteor«-Echolotungen.

keit unserer Gebirgslandschaften *. Die Einförmigkeit des Meeresbodens ist leicht verständlich; zwar sind auch dort die unterirdischen Kräfte tätig und schaffen großräumige und vielfache Erhebungen und Vertiefungen, aber jene anderen Faktoren, die die Details der oberseeischen Bodenformen herausmodellieren, die Verwitterung und die Erosion, fehlen ihm ganz oder wirken doch in anderer Weise. Die Verwitterung fehlt, denn der Meeresboden ist gänzlich vor dem Einfluß der Atmosphärilien geschützt; und die Erosion durch fließendes Wasser dürfte nur an ganz eng begrenzten Stellen wirksam werden, z. B. in Meeresstraßen, wo die Strömung den Boden von Sedimenten freifegt. Gelegentlich entstehen auch durch die wirbelnde Bewegung des Wassers an orographischen Hindernissen Kolke **. Von einer anderen Art von Veränderungen haben wir erst durch die Beschädigungen der Kabel Kenntnis erhalten, nämlich von Rutschungen, denen alle steileren unterseeischen Böschungen ausgesetzt sind, und die zum Teil auf Seebeben,

* Vgl. das Kärtchen des Nordrandes des Biscayagolfs in KRÜMMELS Ozeanographie, Bd. I, S. 100, den ersten Versuch in Schraffenmanier. Zu beachten ist stets die Weitmaschigkeit des Lotungsnetzes im offenen Ozean und daher vor allzu gewagten Konstruktionen, wie denen von ED. HULL (Monograph on the Sub-Oceanic Physiography of the North Atlantic Ocean, London 1912), zu warnen.

** Einen solchen, durch Gezeitenströme erzeugten Kolk in Porto di Malamocco in der Lagune von Venedig beschrieb O. MARINELLI. Die Tiefe beträgt 50 m und die mittlere Böschung 13° 50', doch kommen auch Abstürze bis 45° vor.

zum Teil auf tektonische Vorgänge zurückgeführt werden. Aus MILNES[6] Zusammenstellung geht hervor, daß innerhalb von 20 Jahren an 38 Kabellinien 245 Brüche verzeichnet wurden. Aber diese Veränderungen verringern den Böschungswinkel und tragen somit zum Ausgleich der Tiefenunterschiede bei. Den gleichen Erfolg haben die Ablagerungen der Flüsse, der Eisberge, der staubführenden Winde, der unterseeischen Vulkanausbrüche und besonders der Überreste der Meeresorganismen — mit einem Wort: der Meeresboden ist ein Reich der Aufschüttung, nicht der Zerstörung.

An das Festland schließt sich zunächst der Strand an, jener amphibische Gürtel, der bei Hochwasser Meeresboden und bei Niederwasser Land ist. RATZEL schätzte die Länge aller Küsten einschließlich der engen Talbuchten (Fjorde und Rias) auf 2 Mill. km; nimmt man mit MURRAY als mittlere Strandbreite 0,8 km an, so bedeckt der Strand eine Fläche von 1,6 Mill. qkm oder etwa 0,4 % der Meeresfläche in ihrer weitesten Ausdehnung. Dann folgt der Schelf oder die Flachsee bis etwa 200 m Tiefe, endlich die Tiefsee jenseits der Isobathe von 200 m. Diese Tiefenlinie (entsprechend der 100 Fadenlinie) ist in dreifacher Beziehung wichtig: als Grenze der Kontinentaltafel (vgl. S. 273), der erosiven Wirkungen des bewegten Seewassers und des Eindringens des Lichtes (S. 293), wodurch in der Flachsee ganz andere Lebensbedingungen für Pflanzen und Tiere geschaffen werden, als sie in der Tiefe vorhanden sind.

Soweit sich vom Strand aus die Küste in etwa demselben Böschungswinkel wie das angrenzende Land senkt, soweit rechnen wir den Schelf[7]. Seine Breite ist sehr verschieden, seine Grenze fällt nur in der Regel ungefähr mit der 200 m-Linie zusammen, sie liegt manchmal erheblich tiefer. Dann folgt in mehr oder minder scharfer Weise ein Gefällsknick. Westlich der Westküste Irlands unter 55° n. Br. finden wir den Rand der Flachseeplatte, auf der die Britischen Inseln ruhen, erst in 102 km Entfernung, was einem Abfallswinkel von kaum 0,7° entspricht; zwischen 200 und 500 m Tiefe steigert er sich aber auf 1° 43′ und zwischen 1000 und 2000 m Tiefe sogar auf 5° 43′ —, erreicht also die Gefällswerte im deutschen Mittelgebirge (NO-Abdachung des Thüringer Waldes 5° 37′). Weiter im S, im Umkreis des Golfs von Biscaya, ist der Abfall noch steiler, durchschnittlich 13—14°, bei Kap Torinaná (43° 4′ n. Br.) sogar 36°, also eine echt alpine Böschung[8]. Auch die von den Kontinenten durch Bruch abgetrennten Inseln senken sich rasch in das Meer[9].

Sofern der Schelf eine untergetauchte Küstenebene ist, bildet er einen integrierenden Bestandteil des Festlandes, und seine ununterbrochene Erstreckung über weite Küstengebiete und das Vorkommen benachbarter abgetrennter Schelfstücke, die jetzt Bänke bilden, sprechen deutlich für seine kontinentale Zugehörigkeit. Ausnahmsweise kann er aber auch durch Anhäufung von Sedimenten zustande gekommen

MEE

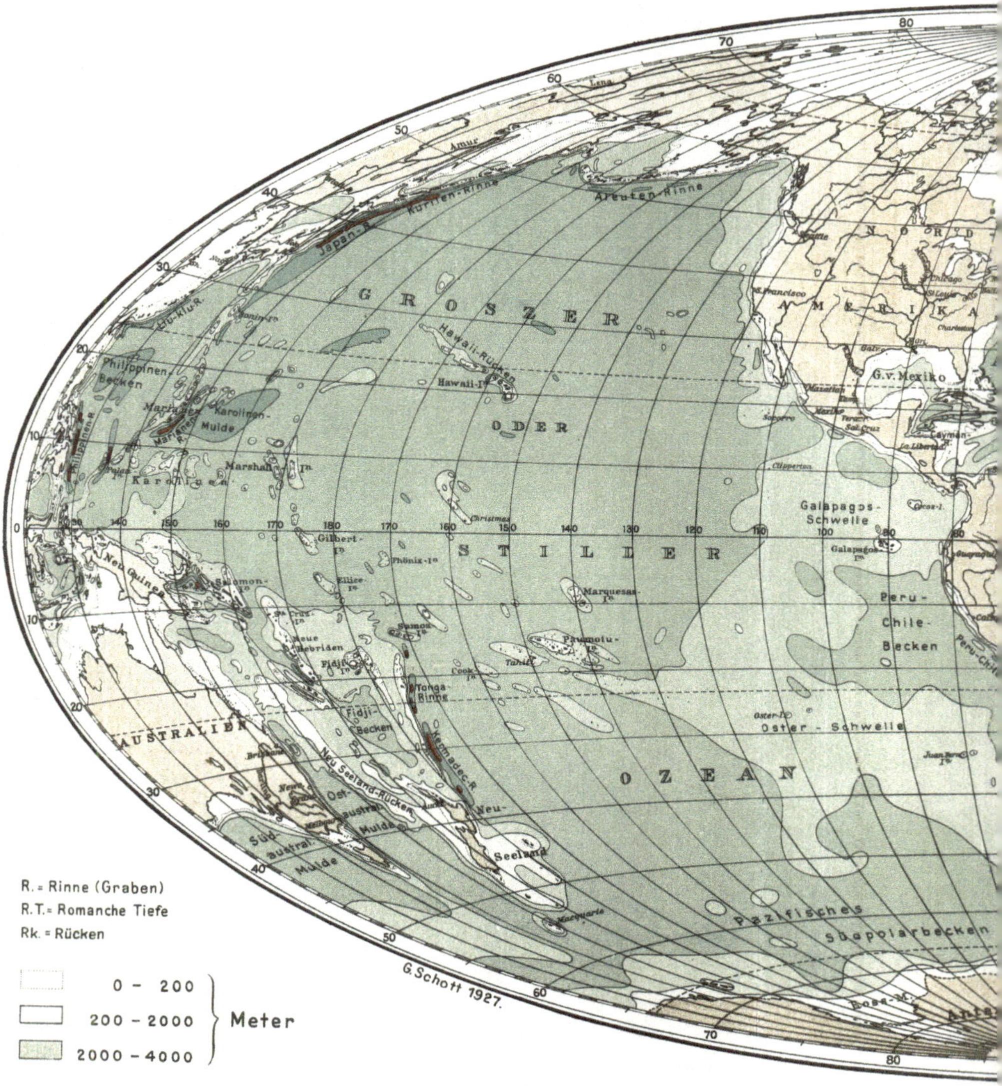

R. = Rinne (Graben)
R.T. = Romanche Tiefe
Rk. = Rücken

0 - 200
200 - 2000 Meter
2000 - 4000

Mittelpunk

Druck von Georg Westermann, Braunschweig

E N

TAFEL IV

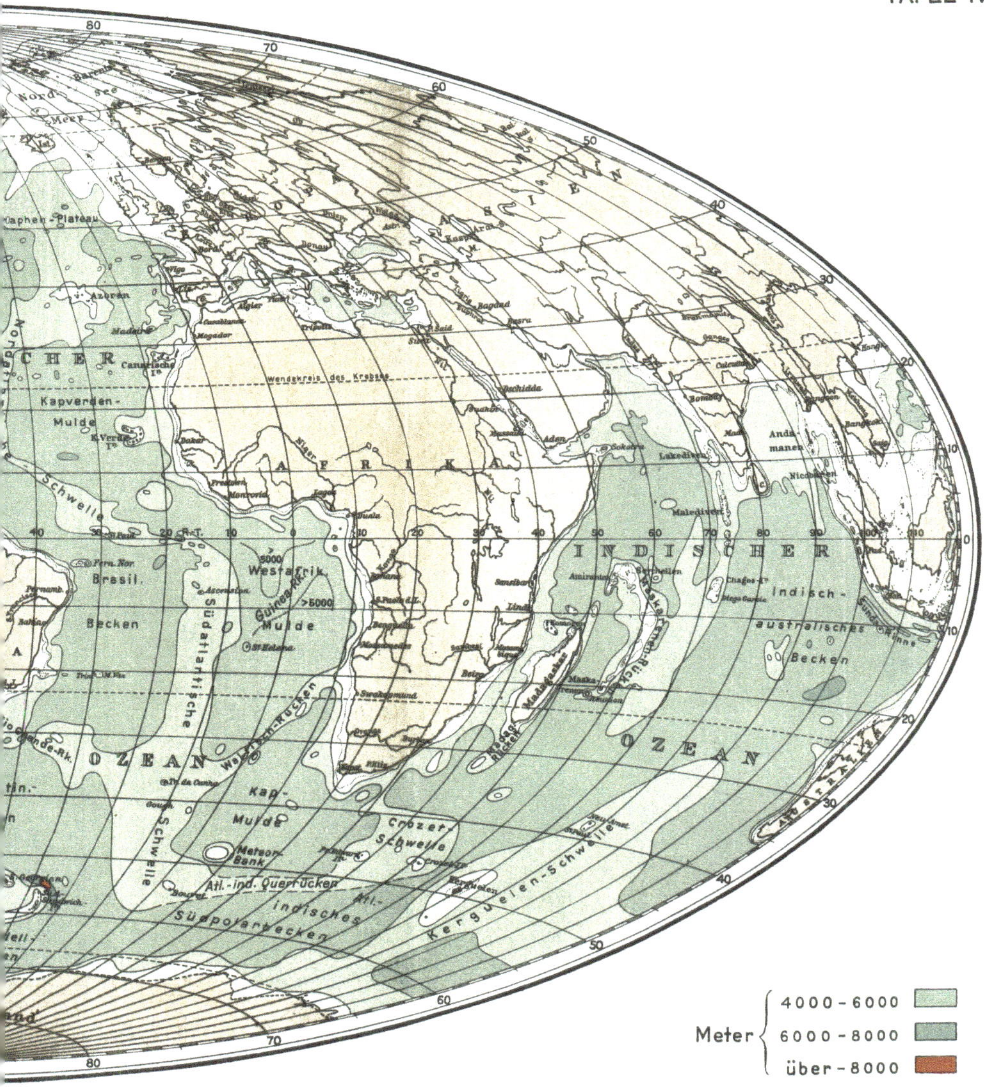

Meter { 4000 - 6000, 6000 - 8000, über - 8000

0 000

Verlag von Walter de Gruyter & Co., Berlin

sein. Eisberge können grobe Gesteinsmassen weithin verfrachten, und in der Glazialzeit mag sich dieser Prozeß im großen Maßstab abgespielt haben. Der Schelf nimmt nach Kossinna 27,5 Mill. qkm = 7,6 % der Gesamtmeeresfläche ein.

Dort, wo sich der Gefällswinkel dauernd auf wenige Bogenminuten ermäßigt, hört die Kontinentalböschung auf und beginnt der Flachboden der Tiefsee. Über die hier auftretenden Formen[10] wird uns ein Durchschnitt durch den Atlantischen Ozean unter 30° n. Br. belehren (Fig. 53). Sowohl im westlichen wie im östlichen Muldenboden bewegen sich die Tiefen bei 5200 bis 6000 m, auf der Schwelle zwischen 3000 und 3400. Trotz Tiefenunterschieden von nahezu 3000 m gewinnt man den Eindruck eines Flachbodens, und selbst die 30 fache Überhöhung unseres Profils kann ihn nicht verwischen. Die mittlere Böschung * vom Muldenboden zur Schwellenhöhe berechnet sich bei 1650—2000 km Entfernung zu 0° 6'; dies Gefälle gleicht dem unserer Ebenen. So senkt sich beispielsweise die Poebene vom Alpenrand nach der mittleren Flußrinne unter 0° 8', und die norddeutsche Tiefebene zwischen dem Wiehengebirge und der Hadelnküste unter kaum 0° 1'. Eine so völlige Horizontalität mögen wohl auch die Muldenböden selbst besitzen, von denen jeder so breit ist wie Mitteleuropa von Genua bis Schleswig.

In der Folge wollen wir den Ausdruck Mulde für alle flachen, langgestreckten Einsenkungen beibehalten; sind die beiden Horizontaldimensionen annähernd gleich, so werden wir von Becken sprechen. Die ganz flachen Erhebungen des Meeresbodens nennen wir Schwel-

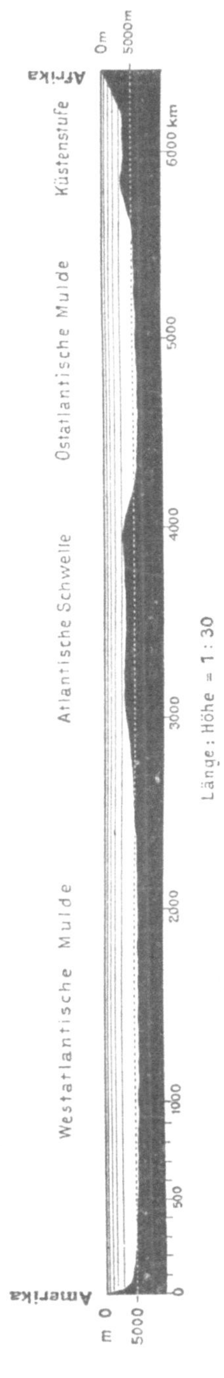

Fig. 53. Profil durch den Nordatlantischen Ozean auf 30° n. Br.

* Die Böschung bezieht sich auf eine gerade Fläche, die mit dem ebenfalls als gerade Fläche gedachten Meeresspiegel parallel ist. Die Erdkrümmung ist dabei vernachlässigt, wie in Fig. 53. In Wirklichkeit sind aber die flachen Mulden des Meeresbodens nicht nach oben konkav, sondern konvex, und Schwellen und Mulden sind nicht Erhebungen und Vertiefungen, sondern unterscheiden sich voneinander nur durch den Grad der Konvexität (vgl. dazu A. v. Böhm, Kritischer Böschungswinkel und kritische Tiefe, in den Mitteilungen der Wiener Geographischen Gesellschaft, 1911).

len und die etwas steileren Rücken, wenn sie eine ausgesprochene lineare Erstreckung besitzen, sonst Plateaus. Dabei beschränken wir ausdrücklich diese Nomenklatur nicht auf bestimmte Tiefenstufen; es kommt vielmehr, gerade so wie in der Orographie der festen Erdoberfläche, lediglich auf die Bodenform an, einerlei, in welcher Tiefe sie auftritt.

Innerhalb der Flachformen, die in der Hauptsache den Meeresboden charakterisieren, treten vereinzelte Steilformen auf, Erhebungen sowohl wie Vertiefungen. Die ersteren sind vulkanische Aufschüttungen oder Bauten von Meeresorganismen oder beides zusammen. Die Kuppen haben Tiefen von mehr als 200 m, verbergen sich also noch ganz unter dem Wasser; als Beispiel mögen die felsigen Faradayhügel (49,7° n. Br., 29,2° w. L.) genannt sein, die 1143 m unter dem Meeresniveau liegen und steile Böschungen von 15—35° besitzen. Die Bänke nähern sich schon in bedrohlicher Weise dem Meeresspiegel zwischen 200 und 20—15 m; auch sie sind zum Teil sehr steil. So erhebt sich z. B. die Alexabank in

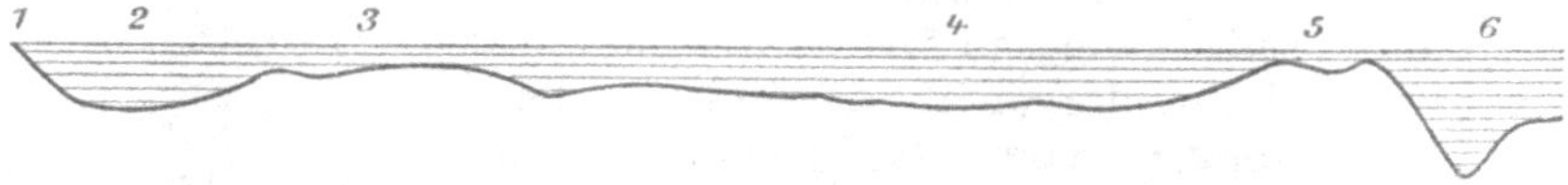

Fig. 54. Durchschnitt durch das Ostaustralische Randmeer in 30° S. Längenmaßstab 1 : 30000000, Höhenmaßstab 1 : 1000000. 1. Australien. 2. Ostaustralische Bucht. 3. Neukaledonischer Rücken. 4. Fidschibecken. 5. Tongarücken. 6. Kermadecgraben.

der Südsee (11,7° s. Br., 175,5° ö. L.) unter einem Winkel von 51° aus dem 4000 m tiefen Becken bis zu 24 m Tiefe. Erhebungen von höchstens 15 m Tiefe, die daher der Schiffahrt gefährlich sind, heißen Riffe oder Gründe. Sie bilden den Übergang zu den vulkanischen und korallinischen Inseln, die in der Regel sehr steil abfallen. Von den Hohlformen nennen wir die Kessel, mehr oder weniger steile Einstürze von verhältnismäßig geringer Ausdehnung, wie der Monacokessel auf dem Azorenplateau, und die Gräben, lange, schmale Einsenkungen mit hohem Innen- und tieferm Außenrand (s. Fig. 54), denen alle bisher gemessenen Maximaltiefen der Ozeane mit über 7000 m angehören. Neigungswinkel bis zu 7° sind hier schon nachgewiesen. Soweit wir bisher sehen, sind die Gräben an Faltengebirgsküsten gebunden; ob sie selbst zu den Bruch- oder zu den Faltenbildungen gehören, muß vorläufig noch dahingestellt bleiben*.

Vertikalgliederung des Weltmeeres. (Tafel IV.) Jeder der drei Ozeane hat auch in seiner Vertikalgliederung Eigentümlichkeiten. Soweit der Indische Ozean von Festländern umschlossen ist, ist er einseitig

* Der Ausdruck »Graben« ist nur morphologisch zu verstehen. Gräben in genetisch-tektonischem Sinne sind diese Gebilde wohl nicht; eine allgemeine Bezeichnung wie z. B. Rinnen oder Saumtiefen wäre vorzuziehen. Vgl. H. Stille, Nachr. K. Ges. d. Wiss. Göttingen 1919, S. 337.

gebaut. Der Boden senkt sich gegen Ost und erreicht seine größte Tiefe (7000 m * in 10° 1'½ s. Br., 108° 5' ö. L.) in einem merkwürdigen Doppelgraben, zu dem der Sunda-Inselbogen mit der sich im Norden daran anschließenden weitgehenden Flachsee schroff abstürzt. Schließt man jenen Teil des zirkumterranen Ozeans, der im S des Indischen Ozeans liegt, in die Betrachtung ein, so ergibt sich eine Zweiteilung. In der Westhälfte zwischen Afrika, Vorderindien und Kerguelen liegen die größten Tiefen am Rand der Antarktis, und der Boden steigt gegen N an, mehrfach unterbrochen durch Schwellen und Rücken, über die sich Inseln (Chagos I., Seychellen usf.) erheben. Dagegen ist in der inselleeren Osthälfte im großen und ganzen eine Tiefenzunahme in nördlicher Richtung bemerkbar.

Im Großen Ozean lassen die allerdings noch recht ungleichmäßig verteilten Lotungen eine Dreiteilung erkennen. Im südhemisphärischen Teil senkt sich der Boden von der Antarktis nach Norden, aber nicht gleichmäßig. Durch die gegen die Galapagosinseln sich hinziehende Osterschwelle erhält er einen flachgewölbten Bau mit kurzer Abdachung nach O und langer nach W, und bricht an beiden Seiten längs der südamerikanischen Küste und des inselgekrönten Tongarückens mit steilen Gräben ab. Nördlich vom Äquator sind zwar an der Küste von Mexiko und Niederkalifornien auch Gräben, jedoch beträchtlich seichtere als im Süden zu erkennen. Aus dem 4—5000 m tiefen zentralen pazifischen Becken, diesem ausgedehntesten Flachboden der Erde, erheben sich vereinzelte Rücken und Plateaus, die die zahlreichen Eilande Polynesiens tragen. Sie bilden eine charakteristische Eigentümlichkeit des Großen Ozeans, ebenso wie die ihn umkränzenden Gräben.

Auf der amerikanischen Seite findet sich eine ausgesprochene Grabenbildung — der Atacamagraben (tiefste bekannte Stelle 7635 m) — nur dort, wo die Kordillere einen großen Bogen beschreibt; der dann folgende Mexikanische (5428 m) und noch mehr der Niederkalifornische Graben (4866 m) sind nur undeutlich entwickelt. Anders auf der asiatischen Seite. Wir können hier eine äußere und eine innere Grabenreihe unterscheiden. Die äußere Reihe beginnt im N mit dem Alëutengraben (7383 m), dann folgen der Japanische (8513 m), der Marianen- (9636 m), der Yap- (7538 m) und der Palaugraben (8138 m). Den Abschluß der äußeren Reihe bilden nach einer langen Unterbrechung der Tonga- (9184 m) und der Kermadecgraben (9427 m). Diese äußere Grabenreihe trennt die Zone der ostpazifischen Randmeere von dem zentralen pazifischen Becken. — Die innere Grabenreihe besteht aus dem Liukiugraben (7481 m), dem Philippinengraben, in dem das deutsche Vermessungsschiff »Planet« 1912 die damals größte bekannte Tiefe des Weltmeeres, 9788 m, mit Draht

* Neuere, etwas primitive Echolotungen ergaben in dieser Grabenregion sogar bis 7450 m in 10° 21' s. Br., 110° 7' ö. L.

lotete und in dem der deutsche Kreuzer »Emden« 1927 mit einem Echolot sogar rund 10800 m (bei mittlerer Schallgeschwindigkeit von 1545 m/Sek.) lotete: zur Zeit die größte bekannte Tiefe. Dazu kommt der Kei- (6504 m) und der Bougainvillegraben (9140 m), der sich in der Fortsetzung des Hüongolfs bogenförmig bis zur Bougainville-Insel hinzieht, und endlich der Neuhebridengraben (7570 m). Es ist eine bemerkenswerte Tatsache, daß sich die drei letztgenannten Gräben an der Innenseite der Bögen befinden, geradeso wie der Atacamagraben. Suess' Auffassung der Gräben als Vorstufen der Faltungsbögen wird dadurch hinfällig. — Im ostaustralischen Randmeer zwischen dem Tonga-, Neuhebriden-, Queensland- und Neukaledonischen Rücken ist das Relief sehr mannigfaltig, denn nicht weniger als drei Becken unterbrechen die Bodenanschwellungen, die die Inseln miteinander verbinden. Seine höchste Ausbildung erreicht aber dieser Typus des unterseeischen Reliefs im Austral-asiatischen Mittelmeer zwischen Formosa, Borneo und Neuguinea. Die Zahl der Becken steigert sich hier auf wenigstens zehn; es sind kesselförmige Einsenkungen, fast durchweg von mehr als 4000 m Tiefe, während die trennenden Rücken nur 700 bis 1800 m tief sind.

Der Atlantische Ozean[11] sondert sich schon im Grundriß durch seine Talform von dem übrigen Weltmeer ab; im innigsten Zusammenhang damit steht auch seine Bodengestaltung (vgl. Taf. IV). Genau in der Mitte, also ebenfalls S-förmig gekrümmt, durchzieht ihn die Atlantische Schwelle, die die meisten vulkanischen Inselbildungen trägt, von der Bouvetinsel im S bis Island im N. Unter dem Äquator verengt sie sich beträchtlich; das Romanchetief (0° 11' s. Br., 18° 15' w. L., 7370 m), läßt darauf schließen, daß hier auf kurze Entfernungen beträchtliche Tiefenunterschiede vorkommen. Sonst ist die Schwelle nur eine flache Wölbung, die beiderseits in breite Mulden übergeht. Die westatlantische Mulde scheint durch größere Tiefen ausgezeichnet zu sein; die größte bekannte Tiefe (8526 m) ist auch hier an eine Grabensenkung im N von Portorico gebunden, ganz entsprechend finden sich am Außenrande des »Südantillen«-Bogens im Norden von den Südsandwich-Inseln Grabentiefen von über 8000 m. Im S finden beide Mulden Unterbrechungen an mehreren von der Schwelle ausgehenden Querrücken, die für die Temperatur- und Salzgehaltsverteilung von größter Bedeutung sind. In der Westhälfte ist nur ein noch dazu unterbrochener Querrücken, der Rio Grande-R. vorhanden; jenseits setzt sich die Muldenform im W im Argentinischen Becken fort, da sich die Hypothese Schotts, daß dies Becken mit dem Atlantisch-indischen Südpolarbecken in ununterbrochener Verbindung steht, nach den Arbeiten des »Meteor« bestätigt hat. Die vom »Südantillen«-Bogen nach Westen zu umschlossenen Meeresteile sind ozeanographisch ein Teil des hereingreifenden Stillen Ozeans. Dagegen enthält die Osthälfte drei Querrücken: den atlantisch-indischen R. auf etwa 55—52° s. Br., ferner den Walfisch-

Rücken und einen nur schwach erkennbaren von Fernando Po nach St. Helena hin, den Guinea-Rücken. Hierdurch wird die Osthälfte stark unterteilt. Unsere Textfigur 55 gibt das neueste Reliefbild des südatlantischen Meeres nach den Echolotungen des »Meteor«. Im N (s.

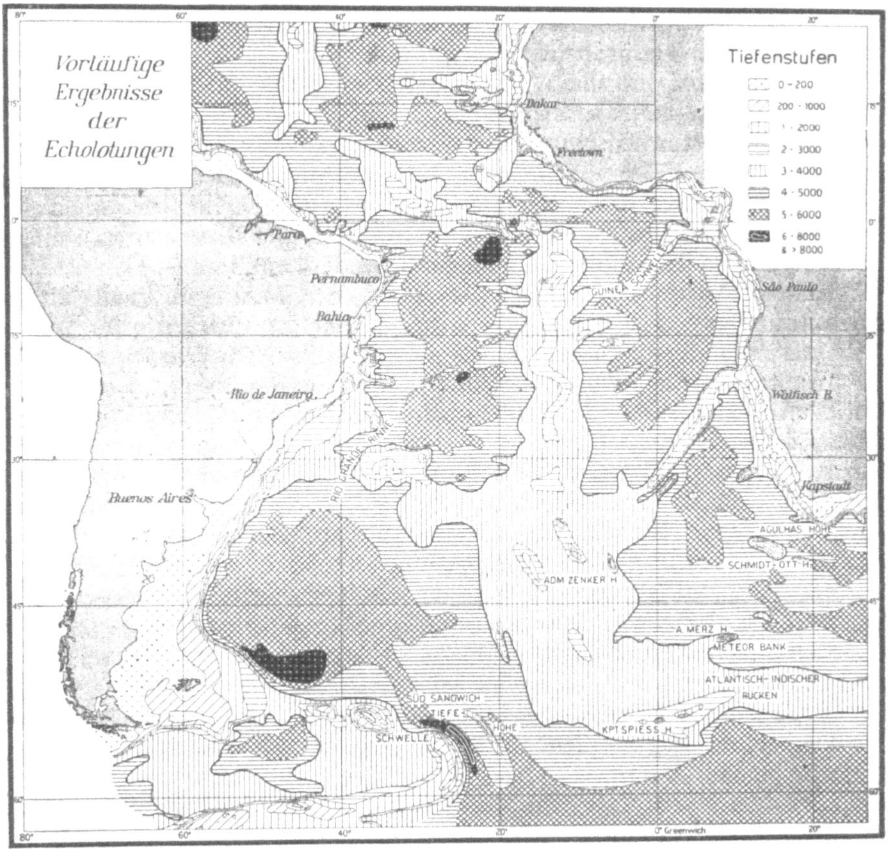

Fig. 55. Tiefenkarte des Atlantischen Ozeans südlich von 20° n. Br. nach den Echolotungen des »Meteor«.[21]

Taf. IV) ist ein deutlich markierter Abschluß vorhanden, indem der Isländische Rücken mit weniger als 600 m Tiefe die Kontinentaltafel der Britischen Inseln mit Grönland verbindet. Aber jenseits dieses Querriegels erscheint wieder die atlantische Furche in den beiden Nordmeerbecken, im Nordmeer südwestlich von Spitzbergen, das nach Nansen unter 81° n. Br. durch einen unterseeischen Rücken abgesperrt wird, und in der arktischen Mulde, die sich wahrscheinlich weit in das Eismeer hinein fortsetzt, denn fast die ganze Trift der norwegischen »Fram«-Expedition bewegte sich über Tiefen von 3000—3900 m.

Auch der Nordpol liegt in dieser Mulde; PEARY hat in seiner Nähe eine Tiefe von 2740 m gelotet. Das nördliche Eismeer ist also morphologisch ein integrierender Bestandteil des Atlantischen Ozeans, und diese ganze atlantisch-arktische Tiefenfurche ist die wahre Grenze zwischen der Alten und Neuen Welt, während im Beringmeer eine Flachsee beide Landfesten verbindet. Die größte Tiefe der Beringstraße beträgt nur 52 m.

Von den atlantischen Nebenmeeren sind die beiden nördlichen, die Ostsee und die Hudsonbai, flach, und es ist wohl möglich, daß sie durch den Moränenschutt der eiszeitlichen Gletscher und Eisberge aufgefüllt wurden. Die tiefe norwegische Rinne in der flachen Nordsee, d. h. das Skagerak, kann man mit F. NANSEN als einen riesenhaften Fjord aufffassen, mit H. STILLE als Saumtiefe gleich den abyssischen Gräben. Die beiden südlichen Nebenmeere, das amerikanische und das europäische Mittelmeer, gleichen sich in der Mannigfaltigkeit ihrer horizontalen und vertikalen Gliederung. Das amerikanische * besteht aus vier Hauptgliedern. Das Karibische Becken umschließt ein Inselkranz: die Kleinen Antillen, die Jungferninseln, Haiti, Jamaika und eine Reihe von Bänken, die zum Landvorsprung von Honduras hinüberleiten. Eine zweite Bodenanschwellung geht von der Sierra Maestra auf Kuba aus, ihre Fortsetzung bilden die Caymaninseln und einige Bänke, und zwischen diesem Cayman- und dem südlichen Jamaikarücken stürzt der Meeresboden zu dem bis 6269 m tiefen Caymangraben ab, in dessen Verlängerung jenseits des Windwärtskanals die tiefe Rinne im N von Haiti und der schon erwähnte Portoricograben liegen. Eine abermalige Abschnürung findet zwischen den Vorgebirgen S. Antonio (Kuba) und Catoche (Yukatan) statt, sie trennt das südliche Yukatanbecken von dem viel seichteren Mexikanischen Golf. Dieser Gegensatz ist sehr lehrreich: im Bereich der Faltenbildungen nur Tiefbecken und ein Graben, im Bereich des Flachlandes die mexikanische flache Wanne.

Bei dem europäischen Mittelmeer ist das Eingangstor zwischen den Kaps Trafalgar und Spartel meist weniger als 200 m tief, nur einige Durchfahrten reichen bis 400 m hinab. Das Mittelmeer selbst gliedert sich in drei Becken von mehr als 2000 m Tiefe; das westliche erreicht eine Maximaltiefe von 3149 m, das Tyrrhenische eine solche von 3731 m, die orientalische Mulde eine solche von 4400 m. Korsika mit Sardinien und Italien mit Sizilien bilden die Scheidewände. Das zur Hälfte flache Adriatische Meer (Maximaltiefe [12] wahrscheinlich unter 1300 m) ist ein echtes Binnenmeer; das Ägäische Meer hat mehrere tiefe Kessel wie die in Westindien. Dagegen entspricht das meist von Flachland umrandete Schwarze Meer mit seiner vergleichsweise flachen Wannenform dem ähnlich gebauten Mexikanischen Golf.

* Hierzu vgl. die immer noch brauchbare schöne Tiefenkarte in Berghaus' Physikalischem Atlas.

Bedeckung des Meeresbodens[13]. Nur an wenigen Stellen berührt das Lot Felsboden, meist ist der Grund des Meeres mit lockerem Material bedeckt. Nach Ursprung und Beschaffenheit unterscheiden wir zweierlei Bodenarten, nämlich kontinentale oder terrigene und marine oder pelagische Ablagerungen*. Das Material zu den ersteren liefert teils die von den Meereswogen beständig benagte Küste, teils das Innere des Landes, dessen Zerstörungsprodukte von den Flüssen dem Meer zugeführt werden. Dabei ist von Bedeutung, daß im Salzwasser alle festen Bestandteile schneller zu Boden sinken als im Süßwasser, wenn auch die allerfeinsten Trübungen sich noch längere Zeit schwebend erhalten können; daher das Auftreten der für die Schiffahrt so lästigen Sandbänke oder Barren gerade vor vielen Flußmündungen und Küsten. Stets wird das Material einem natürlichen Schlemmprozeß unterworfen. Die gröberen Stücke bleiben in der nächsten Nachbarschaft der Küste, der Sand wird etwas weiter hinausgeführt, der Schlamm am weitesten. In den höheren Breiten liefern auch die Eisberge und die treibenden Küsteneismassen mit ihrem eingefrorenen Detritus namhafte Beiträge; dies Material mag z. B. mit am Aufbau der Neufundland-Bank beteiligt sein[14].

Jenseits der Küstenzone bedecken schlammiger Sand und dann sandiger Schlamm den Boden der Flachsee; die feinsten erdigen Massen oder der Schlick**, an deren Zusammensetzung sich bereits Meeresorganismen in hervorragendem Maß beteiligen, treten auch in die Tiefsee hinaus, umsäumen die submarinen Abdachungen der Festländer und Inseln und erfüllen den Boden der tieferen Nebenmeere mit Ausnahme des amerikanischen. Es ist besonders beachtenswert, daß nicht bloß im nördlichen Eismeer, sondern auch im südlichen ein sehr feiner glazial-mariner Schlick vorwiegend blauer Färbung in großer Verbreitung in den Gewässern rund um das antarktische Festland gefunden und stellenweise bis in mittlere Breiten, z. B. bis in das Argentinische Becken hinein in großen Tiefen festgestellt ist: ein Zeichen wohl der früher viel stärkeren Verbreitung des Treibeises. Große Mengen von Glaukonitkörnern, die meist Steinkerne von Foraminiferen bilden, färben den Schlick grün; die eisenoxydhaltigen Sedimente, die die großen südamerikanischen Ströme in das Meer führen, geben den Schlickablagerungen an der brasilianischen Küste eine rote Farbe. Die tonhaltigen braunen bis schwarzen Schlicke unserer Nordseewatten sind durch besonders viele organische Reste ausgezeichnet. Vulkanische Gestade liefern grauen Schlamm; Korallenriffe eine weiße kalkige Masse.

---

* Krümmel teilt, weil Übergänge zwischen den beiden nach Zusammensetzung und Tiefenlage an sich verschiedenen Bodenarten vorkommen, die kontinentalen Ablagerungen in litorale und hemipelagische und nennt die pelagischen eupelagische Ablagerungen.

** Die Engländer unterscheiden *Ooze* und *Mud*. Ersteres ist dem Schlamm, letzteres dem Schlick gleichzusetzen.

Den eigentlichen Boden der offenen Ozeane — eine Fläche, doppelt so groß wie das gesamte Land — bedecken die pelagischen Sedimente, d. h. wesentlich aus Organismenresten bestehender Schlamm, dazu der für sich stehende sog. rote Ton. Allerdings erlischt das Pflanzenleben mit dem Sonnenlicht schon in 200—250 m unter dem Meeresspiegel, aber das Tierleben kennt keine Tiefengrenzen. Pflanzenreste und Tierleichen sinken zu Boden, und ihre festen Bestandteile, meist kohlensaurer Kalk, schichten sich hier in so enormen Massen auf, daß z. B. der »Travailleur« an der tiefsten Stelle des Biscayischen Meerbusens (5100 m) in einem Kubikzentimeter Schlamm 116000 Foraminiferen und Radiolarien fand. Die mikroskopisch kleinen Lebewesen des Plankton* sind ganz überwiegend die Baumeister des organischen Tiefseeschlammes. An seiner Zusammensetzung beteiligen sich aber auch unorganische Massen verschiedener Herkunft. Diese Massen stammen zum Teil noch vom Land[15], indem feinster Flußdetritus mit Hilfe der Meeresströmungen weit in den offenen Ozean hinausgelangt, oder indem durch die Winde Staub und vulkanische Asche weit über die Ursprungsstätte hinaus verbreitet werden. Wohl nirgends spielt das Niederfallen von Wüstenstaub auf dem Meere eine größere Rolle als im Gebiet der Kapverdischen Inseln, und zwar von der Küste Afrikas nördlich des Kap Verde ab in SW—W-Ausdehnung hinaus bis zur Mitte des Ozeans, so daß über die Herkunft aus der Sahara keinerlei Zweifel besteht [16]. Einer noch größeren Verbreitung ist die feine Asche fähig, die bei vulkanischen Ausbrüchen oft in kolossalen Mengen in die Luft geschleudert wird. Man schätzt die Totalmenge der Auswurfstoffe bei dem berühmten Krakatau-Ausbruch im Jahr 1883 auf 18 Millionen cbkm; Bimssteinbröckchen werden am Meeresboden überall gelegentlich gefunden. Dazu kommen die Stoffmengen, die die vulkanischen Ausbrüche auf dem Meeresboden selbst liefern; letztere sind nach Rudolphs Untersuchungen [17] recht häufig, einerlei, ob Tiefsee oder Flachsee vorliegt. Endlich gesellt sich dazu noch etwas kosmischer Staub in der Form kleiner Kügelchen mit metallischem Kern oder kristallinischer Struktur. Das Wachstum dieser Sedimente geht äußerst langsam vor sich, jedenfalls viel langsamer als das der kontinentalen Ablagerungen.

Entscheidend und überwiegend bleiben in der Tiefsee immer die organischen Bestandteile. Ununterbrochen geht ein Regen von kleinen Kalkgehäusen zu Boden; aber je tiefer sie gelangen, desto mehr fallen sie der Auflösung durch das Seewasser anheim, weil das Seewasser nicht mit kohlensaurem Kalk gesättigt ist und auch freie Kohlensäure, die durch die Lebensprozesse im Meere entsteht, die Gehäuse angreift[18]. Daraus erklärt es sich, daß der Kalkgehalt der pelagischen Sedimente mit der Tiefe abnimmt, z. B. nach den »Challenger«-Proben so:

---

* **Plankton** d. s. nach V. Hensen alle in den oberen Schichten lebenden kleinsten Organismen, die willenlos den Bewegungen des Meeres folgen.

< 3600 m	Tiefe	60—80 %	$CaCO_3$
3600—4500 m	„	47 %	„
4500—5500 m	„	17 %	„
> 5500 m	„	0,9 %	„

Die größte Verbreitung hat der Globigerinenschlamm im Atlantischen Ozean; auch im Indischen Ozean, wo er den Westen und Norden einnimmt, herrscht er noch vor, während er im Großen Ozean der Hauptsache nach auf die polynesischen Plateaus und die Osterschwelle beschränkt ist. Seinen Namen führt er von der Foraminiferengattung Globigerina, deren Schalen weitaus überwiegen. Auf der mittleren Schwelle des südatlantischen Ozeans nimmt der Globigerinenschlamm durch die massenhafte Anhäufung von Molluskenschalen, besonders von Pteropoden und Heteropoden, einen besonderen Charakter an (Pteropodenschlamm). In den höheren antarktischen Breiten spielen die feinen Kieselpanzer der mikroskopischen Algenordnung der Diatomaceen dieselbe Rolle wie die Globigerinenschalen in den übrigen Meeren, und der Diatomeenschlamm, der übrigens auch einen großen Prozentsatz kohlensauren Kalkes enthält, scheint, soweit man jetzt beurteilen kann, ein ununterbrochenes, breites Band um das südliche Eismeer zu schlingen. Sonst hat man ihn nur noch in der Nähe der Kurilen gefunden. In allen diesen Ablagerungen bilden die anorganischen Bestandteile nur ungefähr $^1/_3$ der Proben.

Übersicht der Meeresablagerungen.*

Ablagerungen	Bestandteile in Prozenten			Tiefengrenze m	Areal Mill. qkm
	Kalkhältige Organismen	Kieselsäurehaltige Organismen	Anorgan. Ablagerungen		
Roter Ton	7	2	91	4100—7200	102,8
Radiolarienschlamm	4	54	42	4300—8200	10,4
Diatomeenschlamm	23	41	36	1100—3600	26,5
Globigerinenschlamm	64	2	34	700—5400	130,4
Pteropodenschlamm	79	3	18	700—2800	1,3
Summe d. pelag. Ablagerungen	—	—	—	—	271,4
Blauer Schlick	13	3	84	200—5100	55,7
Roter Schlick	32	1	67	200—2200	
Grüner Schlick	25	14	61	200—2300	
Vulkanischer Schlamm	20	2	78	500—5100	
Korallenschlick	86	1	13	200—3300	
Strand-Ablagerungen	—	—	—	0— 200	34,0
Summe d. kontin. Ablagerungen	—	—	—	—	89,7

* Die Analyse und die Tiefengrenzen beziehen sich nur auf die Bodenproben, die John Murray und Renard zur Prüfung vorlagen. Die Areale sind noch sehr unsicher.

Es bleibt als echtes Tiefensediment der eigentümliche, in mancher Hinsicht rätselhafte Rote Tiefseeton zu erwähnen. Er bevorzugt die ganz großen Tiefen von mehr als 5000 m. So bedeckt er im Atlantischen Ozean die tiefsten Einsenkungen der Becken; im Indischen Ozean nimmt er den tieferen Osten ein; im Pazifischen Ozean gewinnt er aber seine größte Verbreitung, im Norden und Osten herrscht er nahezu ausschließlich. Dieser schokoladenbraune Ton ist fast ganz kalkfrei; die organogenen Bestandteile erreichen selten 10 % der Masse. Er besteht zu 9/10 aus allerfeinsten Mineralkörnern, besitzt alle Eigenschaften eines echten Tones; er ist weich und plastisch, getrocknet steinhart. Seinem Hauptbestandteil nach kann man ihn als ein Tonerde-Silikat-Hydrat bezeichnen, wie es aus der chemischen Zersetzung vulkanischer Auswürflinge hervorgeht; er enthält auch Fremdkörper, wie Haifischzähne, Gehörknöchelchen u. a., so daß alles auf sehr langsame Bildungsweise hindeutet. Er ist wohl das echteste Tiefensediment, infolge der großen Tiefen durch Kalkgehäusereste nicht mehr maskiert. — An einigen der tiefsten Stellen des Indischen Ozeans und im östlichen Großen Ozean mischen sich ihm die kugeligen Kieselgerüste der Radiolarien oder Gittertierchen in solchen Mengen bei, daß man ihn als eigene Art unter dem Namen Radiolarienschlamm ausgeschieden hat.

Häufig zeigen die verschiedenen Teile der 50—90 cm langen Grundproben der pelagischen Ablagerungen eine deutliche Schichtung, indem der Kalkgehalt und auch die Zusammensetzung verschieden ist [19]; auch hat man in der küstenfernen Tiefsee Sande von zweifellos kontinentalem Ursprung mehrfach gefunden [20]. Beide Tatsachen stellen der Erklärung die größten Probleme und lassen indirekte Schlüsse auf starke Veränderungen der Meeresböden zu.

Literaturnachweise. [1] Hauptwerk O. Krümmel, Handbuch der Ozeanographie; neue Ausgabe Stuttgart 1907 und 1911. Gedrängtere Darstellungen in G. Schott, Physische Meereskunde; 3. Aufl. Berlin 1924. In beiden Werken weitere Lit.-Angaben, z. B. über die Veröffentlichungen der Marine, der Deutschen Seewarte, der Meeresexpeditionen u. a. Von fremdsprachigen sind besonders zu nennen J. Thoulet, L'Océan, ses lois et ses problèmes; Paris 1904, und Sir John Murray und J. Hjort, The Depths of the Ocean; London 1912 (enthält hauptsächlich die biologischen Ergebnisse der neuesten Forschungen im nordatlantischen Ozean). G. Schott, Geographie des Atlantischen Ozeans; 2. Aufl., Hamburg 1926, ist für Geographen wichtig. — [2] Jean de Windt, Sur les distances moyennes à la côte dans les Océans; Mémoires de l'Académie R. des sciences de Belgique, Bd. LVII, Brüssel 1898/99. — [3] E. Kossinna, Die Tiefen des Weltmeeres; Inst. f. Meereskunde, Heft 9, Berlin 1921. — [4] Das Challenger-Werk (Report on the Scientific Results of the Voyage of H. M. S. Challenger, herausgegeben von C. W. Thomson und J. Murray 1882—95) umfaßt 50 Bände, von denen 40 zoologischen Inhalt haben. — [5] A. Supan, Die Bodenformen des Weltmeeres; Petermanns Mitteilungen 1899 mit Tiefenkarte in Metermaß. Die letztere ist zwar vielfach veraltet, aber für die Nomenklatur der unterseeischen Bodenformen noch maßgebend. Die besten Tiefenkarten der Ozeane (in flächentreuer Projektion) sind noch die von M. Groll in den Veröffentl. des Instituts für Meereskunde, Heft 2, Berlin 1912; sie sind mit Nomenklatur auch als Wandkarten (Braunschweig 1915) ausgegeben. Von der durch den Fürsten von Monaco herausgegebenen Carte générale bathymétrique des Océans in 26 Blättern (1 : 10 Mill.), die alle Lotungen möglichst enthalten, ist seit 1913 eine neue Auflage in Arbeit. — [6] J. Milne, Suboceanic Changes; Geographical Journal, Bd. X, 1897. — [7] W. Kegel, Planimetr. Berechnung der Schelfflächen; Diss. Göttingen 1910. Doch vgl. Kossinna (Nr. 3), S. 37. — [8] E. Hull, On the Sub-oceanic Terraces and River Valleys of the Coast of Western Europe; London 1899. — [9] F. Dietrich, Untersuchungen über die Böschungsverhältnisse der Sockel ozeanischer Inseln; Greifswald 1892. — [10] A. Supan, Terminologie der wichtigsten unterseeischen Bodenformen; Petermanns Mitteilungen 1903. — [11] Eine neue Tiefenkarte des Atlant. Ozeans nach dem Stand von 1925 gibt G. Schott, s. oben unter [1]. — [12] E. Brückner in den Mitteilungen der Wiener Geograph. Ges. 1912, S. 5. — [13] J. Murray und A. F. Renard, Deep-Sea Deposits (Challenger Report); London 1891. J. Murray und E. Philippi, Grundproben der »Valdivia«; D. Tiefsee-Expedition, Bd. X, Jena 1908. E. Philippi, Grundproben des »Gauß«; D. Südpolar-Expedition, Bd. II., Berlin 1909. Zwei grundlegende neue Arbeiten. Dazu zusammenfassend K. Andrée, Geologie des Meeresbodens; Bd. II., Leipzig 1920. Eine detaillierte Darstellung der mannigfaltigen Bodenbedeckung des Schelfs gibt J. Thoulet, Carte lithologique sous-marine des côtes de France, in 22 Blättern; Paris 1899—1901. — [14] H. Rodman, Report on Ice and Ice Movements in the North Atlantic Ocean; Washington 1890. (Nr. 93 der Publik. des U. S. Hydrographic Office). — [15] Gümbel in Bd. II der Forschungsreise S. M. S. »Gazelle«; Berlin 1889 und 1890. — [16] Schott unter [1] (Hamburg 1926), S. 248. — [17] E. Rudolph, Über submarine Erdbeben und Eruptionen; Gerlands Beiträge zur Geophysik, Bd. I, 1887; Bd. III, 1897. — [18] Vgl. E. Philippi unter [13] (Berlin 1909) S. 607. — [19] Vgl. denselben, ebenda S. 591. — [20] Vgl. denselben, ebenda S. 599 u. Andrée ([13]), S. 419 ff. — [21] »Meteor«-Berichte; Zeitschr. Ges. f. Erdkunde, Berlin 1927.

Das Meerwasser.

Das Meeresniveau ist nicht konstant, es hebt und senkt sich unter der Anziehungskraft von Mond und Sonne (Gezeiten). Es ist auch nicht rein ellipsoidisch, weil Meer und Land nebeneinander lagern. Jedes Wasserteilchen erleidet eine doppelte Anziehung, einerseits zum Mittelpunkt der Erde,* anderseits seitlich zu den 2,6mal schwereren Landmassen hin. Aus der Differenz der astronomisch und geodätisch gemessenen Entfernungen zweier Oberflächenpunkte läßt sich diese seitliche Ablenkung des Bleilotes, das uns die Richtung der Schwerkraft anzeigt, ermitteln. Das Meeresniveau, das sich stets senkrecht zur Lotlinie stellt, wird in der Nähe des Landes in die Höhe gezogen, und zur Ausgleichung müssen entferntere Teile der Meeresoberfläche sich senken. Denken wir uns der Einfachheit wegen alle Kontinente entfernt bis auf Eurasien und das Meer durch Kanäle unter dieses Festland fortgesetzt. Im Zentrum des Kontinentes (48° n. Br., 73° ö. L.) würde das Geoïd oder der Meeresspiegel am höchsten ansteigen, aber auch an dem entgegengesetzten Punkt würde eine Niveauerhöhung eintreten, denn hier wirkt die Anziehungskraft der Festlandsmasse am wenigsten; zwischen den beiden Erhebungen liegen die Senkungen der Meeresfläche. Helmert [1] fand hierfür folgende, nur theoretisch interessierende Werte:

* Das Meer wird auch durch sein eigenes Gewicht zusammengedrückt und erleidet dadurch eine Niveauerniedrigung von durchschnittlich 33 m.

Abstand vom Festlandszentrum	Meridian (Greenwich)	Lage der deformierten Niveaufläche über (+) und unter (—) dem normalen Niveau
0°	73° ö. L.	+ 504 m
70°	143° ö. L. 3° ö. L.	— 188
180°	107° w. L.	+ 201

In Wirklichkeit liegen mehrere Festländer unregelmäßig zerstreut im Meer, und ihre Wirkungen auf das Geoïd interferieren miteinander. Die Beobachtungen, d. h. die Pendelmessungen, haben es höchstwahrscheinlich gemacht, daß die Deformationen erheblich kleiner sind als die theoretisch berechneten, nämlich ± 100 m, ein gegenüber der Erdgröße verschwindender Wert[2]. Man erklärt den Ausgleich einerseits durch Massendefekte in den Kontinenten, anderseits durch größere Dichtigkeit der ozeanischen Kruste. Welche Gestaltveränderungen auch immer der Meeresspiegel dadurch erleidet, sein Charakter als Niveaufläche wird nicht berührt. Wohl geschieht dies aber durch andere von außen her wirkende Einflüsse, und alle Störungen dieser Art müssen durch Strömungen vom höheren zum niederen Niveau wieder ausgeglichen werden. Soweit die Störungen dauernd sind, müssen sie auch dauernde Strömungen hervorrufen. Veränderungen des Luftdrucks sollen sich theoretisch mit ihrem 13fachen Betrag geltend machen; steigt z. B. das Barometer um 10 mm, so soll der Meeresspiegel an der betreffenden Stelle um 130 mm sinken; es wird nach verschiedenen Beobachtungen nur der 10—12fache Wert erreicht[3]. Nach dem Gesetz ferner der kommunizierenden Röhren nehmen verschieden dichte Flüssigkeiten verschiedene Niveaus ein, und zwar die dichteste das tiefste. Die Dichte des Meerwassers hängt aber von zwei variablen Faktoren, der Temperatur und dem Salzgehalt, ab. Die aus verschiedener Dichte sich ergebenden Wasserbewegungen spielen im kleinen (z. B. in manchen Meeresstraßen) und im großen (Tiefenzirkulation) eine bedeutende Rolle. Endlich wirken die Winde auf das Meeresniveau ein, indem auflandige Winde das Wasser an der Küste aufstauen, ablandige es von der Küste wegtreiben; so schwankt in Aden der mittlere monatliche Wasserstand zwischen + 104 mm bei NO-Monsun und — 137 mm bei SW-Monsun.

Aus den Ablesungen des wechselnden Wasserstandes am Pegel oder aus den fortlaufenden Aufzeichnungen des selbstregistrierenden Mareographen berechnet man das mittlere Niveau oder das Mittelwasser in gleicher Weise wie meteorologische Mittelwerte. Die periodischen Schwankungen der störenden Einflüsse kommen in dem Mittelwasser klar, wenn auch abgeschwächt zum Ausdruck. An der niederländischen und schwedischen Küste steht das Niveau von Januar bis

Juni unter, von Juli bis Dezember über dem Jahresmittel, an der deutschen Ostseeküste fallen die positiven Wasserstände in die Zeit von Juni bis Oktober. Hier ist jedenfalls die jährliche Verteilung der Niederschläge besonders mittelbar durch ihren Einfluß auf die Wasserstände der Flüsse der maßgebende Faktor. Aber die jährliche Schwankung ist gering: an der schwedischen Küste 21,3, an der niederländischen 20,7, an der deutschen nur 12,5 cm.

Das Mittelwasser liegt nicht an allen Küstenpunkten im gleichen Niveau. Mohns[4] Untersuchungen im europäischen Nordmeer zwischen Norwegen, Grönland, Island und Spitzbergen sind in dieser Beziehung von bahnbrechender Bedeutung. Er berechnete die Deformationen des Meeresspiegels durch die Dichteverschiedenheiten und die Windtriften und leitete daraus durch Summierung die Stromfläche ab *, die infolge der Erdrotation auf n. Br. in der Bewegungsrichtung nach rechts eine Niveauerhöhung zeigen muß. Er fand in der Tat, daß das Küstenwasser bei den Faröer 0,4, bei Finmarken 0,9, bei Schottland 1, bei Grönland 1,4 m über einer Einsenkung liegt, die in der Mitte des Nordmeeres etwa bei 68° n. Br., 1° w. L. sich befindet.

Die Tatsache, daß das Mittelwasser an den Küsten in verschiedenen Niveaus liegt, hat eine große praktische Bedeutung. Da die Höhenmessungen der einzelnen Staaten sich auf das Mittelwasser eines Küstenpunktes innerhalb ihrer Grenzen beziehen, liefern sie nicht streng vergleichbare Werte. Der deutsche »Normalhöhenpunkt« (N.H.), nach dem Abbruch der Berliner Sternwarte östlich von Berlin neu fundiert, liegt nach den neuesten Beobachtungen und Rechnungen 6,6 cm über dem Mittelwasser von Swinemünde und nur 0,3 cm über dem Null des Amsterdamer Pegels. Der Spiegel der Ost-Nordsee liegt wahrscheinlich 10—20 cm über dem des Mittelmeeres[5].

Zum Unterschied von den Höhenmessungen gehen die Tiefenmessungen in den flachen Küstengewässern gezeitenbewegter Meere von dem sog. Kartenniveau aus. Man benutzt in England und Deutschland (mit Ausnahme der Ostsee) das Niedrigwasser der Springzeit, in Frankreich das tiefste bisher beobachtete Niedrigwasser und in Amerika das mittlere Niedrigwasser. Die Tiefen der Seekarten von Küsten sind daher nicht nur nicht mit den Höhen des Küstenlandes, sondern auch nicht untereinander streng vergleichbar, weil das Niedrigwasser an verschiedenen Stellen verschiedene Niveaus einnimmt. An der Südküste Englands bei Dungeness beträgt der Unterschied zwi-

---

* Als Beispiele dienen folgende Stationen:

Beobachtungsstation	69° 18′ n. Br. 14° 33′ ö. L.	64° 36′ 10° 22′	68° 21′ n. Br. 2° 5′ w. L.
	Höhe über bzw. unter (—) dem Normalniveau		
Windfläche	0,580 m	0,196 m	0,015 m
Dichtigkeitsfläche	0,213 „	—0,112 „	—0,016 „
Stromfläche	0,793 „	0,084 „	—0,001 „

schen dem Mittelwasser, das der englischen Landvermessung zugrunde liegt, und dem Niedrigwasser 2,4—3 m, mit der Entfernung von der Küste vermindert er sich in der Mitte des Kanals auf 1,8 m, um bei Kap Gris Nez über 5 m zu erreichen [6]. In der küstenfernen Tiefsee spielt dieser Umstand natürlich keine Rolle.

Salzgehalt[7]. 32 Elemente sind bisher im Meerwasser nachgewiesen worden; wahrscheinlich sind alle in ihm enthalten, wenn auch äußerst verdünnt. Die Summe aller in je 1000 g Meerwasser gelösten festen Stoffe bezeichnet man als Salzgehalt; dieser ist es, der dem Meerwasser den salzigen Geschmack und das hohe spezifische Gewicht verleiht; der eigenartige bittere Geschmack geht auf die Magnesiumsalze zurück. Im allgemeinen kann man 35 g oder 35 Gewichtspromille (‰) als den normalen Salzgehalt des offenen Ozeans betrachten. Seine Zusammensetzung ist, wie alle Analysen immer wieder bestätigen, unter allen Breiten und Längen die gleiche. Ist beispielsweise der Salzgehalt genau 35,0 g, so ergibt sich folgende Zusammensetzung nach g und %:

Kochsalz	27,2 g	Chlorverbindungen 31,0 g oder 88,6 Proz.
Chlormagnesium	3,8 „	
Bittersalz	1,6 „	Schwefelsaure Salze 3,8 g oder 10,8 Proz.
Gips	1,3 „	
Kaliumsulfat	0,9 „	
Kohlensäuresalze, Brom usw.	0,2 „	oder 0,6 Proz.
Salzgehalt	35,0 g	

Der Unterschied zwischen dem Meer- und dem Flußwasser besteht nicht nur in dem weitaus größeren Salzgehalt des ersteren, sondern auch in dessen Zusammensetzung. Im Meerwasser herrschen die Chlorverbindungen, im Flußwasser die kohlensauren Salze — Kohlensaurer Kalk umfaßt etwa 60 % der Salze des Flußwassers — entschieden vor; der Gesamtsalzgehalt des ersteren kann also nicht von dem letzteren abgeleitet werden.

Die direkte Ermittlung des Salzgehaltes durch Wägung der nach dem Eindampfen übriggebliebenen Rückstände führt selbst im Laboratorium nicht völlig zum Ziel, weil Kohlensäure und andere Stoffe, z. B. Bromwasserstoff mit dem Wasser fortgehen. Da das prozentuale Verhältnis aller Salze untereinander, wie vorhin erwähnt, stets vollkommen gleichbleibt, genügt es, um den Gesamtsalzgehalt zu erhalten, eins zu bestimmen; dazu bietet sich die auch an Bord leicht und genau ausführbare chemische Bestimmung des Chlorgehaltes (Chlortitrierung). Die neuere Meeresforschung, die bis auf ± 0,01 ‰ genaue Bestimmungen braucht, arbeitet fast nur noch nach dieser Methode *. Bezeichnen

* Ihr und der Knudsenschen Formel liegt eine neue Begriffsbestimmung unter: Salzgehalt ist die Menge aller festen Stoffe, wobei man aber Brom durch eine entsprechende Menge Chlor ersetzt, alles Karbonat in Oxyd umgebildet und organische Stoffe verbrannt denkt. Dieser Salzgehalt ist nur ganz wenig kleiner als nach der ersten an sich richtigen Definition; man hat jetzt aber vollkommen strenge Vergleichbarkeit aller Messungen.

wir mit S das Salzgewicht in Gramm in 1000 g Meerwasser und mit Cl die entsprechende Gewichtsmenge Chlor, so gilt die von M. KNUDSEN abgeleitete Formel [8]

$$S = 0{,}03 + 1{,}805\, Cl\ ^*.$$

Die Gesetze der Verteilung des Salzgehaltes in den Oberflächenschichten läßt für alle 3 Ozeane die Karte von SCHOTT[9] deutlich hervortreten (Fig. 56). Im offenen Ozean steigt der Salzgehalt von der Äquatorialzone bis gegen 15—30° Breite und sinkt

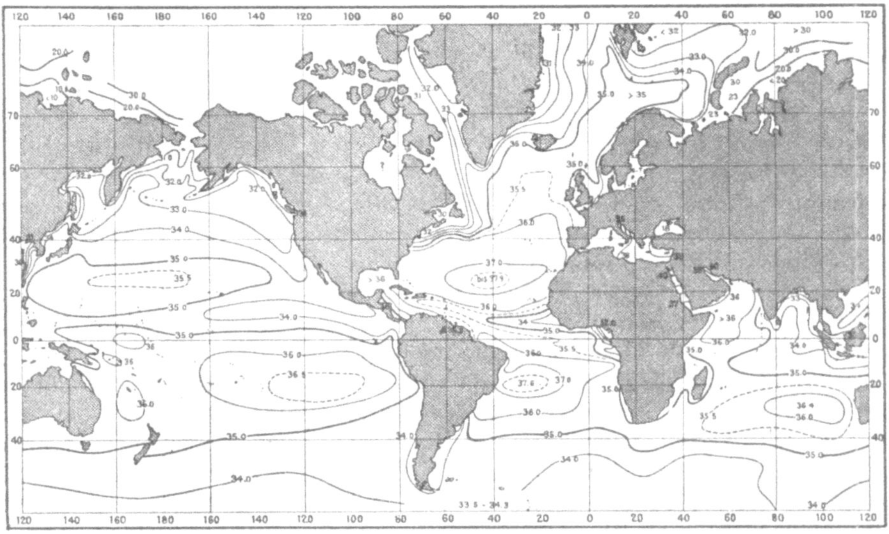

Fig. 56. Verteilung des Salzgehaltes der Meeresoberfläche (°/₀₀.)

dann wieder polwärts, wobei dieses Verhalten sich wahrscheinlich nicht bis in die innersten Polarkalotten fortsetzt. Man erkennt sofort, daß Salzgehalt und Luftdruck im inneren Zusammenhang stehen, wenn auch nicht im direkten, sondern durch Vermittlung der Winde. Daher fallen die 2 Maximalgebiete des Salzgehaltes und des Luftdruckes nicht genau zusammen, sondern jene liegen in der Zone lebhaftester passatischer Luftbewegung, weil hoher Salzgehalt durch starke Verdunstung bedingt ist, und nichts so sehr die Verdunstung befördert, als regelmäßige, frische, trockene Winde. Im Indischen Ozean haben wir nur ein echtes Maximalgebiet, das südhemisphärische, weil nur dieser Teil von ständigem Passat überweht ist; das Maximum im Arabischen Meere steht wohl unter dem Einfluß der abnormen Salzgehalte des

* Wenn Cl = 0 ist, wird S = 0,03; d. h. es sind immer noch gewisse Salze, z. B. kohlensaurer Kalk vorhanden, wie z. B. in Flußmündungen.

Roten Meeres und Persischen Golfes. In demselben Maß, in dem die atmosphärischen Niederschläge (Regen und Nebel) die Verdunstung überwiegen, verringert sich der Salzgehalt, zumal wenn Windstillen dazukommen. Daher die Minima in den regenreichen Kalmengürteln nördlich vom Äquator des Atlantischen und Großen Ozeans sowie in den gesamten äquatorialen hinterindischen Gewässern. Im Bereich des Polareises, wo die Niederschläge gering sind, bewirken die Schmelzwässer eine beträchtliche Aussüßung des Oberflächenwassers. Die Meeresströmungen durchbrechen das Grundgesetz nicht völlig, rufen aber Störungen hervor, die sich in starken Krümmungen der Linien gleichen Salzgehaltes kundgeben. Wo polare Meeresströmungen, wie bei der Neufundland-Bank, weit in niedere Breiten vordringen, verringern sie den Salzgehalt merklich, besonders in Verbindung mit schmelzenden Eisbergen, während warme Meeresströmungen ihr salzreicheres Wasser mehr oder minder weit in höhere Breiten führen — am weitesten die Atlantische Strömung (Golfstromtrift), in deren Bereich ein Salzgehalt von 35 ‰ noch den 70. Parallelkreis weit überschreitet. Im nordpazifischen Ozean liegt die äußerste Polargrenze dieses Salzgehaltsgrades nur wenig über 30° Br. Schon dies vermag uns eine Vorstellung zu geben von der Macht der Atlantischen Oberflächenströmung, der in der Tat keine andere gleichkommt. — Wo große Festlandsströme münden, zeigt sich ihre verdünnende Wirkung oft noch in ziemlich großer Entfernung von der Küste. Oft, aber nicht immer. Daß das äquatoriale Minimum im Atlantischen Ozean an der afrikanischen Seite soweit nach Süden hinabreicht, ist, wenigstens zum Teil, dem Niger und noch mehr dem Kongo zuzuschreiben; aber Orinoco und Amazonas führen noch größere Mengen Süßwassers dem Meer zu, und doch erlahmt ihr Einfluß nicht weit von der Küste, gegen die die Passatströmungen salzreiches Wasser wälzen.

Die Verteilung ist grundsätzlich in allen Ozeanen dieselbe, aber in den absoluten Werten bestehen große Unterschiede. Der nordatlantische Ozean hat das weitaus salzreichste, der nordpazifische sicher das salzärmste Oberflächenwasser. Als Maxima werden angenommen im nordatlantischen Ozean 37,9, im südatlantischen 37,6, im Indischen 36,4, im nordpazifischen 35,9, im südpazifischen 36,9 ‰. Der Salzreichtum des Atlantischen Ozeans überrascht, denn er erhält doch die meisten und größten Flüsse und ist verhältnismäßig schmal, und trotzdem muß ihm durch Verdunstung mehr Wasser entzogen werden, als ihm das Land durch die Flüsse zurückerstattet. WOEIKOW [10] schreibt dies dem Umstand zu, daß das atlantische Stromgebiet vorwiegend von niederen Erhebungen umgeben wird. Die atlantischen Winde können daher in den höheren Luftschichten Feuchtigkeit in andere Flußgebiete, namentlich in die abflußlosen Gebiete der Alten Welt tragen, und dieser Wasserdampf kehrt nicht wieder an seine Ursprungsstätte zurück.

Die Nebenmeere zeigen ein sehr verschiedenes Verhalten. Zunächst ist entscheidend, ob sie von den großen Meeresströmungen berührt werden oder nicht. Im ersteren Fall ist der Salzgehalt von dem Charakter der Strömung abhängig, aber immer etwas geringer als im benachbarten offenen Ozean, weil Nebenmeere verhältnismäßig mehr Flußwasser empfangen. Die inselabgeschlossenen Meere am Ostrand Asiens haben 34—34,5 ‰ Salzgehalt, wenn sie von warmen, und 30—32 ‰, wenn sie von kalten Strömungen durchzogen werden. Im Australasiatischen Mittelmeer ist der Unterschied zwischen der verhältnismäßig salzarmen Banda- und Javasee und den salzreicheren Gewässern im Norden und Nordosten besonders auffallend, und die Annahme SCHOTTS, daß die letzteren noch pazifisches Wasser erhalten, scheint uns das Richtige zu treffen; dazu kommt für die Javasee der enorme Regenfall. In den Binnenmeeren regelt sich der Salzgehalt der Oberflächenschichten ausschließlich nach dem Verhältnis von Verdunstung und Süßwasserzufluß. In einem warmen und trockenen Klima erreicht er eine Höhe, wie selbst im Ozean nicht. Das Rote Meer und der Persische Golf bringen es im innersten Teile bis über 40 ‰, das Mittelmeer bis über 39 ‰. Das Schwarze Meer dagegen wird stark durch die einmündenden großen Flüsse ausgesüßt (15—18 ‰), und noch weit mehr die Ostsee, wo auch die niedere Temperatur der Verdunstung hinderlich ist. Während die Nordsee, die mit dem Ozean in offener Verbindung steht, noch im mittleren Teile 35 ‰ Salzgehalt besitzt, sinkt dieser im Skagerak schon auf 30, im westlichen Teil der Ostsee auf 8, im nördlichen Bottnischen Busen und im Finnischen sogar unter 1 ‰.

Salzgehalt der Tiefsee. Im ganzen genommen, schwanken die Salzgehalte an der Oberfläche der offenen Meere nur zwischen 33 und 37 ‰, wesentlich unter klimatischen Einflüssen. Dieselben Werte, besonders die von < 36 ‰, kommen in der Tiefsee zur Beobachtung; aber ihre Verteilung wird von ganz anderen Faktoren geregelt. Wir beschränken uns auf eine Betrachtung des Verlaufs der Isohalinen im Atlantischen Ozean, wo die Verhältnisse mehrfach, z. B. von BRENNECKE [11] und MERZ [12], behandelt sind (Fig. 57). Ein Längsschnitt auf 30° W lehrt zunächst eine Abnahme von 37 ‰ in 0 m der Passatzonen bis auf 34,9 oder 34,7 ‰ am Boden in 4—5000 m; er zeigt ferner, daß auf höherer Nordbreite (über 65° Br.) der vertikale Gradient praktisch gleich Null ist, ebenso polwärts von etwa 60° s. Br. die Wassermassen fast homohalin sind, abgesehen von einer obersten, salzärmeren Schicht. Zwischen 50° S und 10—20° N geht die Salzgehaltsabnahme mit wachsender Tiefe nicht gleichmäßig vor sich, sondern es schiebt sich bei 600 bis 1000 m ein zweites Minimum ein, das sogar niedriger ist als das Bodenminimum! Es ist veranlaßt durch einen aus sehr hohen S-Breiten stammenden »südpolaren Zwischenstrom«, dessen Richtung S—N und dessen Hauptniveau 800 m ist (s. Verlauf der 34,50 ‰-Linie). Darunter haben wir im Hauptniveau von 2500 m

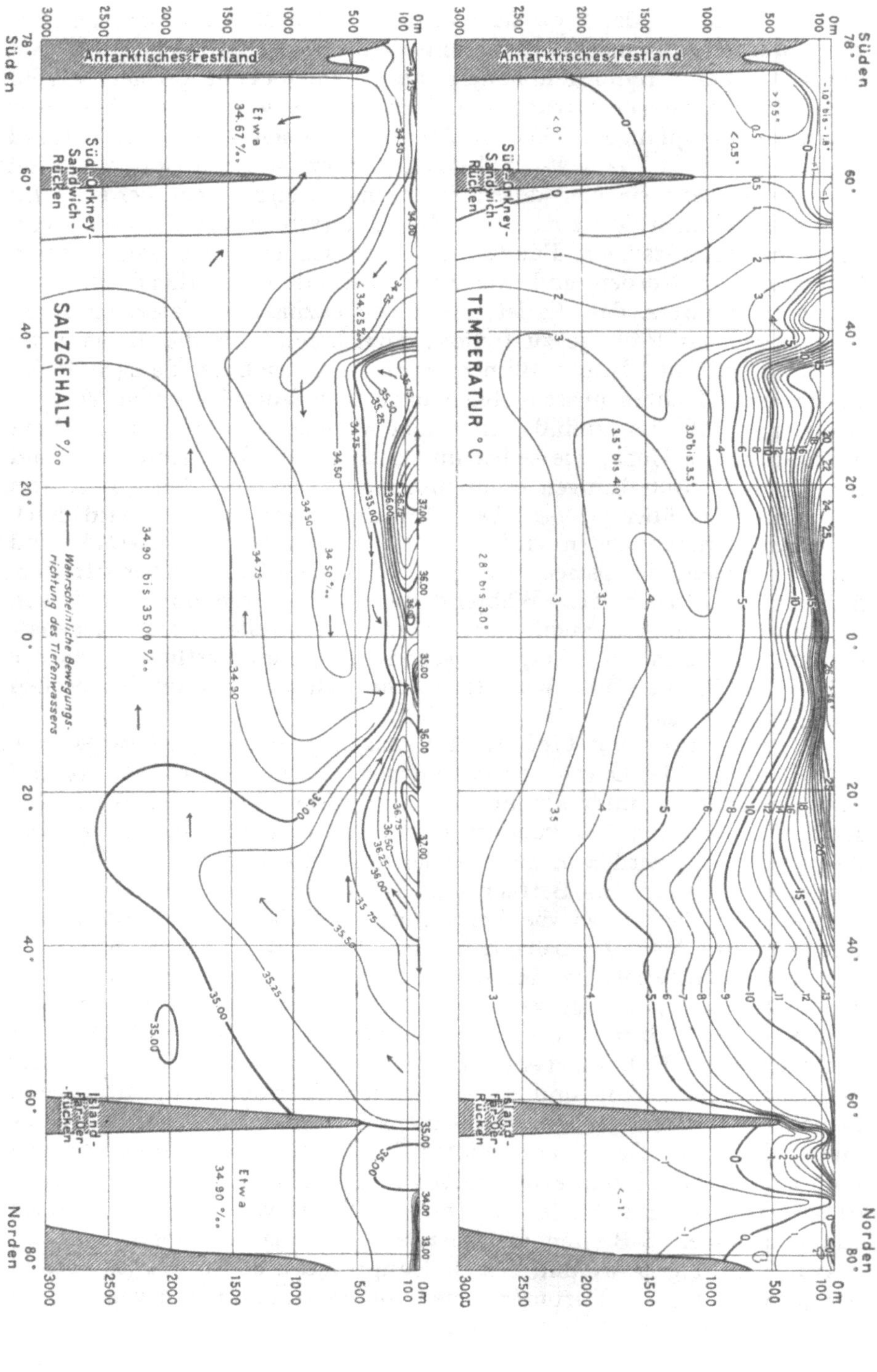

Fig. 57. Verteilung von Temperatur und Salzgehalt in der atlantischen Tiefsee. Schnitt auf etwa 30° w. L. Nach W. Brennecke.

ein (sekundäres) Maximum; der Verlauf z. B. der 34,90 ‰-Linie deutet auf Bewegung von Norden nach Süden (»Nordatlantischer Tiefenstrom«). Abgesehen von den polaren Gebieten ist also eine sehr energische Schichtung vorhanden, die die Annahme mächtiger horizontaler Wasserumsetzungen zwischen S und N und N und S in den einzelnen Etagen fordert, begleitet von einer wesentlich hemisphärischen Verschiedenheit, auch in den absoluten Werten des Salzgehaltes. Wir sehen zugleich, wie notwendig die genaueste Bestimmung der Salzgehalte bis auf ± 0,01 oder 0,02 ‰ ist.

Die gesamten, mit der Verteilung des Salzgehaltes und der übrigen Faktoren zusammenhängenden Fragen der großen »Zirkulation der Weltmeere« sind es, welche z. Zt. hauptsächlich die Ozeanographen der Hochsee beschäftigen und u. a. zur Aussendung der zweijährigen deutschen »Meteor«-Expedition 1925—1927 geführt haben. Wir stehen hier erst am Anfang sehr wichtiger neuer Kenntnisse, auf die wir noch zurückkommen * (S. 333).

Viel weiter gediehen ist die entsprechende Erforschung der nordwesteuropäischen Meere, insbesondere der Nord- und Ostsee, wo seit 1902 die sog. internationale Vereinigung ein bereits gewaltiges Material über die Salzgehalts- und Temperaturverteilung usf. der verschiedenen Tiefen und Jahreszeiten und Jahre aufgestapelt hat [13], mit dem Endzweck, die Verbreitung der Nutzfische nach Möglichkeit zu erklären. Während in der Nordsee von oben nach unten, wenn überhaupt, nur eine sehr mäßige Abnahme des Salzgehaltes — wie im angrenzenden Ozean — statthat, tritt in den verschiedenen Becken und Mulden der Ostsee überall von der schwachsalzigen Oberfläche ab (S. 289) zur Tiefe eine erhebliche Zunahme um etwa 4—6—10 ‰ in die Erscheinung, weil ein Bodenstrom mit relativ starkem Salzgehalt durch Sund und Belt hereinzieht**. Wieder anders liegen die Verhältnisse im Mittelmeer: immer aber bildet die räumliche und zeitliche Anordnung der Salzgehalte als Kennzeichen der verschiedenen Wasserarten ein Kernstück der neuzeitlichen Meeresforschung.

Spezifisches Gewicht und Dichte. Die Zahl, welche angibt, wievielmal schwerer Meerwasser als destilliertes Wasser bei 4° C ist, heißt spezifisches Gewicht; sie steigt — konstante Temperatur angenommen — proportional dem Salzgehalt und ist in diesem Falle nur ein anderer Ausdruck für den Salzgehalt ***. Das spezifische Gewicht, das einer Meerwasserprobe an Ort und Stelle bei der jeweils vorhandenen Tem-

* Ganz neuerdings wurde erwiesen, daß die sehr eigenartige Anordnung der Salzgehalte des Tiefenwassers auch für den Indischen Ozean Geltung hat (s. G. Schott in Annal. d. Hydrogr. 1926. S. 417 ff.) und also wohl im gesamten Weltmeere die gleiche ist, wenigstens grundsätzlich.

** Vergl. z. B. Deutsche Seewarte, Atlas der t, S ‰ und σ_t für Nordsee und Ostsee; 48 Tafeln, Hamburg 1927.

*** Früher als »reduziertes spezifisches Gewicht« viel in der Literatur verwandt.

peratur zukommt, heißt das wahre spezifische Gewicht oder die Dichte σ_t; die Dichte *, aus Temperatur und Salzgehalt nach den hydrographischen Tabellen (S. 294, Nr. [8]) leicht zu berechnen, spielt eine große Rolle bei den Druckberechnungen, bei Fragen der Meeresbiologie (Gewicht der Fischeier u. a.), bei der Unterwasserschiffahrt. Ist beispielsweise der Salzgehalt 35,00 ‰ und die Temperatur 20°, so ist σ_t = 1,02479, was abgekürzt 24·79 geschrieben wird und bedeutet, daß 1 cbm dieses Seewassers 1024,79 kg wiegt. Die Zusammendrückbarkeit des Wassers, an sich gering, bedingt bei großen Tiefen eine beachtliche Vermehrung der Dichte; das Wasser in der »Planet«-Tiefe von 9788 m (S. 275) wiegt bei 34,68 ‰ Salzgehalt und 2,6° Temperatur ohne Kompression pro Liter 1027,68 g, tatsächlich, d. h. mit Kompression, aber 1071,23 g. Die erste kartographische Darstellung der Dichteverteilung an der Oberfläche der Meere ist von SCHOTT in dem »Valdivia«-Werk gegeben worden[14]; die subtropischen Maxima des Salzgehaltes sind hier verschwunden, und nur in der Abnahme des Gewichts von W nach O innerhalb der Äquatorialzonen des Atlantischen und Indischen Ozeans macht sich der Salzgehalt noch bemerkbar. Im übrigen nimmt aber das Gewicht von der Äquatorialzone gegen die Pole und an jedem Ort mit der Tiefe zu. Die Wirkungen des sich verringernden Salzgehaltes werden also durch die Temperaturerniedrigung mehr als ausgeglichen.

Gasgehalt. Die Oberflächenschicht des Meeres nimmt atmosphärische Luft auf, und zwar um so mehr, je niedriger die Temperatur und der Salzgehalt ist; die vertikalen Bewegungen führen dann die Luft auch den tieferen Schichten zu. Aber die Absorptionsfähigkeit des Wassers ist für Sauerstoff größer als für Stickstoff, und die im Meer enthaltene Luft unterscheidet sich daher von der atmosphärischen durch einen höhern Prozentsatz von Sauerstoff (34 % neben 66 % Stickstoff). Das ist von größter Bedeutung für die Tierwelt, namentlich für die Fische. Die Tatsache, daß das Oberflächenwasser kalter Meeresräume besonders fischreich ist, scheint mit durch dies Verhalten des Wassers zum Sauerstoff erklärt zu sein, allerdings wohl mittelbar, weil in diesen Gebieten sehr viel Fischnahrung (Sauerstoff produzierendes Pflanzenplankton) sich findet. Im allgemeinen beläuft sich der Gehalt an Sauerstoff im Liter auf 3—8 ccm. Freie Kohlensäure wird meist nur in einem der Absorption aus der Atmosphäre entsprechenden Betrage von 0,3 ccm beobachtet, sehr selten infolge tierischer Atmung bei schlechter Durchlüftung viel mehr, z. B. am Boden der Gotlandmulde in der Ostsee, wo B. SCHULZ[15] den enormen Betrag von fast 6 ccm/Liter fand. Wenn dauernd jegliche Durchlüftung der Tiefwasserschichten fehlt, entsteht schließlich infolge Verwesung der absinkenden

* Die unmittelbare Bestimmung durch das Aräometer genügt den neueren Anforderungen an Genauigkeit meistens nicht.

Tier- und Pflanzenleichen Schwefelwasserstoff, z. B. im Schwarzen Meer und im Mofjord (Norwegen); diese Gewässer sind daher in der Tiefe ohne Lebewesen.

Farbe[16]. Wenn man absieht von allen jenen Reflexerscheinungen an der Oberfläche des Seespiegels, die die Himmelsfarbe, die wechselnde Bewölkung und die Sonnenhöhe hervorrufen, so kann man die Meeresfarbe als blau bis grün bezeichnen. Weiße Scheiben von etwa 0,5 m Durchmesser erscheinen, wenn man sie in das Meer taucht, zuerst grün und nehmen eine immer blauere Färbung an, je tiefer man sie versenkt, bis sie dem Auge gänzlich entschwinden. Die größte Sichttiefe, die man derart beobachtet hat, betrug 66 m (Sargassosee). Daß aber die chemisch wirksamsten Strahlen der blauen und violetten Seite des Spektrums noch tiefer eindringen, lehren Untersuchungen mittels photographischer Platten; im Mittelmeer und im Atlantischen Ozean fand man bis 1500 und 1700 m auf diese Weise noch Lichtspuren. Die roten und gelben Strahlen werden dagegen sehr bald vom Wasser absorbiert; schon in 20 m Tiefe ist von ihnen nur noch 0,03—5,8 Tausendstel der in 1 m vorhandenen Menge vorhanden, und dies ist unzweifelhaft der Grund, weshalb Meer und Seen, wenn sie nicht verunreinigt sind, blau oder grün erscheinen. In der Verteilung der Nuancen herrscht eine gewisse geographische Ordnung; das lehren die Farbenkarten, die zuerst Krümmel gezeichnet, und die dann Schott in dem »Valdivia«-Werk für den ganzen Atlantischen und Indischen Ozean entworfen hat. Möglich wurde eine solche Darstellung erst durch die Forelsche Skala[17], die alle Abstufungen vom tiefen Kobaltblau bis zum dunkelsten Grün durch das prozentische Verhältnis einer blauen und einer gelben Lösung in exakter Weise unterscheiden läßt.

Im allgemeinen sind die Ozeane zwischen 40° n. und s. Br. blau, doch bestehen Ausnahmen. Blaugrün sind z. B. die Küstengewässer um die Canarischen Inseln und der mittlere und östliche Teil der atlantischen Äquatorialzone, in den noch Ausläufer des kalten Benguelastromes eindringen. Kobaltblau und von größter Transparenz ist die sog. Sargassosee und der südatlantische und der südindische Ozean etwa zwischen 10 und 30° s. Br., also Gebiete, die nur zum Teil mit dem Maximalgebiet des Salzgehaltes zusammenfallen. In mittleren und höheren Breiten geht die Meeresfarbe, je weiter wir polwärts fortschreiten, über blaugrün und grünblau in grün über. Anscheinend ist ein Zusammenhang zwischen den verschiedenen physikalischen Eigenschaften des Meerwassers vorhanden, aber er ist nicht durchgreifender Natur. Wohl ist die Ostsee grün und das Mittelmeer blau, aber das viel salzreichere Rote Meer ist vorwiegend blaugrün. Daß auch die Temperatur nicht unmittelbar mit der Farbe zusammenhängt, beweisen die kalten und trotzdem blauen Süßwasserseen. Eine große Rolle spielt neben der besprochenen Absorption auch die Reflexion der Lichtstrahlen an frei schwebenden Bestandteilen, wie dem Plankton und anorganischen Beimengungen. Letztere sinken um so rascher zu Boden, je salzreicher und wärmer das Wasser ist, so daß solches Wasser besonders durchsichtig und blau ist, wenn Planktonarmut dazukommt. Daher konnte SCHÜTT mit einigem Recht Blau als die Wüstenfarbe des Meeres bezeichnen.

Die streng physikalische Erklärung der Wasserfarbe ist noch strittig[18]. Außergewöhnliche Meeresfärbungen, wie milchweiß, blutrot, gelblich- oder schiefergrau, olivenbräunlich, nennt der Seemann bezeichnenderweise »Miß«- oder »Verfärbung«. Sie treten immer nur örtlich begrenzt auf und werden meist von massenhaft vorhandenem Plankton erzeugt. Mancher Meeresname mag damit zusammenhängen. Das Gelbe Meer heißt sicher so von den Lößmassen, die der Hwangho und die Nordwestwinde als Staub ihm zuführen, während andere Namen, wie Weißes und Schwarzes Meer, ebenso sicher mit der Färbung nichts zu tun haben. In bezug auf das Rote Meer sind die Ansichten geteilt. Milliarden mikroskopischer Tierchen sind es, die jenes wunderbar schöne, besonders den Tropenmeeren eigentümliche Phänomen erzeugen, das als Meeresleuchten bekannt ist.

Literaturnachweise. [1] F. R. HELMERT zit. S. 26. — [2] Nach HELMERT und SCHUMANN; s. PREY, Einführung in die Geophysik, S. 137 ff., Berlin 1922. — [3] B. SCHULZ in »Naturwissenschaften« 1920, S. 1017 A. WEGENER in Annalen d. Hydrogr. 1924 S. 37. — [4] H. MOHN, Nordhavets Dybder, Temperatur og Strøminger; Kristiania 1887. — [5] A. BÖRSCH s. Geograph. Jahrbuch XVIII (1895) S. 335. — [6] E. G. RAVENSTEIN, Proc. of the R. Geograph. Soc., London 1886, Bd. VIII. — [7] Hierzu und zu den sonstigen physik.-chem. Faktoren vgl. außer KRÜMMELS Handbuch auch A. MERZ, Das Meerwasser; Handbuch d. Balneologie, Leipzig 1915, S. 386 ff. — [8] M. KNUDSEN, Konstantenbestimmung zur Aufstellung der hydrographischen Tabellen; Denkschriften der Ak. der Wiss. in Kopenhagen, 1902 Die hydrographischen Tabellen selbst, die bequeme Ablesungen gestatten, sind 1901 in Kopenhagen und Hamburg erschienen. — [9] G. SCHOTT, Physische Meereskunde; 3. Aufl., 1924, S. 44. — [10] A. WOEIKOW in PETERMANNS Mitteilungen 1912, Bd. I. — [11] W. BRENNECKE, Ozean. Arbeiten der deutschen antarktischen Expedition (Archiv der Seewarte Bd. 39); Hamburg 1921. — [12] A. MERZ, Die deutsche atlantische Expedition (Sitz.-Ber. Ak. d. Wiss., Berlin, 26. Nov. 1925). — [13] Conseil de l'exploration de la Mer; Bulletin hydrographique, alljährlich Kopenhagen. — [14] G. SCHOTT in Ergebnisse der deutschen Tiefsee-Expedition; Bd. I, Atlas, Jena 1902. — [15] B. SCHULZ, Hydrograph. Beobachtungen in Nord- und Ostsee (Archiv der Seewarte, Bd. 49); Hamburg 1922. — [16] s. MERZ unter 7; ferner K. GREIN, Absorption des Lichts im Seewasser; Ann. Inst. Océanogr., Tome V, VI, Paris 1913/14. — [17] F. A. FOREL, Le Léman, Bd. 2; Lausanne 1895. — [18] OTTO Frhr. VON U. ZU AUFSESS, Die Farbe der Seen; München 1903. W. SPRING in den Bulletins de l'Académie R. de Belgique, 1883 (Bd. V, S. 55), 1886 (Bd. XII, S. 814), 1896 (Bd. XXXI, S. 94), und 1897, Bd. XXXIV, S. 578) und im Neuen Jahrbuch für Mineralogie usw., 1899, Bd. II, S. 47. G. SCHOTT unter 9, S. 60—63.

Die Wellenbewegung[1].

Windwellen. Von der strömenden unterscheidet sich die Wellenbewegung dadurch, daß nur die Form der Bewegung, der Wechsel von Berg und Tal, fortschreitet, während das einzelne Wasserteilchen seine Lage im Raum wenig oder gar nicht verändert. Wir können uns davon überzeugen, wenn wir einen leichten Gegenstand auf das Wasser werfen: während Berg und Tal unter ihm hinwegeilen, hebt er sich und bewegt sich zugleich ein wenig nach vorwärts, dann senkt er sich und kehrt zugleich an seine ursprüngliche Stelle zurück. Eine solche Bewegung in einer kreisähnlichen Vertikalbahn nennt man eine Orbitalbewegung. Das Profil fortschreitender Wellen ist am besten mit einer Trochoide* zu vergleichen, und die Erfahrung hat gelehrt, daß sich die Trochoidenformeln auch auf die Wellen, wenigstens auf solche in tiefem Wasser, anwenden lassen. Die Hauptmaße: die Wellenlänge (L) oder die Entfernung von einem Wellenkamm zum andern, die Periode (T) oder die Zeitdauer zwischen zwei aufeinanderfolgenden Wellenbergen, und die Fortpflanzungsgeschwindigkeit der Welle in der Sekunde (C) stehen in innerem Zusammenhang, so daß, wenn eines dieser Elemente durch die Beobachtung gegeben ist, sich die anderen durch die Trochoidengleichung rechnungsmäßig ableiten lassen.** Das vierte Hauptmaß, die Wellenhöhe (H) oder der Abstand zwischen Berg und Tal, geht in die Formel nicht ein und kann nur jeweils durch Beobachtung festgestellt werden.

Zur Entstehung der Windwellen ist zu sagen, daß ganz allgemein, wie Helmholtz[3] gezeigt hat, die Grenzfläche zweier verschieden schnell bewegter Medien eine Wellenform annimmt, so z. B. auch in gewissen Schichten der Atmosphäre, wodurch sich die sog. Wogenwolken erklären. Strömt die Luft über eine ruhende Wasserfläche, so nimmt der Druck, den die Luft normalerweise auf das Wasser ausübt, ab, es entsteht eine Art Saugwirkung nach oben, die um so stärker ist, je größer die Windstärke. Das Wasser müßte nun eigentlich in seiner Gesamtheit nach oben ausweichen. Ein solcher Zustand wäre jedoch mit dem Gleichgewicht auf die Dauer nicht vereinbar; wohl aber ist stabiles Gleichgewicht dann vorhanden, wenn die Grenzfläche zwischen Wasser und Luft rythmisch in Schwingungen sich legt, d. h. in Wellen, und zwar entspricht jeder Windstärke ein bestimmter dynamischer Gleichgewichtszustand mit bestimmter Wellenhöhe und Wellengeschwindigkeit. So gelangen wir von den kleinsten Fältelungen oder kapillaren Wellen durch alle Stufen bis zur hohen Sturmsee. Nur selten ist der Gleichgewichtszustand voll erreicht — der Seemann spricht dann von »ausgewachsener See« —; bei schnell wachsender

* Rollt ein Rad auf einer horizontalen Fläche weiter, so beschreibt ein beliebiger Punkt der Peripherie eine Zykloide, ein solcher an einer Radspeiche aber eine flachere Kurve oder eine Trochoide.

** $C = \sqrt{\frac{g \cdot L}{2\pi}}$ (GERSTNERS Formel von 1804), worin g die Fallbeschleunigung $= 9{,}81\ \text{m/sec}^2$ bedeutet. Außerdem ist $C = \frac{L}{T}$, und es ergeben sich nach SCHOTT[1] folgende einfache Beziehungen:

$$C = 1{,}25\ \sqrt{L} = 1{,}56\ T. \quad L = 0{,}64\ C^2 = 1{,}56\ T^2. \quad T = 0{,}80\ \sqrt{L} = 0{,}64\ C.$$

Windstärke vermag die Wellenbildung nicht so schnell zu folgen, wir beobachten dann ein häufiges Überkippen der Wellenscheitel nach vorn, was in stürmischem Wetter zu den gefürchteten »Sturzseen« führt.

Aus SCHOTTS [2] Wellenmessungen heben wir folgende beobachtete Werte hervor:

Geogr. Breite	Geogr. Länge	Windstärke 0—12	Geschwindigkeit m pro Sek.	Länge m	Periode Sek.	Höhe m	Böschung
			Atlantisches Passatgebiet.				
7° S	15° W	5	7,4	36,4	4,9	1,0	5°
11	10	4—5	7,8	37,5	5,0	1,8—2,0	9
29	9 O	5	8,8	58,8	6,6	4,0	11
29	9	5	10,2	61,6	6,0	4,5	13
			Indisches Passatgebiet.				
26° S	48° O	5	7,2	32,8	4,6	0,8	4°
26	48	6	8,2	44,2	5,4	2,5	10
17	72	8—9	14,7	130,4	8,8	7—8	10

Je stärker der Wind ist, desto größer sind alle Wellendimensionen, aber auch bei gleichbleibender Windstärke entwickeln sie sich immer voller, d. h. näher heran an den vollen Gleichgewichtszustand, wofür die beiden Beobachtungen SCHOTTS in 29° s. Br., 9° ö. L., die am gleichen Tage gemacht wurden, ein gutes Beispiel bieten. Am veränderlichsten ist jedenfalls die Höhe, auch verändert sich mit der Windstärke das Verhältnis von Höhe und Länge oder mit anderen Worten der Böschungswinkel der Wellenberge, der um so steiler wird, je heftiger der Wind weht.* Als höchste beglaubigte Dimensionen können folgende angesehen werden:

Geschwindigkeit	35,8 m in der Sek.
Länge	824 m
Periode	23 Sek.
Höhe	15 m, selten über 10 m.

Die Wellenbewegung ist nicht gleichmäßig; nach dem Glauben der Seeleute kommen die großen Wellen immer in Gruppen zu je drei, und CORNISH fand das im nordatlantischen Ozean bestätigt. In anderen Gegenden ist bei stürmischer See erst die vierte oder fünfte oder eine noch spätere Welle die höchste. — Stereophotogrammetrische Wellenaufnahmen werden übrigens, sobald mehr Material als bisher vorliegt**, gestatten, unabhängig von theoretischen Beziehungen die Dimensionen der Wellen einfach auszumessen. Es scheint schon jetzt, daß unregel-

* Nach SCHOTT beträgt bei

Windstärke	5 (mäßig)	6—7 (stark)	9 (Sturm)
Wellenböschung ...	6°	10°	11°

** Von der »Meteor«-Expedition hat jüngst A. SCHUMACHER die Ausmessung zweier Platten veröffentlicht (Annal. d. Hydrogr. 1926. S. 393 ff.).

mäßiger, wirrer, durch Interferenz mehrerer Wellenzüge gebildeter Seegang überaus häufig, ja vorwiegend ist, daß also die Trochoidenformel nur mit Vorsicht benutzt werden darf.

Über das Verhältnis der Wellengeschwindigkeit *C* zur Windgeschwindigkeit *W* sind die Ansichten geteilt. Krümmel [1] hielt es für veränderlich und meinte, daß junge Wellen langsamer, alte (ausgewachsene) schneller als der Wind laufen, letzteres deshalb, weil bei langdauernder Windwirkung die Wellenenergie erfahrungsgemäß in der Wellenhöhe bald ein Maximum erreiche und daher die weitere Energie nur in die Wellenlänge und Wellengeschwindigkeit übergehen könne, sie ständig steigernd. Schott [2] und Graf Larisch [4] halten nach ihren Beobachtungen auf See daran fest, daß *C* stets kleiner sei als *W*, und weisen darauf hin, daß vom physikalischen Standpunkt nicht *C*, sondern die viel kleinere Orbitalgeschwindigkeit (S. 295) mit *W* zu vergleichen sei.

Wie das Wasser, in das wir einen Stein geworfen haben, zufolge seines großen Trägheitsmomentes und seiner geringen inneren Reibung erst allmählich zur Ruhe kommt, so wogt das Meer auch dann noch, wenn sich der Wind schon gelegt hat. Diese Bewegung nennt der Seemann Dünung, im Gegensatz zu den unmittelbaren Windwellen oder »Seen«. Nichts bietet dem Neuling ein geheimnisvolleres Schauspiel, als wenn auf windstiller Fläche Welle auf Welle heranrollt, von den »Seen« durch nichts unterschieden als durch sanftere Böschung und abgerundete Form der Kämme. Die alte Bewegung dauert manchmal auch noch fort, wenn sich schon neuer Wind aus anderer Richtung erhoben hat; so kann die Dünung dem Schiffer einige Zeit vorher den kommenden Sturm verkündigen. Am reinsten und großartigsten gelangt die Dünung im äquatorialen Kalmengürtel zur Beobachtung. Die gewaltigen Wellen, die die Weststürme höherer Breiten erregen, dringen sogar nicht selten von einer Halbkugel in die andere vor*; es stammen z. B. die sog. »Roller« bei Ascension als Dünungswogen aus NW zweifellos aus den höheren Breiten des nordatlantischen Ozeans.

Brandungswellen. Über tiefem Wasser nimmt nach unten die Wellenhöhe rasch ab, die Orbitalbahnen behalten ihre kreisförmige Gestalt, werden aber schnell kleiner. Schon in einer Tiefe, die gleich der Wellenlänge ist, beträgt nach der Theorie die Wellenhöhe nur mehr den 500sten Teil der oberflächlichen. Indes genügt diese Bewegung, um bis ungefähr 200 m noch feste Teilchen in Bewegung zu setzen, wie man aus den Kräuselungen des Sandes nachweisen kann. Auf seichtem Grund,

* Beispiele zweier starker Dünungen nach den Beobachtungen von Schott:

Südl. Breite	Östl. Länge	Wind- Richtung	Wind- Stärke	Dünung aus	Geschw. m pro Sek.	Länge m	Periode Sek.	Höhe m	Böschung
19°	0°	—	0	SW	17,0	174,0	10,0	4,0	4°
28	39	SO	5	SW	23,5	341,7	14,5	7,5	4

wenn die Wassertiefe im Verhältnis zur Wellenlänge gering wird, also bei den Brandungswellen in Küstennähe, erfolgt die Orbitalbewegung der Wassersteilchen nicht mehr in Kreisen, sondern in mehr oder weniger flachen Ellipsen, deren Ausmaße ebenfalls nach unten schnell abnehmen. Zugleich nimmt die Länge der Wellen, wenn sie aus tiefem Wasser in flaches übertreten, ab, dafür nimmt die Wellenhöhe zu, und die Fortpflanzungsgeschwindigkeit *C* ist nicht mehr nach der Trochoidenformel (S. 295, Fußnote) von *L* abhängig, sondern von der Wassertiefe *P*.* Unverändert bleibt nur die Periode *T*. Diese Umgestaltungen des Wellenganges machen sich auch schon geltend, wenn die Seen über eine Bank im offenen Ozean rollen. Wenn sie an sanft ansteigenden Küstenabdachungen hinauflaufen, so tritt die kritische Phase der Instabilität der Bewegung, d. h. die Brandung, im allgemeinen dann ein, wenn die Wellenhöhe gleich der Wassertiefe geworden ist. Die Horizontalgeschwindigkeit in der elliptischen Orbitalbahn stürzt das Wasser nach vorn über. Eins der großartigsten Beispiele der Strandbrandung haben wir an der Guineaküste Afrikas, wo sie unter dem Namen Kalema bekannt ist und durch die heftige und häufige Westdünung des südatlantischen Ozeans erzeugt wird. Das Wasser, das die überstürzenden Wellenkämme am Strand aufhäufen, wird in der Tiefe durch eine Strömung, den sog. Soog, wieder in das Meer zurückgeführt. Aber nicht bloß die Form, sondern auch die Richtung der Wellen ändern sich etwas infolge ungleicher Reibung, wie es Fig. 58 schematisch darstellt. Die Wellen *a b*, die in einiger Entfernung vom Ufer in der Richtung des Windes verlaufen, machen in der Nähe des Landes eine Schwenkung, weil die *a*-Hälften sich auf tieferem Grund und daher rascher bewegen als die *b*-Hälften. Bei heftigen und lange andauernden gegen das Land gerichteten Stürmen verbindet sich mit der Brandung der Windstau, eine Erhebung des Wasserspiegels, die besonders in trichterförmig sich verengenden Buchten den Betrag von mehreren Metern erreichen kann und die Flüsse oft zwingt, aufwärts zu fließen. Solche Sturmfluten setzen flache Küstenländer weithin unter Wasser und gehören zu den verheerendsten Phänomenen.

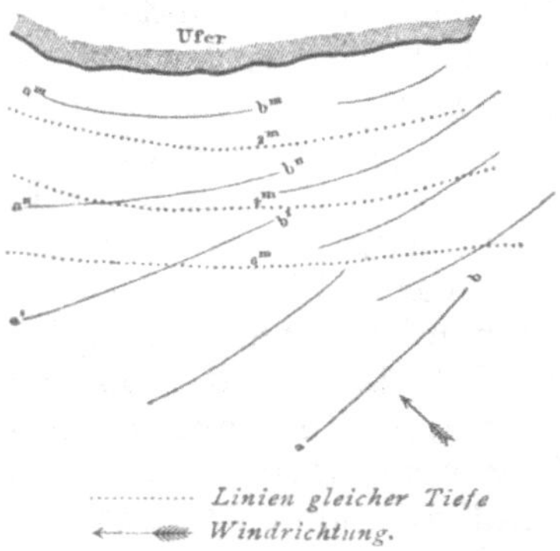

Fig. 58. Wellen am Ufer.

Seismische Flutwellen. Es ist durch zahlreiche Beobachtungen,

* Die Formel von Lagrange für flaches Wasser, in der der neue Faktor *P* = Wassertiefe auftritt, lautet: $C = \sqrt{gP}$. Airy berücksichtigt noch die Wellenhöhe *h* und hat $C = \sqrt{gP}\left\{1 + \frac{3}{2}\,\frac{h}{P}\right\}$.

besonders im äquatorialen Teil des Atlantischen Ozeans erwiesen, daß Schiffe plötzlich einen Stoß verspürten, als ob sie auf Grund aufgefahren wären, auch daß sie emporgehoben wurden und dann wieder einsanken, ohne daß der Meeresspiegel irgendwelche Veränderung erlitt. Wir haben es in diesem Fall mit Wellen zu tun, die sich vom Meeresboden nach oben durch die ganze Wassermasse fortpflanzen, und man darf annehmen, daß sich das Schiff grade über der Stelle befand, von dem das Seebeben, d. h. die Erschütterung des Meeresbodens ausging. Bei solchen Erschütterungen, die einen hohen Grad erreichen, kommt auch eine bemerkenswert weitreichende horizontale oder transversale Wellenbewegung zur Beobachtung, d. h. es treten an oft weit entlegenen Küsten seismische Flutwellen auf, die manchmal verheerende Wirkung haben. Von den Wind-

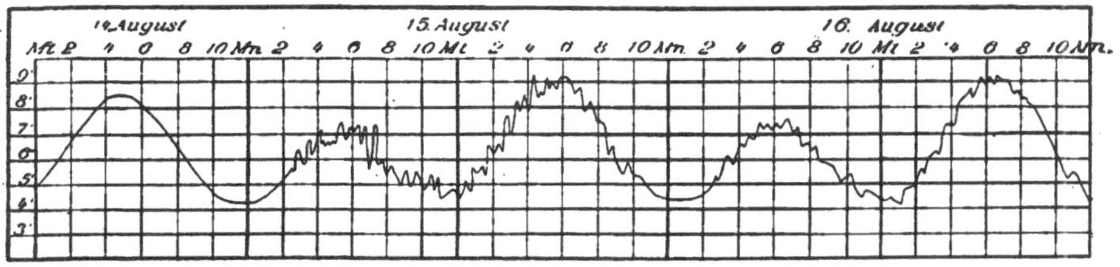

Fig. 59. Wasserstandsveränderungen in Sydney 14.—16. August 1868 nach den Aufzeichnungen des selbstregistrierenden Flutmessers. (Reduktion nach d. Taf. in den Sitz.-Ber. d. Wien. Akad. d. Wiss., Math.-nat. Kl. Bd. LX. 1869. Höhen in engl. Fuß.)

seen unterscheiden sie sich durch ihre Dimensionen; die Geschwindigkeit steigert sich auf 150—200 m/Sek. und darüber, die Länge auf 150 bis über 1000 km, die Periode erweitert sich auf eine viertel Stunde bis ein oder zwei Stunden, nur die Höhe ist verhältnismäßig gering und übersteigt nur ausnahmsweise die der Windseen. Dieser eigentümliche Charakter gestattet nicht mehr die Anwendung der Trochoidenformel; da die Wellenlänge die Wassertiefe sehr bedeutend übertrifft, so ist hier, wie im flachen Wasser, die Geschwindigkeit nach der Lagrangeschen Formel (S. 298) nur von der Tiefe abhängig. Bekannte Vorkommnisse dieser Art knüpften sich an die beiden peruanischen Beben von Arica (13. August 1868) und Iquique (9. Mai 1877); mehrere Wellen durcheilten den Pazifischen Ozean von Amerika bis nach Australien, im Jahr 1877 sogar bis zu den japanischen Inseln. Wir ersehen aus der Flutkurve von Sydney (Fig. 59), daß die vom Beben von Arica stammenden Flutwellen durchaus nicht mächtig genug waren, den Wechsel der Gezeiten zu unterdrücken, sondern nur als untergeordnete Störungen erscheinen, die der Kurve ein gezähntes Aussehen verleihen. Am 15. August nach 2 Uhr morgens begann die Wellenbewegung, gegen 7 Uhr trat die Hauptstörung ein: eine Welle von etwa $^1/_2$ m Höhe und einer Periode von 40 Minuten. Dann folgten bis zum 19. August noch etwa 170 Oszillationen. Bei dem schweren Messinabeben vom 28. Dez. 1908 wurden in der engen

Meeresstraße Flutwellen von 2,5—3 m in Messina, von 6—7 m in Reggio und sogar von 13 m bei Pellaro beobachtet; in Malta war die größte Amplitude nur noch 0,9 m. Das großartigste Ereignis dieser Art, das die Geschichte kennt, war die Krakatauwelle im August 1883. Sie folgte dem Ausbruch des Krakatauvulkans in der Sundastraße und überschwemmte nicht bloß verheerend alle benachbarten Küsten und machte sich im ganzen Umkreis des Indischen Ozeans bemerkbar, sondern trat auch in den Atlantischen Ozean ein, wo sie an so entfernten Orten, wie in Südgeorgien, an der Panamaenge und an der französischen Küste (Rochefort) von den Flutmessern verzeichnet wurde. Nicht der Vulkanausbruch als solcher ist dabei maßgebend gewesen, sondern die plötzlichen tektonischen Veränderungen im Meeresboden der Sundastraße. Vulkanausbrüche am Meeresboden bewirken, entgegen der früheren von E. Rudolph [5] vertretenen Anschauung, keine Flutwellen, sondern nur ein Aufwallen oder Hochschießen von Wasserstrahlen.

Stehende Wellen. Plötzliche Anschwellungen des Wassers an den Ufern ohne sichtbare Ursache kommen in Binnenseen aller Größen und in mehr oder weniger abgeschlossenen Meeresteilen häufig vor. Man nennt sie im Genfer See Seiches [6] — ein Name, der sich jetzt allgemein für diese Erscheinungen eingebürgert hat —, an der sizilianischen Küste Marrobbio, in Nordspanien Resaca, in den engen dalmatinischen Gewässern Gaiola usw. Soweit es sich um die Seiches der Binnenseen handelt, kann das Problem — dank besonders den Bemühungen Forels und Chrystals — als gelöst betrachtet werden. Rasche Veränderungen des Luftdruckes, plötzliche Windstöße von den Bergen herab, Stürme und andere gewaltsam, aber lokal wirkende atmosphärische Störungen rufen sowohl in der Längs- wie in der Querachse des Genfer Sees stehende Wellen hervor, eine eigentümliche Schaukelbewegung des Wassers, so daß das Niveau, während es an dem einen Ufer steigt, an dem entgegengesetzten fällt. Wird bei *B* in Fig. 60 ein plötzlicher Druck ausgeübt, so nimmt der Seespiegel (*A K B*) die Form *A' K B'*, dann die Form *A'' K B''* an, wie die Wasseroberfläche in einem Gefäß, das man bald auf die eine, bald auf die andere Seite neigt. Dieses Spiel kann sich stundenlang wiederholen. *K* ist der Ruhepunkt oder Knoten; die Mehrzahl der Seiches sind wohl einknotige (uninodale) Wellen von dem oben beschriebenen Typus, doch kommen auch zweiknotige (binodale) vor, bei denen sich der Spiegel *A C B* in *A' C' B'*, dann in *A'' C'' B''* usw. deformiert, ferner dreiknotige u. a. (vergl. S. 417 f.).

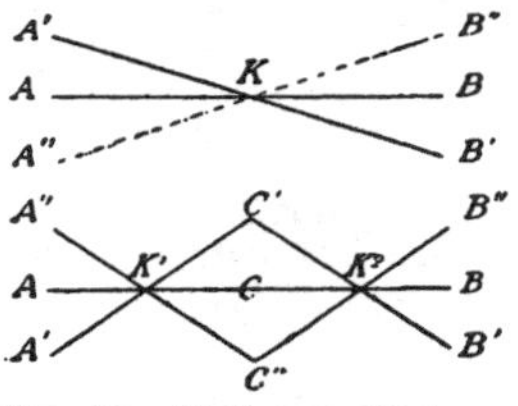

Fig. 60. Stehende Wellen.

Ob auch der sogenannte »Seebär« der Ostsee (Verstümmelung aus bare = Woge) zu den Seiches gehört, ist zweifelhaft; es treten an der Küste bis zu 1—2 m hohe Schwellungen plötzlich auf. Jedenfalls sind atmosphärische Einflüsse im Spiel [7].

Eine befriedigende Erklärung haben durch die Seichestheorie die rätselhaften Bewegungen im Euripus gefunden.[8] Nach den Wasserstandsbeobachtungen im Nordhafen von Chalkis treten zur Zeit der Mondviertel anstatt der regelmäßigen Gezeiten innerhalb 12 Stunden 8—9 Wellen mit einer Durchschnittshöhe von 5—6 cm und einer mittleren Periode von $1^h\,25^m$ auf; diese letztere stimmt, wie die Seichestheorie es verlangt, mit den Dimensionen des talantischen Euripus gut

Fig. 61. Aufzeichnungen des selbstregistrierenden Limnimeters bei künstlich erzeugten Seiches am Fischweiher nach Endrös. *a* einknotige, *b* dreiknotige stehende Wellen. 3/4 natürlicher Größe.

überein.* Im Südhafen sind die Niveauschwankungen permanent; man zählt in 12 Stunden 7—8 Wellen von 8 bis 18 cm Höhe und einer mittleren Periode von $1^h\,36.^m$ Der häufige Wechsel des Niveaus zwischen Süd- und Nordhafen bedingt dann den ebenso häufigen Wechsel der Stromrichtung.

Interne Wellen[9]. Mit diesem seltsamen Phänomen haben uns erst die Untersuchungen der letzten Jahre in den nordischen Gewässern bekannt gemacht, obwohl die Klagen der norwegischen Seeleute über das »Totwasser«, das ohne sichtbare Ursache den Gang des Schiffes

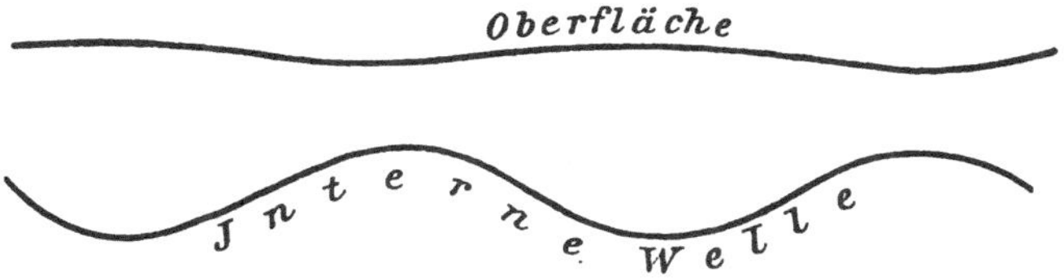

Fig. 62. Interne Wellen nach W. Ekman.

verlangsamt und die Steuerung unmöglich macht, schon alt sind. Auch in diesem Fall haben wir es mit echten Gravitationswellen zu tun, aber sie bewegen sich nur in den tieferen Meeresschichten und verraten sich durch einen deutlichen wellenförmig auf- und absteigenden Verlauf der Linien gleichen Salzgehalts und gleicher Temperatur. An der Oberfläche sind sie kaum merkbar, und das Tal befindet sich hier stets über dem internen Berg, der Oberflächenberg stets über dem internen Tal. Auch auf die internen Wellen findet die Theorie von Helmholtz Anwendung, denn sie treten nur dort auf, wo sich das Wasser durch rasche Temperatur- oder Salzgehaltsänderung deutlich schichtet, und

* Nach der Seichesformel ist die Schwingungsdauer (in Sekunden) $T = \frac{2L}{\sqrt{gP}}$; $L =$ Länge des Beckens (in m), $P =$ seine mittlere Tiefe (in m), g (Beschleunigung der Schwere) $= 9{,}81$.

Ober- und Unterschicht verschieden stark bewegt sind. Tritt eine plötzliche Störung des hydrostatischen Gleichgewichts ein, so nimmt ihre Trennungsfläche (wie bei den kapillaren Wellen der Oberfläche, vgl. S. 295) eine wellige Gestalt an. Auch interne stehende Wellen sind nachgewiesen worden, z. B. für den Gullmarfjord an der schwedischen Küste.

Literaturnachweise. [1] Außer O. Krümmel, Handb. d. Ozeanogr., Stuttgart 1911 vgl. v. Cornish, Waves of the Sea and other Water Waves; London 1910. [2] G. Schott, Wiss. Ergebnisse einer Forschungsreise zur See 1891 und 1892; Gotha 1893 (109. Erg.-Heft zu Pet. Mitt.). — [3] H. v. Helmholtz, Atmosphär. Bewegungen; Sitz.-Ber. Ak. Wiss. Berlin 1888—1889. Vgl. auch O. Baschin in Ztschr. Ges. f. Erdk. Berlin 1899, S. 408 ff. — [4] Graf Larisch, Sturmsee und Brandung, Leipzig 1925. — [5] E. Rudolph, zit. S. 283, Nr. [17]. — [6] Lit. über Seiches s. W. Halbfass, Vergleichende Seenkunde; Berlin 1923, S. 172 ff. — [7] R. Credner, Über den Seebär der westlichen Ostsee; Jahrbuch der Geographischen Gesellschaft in Greifswald 1887—88. B. Doss, Über ostbaltische Seebären; Gerlands Beiträge zur Geophysik, Bd. VIII, 1907. — [8] R. Sterneck in Sitz. Ber. Ak. Wiss. Wien, 125. Bd. 1916. — [9] V. W. Ekman, On Dead-Water; in F. Nansen, The Norwegian North Polar Expedition, Bd. V u. Krümmel unten Nr. 1.

Die Gezeiten.[1]

Das Meeresniveau ist einem periodischen Schwanken unterworfen, indem es innerhalb eines Mondtages von 24^h 50^m zweimal fällt und zweimal steigt. Der höchste Wasserstand (Hochwasser = H.W.) tritt ungefähr dann ein, wenn der Mond den Meridian des Ortes passiert hat (d. h. nach der oberen Kulmination) und nachdem er sich 180^0 davon entfernt hat (d. h. nach der unteren Kulmination), das Niedrigwasser = N.W. aber ungefähr zur Zeit des Mondauf- und -unterganges. Das Steigen des Wassers nennt man Flut, das Fallen Ebbe, beide Bewegungen zusammen Tiden oder Gezeiten; der Unterschied des Wasserstandes zwischen H.W. und N.W. heißt Tidenhub. Nachstehende Zahlen geben für 2 Tage in Cuxhaven sowohl die Zeiten des Monddurchganges und der H.W. und N.W. als auch die zugehörige Höhe des Wasserstandes über dem Nullpunkte des dortigen Pegels, endlich auch Flut- und Ebbedauer und die Tidenhube.

M. E. Z. *	Monddurchgang oberer (o) unterer (u)	H. W.		N. W.		Flut-dauer	Ebbe-dauer	Tiden-hub m
		Zeit	Höhe m	Zeit	Höhe m			
10. II. 1926	10^h22^m(o) $22^h\ 6^m$(u)	10^h45^m 23^h15^m	2.8 3.0	$5^h\ 0^m$ 17^h35^m	0,2 0.4	5^h45^m 5^h40^m	— 6^h50^m	2.6 2.4 2.6
17. II. 1926	3^h16^m(u) 15^h59^m(o)	4^h20^m $17^h\ 0^m$	3.3 3.0	11 15 23 30	— 0.3 — 0.2	— 5^h45^m	6^h55^m 6^h30^m	3.6 3.3 3.2

Nach 7 bürgerlichen Tagen hat man also Hochwasser ungefähr zu der Zeit, in der 7 Tage vorher Niedrigwasser war, und umgekehrt;

* M.E.Z. = Mitteleuropäische Zeit.

denn jeden Tag kommt der Mond 50 Minuten später durch den Meridian. Aus den angeführten Beispielen ersieht man ferner, daß die Zeitdauer von Ebbe und Flut nicht immer gleich ist — bei Cuxhaven im vieljährigen Mittel 6^h46^m und 5^h39^m —, und daß Hoch- und Niedrigwasser nicht immer den gleichen Punkt am Pegel berühren. Ebenso ändert sich der Hub; er war am 10. II. im Mittel 2,5 m, am 17. II. aber 3,4 m.

Theoretische Gezeiten. Nach Newtons Gravitationsgesetz üben alle Körper Anziehungskraft aus, die im geraden Verhältnis zu ihrer

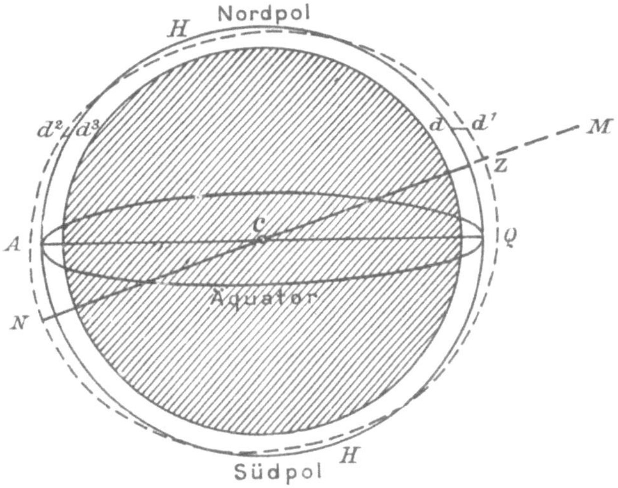

Fig 63. Erddurchschnitt zur Erläuterung der Entstehung der Gezeiten. (Mond 15° nördl. vom Äquator.)

Masse und im umgekehrten zum Quadrat ihrer Entfernung steht. So wird nicht bloß der Mond von der Erde, sondern auch die Erde vom Mond angezogen; und die Gezeitenbewegungen wären eine ebenso einfache wie regelmäßige Erscheinung, wenn die ganze Erdoberfläche von einem Meer von gleichmäßiger Tiefe bedeckt wäre, das den anziehenden Kräften sofort Folge zu leisten vermöchte. Fig. 63 stellt diesen Fall dar. Der Mond (M) befinde sich 15° nördlich vom Äquator, und es ist zunächst seine Wirkung auf den Erddurchmesser ZCN zu untersuchen. Da er 60 Erdradien von dem Mittelpunkt der Erde entfernt ist, so ergeben sich für seine Anziehungskraft folgende Maße:

$$\text{Für } C = \frac{1}{60^2} = 0{,}00027778$$

$$\text{„ } Z = \frac{1}{59^2} = 0{,}00028727$$

$$\text{„ } N = \frac{1}{61^2} = 0{,}00026875.$$

Die Unterschiede *Z*—*C* und *C*—*N* betragen 0,000 00949 bzw. 0,000 00903, sind also nahezu gleich groß und können dem Wert $\frac{2}{60^3}$ oder allgemein $\frac{2}{d^3}$ gleich gesetzt werden (wenn *d*, die Entfernung der Erde von dem fluterzeugenden Himmelskörper, in Erdhalbmessern ausgedrückt wird). Unter der Einwirkung des Mondes tritt im Durchmesser *Z C N* eine Streckung ein, indem *Z* ebensoweit von *C*, wie *C* von *N* entfernt wird; da aber der starre Erdkörper an dieser Streckung nicht teilnimmt, so entfällt das ganze Plus auf die Wasserhülle, und ihre höchste Erhebung über ihr früheres Niveau findet an zwei Punkten statt: an jenem, der den Mond im Zenit hat (*Z*), und an dem antipodischen Punkt (Nadir, *N*). Die fluterzeugende Kraft jedes Himmelskörpers ist also $= \frac{2}{d^3}$, d. h. sie ist umgekehrt der dritten Potenz seiner Entfernung, anderseits aber, wie die Anziehung, direkt seiner Masse proportional. Aber nicht bloß *Z* und *N* unterliegen der Anziehungskraft des Mondes, sondern auch die ganze übrige Wasseroberfläche wird nach *Z* und *N* hinübergezogen. In dem größten Kreis, der 90° von *Z* und *N* absteht (*H H*), tritt Niveausenkung ein, weil hier die Kraft gegen den Erdmittelpunkt wirkt, wie es das in Fig. 64 angegebene Kräftesystem für die Stellung des Mondes im Äquator zeigt. Das Endergebnis ist die Umformung der ursprünglichen Kugeloberfläche in ein Flutellipsoid, dessen größte Achse in die Ebene der Erd- und Mondmittelpunkte fällt *. Setzen wir die Maximalerhöhung des Wasserspiegels über das ursprüngliche Niveau = 2, so beträgt die Maximalerniedrigung unter jenes Niveau 1; dieser Unterschied erklärt sich daraus, daß sich die erstere nur auf zwei Punkte (*Z* und *N*) beschränkt, während die letztere längs des genannten größten Kreises stattfindet. Der absolute Wert der Maximalerhöhung ist aber gering, denn sie findet naturgemäß dort ihre Grenze, wo sich die Anziehungskraft des Mondes und die Schwerkraft der Erde das Gleichgewicht halten. Sie berechnet sich auf 375 mm, die Maximalerniedrigung somit auf 188 mm und die gesamte Hubhöhe auf 375 + 188 = 563 mm. In unserer Fig. 63 ist die Darstellung, um deutlich zu sein, enorm übertrieben; das Meer ist 200 mal zu tief und die Deformation durch die Mondflut 1 millionmal zu groß.

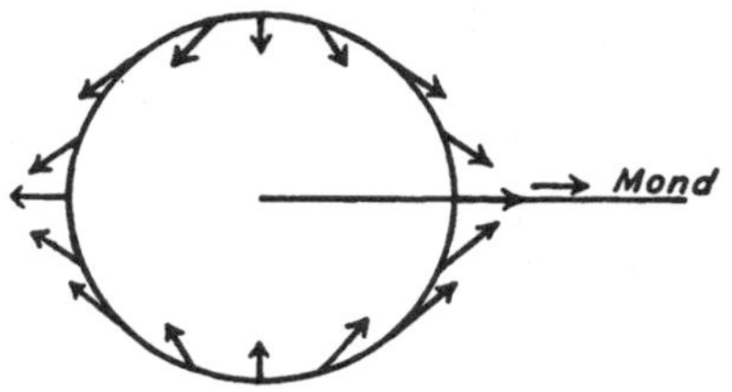

Fig. 64. Das System der Flutkräfte. (Mond im Äquator.)

* Eine ausführlichere und schärfere Ableitung der Flutkräfte s. z. B. bei Krümmel, Handb. d. Ozeanographie, II. Bd. S. 212 ff.; vgl. auch A. Prey [1]. Allgemein verständlich bei Bidlingmaier (nach Darwin), Ebbe und Flut, Inst. f. Meereskunde, Berlin 1908.

Dem scheinbaren Mondumlauf folgend, umkreisen nun in je $24^h\ 50^m$ einmal die 2 aus je einem H.W. und N.W. bestehenden Wellen die ganze Erde, d. h. jeder Ort hat, wie wir schon wissen, 2 mal H.W. und 2 mal N.W. Aus unserer Fig. 63 wird außerdem klar, daß das H.W. d—d^1 höher ist als das H.W. d^2—d^3 auf gleicher geographischer Breite. Da die Erde sich dreht, ergibt sich hieraus die tägliche Ungleichheit der um $12^h\ 25^m$ zeitlich voneinander abstehenden Hubhöhen; diese Ungleichheit verschwindet nur dann, wenn der Mond im Äquator steht.

Außer dem Mond übt nun auch die Sonne eine fluterzeugende Kraft aus, die aber um mehr als die Hälfte kleiner ist als die unseres zwar viele millionenmal kleineren, aber beträchtlich näheren Trabanten. Setzen wir nämlich die Masse der Erde = 1 und drücken wir die Entfernungen der beiden Himmelskörper in Erdradien aus, so verhält sich ihre fluterzeugende Kraft

$$\text{Mond} : \text{Sonne} = \frac{0{,}01235}{60^3} : \frac{328\,500}{23312^3} = 0{,}000000057 : 0{,}000000026 = 2{,}2 : 1.$$

Die Wirkung des Mondes auf die Gezeiten ist also 2,2 mal stärker als die der Sonne. Gleichwohl sind die von der Sonne bedingten 2 Gezeitenwellen, deren Periode 24^h beträgt, von großer Bedeutung, da sie sich den 2 Mondwellen mit der Periode $24^h\ 50^m$ überlagern, in einer von der wechselnden gegenseitigen Stellung beider Gestirne abhängigen Weise. Bei Neu- und Vollmond gehen Sonne und Mond gleichzeitig durch den Meridian; die Mond- und Sonnenflutwelle addieren sich: wir beobachten dann besonders hohe H.W. und besonders niedrige N.W. (Springtiden). Zur Zeit des ersten und letzten Mondviertels dagegen passieren die 2 Gestirne zu einer um rund 6^h verschiedenen Zeit den Meridian, das H.W. des einen Gestirns fällt mit dem N.W. des anderen zusammen, und die wirklichen Gezeiten sind gleich dem Unterschied der Mond- und Sonnentiden (Nipptiden oder taube Tiden). Innerhalb eines Monats erreicht also die Hubhöhe zweimal ihren höchsten und zweimal ihren niedrigsten Wert; die Übergänge zwischen diesen Extremen stellt Fig. 65 dar. Den Unterschied zwischen den Hubhöhen zur

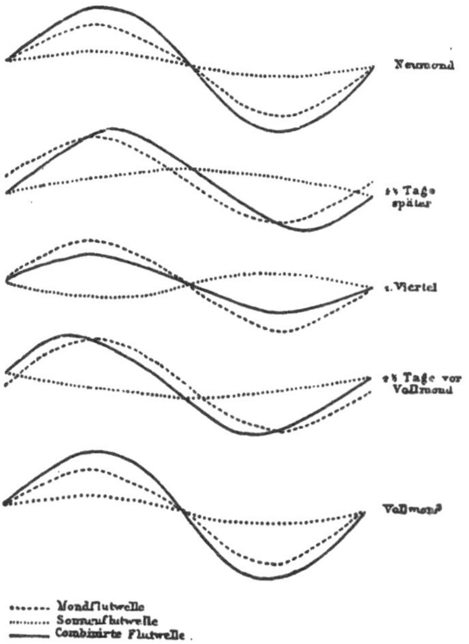

Fig. 65. Sonnen- und Mondwelle.

Zeit der Syzygien und Quadraturen nennt man die halbmonatliche Ungleichheit. Das Verhältnis des Springtidenhubs zum Nipptidenhub muß theoretisch $\frac{2,2+1}{2,2-1} = 3,2 : 1,2 = 100 : 40$ sein.

Wie die lunaren, so verschieben sich auch die solaren Flutwellen, aber nur zwischen $23^1/_2$ n. und s. Br. und dieser Wechsel vollzieht sich erst im Lauf eines Jahres. Endlich hängt die fluterzeugende Kraft beider Himmelskörper auch von ihrer wechselnden Entfernung von der Erde ab.

Fassen wir das bisher Gesagte noch einmal in Kürze zusammen. Die Hubhöhe und die Eintrittszeit des Hochwassers hängen ab: 1. von der Stellung des Mondes zur Sonne, 2. von der Deklination beider Gestirne, und 3. von ihrer Entfernung von der Erde. Die theoretischen Gezeiten ändern sich ferner mit der Breite. Am Äquator findet keine tägliche Ungleichheit statt, unter den übrigen Breiten aber nur dann nicht, wenn die Deklination von Mond und Sonne $= 0$ ist. Jenseits der Breiten 28° n. und s. Br. nimmt die Hubhöhe stetig gegen die Pole ab.

Wirkliche Gezeiten. Die Bedingungen, die die Gleichgewichtstheorie stellt, werden in der Natur nicht erfüllt. Die Trägheit gestattet dem Wasser nicht, den anziehenden Kräften sofort Folge zu leisten. Die Ungleichmäßigkeit der Meerestiefen erlaubt es ferner der Flutwelle nicht, mit dem scheinbaren täglichen Umlauf der Sonne und des Mondes gleichen Schritt zu halten. Von noch entscheidenderem Einfluß ist die Unterbrechung der ozeanischen Fläche durch Festlandsmassen, und die theoretischen Entwicklungen von Newton und Laplace, die von der Voraussetzung einer allgemeinen Meeresbedeckung ausgehen, haben insofern keinen praktischen Wert, als sich daraus für keinen Küstenpunkt die tatsächliche Hubhöhe und Eintrittszeit des Hochwassers rechnerisch ableiten lassen.

Die Hubhöhe entspricht im ozeanischen Gebiet nur an einigen landfernen Inseln annähernd den von der Gleichgewichtstheorie geforderten Werten, aber daneben gibt es wieder, anscheinend unter gleichen Verhältnissen, Inseln mit viel höheren Beträgen. So finden wir z. B. im Atlantischen Ozean folgende Höhen für die Springflut: Südgeorgien 0,7, St. Helena 0,9, Ascension 0,6, dagegen Madeira 2,1, Azoren 1—1,8 m. Im Großen Ozean bestehen ähnliche Gegensätze. Von wesentlichem Einfluß ist die Küstengestaltung. Besonders günstig für Verstärkung des Tidenvorganges erweisen sich dreieckige Buchten, deren Boden allmählich ansteigt, indem hier die Flutwelle an Höhe gewinnt, was sie an Breite verliert. So sind an der europäischen Küste der Bristolkanal und die Bai von St. Michel durch hohe Flutwellen (15,9 bzw. 11 m) ausgezeichnet, und in der amerikanischen Fundybai erreicht sogar der normale Hub 15—16 m. In trichterförmige Flußmündungen eindringend, wird die Vorderseite der Flutwelle besonders steil, so daß die Flut kürzer dauert als die Ebbe (s. Cuxhaven, S. 302).

Unter günstigen orographischen Verhältnissen entwickelt sich die imposante, aber gefährliche Flutbrandung * (Bore des Ganges, Mascaret der Seine vor ihrer Regulierung, Pororoca des Amazonenstroms; besonders großartig im chinesischen Tsientangkiang bei Hangtschou). In mächtiger Brandung stürzt sich das Wasser über die flachen Uferbänke, während in der Mitte des Stromes die Flutwelle als ungebrochener mauerartiger Wall aufwärts fortschreitet. Die Flutgrenze, an der die Gezeitenbewegung aufhört, ist die eigentliche Grenze zwischen Fluß und Meer; an ihr haben sich zahlreiche der bedeu-

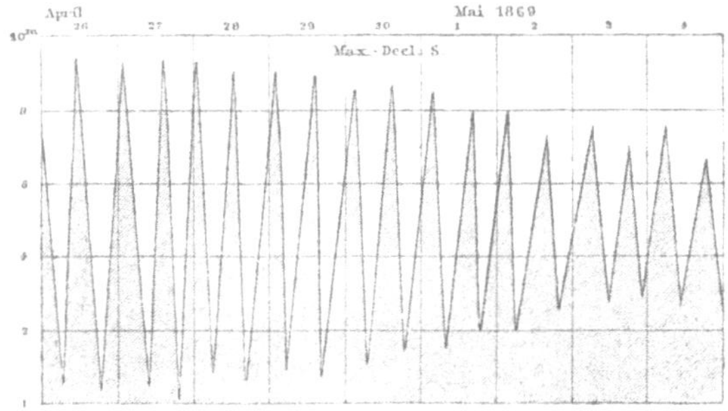

Fig. 66. Gezeiten zu Liverpool nach LENTZ[1].

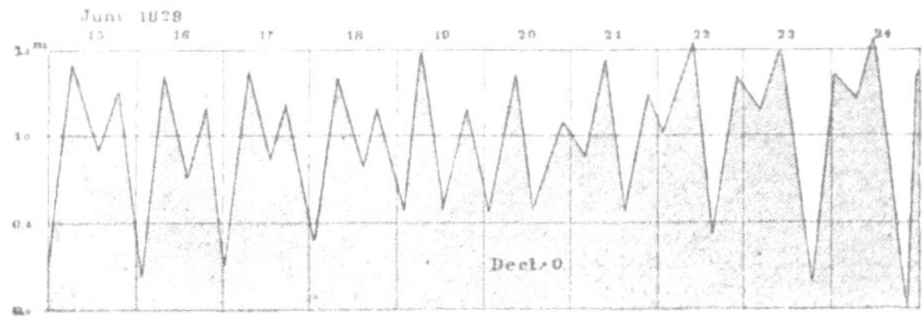

Fig. 67. Gezeiten zu Petropawlowsk nach LENTZ[2].

tendsten Handelsstädte entwickelt. Die Länge der Flußstrecke zwischen der Flutgrenze und der Mündung, des sogenannten Flußgeschwelles, beträgt z. B. bei der Weser 67, bei der Elbe 148, am Jangtsekiang 500, am Amazonas sogar 870 km.

In den Binnenmeeren ist die Hubhöhe so gering, daß man ihnen früher Gezeitenbewegung ganz abgesprochen hat; im Mittelländischen Meer sinkt sie z. B. von 1,2 m in Gibraltar auf 0,14 in Genua, 0,3 in Lipari, steigt aber in der Kl. Syrte bis fast 2 m. Am Eingang in die Ostsee beträgt sie noch 0,3 m, in Kiel nur 0,07 m und jenseits Rügen sogar nur einige mm, erhebt sich jedoch im Finnischen und Bottnischen Busen wieder bis auf 0,05 m. Bei Chicago am Michigansee erreicht die Springflut 0,07 m. Es muß übrigens betont werden, daß auch Stürme den Wasserstand wesentlich beeinflussen, indem sie Wasser zur Küste hintreiben (Wind-

* Auch Sprungwelle oder Stürmer genannt.

stau) oder von ihr entfernen; die beobachtete mittlere Hubgröße ist also nicht allein das Resultat der Gezeitenbewegung.

Auch die periodischen Veränderungen der Hubhöhe vollziehen sich nicht überall in gleicher Weise. So wächst z. B. im nordatlantischen Ozean die tägliche Ungleichheit an der amerikanischen Seite rasch nach S zu, und im Golf von Mexico ist die kleine Ebbe schon völlig verschwunden, und innerhalb 24 Stunden wechseln Flut und Ebbe nur einmal. Solche Eintagstiden haben auch die Golfe von Tongking und Siam und das Meer von Formosa bis Java und Sumatra. Im

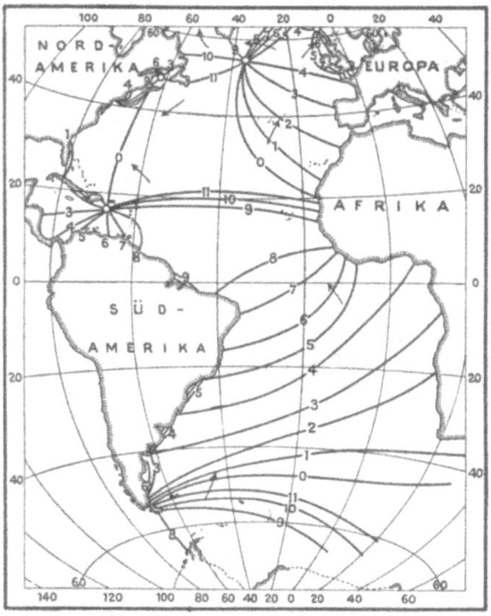

Fig. 68. Linien gleicher Hafenzeit (M.G.Z.) im Atlantischen Ozean.

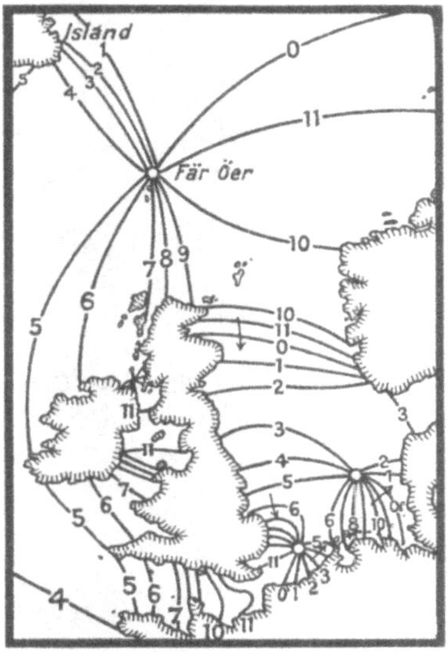

Fig. 69. Linien gleicher Hafenzeit (M.G.Z.) in der Nordsee.

nordpazifischen Ozean ist die tägliche Ungleichheit ebenfalls kräftig entwickelt, wie der Vergleich der Fig. 66 und 67 lehrt. Die halbmonatliche Ungleichheit ist an beiden Orten gut erkennbar, die tägliche ist aber in Liverpool (nordatlantischer Typus) kaum merkbar, obwohl der Mond am 1. Mai 1869 das Maximum der Deklination erreichte, dagegen sehr bedeutend in Petropawlowsk (nordpazifischer Typus), obwohl die Monddeklination am 21. Juni 1828 = 0 war.

Ebenso große Unregelmäßigkeit wie in bezug auf die Hubhöhe herrscht in bezug auf die Hafenzeit. Man versteht darunter die Uhrzeit des Hochwassers an den Vollmond- und Neumondtagen, also an jenen Tagen, an denen es eigentlich um 0^h eintreten sollte; sie schwankt zwischen $0^h\ 0^m$ und $12^h\ 25^m$ mittlerer Ortszeit, ist z. B. bei Cuxhaven im Mittel $1^h\ 14^m$. Auch Verfrühungen kommen vor. Reduziert man die Hafenzeiten auf eine gemeinsame, z. B. mittlere Greenwicher Zeit

(M. G. Z.), und verbindet für ein größeres Gebiet die Orte gleicher Hafenzeit durch sog. Flutstundenlinien (*cotidal lines*), so erhält man beispielsweise für den Atlantischen Ozean und die Nordsee das nachfolgende, im freien Ozean allerdings noch sehr unsichere Bild der Fig. 68 und 69. Wir erkennen im Südatlantischen Ozean ein recht regelmäßiges Fortschreiten der Eintrittszeiten der H.W. von Süd nach Nord, wir sehen auch, besonders in der Nordsee, Gebiete, in denen diese Linien speichenförmig rund um eine zentrale kleine Fläche verlaufen; das sind die sog. Amphidromien. Die Erklärung wird uns nachher (S. 311) beschäftigen.

Gezeitenströme. Mit den senkrechten Wasserstandsänderungen ist das Gezeitenproblem nicht erschöpft; verknüpft sind mit ihm stets auch horizontale, ebenfalls periodische, Wasserverschiebungen. Diese seitlichen Wasserverschiebungen sind sogar, das Gezeitenphänomen als Wellenvorgang betrachtet, das Wesentliche. Jedes Teilchen beschreibt eine geschlossene Bahn, indem die Wellenlänge viele tausend Kilometer beträgt, die Wassertiefe nur wenige km (Fig. 70). An den Küsten beobachtet man meistens zwei überwiegende, ungefähr um 180° einander entgegengesetzte Richtungen des Gezeitenstromes, jede von etwa 6 Stunden Dauer, jede um 50 Minuten später täglich einsetzend. Der eine, ganz oder teilweise mit dem steigenden Wasser zusammenfallende Strom heißt Flutstrom, der andere zur Zeit des sinkenden Wasserstandes auftretende Strom der Ebbestrom. Dazwischen liegt eine meist kurze Zeit, in der Stromstille (Stauwasser) herrscht und die Stromrichtung »kentert«. Dies ist die Sachlage in Flußmündungen, z. B. in Hamburg; in Cuxhaven fallen H.W.- und N.W.-Zeiten schon nicht mehr mit den Zeiten des Wechsels der Stromrichtung genau zusammen (Differenz 1½ Stunden), und in großen Teilen des Englischen Kanals findet der Wechsel der Gezeitenstromrichtung gerade bei Mittelwasser statt. Es widerspricht dies zwar der landläufigen Vorstellung, wonach der Flutstrom das H.W. bringt oder »bedingt«, der Ebbestrom das N.W., es ist aber gleichwohl der im freien Meere naturnotwendige Vorgang innerhalb einer fortschreitenden Welle. Schon der Verlauf der Flutstundenlinien (Fig. 68) legte den Gedanken nahe, daß im tiefen Atlantischen Ozean eine riesenhafte Gezeitenwelle von Süd nach Nord fortschreite, derart, daß der Abstand des Wellenberges (H.W.) vom Wellental (N.W.) einige 39 Meridiangrade beträgt; denn auf rund 47° s. Br. ist um 0^h M. G. Z. H.W., auf rund 8° s. Br. (Mitte zwischen Bahia und Monrovia) ist zu dieser Zeit N.W., weil hier das H.W. erst um 6^h M. G. Z. eintritt. In flacherem Wasser rücken dann die Flutstundenlinien enger aneinander, so im Englischen Kanal. Haben wir es aber mit fortschreitenden Wellen zu tun — ähnlich den Seebebenwellen (S. 299) —, so sind die Gezeitenströme nichts anderes als die hin und her gehenden Orbitalbewegungen in der außerordentlich flachen Ellipse der Gezeitenwellen, und das Kentern der

Stromrichtung muß bei m — m, d. h. bei Mittelwasser, stattfinden (Fig. 70), nicht bei H.W. oder N.W., wo vielmehr der Flutstrom, bzw. Ebbestrom jeweils am stärksten läuft.

Anders da, wo das Fortschreiten der Gezeiten ein Hindernis, ein Ende findet, also direkt an den Küsten und in Flußmündungen: hier bildet sich durch das Zurückwerfen der Welle nach entgegengesetzter Richtung eine stehende Welle, in welcher der Wechsel der Stromrichtung mit dem Eintritt von H.W. oder N.W. zusammenfällt, so z. B. in Hamburg.

Das Studium der Ebbe- und Flutströme, verbunden mit den Wasserständen, führt also zunächst zu der Vorstellung, daß im freien tiefen Ozean das Gezeitenphänomen vorwiegend den Charakter einer fortschreitenden Wellenbewegung hat, im flachen, küstennahen Gebiet den der stehenden Welle. Aber diese Meinung ist nicht unbestritten, wie wir gleich sehen werden (S. 311). Man muß von Fall zu Fall, von Ort zu Ort, die Eigenschaften der Gezeitenströme in ihrer Verbindung mit den Tidenhüben untersuchen, um zu entscheiden, ob stehende oder fortschreitende Wellen vorliegen. Unter allen Umständen ist jedoch sicher, daß stets die gesamte Wassermasse von der Oberfläche bis nahe dem Boden durch die periodischen Schwingungen erfaßt wird; hierin liegt der wesentliche Unterschied z. B. von den Windwellen.

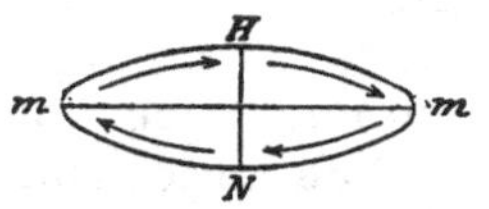

Fig. 70. Bahn der Wasserteilchen in der Flutwelle.

Wellentheorien auf terrestrischer Grundlage. Die S. 303 gegebene Theorie der Gezeiten sollte und konnte nur den kosmischen Ursprung der Vorgänge und die in Betracht kommenden Flutkräfte als solche behandeln. Die Gezeiten in ihrer geographischen tatsächlichen Ausbildung zu verstehen und womöglich in rechnerischer Analyse zu erfassen, ist das Bemühen mathematischer Geister seit vielen Jahrzehnten. WHEWELL [3] war der Erste, der die Flutstundenlinien, allerdings großenteils in reiner Phantasie, als die Kämme fortschreitender Flutwellen zeichnete. Auch war WHEWELL der Ansicht, daß die Südsee die eigentliche Geburtsstätte aller Gezeitenbewegung sei, und die Flutwelle erst von da aus in den Atlantischen Ozean eindringe. Aber diese Hypothese ist durch die Erfahrung widerlegt, daß nicht nur Binnenmeere, wie das Mittelländische, sondern auch von aller ozeanischen Verbindung abgeschlossene große Becken, wie der Michigansee, Ebbe und Flut, also eigene Gezeiten besitzen.

Einen bedeutsamen Fortschritt bezeichnete AIRYS [4] Kanaltheorie (1842), die uns zuerst den maßgebenden Einfluß der Reibung auf das Gezeitenphänomen würdigen gelehrt hat. In einem gleichmäßig tiefen Kanal erzeugt die Anziehungskraft des Mondes eine Welle von der Periode eines halben Mondtages und von der Länge eines halben Erdumfangs, die Höhe ist aber abhängig von der Tiefe des Kanals und steht zu dieser im geraden Verhältnis. Je nachdem der Kanal in einem größten

Kreis am Äquator oder in meridionaler Richtung, wie z. B. der Atlantische Ozean, verläuft, gestalten sich die Wellen verschieden; sobald sich an einer Stelle des Kanals die Breite oder Tiefe ändert, so daß die primäre* Welle verändert oder gehemmt ist, entsteht eine sekundäre * Welle von derselben Periode wie die primäre, aber von verschiedener Länge. Stets übertrifft die Wellenlänge in außerordentlichem Grade die Tiefe, so daß die Formeln für Seichtwasserwellen (LAGRANGE, S. 298) Geltung haben, also $C = \sqrt{g\,P}$ und $L = T\sqrt{g\,P}$.

Die Annahme solcher Kanäle ermöglichte mathematische Rechnungen, die besonders durch BÖRGEN[5] (1884) unter möglichster Anpassung an die wirklichen Formen der Meeresbecken weiter ausgebaut worden sind. WHEWELL, AIRY und BÖRGEN legen also fortschreitende Wellen zugrunde.

Es gibt aber auch eine ganze Reihe Forscher, zumal neuerer Zeit, die selbst die ozeanischen Tiden als großartige stehende Wellen analytisch zu erklären bemüht sind. Voran steht hierin der Amerikaner HARRIS[6]; er hat die Theorie der stehenden Gezeitenwellen auf das ganze Weltmeer ausgedehnt, indem er es in durchaus willkürlicher Weise in eine Reihe verschieden gestalteter Schwingungsgebiete zerlegte, die sich zum Teil nicht einmal einseitig an das Festland anlehnen, so daß — wie KRÜMMEL bemerkt — gerade die Grundbedingung aller Seichesentwicklung, die festen Wände fehlen. Damit soll aber nicht gesagt sein, daß stehende Wellen im Gezeitenphänomen überhaupt fehlen; sie können sich infolge von Interferenzen aus fortschreitenden Wellen entwickeln, wie u. a. THORADE[7] gezeigt hat, und örtlich sogar eine große Bedeutung gewinnen. Dieses im einzelnen nachgewiesen zu haben, ist als ein bleibendes Verdienst von HARRIS anzuerkennen. Außerdem geht auf HARRIS der Begriff der Amphidromie zurück. Wie diese Amphidromien in der Karte sich abbilden, lehrte uns Fig. 69. Wenn zwei stehende Wellen sich derart kreuzen, daß ihre Knotenlinien senkrecht oder doch unter größerem Winkel sich schneiden, so entsteht der speichenförmige Verlauf der Flutlinien um eine zentrale Fläche, die keinen Tidenhub aufweist, da ja im Knotenpunkte keine Wasserstandsänderung, wohl aber starker Gezeitenstrom auftritt. Dies wurde eine höchst fruchtbare Vorstellung für neuere Gezeitenarbeiten, z. B. durch die zwei österreichischen Forscher STERNECK[8] (seit 1913) und DEFANT[9] (seit 1919). Beobachtungen haben die Richtigkeit der Annahme bestätigt, daß in den Hoofden (südliche Nordsee) und westlich von Jütland, aber auch bei den Fär Öer solche Amphidromien vorhanden sind, ebenso in der nördlichen Adria u. a. Die gesamten Mittelmeer-Gezeiten sind heute auf stehende Wellen zurückgeführt, ebenso die des Roten Meeres u. a.

---

* Man nennt die primären Wellen auch gezwungene, weil sie unter der unmittelbaren Herrschaft der wellenerzeugenden Kraft stehen, die sekundären dagegen freie. Windseen sind z. B. gezwungene, Dünungen freie Wellen.

Interferenzen mehrerer Wellen spielen überhaupt zweifellos eine große Rolle. Dazu kommt endlich die immer deutlicher sich heraushebende Bedeutung der Erdrotation. Ihrem Einfluß ist es wohl zuzuschreiben, daß im südatlantischen Ozean das Westufer, im nordatlantischen das Ostufer die bedeutendere Hubhöhe aufweist. Noch entscheidender ist dieser Einfluß auf die Hubhöhen im Englischen Kanal, wo die französische Seite durchweg höhere Tiden aufweist als die englische.

Von einer befriedigenden Analyse des Gezeitenphänomens ist auch heute die Meeresforschung noch weit entfernt. Wesentliche Fortschritte sind erst dann zu erwarten, wenn wir durch Beobachtungen auf dem freien, tiefen Ozean die Gezeiten in ihrer dort wohl größten Einfachheit oder doch terrestrisch möglichst ungestörten Form studieren können. Dazu fehlen aber noch zum wesentlichen Teil die instrumentellen Voraussetzungen. Denn überaus schwierig ist es, ein Schiff über mehreren 1000 m-Tiefe zu verankern, noch schwieriger, den Tidenhub und den Tidenstrom daselbst einwandfrei zu bestimmen. Für die praktischen Bedürfnisse der Schiffahrt sind meist nur die Verhältnisse in Küstennähe von Bedeutung; sie sind für die wichtigeren Gebiete in den Gezeitentafeln [10] der verschiedenen Nationen und in Gezeitenstrom-Karten [11] genügend behandelt.

Literaturnachweise. [1] G. H. DARWIN, The Tides and Kindred Phenomena in the Solar System; 3. Aufl., London 1911, ausgezeichnete, auch für Nicht-Mathematiker verständliche Darstellung. (Unter dem Titel »Ebbe und Flut« übersetzt von A. POCKELS, Leipzig 1911). ALOYS MÜLLER, Elementare Theorie der Entstehung der Gezeiten; Leipzig 1906. Streng mathematisch ist A. PREY, Theorie der Gezeiten in PREY, MAINKA, TAMS, Einführung in die Geophysik S. 86—130; Berlin 1922. Die ausführlichste Analyse der wirklichen Gezeiten findet sich in O. KRÜMMEL, Ozeanographie (zit. S. 282), Bd. II. — [2] H. LENTZ, Flut und Ebbe; Hamburg 1879. — [3] WHEWELL in Philos. Transactions; London 1833, I. — [4] G. B. AIRY, on tides and waves; Encyclopaedia Metropolit. 1842. — [5] C. BÖRGEN, in Annal. d. Hydrogr. 1884, S. 305 ff. — [6] R. HARRIS, Manual of Tides; U. S. Coast Surv. Rep. 1900, 1904. — [7] H. THORADE, Die Gezeiten als stehende Wellen; Annal. d. Hydrogr. 1921, S. 100 ff. Vgl. auch denselben, Über Bewegung in fortschreitenden Flutwellen; ebenda 1920, S. 273 ff. — [8] R. STERNECK in Sitz. Ber. u. Denkschr. Wiener Akad. seit 1913; auch Annal. d. Hydrogr. — [9] A. DEFANT, ebenda seit 1919; auch Annal. d. Hydrogr. — [10] S. z. B. Deutsche Seewarte, Gezeitentafeln. Jährlich. Berlin, Mittler. — [11] Deutsche Seewarte, Atlas der Gezeitenströme für Nordsee, Kanal usw.; Hamburg 1925.

Die Meeresströmungen der Oberfläche.

Die eine dauernde Wasserverfrachtung bewirkenden Meeresströmungen im landläufigen Wortsinne (vergl. Taf. V) haben verschiedene Ursachen. Verhältnismäßig selten sind die Ausgleichsströmungen. Zwischen benachbarten Meeresteilen von ungleicher Dichte und entsprechendem Wasserstandsunterschied entwickelt sich eine Zwillingszirkulation, bestehend aus einem Oberflächenstrom, der von dem Gebiet geringerer nach dem höherer Dichte geht, und einem unterseeischen Ersatzstrom in entgegengesetzter Richtung. Zwischen beiden Strömungen liegt, nicht immer horizontal, eine bewegungslose Schicht. Ein atlantischer Ober- und ein mediterraner Unterstrom passieren die Straße von Gibraltar,[1] ebenso strömt vom Schwarzen Meer der Oberstrom durch Bosporus und Dardanellen zum Mittelmeer, der Unterstrom umgekehrt. Dagegen strömt das salzarme Ostseewasser oberflächlich durch die Belte und den Sund in das Kattegat und die Nordsee hinaus, und darunter finden wir in mäßiger Tiefe einen nach SO sich bewegenden Unterstrom. Das sind Vorgänge in Nebenmeeren, auf beschränktem Raum. Ob Ausgleichsströmungen dieser Art auch für die Oberfläche der offenen Ozeane in Betracht kommen, erscheint nach den Gefällsberechnungen von Zöppritz u. a. zweifelhaft.

Jedenfalls sind die Winde, insbesondere die großen Windsysteme der offenen Meere, unzweifelhaft die wesentlichste Ursache der Meeresströmungen. Darin sind alle Seefahrer und Gelehrten einig. Wir haben es deshalb im folgenden hauptsächlich mit den Triftströmungen oder Windtriften zu tun. Sehr lehrreich sind in dieser Beziehung die Beobachtungen auf dem deutschen Feuerschiff »Adlergrund« zwischen Rügen und Bornholm, die ersten Beobachtungen dieser Art von einem festen Punkt aus und in einiger Entfernung vom Land.[2] In 86 Prozent aller Fälle lief die Strömung mit dem Wind des betreffenden Tages, und der Einfluß des Windes erstreckte sich schon in kurzer Zeit bis 5 m Tiefe. Die Stromrichtung fiel aber nicht genau mit der Windrichtung zusammen, sondern wich im Durchschnitt um 28° nach rechts ab. Eine ebensolche Ablenkung hat Witting[3] auch auf den übrigen Feuerschiffen der Ostsee nachgewiesen. Dieser Punkt wird uns noch beschäftigen (S. 317).

Ozeanische Strömungen. Von den großen ozeanischen Strömungen, die im Haushalt der Natur eine so bedeutsame Rolle spielen, macht man sich, verführt durch schematisierende Kartenbilder, vielfach falsche Vorstellungen. Man muß sich vor allem der Meinung entschlagen, daß an bestimmter Stelle auf dem Meer nur bestimmte Stromrichtungen herrschen. Man kann in den meisten Fällen in einer und derselben Gegend zu verschiedenen Zeiten recht verschiedene Richtungen finden. In dem atlantischen Fünfgradfeld 45—50° n. Br. und 10—15° w. L. beobachtete man nach Krümmel in 538 Fällen, nach den Quadranten geordnet, folgende Strömungen: 35 Prozent SO-, 25 SW-, 24 NO- und 16 Prozent NW-Strom *. Hier kann also an der Oberfläche nicht von einer konstanten, sondern nur von einer vorherrschenden Stromrichtung gesprochen werden. Fast noch schwankender ist die Geschwindigkeit, und oft werden wir nur durch indirekte Anzeichen belehrt, daß die Wasserteilchen in einer bestimmten Richtung fortschreiten. Polare Eisberge werden in die gemäßigte Zone entführt;

* D. h. Strom nach SO, SW usf. Im Gegensatz zur Richtung der Winde bezeichnet man die der Meeresströmungen nach der Himmelsgegend, nach der sie fließen.

amerikanisches Treibholz gelangt nach Norwegen und zu den arktischen Inseln; Flaschen, die einen Zettel mit genauer Angabe der Stelle und Zeit des Aussetzens enthalten, werden an weit entlegenen Orten wieder aufgefunden.[4] Auch ist die Art der Temperatur- und Salzgehaltsverteilung im Meer ein sicherer Beweis für das Vorhandensein von Strömungen.

Auf dem offenen Meer ermittelt man die bei der Schiffahrt sehr wichtige Stromversetzung des Schiffes durch Vergleichung des aus dem Kurs und der Fahrgeschwindigkeit berechneten (»gegißten«) Standortes mit dem astronomisch bestimmten im Verlauf eines »Etmals« (Zeitraum von einem Mittag zum anderen). Folgendes Beispiel nach SCHOTT[5] wird uns über das Wesen dieser Bestimmung aufklären. Ein Schiff befindet sich an einem Mittag in O (Fig. 71), 31° 15′ n. Br., 136° 20′ ö. L. Am nächsten Mittag sollte es sich nach der Schiffsrechnung in A (29° 29′ n. Br., 134° 20′ ö. L.) befinden, ist aber, wie die astronomische Beobachtung zeigt, tatsächlich in B (29° 48′ n. Br., 134° 47′ ö. L.), wurde also während seiner Fahrt durch eine Strömung (*A B*) nach NO abgelenkt. Der Breitenunterschied *B C* beträgt 19′ oder 19 Seemeilen, der Längenunterschied *A C* 27′ oder (nach der mittleren Breite von *A* und *B* berechnet) 23 Seemeilen. In dem rechtwinkligen Dreieck *ACB* kann man also leicht berechnen 1. den Weg *A B*, den die Strömung in 24 Stunden zurückgelegt hat, oder ihre Geschwindigkeit, 2. den Winkel *A B C* = dem Winkel *a*, den die Stromrichtung mit dem Meridian (*N* S) einschließt. Im vorliegenden Fall ergibt sich als Stromversetzung *N* 52° O 30 Seemeilen pro Tag = 0,6 m pro Sek.

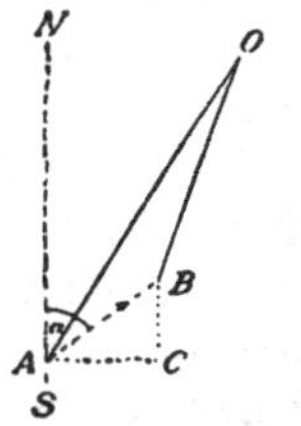

Fig. 71. Die Stromversetzung.

Diese Methode, die Stromversetzung zu bestimmen, leidet an Übelständen, denn das Resultat hängt ganz von der Zuverlässigkeit der Schiffsrechnung und der astronomischen Positionsbestimmung ab, liefert aber gleichwohl die weitaus wichtigste Unterlage aller Stromkarten, da bei den vielen Tausenden der Stromversetzungen die Fehler großenteils sich aufheben. Einige wenige Male, zuletzt vom »Meteor« 1925—27, sind durch Verankerung selbst auf 4—5000 m tiefem Meere unmittelbar die Strömungen gemessen worden; dazu gehören besondere Einrichtungen.

Es ergibt sich ferner die Forderung, die z. B. für den Indischen Ozean erfüllt ist,[6] Stromkarten der einzelnen Monate zu entwerfen, weil mit durchgreifenden periodischen Windänderungen auch die Strömungen sich ändern. Ja, selbst die unperiodischen Schwankungen müssen untersucht werden; die Strömungen z. B. in den nordwesteuropäischen Gewässern sind im August des einen Jahres vielleicht ganz anders als im August eines anderen Jahres, und es sind gerade diese Schwankungen für die Fischereierträgnisse besonders wichtig. Jede Beobachtung gilt zunächst nur für die Zeit, in der sie gemacht wurde; eine Zusammenstellung der Beobachtungen im Golfstrom vom 10. Mai bis 15. Juni 1904 zeigt wesentliche Veränderungen innerhalb weniger Tage[7].

Einen deduktiven Weg der Stromberechnung schlug zuerst MOHN[8] 1887 ein, indem er auf die Fundamentalsätze der Mechanik zurückgriff. Er berechnete die Druckverteilung innerhalb des europäischen Nordmeeres mit Hilfe der beobachteten Wasserdichte und leitete daraus mit Berücksichtigung des Einflusses der Winde und der Erddrehung die Meeresströmungen nach Richtung und Geschwindigkeit ab. Das gleiche Ziel verfolgt neuerdings V. BJERKNES,[9] der unter Benutzung von senkrechten ozeanographischen Schnitten der Dichte bzw. des spezifischen Volumens * die aus der Druckverteilung sich ergebenden Kräfte, insbesondere die Geschwindigkeiten, berechnet. SANDSTRÖM,[10] HELLAND-HANSEN,[11] WÜST[12] u. a. haben offenbar mit Erfolg diese dynamische Methode angewandt, sie kommt aber nur dann in Betracht, wenn auch Tiefwasserbewegungen mit untersucht werden.

Theorie. Die Jahrhunderte alte Erfahrung und Überzeugung aller Seefahrer von dem ursächlichen Zusammenhang zwischen Wind und Meeresströmung begründete theoretisch zuerst ZÖPPRITZ. In seiner 1878 erschienenen Abhandlung[13] gelangte er zu folgendem Ergebnis. »Nicht bloß die oberste, dem Winde ausgesetzte Schicht wird fortbewegt, sondern infolge der inneren oder molekularen Reibung im Wasser auch die darunter liegenden, allerdings mit abnehmender Geschwindigkeit. Bei genügend langer Dauer derselben Windrichtung ist der Strömung nach der Tiefe zu keine Grenze gesetzt; aber es sind z. B. 239 Jahre nötig, um in 100 m Tiefe die halbe Oberflächenschnelligkeit zu erreichen! Mit anderen Worten: die großen Meeresströmungen der Gegenwart sind das Produkt aller Winde, die seit ungezählten Jahrhunderten über die betreffende Gegend des Ozeans hinweggestrichen sind.«

Diese im Grundgedanken richtige Theorie enthält jedoch zwei ganz wesentliche Mängel, deren Beseitigung angebahnt zu haben F. NANSENS[14] Verdienst ist. W. EKMAN[15] hat in einer klaren Abhandlung die Sachlage einwandfrei geklärt. Erstens erfolgt, wie die physikalischen Untersuchungen von HELMHOLTZ u. a. erweisen, die Bewegung der einzelnen Wasserschichten bei Geschwindigkeitsunterschieden nicht parallel (laminar) zueinander, sondern unter Wirbeln und Wellen, es kommen »turbulente« Bewegungen zustande; die tatsächliche (virtuelle oder turbulente) Reibung wird viele tausend Male größer als die innere von ZÖPPRITZ benutzte, und dadurch pflanzt sich die halbe Oberflächengeschwindigkeit schon nach wenigen Stunden bis etwa 5 m Tiefe fort, in 1—2 Tagen bereits bis in größere Tiefe, wie es den Beobach-

* Spezif. Volumen $= \frac{1}{\sigma_t}$ (reziproker Wert der Dichte).

tungen entspricht (s. S. 313 »Adlergrund«). Aber wenn auch die Übertragung der Triftgeschwindigkeit zeitlich schnell erfolgt, so ist doch zugleich ihrer räumlichen Ausdehnung in die Tiefe eine Grenze gesetzt, eben, weil die Reibung so groß ist.

Zugleich greift die Erdrotation ein, die bekanntlich alle Bewegungen, einerlei, welche Ursache sie haben und welche Richtung sie verfolgen, ablenkt *, auf n. Br. nach rechts, auf s. Br. nach links; und

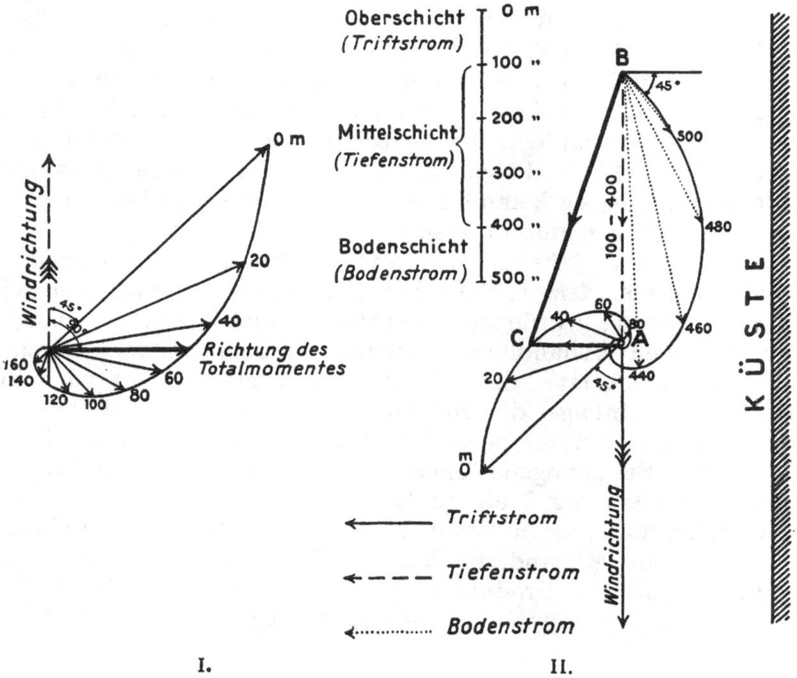

Fig. 72. System einer Meeresströmung auf n. Br. nach W. Ekmann. I: Triftstrom der Oberschicht. II: Triftstrom mit Tiefenstrom und Bodenstrom seitwärts einer Küste. Die Zahlen der schematischen Figuren geben nur die ungefähre Größenordnung der Tiefen an.

diese Ablenkung gilt immer von neuem, von Schicht zu Schicht, jede ist gegen die Richtung der darüber liegenden abgelenkt. Die Nichtberücksichtigung der Wirkung der Erdrotation war der zweite wesentliche Mangel der Zöppritzschen Auffassung.

So gelangte Ekman 1905 zu dem wichtigen Satz: im reinen Triftstrom nimmt mit der Tiefe die Geschwindigkeit in geometrischer Progression ab und die Ablenkung gleichmäßig zu, wie aus Fig. 72 I zu ersehen ist. Der unterbrochen ge-

* Durch die Erdrotation können, was doch ausdrücklich bemerkt sei, natürlich keine Meeresströmungen verursacht werden, so wenig wie Luftströmungen.

zeichnete Pfeil stellt die Windrichtung dar, die übrigen die Bewegung der 1., 2., 3. Schicht usw. nach Geschwindigkeit und Richtung. In einer gewissen Tiefe erreicht die Ablenkung 180°, d. h. die Bewegung erfolgt in der der Oberflächenströmung genau entgegengesetzten Richtung, und die Geschwindigkeit ist bis auf ein Minimum, etwa $^1/_{20}$ derjenigen in 0 m, herabgesunken. Hier endet der reine Triftstrom. Ekman nennt dieses Niveau die Reibungstiefe. Man hat nach einzelnen Beobachtungen Ursache, anzunehmen, daß diese Reibungstiefe in den äquatorialen Strömungen schon bei 100—150 m Tiefe liegt; selbst diese Strömungen besitzen also eine überraschend geringe Mächtigkeit. Keinesfalls reichen die Triftströmungen in beliebig große Tiefen, zumal die Reibungstiefe mit dem Sinus der geographischen Breite abnimmt. — Zu beachten ist ferner der konstante, von der geographischen Breite unabhängige Winkel zwischen der Windrichtung und der Triftstromrichtung von 0 m (nur in 0 m!) $= 45°$; die mittlere Stromrichtung aber (von 0 m bis zur Reibungstiefe gerechnet) oder das totale Moment des Triftstromes geht senkrecht zur Windrichtung.

Zu dieser in sich schlüssigen Theorie, die für ein unbegrenztes und unendlich tiefes Meer gilt, hat nun Ekman neuerdings [16] wichtige Ergänzungen geliefert (Fig. 72 II). Unmittelbar erfaßt zwar der Triftstrom der Oberschicht nur mäßige Wassertiefen, mittelbar aber reicht seine Wirkung bis zum Boden. Denn durch den Triftstrom wird — da es räumlich unbegrenzte Ozeane nicht gibt — stets ein Stau bewirkt, der einen Gradienten schafft, in unserer Figur 72, II senkrecht zur Küste. Es kommt dadurch vom Boden ab aufwärts zu einem Strombild ganz wie in der Oberschicht, das in einer unteren Reibungstiefe, etwa bei 400 m unseres Beispiels, übergeht in einen gleichmäßigen Tiefenstrom parallel zur Windrichtung (400—100 m). Grundsätzlich sind also drei Stockwerke zu unterscheiden, die Oberschicht des reinen Triftstromes, die Mittelschicht des Tiefenstromes, die Unterschicht des Bodenstromes. Reine Triftströme im strengen Sinne der Theorie dürften nur ganz ausnahmsweise vorkommen; was wir auf See beobachten an der »Oberfläche«, d. h. die Stromversetzungen einer mehr oder weniger starken Schicht, ist eine Kombination von Oberstrom und Tiefenstrom, also die Resultante aus AC und $AB = BC$. Der Winkel dieser Richtung BC mit der Windrichtung ist aber immer etwas kleiner als 45°. Es ist ein Irrtum, daß Ekman praktisch verlangt habe, die Richtung der terrestrischen Strömungen hätten einen konstanten Winkel von genau 45° mit dem Wind. Tatsächlich (s. z. B. »Adlergrund« S. 313) ist dieser Winkel häufig etwas kleiner gefunden. Es wird eine Aufgabe der Meeresforschung der nächsten Jahre sein, die Richtigkeit der Ekmanschen Anschauungen durch Beobachtungen zu prüfen. Wenn man bedenkt — was leider meist unterbleibt —, daß der Ozean im Vergleich zur Größe der Erde als Himmelskörper nur ein fast papierdünnes Häutchen darstellt, so wird man nicht zweifeln, daß eine Auswirkung der äußeren Kraftquelle oder auch anderer Triebkräfte bis zum Meeresboden in großen Tiefen sich erstrecken kann. Die horizontale Dimension des Meeresraumes ist ja stets ganz unvergleichlich größer als seine vertikale. In der Tat hat der weitere Ausbau seiner Theorie Ekman dazu geführt, daß auch die Bodengestaltung selbst in ozeanischen Tiefen von mehreren 1000 m einen verblüffend großen Einfluß auf die Richtung der Meeresströmungen ausüben muß; die Stromlinien scheinen sich den Isobathen anzupassen, z. B. im Golfstromgebiet bei der Neufundland-Bank.

Es ist endlich nachzutragen, daß die Gesamtheit dieser neuesten

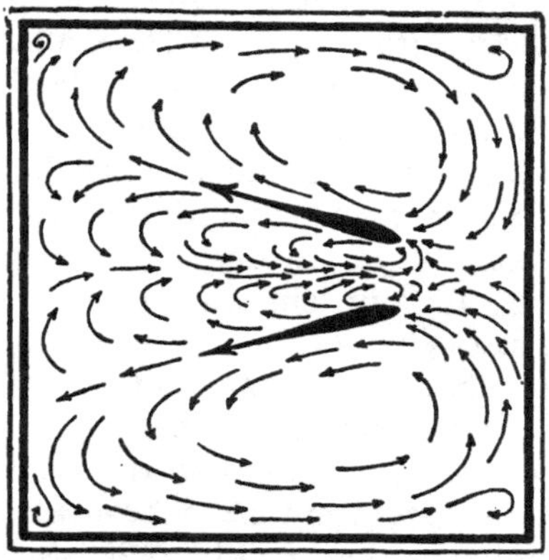

Fig. 73 a.

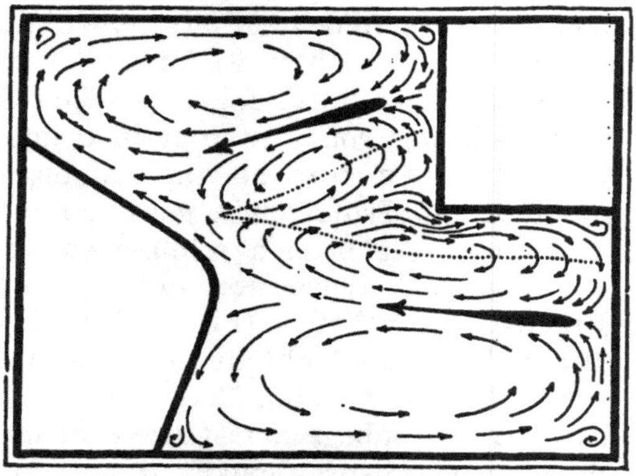

Fig. 73 b.

Krümmels Stromexperimente.

Anschauungen über das Wesen der Meeresströmungen homogenes, d. h. nicht durch Dichteunterschiede stark geschichtetes Wasser voraussetzt. In Meeren mit starker Schichtung, ferner in landumschlossenen kleineren Meeren kommen andere Bewegungen zustande, die wir nicht weiter verfolgen. —

Durchaus nicht überall sind die Meeresströmungen, die wir beobachten, Windtriften mit all den Eigenschaften im Sinne der Ekmanschen Theorie. Man kann mit Krümmel die durch den Wind an Ort und Stelle erzeugten Ströme auch gezwungene nennen. Infolge der ihm eigenen Bewegungsenergie setzt aber jedes Wasserteilchen seinen einmal eingeschlagenen Weg fort, solange die Reibung mit den ruhenden Wasserteilchen, die es ebenfalls in Bewegung setzen muß, seine Geschwindigkeit nicht aufgezehrt hat. Die durch einen bestimmten Wind, z. B. den Passat, erzeugte Bewegung kann sich also auch außerhalb seines Bereiches fortsetzen; diese Ströme nennt Krümmel freie. Das Wasser ist eine zusammenhängende, unelastische Flüssigkeit, die jeden Mangel an einer Stelle durch Zufluß von allen Seiten auszugleichen strebt. Der Satz des alten Va-

RENIUS: wenn ein Teil des Ozeans sich bewegt, so bewegt sich der ganze Ozean, gilt in seinem vollen Umfang. Hier knüpfte KRÜMMEL mit seinen ebenso einfachen wie sinnreichen Experimenten an. In dem viereckigen Wassergefäß in Fig. 73 a rufen die beiden Triftströme, die durch kräftige Pfeile dargestellt sind, ein ganzes System anderer Ströme hervor, die alle nach der Stelle hineilen, wo Wasser weggeblasen wurde: Kompensationsströme. Durch eingesetzte Blechwände lassen sich ähnliche unregelmäßige Ufergestaltungen erzielen, wie sie in der Natur vorkommen; Fig. 73 b gibt z. B. den Äquatorialausschnitt aus dem Atlantischen Ozean, und die Strömungen zeigen in der Tat eine überraschende Ähnlichkeit mit unserem Kartenbild auf Taf. V. Zu den Kompensationsströmen gehören auch die sog. Neere in den Winkeln zur Seite der Hauptströmung, die wir auch an lebhafteren Flüssen beobachten können. Das Wasser wird hier im Stromstrich in großer Menge fortgerissen und zum Ersatz fließt Wasser aus den Seitenbuchten talaufwärts. Wenn die Kompensation durch oberflächlichen Zufluß nicht ausreicht, steigt auch Wasser aus der Tiefe auf. Neerströme nach Westen werden z. B. in den flachen Buchten der Oberguineaküste (östlich Kap Palmas) häufig beobachtet.

Das System der Windströmungen enthält also im allgemeinen zwei Teile: 1. Ströme der direkten Wirkung, primäre oder Triftströmungen, wobei noch der gezwungene Stromteil vom frei fließenden unterschieden wird, und 2. Ströme der indirekten Wirkung, sekundäre oder Kompensationsströme, und es wird nun unsere Aufgabe sein zu zeigen, wie sich diese zwei bzw. drei Strömungsarten geographisch verteilen. Dazu kommen noch die etwaigen Gefällströmungen (S. 312/13). Außerdem hat man die Vorstellung aufzugeben, daß die Oberflächenströmungen immer in sich geschlossene Bewegungen sein müssen. Ober- und Tiefenströme können ineinander übergehen; an Konvergenzlinien sinkt das schwere Wasser unter, an Divergenzlinien steigt das leichtere auf. Unsere Karte kann wegen ihres kleinen Maßstabes nur ein schematisches Bild geben, und auch dieses bezieht sich im wesentlichen nur auf die kalte Jahreszeit der Nordhalbkugel. Die im Sommer des Nordens auftretenden Abweichungen hiervon sind nur für den nördlichen Indischen Ozean dargestellt (in dem Karton), weil sie hier umwälzender Natur sind.

Die auf den folgenden Seiten im Text bei den Strömungsnamen stehenden eingeklammerten Zahlen weisen auf die Zahlen der Karte (Taf. V) hin.

Nordatlantischer Ozean*. Den schlagendsten Beweis für die Trifttheorie liefert die Äquatorialzone der Ozeane. Ausgleichs- oder Gefällsströmungen müßten vom Äquator nach N und S fließen und

* Für den ganzen Atlantischen Ozean, aber nur für Februar, gab eine neuzeitliche gute Übersicht H. MEYER in Veröffentl. Inst. f. Meeresk. Heft 11; Berlin 1923.

nach O abgelenkt werden. Anstatt dessen fließen die nördliche (1) und die südliche (2) Äquatorialströmung nach W, etwa 30°—40° nach rechts von der Zielrichtung des NO-, ebensoviel nach links von der des SO-Passates. Mit den Passatgürteln verschiebt sich ihre Äquatorialgrenze; die der nördlichen Strömung zwischen 3° n. Br. im Februar und 13° n. Br. im August, die der südlichen zwischen 2° und 5° n. Br. in denselben Monaten. Ihre polaren Grenzen sind ebensowenig scharf ausgebildet wie die der Passate. Ebenso entspricht es der Anordnung der Winde, daß die südliche Äquatorialströmung in allen Monaten den Äquator überschreitet, und daß sie an mittlerer Geschwindigkeit die nördliche übertrifft. In der Kalmenzone fließt das Wasser fächerförmig sich ausbreitend nach O zum afrikanischen Gestade. Diese äquatoriale Gegenströmung, hier Guineastrom (3) genannt, ist eine Trift des SW-Monsun und zugleich eine Kompensationserscheinung von dem Charakter der Neerströme; je breiter der Zwischenraum zwischen den beiden Äquatorialströmen wird, desto mehr verschiebt sich ihre Wurzel nach W, von ungefähr 20° w. L. im Winter bis 40°, ja 50° w. L. im Sommer.

Über den weiteren Verlauf der nördlichen Äquatorialströmung und ihren Zusammenhang mit dem Golf- oder Floridastrom* haben die systematischen Untersuchungen der amerikanischen Marine seit 1883, die an verschiedenen Punkten von einem verankerten Schiff aus vorgenommen wurden, Licht verbreitet.[17] Am Kap San Roque teilt sich der südliche Äquatorialstrom, der nördliche Zweig vereinigt sich mit der nördlichen Äquatorialströmung, und beide fließen teils als Antillenströmung (4) an der Außenseite der großen Antillen nach NW, teils dringen sie durch die tiefen Passagen zwischen den kleinen Antillen in das amerikanische Mittelmeer ein. Dieser Zweig, die Karibische Strömung (5), läßt sich bis zur Straße von Yucatan verfolgen; ihre unmittelbare Fortsetzung ist der Golfstrom (6). Er trägt diesen Namen, weil man ihn früher hauptsächlich mit dem Wasser des Golfes von Mexico in Verbindung brachte, und Soley [18] ist neuerdings wieder für diesen Zusammenhang eingetreten. Aber alle wesentlichen Eigenschaften, insbesondere seine beträchtliche Mächtigkeit, stammen aus dem Karibischen Meer.

Die Floridastraße durcheilt der 70 km breite Golfstrom [19] mit der Oberflächengeschwindigkeit von 1,0—1,7 m in der Sekunde, die sich zeitweise bis auf 2,5 m steigert **; bis zum Boden nimmt die Bewegung bis 0 m (Stillwasser) ab. In den Ozean hinaustretend, nimmt er das Wasser des Antillenstromes auf und bewegt sich, durch tiefblaue Färbung und höhere Temperatur von der Umgebung im W scharf sich

* Der Name Floridastrom war bis Franklin (1772) allein üblich, Krümmel (1911) und neuerdings auch Wüst (1924) versuchen ihn wieder einzubürgern, weil man unter dem Namen Golfstrom vieles zusammenfaßt, was nicht streng zusammengehört.

** Rhein bei Mannheim 1,5, Donau bei Wien bei Hochwasser 1,9 m.

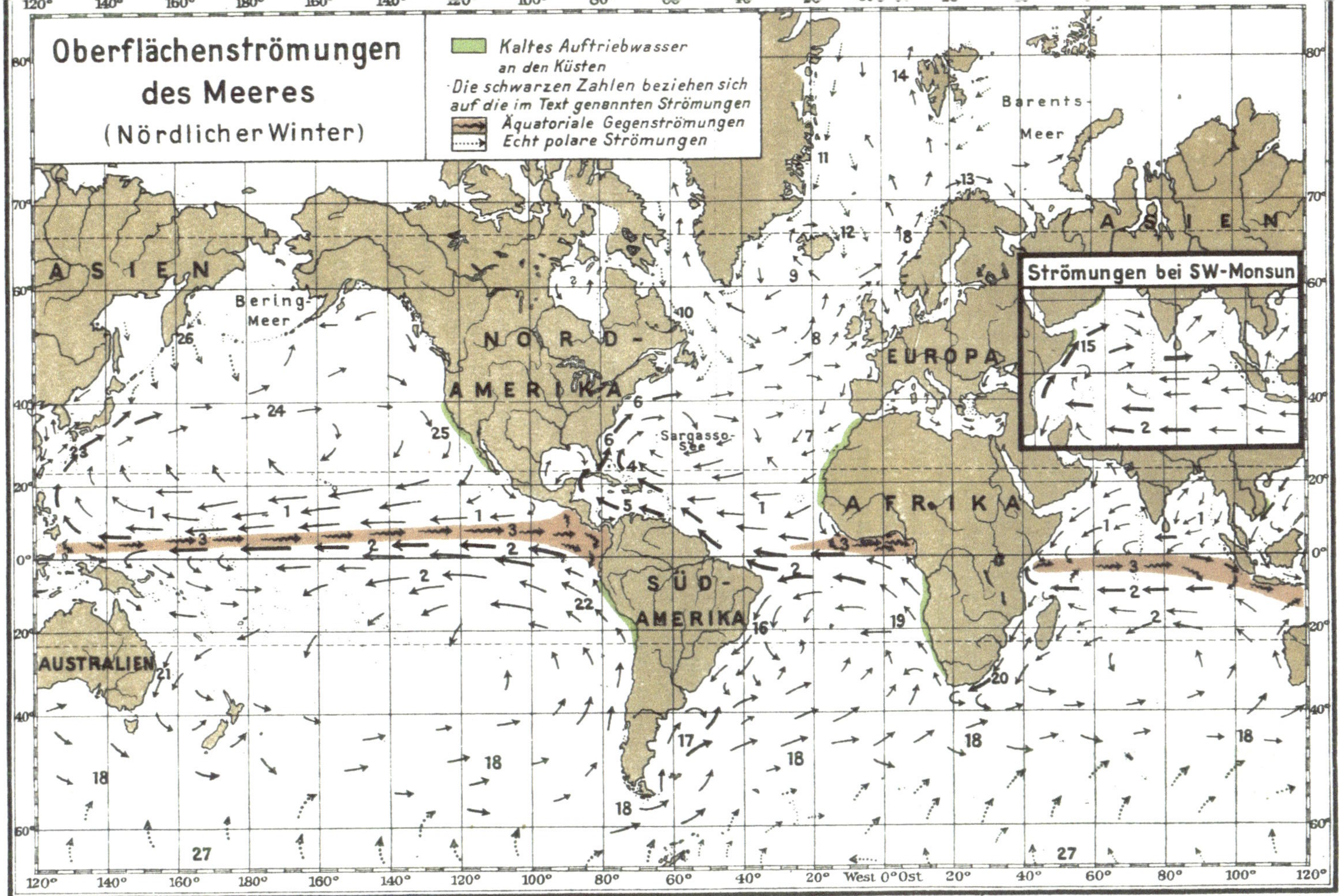

G. Schott. 1927.
Verlag von Walter de Gruyter & Co., Berlin
Druck von Georg Westermann, Braunschweig

abhebend, längs des nordamerikanischen Schelfrandes nach Kap Hatteras; von da ab entfernt er sich weiter vom Festland in östlicher Richtung, sich fächerförmig ausbreitend, wobei er in Streifen von verschiedener Temperatur zerfasert. In ungefähr 45° w. L. ist sein stromartiger Charakter fast ganz verschwunden. Noch unbeständiger und schwach ist seine südwärts gerichtete Fortsetzung westlich von der spanisch-afrikanischen Küste, der Canarenstrom (7), der seinerseits in die Passattrift des Nordäquatorialstroms überleitet. Man kann daher von einem gewissen subtropischen Stromring des nordatlantischen Ozeans sprechen. Innerhalb dieses großen Ringes breitet sich die Sargasso-See [20] aus, so genannt nach dem hin und her treibenden Bündeln des Sargassum-Krautes, einer selbständig vegetativ sich vermehrenden Hochseepflanze, die nur wenig Zufuhr durch westindisches, losgerissenes Kraut erhalten dürfte. Die Fläche, auf der in 10 und mehr Prozent aller Fälle dies Kraut gesichtet wird, ist nach Krümmel über 4 Mill. qkm groß. Etwas Ähnliches findet man nirgends sonst im Weltmeer. In dieser subtropischen Strommitte, die bis in große Tiefen hohe Temperaturen besitzt, liegen die Laichplätze des europäischen und amerikanischen Flußaales.[21]

Die Sargassosee fällt nicht mit dem Luftdruckmaximum zusammen. Schon das beweist, daß Wind und Strömung sich nicht völlig decken. Gezwungene Windtriften sind nur die beiden Äquatorialströmungen, ihr freier Ausläufer sind der Antillen-, der Karibische und der Golfstrom. Das mit der nördlichen Äquatorialströmung nach W abfließende Wasser wird ersetzt zum kleineren Teil durch die Canarische Strömung, zu größeren Teilen wohl aus der Tiefe. Reiner Kompensationsstrom ist die Guineaströmung.

Nördlich von ungefähr 45° Br. beginnt die Herrschaft der subpolaren Zyklone in der Gegend von Island, und ihr entspricht eine Wasserbewegung im entgegengesetzten Sinn des Uhrzeigers, der subpolare Stromring. Aber die Winde sind hier nicht mehr so beständig in Richtung und Stärke wie in der Passatzone, und die Meeresströmungen sind daher außerordentlich wechselnd und meist schwach (durchschnittlich unter 0,2 m in der Sekunde). Von der Oströmung in den mittleren Breiten des Ozeans löst sich in Richtung NO ein Stromzweig ab, der schlechtweg der Atlantische (8) genannt wird. Ohne Zweifel steht er mit dem Golfstrom in Verbindung — das bezeugen die westindischen Treibgegenstände, die man gelegentlich in den westeuropäischen Gewässern auffischt, das bezeugt auch die relativ hohe Temperatur, der Frankreich und die britischen Inseln indirekt ihr mildes Winterklima verdanken. In der Nähe des isländischen submarinen Rückens biegt ein Teil nach NW um und führt nun nach seinem Erforscher den Namen Irmingerstrom (9); er dreht von Islands Südküste weiter links nach SW zum Kap Farvel und lenkt in die Davisstraße ein. Er macht als relativ warmer westgrönländischer Strom die

Häfen nördlich 64—65° Br. zeitig eisfrei, während die südlichen Häfen von einem um Kap Farvel umschwenkenden ostgrönländischen Eisstrom noch blockiert werden. In der Davisstraße und Baffinbai wehen nördliche bis westliche Winde, und ihnen ist der von Nord kommende Labradorstrom (10) zuzuschreiben, der, eng an die Westküsten sich anlehnend, Ersatzströme aus den Meeresstraßen der polaramerikanischen Inselwelt heranzieht und zugleich die Eisberge Nordgrönlands südwärts verfrachtet, bis zur Neufundlandbank.[22] Die Entstehung dieses ganzen subpolaren Stromringes ist noch nicht recht klar, da er gegen den Sinn der ablenkenden Kraft der Erddrehung verläuft. Windtriften bilden wohl die Unterlage, auch Dichteunterschiede können mitwirken, worauf WEGEMANN hingewiesen hat. Auch über das Endschicksal des Labradorstroms sind die Ansichten noch geteilt. Ohne Zweifel stößt er bei der Neufundlandbank mit dem Golfstrom zusammen[23]; entgegen KRÜMMELS Anschauung dürften HELLAND HANSENS neue Forschungen[11] beweisen, daß sein zwar salzarmes, aber kaltes Wasser zum größten Teil untersinkend in der Tiefe weit, bis über 30° w. L., ostwärts gelangt, während nur kleine Teile oberflächlich westwärts fließen. Starke Wirbel begleiten den Zusammenstoß. Keinesfalls hat der Labradorstrom mit dem kalten Wasser an der Ostküste der Vereinigten Staaten Verbindung.

Im europäischen Nordmeer benutzt die Hauptmasse des atlantischen Wassers die tiefe Einsenkung zwischen dem Färöer-Plateau und dem britischen Schelf und fließt parallel mit der norwegischen Küste nach NNO. Sein Gegenstück an der grönländischen Seite ist der aus dem arktischen Becken kommende und nach S und SW sich bewegende, schon erwähnte Ostgrönländische Strom (11), der den Ostisländischen (12) Polarstrom nach SO entsendet und damit im S den Nordmeerring schließt. Dieser Ring entspricht der im N von Island lagernden Barometerdepression, und es wäre demnach auch diese Stromzirkulation in erster Linie ein Werk der Winde. Im einzelnen verzahnen sich nach der Darstellung von HELLAND HANSEN-NANSEN[24] noch weitere Ausläufer des warmen und des kalten Hauptstromes.

Die Atlantische Strömung läßt sich bis in die echt arktischen Gewässer hinein verfolgen. Der östliche Stromarm, der sog. Nordkapstrom (13), bewegt sich zuerst parallel mit der Murmanküste nach SO und dann nach O und endet im N der Petschorabucht.[25] Von einer Oströmung längs der sibirischen Küste, die man auch mit dem Atlantischen Strom in Verbindung gebracht hat, hat NANSEN[26] auf der »Fram«-Expedition nichts bemerkt; die manchmal im Spätsommer vorhandene eisfreie Rinne bis zum Jenissei und zur Lena verdankt man lediglich den großen sibirischen Flüssen. Der Hauptarm der Atlantischen Strömung wendet sich vielmehr nach jener Seite, wo sich die atlantische Tiefsee in das arktische Meer fortsetzt, d. h. westlich von Spitzbergen, wo er im Sommer, wenn auch meist von salzärmerem und daher leichterem

Polarwasser überflutet, bis über 80° n. Br. hinaus eine eisfreie Rinne schafft. Daß auch dieser Spitzbergenstrom (14) [27] noch mit dem echten Golfstrom in Verbindung steht, beweist u. a. der Fund einer Bohne der westindischen *Entada gigalobium* in 80° 8′ n. Br., 17° 40′ ö. L.

Die äußersten Ausläufer der Atlantischen Strömung werden wir später als Unterstrom wiederfinden. Unzweifelhaft folgt daraus, daß das nördliche Eismeer nicht bloß morphologisch, sondern auch hydrographisch ein Anhängsel des Atlantischen Ozeans ist. Aber auch die Polarströme stellen eine Verbindung her. Die Eismassen des arktischen Beckens finden nur einen einzigen Ausweg: durch die atlantischen Tore zu beiden Seiten von Grönland. Den Labradorstrom haben wir schon kennengelernt. Der Ostgrönländische Strom hat seine Wurzeln tief im innerarktischen Becken. Über dieses breitet sich das von den sibirischen und nordamerikanischen Flüssen herbeigeführte Wasser aus, das wegen seiner geringen Dichte ein höheres Niveau als der Atlantische Ozean einnimmt. Die Polarströme sind also z. T. Gefällsströme, aber auch die Winde haben einen Anteil daran. Supan hat die Hypothese aufgestellt, daß die östliche Hälfte des arktischen Beckens den größten Teil des Jahres hindurch von einem Rücken hohen Luftdruckes durchquert wird, der als Wind- und Strömungsscheide funktioniert und erheblichen jahreszeitlichen Verschiebungen unterworfen ist.[28] Die Framtrift hat diese Auffassung bestätigt; es gibt nordwestlich von den Neusibirischen Inseln eine Zone, wo die Stromrichtung zwischen W und O schwankt, westlich von 120° ö. L. gewinnt aber die Westtrift unter dem Einfluß östlicher und nördlicher Winde entschieden die Oberhand.

In den Gebieten nördlich von etwa 60° Br. ist es für Klima und Verkehr wesentlich, wie weit die warmen oder kalten Strömungen jeweils reichen. Das gilt z. B. für Island und Spitzbergen, auch für Norwegen, dessen Küsten durch den atlantischen Strom wie mit einem warmen Mantel umhüllt sind. Den Veränderungen von Jahr zu Jahr hat man erst in letzter Zeit Aufmerksamkeit geschenkt, und Pettersson [29], Meinardus[30], Nansen [31] u. a. haben daraus weitgehende Folgerungen gezogen. Es soll z. B. die Ernte in Norwegen um so ergiebiger ausfallen, je größer der Unterschied zwischen der Temperatur des Atlantischen Stromes an der Oberfläche und in 200 m Tiefe im Mai ist. Ja, selbst in Mittel- und Westeuropa soll die Witterung im Frühjahr hauptsächlich von der Intensität der nordatlantischen Zirkulation bedingt sein. Ist sie schwach, so findet sich im Frühjahr wenig Eis bei Neufundland, viel bei Island ein, die Temperatur steht in unseren Gegenden unter der normalen, und die Weizen- und Roggenernten fallen in der Regel schlecht aus. Eine starke Zirkulation ruft die umgekehrten Erscheinungen hervor. Jedenfalls sind die Eisverhältnisse bei Island[32], die als Hauptsymptom des gesamten meteorisch-hydrographischen Zustandes im nordatlantischen Gebiet gelten können, in hohem Grade periodisch.

Die übrigen Ozeane. Eine ähnliche Anordnung wie im nordatlantischen Raum finden wir mit einigen Modifikationen, die sich hauptsächlich aus der Küstengestaltung ergeben, auch in den übrigen Ozeanen wieder. Äquatorialströmungen mit jahreszeitlichen Verschiebungen beherrschen auch den Pazifischen Ozean zwischen 20° n. und 10° s. Br. eigentümlich ist hier nur die bandartige Ausbildung des Gegenstroms im Gegensatz zur keilförmigen im Atlantischen Ozean.[33] Den schlagendsten Beweis für die Triftnatur dieser Strömungen liefert der Indische Ozean, denn nur zur Zeit des NO-Monsuns gelangt das Äquatorialsystem zur vollen Entfaltung, und die ausnahmsweise Lage des Gegenstroms südlich vom Äquator entspricht genau der der Kalmenzone. Im nördlichen Sommer aber verschwinden mit dem NO-Passat auch Gegenstrom und nördliche Äquatorialströmung; der südliche Äquatorialstrom tritt dann an der afrikanischen Küste, wo er sich westlich von Madagaskar teilt, mit einem starken Zweige auf die nördliche Hemisphäre hinüber und verwandelt sich hier unter dem Zwang des SW-Monsus in eine nordöstliche Strömung. Dieser Somalistrom (15)[34] erreicht eine sekundliche Geschwindigkeit bis zu 2,8 m, die größte, die man bisher im Ozean beobachtet hat. Auch im Arabischen Meer und in der Bai von Bengalen fließt dann das Wasser ostwärts.

Dem subtropischen Stromring im nordatlantischen Ozean entspricht ein ähnlicher in der südatlantischen Hälfte.* Der südliche Arm der Äquatorialströmung fließt als Brasilstrom (16) vom Kap San Roque an der Küste von Südamerika entlang etwa bis zur Höhe des La Plata; er ist ein sehr schwächliches Abbild des Golfstromes. Ihm entgegen strömt vom Kap Hoorn der manchmal Eis führende Falklandstrom (17)[35], ein Gegenstück des Labradorstroms. Die Westwindtrift (18), dem nordatlantischen Strom vergleichbar, stellt eine zwischen 55° und 30° Br. sehr breit entwickelte Ostströmung dar. Auf der afrikanischen Seite geht der mächtige Benguelastrom (19), wesentlich nach W fließend, in den Südäquatorialstrom über. Im Indischen Ozean fehlt der nördliche Ring wegen Raummangels, um so regelmäßiger ist aber der südliche entwickelt. Der freie Ausläufer der Äquatorialströmung, der Agulhasstrom (20), trifft am südafrikanischen Schelf mit der kalten Ostströmung, der eben genannten Westwindtrift, zusammen und verzahnt sich mit ihr in eigentümlicher Weise, so daß das Meer hier aus wechselnden Bändern von kaltem und warmem Wasser besteht. Im Pazifischen Ozean schmiegt sich der südliche subtropische Stromring eng an die Windverteilung an; die Ostaustralische (21) freie Windströmung nach Süden hat Ähnlich-

* H. Meyer (s. oben S. 319 Fußnote) wendet sich gegen die Auffassung von einem geschlossenen Stromring. Er weist auf die stark unsymmetrische Ausbildung der Einzelteile hin, sicher sehr nützlich. Aber bis auf weiteres darf man z. B. bei der Westwindtrift im Hinblick auf deren beträchtliche Nordkomponente die Verbindung mit dem Benguelastrom nicht unterbinden.

keit mit dem Brasilstrom, der Peruanische oder Humboldtstrom (22) mit dem Benguelastrom. Im nördlichen Ozean sind der Kuroschio (23), der nordpazifische Verbindungsstrom (24) und der Californische Strom (25)[36] die Glieder eines subtropischen Ringes. Der Kuroschio ist der pazifische Golfstrom, steht aber seinem atlantischen Genossen an Mächtigkeit nach. Die asiatischen Randmeere nötigen ihn zur Zersplitterung; er bespült Formosa, die Liu-Kiu-Inseln und die Südküsten Japans.

Für die Entwicklung eines subpolaren Stromrings bleibt im nordpazifischen Ozean wenig Raum. Es fehlt die freie Verbindung mit dem arktischen Becken. Die Kamtschatka-Strömung, die als ein Ausläufer des Kuroschio annähernd der Atlantischen entspricht, existiert nur im Sommer und ist auch in dieser Jahreszeit schwach und veränderlich; im Winter wird sie durch die kalte, aus dem Beringmeer kommende Kurilenströmung (26) ersetzt.[37] Echte Polarströme fehlen; das Eis im Ochotskischen, Japanischen und Gelben Meer stammt von Ort und Stelle.

Ganz eigenartig sind die Stromverhältnisse im zirkumterranen Südmeer. Wie hier ein Ring von Westwinden die ganze Erde umspannt, so auch eine zusammenhängende Ostströmung, die nur an der südchilenischen Küste und durch Neuseeland zu Teilungen gezwungen wird. Charakteristisch ist eine nördliche Komponente (Generalrichtung ONO), die zweifellos auf Rechnung der Rotationsablenkung gesetzt werden muß. Auch ist ein Zusammenhang mit den Strömungen der höheren antarktischen Breiten unzweifelhaft, sonst könnten nicht die Eisberge soweit nach Norden vordringen. Rund um den südpolaren Festlandssaum herrschen Stromrichtungen nach NW (27) vor, die durch N in diese Ostströmung übergehen.

Als Schlußergebnis unserer Umschau können wir sicherlich feststellen, daß die Oberflächenströmungen der Meere zu einem ganz überwiegenden Teile gezwungene und freie Windtriften darstellen, wobei die Mitwirkung anderer Faktoren nicht ausgeschlossen wird. Hierzu gehört z. B. die Beteiligung von Tiefen- oder Auftriebwasser.

Das Auftriebwasser[38] (Taf. V). Daß polares Oberflächenwasser aus dem antarktischen Ozean längs der Westküsten der Festländer bis in die äquatoriale Zone gelangt, war lange Jahre eine traditionelle Vorstellung, die auf den Strömungskarten Ausdruck fand. Man kommt davon neuerdings mehr und mehr zurück. Allerdings sind, wie die Isothermen der Meeresoberfläche zeigen (vgl. z. B. Fig. 74 auf S. 328), innerhalb des tropischen Stromrings die Ostseiten kälter als die Westseiten, aber dies gilt auch für die nördliche Hemisphäre, obwohl wir doch bestimmt wissen, daß weder der Canarische noch der Californische Strom vom Pol kommen. Sie sind die Fortsetzungen der relativ warmen östlichen Verbindungsströme, verändern aber ihren thermischen Charakter, sobald sie sich aus höheren in niedere Breiten bewegen, insofern als sie dann im Vergleich zu ihrer Umgebung als kühl erscheinen. Auch der Salzgehalt spricht dagegen, da er z. B. im Peru- und Benguelastrom über 35‰ beträgt, während das antarktische Wasser höchstens 34 hat. Die große Ostströmung der Westwindtrift auf s. Br. genügt als Quelle.

Es gibt aber für die Westküsten zwischen 40° n. und s. Br. eine viel wirksamere Kältequelle: das aufsteigende Tiefenwasser. Nach einem allgemeinen Gesetz steigt im Rücken des Windes Wasser aus der Tiefe auf, um das vom Wind weggetriebene Wasser zu ersetzen. In der Passatzone liegen die kontinentalen Westküsten auf der Rückseite; eine Kompensation findet nicht nur oberflächlich von den Seiten her statt, sondern auch von unten. So leicht verständlich dieser Vorgang ist, so wenig wurde er beachtet, obwohl Witte schon 1871 und Dinklage 1875 darauf aufmerksam gemacht hatten. Vollgültige Beweise brachten erst die Beobachtungen an Küsten mit vorwiegend ablandigen Winden (Taf. V). Zur Zeit des Südwestmonsuns hat die Somaliküste auffallend kaltes Wasser, besonders zwischen Warschekh und dem Kap Guardafui; es findet sich auch im N und O der Insel Sokotra und an ein paar Stellen der arabischen Südküste. Bei Nordostmonsun, der auflandig weht, verschwinden diese kalten Zonen. An polares Wasser ist in allen diesen Fällen natürlich nicht zu denken.

Eine kalte Küstenzone zeichnet allgemein die Ostseiten der Passatmeere [39] aus, mit Ausnahme der westaustralischen. Krümmel erklärt die Ausnahme durch die geringe meridionale Ausdehnung dieses Festlandes, die das fortgeführte Meerwasser durch eine Strömung von NO her zu ersetzen gestattet. An der californischen Küste gelangt das Auftriebwasser nur im Sommer zur vollen Entwicklung, weil, wie Thorade [36] gezeigt hat, die Strömung nur in dieser Jahreszeit eine scharf ablandige Richtung einschlägt. In diese Kategorie gehört vielleicht auch der »kalte Wall« zwischen dem Golfstrom und der Ostküste der Vereinigten Staaten. Selbst abseits von den Küsten treten solche Kaltwasserflecke auf, wenn die Trift besonders kräftig entwickelt ist; im Pazifischen Ozean westlich von den Galapagos und im Atlantischen Ozean nördlich von Ascension im August kommt die Erscheinung sogar auf den Isothermenkarten der Oberfläche zum Ausdruck. Wahrscheinlich sind auch die Stromkabbelungen, heftige und geräuschvolle, wirbelnde Wasserbewegungen, auf Aufsteigen von Tiefenwasser zurückzuführen. Es ist übrigens nicht notwendig, daß der Wind genau ablandig ist, um Auftriebwasser hervorzurufen, da ja die mittlere Richtung der Windtrift (das totale Moment, S. 316) um 90° von der Windrichtung abgelenkt ist; an der Küste von Deutsch-Südwestafrika weht der Passat aus S bis SSW, die Strömung setzt aber nach NW bis WNW.

In seinen klimatischen Eigenschaften und Wirkungen unterscheidet sich das kalte Auftriebwasser nicht von kalten Oberflächenströmungen. Es erzeugt ein ziemlich gleichmäßiges Küstenklima, indem es besonders die Sommertemperatur stark herabsetzt; es hüllt die Gestade in dichte Nebel, während es gleichzeitig die Regenbildung hindert. Daher stammt der wüstenhafte Charakter der betroffenen Küstenstrecken. Wie alles kühlere Meerwasser, beherbergt es auch eine ungeheure Planktonfülle, die eine reiche Fischfauna ernährt. Das »Dunkelmeer« an der afrikanischen Nordwestküste ist ein ergiebiger Fischereigrund ähnlich wie die Neufundlandbank.

Literaturnachweise. [1] G. Schott, in Annal. d. Hydrogr. 1915, S. 71. A. Merz in Verhandl. 20. Deutsch. Geogr. Tag, Leipzig 1921, S. 145. — [2] L. E. Dinklage, in den Annal. d. Hydrogr. 1888, S. 1. — [3] R. Witting, ebenda 1909, S. 193. — [4] G. Schott, Die Flaschenposten im Archiv der Deutschen Seewarte 1897, Bd. XX. — [5] G. Schott zit. S. 302, Nr. [2]. — [6] Deutsche Seewarte, Die Meeresströmungen des Indischen Ozeans. Ein Atlas von 24 Tafeln. Hamburg 1913. Hydrographic Office of the Admiralty in London, Monthly Current Charts for the Indian Ocean, 1896; Monthly Current Charts for the Atlantic Ocean, 1897; Quarterly Current Charts for the Pacific Ocean, 1897. Für den indischen Ozean s. auch die vom niederländischen meteorologischen Institut herausgegebenen Monatskarten unter dem Titel »Waarnemingen in den Indischen Ocean«, 1908—1914. — [7] In den Annal. d. Hydrogr. usw., 1905, S. 314. — [8] H. Mohn, zit. S. 294, Nr. [4]. Nach dieser Methode haben G. Wegemann die Oberflächenströmungen des nordatlantischen Ozeans nördlich von 50° n. Br. (Archiv der Seewarte XXII, 1899), G. Castens die Strömungen des Atlantischen Ozeans (Kiel 1905) und W. Wissemann die Oberflächenströmungen des Schwarzen Meeres (Annalen d. Hydrographie, 1906) bearbeitet. — [9] V. Bjerknes, Dynamische Meteorologie und Hydrographie; Braunschweig 1912. — [10] W. J. Sandström in Canadian Fisheries Expedition, Ottawa 1918. — [11] Helland Hansen, The Eastern North Atlantic; in Geophys. Public. vol. IV, Nr. 2, Oslo 1926. — [12] G. Wüst, Floridastrom; Veröff. Instit. f. Meereskunde, Berlin 1924. — [13] K. Zöppritz, Zur Theorie der Meeresströmungen; Annalen der Physik, 1878, Bd. III. — [14] F. Nansen, Die Ursachen der Meeresströmungen; Petermanns Mitteilungen 1905. — [15] W. Ekman, Theorie der Meeresströmungen; Annal. d. Hydrogr. 1906, S. 426 ff. — [16] Derselbe, in Arkiv för Matematik, K. Svenska Vetensk. Akad. Bd. 17, Nr. 26, Stockholm 1923; auch H. Thorade in Annal. d. Hydrogr. 1925, S. 21, 33. — [17] J. E. Pillsbury, The Gulf Stream; Report der U. S. Coast and Geodetic Survey für 1889—90; Washington 1892. — [18] J. S. Soley in den Annalen der Hydrographie usw. 1907, S. 84. — [19] s. G. Wüst unter Nr. 12. — [20] O. Krümmel, Die nordatlantische Sargassosee; Petermanns Mitteilungen 1891. O. Winge, Danish Oceanogr. Exped. 1908—1910; vol. 3, 1923. E. Hentschel in Schott, Geographie des Atlant. Ozeans; Hamburg 1926. — [21] Joh. Schmidt, in Internat. Revue d. Hydrobiologie Bd. 11, 1923. — [22] L. Mecking, Die Eistrift aus dem Bereich der Baffinsbai; Berlin 1906. — [23] G. Schott, Die Gewässer der Bank von Neufundland; Petermanns Mitteilungen 1897. — [24] B. Helland-Hansen u. F. Nansen, The Norwegian Sea; Fisher. Investig. vol. II, S. 9, Kristiana 1909. — [25] L. Breitfuss, Ozeanographische Studien über das Barentsmeer; Petermanns Mitteilungen, 1904. N. Knipowitsch, Annal. d. Hydrogr. usw., 1905. — [26] F. Nansen im 3. Bde. von The Norwegian North Polar Expedition, 1893 bis 1896; London 1902. — [27] B. Helland-Hansen und F. Nansen, The Sea West of Spitzbergen; Kristiania 1912. — [28] A. Supan, Die arktische Windscheide; Petermanns Mitteilungen, 1891. — [29] O. Pettersson, Über die Beziehungen zwischen hydrographischen und meteorologischen Phänomenen; Meteorologische Zeitschrift 1896. — [30] W. Meinardus, Über Schwankungen der nordatlantischen Zirkulation und damit zusammenhängende Erscheinungen; Meteorologische Zeitschrift 1905. — [31] F. Nansen s. unter Nr. 24. — [32] W. Meinardus, Periodische Schwankungen der Eistrift bei Island; Annal. d. Hydrogr., 1906. — [33] C. Puls, Oberflächentemperatur und Strömungsverhältnisse des Äquatorialgürtels des Stillen Ozeans; Archiv der Deutschen Seewarte, Bd. XVIII, 1896. — [34] S., das Kartenwerk der Seewarte unter Nr. 6. — [35] J. Klaehn in den Annal. d. Hydrogr. usw., 1911. — [36] H. Thorade, die Californische Meeresströmung; Annal. d. Hydrogr. 1909. — [37] B. Schulz, Die Strömungen und die Temperaturverhältnisse des Stillen Ozeans n. von 40° N; ebenda 1911. — [38] A. Puff, Das kalte Auftriebwasser; Marburg 1890. — [39] G. Schott im Valdivia-Werk, I. Bd., S. 121 ff., Jena 1902.

Die Temperaturverteilung im Meere[1].

Die Oberflächentemperatur des Meeres. Die Oberflächentemperatur des Meerwassers ist im allgemeinen etwas höher als die der untersten Luftschichten, und zwar über warmen Strömungen stets und im Winter auch meist über kalten[2]*. Das Meer gibt also Wärme an die Atmosphäre ab, wobei die große Wärmekapazität des Wassers wesentlich ist. Genügt doch die Temperaturerniedrigung eines cbm Wassers um 1°, um die Temperatur von 3000 cbm Luft um 1° zu erhöhen**. Die Luftisothermen haben überall das Bestreben, sich möglichst eng den Wasserisothermen anzuschließen; die letzteren (Fig. 74) hängen aber, außer von der geographischen Breite, auch von der horizontalen und vertikalen Wasserzirkulation ab. Daher ist zwischen ungefähr 40° n. und 40° s Br. das Meer im Osten meist kälter und jenseits dieser Parallelen wärmer im Westen. Die Mächtigkeit der Atlantischen Strömung verrät sich durch die weit nach Norden geschwungenen Isothermen, und das Zusammenrücken der Wärmelinien an der Neufundlandbank ist ein Werk der Labradorströmung. Für alle Ozeane gilt, daß die nördlichen Partien wärmer sind als die entsprechenden südlichen.*** Dieser Gegensatz ist in letzter Linie eine Folge der Verteilung von Land und Wasser: polwärts von 40—50° s. Br. ist nur wenig Land, so daß das

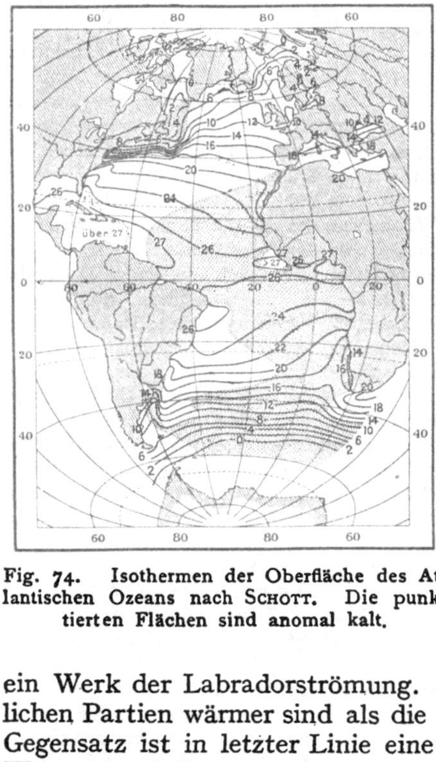

Fig. 74. Isothermen der Oberfläche des Atlantischen Ozeans nach SCHOTT. Die punktierten Flächen sind anomal kalt.

* Als Mittel der Differenz Luft minus Wasser aus je vier Beispielen können angeführt werden:

	Winter	Frühling	Sommer	Herbst	Jahr
Warme Strömungen	— 2,1°	— 0,9°	— 0,3°	— 1,7°	— 1,3
Kalte ,,	— 0,4	+ 0,3	+ 0,6	+ 0,1	+ 0,05

** Vgl. S. 124 Fußnote.

*** Mittlere Oberflächentemperatur des ganzen Weltmeeres nach KRÜMMEL:

Breitenzone	90—80	80—70	70—60	60—50	50—40	40—30	30—20	20—10	10—0	Mittel 90—0
n. Br.	— 1,7	— 1,0	3,1	6,1	11,0	18,9	23,9	26,5	27,3	19,3
s. Br.	—	— 1,7	— 1,4	3,0	9,8	17,0	21,7	25,1	26,4	16,0

Ähnlich in den einzelnen drei Ozeanen.

antarktische Meer weit nach N frei wirken kann. Auch tritt Tropenwasser an der Oberfläche von s. Br. nach n. Br. über, nicht umgekehrt (S. 320).

Die tägliche und jährliche Schwankung der marinen Oberflächentemperatur [3] bewegt sich innerhalb beträchtlich engerer Grenzen als die der Lufttemperatur, einmal wegen der hohen spezifischen Wärme des Wassers, und dann, weil durch die Wellen in turbulenter oder ungeordneter Bewegung die verfügbare Wärme der obersten Schicht schnell in die Schichten darunter geführt wird[4]. Die absoluten Extreme liegen zwischen — 2° und + 36° (Persischer Golf, August). Man vergleiche damit die absolute Schwankung der Lufttemperatur, die nahezu 100° erreicht! Verschiedene Gesetze beherrschen auch die geographische Verteilung der jährlichen Schwankung der Luft- und der Meerestemperatur. Während die erstere auf dem Meer vom Äquator gegen die Pole zunimmt, steigt die letztere nur bis ungefähr 40° Br. und nimmt dann polwärts wieder ab. Die verhältnismäßig große Schwankung über 7—8° in den Roßbreiten der offenen Meere schreibt Schott der geringen Bewölkung und der schwachen Luftbewegung zu, die den jährlichen Wechsel der Sonnenstrahlung zur vollen Geltung gelangen läßt. Die tägliche periodische Schwankung beträgt nach Meinardus in den Tropen etwa 0,6°, in hohen Breiten nur 0,1°.

Berechnet man die Mitteltemperatur des Wassers der einzelnen Breitenkreise und bestimmt dann die örtliche Temperaturanomalie (s. Fig. 74 die punktierten Flächen), so ist nördlich von 30° n. Br. der Atlantische Ozean zu warm; im Bereich des Golfstroms und der Atlantischen Strömung hat man mit + 5° die höchsten Werte der positiven Anomalie, die überhaupt auf dem Meer vorkommen. Zwischen 30° n. und 30° s. Br., also in der Tropenzone, ist dagegen der Atlantische Ozean auf der afrikanischen Hälfte bis um mehr als — 5° zu kalt[5].

Tiefentemperaturen im Meerwasser. In zwei Punkten unterscheidet sich hinsichtlich seines thermischen Verhaltens das Salzwasser von dem Süßwasser. Mit steigendem Salzgehalt verschiebt sich der Gefrierpunkt und das Dichtigkeitsmaximum nach abwärts*, und damit ändert sich das Minimalmaß der Tiefentemperatur. Während sich die Tiefentemperatur in Süßwasserseen immer über dem Nullpunkt erhält, kann sie in stark abgekühltem Wasser selbst bei nur mäßigem Salzgehalt darunter sinken. Sobald das Dichtigkeitsmaximum tiefer liegt als der Gefrierpunkt — dieser Fall tritt schon bei einem Salzgehalt von 25 ‰ ein —, wird die untere Temperaturgrenze der Tiefenschichten nur mehr von dem Gefrierpunkt bestimmt. Vor intensiverer Erkaltung schützt die Eisdecke als schlechter Wärmeleiter die Tiefe, und daher ist selbst das Bodenwasser polarer Meere nicht kälter als höchstens — 2.0°.

* Salzgehalt (Promille) ...	0	10	20	30	40
Gefrierpunkt	0°	— 0,5°	— 1,1°	— 1,6°	— 2,2°
Dichtigkeitsmaximum ..	+ 4,0	+ 1,9	— 0,3	— 2,5	— 4,5

Der zweite Unterscheidungspunkt ist folgender. Um Wasser von der Oberfläche in die Tiefe zu führen, gibt es im Süßwasser, abgesehen von den mehr zufälligen mechanischen Mischungen, nur ein Mittel: die Abkühlung, und zwar bis 4° (größte Dichte); im Salzwasser dagegen noch ein zweites, die Verdunstung, welche das Meerwasser salzreicher und schwerer macht. Die Teilchen sinken unter, mechanisch befördert auch durch den nie ruhenden Seegang und »ungeordnete Bewegungen«, (S. 329). Um die ungeheure Bedeutung dieser Faktoren zu würdigen, vergleiche man nur die Temperatur im Mittelmeer und in den oberitalienischen Seen. Hier unter 150 m Tiefe schon überall Temperaturen von 5 bis 7°, dort selbst an den tiefsten Stellen noch eine Temperatur von 13°! * Dieser Wärmegrad entspricht ungefähr der mittleren Januartemperatur der Luft in diesen Gegenden, und man hat anzunehmen, daß an vielen Stellen im Mittelmeer im Winter von oben bis unten dieselbe Dichte (σ_t) herrscht, so daß die Konvektion das Wasser von 0 m bis in die größten Tiefen bringt. Vom Atlantischen Ozean stammt das Bodenwasser nicht, da auf der Gibraltarschwelle ein Bodenstrom auswärts zieht. (S. 313).

Im Gebiet des Schwarzen Meeres ist das Klima, besonders das winterliche, beträchtlich kälter als im Mittelmeer, und dementsprechend müssen wir dort Tiefentemperaturen von nahe an 6° erwarten. Solche finden wir [6] auch in der Tat, aber nicht am Boden. Die niedrigste Temperatur mit 6,2° bis 7,2° liegt zwischen 40 und 80 m; von da ab nimmt die Temperatur bis zum Boden wieder um 2° zu**, offenbar erwärmt durch Mittelmeerwasser, das als salzreicher Unterstrom durch den Bosporus in das Schwarze Meer fließt (S. 313). Die Vertikalzirkulation erlischt schon in der Schicht niedrigster Temperatur, weil das tiefer liegende Wasser stets, selbst im Winter, schwerer ist als die 40—80 m starke Deckschicht.

Dichotherm *** ist im Sommer auch die Schichtung in der Ostsee

* Eine Messung durch das Schiff »Thor« im Juli 1910 ergab auf der Höhe von Neapel folgende Temperaturreihe:

Tiefe m	0	25	50	100	500	1000	2000	Boden (über 3000)
Temp. ° C	20,27	17,52	14,88	13,57	13,64	13,32	13,18	13,27

Schon in 100 m war die Bodentemperatur annähernd erreicht. Näheres s. Schott in Annalen d. Hydrogr. 1915, Heft 1 u. 2.

** Als Beispiel wählen wir eine Station in 43° 38′ n. Br., 35° 18′ ö. L. (August 1891)

Tiefe m	0	9	18	37	55	73	91	1463
Temperatur	24,5°	21,5°	12,8°	7,6°	6,2°	7,7°	8,0°	9,0°

*** Dichotherm: warm, kalt, warm. Gebräuchlich sind seit Krümmel noch folgende Ausdrücke:

Homotherm: gleichmäßige Temperatur in allen Schichten.
Anotherm: Temperatur mit der Tiefe abnehmend.
Katotherm: Temperatur mit der Tiefe zunehmend.
Mesotherm: kalt, warm, kalt. Ähnliche Bezeichnungen sind auch für die vertikale Verteilung des Salzgehaltes in Anwendung, z. B. homohalin usw.

zwischen der Darßer Schwelle und den Ålands-Inseln[7]. Wir unterscheiden hier eine warme Oberschicht von 20—30 m Mächtigkeit (Temperatur 11°—17°); darauf folgt in einem Sprung eine sehr kalte Zwischenschicht zwischen 40 und 60 m Tiefe (Temperatur 1,5°—3°); die Unterschicht ist wie im Pontus wieder wärmer (Temperatur > 4°) und durch höheren Salzgehalt ausgezeichnet; sie stammt aus der Nordsee und füllt alle Einsenkungen des Baltischen Beckens aus*. Also auch in der Ostsee dringt der Konvektionsprozeß nur in mäßige Tiefe, etwa bis 50 m. Daher ist nur die Oberschicht sauerstoffreich, die Bodenschicht aber oft reich an (freier) Kohlensäure; im Schwarzen Meer tritt in der Bodenschicht sogar Schwefelwasserstoff auf (S. 293).

Ozeane[8]. Bei den offenen Ozeanen, die über alle Klimagürtel sich erstrecken, kommen wir mit der Dreischichtung der Nebenmeere zunächst auch aus, sofern wir nur die Temperaturen betrachten. Die Kombinierung mit den Salzgehalten führt aber zu einer Fünfschichtung der Wassermassen in der senkrechten Linie. Zunächst eine typische Temperaturreihe aus dem äquatorialen Atlantischen Ozean nach Beobachtungen der »Deutschland«-Expedition[9] im Juli 1911 in 3° s. Br., 31° w. L.

0 m	25,5°	400 m	8,1°	2000 m	3,3°
50	25,3	600	5,4	3000	2,9
100	18,8	800	4,32	4000	1,5
150	13,0	1000	3,82	4600	0,7
200	12,3	1500	3,90	—	—

Wir haben hier eine Wassermasse von 4500 m Mächtigkeit, deren Temperatur niedriger ist als die tiefste hier mögliche Lufttemperatur, die bei 20° liegen dürfte. Wir schließen daraus, daß das Tiefenwasser aus höheren Breiten stammt, und daß es durch eine dauernde unterseeische Strömung beständig erneuert wird, da es sonst bereits eine höhere Temperatur hätte annehmen müssen. Sicher ist diese Strömung langsam und verrät sich nur dem Thermometer, aber trotzdem verdient sie diesen Namen, denn sie bewirkt eine Wasserversetzung. Es kann auch keinem Zweifel unterliegen, daß dies tropische Tiefenwasser antarktischen Ursprungs ist, jedenfalls mehr aus hoher s. Br. als aus n. Br. Für den Indischen Ozean ist dies selbstverständlich, auch der Große Ozean ist im N so gut wie abgeschlossen, und wenn der Atlantische Ozean auch oberflächlich nach dieser Seite hin offen ist, so liegen doch die Verhältnisse hier viel ungünstiger als nach S zu. Das beweisen die von KRÜMMEL berechneten Zugangsdimensionen:

---

* Als Beispiel diene eine von B. SCHULZ[7] gewonnene Lotungsreihe östlich von Gotland im Juli 1922:

Tiefe m	0	20	30	40	60	80	100	150	209
Temp. °	15,52	10,60	4,15	2,95	2,20	4,05	4,55	4,55	4,60
Salzgeh. ‰	6,64	7,27	7,36	7,63	7,92	10,43	10,90	12,59	12,81

	Zugangsbreite	Zugangstiefe	Zugangsquerschnitt *
Arktische	1521 km	585 m	890 qkm
Antarktische	9186 „	2740 „	25 170 „

Wenn wir, nach W. Brennecke[9] und A. Merz[12], die vergleichende Übersicht der Temperaturverteilung entlang dem 30. westl. Meridian in der Tabelle durchsehen, so finden wir, daß von 60° n. Br. bis 50° s. Br. das Tiefenwasser nicht an Ort und Stelle entstanden sein kann, also nicht bloß die Tropen, sondern der weitaus größte Teil des Ozeans von dieser Zirkulation erfaßt sein muß. Wie sie im einzelnen vor sich geht, darüber haben sich in den allerletzten Jahren die Anschauungen gründlich gewandelt. Den Ausgangspunkt der neuen Auffassung gaben v. Drygalskis Beobachtungen[10] 1901/03, auf der richtigen Spur war G. Castens 1905[10a]; das entscheidende moderne Material und die grundlegenden Anschauungen lieferte jedoch Brennecke[11] 1906—1911/12. Merz'[12] Verdienst ist es, auch in älteren Beobachtungen entsprechende Daten aufgespürt, die gesamte Sachlage besonders durch die Salzgehalte klar dargestellt und die »Meteor«-Expedition durchgesetzt zu haben, die den Schlußbeweis für die neuen Vorstellungen gebracht hat.

	30° W. L.														(17° W)	
	S. Br.										N. Br.					
Breite / Tiefe	70°	60°	50°	40°	30°	20°	10°	0°	10°	20°	30°	40°	50°	60°	70°	Breite / Tiefe
o m**	—1,5	—1,4	2,7	13,5	20,9	24,6	26,1	**26,2**	25,8	23,6	21,5	18,1	12,9	8,0	—1,0	o m
50	—1,8	—1,8	2,2	12,9	20,2	23,3	**25,5**	25,1	**25,5**	23,3	21,0	17,3	12,2	7,9	—1,7	50
100	—1,4	—1,4	1,9	12,0	18,8	22,4	**25,0**	17,0	19,5	**20,6**	19,3	16,1	12,2	7,7	—1,0	100
200	0,6	—0,3	1,8	10,9	15,9	**19,5**	15,1	12,6	12,3	**18,1**	17,6	14,1	11,3	7,5	1,1	200
400	0,7	0,4	1,7	7,5	**12,2**	12,0	8,3	8,0	9,0	12,8	**14,9**	12,6	10,1	6,7	0,8	400
600	0,6	0,5	1,7	4,6	**7,4**	7,0	5,4	5,3	6,8	9,0	**11,9**	10,3	9,1	6,1	0,2	600
800	0,4	0,3	1,6	3,4	**4,8**	4,2	4,0	4,4	5,5	7,2	**9,8**	8,9	8,0	5,1	—0,2	800
1000	0,3	0,2	1,4	2,8	3,5	3,5*	3,7*	4,2	4,8	6,3	**8,6**	7,4	5,5	4,6	—0,7	1000
1500	0,1	0,0	1,2	2,4*	2,9*	3,8	4,1	4,0	4,2	4,8	**5,9**	4,9	4,4	4,0	—1,0	1500
2000	—0,1	—0,2	1,1	2,7	3,1	3,3	3,5	3,3	3,6	3,9	**4,2**	3,8	3,3	3,0	(—1,2)	2000
3000	—0,3	—0,4	0,8	2,2	2,2	2,6	2,7	2,8	2,9	2,9	**3,0**	—	—	—	—	3000
4000	—0,5	—0,4	0,3	0,8	1,2	1,3	1,4	1,5	2,5	2,5	**2,6**	—	—	—	—	4000

* Oberes Temperaturminimum.

** Oberflächentemperaturen im Jahresmittel nach Schott, Geographie d. Atl. Ozeans 1926, Taf. X.

Die Zahlen der vorstehenden Tabelle sind schon auf S. 290 in einem Kartendiagramm abgebildet und aus gutem Grund mit den Isohalinen desselben Meridionalschnittes dort vereinigt. Wir lassen die Polarmeere zunächst außer Betracht.

1. Die Oberflächenschicht, in der sich die Meeresströmungen im landläufigen Sinne abspielen, reicht von 0 m ab so weit, als Temperatur und Salzgehalt wenig Änderung zeigen. Sie ist am seichtesten nahe dem

---

* Die Breite multipliziert mit der Tiefe.

Äquator (50 bis 100 m), wird polwärts in der Vertikalen im allgemeinen mächtiger (100 m und mehr).

2. Im N-S-Schnitt sollte die Temperatur jeweils in der Nähe des Äquators die höchste Temperatur zeigen. In Wirklichkeit gilt dies nur für die alleroberflächlichste Schicht! Der Verlauf der fettgedruckten Zahlen lehrt, daß die Isothermen der Tiefe sich vom Äquator nach den Roßbreiten zu senken, auf s. Br. geht dies bis knapp 800 m, auf n. Br. aber bis über 2000 m: erst danach steigen die Isothermen wieder polwärts an. Wir haben also in diesen Tiefen im Meridionalschnitt ein gegabeltes Maximum, mit einer äquatorialen Kaltwasserzone dazwischen, die unter 0° Br. sogar bis nahe 50 m Tiefe hinaufreicht. So finden wir beispielsweise in 400 m Tiefe 14,9° unter 30° n. Br., aber nur 8,0° unter 0° Br.! SCHOTT hat auf diese Erscheinung mit Nachdruck hingewiesen und für diese Tiefen vertikale Bewegung, in den Roßbreiten eine absteigende, in den äquatorialen Breiten eine aufsteigende Bewegung gefordert. In den Roßbreiten herrscht also unter der Oberflächenschicht Warmwasseranstau, in der äquatorialen Gegend Kaltwasserauftrieb. Dies wäre eine zweite Schicht. Es folgen nun weiter drei Schichten mit besonderen Temperatur- und Salzgehaltverhältnissen, die bedingt sind durch mächtige, vorwiegend horizontal gerichtete Ströme, von denen wir schon S. 291 beim Salzgehalt der Tiefsee sprachen.

3. Der südpolare Zwischenstrom (Richtung S—N) macht sich durch ein oberes Temperaturminimum in 1000 m—1500 m Tiefe * bemerkbar, mindestens von 50° s.—0° Br.; wir wissen, daß dieser salzarme Strom am Salzgehalt bis 20° n. Br. und weiter verfolgbar ist. Nach H. HANSEN [13] gibt es auch einen nordpolaren Zwischenstrom, der schon in 400 m Tiefe und hauptsächlich an den Rändern des Ozeans zu suchen ist, bei der Neufundlandbank und nördlich der Azoren; er wird aus der Baffinsbai stammen.

4. Der nordatlantische Tiefenstrom (Richtung N—S) leitet sich aus dem Warmwasseranstau der Roßbreiten her; er sinkt, von etwa 1500 m Tiefe ausgehend, allmählich tiefer, um in 2000—2500—3000 m südwärts zu fließen, wahrscheinlich bis in das antarktische Gebiet. Seine Mächtigkeit beträgt mindestens 1500 m. Er wird, abgesehen von höherem Salzgehalt, auch durch ein unteres Temperaturmaximum erkennbar, das wenigstens im großen Westbecken auf s. Br. in der Form einer kleinen, aber auffälligen Temperaturzunahme mit der Tiefe bei 1500—2000 m gut ausgebildet ist.

5. Was noch tiefer als 4000 m liegt, gehört zu dem Bodenstrom, der ganz wesentlich südpolar ist, d. h. von S nach N zieht; die gleichmäßige, nur sehr langsame Wärmezunahme in dieser Richtung von — 0,5° bis + 2,6° im Niveau von 4000 m ist der Ausdruck dafür. Vom nordpolaren Gebiet her kommt kaltes Bodenwasser in der Richtung

* Das zugehörige Salzgehaltminimum liegt durchschnittlich schon in 800 m.

N—S ebenfalls in Betracht, aber wiederum nur in recht unbedeutender Menge.

Es wird von Jahr zu Jahr immer deutlicher, daß die gewaltige Auskühlung der Tiefwasserschichten der Ozeane überhaupt zum ganz überwiegenden Teile letzten Endes ein Werk der antarktischen Breiten, und zwar rund um die Erde, ist. Zu diesen Breiten gehören schon 50° S und die nach Süden benachbarten Gewässer: hier liegt die ganz große »Mischpfanne«, in der von oben nach unten und von unten nach oben der Austausch stattfindet. Unsere Temperaturreihe für 50° s. Br. zeigt ganz auffällig

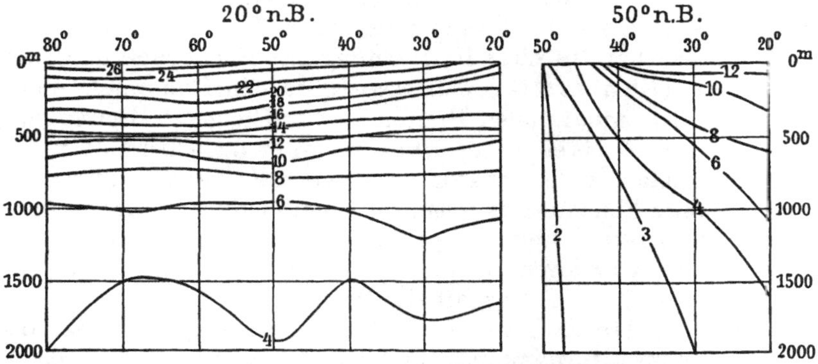

Fig. 75. Tiefenisothermen des nordatlantischen Ozeans in 20 und 50° Br.

geringe senkrechte Gradienten — wir fügen hinzu, auch der Salzgehalt ist von oben bis unten hier am wenigsten verschieden. Ähnliches finden wir auf n. Br. nur bei 60°. Das sind hauptsächlich die Gegenden, wo zu gegebener Zeit in großer Konvektion aus Oberflächenwasser Bodenwasser entsteht, wie es NANSEN[14] für n. Br. näher dargelegt hat.

Die bisherigen Ausführungen über die thermische Fünfschichtung des Ozeans gelten natürlich nur für den Meridionalschnitt von 30° w. L. In der W—O-Richtung treten auf jedem Parallel auch wieder Besonderheiten auf. In der Richtung, in der die Strömung sich bewegt, findet ein Anstau statt, die Isothermen senken sich zur Tiefe, innerhalb der Tropen also nach W, innerhalb der gemäßigten Breiten nach O, wie es die zwei Schnitte der Fig. 75 versinnlichen. Im nordostatlantischen Gebiet ist das steile Absteigen vor den westeuropäischen Küsten am schärfsten ausgeprägt: hieran beteiligt sich auch ein aus dem Mittelmeer kommender Tiefenstrom, der mit hoher Temperatur und hohem Salzgehalt sicher bis zur Westküste Irlands nachgewiesen wurde[15].

Für die senkrechte Temperaturverteilung im Indischen und Stillen Ozean gelten offenbar gleiche Gesichtspunkte wie im Atlantischen Ozean, mit Abwandlungen natürlich. Aus dem von SCHOTT und SCHOTT-SCHU[1] kartographisch zusammengestellten Material geht hervor, daß beide Ozeane denselben äquatorialen Kaltwasserauftrieb und dieselben Warmwasseranstau-Gebiete der Roßbreiten besitzen wie der Atlantische. (Schicht 2, S. 333). Die übrigen Glieder der senkrechten Temperaturschichtung in den ganz großen Tiefen dürften auch vorhanden sein; denn erstens widersprechen die bisherigen meist noch nicht genügend genauen Messungen der Annahme nicht, und zweitens ergab sich aus einer neuen Diskussion der Salzwerte v. DRYGALSKIS und BRENNECKES durch SCHOTT [15a] eine verblüffende Ähnlichkeit der Verhältnisse im Indischen mit denen im Atlantischen. So wird auch der Stille Ozean nicht abweichen, weil ja die antarktischen Wassertemperaturen rund um die Erde nordwärts ihre Fernwirkung ausüben können. Sicher ist, daß der nordatlantische Ozean, als Ganzes genommen, von allen Meeren die höchste Gesamttemperatur besitzt *.

Eine besondere Bemerkung muß der Bodentemperatur [16] gewidmet werden. Für ihre Verteilung ist das unterseeische Relief von größter Bedeutung. Im südatlantischen Ozean gliedern sich die beiden durch die mittlere Schwelle getrennten Mulden in je zwei Depressionen**, die ganz verschiedene Bodentemperaturen besitzen:

Westen:	Breite	Mittlere Tiefe	Mittlere Boden-Temperatur
Brasilianisches Becken	1—30° S	4600 m	0,9—0,4
Argentinisches Becken	34—52° „	4800	0,3—0,1
Osten:			
Westafrikanische Mulde	4° N—24 S	4600	2,4
Kap-Mulde	26—42 S	4800	0,8—0,5

Solch eine Verteilung ist nur möglich, wo Querriegel dem antarktischen Tiefenwasser hemmend in den Weg treten. Die Existenz des Walfischrückens war schon durch die Temperaturmessungen außer Zweifel gestellt, ehe er auch durch Lotungen nachgewiesen wurde. Ja sogar die Höhe solcher Bodenschwellungen können wir aus den Bodentemperaturen annähernd erschließen, denn nur das Wasser jener Schicht, die mit den unterseeischen Rücken in gleicher Höhe liegt, kann in die geschützten Becken eindringen. Das auffallendste Beispiel bieten die isolierten Bodensenkungen der westlichen Südsee und des Australasiatischen Mittelmeeres. In der Celebessee (zwischen dem Sulu-Archipel und Celebes) beträgt z. B. die Temperatur von 1460 m bis zum Boden (in 4755 m Tiefe) gleichmäßig 3,7°. Eine Barriere von

* KRÜMMEL hat die Mitteltemperaturen der gesamten Wassermasse berechnet:

	90—0° n. Br.	0—80° s. Br.	90° n.—80° s. Br.
Atlantischer Ozean	5,4°	3,0	4,0°
Indischer Ozean	(6,6)	3,4	3,8
Pazifischer Ozean	3,7	3,7	3,7
Weltmeer	4,3	3,5°	3,8

Der Indische Ozean auf n. Br. scheidet wegen mangelnder Ausdehnung nach N aus.

** Wir sehen hier von den weiteren Unterteilungen in der Osthälfte, die »Meteor« feststellte (S. 277), ab.

etwa 1500 m Tiefe sperrt nämlich das kältere Tiefenwasser des offenen Ozeans von dieser Bodensenkung ab. In der benachbarten, noch abgeschlosseneren Sulusee hat die Wassersäule von 730 bis über 5000 m Tiefe (Boden) sogar eine konstante Temperatur von 10,3°. Das sind also Nebenmeere, deren Tiefentemperatur abhängt vom Niveau der Zugangsschwelle, d. h. der Tiefe der Kanäle, die zum freien Ozean führen; diese Fälle sind bezeichnenderweise in den Tropen, wo praktisch genommen keine Wintertemperaturen auftreten und die Konvektion durch Abkühlung, die sonst Oberflächenwasser in Nebenmeeren zur Tiefe führt (S. 330), fehlt.

Die Polarmeere. Wir greifen auf die Tabelle S. 332 zurück und betrachten zuerst die Tiefentemperaturen in 70° s. Br. (Weddellmeer). Auf eine kalte Oberschicht (ungefähr 170 m) folgt eine 1600 m mächtige warme Mittelschicht, und auf diese eine 2300 m mächtige kalte Bodenschicht, die aber im ganzen doch wärmer ist als die Oberschicht, deren Temperatur durch Ausstrahlung und Eisbildung bestimmt wird. Die Oberschicht hat die Neigung, mit dem Eis nordwärts zu ziehen, wie es die Triften der »Gauß«, »Deutschland« und »Endurance« deutlich gezeigt haben. Ob die Eisschmelze als solche dabei ein Agens abgibt, wie O. Pettersson [17] es will, bleibe dahingestellt. Die Mittelschicht muß umgekehrt von N eingewandert sein, und es liegt nahe, sie mit dem atlantischen Tiefenstrom (S. 333, Nr. 4) in Beziehung zu setzen. Die Mittelschicht schmilzt das Eis, erkaltet dadurch und durch Mischung, sinkt zu Boden und bewegt sich schließlich als Kompensationsstrom am Boden nach Norden. Nach dieser Auffassung geht die kalte Bodenschicht aus der warmen Mittelschicht hervor, wofür schon der von 200 m Tiefe ab unveränderte Salzgehalt von 34,67‰ spricht; auch sie ist also nicht autochthon. Wo unterseeische Bodenschwellen die Verbindung mit dem Ozean absperren, müssen wir darum andere Temperaturen finden, und in der Tat hat man wiederholt im stark abgeschlossenen Bransfieldsund (ca. 62° 50′ s. Br., 60° w. L.) eine Bodentemperatur von — 1,66° in 1700 m Tiefe, dagegen im freien Meer nördlich von den Süd-Shetlands in gleicher Tiefe nur — 0,4° d. h. die normale Bodentemperatur des antarktischen Ozeans beobachtet.

Grundsätzlich gleiche vertikale Temperatur- und Salzgehaltsverteilung zeigt das nördliche Eismeer. Die Reihe für 70° n. Br. (unter 17° w. L.) liegt ungefähr auf der Höhe des Scoresby-Sundes vor der Ostküste Grönlands, also im europäischen Nordmeer.[18] Dem Grade nach sind die thermischen Unterschiede der drei Schichten sogar größer als im Weddellmeer; der Salzgehalt der Mittel- und Bodenschicht beträgt 34,92‰, der Salzgehalt der durch Eisschmelze angesüßten Oberschicht nur 30—31. Auf der Ostseite dieses Nordmeeres ist das Bodenwasser genau gleich dem der Westseite, nämlich $t^0 = -1{,}2^0$ und $S = 34{,}93$; aber die gesamte Ober- und Mittelschicht wird hier, vor der norwegischen Küste, vom Atlantischen Strom beherrscht, wie es unsere Textfigur 76 verfolgen läßt. Merkwürdig und bisher trotz NANSEN[19] noch nicht geklärt ist die Tatsache, daß das um den Pol gelagerte Nordpolarbecken, von dem das Nordmeer doch nur ein Vorhof ist, ein viel weniger kaltes Bodenwasser (— 0,8° bis — 0,7°) aufweist als das Nordmeer.

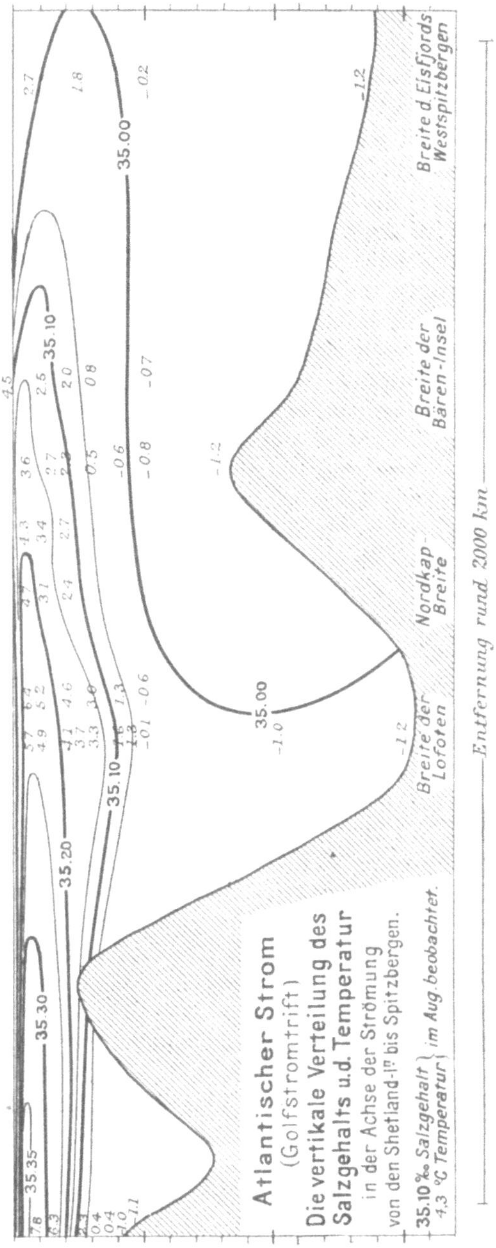

Fig. 76.

Das Meereis[20]. Während die übrigen Meere die Kontinente mehr verbinden als trennen, sind die Polarmeere, als der Schauplatz einer ausgedehnten und regelmäßigen Eisbildung, auch für das tauglichste Schiff ein ernstliches Verkehrshindernis. Im Nordpolarbecken, das ganz von flachem Scholleneis und getürmtem Scholleneis (Packeis, Preßeishügel) erfüllt ist, wird die Schiffahrt unmöglich. Allerdings werden jenseits des sibirischen Küsteneises auch im Winter eisfreie Stellen (sog. Polynja) beobachtet, aber von praktischem Wert sind weder diese noch die sommerlichen Kanäle, die launenhaft sich verschließen und öffnen. Gerade die ruhmreichen Fahrten von NORDENSKJÖLD und NANSEN sind Beweis dafür. Auf der Südhalbkugel beginnen die entsprechenden ernsten Schwierigkeiten durchschnittlich bei 60° Br.[21]

Die marine Eisbildung ist von hoher klimatischer Bedeutung,

denn das Eis verhält sich gegen die Wärme annähernd wie Land, erkaltet also im Winter durch Ausstrahlung rasch und intensiv und ruft Barometermaxima und polare Winde hervor, während es in der sommerlichen Tauperiode Wärme verbraucht und dadurch ebenfalls abkühlend auf die Umgebung wirkt *.

Eisbildung von polarem Charakter findet auch im Bering- und im Ochotskischen Meer und in der Hudsonbai statt. Auch das Asowsche Meer und die Ostsee nördlich von der Linie Stockholm-Ösel gefrieren jeden Winter teilweise oder ganz, was offenbar durch den geringen Salzgehalt begünstigt wird.

Das Eis der Polarmeere besteht aus Eisbergen, Flußeis, das aber nur in den sibirischen Küstengegenden einige Bedeutung gewinnt, und Meerwassereis oder Meereis. Die ersteren stammen fast ausschließlich von Gletschern her, doch können auch Teile der aufgebrochenen Eisdecke eines Flusses durch Aufeinanderpressung wahre Berge bilden und wie das Gletschereis Gesteinsmaterial mit sich führen. Das Meereis tritt in Vorposten als Treibeis (einzelne Schollen) auf, bildet schließlich große flache Eisfelder, zwischen denen Stellen mit offenem Wasser (Waken) sich finden. Durch Wind und Strom aufgetürmte Massen heißen Preßeis oder Packeis, an der sibirischen Küste spricht man dann von Toroß. Die gefürchteten Eispressungen können im Norden wie im Süden, wo an sich eine freiere Abtrift gegeben scheint, Schiffe zum Sinken bringen. Das sog. paläokrystische [22] Eis im nordamerikanischen Archipel ist nach Nansen auch nur eine Aufhäufung gestauter Schollen, die an die Küstenzone dieser inselreichen Gewässer mit mangelhaftem Abfluß gebunden ist.

Nach den im ganzen übereinstimmenden Berichten von Weyprecht, Nansen, v. Drygalski, Brennecke u. a. wird bei der Bildung von Meereis der Salzgehalt sowohl nach oben in der Form von kleinen Salzkristallen (Rassol) wie nach unten in das Meerwasser ausgeschieden, so daß dort das weitere Gefrieren erschwert wird. Erfahrungsgemäß beträgt die größte Dicke des in einem arktischen Winter gebildeten Eises nur 2—3 m, in der Antarktis, wo das Wasser wärmer und salziger ist, sogar nur 1—1½ m. Durch Auflage von Schnee, der ebenfalls vereist, erreichen jedoch die Schollen häufig eine Dicke von 4—5 m, in Wehen bis 13 m; dies Schneeeis spielt in der Antarktis eine bedeutende Rolle. Frisch entstandenes Meerwassereis hat einen Salzgehalt von 10—15‰; alte hochgehobene Blöcke werden durch

* Die Nansensche Nordpolar-Expedition hat interessante Temperaturmessungen im Eis veranstaltet, über die in Bd. VI der »Scientific Results« berichtet wird.

	Winter	Frühling	Sommer	Herbst	Jahr
Luft	— 36,7°	— 19,5°	— 2,5°	— 19,7°	— 19,6°
Eis, Oberfläche ..	— 28,3	— 16,9	— 1,7	— 13,1	— 15,0
„ 3 m Tiefe ..	— 5,9	— 7,0	— 2,3	— 1,2	— 4,1

Die Wassertemperatur an der Oberfläche des Polarmeeres war selbst im Winter nur —1,6°.

Aussickern der Salzlake fast chlorfrei, so daß die Polarfahrer ihr Trinkwasser aus solchen Preßhügeln entnehmen.

Die mittlere äquatoriale Treibgrenze (s. Fig. 111 S. 458) verläuft auf der südlichen Halbkugel von Kap Hoorn nach etwa 40° Br. südlich vom Kap der guten Hoffnung[23]; das Eis, denen die Schiffe in niederen Breiten begegnen, sind wahrscheinlich nur Reste von Eisbergen, d. h. Gletschereisstücke. Echtes arktisches Treibeis betritt nur

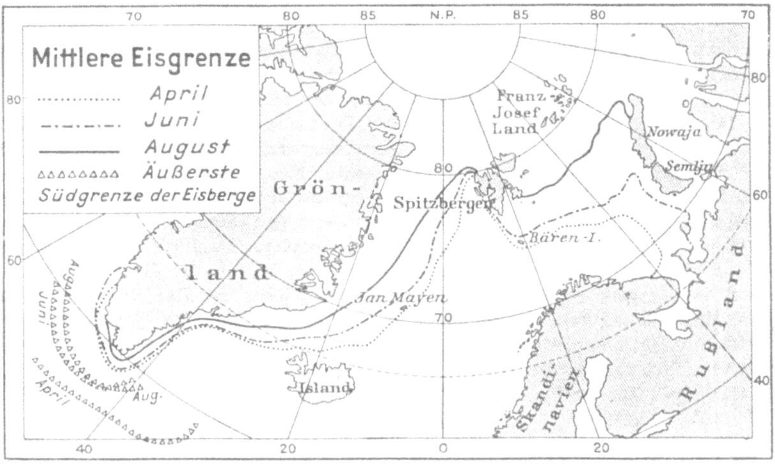

Fig. 77. Verschiebung der Eisgrenze im Nordmeer von Ende Winter (April) bis Ende Sommer (August). Nach SPEERSCHNEIDER.

den nordwestlichen Atlantischen Ozean[24], während kein Eisstück die Atlantische Strömung bis über den 70. Breitengrad hinauf zu passieren vermag. Die Eisgrenzen sind von Jahr zu Jahr großen Schwankungen unterworfen, im Süden wie im Norden. Das dänische Meteorologische Institut[25] sammelt alle darauf bezüglichen Nachrichten im Nordmeergebiet systematisch und verarbeitet sie kartographisch. Es liegen schon Zusammenfassungen für 21 Jahre vor (Fig. 77). Die Schwankungen hängen weniger von der Sommerwärme als von den Wind- und Strömungsverhältnissen innerhalb des ganzen Polarbeckens ab.

Literaturnachweise. [1] Die umfangreichsten thermischen Karten- und Tabellenwerke sind das Valdiviawerk, Bd. I, Jena 1902 (G. SCHOTT), für den Atlant. Ozean stellenweise schon überholt; als Ergänzung dazu G. SCHOTT und F. SCHU, Die Wärmeverteilung in den Tiefen des Stillen Ozeans; Annal. d. Hydrogr. usw. 1910. W. KÖPPEN, Jahresisothermen und -isanomalen der Meeresoberfläche; Annal. d. Hydrogr. und marit. Meteorologie 1898. Für die europäischen Gewässer viel Einzelmaterial in den Veröffentlichungen der internat. Meeresforschung, Kopenhagen seit 1903. — [2] W. KÖPPEN, Das Verhältnis der Temperatur des Wassers und der Luft an der Oberfläche des Ozeans; Annal. d. Hydrogr. und marit. Meteorologie, 1893. G. SCHOTT, Geographie des Atlant. Oz.; 2. Aufl., S. 217, 219. — [3] G. SCHOTT, Die jährliche Temperaturschwankung des Ozeanwassers; Petermanns Mitteilungen 1895 (Karte des Unterschiedes der extremen Monatsmittel). Derselbe, Geographie des Atlant. Oz.;

2. Aufl., Taf. XI. Sir JOHN MURRAY, On the Annual Range of Temperature in the Surface Waters of the Ocean; Geographical Journal, Bd. XII, 1898 (Karte des Unterschieds der absoluten Extreme in den Monaten Februar und August). — [4] W. SCHMIDT, in Annal. d. Hydrogr. 1917, S. 379, 436; 1920, S. 63 ff. — [5] G. SCHOTT, Geographie des Atlant. Oz.; 2. Aufl., Taf. XII — [6] J. B. SPINDLER und F. F. WRANGEL, Materalien zur Hydrographie des Schwarzen und Asowschen Meeres; St. Petersburg 1899 (Russisch). G. SCHOTT, in Annal. d. Hydrogr. 1915, Heft 1 und 2. — [7] O. KRÜMMEL, im Handbuch der Ozeanogr. I, S. 468. B. SCHULZ, Forschungsergebnisse auf »Poseidon«, »Nautilus« und »Skagerak«; »Archiv der D. Seewarte«, 1922, Nr. 2, und 1923, Nr. 1, Hamburg. — [8] A. BUCHAN, Report on Oceanic Circulation; Appendix zum Challenger-Report, 1895. Temperaturkarten von 0—1000 Faden Tiefe für je 100 Faden, dann für 1500 und 2200 Faden und größere Tiefen. Zuverlässiger, aber z. T. auch überholt, sind die Tiefentemperaturkarten von G. SCHOTT s. o. Anm. 1. — [9] W. BRENNECKE, Ozeanogr. Arbeiten auf »Deutschland«; »Archiv der Seewarte«, Nr. 1, Hamburg 1921. — [10] v. DRYGALSKI, Ozean und Antarktis; in Deutsche Südpolar-Expedition, Bd. VII, Berlin 1926. — [10a] G. CASTENS in Wiss. Meeresunters. Kommission für die deutschen Meere; N. F. Kiel 1905. — [11] s. BRENNECKE unter Nr. 9; dazu MEINARDUS in Peterm. Geogr. Mitteil. 1926, S. 219. — [12] A. MERZ, Die deutsche atlant. Expedition auf »Meteor«; Sitz.-Ber. Akad. Wiss. Berlin 1925. — [13] Vgl. hierzu B. HELLAND-HANSEN and F. NANSEN, The Eastern North Atlantic.; Geophys. Publikat. vol. IV, Nr. 2, Oslo 1926. — [14] F. NANSEN, Bodenwasser usw.; Internat. Revue für Hydrobiol. u. Hydrograph. vol. V, Leipzig 1912. — [15] J. N. NIELSEN, Rep. on Danish oceanogr. exped. to the Mediterranean; vol. I, Kopenhagen 1912. G. SCHOTT, in Annal. d. Hydrogr. 1915, Heft 1 u. 2. SCHOTT, SCHULZ, PERLEWITZ, Forschungsreise »Möwe«; »Archiv d. Seewarte«, Nr. 1, Hamburg 1914. — [15a] G. SCHOTT, Tiefwasser im Ind. Ozean; Annal. der Hydrogr. 1926. Dez.-Heft. — [16] G. SCHOTT, in Peterm. Mitteil. 1905, S. 241 ff. und Geographie des Atlant. Oz., 2. Aufl., S. 95. — [17] O. PETTERSSON, Über Meeresströmungen; Berlin 1908. — [18] Duc D'ORLÉANS, Croisière océanographique accomplie à bord de la Belgica dans la mer du Grönland 1905; Brüssel 1907. — [19] F. NANSEN, Spitzbergen waters; Oslo 1915. — [20] L. MECKING, Das Eis des Meeres; Berlin 1909. — [21] E. VON DRYGALSKI, Das Eis der Antarktis; Deutsche Südpolar-Expedition Bd. I, Berlin 1920. Vgl. auch W. BRENNECKE unter Nr. 9 und in Annal. d. Hydrogr. 1922, S. 222. Ferner H. ARCTOWSKI, Die antarktischen Eisverhältnisse (Ergänzungsheft Nr. 144 zu Peterm. Mitteilungen); Gotha 1903. — [22] G. ISACHSEN, Das paläokrystische Eis; Peterm. Mitteilungen, 1906, eine zusammenfassende Darstellung dieses Gegenstandes. — [23] K. FRICKER, Die Entstehung und Verbreitung des antarktischen Treibeises; Leipzig 1893, sowie E. VON DRYGALSKI unter Nr. 21. — [24] W. MEINARDUS, zit. S. 327, Anm. 32; L. MECKING, Die Treibeiserscheinungen bei Neufundland in ihrer Abhängigkeit von Witterungsverhältnissen, in den Annal. d. Hydrogr. usw. 1907. — [25] SPEERSCHNEIDER im Dän. Naut. Meteorol. Jahrbuch 1917.

Der Mensch und das Meer.

Allgemeines[1]. Im Urzustande befand sich der Mensch gegenüber dem Meere, dieser anscheinend unendlichen Wasserwüste, im Zustand völliger Hilfslosigkeit. Das blieb auch Jahrtausende noch so, selbst als der Mensch bereits gelernt hatte, die festländischen größeren Wasseradern zu befahren; wir dürfen dies aus den Verhältnissen schließen, in denen wir die Naturvölker Amerikas und Afrikas bei ihrer Entdeckung vorgefunden haben. Nur an ganz wenigen, räumlich beschränkten Küstengebieten mit nahe vorliegenden Inseln wurde das Meer zaghaft befahren. Gleich dem Hochgebirge war das Meer ein ungastlicher Teil der Erdoberfläche, von dessen Größe man natürlich keine Ahnung hatte.

Im Gegensatz hierzu steht lediglich, in bedeutungsvollster Ausnahme, das Gebiet des nördlichen Indischen Ozeans samt der Inselwelt der Malaien. Hier liegt offenbar das Entwicklungszentrum ozeanischer Schiffahrt; wie weit es in Zeit zurückgeht und wo im besondern es zu suchen ist, bleibt unergründet. Aber sicher ist, daß die malaiischen Stämme in vergleichsweise hochgetriebener Schiffahrtskunst bis zu den Inselschwärmen des Stillen Ozeans, vielleicht sogar bis zur Osterinsel, die sicher nicht von Südamerika aus besiedelt gewesen ist, gelangten — wobei auch unfreiwillige Fahrten eine Rolle gespielt haben —, nordwärts bis Japan, entlang den ostasiatischen Inselreihen[2]. Im »Arabischen« Meer haben die Araber frühzeitig, aber später als die Malaien, weithin Schiffahrt in bewußter Ausnutzung der Monsune getrieben.

Das europäische Mittelmeer ist also nicht die Wiege der Schiffahrt gewesen. Die Phönizier verpflanzten sie vom Roten Meere aus nach der nahezu hafenlosen syrischen Küste. Wohl aber haben dann Griechen und Römer von den naturgegebenen Vorteilen der Küstengestaltung dieses Mittelmeeres, im Verfolg fortgeschrittener Kultur, ausgiebigsten Gebrauch gemacht, und zwar vorwiegend zur Begründung und Festhaltung rein staatlicher Oberhoheit, ebenso später, aber schon in moderner Weise für Handelszwecke die Stadtrepubliken Venedig und Genua. Handelsgeist ist auch die Triebfeder gewesen für die großen Entdeckungsfahrten der Spanier (Kolumbus) und Portugiesen (Heinrich der Seefahrer), die zum Beginn der Neuzeit das gesamte Weltmeer allmählich dem Menschheitsauge eröffneten. In fast jedem großen europäischen Volk hat es einen Zeitpunkt gegeben, wo nahezu plötzlich, wie in Enthüllung eines Geheimnisses, die gewaltige Bedeutung der Ozeane als der Verbindungsglieder der Kontinente sich der Nation oder doch einzelnen großen Geistern offenbarte und daraus der nicht mehr abreißende Strom praktischer Ausnutzung und wissenschaftlicher Vertiefung dieser Erkenntnis hervorging. Dies gilt z. B. von den Holländern, den Engländern, den Norwegern; unter den außereuropäischen Völkern ist in dieser Hinsicht Japan zu nennen, dessen maritime Entwicklung geradezu explosiven Charakter hat. Sehr spät ging, bedingt wohl durch politische Umstände und durch die Lage in der Hinterhand, an der stürmischen Nordsee, dem Deutschen die Bedeutung des Ozeans auf; noch Friedrich List in der ersten Hälfte des 19. Jahrhunderts stieß auf fast völlige Verständnislosigkeit.

In der Gegenwart will jede wirklich fortgeschrittene große Nation ihren Anteil am Meere und Zugang zum Meere haben. Heute, im Zeitalter zumal der Dieselmotoren, schrumpfen die Entfernungen, auch ozeanische, immer mehr zusammen; höchstens der südpazifische Ozean wird noch als große Verkehrsschranke zwischen Australien und

Amerika empfunden, wie lange noch, steht dahin, denn der Panamakanal hat auch dies Meer wichtigen Zentren der Menschheit näher gerückt. Das atlantische langgestreckte schmale Tal ist ein nach allen Richtungen hin ständig durchquertes Verkehrsgebiet höchster Entfaltung; und schon rüstet man sich, die Pläne transatlantischer Luftschiffahrt zu verwirklichen.

Das sind — in Stichworten — die Stationen in der Benutzung der Meere für den Weltverkehr. Daneben geht einher die Ausnutzung der Schätze des Meeres, d. h. die Fischerei.[3] Von der primitiven Fischerei der Naturvölker am Gestade und in Sicht noch des Landes entwickelte sich, aus biologischen Gründen räumlich streng auf die etwa 200 m nicht überschreitenden Meerestiefen, d. h. den Schelf, beschränkt, die neuzeitliche Groß- und Kleinfischerei in ihrer von Ort zu Ort wechselnden Ausgestaltung der Arbeitsmethoden und Fahrzeuge. Gemeinsam ist leider nur überall die vollendete Rücksichtslosigkeit des Menschen auf das Produktionsvermögen des Meeres, das in den Nutzfischen und in einzelnen Meeressäugern, z. B. den Walen, nicht unerschöpflich ist; man lernt nichts oder will nichts lernen aus der Ausrottung des Grönlandwales, aus der die Nationen bedrückenden Überfischung der Nordsee durch Tausend Schleppnetz-Fischdampfer. Kaum hat die Südpolarforschung neuester Zeit in den antarktischen Gewässern neue Walreichtümer festgestellt, so rüstet man gewaltige Dampfer von 17—20 000 Tonnen (!) und Fangschiffe mit Rohrrücklaufgeschützen u. a. aus, um die Tiere auch im unwirtlichsten aller Meere zu erlegen und, möglichst unabhängig von Häfen und Stationen, bei schlechtem Wetter selbst einen ganzen Wal an Bord nehmen und verarbeiten zu können — hierin führen z. Z. nicht die Nordamerikaner, die im vorigen Jahrhundert von San Francisco aus intensiv in dem nördlichen Stillen Ozean und im Beringmeer den Walen nachstellten, sondern die Norweger.

Voraussetzung der menschlichen Tätigkeit auf dem Meere ist, neben dem Besitz der in Größe und Art wechselnden Fahrzeuge, die Kenntnis und Anwendung der meisten der auf den vorstehenden Seiten behandelten Eigenschaften des Meeres. Zu allererst muß der Seemann stets und überall wissen, ob er genügende Wassertiefe unter dem Kiel seines Schiffes hat. Diesem Erfordernis ist durch die Seevermessung in weitem Maße Rechnung getragen, insbesondere durch die Ablotung aller Küstengebiete, wobei lange Jahrzehnte hindurch die Lotungen für diesen Zweck bei Tiefen von rund 200 m abgebrochen wurden. Das Bedürfnis, auch ozeanische Tiefen, also von mehreren 1000 m, zu messen, ging, soweit rein praktische Interessen vorlagen, bisher lediglich von den Kabelgesellschaften aus, die bald, durch üble Erfahrungen genötigt, dazu kamen, vor jeder Verlegung eines transozeanischen Telegraphendrahtes das Meeresprofil vorher genau abzuloten. Heute, da wir am Anfang einer neuen Periode mit akustischen Lotungen stehen, ist nach der Meinung auch seemännischer Kreise damit zu rechnen, daß für angenäherte Ortsbestimmungen während der normalen Seereisen in nicht wenigen Fällen die bisher bei rund 200 m liegende Grenze des praktischen Interesses (Lotung während der Fahrt durch das pneumatische Thomson-Lot) künftig sehr viel tiefer, bei 1000 und 2000 m mindestens (Lotung während der Fahrt durch das Echolot) anzusetzen sein wird; beispielsweise wird man künftig auch die in 700—1000 m Tiefe liegende »Porcupine«- oder »Stachelschwein«-Bank im Westen von Irland für eine Ansteuerung zu benutzen bemüht sein können.

Keiner besonderen Ausführung bedarf es, zu erklären, wie wichtig für den Seemann die Kenntnis der senkrechten (Tidenhub) und wagerechten (Tidenstrom) Wasserbewegungen des Gezeitenvorganges ist; viele, ja die meisten Häfen sind für große Schiffe nur bei Hochwasser erreichbar. Auf der Hand liegt auch die hervorragende Bedeutung der Oberflächenströmungen nach ihrer örtlichen und jahreszeitlichen Abwandlung; welche Unzahl von Strandungen und Schiffsverlusten sind durch Nichtbeachtung oder Unkenntnis der »Stromversetzungen« (S. 314) alljährlich zu verzeichnen! Und noch heute, auch im Zeitalter des Dampfschiffes, das gegen den Strom zu fahren an sich gestattet, gibt es genug Gegenden, in denen aus rein wirtschaftlicher Erwägung der Schiffsweg abhängig gemacht wird von der Stromrichtung, so z. B. in der Floridastraße, an der Somaliküste, in der Chinasee usf. Dem Fernerstehenden meist unbekannt sind die bis in das Kleinste ausgearbeiteten Vorschriften über die Lage der großen transatlantischen Wege Europa—New York in der gesamten kritischen Gegend der Neufundlandbank [4], aufgebaut auf den Jahrzehnte langen früheren, z. T. schlimmen Erfahrungen mit den Naturgewalten des Meeres und der Atmosphäre darüber; wir nennen nur Strom, Eis, Nebel, Sturm. Alle ozeanographischen und meteorologischen Faktoren sind hier von täglich sich neu auswirkender, in ihrem Zusammenspiel wechselnder Bedeutung für den Menschen, der das Meer befährt.

Alle seefahrenden Nationen sind bemüht, ihr Teil zur Sicherung und Beschleunigung der Schiffahrt auf den Ozeanen beizutragen, durch kostspielige Unternehmungen auf See, durch langwierige Untersuchungen an Land, durch groß angelegte Veröffentlichungen aller Art. Die Tätigkeit der hydrographischen Ämter, vielfach in den Händen der Kriegsmarine-Leitungen [5], in Deutschland auch die Tätigkeit der Seewarte in Hamburg [6], kommt hier zur Geltung.

Seefischerei ist auch ein Teil der Seeschiffahrt. Entfernt sie sich doch nicht selten weit vom Heimatshafen; es sei nur an die Fahrten der nordeuropäischen Fischdampfer nach den marokkanischen oder isländischen Gewässern, an die Reisen der bretonischen Segelschoner nach der kabeljaureichen Neufundland-Bank erinnert. Der Hochseefischerei wird, ganz abgesehen von der navigatorischen Seite, Fürsorge seitens der Staaten nach Möglichkeit auch hinsichtlich einer rationellen Bewirtschaftung der Reichtümer des Meeres an Nutzfischen zuteil[7], wobei internationales Zusammenarbeiten die sofort begreifliche, unerläßliche Voraussetzung ist; endet doch die Landeshoheit wenige Seemeilen (zu 1,85 km) von der Küste.

Für alle Arbeit des Menschen auf dem Meere, die die Probleme des Meeres zum Ziele haben, gilt in hervorragendem Maße das tiefempfundene Wort von HEINCKE-Helgoland: der Ozean ist so riesengroß, daß man ihn von einer kleinen Ecke aus nicht beurteilen und ihm auch nur mit großen materiellen Mitteln wirklich beikommen kann. Und zum andern: kaum eine andere Tätigkeit vermag den Blick des Menschen in jeder Hinsicht so zu weiten und den Willen zu stärken wie die auf dem Ozean. Seefahrende Völker sind immer im Kern gesund.

Das Meer und die Schiffswege. Die transozeanische Segelschiffahrt ist, wenn sie auch ein wirtschaftlich bescheidenes Dasein führt, nicht zu Ende, glücklicherweise. Sogar Deutschland hat einige große neue Segler wieder erbaut. Die geographische Lage der von ihnen einzuhaltenden Wege ist sozusagen zwangsläufig durch Wind und Wetter und Strom vorgezeichnet, und es gibt kein besseres Mittel, sich die großen Systeme der Luft- und Wasserbewegungen der Ozeane abzuleiten als durch eine sorgsame Analyse der Segelschiffswege. Hierauf hat G. SCHOTT[8], hat auch H. WAGNER[9] hingewiesen. Alle Einzelheiten sind in den »Segelhandbüchern« für den praktischen Gebrauch niedergelegt; eine ausreichende geographische Übersicht für alle Seglerwege ist in einer früheren Arbeit[8] gegeben, die Seglerwege speziell des Atlantischen Ozeans sind in der »Geographie des Atlantischen Ozeans« behandelt[10]. Der Naturforscher muß dankbar sein, daß wir 50—60 Jahre lang (etwa 1855—1910) eine in die meisten Gegenden aller drei Ozeane führende reiche, neuzeitliche Segelschiffahrt gehabt haben, die, durch Männer wie MAURY, BUYS BALLOT, NEUMAYER, HOFFMEIER u. a. veranlaßt, regelmäßige Beobachtungen über die Naturverhältnisse des Meeres anstellte und schriftlich niederlegte. Wie wenig wüßten wir heute über die Eigenschaften aller Meere und der Luft über den Meeren ohne diese entsagungsvolle Tätigkeit der Segelschiffsführer jener Jahrzehnte. Heute beschränken sich die Reisen der Segler fast ganz auf solche um Kap Hoorn nach den Salpeterhäfen an der Westküste Südamerikas.

Die transozeanischen Dampfschiffahrtswege in ihrer ebenfalls bestehenden Abhängigkeit von den Naturverhältnissen des Meeres sind, was ihren geographischen Verlauf anbelangt, sehr selten richtig in den Atlanten und Weltkarten niedergelegt; es ist längst nicht überall der kürzeste Weg, ein Teil des größten Kreises, der zugrunde liegt. Für den Atlantischen und Stillen Ozean hat die Seewarte je ein »Dampferhandbuch« herausgegeben[11]; außerdem ist eine von G. SCHOTT[12] gezeichnete Weltkarte (1 : 28 Millionen) zur Übersicht dieser ozeanischen Verkehrslinien vorhanden. Es wechseln die befolgten Wege häufig mit den

Jahreszeiten, besonders in der Nähe der Neufundland-Bank und im nördlichen Indischen Ozean. Immerhin drängen sich natürlich die maritim-meteorologischen und ozeanographischen Beobachtungen, die auf den Dampferreisen gemacht werden, in der Hauptsache doch auf einige relativ schmale, bandartige Flächen zusammen. Ungeheure Gebiete des Meeres, die in den früheren Jahrzehnten von Segelschiffen befahren wurden, sind wohl für immer verödet und entgehen daher heute jeder Berichterstattung; dies gilt besonders von gewissen südhemisphärischen Teilen aller drei Ozeane. Ein Vorteil ist für die Meeresforschung mit dieser örtlichen Vereinheitlichung auf den Dampferwegen verbunden: da in allen Monaten des Jahres der Dampferverkehr recht gleichmäßig sich abwickelt, ist es nun in besserer Weise als früher bei den unregelmäßig verlaufenden Seglerreisen möglich, auf diesen schmalen Verkehrsbändern die jahreszeitlichen Veränderungen und die unperiodischen Abweichungen aller Naturverhältnisse zu untersuchen und damit neue Einblicke in ihren Ablauf zu erhalten. Hier eröffnet sich ein großes Feld der Forschung.

Das Meer und die Wirtschaft. Für einen wirklichen Einblick hierin müßte ein Buch gegeben werden über alle Welthandelsgüter[13] der einzelnen Kontinente und ihren Austausch über die Meere nach Menge und Art der Güter; dazu kommt der Fahrgastverkehr in seiner wirtschaftlichen Auswirkung. Anschließend an ältere Arbeiten von M. Eckert[14] hat man sich bemüht[15], zur Klärung der relativen wirtschaftlichen Bedeutung der einzelnen Seewege für das Jahr 1923 eine Statistik aufzumachen. die den neuen Verhältnissen so gut wie möglich Rechnung trägt. Es ergab sich die nachstehende Übersicht über den im Jahre bewegten Schiffsraum (in Millionen Reg.-Tons netto zu je 2,83 cbm):

Wege zwischen Europa und dem Osten der amerikanischen Union einschließlich Kanada	43
Wege nach dem fernen Osten (Indien und Ostasien und Australien)	23
Wege nach dem fernen Westen (Westküsten von beiden Amerika)	17
Wege nach Südamerikas Ostküsten	16
Wege nach dem europäischen Mittelmeer	14
Wege nach Westindien und dem mexikanischen Golf	12 (?)
Wege nach West- und Südafrika	5
Innerindischer Verkehr	3
Innerpazifischer Verkehr	7

Da alle Ozeanwege, von denen der zwei letzten Reihen abgesehen, ganz oder wenigstens teilweise im Atlantischen Ozean liegen, findet man, daß in der Zeiteinheit 99 Raumeinheiten sich auf dem Atlantischen bewegen, 24 auf dem Indischen, 17 auf dem Stillen Meere, und daß sich also der Schiffsraum im Atlantischen zu dem in den übrigen zwei Meeren zusammen verhält wie 99: 41 oder wie 2,4: 1. Die überragende Bedeutung der atlantischen Gewässer für die Weltwirtschaft besteht also heute fort; sie kommt u. a. auch in der Tatsache zum Ausdruck, daß 95 % aller Schiffahrtslinien von Häfen des Atlantischen Ozeans aus kaufmännisch geleitet werden. New York ist heute der verkehrsreichste Hafen der Welt.

Der wirtschaftliche Wert der Großfischerei[16] im ganzen Meere ist wohl kaum heute zu erfassen, da für nicht wenige Gebiete Anschreibungen über die Anlandungen der Nutzfische überhaupt fehlen, und die Angaben selbst in Kulturländern untereinander methodisch stark abweichen. Nur um eine Größenordnung zu geben, sei der Wert der großbritannischen Hochseefischerei von 1922 mit rund 385 Millionen Mark mitgeteilt, der der kanadischen (auf der atlantischen und pazifischen Seite) mit rund 170 Millionen, der der deutschen (1925) 55,3 Millionen. Bei wenigen Gewerben schwankt der Ertrag derart in den verschiedenen Jahren von Jahr zu Jahr wie bei der Fischerei, wobei nicht nur das wechselnde Auftreten der Nutzfische, sondern auch Wind und Wetter, Absatzverhältnisse u. a. eine Rolle spielen. In ganz ungefährer Annäherung dürfte der Mensch alljährlich dem Weltmeere Naturschätze, vorwiegend in der Gestalt von Fischen, dazu Wale, Perlen, Schwämme u. a. entnehmen im Gesamtwerte von nahezu 2 Milliarden Mark. Da nun, wie wir sahen, die Fische streng auf die räumlich so unbedeutenden Schelfgebiete beschränkt sind, die ganze große Tiefsee dafür ausscheidet, so ergibt sich die unbedingte Notwendigkeit, mit diesen Gaben des Meeres haushälterisch umzugehen und nur den jährlichen Zuwachs wegzufischen, nicht aber den Grundstock durch Überfischung anzugreifen. An solch vernunftmäßiger Bewirtschaftung fehlt es aber noch überall, selbst in einem der wichtigsten Gebiete, der Nordsee.

Literaturnachweise. [1] F. von Richthofen, Das Meer und die Kunde vom Meer; Berlin (Univers.) 1904. F. Ratzel, Das Meer als Quelle der Völkergröße; 2. Aufl., München 1911. — [2] Thilenius, Bedeutung der Meeresströmungen f. die Besiedelung Melanesiens; Jahrb. Wissensch. Anstalten XXIII, Hamburg 1905. Hambruch, Das Meer in seiner Bedeutung für die Völkerverbreitung; Archiv f. Anthropologie, N. F. Bd. VII, Braunschweig 1908. — [3] G. Schott, Geographie des Atlant. Ozeans; 2. Aufl.; Hamburg 1926. S. 343, wo auch weitere Lit.-Angaben. — [4] Ders.: a. a. O. S. 320 ff. — [5] R.-Marine-Amt, 50 Jahre hydrographisches Bureau und Naut. Departement 1861—1911; Berlin 1911. — [6] D. Seewarte, Aus dem Arbeitsbereiche der Seewarte; Hamburg 1925. — [7] s. G. Schott unter Nr. 3, S. 36; dazu die Jahresberichte über die deutsche Fischerei, hrsg. vom Reichsministerium f. Ernährung und Landwirtschaft, Berlin. — [8] Zeitschr. Ges. f. Erdkunde 1895, S. 235—300. — [9] H. Wagner, Lehrb. d. Geographie; 10. Aufl., I, S. 975, Hannover 1923. — [10] s. G. Schott unter Nr. 3. — [11] D. Seewarte, Dampferhandbuch, für den Atlant. Ozean, 2. Aufl., Hamburg 1913; für den Stillen Ozean, Hamburg 1922, — [12] Weltkarte zur Übersicht der Strömungen und Schiffslinien; 5. Aufl., Berlin 1917. — [13] W. Schmidt, Geographie der Welthandelsgüter; 2 Teile, Breslau 1924/25. — [14] M. Eckert im Globus 1905, in Geogr. Zeitschr. 1912. — [15] s. unter Nr. 3, S. 342. — [16] Ebenda, S. 347.

B. Das Wasser des Festlandes[1-3].

Von

Fritz Machatschek.

Einleitung.

Herkunft und Kreislauf des Wassers. Das Auftreten von Wasser auf der Landoberfläche setzt die Existenz des Meeres voraus. Sobald sich mit der fortschreitenden Abkühlung des einst glühenden Erdballes aus seiner Gashülle die ersten Ansammlungen wäßrigen Niederschlages mit den darin gelösten Stoffen gebildet hatten, war auch der weitere Kreislauf des Wassers eingeleitet, der seither in der gleichen Weise, wenn auch in mit der Zeit wechselnder Bilanz vor sich geht. Durch die Verdunstung steigt vom Meere Wasser in gasförmigem Zustand in die Höhe und gelangt durch Kondensation als Niederschlag entweder wieder ins Meer zurück oder von den Winden getragen auf das Land. Hier erliegt ein Teil des Niederschlags abermals unmittelbar der Verdunstung, ein anderer Teil sammelt sich in den Flüssen oder anderen offenen Gerinnen, die dem Meere wieder Wasser zuführen; ein Teil wird von den Organismen aufgenommen und kehrt nach deren Tod wieder in den Kreislauf zurück, ein letzter Teil versickert im Erdboden und wird hier zum kleinsten Teil bei der Umwandlung wasserfreier in wasserhaltige Mineralien chemisch gebunden, zum weitaus größeren Teil tritt er an andern Stellen wieder zutage, um gleichfalls den oberflächlichen Gerinnen und damit dem Meere zuzuströmen oder wieder zu verdunsten.

Alles Wasser, das auf dem Wege der Infiltration als ehemaliges Tageswasser wieder an die Oberfläche gelangt, hat Pošepny 1893 als vados bezeichnet; E. Suess[4] hat diesen Ausdruck auf alle Teile der Hydrosphäre, Meer, Flüsse, Wolken und Niederschläge, ausgedehnt, zugleich aber die Theorie aufgestellt, daß außerdem in manchen heißen Quellen und in den vulkanischen Ausbrüchen Wasser zum erstenmal ans Tageslicht gelangt und in den oberirdischen Kreislauf eintritt, das ebenso wie die in ihm gelösten Stoffe der Entgasung des Erdkörpers entstammt, indem sich dessen Wasserstoff mit dem Sauerstoff der oberen Schichten zu Wasser verbindet. Der Anteil dieses von Suess juvenil genannten Wassers am gesamten Kreislauf ist aber heute jedenfalls sehr klein, da sonst, trotz des Verlustes durch chemische Bindung von Wasser in den Mineralien, ein beständiges Steigen des Meeresspiegels beobachtet werden müßte. Jedenfalls ist aber alles vadose Wasser seinem ersten Ursprung nach juvenil. Daß aber Wasser durch Versickerung am Meeresboden dem Kreislauf verloren gehe, somit gleichsam in den juvenilen Zustand zurückkehre und dieser Verlust durch Wasser kosmischer Herkunft ersetzt werde, ist eine durchaus unbeweisbare und im höchsten Grade unwahrscheinliche Voraussetzung des als Glazialkosmogonie zu unverdienter Verbreitung gelangten Hypothesengebäudes.

Bilanz des Kreislaufes. [5,6] Die Größen der Verdunstung und des Niederschlags auf der ganzen Erde sind uns nur annähernd bekannt, so daß alle zahlenmäßigen Angaben über die Bilanz des Kreislaufes des Wassers mit beträchtlichen Fehlergrenzen rechnen müssen. Aus der sorgfältigen Verarbeitung alles verläßlichen Beobachtungsmaterials durch Wüst [7, 9] ergibt sich als mittlere jährliche Verdunstungshöhe des Weltmeeres 84 cm (± 10%), was einer Wassermasse von 304 000 km^3 im Jahre, also wesentlich weniger als bisher angenommen, entspricht; es kommt aber dieser Wert dem von W. Schmidt [8] auf Grund ganz anderer Erwägungen ermittelten sehr nahe. Für das Land beträgt diese Größe nach den von Fritzsche für 60° n. bis 40° s. Br. verarbeiteten Zonenwerten des Niederschlags und Abflusses, die von Wüst polwärts ergänzt wurden, schätzungsweise 75 000 km^3 pro Jahr, also fast 20% der Gesamtverdunstung. Die jährliche Niederschlagshöhe auf dem Lande läßt sich nach Murray und Supan mit einiger Wahrscheinlichkeit zu 75,3 cm, die Niederschlagsmenge zu 112 000 km^3 ansetzen. Daher deckt das Land den auf ihn fallenden Niederschlag zu 68% durch seine eigene Verdunstung, während ihm nur 32% unmittelbar vom Meere zugetragen werden, allerdings unter der Voraussetzung, daß nicht noch ein gewisser, vorläufig unbekannter Teil des von der Landfläche verdunsteten Wassers durch Winde wieder in das Weltmeer zurückgelangt[10]. Die Verdunstung über dem Meere ist natürlich gleich der Summe aus dem (durch Messung nicht ermittelbaren) Niederschlag über dem Meere und der Menge des jährlich dem Meere zugeführten Flußwassers. Dieser Abfluß beträgt aber (= Niederschlag — Verdunstung auf dem Lande) 37 000 km^3, daher der Niederschlag über dem Meere 267 000 km^3, entsprechend einer mittleren Niederschlagshöhe von 74,2 cm. Neben den Gebieten mit Abfluß, in denen sich der Kreislauf direkt vollzieht, nehmen die abflußlosen Gebiete, wo aller Niederschlag wieder durch Verdunstung in die Atmosphäre zurückkehrt, etwa 32 Mill. km^2, d. i. 22% der Landoberfläche ein; auf ihnen beträgt die Regenhöhe nach Fritzsche 33 cm, die jährliche Niederschlags-, bzw. Verdunstungsmenge also fast 10 600 km^3. Auf die peripheren Gebiete entfällt damit eine jährliche Verdunstungsmenge von 64 400 km^3 und eine Niederschlagsmenge von 101 400 km^3.

Das Wasser tritt auf dem Lande in sehr verschiedenen Erscheinungsformen auf. Ein großer Teil ist als unterirdisches Bodenwasser der unmittelbaren Beobachtung entzogen. Mit ihm beschäftigt sich die Bodenwasserkunde, die eng verbunden ist mit der Lehre vom Zutagetreten dieses Wassers in den Quellen, der Quellenkunde. Oberirdisch erscheint das Wasser des Landes entweder in festen Gerinnen, den Bächen, Flüssen und Strömen, oder in stehenden Ansammlungen, den Seen, oder endlich in fester Form als Schnee und Eis, namentlich in den Gletschern und Inlandeismassen. Sein Studium zerfällt daher in die Flußkunde oder Potamologie, die Seenkunde oder Limnologie und die Gletscherkunde oder Glaziologie.

Literaturnachweise. Das Gesamtgebiet behandeln: [1] W. Halbfass, Das Süßwasser der Erde; Bücher der Naturwiss., 24. Leipzig (o. J.). — [2] F. Machatschek, Physiogeographie des Süßwassers; Aus Natur u. Geisteswelt, Nr. 628, Leipzig u. Berlin 1919. — [3] W. Ule, Physiogeographie des Süßwassers; Kendes Enzyklopädie der Erdkunde, Leipzig und Wien 1925. A. Thienemann, Die Binnengewässer Mitteleuropas (Bd. I des Sammelwerkes »Die Binnengewässer«, vorwiegend hydrobiologisch); Stuttgart 1926. R. Drenckhahn, Kreislauf des Wassers und Gewässerkunde; Samml. Göschen Nr. 960, 1927. — [4] E. Suess, Über heiße Quellen; Verh. d. Ges. deutscher Naturf. u. Ärzte 1902, Leipzig 1903. I. — [5] E. Brückner, Die Bilanz des Kreislaufes des Wassers auf der Erde; Geogr. Z. 1905. — [6] R. Fritzsche, Niederschlag, Abfluß und Verdunstung auf den Landflächen der Erde; Zeitschr. f. Gewässerkunde, VII. 1906. — [7] G. Wüst, Die Verdunstung auf dem Meere; Veröff. Institut f. Meereskunde, N. F. Berlin 1920. — [8] W. Schmidt, Strahlung und Verdunstung an freien Wasserflächen; Ann. d. Hydrogr. u. marit. Meteorologie 1915. — [9] G. Wüst, Verdunstung und Niederschlag auf der Erde, Zeitschr. Ges. f. Erdk. Berlin 1922. — [10] K. Fischer, Noch einmal zur Frage der Herkunft der Niederschläge; Met. Zeitschr. 1926.

Das Bodenwasser[1, 2, 3].

Art des Auftretens. Überall auf dem Lande, nur die polaren Regionen mit ständig gefrorenem Boden ausgenommen, trifft man beim Eindringen in die Tiefe auf Wasser; aber sein Anteil an der Zusammensetzung der oberflächlichen Schichten und die Tiefe, in welcher es erreicht wird, sind je nach den klimatischen Verhältnissen, der Boden- und Gesteinsbeschaffenheit, sehr verschieden. Das in lockeren Boden- und Gesteinsarten sich ansammelnde Wasser bezeichnen wir als Grundwasser i. e. S.*; es durchsetzt den Boden in dessen kleinen, dicht gedrängten Hohlräumen, so daß es an benachbarten Stellen in nahezu gleicher Tiefe auftritt. Hingegen erfüllt das Kluft- oder Felswasser

* Die Terminologie ist leider noch sehr schwankend. Keilhack[1] bezeichnet alles Wasser im Boden gleichgültig welcher Zusammensetzung als Grundwasser; Steuer[4] faßt es als Bodenwasser zusammen und unterscheidet vom Grundwasser der lockeren Bodenarten das Schichtwasser in den ursprünglichen Hohlräumen der festen Gesteine und das Kluftwasser in den sekundären Klüften; wieder andere Forscher unterscheiden die oberste noch frei bewegliche Schicht als Grundwasser von dem einer Schicht folgenden Schichtwasser. Der von Supan durchgeführten und hier beibehaltenen Unterscheidung (s. o.) hat sich u. a. auch Ule angeschlossen.

die bald häufigeren, bald selteneren Klüfte und Spalten in festem Gestein und wird daher in benachbarten Bohrlöchern nur selten in gleicher Tiefe erreicht. Immerhin sei betont, daß eine scharfe Unterscheidung dieser beiden Formen des Bodenwassers in der Regel schwer durchführbar ist. Endlich überzieht die sog. Bergfeuchtigkeit als kapillares Wasser auch sonst trockene Hohlräume oberhalb des Grundwassers und außerhalb der Klüfte als sehr dünne Schicht.

Herkunft des Bodenwasses. Betreffs der Herkunft alles vadosen Bodenwassers stehen sich, abgesehen von älteren, längst überwundenen Hypothesen, immer noch zwei Theorien gegenüber. Nach der zuerst von MARIOTTE wissenschaftlich vertretenen Infiltrationstheorie rührt alles Bodenwasser von der Versickerung der atmosphärischen Niederschläge im Boden her. Hingegen kehrte 1877 O. VOLGER [5] zu der gleichfalls schon früh aufgetauchten Kondensationstheorie zurück, die das Bodenwasser aus der Kondensation von Wasserdampf aus der im Boden befindlichen Luft entstehen läßt. Daß eine solche stattfinden muß, ist zweifellos richtig, ebenso auch, daß selbst nach heftigem Regen der Boden schon in geringer Tiefe, also zwischen der Oberfläche und dem Wasserhorizont, trocken ist und daß auch in Zeiten zwar feuchten, aber doch niederschlagslosen Wetters ein Ansteigen des Grundwassers beobachtet wurde. Aber andrerseits läßt sich ein Einsickern des Regenwassers an besonders geeigneten Stellen unmittelbar beobachten und besteht in zahllosen Fällen ein so deutlicher Zusammenhang in den Schwankungen des Niederschlags, der Höhe des Grundwasserstandes und des Ertrags der Quellen, daß der Anteil der Versickerung an der Herkunft des Grundwassers doch der weitaus bedeutendere ist.[6] Nach KOEHNE [7] kommt Kondensation von Wasser im Boden praktisch überhaupt nicht in Betracht; auch die von OTOTZKY [8] vorwiegend aus Laboratoriumsversuchen gewonnenen Schlüsse gegen die Bedeutung der Infiltration finden wenigstens in den ausgedehnten Beobachtungen in Norddeutschland keine Stütze.[9]

Versickerung. Wenn also jedenfalls Niederschlagswasser, und sei es auch oft mit großer Verspätung, durch Versickerung ins Grundwasser gelangt, so ist doch die Größe dieses Sickerbetrages von einer ganzen Reihe von Faktoren abhängig. Es kommen eben die Verluste in Betracht, die das Niederschlagswasser durch direkten Abfluß und Verdunstung erfährt, und die wieder von den verschiedenen Verhältnissen des Klimas und der jeweiligen Witterung, von der Art des Niederschlags, der Regendichte und Regenergiebigkeit, von dem Vorhandensein oder Fehlen einer Schneedecke, ferner von der Art und Dichte der Pflanzendecke, von der Gesteins- und Reliefbeschaffenheit bedingt sind, so daß ein festes Verhältnis zwischen Verdunstung, Abfluß und Versickerung nicht bestehen kann. Kahler Boden ist im allgemeinen reicher an Sickerwasser als bewachsener; aber doch begünstigen Wiesen und Felder relativ die Versickerung, indem sie den Abfluß hemmen, während der

Wald einerseits in seinem Laube das Regenwasser länger der Verdunstung aussetzt, andrerseits aber doch den Boden durch Beschattung und durch eine Streudecke vor der Verdunstung und Austrocknung schützt.[10] Überhaupt sind unter einer Vegetationsdecke die Schwankungen der Versickerungsgröße kleiner als unter kahlem Boden. Da die Baumwurzeln einen großen Teil des Sicker- und Grundwassers absorbieren, steht dieses im waldbedeckten Flachland tiefer als im benachbarten Freiland, während an Bergabhängen jede dichtere Vegetationsdecke den Grundwasserstand durch Verzögerung des unmittelbaren Abflusses erhöht. Die Reliefbeschaffenheit kommt für die Größe der Versickerung insofern in Betracht, als umsomehr Wasser in den Boden eindringt, je flacher die Böschung ist.

Wasserkapazität und Wasserdurchlässigkeit. Von entscheidender Bedeutung für die Größe der Versickerung aber ist der Boden selbst, nämlich seine Fähigkeit, das Wasser nicht nur durch die ihn durchsetzenden Kapillaren aufzusaugen, sondern es auch weiterzuleiten. Danach lassen sich mit Keilhack alle Bodenarten und Gesteine in vier Gruppen gliedern. Die erste Gruppe, zu der alle kristallinischen Gesteine der verschiedensten Art gehören, vermag Wasser nur in kapillarer Form aufzunehmen; sie sind also fast undurchlässig und sehr wenig wasseraufnahms- und leitungsfähig. Die zweite Gruppe, tonige Gesteine, Mergel, humose Böden und Torf, umfaßt jene Gesteine, die Wasser zwar in großen Mengen kapillar aufzunehmen, aber es nicht weiterzuleiten vermögen; sie sind also in hohem Grade wasserundurchlässig, trocknen aber selten völlig aus und neigen zur Versumpfung. Die Gesteine der dritten Gruppe können Wasser in großer Menge aufnehmen, leiten aber neu hinzukommendes Wasser nur langsam in die Tiefe, wie Löß, Schreibkreide, manche Kalke und Dolomite. Die vierte Gruppe endlich wird von allen losen Trümmergesteinen (Sande und Sandsteine, Konglomerate, Breccien, Schutt) gebildet; sie vermögen bei nicht allzu kleiner Korngröße, sobald nämlich die Kapillarität der Versickerung nicht entgegenwirkt, Wasser sowohl leicht aufzunehmen als auch fortzuleiten; sie sind daher oberflächlich trocken, in der Tiefe aber wasserreich.

Es ist also der Wasserinhalt der Gesteine zwar von der Größe ihrer Poren, der Porosität, abhängig, aber nicht so sehr von der Gesamtgröße aller Poren, als von ihrer Größe im einzelnen. Jene, das Porenvolumen, beträgt nach Wintgens[11] bei dichten Gesteinen weniger als 1%, bei Sanden je nach der Korngröße 14—40%, bei Tonen aber bis 50%, und doch sind diese fast vollkommen wasserundurchlässig. Bei festen Gesteinen aber kommt für die Leitungsfähigkeit und die Versickerung die Klüftigkeit viel mehr in Betracht als die Porosität, was für viele morphologische Erscheinungen bedeutungsvoll ist. So ist fester Kalkstein wie auch Gips zwar wenig porös, aber wegen seiner zahlreichen Klüfte, die durch Lösung überdies rasch erweitert werden, doch in hohem Maße wasserdurchlässig. Allerdings gibt es, wie F. v. KERNER beobachtet hat, auch weite Kalkflächen, die von keiner einzigen Kluft durchsetzt sind.

Das Grundwasser in lockeren Bodenarten. In porösem, durchlässigem Boden sickert also das Wasser der Schwere folgend ein, staut sich, indem es die Hohlräume desselben vollständig ausfüllt, als Grundwasser über einer undurchlässigen Schicht an und breitet sich flächenhaft aus. Diese Schicht, die die Weiterbewegung des Wassers nach der Tiefe hemmt, heißt der Grundwasserstauer; seine Höhenlage bestimmt zunächst die Tiefe, in welcher Grundwasser angetroffen wird, also die Lage des Grundwasserspiegels als der Verbindungsfläche aller Einzelspiegel in den wassererfüllten Hohlräumen (Fig. 78). Die Mächtigkeit des Grundwassers hängt aber in erster Linie von der Mächtigkeit

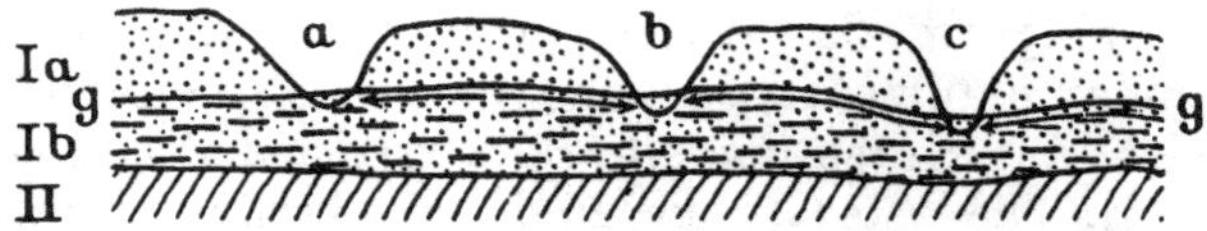

Fig. 78. Grundwasser im Lockerboden. Nach KEILHACK. I Durchlässige Schicht und zwar Ia trockene Durchgangsschicht. Ib wasserführende Schicht, beide getrennt durch den Grundwasserspiegel gg. II undurchlässige Schicht. Die Bewegungsrichtung des Grundwassers ist durch Pfeile angedeutet.

und Beschaffenheit der wasserführenden Schicht, des Grundwasserträgers, dann von der Art und Größe der Speisung ab. Als Träger des Grundwassers kommen nach dem früher Gesagten meist Sande, Kiese und Schotter, als Stauer Tone und tonige Böden (z. B. Moränen) in Betracht. Die von Wasser erfüllte Schicht heißt der Grundwasserhorizont.

Das Grundwasser bewegt sich in einem sehr dichten Netz kommunizierender Röhren, so zwar, daß seine Oberfläche eine nach oben konvexe Wölbung bildet, die sich nach dem Austritt des Grundwassers, meist einer Quelle, oder nach einer künstlichen Aufschließung, einem Brunnen, neigt. Die Bahnen der einzelnen einsickernden Wasserteilchen lassen sich (nach SLICHTER und LEHMANN [12]) als Kurven darstellen, die je weiter von der Austrittsstelle entfernt, umso flacher nach oben konkav sind. Im Grundwasser selbst bewegt sich kein Teilchen genau dem Grundwasserspiegel entlang, schon deshalb nicht, da ja dieser aus lauter Einzelspiegeln besteht, sondern es fließt das Grundwasser in der Richtung des Druckgefälles mit einer Geschwindigkeit, die von dem Gefälle der Grundwasseroberfläche und der Porosität und Korngröße des Grundwasserträgers abhängt; meist ist ihre Größe sehr klein, etwa 1—10 m pro Tag. Eine völlig stagnierende Schicht, einen Grundwassersee, kann es aber nicht geben, da das Wasser in der Tiefe unter Druck auch zu den Austrittsstellen emporsteigen muß.[12] Es besteht also immer und überall eine Grundwasserströmung, die namentlich dort, wo lockere Bodenarten in Täler eingelagert sind, einen flußartigen Charakter besitzt.

In Gegenden, wo das Grundwasser mit Flüssen in Verbindung steht und die Zufuhr durch Versickerung über die Verdunstung überwiegt, steht das Grundwasser infolge seines langsamen Abströmens in den kapillar verengten Wegen höher als der benachbarte Flußspiegel (Fig. 79). Es hat daher zwischen zwei benachbarten Tälern ein nach beiden hin gerichtetes Gefälle und bildet dazwischen eine sehr flache Grundwasserscheide; unter beschränkten Erhebungen, wie Dünen, bildet es die Oberfläche in sehr abgeschwächtem Maße ab, während das Relief größerer und mehrgliedriger Erhebungen auf die Oberfläche des Grundwasserspiegels ohne Einfluß ist. In solchen Fällen also gibt das Grundwasser an die Flüsse Wasser ab, und zwar schräg flußabwärts; diese entwässern das Land auch unterirdisch und werden bisweilen in hohem Maße durch zuströmendes Grundwasser gespeist, so daß sie auch

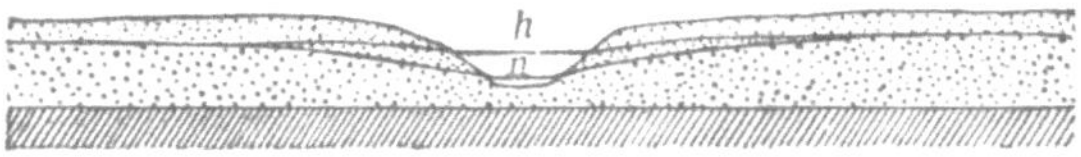

Fig. 79. Die Wirkung von Flüssen auf den Grundwasserstand bei längerem Hochwasser (*h*) und bei Niederwasser (*n*) (stark überhöht).
Aus Ule, Physiogeographie des Süßwassers, Verlag von Franz Deuticke, Leipzig und Wien.

in Trockenzeiten eine verhältnismäßig reichliche Wasserführung bewahren. Sehr rasch auftretende Hochfluten in den Flüssen üben aber auf das Grundwasser eine stauende Wirkung aus; es tritt Fluß- (oder auch See-)wasser in die ufernahen Teile des Grundwassers über, und es bewegt sich eine Grundwasserwelle landeinwärts. Doch stellt sich bei länger andauerndem Hochwasserstand das frühere Verhältnis wieder her

Eine Abgabe von Flußwasser an das Grundwasser geschieht aber regelmäßig dort, wo starke Flüsse, besonders aus niederschlags- und schneereichen Gebieten, in dauernde Trockengebiete eintreten, hier nach abwärts an Wasserfülle abnehmen oder auch ganz versiegen. Solche Flüsse vermehren also auch auf unterirdischem Wege den Wasserreichtum ihrer Umgebung. Wo Regen- und Trockenzeiten jahreszeitlich wechseln, tritt auch ein regelmäßiger Wechsel von Speisung der Flüsse durch Grundwasser und Abgabe von Flußwasser an das Grundwasser ein. Auch bei übermäßiger künstlicher Entnahme von Grundwasser durch Brunnen findet eine dauernde Absenkung des Grundwasserspiegels unter das Flußniveau statt, die unter Umständen für die Pflanzenwelt bedrohlich werden kann.

Schwankungen des Grundwasserstandes. Wo die Speisung des Grundwassers von Flüssen oder Seen ausgeschlossen ist, gilt im allgemeinen die Regel, daß sich seine jahreszeitlichen Schwankungen entweder nach denen des Niederschlags oder denen der Verdunstung richten, je nachdem dieser oder jener Faktor größeren Veränderungen unterworfen ist. In dieser Hinsicht hat Soyka [13] eingehende Untersuchungen angestellt, wobei er das Sättigungsdefizit als Maß der Verdunstung einführte. In München wie überhaupt an Orten mit reichlichem Niederschlag und in ausgeprägter Periodizität steigt und fällt das Grundwasser (mit einiger Verspätung) mit dem Regen; der höchste Stand fällt daher in den Hochsommer trotz der um diese Zeit größten Verdunstung, der tiefste in den November, obwohl die Niederschläge noch weitere drei Monate abnehmen; aber das Sättigungsdefizit erreicht um diese Zeit schon sein Minimum, auch wirkt im Winter schon

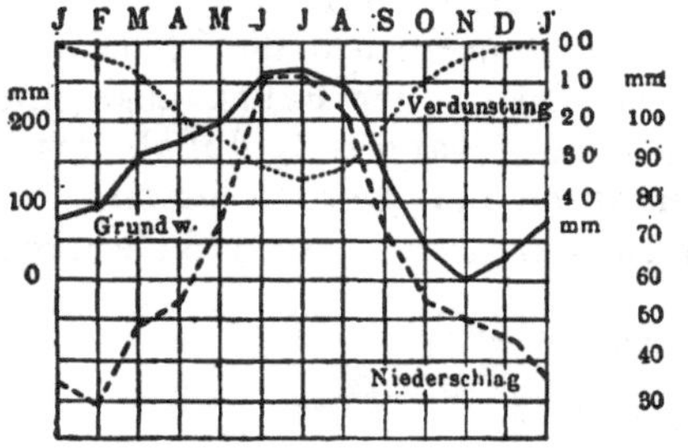

Fig. 80. Jahresperiode des Sättigungsdefizits, des Grundwassers und des Niederschlags in München 1850—85 (nach Soyka).

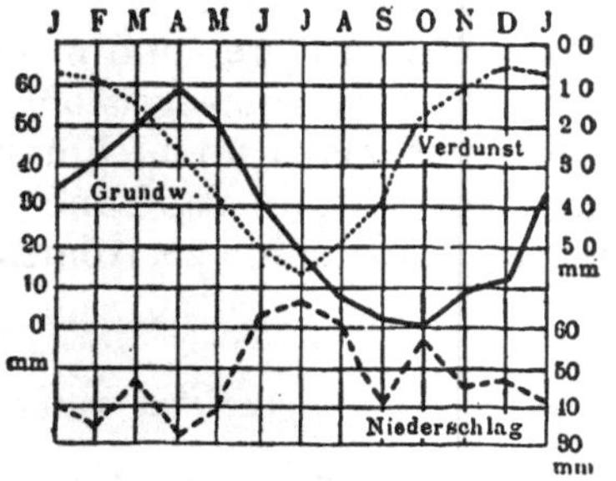

Fig. 81. Jahresperiode des Sättigungsdefizits, des Grundwassers und des Niederschlags in Berlin 1870—85 (nach Soyka).

In beiden Diagrammen ist das Sättigungsdefizit umgekehrt eingetragen.

Aus Ule, Physiogeographie des Süßwassers, Verlag von Franz Deuticke, Leipzig und Wien.

eine eventuelle Schneedecke hemmend auf die Verdunstung (Fig. 80). An Orten mit geringem, aber regelmäßiger verteiltem Niederschlag wie z. B. Berlin folgt dem sommerlichen Verdunstungsmaximum der tiefste Stand des Grundwassers mit 2—3 monatlicher Verspätung, der höchste Stand fällt in das Frühjahr, also verspätet gegenüber dem winterlichen Verdunstungsminimum und überdies geschwellt durch die Schneeschmelze (Fig. 81). Im allgemeinen sind die Schwankungen des Grundwassers um so größer, je ausgeprägter die Periodizität der Niederschläge ist, und damit sinkt auch seine praktische Bedeutung.

Die Beziehungen zwischen den Schwankungen des Grundwassers und denen des Wasserstandes der Flüsse sind durch die Lage des Flußbettes zum Grundwasserspiegel bestimmt. Ist dieses ganz innerhalb des Grundwasserträgers eingeschnitten, so macht das Grundwasser in den ufernahen Partien die Schwankungen des Flußspiegels verzögert und abgeschwächt mit; liegt aber der Flußspiegel schon innerhalb des Grundwasserstauers, wie z. B. die Isar oberhalb München [14], so besteht völlige Unabhängigkeit zwischen seinen Schwankungen und denen des Grundwassers.

Artesisches Wasser. In Gegensatz zu den bisher betrachteten Fällen, wo die durchlässige Schicht die Oberfläche bildet, steht jenes

Grundwasser, das in einer wasserführenden Schicht eingeschlossen und damit vor Verdunstung geschützt ist. Solches Grundwasser nennt man artesisches Wasser (nach Artois, wo es 1126 zum erstenmal in Europa für Brunnenanlagen ausgenützt worden sein soll). Sein Nährgebiet tritt oft erst in weiter Entfernung in höherem Niveau zutage und führt Organismen und andere Fremdkörper dem Grundwasser zu; dieses folgt allen Schichtbiegungen auf- und absteigend und steigt mit seinem Druck entweder an natürlichen Einschnitten oder an Verwerfungen gegen undurchlässiges Gestein oder durch künstliche Bohrlöcher wieder auf. Der hydrostatische Druck treibt es als Springquelle in die Höhe, doch erreicht diese infolge des Verlustes durch Reibung und des Luftwiderstandes nicht die theoretisch aus der Höhendifferenz zwischen dem Nährgebiet und dem Grundwasserniveau an der erbohrten Stelle errechnete Steighöhe. Artesisches Wasser kann bei verschiedenen Lagerungsverhältnissen vorkommen, bei

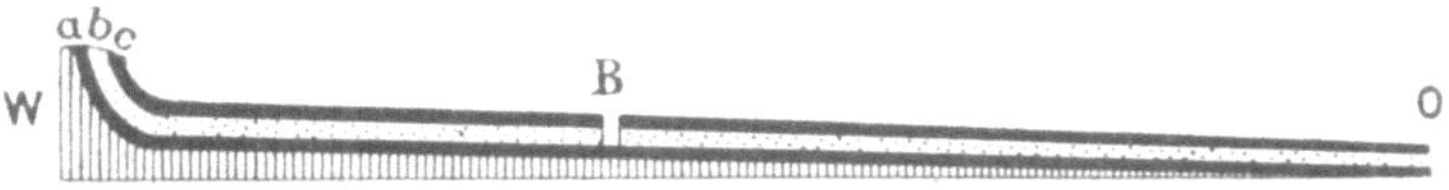

Fig. 82. Schwarz undurchlässige, punktiert durchlässige Schicht mit artesischem Grundwasser.

flachmuldenförmigen wie im Pariser Becken oder bei einseitig flexurartiger Schichtabbiegung wie in den Präriestaaten von Nordamerika (Fig. 82) und in der algerischen Sahara, deren Grundwasser sein Nährgebiet im Atlasgebirge hat und das um so tiefer liegt, je weiter es von den feuchteren Randgebieten entfernt ist.

Kluft- oder Felswasser. Wo fester Fels die Oberfläche bildet, hängt die Menge des einsickernden Wassers und die Bildung eines auf weite Erstreckung einheitlichen Bodenwasserspiegels von der Zahl, Breite und Verteilung der das Gestein durchsetzenden und einander durchkreuzenden Klüfte ab. Ein solcher Fall, wie ihn Fig. 83 darstellt, ist in der Natur wohl möglich; in der Regel aber sind die Klüfte durch undurchlässiges Material und den Gebirgsdruck für das Wasser geschlossen, und es liegen dessen Einzelspiegel in den Klüften in so verschiedener Höhe, daß sie zu keinem einheitlichen Bodenwasserspiegel sich verbinden lassen. Wenn daher auch in festem Gestein Brunnenbohrungen gelegentlich mächtige Vorräte von Trinkwasser ergeben, so handelt es sich eben um die Erschließung besonders reichlicher Kluftwasseradern, während an benachbarten Stellen Bohrungen resultatlos bleiben. Die Bewegungen des Kluftwassers erfolgen bei starker Klüftigkeit natürlich freier, aber auch regelloser als die des eigentlichen Grundwassers.

Karstwasser. Das in Gesteinsklüfte einsickernde und in ihnen zirkulierende Wasser vermag die Spaltenwände mechanisch anzugreifen und die Klüfte zu erweitern. Ist das Gestein in Wasser löslich, wie das bei Salz und Gips und infolge seines Kohlensäuregehaltes bei Kalkstein und Dolomit der Fall ist, so tritt zur mechanischen Wirkung die chemische, und es werden die ursprünglich engen Klüfte und Schichtfugen zu mehr oder weniger geräumigen Gängen und Hohlräumen erweitert, in denen das Wasser frei fließen kann. Unterirdische Wasserzirkulation zeichnet daher alle Kalkgebiete aus. Da nun die für solche eigentümlichen hydrographischen Verhältnisse sowie eine Reihe von ober- und unterirdischen Formen, die durch die Löslichkeit und Klüftigkeit des Kalkes bedingt sind, im nackten dinarischen Karst besonders typisch entwickelt sind, faßt man sie als Karstphänomen zusammen. Die morphologische Seite dieser Erscheinungen wird ein anderer Abschnitt dieses Buches behandeln; hier handelt es sich nur um die vielumstrittene Frage der Karsthydrographie.

Nach der Ansicht von A. GRUND [15] ist zwischen dem durch die Klüfte des Kalkes vorwiegend senkrecht in die Tiefe dringenden Sicker-

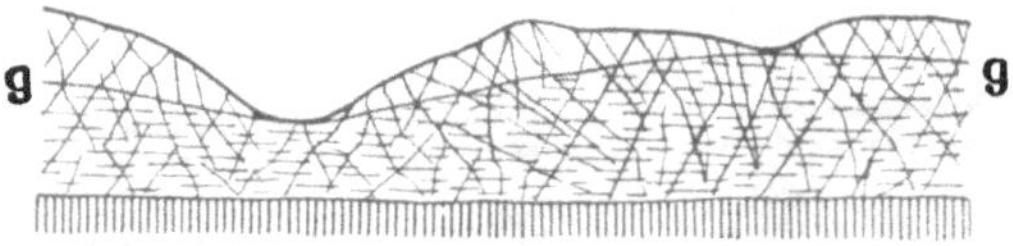

Fig. 83. Grundwasser der Hochflächen der Champagne. Nach DAUBRÉE.

wasser, das die Klüfte nur nach Regen erfüllt, und dem aus ihm hervorgegangenen, über der undurchlässigen Unterlage sich ansammelnden Karstgrundwasser oder einfach Karstwasser zu unterscheiden, das alle Hohlräume ständig erfüllt, ein einheitliches Niveau einhält und sich in langsamer, nahezu horizontaler Bewegung nach Quellen oder anderen Austrittstellen befindet. Der Unterschied gegenüber dem Grundwasser in Lockerböden bestünde nur in der höheren Temperatur als Folge der größeren Tiefe, in einer größeren Strömungsgeschwindigkeit und vor allem in dem größeren Ausmaß der Spiegelschwankungen, da sich das Karstwasser auf verhältnismäßig wenige Adern verteilt; vom Kluftwasser anderer fester Gesteine unterschiede es sich durch das einheitliche Spiegelniveau.

Die Karstwassertheorie gibt eine befriedigende Erklärung für das gelegentlich zu beobachtende Auftreten von Quellen in gleichem Niveau und für die periodische Inundierung der in die Karstoberfläche eingesenkten abflußlosen Wannen oder Poljen, sobald nämlich deren Boden innerhalb der Schwankungen des angenommenen Karstwasserspiegels liegt. Aber andererseits sprechen viele Tatsachen gegen die Annahme eines einheitlichen unterirdischen Wasserhorizonts und gegen den Zusammenhang benachbarter Kluftsysteme. So ist bisher noch niemals, auch nicht in den tiefsten Höhlen, ein einheitliches Wasserniveau aufgefunden, nirgends an den Gehängen besonders tief eingeschnittener Karsttäler ein zusammenhängendes Austreten von

Wasser aus allen Spalten beobachtet worden. Ferner zeigte es sich, daß von zwei benachbarten Quellen manchmal die tiefer gelegene früher versiegt als die höhere, daß solche Quellen ganz verschieden auf Regen reagieren und daß von den Schlundlöchern oder Ponoren am Boden von Poljen bisweilen gleichzeitig einige als Wasserspeier, andere als Wasserschlucker funktionieren, und zwar letztere gerade dann, wenn die Poljen am höchsten überschwemmt sind. Endlich macht PHILIPPSON darauf aufmerksam, daß man durch Ableitung der Zuflüsse periodisch inundierte Poljen, wie den Kopais-See, trocken legen konnte, was mit der Annahme von Schwankungen eines einheitlichen Karstwasserniveaus nicht gut vereinbar ist. Der GRUNDschen Karstwassertheorie haben sich u. a. PENCK, RICHTER und KREBS angeschlossen, hingegen haben die meisten der Karst- und Höhlenforscher diese Theorie mehr oder weniger schroff abgelehnt [16–18] oder einen vermittelnden Standpunkt eingenommen wie KERNER und NOPCSA [18b]. KATZER [17] läßt sie nur für den sog. seichten Karst gelten, in dem die undurchlässige Unterlage schon in geringer Tiefe unter der verkarsteten Kalkplatte liegt; für den tiefen Karst nimmt er, wie vor GRUND alle Forscher, nur Karstgerinne an, in denen sich das Wasser wie in einem Netz bald geräumiger Röhren und Höhlen, bald enger »Siphone« nach dem Gesetz von kommunizierenden Gefäßen ziemlich rasch und auch nach aufwärts bewege, ohne daß es darunter eine zusammenhängende Grundwasseransammlung gebe.

Die Existenz solcher Gerinne, die mitunter förmlich unterirdische Flüsse darstellen, ist natürlich nicht zu leugnen; die Höhlenforschungen haben sie in zahlreichen Fällen aufgedeckt. GRUND erklärte sie so, daß sie stets noch im Bereich des Sickerwassers auftreten, wo dieses sich auch in ungefähr horizontalen Klüften zu größeren Adern vereinigt, um ein Stück weit ihnen zu folgen, bevor es weiter nach abwärts strebt. Viele von diesen Höhlenflüssen sind nur die Fortsetzung oberirdischer Gerinne, die beim oder bald nach Betreten des Karstgesteins in Höhlen verschwinden. So durchfließt die Reka in Istrien zuerst ein normales Tal im Flysch und verschwindet, bald nachdem sie in das Kalkgebiet eingetreten ist, in der Höhle von St. Canzian; als ihre oberirdische Fortsetzung galt das kurze Flußstück des Timavo. Färbungsversuche, die 1907 VORTMANN und TIMEUS anstellten, ergaben aber, daß das Rekawasser nicht nur im Timavo, sondern auch noch an vier anderen Stellen in Quellen am Golf von Triest zutage tritt, und daß es für die bloß 12 km lange Strecke 5 Tage brauchte. Es trat also eine Verästelung des Rekawassers im Karstgebiet ein, wobei es sich mit anderen Wasservorräten vermischte.[19] Übrigens besteht auch ein Zusammenhang zwischen der Wippach und dem Timavo. Ein solcher Zutritt von Grundwasser war schon 1877 an der bekannten Donauversickerung bei Möhringen im Schwäbischen Jura festgestellt worden, indem die im Bodenseegebiet zutage tretende

Aachquelle mehr Wasser führte als in der Donau versickerte. In anderen Fällen aber bewahren unterirdische Flüsse ihre Individualität. So tritt (Fig. 84) die Poik bei Adelsberg in Krain in eine Höhle ein, kommt nach fast 9 km langem unterirdischem Lauf als Unz hervor und durchfließt das Polje von Planina; auch diese verschwindet in noch unerforschten Tiefen, doch behält sie ihren Flußcharakter wahrscheinlich bei, bis sie als Laibach wieder erscheint. Ähnliches gilt von der

Fig. 84. Flußsystem der Laibach in Krain. Nach Urbas u. a. ——— oberirdische, ············ unterirdische Flußläufe.

Punkwa im mährischen Karst, die auf eine kurze Strecke in der Riesendoline der Macocha zutage tritt; auch sie durchfließt ober- und unterhalb davon großartige Höhlensysteme.

Als ein weiteres Argument gegen die Karstwassertheorie ist von Waagen [20] das Auftreten submariner Quellen an den Karstküsten betont worden. Sie steigen aus beträchtlichen Tiefen, z. B. bei Kap St. Martin an der Riviera in 700 m unter dem Meeresniveau und bisweilen mit solcher Gewalt empor, daß sie die Meeresoberfläche in Wallung versetzen. Ein solcher Auftrieb ist nach Waagen nur möglich, wenn das Wasser in geschlossenen Gerinnen zur unterirdischen Austrittstelle gelangt; aber auch ein dichtes Geflecht untereinander verbundener Hohlräume, wie es das Karstwasser nach Grund darstellt, muß einen solchen hydrodynamischen Druck entfalten [21], und die Heftigkeit, mit der das leichtere Süßwasser emporsteigt, hängt nur von der Tiefe ab, in der es ins Meerwasser hinaustritt.

Den widerstreitenden Beobachtungen über die hydrographischen Verhältnisse im Karste ist Cvijić [22] durch die Aufstellung mehrerer hydrographischer Stockwerke und ihrer Entwicklungsreihe, aber doch in Annäherung an die Karstwassertheorie gerecht geworden. Im Verlaufe der fortschreitenden Verkarstung eines vorher von normalen Tälern gegliederten Kalkgebietes, mit zunehmender Erweiterung der ursprünglich engen Klüfte und allmählicher Tieferlegung der Austritte der unterirdischen Gerinne bilden sich drei unterirdische Zonen aus, die ineinander übergehen: eine obere, fast vollständig trockene Zone, fast ohne Quellen, mit großen, aber trockenen Höhlen und untereinander zusammenhängenden Kanälen; eine mittlere des Übergangs mit beständiger Wasserversickerung in den Grotten und Klüften, auch gelegentlichen zusammenhängenden Gerinnen, Austritten von Quellen mit großen Schwankungen an den Gehängen der Karsttäler und Poljen und an der Meeresküste, in der Regenzeit auch mit aus der untersten Zone aufsteigenden Wasserfäden; endlich eine untere, fast beständig von Wasser durchflossene Zone mit nur seltenen Höhlen, die schon ganz unterhalb der Karstdepressionen gelegen sind, mit Klüften, die von langsam nach der Tiefe entweichendem Wasser erfüllt sind, und mit hydrostatisch nach den Poljen oder untermeerisch aufsteigenden Wassergerinnen. Die Grenzflächen dieser Zonen verlagern sich mit der Zeit immer mehr nach der Tiefe und gegen die undurchlässige Unterlage; gleichzeitig aber wird die Karstoberfläche durch flächenhaft wirkende chemische Denudation immer mehr erniedrigt, bis schließlich nur vereinzelte, wenig hohe Kalkbänke und Berge (Hums) über der undurchlässigen Schicht und nur die trockene Zone zurückbleiben.

Störungen dieser Entwicklung und der Abgrenzung der Zonen entstehen durch das Auftreten weniger klüftiger oder löslicher Gesteinspartien oder selbst undurchlässiger Schichten sowie durch Unregelmäßigkeiten des Schichtbaues, wodurch bisweilen sehr eigentümliche hydrographische Verhältnisse auftreten, so daß das Verständnis solcher lokaler Erscheinungen nur auf Grund eingehender Kenntnis des geologischen Baues möglich ist. Werden die Klüfte des Kalkes während des Verkarstungsvorganges durch die unlöslichen, tonigen Rückstände des Kalkes abgedichtet, so kann es zu einem Stillstand dieser Prozesse kommen [23], wie auch die Erhaltung oberflächlicher Gerinne auf der Karstfläche oft durch die Verschmierung der Klüfte im Flußbett durch den mitgeführten Schlamm ermöglicht wird.

Die Quellen.

Auftreten der Quellen. Das Bodenwasser tritt entweder in deutlich markierten Wasserfäden oder mehr oder weniger flächenhaft zutage, letzteres namentlich in lockeren Bodenarten, wo dann dunkle, feuchte

Stellen, Versumpfung oder üppige Vegetation inmitten trockener Flächen den Austritt des Grundwassers anzeigen. An Talgehängen nennt man solche Stellen mit GÖTZINGER Naßgallen[24]. Bei hohem Stand erfüllt das Grundwasser oberflächliche seichte Vertiefungen des Bodens auch völlig und bildet Quelltümpel oder auch größere Grundwasserseen (s. u.) mit oder ohne Abfluß. Als *Quellen* aber bezeichnet man die Stellen, wo durch die Verschneidung der Landoberfläche mit dem Bodenwasserspiegel Grund- oder Kluftwasser als mehr oder weniger dauernd fließendes Rinnsal zutage tritt.

Die geologischen Verhältnisse, unter denen Quellen auftreten, sind sehr mannigfaltiger Art und können hier nicht erschöpfend behandelt werden[25]. In Lockerböden kann eine Verengung des Abflußprofils infolge abnehmender Breite oder Mächtigkeit des Grundwasserträgers oder Verringerung seiner Durchlässigkeit einen Teil seines

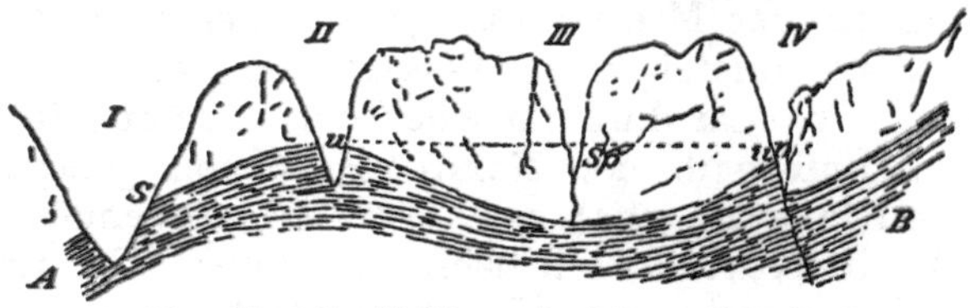

Fig. 85. Quellbildung in festem Gestein.

Wassergehaltes als Quellen austreten lassen, wie dies auf den Schotterflächen des bayrischen Alpenvorlandes oder in der Poebene der Fall ist, wo längs einer scharf markierten, überdies durch die Lage von Siedlungen hervorgehobenen Linie zahllose Flüßchen (Fontanili) in der Ebene erscheinen. Durch das Auskeilen der wasserführenden Schicht sind u. a. die Quellen des Wiener Neustädter Steinfelds bedingt, die dort auftreten, wo unter den diluvialen Schotterkegeln der undurchlässige tertiäre Tegel an die Oberfläche kommt.[26] Alles das sind *Grundwasserquellen*; ihre Verbindungslinie trennt jeweils den trockenen Teil der Ebene vom feuchten. Ähnlicher Art sind die zahlreichen *Schuttquellen* am untern Rand von Schutthalden und Bergsturzmassen. In festem Gestein (Fig. 85) treten die meisten Quellen als *Schichtquellen* dort auf, wo eine wasserführende Schicht an einem Abhang ausstreicht. Bei den einfachen Schichtquellen folgt das Schichtwasser einfach der Neigung der wasserstauenden Liegendschicht und tritt am Gehänge oder an der Talsohle aus. In Quertälern bei geneigter Schichtlagerung müssen die Quellenaustritte sich in einer bestimmten Richtung gegen den Talboden neigen und schließlich sein Niveau erreichen, wo auch die stärksten Quellen angetroffen werden. Antiklinaltäler haben in der Regel keine oder nur schwache Quellen (s. u.), Isoklinaltäler meist nur auf der Talseite, wo die Schichten mit dem Gehänge, aber flacher als dieses einfallen, Synklinaltäler haben auf beiden Talseiten denselben Quellhorizont, und zwar bei symmetrischem Muldenbau in gleicher Höhe. Ist die undurchlässige Schicht muldenförmig gelagert und wird sie beiderseits von Tälern angeschnitten, so preßt der hydrostatische Druck das Bodenwasser auf beiden Seiten als Überfallsquellen heraus. In diesem Falle wie auch bei den Quellen der Antiklinaltäler und vielen sog. Stauquellen, die an der Grenze einer wasserführenden und einer sie überlagernden undurchlässigen Schicht zum Austritt gezwungen werden, ist die Bewegung, die das Wasser unmittelbar nach der Austrittstelle führt, gleichzeitig eine ab- und aufsteigende[25], während in den anderen Fällen es sich nur um eine absteigende Bewegung handelt. Verwerfungsquellen bilden sich dort, wo durch eine Verwerfung eine durchlässige Schicht an einer undurchlässigen (oder einem Eruptivgang) abstößt; dabei steigt das Wasser entweder zum Ausbiß der Verwerfung ab oder längs der Verwerfungsspalte auf, wie z. B. an den Thermenlinien am Abbruch des Erzgebirges, des Schwarzwaldes und der Ostalpen. Spaltquellen entstehen dort, wo ein Tal von oben her bis zur wasserführenden Schicht eingeschnitten ist, ohne aber den undurchlässigen Untergrund zu erreichen.

Bei den rein aufsteigenden Quellen ist immer ein Auftrieb vorhanden, der zumeist durch den hydrostatischen Druck geliefert wird; das gilt auch von den durch Bohrungen von oben her erschlossenen artesischen Brunnen. In anderen Fällen wird der Auftrieb durch komprimierte Gase, wie Wasserdampf oder Kohlensäure (Nauheim, Kissingen, Homburg), oder Kohlenwasserstoffe geleistet. Letzteres gilt von den Schlammsprudeln oder Salsen und den Schlammvulkanen, bei denen flüssiger Schlamm durch den Gasauftrieb zutage gefördert wird und sich über der Ausbruchstelle als kleiner Kegel aufbaut. Diese Gase stammen aus der Verwesung organischer Stoffe; daher treten diese Erscheinungen einerseits in Naphthagebieten (Baku, Krim, Trinidad u. a. O.), andrerseits in jungem Schwemmland auf. Mit dem Vulkanismus haben sie in der Regel nichts zu tun, doch gibt es in vulkanischen Gegenden bisweilen Schlammsprudel, bei denen Wasserdampf den Auftrieb leistet.

Geysir. Zu den durch Gasauftrieb aufsteigenden Quellen gehören auch die intermittierenden heißen Springquellen, die nach dem am längsten und besten bekannten Vorkommnis im südwestlichen Island als Geysir (Geiser) bezeichnet werden. Sie setzen große Mengen von Kieselsinter um ihre Mündungsstelle ab, wodurch ein einfacher flacher Kegel oder auch phantastische Gebilde entstehen, in deren Mitte ein Kanal aus der Tiefe in ein flaches Becken mündet. Die Erscheinung besteht darin, daß nach einer gewissen Zeit der Ruhe, in welcher sich das Wasser noch tief unter dem Siedepunkt befindet, Dampfblasen im Becken aufsteigen, das Wasser aufwallt und kleinere Eruptionen erfolgen, bis endlich ein starker Strahl heißen Wassers emporschießt, der mehrmals auf- und absteigt und endlich zusammensinkt. Beim Großen Geysir auf Island ist das Steigrohr mindestens 23 m tief und etwa 3 m weit, das Sinterbecken 15—18 m breit und 2 m tief; die kleinen Ausbrüche ohne Fontäne wiederholen sich alle 80—90 Minuten, die großen alle 24—30 Stunden bis zu Höhen von 35, gelegentlich sogar von 70 m und dauern etwa 10 Minuten, worauf das Becken und auch die obersten 2 m des Schachtes leer sind und sich erst nach einiger Zeit wieder füllen.

Nach den Beobachtungen von Bunsen[27] auf Island (1846), die Coles wiederholt hat, nimmt vor jeder Eruption die Temperatur in dem Schacht nach unten zu und steigert sich zugleich an jeder Stelle bis zum Eintritt des Ausbruchs, ohne aber irgendwo den dem betreffenden Druck entsprechenden Siedepunkt zu erreichen. Doch ist in einer Tiefe von 9—10 m die Temperatur unmittelbar vor dem Ausbruch dem Siedepunkt am nächsten. In diese kritische Tiefe verlegte Bunsen den eigentlichen Wärmeherd und die Stelle der ersten Dampfentwicklung. Die Wasserschicht bei d in 10 m Tiefe (Fig. 86) mit 121,8° braucht nur um 2 m gehoben zu werden, um sich infolge Verringerung des Druckes sofort in Dampf zu verwandeln. Dieser hebt das Wasser noch weiter und es pflanzt sich die Dampfentwicklung durch die ganze Masse fort, womit die emporschleudernde Kraft gegeben ist. Aber die in der Luft abgekühlten Wasserstrahlen fallen ins Rohr zurück, worauf die Temperatur von neuem bis zum Siedepunkt steigt. Daraus erklären sich die in einzelnen Schüssen emporsteigenden Strahlen und die lange Dauer der Eruption. Die erste Hebung und Dampfbildung ist nach Bunsen eine Folge des Eindringens erhitzten Wassers aus der Tiefe bis zum kritischen Niveau; doch ist, wie H. Kayser betont hat, die Form des Rohres für den Eintritt einer wirklichen Eruption wichtig. Bei rein zylindrischer Form müßten Konvektionsströmungen einsetzen, die alles Wasser auf die gleiche Temperatur brächten, so daß es wohl zum Sieden, aber nicht zu einer Eruption käme. Eine Hemmung der Ausgleichströmung erzeugt beim isländischen Geysir die Verengung der Röhre an der kritischen Stelle, die von Bryson tatsächlich in 13,5 m Tiefe aufgefunden wurde; eine gleiche Wirkung müßte eine knieförmige Abbiegung an dieser Stelle haben, wie sie auch mehrfach beobachtet worden ist.

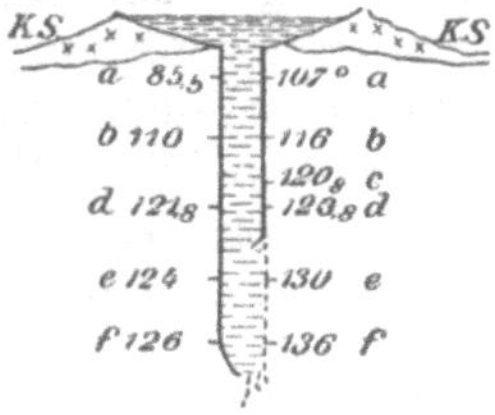

Fig. 86. Durchschnitt des Großen Geysir auf Island 1:1000 nach den Messungen von Coles (1881). Die Zahlen links sind beobachtete Temperaturen, die rechts die der Tiefe entsprechenden Siedepunkte. *KS* = Kieselsinter.

Ob die Erklärung von Bunsen für alle Geysir zutrifft, ist übrigens fraglich; für einige dürfte die ältere Theorie von Mackenzie gelten, nach der der Ort der ersten Dampfbildung in Hohlräumen liegt, die mit der Steigröhre in Verbindung stehen.[28] Jaggar[29] unterscheidet zwischen überfließenden und stehenden Geysir. Jene (sog.

Excelsior-Typus nach dem gleichnamigen Geysir im Yellowstone-Park) stehen unter hydrostatischem Druck, indem beständig aus größeren Höhen kaltes Wasser zum Ersatz des abfließenden heißen zufließt; daher überfließt das Becken beständig und es kommt nur in der kalten Jahreszeit, in der sich der Zufluß vermindert, zu Eruptionen. Beim andern Typus steht das Wasser im Schlot und erhitzt sich in regelmäßigen Zwischenräumen; der Zufluß von kaltem Wasser erfolgt erst, wenn der Ausbruch vorüber ist. Diesem Typus gehört der »Old Faithful« im Yellowstone-Park an, der sein Spiel seit seiner Entdeckung vor über 50 Jahren mit wunderbarer Regelmäßigkeit in Pausen von 65—70 Minuten wiederholt. Hier ist überhaupt das Geysirphänomen am großartigsten und mannigfaltigsten an etwa 100 Ausbruchsstellen entwickelt, und es sind die benachbarten Geysir in ihrer Tätigkeit von einander völlig unabhängig[30]. Zwar haben sich mit der Zeit manche heiße Quellen in Geysir verwandelt, doch wurde im allgemeinen eine Abnahme der Geysirtätigkeit festgestellt. Denn durch die zunehmende Ablagerung von Kieselsinter wird das Steigrohr immer höher und damit die Eruption seltener; schließlich wird der Druck über der kritischen Stelle so groß, daß die zugeführte Wärme nicht mehr ausreicht, um Dampfbildung und damit eine Eruption zu erzeugen. Kleinere Geysir hingegen, wie der 1784 entstandene Strokkr auf Island, der aber schon 1896 seine Tätigkeit wieder eingestellt hat, lassen sich durch das Hineinwerfen von Steinen zu einer Eruption reizen, weil dadurch die Druckverteilung gestört wird. Auf der vulkanischen Nordinsel von Neuseeland, bei den durch den Tarawera-Ausbruch von 1886 zerstörten prachtvollen Kieselsinterterrassen des Tetarata, sind im Verlauf der vulkanischen Ereignisse die kleinen Geysir verschwunden und an ihre Stelle trat 1899 der gewaltige Waimangu-Geysir, der aber seit 1904 nur mehr unregelmäßig und sehr selten tätig ist[31]. Sonst finden sich Geysir in kleinerem Ausmaß noch in Japan[32], Mexiko und Chile, auf den Azoren, in Kalifornien, nördlich von San Francisco u. a. O.

Ergiebigkeit der Quellen. Ebenso wie das Bodenwasser schwanken auch die meisten Quellen in ihrem Ertrag mit der Größe von Niederschlag und Verdunstung; doch reagieren sie je nach der Porosität des Bodens oder der Klüftigkeit des Gesteins sehr verschieden rasch und stark auf Schwankungen dieser Faktoren und sind um so unabhängiger von den Witterungsverhältnissen der nächsten Umgebung und um so reichlicher in ihrem Ertrag, je ausgedehnter das Quellgebiet ist. Quellen in Kalkgestein, die sich an die Ausmündung von Klüften knüpfen und bei denen die Zirkulation nur in wenigen großen Klüften geschieht, reagieren rasch, haben große Schwankungen der Wasserführung und meist nur ungenügend filtriertes Wasser, so daß sie unter Umständen hygienisch bedenklich sind. Gute Quellen aus Kluftwasser haben Verspätungen gegenüber den Einflüssen der Witterung von einigen Monaten bis zu mehr als einem Jahre und nur geringe Schwankungen. Regelmäßig periodische und in zahlreichen Pausen intermittierende Quellen schwanken zwischen großem Ertrag und völligem Versiegen. Sie sind fast nur auf das Kalkgebirge beschränkt, wo sie GRUND als Karstquellen bezeichnet und ihre Schwankungen mit denen des Karstwassers in Beziehung gebracht hat; doch sind die intermittierenden Quellen mit ganz regelmäßiger Periodizität und sehr häufigem Wechsel von Fließen und Versiegen doch besser durch eine heberartige Entleerung eines unterirdischen Hohlraumes zu erklären, wie das von der Idzukquelle im Bihargebirge von Siebenbürgen gilt. Manche Karstquellen sind als wahre Riesenquellen die Austrittstellen von Flüssen aus Höhlen und daher so wasserreich, daß sie sofort Mühlen zu treiben vermögen. Nach dem Beispiel der Quelle der Sorgue oder Vaucluse in den französischen Kalkalpen kann man solche perennierende Quellen des Karstes als Vaucluse-Quellen bezeichnen. Zu den Karstquellen gehören auch die Ponore an den Rändern von Poljen, die abwechselnd Saug- und Speilöcher sein können, und die sog. Hungerbrunnen, die nur in sehr nassen Jahren fließen, die solche der Mißernte sind. In Gebieten mit periodischen Regen fließen auch die meisten Quellen nur periodisch. Plötzlich eintretende Störungen im Ertrag einer Quelle, auch gänzliches oder vorübergehendes Versiegen können durch Erdbeben (wie 1755 bei den Teplitzer Quellen), Bodensenkungen und andere natürliche Vorgänge, aber auch durch Eingriffe des Menschen hervorgerufen werden.

Temperatur der Quellen. Vadose Quellen aus mäßiger Tiefe haben im allgemeinen eine Temperatur, die der mittleren Temperatur des Bodens und damit ungefähr auch der mittleren Jahrestemperatur der Luft an der Austrittstelle gleichkommt. Solche Quellen sind daher im Winter relativ warm, im Sommer relativ kalt. Nur wenige und zwar die sehr warmen Quellen haben konstant die gleiche Temperatur; bei den andern sind die Temperaturschwankungen um so kleiner, je mächtiger die Quelle ist, aus je größerer Tiefe sie stammt und je kürzer das Wasser vor dem Versickern der Luft ausgesetzt war. Bei den meisten Quellen sind aber die Schwankungen gering, da ja in unsern Breiten schon in 20—25 m Tiefe die indifferente Schicht liegt, die von den Schwankungen der Wärmezufuhr durch die Sonne nicht mehr beeinflußt wird. Manche Quellen sind im Winter sogar wärmer als im Sommer, weil bei gefrorenem Boden kein Wasser in die Tiefe sickert und nur solches aus tieferen Vorräten abfließt, während im Sommer auch kühleres Oberflächenwasser und sogar Schmelzwasser aus dem Gebirge hinzutritt.

Quellen mit einer Mitteltemperatur, die unter dem Jahresmittel der Luft liegt, bezeichnet man als kalte Quellen; sie zeigen einen bedeutenden Abstieg aus dem Gebirge an und werden oft durch Schnee- oder Gletscherwasser gespeist. Daher nimmt auch die Quellentemperatur mit der Höhe ab, worüber F. v. KERNER umfassende Beobachtungen angestellt hat[33]. Warme Quellen, also solche, die wärmer sind als das Jahresmittel der Luft an der Austrittstelle, verraten ihre Herkunft aus größeren Tiefen und sind umso wärmer, je mehr sich das Wasser auf seinem unterirdischen Wege von der Oberfläche entfernt hat, je rascher es emporgestiegen, je kleiner in seinem Bereich die geothermische Tiefenstufe ist und je weniger es sich mit gewöhnlichem Grundwasser aus den oberen Schichten vermischt hat. Balneologisch werden Quellen von über 20° C als Thermen* bezeichnet, während K. SCHNEIDER [34] warme Quellen mit Temperaturen bis 50° und heiße von 50—100° unterscheidet. Nicht immer handelt es sich dabei um aus großen Tiefen aufsteigende Quellen; auch sind keineswegs alle Thermen an vulkanische Gebiete gebunden, wenn auch manche von einem in der Tiefe noch warmen vulkanischen Herd geheizt werden; wohl aber entstammen sie meist einem in große Tiefen herabreichenden Bruch- und Spaltensystem. Solche Thermen, deren Mineralgehalt keine Beziehung zum durchdrungenen Gestein zeigt, die vielmehr den oberen Schichten meist fehlende Stoffe enthalten, aber zu den regelmäßigen Begleitern vulkanischer Dampfexhalationen gehören, wie namentlich gewisse Metalldämpfe, die ferner in ihrem Ertrag von den Jahreszeiten nicht beeinflußt werden, bezeichnete E. SUESS (s. o.) als juvenile Quellen. Doch sind vermutlich mit SCHNEIDER nur ihre Gase rein juvenil, während aperiodische Schwankungen des Ertrags und Abhängigkeit desselben vom Wasserstand des benachbarten Flusses selbst bei der Karlsbader Therme zum mindesten eine Vermischung des juvenilen Wassers mit vadosem verraten; viele Thermen wie auch die Geysir liefern gewiß nur vadoses Wasser[35]. In stark gestörten Gebieten vermögen Erdbeben die Temperatur von heißen Quellen durch Öffnen oder Schließen tieferer Spalten dauernd zu verändern. So verwandelte das Erdbeben von 1660 die Thermen zu Bagnères-de-Bigorre in den Pyrenäen in kalte Quellen, das von 1755 erhöhte die Temperatur der Königsquelle von Bagnères-de-Luchon von 8 auf 50°.

Mineralgehalt der Quellen. Jedes Quellwasser belädt sich umsomehr mit gelösten Substanzen, je länger es unterirdisch fließt, je höhere Temperaturen es dabei annimmt und je mehr lösliche Bestandteile der Boden und das Gestein enthält. Daher sind Thermen, namentlich solche aus größeren Tiefen, reicher an festen Bestandteilen als kalte Quellen, zumal auch der Kohlensäuregehalt des Wassers nach der Tiefe zunimmt und bisweilen auch juveniles Wasser hinzutritt. Doch gibt es auch verhältnis-

* Berühmte Thermen in Mitteleuropa sind: Burtscheid 78°, Karlsbad 74°, Wiesbaden 69°, Baden-Baden 67°, Ofen 61°, Mehadia 55°, Aachen 55°, Leukerbad 51°, Teplitz 49°, Gastein 49°, Ems 47,5°. Über 80° haben die Bäder auf den Liparen (97—100°), Gurgitello auf Ischia (90°), die Nerobäder (86°) und Pisciarelli (84°) bei Pozzuoli, Albano in den Euganeen (84,5°), Chaudesaigues am Cantal (88°); die einzige Dampfquelle (100°) in Europa sind die Soffioni in Toskana.

mäßig reine Thermen (Akratothermen), wie die von Gastein, Pfäfers, Bormio u. a., die zugleich eine hohe Radioaktivität besitzen. Die häufigsten Bestandteile der Mineralquellen, also solcher, die durch den Gehalt an gewissen Stoffen eine bestimmte Eigenart besitzen, sind Karbonate, Chlorate, Sulfate, Sulfide u. a., doch ist für ihre therapeutische Wirkung die Beimischung von Phosphaten, Lithium, Strontium, Arsen und Eisen oft wichtiger. Sehr kohlensäurereiche Quellen (mit mehr als 1 g in 1 kg Wasser) nennt man Säuerlinge; sie verlieren die Kohlensäure, die meist nur leicht an das Wasser gebunden ist, zum großen Teil schon beim Austritt an die Oberfläche. Nach dem charakteristischen Mineralgehalt werden überdies erdige und alkalische Säuerlinge, alkalische Quellen, Kochsalz- oder Solquellen, Bitter-, Eisen-, Arsen- und Schwefelquellen und mehrere gemischte Typen und Kombinationen unterschieden [36].

Morphologische Bedeutung des Bodenwassers. Schon als allgemein auftretender Bestandteil des Bodens besitzt das Bodenwasser große geographische Bedeutung; es übt aber auch auf die Gestaltung der Landoberfläche eine Reihe nicht unbedeutender Wirkungen aus. Auch das Sickerwasser befördert die allgemeine Abtragung, indem es die kriechenden und gleitenden Bewegungen lockerer Bodenschichten unterstützt; austretendes Grundwasser kann die darüber befindlichen leicht beweglichen Gesteinsmassen, namentlich Tone und Sande, ins Gleiten bringen. Gefrierendes Bodenwasser schiebt die Boden- und Schuttbebestandteile auseinander und unterstützt so ihre Bewegung; durch seine ausspülende und lösende Tätigkeit bewirkt es mitunter Senkungen an der Oberfläche. In festem Gestein, besonders im Kalk, erweitert das unterirdische Wasser mechanisch und chemisch seine Bahnen, es durchlöchert förmlich das Gestein, schafft große Hohlräume und bewirkt durch deren Einsturz auch Formen der Oberfläche (vgl. unter Karstformen). Bei geneigter Lagerung der Schichten bildet sich an der Grenze von durchlässigen und undurchlässigen Schichten eine Gleitfläche aus, an der Bergschlipfe und Bergstürze ausgelöst werden. Noch auffälliger sind die morphologischen Wirkungen am Austritt von Quellen. Von unten hervordringendes Wasser erweitert seine Austrittsstelle zu einem Quelltopf (z. B. der Blautopf im Schwäbischen Jura). Durch Untergrabung und Abbruch der hangenden Gesteinspartien entstehen an Abhängen über dem Quellaustritt, wieder besonders im Kalkgestein, mächtige Quellgrotten, die sich mit der Zeit nach rückwärts zu Quellnischen verlängern und erweitern. Geschieht dieser Vorgang an mehreren nebeneinander austretenden Quellen in ungefähr gleichem Niveau und aus ungefähr horizontalen Adern, so kann ein ganzer Abhang allmählich unter Hinterlassung von »Zungenbergen« nach rückwärts verschoben werden, worauf Passarge, Schmitthenner und, mit Hervorhebung von gewissen Einschränkungen dieser Quellerosion, Philippson aufmerksam gemacht haben. Schmitthenner betonte auch die Bedeutung der Quellwässer bei der Bildung der sog. Dellen (s. u.). Jedenfalls spielt die Rückverlegung der Quellaustritte auch eine große Rolle bei den Vorgängen der Flußanzapfungen, von denen später die Rede sein soll. Schneidet nämlich ein benachbartes Tal genügend tief ein, um die Grundwasserbewegnug zu sich hinüberzuziehen, so beginnt auf unterirdischem Wege eine Verlegung der Quellen, wodurch sich Flußverlegungen vorbereiten. Im Karst sind unterirdische Anzapfungsvorgänge gewiß eine sehr häufige Erscheinung.[37] Schon in das Bereich der eigentlichen Flußerosion gehört die Bildung der Quell- oder Ursprungstrichter, die sich im Hintergrund eines Tales über der Konvergenzstelle der kleinen, aus Quellen kommenden Wasserfäden bilden, sich immer weiter nach rückwärts einfressen und bei Stillstand der Tiefenerosion zu rundlichen Ursprungsmulden verflachen, wie sie auch unmittelbar, ohne vorhergehende Trichterbildung, in flachem Gelände entstehen (Philippson, Sölch).

Andererseits kommt es am Austritt von kalk- und kieselsäurereichen Quellen durch Temperatur- und Druckverminderung zu mächtigen Ausscheidungen. Die ersteren bilden durch Kohlensäureabgabe aus dem Kalziumbikarbonat bei Berührung mit der Luft den Kalktuff, Kalksinter oder Travertin, der in prachtvollen Terrassen häufig am Austritt heißer Quellen zu beobachten ist, wie in der Nähe des alten Hierapolis im westlichen Kleinasien, bei Hamman Meskutin unweit Constantine in Algier oder am Eingang in den Yellowstone-Park. Von Bedeutung für diese Bildungen ist die Mitwirkung von Pflanzen, namentlich Moosen und Algen, die dem sie überrieselnden Wasser die Kohlensäure entziehen und sich mit dem ausgeschiedenen Kalk überkrusten. Eine analoge Bildung ist der Aragonit-Sprudelstein von Karlsbad. Nach Philippson stammt auch der Kalksinter in Flüssen, der Dämme aufbaut und die Flüsse aufstaut, so daß sie sich in Wasserfällen über jene herabstürzen, aus Quellen. Das gilt u. a. von den 120—150 m mächtigen Travertinbildungen in der Schlucht des Anio bei Tivoli. Ausscheidungen von Kieselsinter, infolge der raschen Abkühlung an der Luft und gleichfalls unter Mitwirkung von Algen entstanden, umgeben in oft grotesken Formen die Geysir des Yellowstoneparks.

Zu den durch das Sickerwasser unterstützten Ausscheidungen gehört der Ortstein der norddeutschen und dänischen Heiden, der Alios der Landes, ein harter und daher für Pflanzenwurzeln fast undurchdringlicher Humussandstein, der durch die Verkittung von Quarzkörnern durch Humate in einiger Tiefe unter der Oberfläche entsteht.

Das Bodenwasser in der menschlichen Wirtschaft. Nur mit wenigen Worten kann hier angedeutet werden, welch wichtige, oft ausschlaggebende Bedeutung dem Bodenwasser für alles organische Leben auf der festen Erde zukommt. In engster Abhängigkeit von ihm steht zunächst die Pflanzenwelt und damit auch die Ausbreitung der Kulturpflanzen. Mangel an Bodenwasser oder seine zu tiefe Lage verhindert den Anbau und muß durch Bewässerungsanlagen behoben werden. Überfluß an Bodenwasser oder zu hohe Lage führt zu Versumpfung und veranlaßt Entwässerungsarbeiten, die nicht nur weite Flächen der Kultivierung erschließen, sondern auch deren sanitäre Verhältnisse verbessern, wofür das alte Italien, das Schweizer Mittelland, die »Brüche« Norddeutschlands und die Polessje Südrußlands bekannte Beispiele bieten. Vor allem aber ist dort, wo Flüsse oder Seen fehlen, die Besiedlungsmöglichkeit einer Landschaft, namentlich in älteren Zeiten, bevor man künstliche Wasserversorgungen durch Leitungen einrichtete, an das Vorhandensein von Grundwasser in geringer Tiefe oder von Quellen gebunden; die zahlreichen, an das Auftreten von Quellen erinnernden Ortsnamen sind der Ausdruck dieser Beziehungen. Wo Quellen oder Grundwasserfäden in Reihen austreten oder ganze Quellgürtel bilden, wie am Rande von Kalkgebieten oder Lavadecken, am Fuß von durchlässigen Schotterterrassen, ordnen sich auch die Siedlungen in dichten Reihen an und meiden die trockenen Platten (Alpenvorland, Rauhe Alb, Poebene). Sogar Großstädte sind in ihrer Entwicklung durch ausgedehnte Vorräte von Grund- und Quellwasser gefördert worden. Im Kalkgebirge werden die zwar spärlichen, aber oft als starke Flüsse austretenden Quellen auch durch die Ausnützung ihrer Energie wichtig; sie treiben Mühlen oder speisen moderne Kraftanlagen. Im allgemeinen sind die an das Ausstreichen des wasserführenden Horizonts gebundenen Quellen für die Anlage von Siedlungen wichtiger als die in den Tälern erschlossenen, da diese bei beträchtlichem Sinken des Grundwasserspiegels versiegen können, jene beständiger sind.

Ganz besonders sinnfällig treten die Beziehungen zwischen dem Auftreten und der Erschließung von Quellen einerseits, Siedlung und Verkehr andrerseits in den klimatischen Trockenzonen zutage. Über weite Flächen sind hier die Oasen, die ihr Wasser oft aus weit jenseits des Wüstengürtels gelegenen Räumen beziehen, die einzigen bewohnbaren Stellen, zugleich Rast- und Stützpunkte des Karawanenverkehrs und der regelmäßigen Wanderungen der Nomaden, mögen sie nun am Fuß von Inselgebirgen oder in den tiefeingeschnittenen Trockenbetten der Wadis oder in eingesenkten Depressionen an das Auftreten des Bodenwassers gebunden sein. Aber auch künstliche Brunnenbohrungen in der Wüste, die an besonders geeigneten Stellen das Grundwasser in geringer Tiefe erreichen, bestimmen den Verlauf der Verkehrswege, die durch Jahrtausende ihre Bahnen beibehalten haben.

Wo es gelungen ist, reichliches Wasser aus dem Boden, besonders aus artesischen Vorräten zu erschließen, sind einstige Wüstengebiete der Ökumene angegliedert und in Kulturland verwandelt worden, wie dies schon in alter Zeit in Indien und China, in Persien und Turan durch das Kjärissystem, in neuerer Zeit am Rand der algerischen Sahara, in den Prärien Nordamerikas, im westlichen Australien und in Südafrika geschehen ist. Aber auch für viele andere Zweige der menschlichen Wirtschaft werden die Bodenwasserverhältnisse von maßgebender, oft störender und verderblicher Bedeutung und damit ihre Kenntnis von eminent praktischer Wichtigkeit. Es sei nur an die durch verdorbenes Trinkwasser verursachten Epidemien, an die Wassereinbrüche in Bergwerken und Tunnels, an die Gehängerutschungen infolge von Durchtränkung des Bodens mit Sickerwasser in Eisenbahn- und Kanaleinschnitten erinnert. Ebenso haben die verschiedensten Zweige der öffentlichen Bautätigkeit, wie die Anlage von künstlichen Wasserstraßen, Staubecken und Talsperren mit den Grundwasserverhältnissen der betreffenden Gegend zu rechnen.

Endlich sei auf die Bedeutung der Heilquellen als Mittelpunkte des Fremdenverkehrs und als Erwerbsquellen breiter Bevölkerungsschichten verwiesen. Welcher Wert den Quellen als segenspendendem Element namentlich in älteren Zeiten beigemessen wurde, beweist der bei vielen Völkern verbreitete Quellenkultus, von dem sich Reste in manchen Gegenden bis zur Gegenwart erhalten haben.

Literaturnachweise. [1] Hauptwerk: K. Keilhack, Lehrbuch der Grundwasser- und Quellenkunde; 2. Aufl., Berlin 1917. — Ferner: [2] H. Haas, Quellenkunde; Leipzig 1895. — Daubrée, Les eaux souterraines à l'époque actuelle; Paris 1887. — Pochet, Hydraulique des nappes aquifères et des sources; Paris 1905. — [3] O. Smreker, Das Grundwasser, seine Erscheinungsformen und Bewegungsgesetze; Leipzig 1914. — H. Höfer-Heimhalt, Grundwasser und Quellen; 2. Aufl., Braunschweig 1920. — E. Prinz, Handbuch der Hydrologie; 2. Aufl., Berlin 1923. — Vgl. auch die geologischen und morphologischen Werke von Kayser, Richthofen, Passarge, Philippson, Sölch u. a. — [4] Steuer, Die Entstehung des Grundwassers im hessischen Ried; v. Koehnen-Festschrift. Stuttgart 1907. — [5] O. Volger, Die wissenschaftliche Lösung der Wasser-, insbesondere der Quellenfrage; Zeitschr. Ver. deutscher Ingen. Berlin 1877. — [6] J. Hann, Über eine neue Quellentheorie; Zeitschr. f. Meteorol. 1880. — [7] W. v. Koehne, Die Grundwasserbewegung im Grunewald bei Berlin; Zeitschr. f. d. Bauwesen. Berlin 1925. — [8] P. Ototzky, Grundwasser und meteorologische Faktoren; Pet. Mitt. 1922. — [9] W. v. Koehne, Abweichende Ergebnisse von Grundwasserforschungen in Deutschland und Rußland; Pet. Mitt. 1923. Vgl. dagegen die Beobachtungen von Hesselink und Hudig, Met. Zeitschr. 1923.— [10] P. Ototzky, Der Einfluß der Wälder auf das Grundwasser; Zeitschr. f. Gewässerkunde 1898. — E. Ebermayer, Einfluß der Wälder auf die Bodenfeuchtigkeit, das Sickerwasser, das Grundwasser etc.; Stuttgart 1900. — E. Henry, Sur le rôle de la forêt dans la circulation de l'eau à la surface des continents; Paris 1902. — [11] Wintgens, Beitrag zur Hydrologie von Nordholland; Kerkrade 1911. — [12] E. Slichter, U. S. Geol. Surv. Water Supply and Irrigation pap. Nr. 67. Washington 1902. — O. Lehmann, Die Beschaffenheit des Grundwasserspiegels in lockeren Aufschüttungen; Mitt. Geogr. Ges. Wien 1924. — [13] J. Soyka, Die Schwankungen des Grundwassers; Pencks Geogr. Abh. II, 3. Wien 1888. — [14] Thiem, Die Wasserversorgung der Stadt München; München 1890. Koehne, Das Grundwasser in der südbayrischen Hochfläche; Landeskundl. Forsch. d. Geogr. Ges. München 1916. — [15] A. Grund. Karsthydrographie; Pencks Geogr. Abh. VII. 3. 1903 und Beiträge zur Morphologie des Dinarischen Gebirges; ebda, IX. 3, 1919. Vgl. auch: A. Penck in Schritt. Ver. z. Verbr. naturwiss. Kenntnisse. Wien 1903 u. E. Richter in Wiss. Mitt. aus Bosnien etc. X. 1907. — [16] Knebel, Höhlenkunde; »Die Wissenschaft« XV. 1906. — [17] Katzer, Karst und Karsthydrographie; Serajewo

1909 und Hydrographie des Luščipolje in Westbosnien; Bull. soc. géogr. Belgrad 1921 — [18a] H. Bock, G. Lahner und G. Gaunersdorfer, Die Höhlen im Dachstein; Graz 1913. — [18b] F. Baron Nopcsa, Karsthypothesen; Verh. geol. Reichsanst., Wien 1918. — [18c] E. A. Martel, Nouveau traité des eaux souterraines; Paris 1921. — [19] N. Krebs, Neue Forschungen zur Karsthydrographie; Pet. Mitt. 1908; auch: Geogr. Zeitschr. 1910. — [20] L. Waagen, Die unterirdische Entwässerung im Karst; Geogr. Zeitschr. 1910. — [21] A. Grund, Zur Frage des Grundwassers im Karst; Mitt. geogr. Ges. Wien 1910. — [22] J. Cvijić, Hydrographie souterraine etc.; Grenoble 1918; Kritisches Ref. von O. Lehmann, Zeitschr. f. Geomorph. III. 2, 1927. — Vgl. auch das ausführliche Referat von J. Sölch im Geographischen Jahrbuch, XL, 1926. — [23] L. v. Sawicki, Ein Beitrag zum geographischen Zyklus im Karst; Geogr. Zeitschr. 1909. — [24] G. Götzinger, Beiträge zur Entstehung der Bergrückenformen; Geogr. Abh. IX. 1, 1907. — [25] O. Lehmann, Über Grundwasser und Quellen; Geogr. Jber. aus Österreich, VIII 1925. — [26] M. Kleb, Das Wiener Neustädter Steinfeld; ebda X, 1913. — [27] Bunsen in Poggendorfs Annalen 72, 1847. — [28] Waitz, Les geysirs d' Ixtlan; Guide X. Congrès géol. internat. Mexico 1906. — [29] T. A. Jaggar in American Journal of Science I, 1898. — [30] W. H. Holmes und A. C. Peale, The Yellowstone National Park; Washington 1883. — [31] J. M. Maclaren im Geolog. Magazine 1906 und Mac Kintosh im Geograph. Journal 1912. — [32] Honda und Terada in Publications of the Earthquake Investigation Committee 1906. — [33] F. v. Kerner, Über die Abnahme der Quellentemperatur mit der Höhe; Met. Zeitschr. 1905. — [34] K. Schneider, Beiträge zur Theorie der heißen Quellen; Geol. Rschau 1913. — [35] E. H. L. Schwarz, Hot Springs; Geol. Magazine 1904. — [36] E. Hintz und L. Grünhut, Deutsches Bäderbuch; Leipzig 1907. — [37] J. Cvijić, Circulation des eaux souterraines et l'érosion karstique; Festschrift für Gorjanović-Kramberger, Agram 1925.

Die Flüsse.

Flußgebiet und Flußsystem. Das in Quellen oder Linien austretende Bodenwasser fließt in der Regel in bestimmten Rinnen abwärts und folgt dabei mit durchweg gleichsinnigem Gefälle der allgemeinen Abdachung der Landoberfläche. Mehrere solcher Bäche vereinigen sich zu einem Fluß, dieser wird allmählich durch Aufnahme von anderen Flüssen zu einem Strom, ohne daß zwischen diesen Begriffen ein bestimmter Unterschied gemacht wird. Oberhalb der beständig fließenden Ursprungsbäche gibt es meist noch zeitweilig, bei Regen und Schneeschmelze fließende Schuttgerinne, die von Schuttquellen gespeist werden und aus deren Vereinigung erst ein eigentlicher Ursprungsbach entsteht.[2] Daher hat ein Fluß in der Regel nicht eine bestimmte, genau festzulegende Quelle, sondern mehrere, zeitlich und örtlich wechselnde und veränderliche Quellen, aber auch oft mehrere ungefähr gleichwertige Quellflüsse, so daß es schwer fällt zu entscheiden, welcher als Hauptquellfluß zu bezeichnen ist. Die Bevölkerung hat die Quellbäche entweder mit Zusatznamen bedacht, wie Roter und Weißer Main, Vorder- und Hinterrhein u. a., oder es haben diese eigene Namen und der Name des Hauptflusses erscheint erst nach ihrer Vereinigung; so bilden Brege und Brigach die Donau, Werra und Fulda die Weser. Auch die Unterscheidung von Haupt- und Nebenfluß ist oft nur willkürlich, und es wird vom Volksmund bald der wasserreichere, bald der längere, bald derjenige, der die gleiche Richtung fortsetzt, wie im Falle von Donau und Inn, als

Hauptfluß bezeichnet. Öfters ist ohne Rücksicht auf solche Momente der Gang der Besiedlung oder Erforschung eines Landes für den Flußnamen entscheidend geworden. Häufig wechselt der Fluß seinen Namen beim Eintritt in ein anderes Sprach- oder Volksgebiet, wie das mehrmals bei den Flüssen Osttibets und Hinterindiens der Fall ist. Ein Hauptfluß mit allen seinen Nebenflüssen bildet ein Flußsystem. Die von einem Flußsystem entwässerte Fläche ist sein Fluß- oder Einzugsgebiet; es ist ein System von Abdachungen, die sich alle nach der Mündung oder dem Ende des Flusses hinneigen.

Abfluß zum Meere und Abflußlosigkeit. Von maßgebender Bedeutung für alle geographischen Verhältnisse ist der Gegensatz zwischen den Gebieten mit Abfluß zum Meere und den abflußlosen; in jenen ist der Niederschlag im ganzen genommen größer als der Abfluß, in diesen überwiegen Verdunstung und Versickerung über den Niederschlag, so daß aus ihnen kein Wasser ins Meer gelangt. Die Abflußlosigkeit ist also in erster Linie eine Folge des Klimas, die abflüßlosen Gebiete sind an die großen Trockenzonen der Erde gebunden; doch vermögen große, aus regenreicheren Gebieten kommende oder von ewigen Schnee- und Eislagern gespeiste Flüsse auch ausgedehnte Trockengebiete zu durchqueren und das Meer zu erreichen, wenn sie auch dabei durch Verdunstung und Abgabe an den Boden an Wasser verlieren; sie erscheinen wie Fremdlinge in der Wüste, als deren allochthone Flüsse, wie der Nil und Colorado, und nehmen auch einige größere Nebenflüsse auf, während benachbarte Flächen abflußlos oder ganz flußleer sind. Die im Trockengebiet endenden Flüsse stammen entweder auch aus regenreicheren Gegenden oder entstehen in jenem selbst als dessen autochthone Flüsse; sie münden entweder in einen Endsee (s. u.) oder versiegen allmählich unter Verästelungen und Aufschüttung in sog. Binnendeltas. Mit den Schwankungen der Wasserführung erfährt die Versiegungsstelle Verschiebungen, die so weit führen können, daß ein Fluß bei Hochwasser oder in regenreicheren Jahren und Jahresperioden einen anderen Fluß und mit ihm oder für sich allein das Meer erreicht, während er zu anderen Zeiten versiegt. Die Grenzen der abflußlosen Gebiete sind daher auch in der Gegenwart keine ganz scharfen Linien; noch weit größere Veränderungen hat ihre Ausdehnung in der jüngsten geologischen Vergangenheit erfahren, indem durch Klimaänderungen abfließende Gebiete abflußlos geworden sind und umgekehrt oder durch die rückschreitende Erosion (s. u.) Teile der abflußlosen Gebiete in das Bereich des Abflusses zum Meere einbezogen wurden.

Wasserscheiden. Wo sich zwei entgegengesetzte Gefällsrichtungen des Abflusses verschneiden, entstehen Wasserscheiden. Sie verlaufen keineswegs immer, wie frühere Vorstellungen annahmen, in den höchsten Gebirgen eines Landes oder längs der höchsten Rücken eines Gebirges; vielmehr liegen sie oft in nahezu ebenem Lande, wie z. B. in Rußland oder im nördlichen Nordamerika, so daß die Wasserscheiden ohne

Schwierigkeiten von Kanälen oder Tragstellen (Portagen) überschritten werden können, oder als kaum merkliche Talwasserscheiden in einer einheitlichen Talung (Toblacher Feld). In vielen Fällen enden die Flüsse unter starker Verästelung in Sümpfen und Mooren; es liegt eine unbestimmte Entwässerung mit unbestimmten Wasserscheiden vor. Auch in Trockengebieten, wo Flüsse überhaupt fehlen, in durchlässigen Sand- und in Karstgebieten, wo die oberirdischen Wasserscheiden von der Richtung der unterirdischen Entwässerung ganz verschieden verlaufen können, handelt es sich um unbestimmte Entwässerung und öfters auch um unterirdische Flußvermischung wie bei der oben erwähnten Donauversickerung. Zuweilen treten im ebenen Lande aber auch Teile zweier Flußsysteme miteinander in offene und ständige Verbindung. Supan nannte diese Erscheinung Flußvermischung als besonderen Fall der Gabelung oder Bifurkation. Das bekannteste Beispiel bietet die schon von Humboldt beschriebene Verbindung des Orinoco durch den Cassiquiare mit dem Rio Negro, einem Nebenfluß des Amazonas, die aber jetzt verschiedene Erklärungen findet[4]. Werden Seen oder Sümpfe nach verschiedenen Seiten entwässert, so spricht man mit Berghaus von Wasserteilung. So haben die Rokitnosümpfe Abfluß sowohl zum Dnjepr wie zur Weichsel[5], ein Teil der masurischen Seen zum Pregel und zur Weichsel; aus dem obern Mississippigebiet besteht bei Hochwasser eine Verbindung mit dem Red River und dem Oberen See; in Norwegen fließt aus dem Lesjekogenvand nach NW die Rauma, nach SO der Laagen ab; im Zentralsudan vermittelt nach Lenfant[6] zur Regenzeit der Tuburi-Sumpf zwischen dem Benuë-Niger und dem Logone-Schari, womit zugleich ein Beispiel für eine unbestimmte Wasserscheide zwischen einem Gebiet mit Abfluß zum Meere und einem abflußlosen gegeben ist. Der kleine Dous-See in den Pyrenäen hat einen Abfluß zum Tet, einen andern zum Segre und damit zum Ebro. Ein ganz anderer Vorgang ist die Flußteilung in Deltaländern, die oft mit Wiedervereinigung der abgezweigten Arme verbunden ist, und auf Schuttkegeln; so fließt der kleine Two Ocean Creek im Yellowstone-Park auf seinem Schuttkegel manchmal zum Missouri und damit ins atlantische, manchmal zum Columbia und damit ins pazifische Gebiet.

Unter den Wasserscheiden der Erde ist die wichtigste diejenige, die das Einzugsgebiet des Atlantischen Ozeans von dem des Pazifischen und Indischen trennt und von Tillo[7] die Hauptwasserscheide der Erde genannt worden ist (A bis K in Fig. 87). Auf jenes entfallen 53% der Landoberfläche, auf dieses bloß 25%, eine Folge der Anordnung und Verteilung der Höhen, die wiederum durch den tektonischen Bau der Festländer und junge Krustenverbiegungen bestimmt ist. 22% nehmen die abflußlosen Gebiete ein; sie haben ihre größte Verbreitung in Eurasien, umfassen in Afrika die Sahara und Kalahari, ferner das ganze Innere von Australien, aber nur kleine Teile der beiden Amerika, so daß diese besser zum Meere aufgeschlossen sind als die Alte Welt. Überdies wird jeder Erdteil von Kontinentalwasserscheiden durchzogen, die teils Stücke der großen Hauptwasserscheide sind, teils von dieser abzweigen. Die europäische Hauptwasserscheide trennt das Mittelmeergebiet vom Atlantischen Ozean mit seinen Nebenmeeren; sie verläuft vielfach über

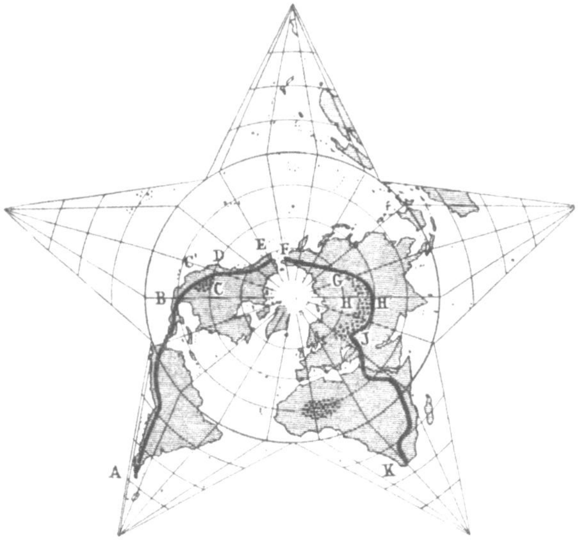

Fig. 87. Die Hauptwasserscheide der Erde nach v. TILLO.

niedrige Lücken zwischen Gebirgsländern, was für die gegenseitigen Beziehungen der einzelnen Länder Europas bedeutungsvoll geworden ist.

Die Ausdehnung der Abdachungsgebiete des Festlandes (in Mill. qkm, ohne Berücksichtigung der Antarktis) gibt die folgende Tabelle an (nach STRELBITSKY und BLUDAU [8]):

	Eurasien	Afrika	Australien	Nord-Amerika	Süd-Amerika	Festland
Atlantischer Ozean	2,6	10,5	—	2,6	15,7	31,4
Eismeer (und Hudsonbai)	12,6	—	—	6,3	—	18,9
Mittelländisches Meer	4,2	4,4	—	—	—	8,6
Amerikanisches Mittelmeer	—	—	—	5,5	0,6	6,1
Atlantisches Gebiet	**19,4**	**14,9**	—	**14,4**	**16,3**	**65,0**
Großer Ozean	9,4	—	0,6	4,5	1,0	15,5
Indischer Ozean	7,4	5,4	2,9	—	—	15,7
Pazifisch-indisches Gebiet	**16,8**	**5,4**	**3,5**	**4,5**	**1,0**	**31,2**
Marine Flußgebiete	36,2	20,3	3,5	18,9	17,3	96,2
Kontinentale Flußgebiete	**14,6**	**8,9**	**4,1**	**1,0**	**0,3**	**28,9**
Festland	50,8	29,2	7,6	19,9	17,6	125,1

Der Bau der Flußsysteme ist außerordentlich mannigfaltig. Nur selten ist eine einigermaßen symmetrische Anordnung, wie sie sich auf einer ursprünglichen, ungefähr gleichmäßigen Abdachung ausbilden muß, indem sich an einen Hauptstrang beiderseitig Nebenflüsse mit ungefähr gleich großem Einzugsgebiet wie Äste anschließen, so daß das ganze Flußgebiet die Form eines nach oben sich allseitig verästelnden Baumes mit Verschmälerung nach der Mündung hin erhält. Bisweilen haben Teilgebiete eines Flußgebiets eine solche symmetrische Anordnung der Nebenflüsse zu einer Stammader wie die Moldau-Elbe in Böhmen. Bei größeren Strömen aber wechselt die Anordnung der Nebenflüsse und die Breite des Flußgebietes sehr häufig, und es ist sogar unsymmetrische Ausbildung des Flußgebiets die Regel. Die Ursachen dieser Erscheinung liegen entweder in der durch tektonische Vorgänge geschaffenen Anordnung der orographischen Hauptzüge des Landes oder in jungen Anzapfungsvorgängen, mit denen Verlegungen der Wasserscheiden verbunden waren, in geringerem Maße auch in einseitigen Verschiebungen der Wasserscheiden.

Länge und Laufentwicklung. Infolge der zahlreichen Krümmungen und Wendepunkte eines Flußlaufes, namentlich auch der untergeordneten Windungen oder Mäander (s. u.) ist die Länge eines Flusses meist wesentlich größer als die kürzeste Entfernung zwischen Quelle und Mündung; das Verhältnis der wirklichen Stromlänge zu dieser direkten Entfernung heißt die Strom- oder Laufentwicklung.

Eine Übersicht der Länge der wichtigsten Flüsse der Erde und der Größe ihrer Stromgebiete, zwischen welchen Größen natürlich kein festes Verhältnis besteht, gibt die folgende Tabelle (nach Bludau und Strelbitsky):

	Stromlänge km	Areal 1000 qkm
Asien:		
Ob	5300	2915
Jenissei-Selenga	5200	2510
Lena	4600	2320
Amur	4480	2010
Hwangho	4100	980
Jangtsekiang	5200	1775
Ganges	3000	1060
Indus	3180	960
Afrika:		
Nil-Kagera	6500	2800
Kongo	4200	3690
Niger	4160	2090
Sambesi	2660	1330
Oranje	1860	960
Australien:		
Darling-Murray	3500	910
Amerika		
Mississippi-Missouri	6530	3248
Amazonas	5300	7050
La Plata	4700	3100
St. Lorenzstrom	3800	1248
Mackenzie	3700	1660
Nelson	2400	1080
Orinoco	2220	940
Europa:		
Wolga	3570	1460
Donau	2850	817
Rhein	1326	224
Elbe	1165	147

Die Tabelle läßt erkennen, daß vor allem lange Abdachungen und zugleich reichliche Niederschläge die Entwicklung der großen Ströme begünstigen. Darum ist Australien besonders arm an solchen, während in Südamerika die pazifische Lage der Anden und die Regenverteilung zusammenwirken, um den mächtigsten Strom der Erde zu erzeugen.

Flußdichte. Das Verhältnis der Gesamtlänge aller Flüsse eines Gebietes zu seiner Fläche, also die Flußlänge auf der Flächeneinheit, bezeichnet man als Flußdichte. Sie ist natürlich von den verschiedensten Faktoren, Bodengestaltung und Bodenzusammensetzung, namentlich dem Grad seiner Durchlässigkeit, ferner von Größe und Verteilung der Niederschläge, Beschaffenheit der Pflanzendecke, abhängig, und zwar so, daß sich diese Einflüsse in verschiedener Weise kombinieren und auch gegenseitig aufheben können. Im allgemeinen ist die Flußdichte im Gebirgsland größer als im Flachland, im undurchlässigen Gebiet bedeutend größer als im durchlässigen, so daß oft große Gegensätze unmittelbar nebeneinander liegen; im feuchten Klima ist sie größer als im trockenen, im Waldland kleiner als im Freiland. Das Ausmaß der Zertalung einer Landschaft ist aber auch ein Ausdruck für ihr morphologisches Alter, indem mit diesem die Zahl der untergeordneten Nebenflüsse zunimmt. Die folgenden Zahlen geben einige Beispiele für die Größe der Flußdichte in verschiedenartigen Gebieten nach der Zusammenstellung von L. NEUMANN u. a.[9]:

	Flußdichte	Niederschlag cm
Flachland		
Pommersche Seenplatte	0,36	60
Nordschleswig	0,56	73
Harzvorland	0,58	57
Mecklenb. Seenplatte	0,69	58
Mittelgebirge		
Eifel	0,84	62
Teutoburger Wald — Wiehengebirge	0,93	77
Münstersches Becken	0,95	78
Glatzer Gebirge	1,06	77
Elbsandsteingeb. und Umgebung	1,13	82
Schwarzwald	1,40	118
Harz	1,77	100
Hochgebirge		
Berner Oberland	1,28	120(?)

Der relativ geringe Wert der Flußdichte im Berner Oberland erklärt sich wohl aus dem großen Anteil des vergletscherten Areals an der Gesamtfläche. Im übrigen bestehen auch in verhältnismäßig kleinen Gebieten oft so beträchtliche Unterschiede der Flußdichte, daß Mittelzahlen kein großer Vergleichswert zukommt[9a].

Flußbett und Ufer. Unter dem Flußbett versteht man den bei mittlerem Wasserstand von Wasser erfüllten Teil des Gerinnes. Bei Hochwasser tritt der Fluß über seine normalen Ufer in das von menschlichen Siedlungen gemiedene Überschwemmungs- oder Inundationsgebiet, das an steil abfallenden Hochufern oder an den Talgehängen endet. Dieses Hochflutbett wird im Wasserbau auch als Vorland bezeichnet. Der Boden des Flußbettes bildet die aus anstehendem Fels oder aus Flußanschwemmungen bestehende Sohle, deren Querprofil nur selten einfache Gestalt hat und von Ort zu Ort, aber auch mit der Zeit sehr wechselnd ist. Bei kleinen Flüssen beträgt die Tiefe meist nur wenige Meter steigt aber bei den Riesenströmen bis nahe an 100 m. In gekrümmten Stromstrecken herrschen in den Krümmungen in der Regel größere Tiefen (sog. Kolke) als dort, wo an den »Übergängen« der Fluß aus einer Krümmung in die andere übergeht. Die Verbindungslinie der tiefsten Stellen des Flußbettes heißt im Wasserbau der Talweg; er liegt mit den Kolken stets der konkaven Seite der Flußkrümmung näher als der konvexen. Das Längsprofil eines Flußbettes besitzt daher kein einheitliches Sohlengefälle. Hingegen bleibt das Gefälle des Flußspiegels selbst für den ganzen Lauf gleichsinnig und nimmt in der Regel gegen die Mündung ab (s. u.). Bei den Flüssen des norddeutschen Tieflands beträgt es etwa 0,15 bis 0,30‰, bei der Donau in der ungarischen Tiefebene nur 0,05‰. Auf die Ausbildung des Gefälles, seine Störungen und deren Ursachen kommen wir bei der Betrachtung der Flußarbeit zurück.

Wassermenge. Die Beurteilung und Bestimmung der Wasserführung von Flüssen geschieht teils durch regelmäßige Beobachtung des Wasserstandes an festen Pegeln oder durch selbstregistrierende Limnimeter (auch solche mit elektrischer Fernübertragung), teils durch Ermittlung der durch ein bestimmtes Querprofil in der Zeiteinheit abfließenden Wassermenge (in m^3 pro Sekunde), die auf Ausmessung des Profils und Bestimmung der Strömungsgeschwindigkeit mittels Schwimmkörper oder des hydrometrischen Flügels beruht. Das Produkt von Profilgröße und Geschwindigkeit ergibt die jeweilige Durchflußmenge in der Zeiteinheit. Zwischen ihr und dem Wasserstand besteht natürlich an verschiedenen Punkten desselben Flußlaufes kein festes Verhältnis, da die Durchflußmenge auch eine Funktion der Geschwindigkeit ist und sich das Flußprofil von Ort zu Ort verändert. Für hydrotechnische Zwecke ist außer der Kenntnis des mittleren Niedrig- und des mittleren Hochwasserstandes auch wichtig die des absoluten Spielraumes, der Differenz zwischen dem beobachteten höchsten und tiefsten Wasserstand; er beträgt selbst bei den deutschen Flüssen 5—10 m und steigt bei Flüssen mit stürmisch verlaufender Schneeschmelze und manchen der Tropen und Subtropen wie auch am Nil auf 20 m; in Australien sollen manche Flüsse 40 m hoch ansteigen. Die für viele Zwecke wichtige mittlere Abflußmenge eines Jahres wird mit hinreichender Genauigkeit als die mittlere Höhe der sog. Konsumptionskurve errechnet, bei der die Pegelstände als Abszissen, die zugehörigen Wassermengen als Ordinaten aufgetragen werden. Für Vergleiche wertvoll ist die Bestimmung des spezifischen Abflusses, d. i. die von 1 qkm des Einzugsgebietes abfließende Wassermenge in Litern pro Sekunde. Sie ist bei Alpenflüssen infolge der weit größeren Niederschläge ihres Einzugsgebiets wesentlich größer als bei Flüssen des Mittelgebirges und wechselt in einem Flußgebiet mit der Bodenbeschaffenheit, indem durchlässiges Gestein den spezifischen Abfluß erhöht, da es die Flußdichte herabsetzt. Bei vielen Flüssen der Tropen ist der spezifische Abfluß wegen der starken Verdunstung trotz sehr großen Niederschlägen verhältnismäßig klein.

Die folgende Tabelle gibt eine Zusammenstellung der mittleren Abflußmengen in Kubikmetern pro Sekunde für eine Anzahl von Flüssen an ihrer Mündung nach HENKEL[10]; sie sind aber vielfach nur Schätzungswerte.

Europa:		Asien:			
Weichsel bei Montau	967	Euphrat	1200	Nil bei Kairo	2300
Oder	570	Tigris	1500	Nil bei Wadi Halfa	3413
Elbe a. d. Flutgrenze	712	Indus	5700	Amerika:	
Weser	300	Ganges	13000	St. Lorenzstrom	10000
Rhein b. Emmerich	2330	Brahmaputra	25000	Mississippi oberhalb New Orleans	18800
Donau	6240	Irawaddi	13600	Amazonas	120000
Po	1720	Mekong	12000	Parana	20000
Rhone	1240	Jangtsekiang	22000	Orinoco	14000
Seine	530	Hwangho	2350	Australien:	
Themse	67	Afrika:		Murray	1900
Wolga	10000	Kongo	75—80000		
Newa	2980				

Einteilung der Flüsse nach ihrer Wasserführung. Aus dem Gesagten ergibt sich, daß die Speisung der Flüsse einerseits aus dem Bodenwasser durch Quellen und den Grundwasserstrom, andrerseits durch die Niederschläge und das Schmelzwasser von Schnee und Eis geschieht. Verluste erleidet der Fluß durch Verdunstung und bisweilen durch Abgabe an das Bodenwasser, in Trockengebieten in nicht unbeträchtlichem Maße auch durch künstliche Entnahme. Während nun im humiden Klima die Wassermenge der Flüsse durch die Aufnahme von Nebenflüssen gegen die Mündung beständig zunimmt, verlieren die Flüsse der Trockengebiete durch Verdunstung und unterirdische Abgabe mehr, als ihnen die unbedeutenden Zuflüsse und der Niederschlag zuführen, und nehmen daher konstant nach abwärts an Wassermenge ab (s. o. beim Nil). Sickerflüsse verlieren Wasser, weil sie über porösen oder klüftigen Boden fließen. Neben den perennierenden Gerinnen gibt es in Gebieten mit einem regelmäßigen Wechsel von Regen- und Trockenzeiten unbeständige oder intermittierende Flüsse, die Fiumare der Subtropen, deren breites, schottererfülltes Bett zur Regenzeit von mächtigen Fluten erfüllt ist, während es zur Trockenzeit nahezu oder ganz leer ist, und die Torrenten oder Wildbäche, die nur nach starken Regengüssen oder zur Zeit der Schneeschmelze Wasser führen; ihnen verwandt sind die Creeks Australiens, die gewöhnlich nur aus unzusammenhängenden Wasseransammlungen bestehen, aber sich bisweilen seenartig ausbreiten, und die Wadis der Wüste (episodische Flüsse HETTNERS). Manche Flüsse verändern ihren Charakter in ihrem Verlaufe, sie sind im Oberlauf perennierend, im Unterlauf periodisch. Auch bei den perennierenden Flüssen vollziehen sich die Veränderungen des Wasserstandes im Laufe des Jahres nach ihrer Größe und ihrem zeitlichen Eintritt sehr verschieden je nach der Art der Speisung und den orographischen und geologischen Verhältnissen ihres Einzugsgebietes. Im allgemeinen ist die Abflußmenge um so schwankender, je geringer der Anteil des Bodenwassers und je stärker der des unmittelbaren oberflächlichen Abflusses an der Speisung ist. Daher sind bei raschem Abfluß im Gebirge und überdies in undurchlässigem Gelände die Schwankungen sehr bedeutend und folgen rasch auf die Schwankungen der Niederschläge; bei durchlässigem Boden und in flacherem Gelände verzögern sich die Schwankungen des Wasserstandes und erscheinen abgeschwächt.

Vom rein klimatologischen Gesichtspunkt lassen sich außer den Fiumaren und Wadis mit WOEIKOW[11] und DE MARTONNE[12] noch folgende Typen unterscheiden: 1. Flüsse, die ihr Wasser von der raschen Schneeschmelze in den Ebenen erhalten und im Winter gefrieren (sibirischer und polarer Typus); 2. solche, die bei spärlichen Niederschlägen ihr Wasser vorwiegend von der Schnee- und Gletscherschmelze im Hochgebirge erhalten (Tarim, Amu- und Syrdarja); 3. Flüsse, die fast nur durch Regen gespeist werden (tropischer und Monsun-Typus); 4. Flüsse, die ihr Wasser zwar zum größeren Teile vom Regen, ihr Hochwasser aber durch die Schneeschmelze in der Ebene oder im Mittelgebirge erhalten (östliches Deutschland, Rußland, Schweden), endlich 5. Flüsse, die zwar auch vorwiegend vom Regen gespeist werden, aber meist unbedeutende Schwankungen haben (Mittel- und Westeuropa, östliches Nordamerika).

Jahresperiode der Wasserführung. Mit dieser Einteilung deckt sich nahezu jene, die auf der jährlichen Periode der Wasserführung, ausgedrückt in dem prozentuellen Anteil der einzelnen Monatsmittel, beruht. Beim westeuropäischen Typus, zu dem auch die linken Nebenflüsse des Rheins gehören, erscheint das Maximum im Winter, da dieser ziemlich mild und feucht ist und überdies häufig auf eine Periode frühzeitigen Frostes und Schneefalls Tauwetter einzutreten pflegt; das Minimum fällt in den Hochsommer, die Zeit der stärksten Verluste durch Verdunstung und den Wasserverbrauch der Pflanzenwelt; die Amplitude ist wegen der ziemlich ausgeglichenen Niederschlagsverteilung meistens klein. Die Flüsse der obigen Gruppe 4, aber auch alle eigentlichen Hochgebirgsflüsse haben, unberührt durch die zu dieser Zeit stärkste Verdunstung, ihren Hochstand im Sommer, Tiefstand im Winter zur Zeit der Schneedecke und des Versiegens der höheren Quellen. Bei den Flüssen vom einfachen mitteleuropäischen Typus fällt das Minimum wie bei denen Westeuropas wohl auch in den Spätsommer, das Hochwasser aber erst in das Frühjahr zur Zeit der Schneeschmelze im Mittelgebirge, und zwar um so später, je höher das Gebirge ist (Fig. 88). Bei großen Flüssen mit sehr verschiedenen Höhen des Einzugsgebiets verschieben sich daher die Extreme je nach der Höhenlage und auch nach den klimatischen Verhältnissen. So behält der Rhein seinen Charakter als Alpenfluß noch bis in die oberrheinische Tiefebene mit dem Maximum im Frühsommer; weiter abwärts verschiebt sich das Hauptmaximum unter dem Einfluß seiner Nebenflüsse und der Schneeschmelze im Mittelgebirge immer mehr in das Vorfrühjahr, das Minimum infolge der starken Verdunstung vom Winter in den Herbst; doch bleibt das sekundäre Sommermaximum noch bis Köln erhalten. Zugleich schwächt sich die Amplitude immer mehr ab, bis endlich im Unterrhein jene Ausgeglichenheit der Wasserführung erreicht ist, die den Rhein zu dem für die Schiffahrt wertvollsten Strom Deutschlands macht. Auch die Donau trägt noch bis zur Theißmündung die Züge eines Alpenstromes und nimmt erst dann durch Vorschiebung des Hochwasserstandes mehr einfach mitteleuropäischen Typus an[13].

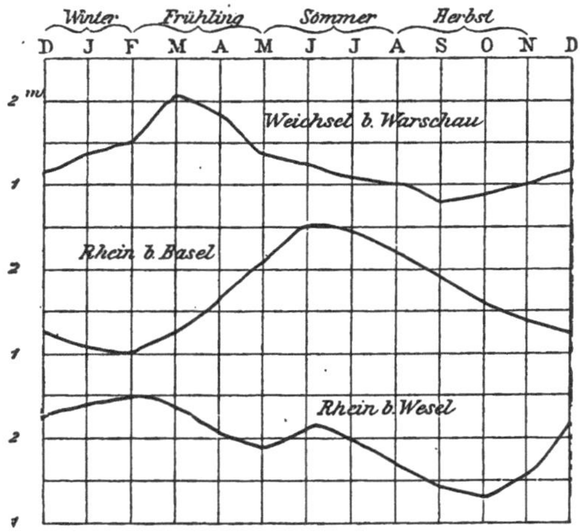

Fig. 88. Wasserstand der Weichsel (1871—95) und des Rheins (1851—96) bei Basel und Wesel. Maßstab 1 : 100.

Beim mediterranen Typus mit regenarmen Sommern und winterlichen Niederschlägen ist die Jahresperiode in erster Linie durch den Niederschlag bestimmt. Daher fällt das Minimum der Wasserführung in den Sommer und verschärft sich in besonders trockenen Sommern bis zum Fiumare-Typus (Unteritalien, Inneres von Spanien, Griechenland); der Hochwasserstand fällt in verschiedene Monate des Winterhalbjahrs. Nur die Flüsse, die auch noch von der Schneeschmelze im Hochgebirge gespeist werden, haben auch ein Schneeschmelzhochwasser, das sogar größer sein kann als das Regenhochwasser. So hat der Po ein höheres Juni- und ein kleineres Oktoberhochwasser.

Die Jahresperiode der Tropenflüsse ist gleichfalls durch den Wechsel von Regen- und Trockenzeiten bestimmt. Je näher ein Flußgebiet dem Äquator liegt, desto ausgeglichener ist auch zumeist wegen der gleichmäßigen Regenverteilung über das Jahr und der Aufspeicherung der Regen im tropischen Urwald die Jahreskurve. Beim Amazonas[14], wo kein Monat ohne Regen ist und die Nebenflüsse von Nord und Süd die Regenzeit jeweils im Sommer ihrer Hemisphäre haben, heben sich deren Hochwasserwellen im Hauptstrom nahezu auf und die Gleichmäßigkeit der Wasserführung in diesem wird nur dadurch gestört, daß die südlichen Nebenflüsse wasserreicher sind. Daher beträgt das mittlere Verhältnis von Niedrig- zu Hochwasser an der Mündung immer noch 1: 2,3. Ähnlich liegen die Verhältnisse beim Kongo, so daß man schon lange vor STANLEYS Entdeckungsfahrt auf die Existenz des nördlichen Kongobogens aus den Wasserständen im Unterlauf geschlossen hatte. Beträchtlicher sind die Schwankungen auch in der Tropenzone dort, wo die Regenzeit mit der Schneeschmelze im Hochgebirge zusammenfällt, wie das beim Blauen Nil der Fall ist[15] (Fig. 89). Der Weiße Nil hingegen kommt aus der Zone der Äquatorialregen und verliert viel Wasser in den Ufersümpfen; er hat daher eine geringere, aber überdies durch die Seen geregelte und viel gleichmäßigere Wasserführung. Der ägyptische Nil wird daher in der ersten Jahreshälfte hauptsächlich durch den Weißen, in der zweiten durch den Blauen Nil gespeist. Seinen tiefsten Stand erreicht er im Mai oder Juni; seine Hochfluten im Hochsommer aber, die ihn befähigen, die Wüste zu queren, und seine fruchtbringenden Überschwemmungen verdankt er nur seinen abessinischen Zuflüssen, wie schon Aristoteles annahm und die englischen Wasserstandbeobachtungen bestätigt haben. — Im Gegensatze zum Nil stammt das Hochwasser des Euphrat und Tigris von der Schneeschmelze in den armenischen Hochgebirgen und im Taurus und tritt daher schon im April und Mai auf, während das Niederwasser zu Ende des regenlosen Sommers, im Oktober, erreicht wird; es sind daher die Bedingungen für die künstliche Bewässerung und die wirtschaftliche Wiedererweckung Mesopotamiens viel ungünstiger als in Ägypten.

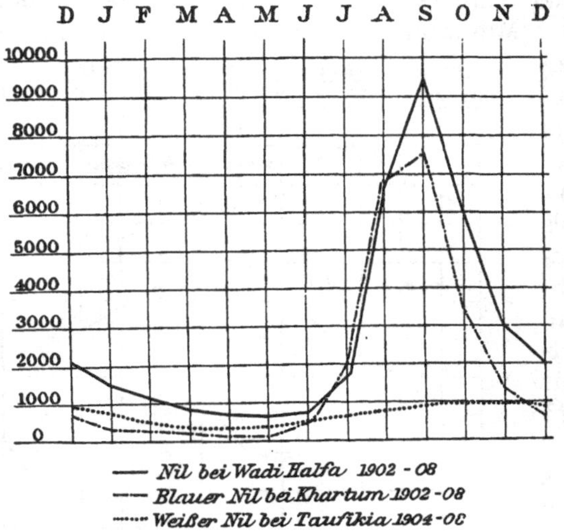

Fig. 89. Mittlere Wassermengen des Nil in cbm in der Sekunde.

Die Schwankungen des Ganges werden dadurch gemildert, daß sein und seiner nördlichen Nebenflüsse Quellgebiet, der Himalaya, auch im Winter Niederschläge erhält. Die meisten Flüsse Indiens aber stehen unter dem Einfluß des Wechsels von Regenzeit zur Zeit des Sommermonsuns und ausgesprochener Trockenheit im Winter, so daß dann ein Teil der Flußbetten dem Ackerbau dient, während sie im Sommer hoch angefüllt sind.

Die Größe der periodischen Amplitude ist also von einer großen Anzahl klimatologischer Faktoren abhängig. Dazu kommen aber noch die Einflüsse des Reliefs und der Bodenbeschaffenheit, die die Raschheit des Abflusses bestimmen, so daß das Verhältnis von Niedrig- zu Hochwasser selbst bei Flüssen eines verhältnismäßig kleinen Gebiets in sehr weiten Grenzen schwankt. So hat die Loire, deren Gebiet zu 48 % auf undurchlässigem Boden liegt, weit größere Schwankungen als die Seine, wo dieser nur 25 % des Flußgebiets einnimmt[16]. Der Einfluß der Vegetation besteht darin, daß eine Walddecke die Schwankungen herabsetzt, da sie durch Aufspeicherung des Niederschlags den Abfluß verzögert. Daher haben sich in Frankreich, Italien und auf der Balkanhalbinsel die Folgen der Waldverwüstung in verstärkten Wasserstandschwankungen und einem rascheren Reagieren auf starke Regengüsse geltend gemacht. Auch die zunehmende Verwilderung der Flüsse des Schweizer Mittellands, die im Mittelalter noch gut schiffbar waren, wird auf die fortschreitende Entwaldung zurückgeführt. Durch den Vergleich zweier Talgräben im Emmental mit 35 bzw. 97 % Waldbedeckung hat ENGLER[17] den günstigen Einfluß des Waldes auf die Verzögerung des Abflusses nach starken Regen und rapider Schneeschmelze, auf die Quellenbildung nach längerer Trockenheit und auf die Regelung des Abflusses sogar im Winter gleichsam experimentell nachgewiesen; allerdings zeigte umgekehrt ein flaches Moränengebiet bei Zürich, das erst kürzlich entwaldet worden war, eine Zunahme des Minimalertrages der Quellen[18].

Von großer Bedeutung sind endlich die in einen Flußlauf eingeschalteten Seen; sie wirken auf dessen Schwankungen abschwächend, indem sie einen Teil der Hochwasserführung aufspeichern und ihn bei einsickerndem Wasserstand wieder langsam abgeben. Daher verhalten sich die Wassermengen des Rheins bei tiefstem und höchstem Stand in Graubünden wie 1:70, bei Basel nur mehr wie 1:14.

Hochwässer. Neben den regelmäßig eintretenden Hochwässern, die durch die Jahresperiode der Wasserführung bestimmt sind und namentlich in den korrigierten und kanalisierten Flußbetten meist ohne nennenswerte Schädigungen des wirtschaftlichen Lebens verlaufen, gibt es unperiodische, die durch ungewöhnlich starke oder langandauernde Regengüsse oder stürmisch eintretende Schneeschmelze nach besonders großen Schneefällen hervorgerufen werden und infolge des gehemmten Abflusses oder besonderer morphologischer Verhältnisse verheerend wirken. Das gilt von den gefürchteten Sommerhochwässern des Oder- und Weichselgebiets, die 1813, 1854 und 1903 bei besonderer Wetterlage entstanden und durch den raschen Abfluß aus dem undurchlässigen Quellgebiet sowie durch die Summierung der Hochwasserwellen aus den Nebenflüssen verstärkt wurden[19], und denen der Ostalpenländer von 1897, 1899 und 1920, die dadurch verschärft wurden, daß die Hochfluten der Traun und Enns mit denen der Donau gleichzeitig eintrafen.[20] Auch bei den verheerenden Hochwässern der wildbachartigen Flüsse am Ostrand des französischen Zentralplateaus, wie September 1900, wirken ungewöhnlich starke Güsse, Undurchlässigkeit des Granitbodens und Stauung in den gewundenen Tälern zusammen[21]. Überhaupt werden nicht selten aus solchen Schwellhochwässern durch den gehinderten Abfluß in Fluß- oder Talengen oder auch durch Verstopfung des Flußbettes durch Eis im Unterlauf, wie 1888 an der Elbe und Weichsel, oder durch Pflanzenbarren wie an den Flüssen Ostafrikas oder Zusammenschwemmung von Baumstämmen (Rafts) im westlichen Nordamerika Stauhochwässer, selbst ohne selbständige Anschwellung an der betreffenden Stelle. Die Katastrophe von Szegedin 1879 entstand dadurch, daß ein ungewöhnlich hohes Schwellhochwasser der Donau im Banater Durchbruch nicht rasch abfließen konnte und auf die Theiß stauend wirkte, worauf diese den Stau auf die Maros übertrug. Bei den Stauhochwässern wird die Wassergeschwindigkeit gemindert; ist die Ursache der Stauung behoben, so läuft das Wasser als verheerendes Schwellhochwasser rasch ab. In engen Gebirgsschluchten gibt es bisweilen bei heftigen Wolkenbrüchen sprunghaft eintretene Hochwässer, die FORCHHEIMER[22] als Sprungschwall oder Stürmer aus den verschiedensten Teilen der Erde zusammengestellt hat; in verheerender Weise kommen sie auch bei Brüchen von Talsperren vor[23].

Säkulare Wasserstandschwankungen. Langjährige Beobachtungen des Wasserstandes an zahlreichen Flüssen zeigen, zu fünfjährigen Mitteln zusammengefaßt, eine gewisse Übereinstimmung mit den 35 jährigen BRÜCKNERschen Klimaschwankungen (s. o), doch bestehen in der Begrenzung der Perioden bei den einzelnen Flüssen mancherlei Abweichungen. Im 19. Jahrhundert ergaben sich die folgenden Jahresgruppen:

Maxima der Flüsse und Flußseen um	Feuchte und kalte Jahre um	Minima der Flüsse und Flußseen um	Trockene und warme Jahre um
1820	1815		
		1831—35	1830
1850	1850		
		1861—65	1860
1876—80	1880		1895

Mehrfach ist schon auf Grund ungenügender Beobachtungen die Behauptung aufgestellt worden, daß infolge eines allgemeinen Trockenerwerdens des Klimas oder auch durch Trockenlegung von Mooren und die Entwaldung die Wasserführung der Flüsse konstant abnehme bzw. der Wasserstand sich konstant senke. Doch ließen sich alle solche Annahmen auf künstliche Veränderungen der Beschaffenheit und Form des Flußbettes zurückführen.

Für Innerasien glauben H. v. FICKER und A. v. STEIN[24] eine allerdings nur einmalige Abnahme der Wasserführung der Flüsse, aber ohne eine gleichzeitige allgemeine Klimaänderung annehmen zu dürfen; eine solche hätte damals eintreten müssen, als die Abschmelzung der aus der Eiszeit zurückgebliebenen toten Eismassen vollendet war, die bisher die Ebenen mit reichlichem Wasser versorgten und daselbst die günstigsten Besiedlungsmöglichkeiten schufen, von denen die ältesten Ruinen und andere Funde berichten. Aber diese Abnahme der Wasserführung kann nicht noch weiter andauern, wenn nicht seither auch die Niederschläge abgenommen haben, wofür kein Anhaltspunkt vorliegt, und es liegt dieser Zeitpunkt der Versiegung der eiszeitlichen Vorräte gewiß vor jeder historischen Nachricht.

Wasserhaushalt der Flüsse. Wie schon einleitend bemerkt wurde, fließt nur ein Teil des als Niederschlag auf die Landoberfläche gefallenen Wassers in den Flüssen, sei es unmittelbar oder durch Zufluß aus dem Grundwasser und den Quellen, ab; der andere Teil fällt der Verdunstung direkt oder durch Vermittlung der Pflanzenwelt anheim, um von neuem in den Kreislauf des Wassers einzutreten. Aber nur im Durchschnitt mehrerer Jahre ist der Abfluß eines bestimmten Gebietes gleich der Differenz von Niederschlag und Verdunstung, also die Summe von Abflußfaktor und Verdunstungsfaktor (in %) gleich 100. Denn zum Abfluß gelangt innerhalb eines Jahres nicht nur ein Teil des in diesem Jahre gefallenen Niederschlags, sondern auch Sickerwasser aus einem Teil des Vorjahres und namentlich auch ein Teil des im Hochgebirge in Form von Schnee und Eis aufgespeicherten Niederschlags früherer Jahre; daher kann in manchen Monaten und auch Jahren die Abflußmenge größer sein als der Niederschlag. Für die sächsische Saale fand ULE[25], daß auf regenreiche Sommer gewöhnlich abflußreiche Winter folgen und umgekehrt; eine Aufspeicherung der Niederschläge im Boden auf Jahre findet wenigstens hier gewiß nicht statt. Wohl aber kann nach einer längeren feuchten Witterungsperiode selbst beim Eintritt trockener Witterung und großer Verdunstung noch reichlicher Abfluß bestehen bleiben, weil der von früher mit Wasser gesättigte Boden den Abfluß des Regenwassers begünstigt, und ebenso gibt es im Tropengebiet eine längere Aufspeicherung von Niederschlag im Urwaldboden. Jedenfalls aber gleichen sich solche Verschiebungen im Laufe einiger Jahre in den Jahresmitteln aus.

Das Verhältnis von Niederschlag und Abfluß läßt sich zunächst in einer einfachen Form durch die Näherungsgleichung $A = c\,(N - C)$ ausdrücken, worin A und N Abfluß und Niederschlag in mm, c und C gewisse Konstanten bedeuten. Diese Formel entspricht also einer Geraden, wobei die Niederschlagshöhen als Abszissen, die zugehörigen Abflußmengen als Ordinaten aufgetragen sind. In dieser Form fand PENCK[26] für das böhmische Elbegebiet: $A = 0{,}73\,(N - 420)$; aus ihr ergibt sich, daß, wenn $N \lesseqgtr 420$, $A = 0$, also Abflußlosigkeit eintreten muß. Daran ändert der von Supan erhobene Einwurf nichts, daß im oberen Netzegebiet bei einer Regenmenge von 460 mm der Abflußfaktor doch noch 20,5 % beträgt; denn die genannte Formel gilt mit ihren Konstanten eben nur für das böhmische Elbegebiet, wo der Verdunstungsfaktor gewiß größer ist als im oberen Netzegebiet, so daß die Abflußlosigkeit schon bei einer größeren Niederschlagshöhe erreicht wird.

Für ganz Mitteleuropa fand Keller [27] das durchschnittliche Ver-

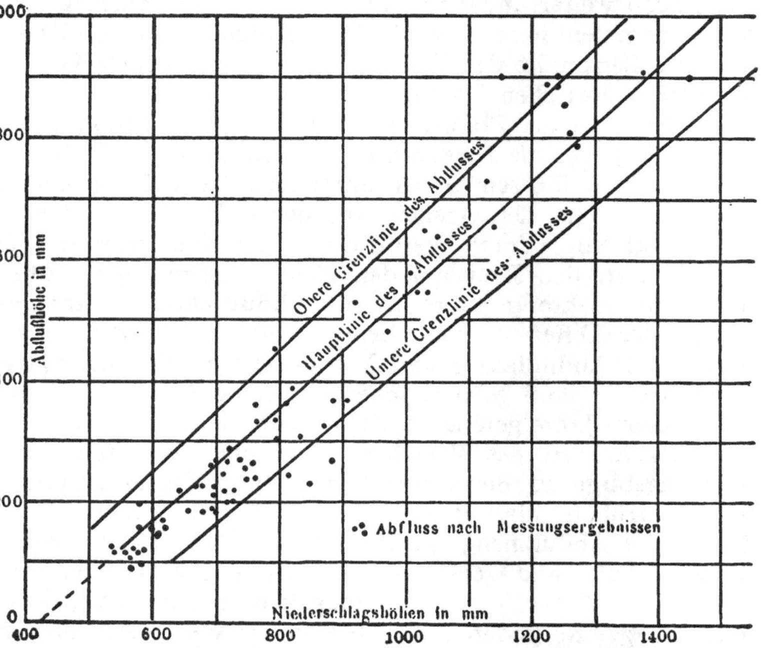

Fig. 90. Abflußkurve für Mitteleuropa (nach Keller).
Aus Ule, Physiographie des Süßwassers, Verlag von Franz Deuticke, Leipzig und Wien.

hältnis von Niederschlag und Abfluß dargestellt durch die Formel $A = 0{,}942\,(N - 430)$, die nun allerdings sehr verschiedenartige Gebiete umfaßt, aber doch für praktische Untersuchungen wertvoll ist, weil sie eben mittlere Verhältnisse zugrunde legt (Fig. 90). Sie besagt, daß im Durchschnitt auf eine Zunahme von N um 100 mm eine solche von A um 94,2 mm kommt, also fast um den gleichen Betrag. Im einzelnen aber sind, wie Keller gezeigt hat, die Abweichungen der Einzelgebiete von dem Durchschnittsverhalten so groß, daß sich die Beziehungen zwischen N und A wie auch zwischen N und V nicht durch einfache Linien, sondern nur durch Linienscharen oder Bänder darstellen lassen. Auch muß der Abfluß nicht einfach proportional mit der Zu- oder Abnahme des Niederschlags wachsen oder fallen. In der Tat haben Ule [28] für mehrere Einzelgebiete Mitteleuropas und VUJEVIĆ [29] für die Theiß gezeigt, daß die Abflußkurve nach außen konkav, bei der Theiß als eine Hyperbel, verläuft, und ULE [30] wie auch SCHREIBER [31] haben sehr komplizierte Abflußformeln aufgestellt, die aber praktisch kaum mehr leisten als die einfachen Formeln. Jedenfalls ist der Abflußfaktor nicht nur von der Menge der Niederschläge, sondern auch von ihrer Art und jahreszeitlichen Verteilung, von der Größe des Sickerwassers und der Menge des Bodenwassers, von den Abdachungs- und Bodenverhältnissen sowie der Pflanzendecke, damit also in letzter Linie von dem größeren oder geringeren Schutz vor Verdunstung abhängig und schwankt daher in den verschiedenen Gebieten in sehr weiten Grenzen.

Die folgende Tabelle gibt den für einige Flußgebiete von verschiedenen Autoren errechneten Abflußfaktor (in % des Niederschlags) an, allerdings für verschieden lange Untersuchungsperioden, so daß die Werte nicht streng vergleichbar sind.

I. Mitteleuropa	
1. Ostgruppe (Memel, Pregel, Weichsel)	28
2. Übergangsgruppe (Oder, Elbe)	26
3. Westgruppe (Weser, Ems)	35,2
4. Alpenstromgruppe (Rhein, Donau)	52,2
II. Einzelgebiete Deutschlands	
Oder bis Ratibor	37,2
Oder bis Hohensaathen	24,0
Elbe bis Tetschen	27,8
March bis Napajedl [32]	34
March bis Angern	23
Eger bis Laun [33]	28,8
Weser bis Münden	37,5
Weser unterhalb der Aller	34,7
Rhein oberhalb Köln	52,6
Rhein an der deutschen Grenze	44,2
Donau bis Ulm	42,1
Donau bis Wien	52,6
Donau an der Mündung	32,5
Mittel von 8 deutschen Tieflandflüssen	37
Saale bis Trebnitz	27,5
Main	28,5
Mosel	43,7
Hochgebirge	
Rhein bis Konstanz	72,3
Iller	71,5
Lech	66,7
Isar	58,8
Inn bis Innsbruck	72,5
Traun	58,0
Enns	48,0
Reuß bis Mellingen [34]	76,0
Etsch bis Trient [35]	73
Osteuropa	
Theiß bis Tisza-Ujlak [29]	51
Theiß bis Szegedin	27
Oka [36]	21
Don [36a]	21
Dnjepr [36]	27
Außereuropäische Gebiete	
Blauer Nil	20,1
Weißer Nil bis Gondokoro	7,5
Zentralamerika bei 1500 mm Niederschlag [37]	27

Diese Zahlen lassen eine gewisse Gesetzmäßigkeit erkennen und gewähren einen Einblick in die verwickelten Zusammenhänge zwischen Niederschlag, Abfluß und Verdunstung [38]. Zunächst fällt der durchwegs sehr hohe Abflußfaktor der echten Alpenflüsse auf, eine Folge des stürmischen Abflusses und der geringen Verdunstung; im schweizerischen Hochgebirge fließen durchschnittlich über 3/4 des Niederschlags, in Andermatt sogar 79% des Niederschlags ab. Der Abflußfaktor nimmt also im allgemeinen mit sinkender Seehöhe ab und ist im Tiefland am kleinsten. Doch wirkt dem Einfluß der Seehöhe in Mitteleuropa der Gegensatz von ozeanischem Westen und kontinentalerem Osten entgegen, so daß die westdeutschen Flachlandflüsse vielfach einen größeren Abflußfaktor haben als ostdeutsche Mittelgebirgsflüsse, zumal bei jenen die Verdunstung durch Versickerung des Schmelz- und Regenwassers im durchlässigen Boden herabgesetzt wird. Ferner nimmt im allgemeinen der Abflußfaktor an demselben Flusse ebenso wie der spezifische Abfluß nach abwärts ab, offenbar infolge des langsameren Abflusses und der zunehmenden Verdunstung im flachern Lande. Bei der Donau ist allerdings das Gegenteil der Fall, in dem Maße als sie Nebenflüsse aus den Alpen aufnimmt; erst im untersten Laufstück, bei großer Verdunstung und Versumpfung, nimmt der Abflußfaktor wieder ab. Im einzelnen ist aber das Sonderverhalten der einzelnen Flußgebiete besonders durch die Gesteinsbeschaffenheit bestimmt. Es haben Flüsse aus durchlässigen, besonders aus Kalkgebieten einen höheren Sickerwasser- und Quellenanteil, daher auch einen größeren Abflußfaktor als solche aus undurchlässigen Gebieten; so ist er nach PENCK im Moldaugebiet bloß 26 %, im böhmischen Elbegebiet allein ohne Moldau 29,6 %.

Auffallend geringe Abflußfaktoren ergeben schließlich die tropischen Flüsse infolge der großen Verdunstung, namentlich bei geringem Gefälle, weniger wegen des direkten Wasserverlustes im Sumpf- und Urwaldboden. In Nicaragua [37] entspricht einer Niederschlagshöhe von 1500 mm ein Abflußfaktor von bloß 27,3 % (d. i. soviel wie am Dnjepr bei bloß 550 mm Niederschlag), in Mitteleuropa aber von über 67 %. Der erstaunlich geringe Abflußanteil beim Weißen Nil erklärt sich aber doch vor allem durch die Abgabe von Wasser an die Ufersümpfe. Die kleinsten Abflußfaktoren liefern natürlich die Wüsten. Als mittleren Abflußfaktor des ganzen Landes nimmt FRITZSCHE etwa 30 % an[39].

In allen Klimaten ist der Abflußfaktor großen jahreszeitlichen Schwankungen ausgesetzt, doch ist ihre Amplitude wie auch der Eintritt der Extreme sehr verschieden. In Mittel- und Osteuropa werden die geringsten Werte im Sommer, zur Zeit der stärksten Wasserverluste, erreicht, die höchsten jeweils zur Zeit der Schneeschmelze; doch ist die Amplitude in den Alpen infolge der langandauernden Schnee- und Gletscherschmelze bedeutend geringer als im Mittelgebirge und namentlich als in Osteuropa, wo die Schneeschmelze sehr rasch verläuft und die sommerliche Verdunstung sehr groß ist, so daß der jährliche Gang des Abflusses dem des Niederschlags entgegengesetzt ist. In Nicaragua ist der Abflußfaktor in der Trockenzeit etwas größer als in der Regenzeit und erreicht in manchen Monaten über 100 %, weil dann erst, wie wohl überhaupt in den feuchten Tropen, die während der Regenzeit im Boden aufgespeicherten Wasservorräte abfließen, wodurch auch die Schwankungen des Wasserstandes abgeschwächt werden. Die folgende Tabelle zeigt diese Verhältnisse für einige Gebiete:

	Winter	Frühling	Sommer	Herbst	Jahr
Deutsche Mittelgebirge .... (Mittel aus 5 Flüssen)	44,4	43,6	13,8	22,7	28,3
Nordalpen .... (Mittel aus 2 Flüssen)	54,4	76,0	42,8	51,9	53,3
Oberer Dnjepr	28,5	76,2	11,2	11,9	27,3
Oberer Don	11,4	72,8	10,0	5,9	21,0
Theiß bei Szegedin	30,2	45,6	19,4	17,1	27,6
Nicaragua San Juan R. oberhalb S. Carlos ohne Seen.........	Dez. bis Februar 101,0	November bis April 83,9	Mai bis Juli 22,6		30,6

Die Bewegung des fließenden Wassers. In jedem Gerinne bewegt sich das Wasser unter der Einwirkung der Schwerkraft dem allgemeinen Sohlengefälle folgend abwärts. Die Geschwindigkeit (v) eines Wasserteilchens ist daher zunächst abhängig von dem Gefälle nach der Formel $v = \sqrt{2gh}$, wobei h den Höhenunterschied zwischen zwei Punkten, bezogen auf die Längeneinheit, bedeutet. Es müßte also theoretisch wie bei der Bewegung auf einer schiefen Ebene das Wasser eine beschleunigte Geschwindigkeit annehmen; doch wird diese nur selten und überhaupt der nach obiger Formel errechnete Wert niemals erreicht, da das Wasser beim Fließen sowohl die innere Reibung, nämlich den molekularen Zusammenhang zwischen den einzelnen Wasserteilchen und Wasserschichten, als auch die äußere Reibung an den Wandungen und der Sohle des Flußbettes zu überwinden hat, die mit der Geschwindigkeit wächst, und überdies einen Teil seiner Energie für den Transport von festen Substanzen verbraucht. Der Reibungswiderstand ist wieder abhängig von der Form und Beschaffenheit des Bettes und von der Wassermasse; er ist bei gleicher Wassermasse in einem breiten Bett größer als in einem schmalen und wird bei sonst gleichen Verhältnissen von einer größeren Wassermenge leichter überwunden als von einer kleineren, so daß an der gleichen Stelle die Geschwindigkeit mit Zunahme der Wasserführung wächst. Die wirkliche Geschwindigkeit eines Flusses ist daher in Abhängigkeit von den Verhältnissen an jedem einzelnen Ort des Flußbettes direkt proportional dem Gefälle und der Wassermenge und umgekehrt proportional der Größe des Flußprofils. Mit diesen Überlegungen stimmen die Beobachtungen im allgemeinen überein.

Trägt man die mit dem hydrometrischen Flügel ermittelten Geschwindigkeiten in ein Profil ein *, so erhält man das System der Isotachen, d. h. der Kurven gleicher Geschwindigkeit. Danach nimmt die Geschwindigkeit mit der Abnahme der äußeren Reibung von den

* Um die schwierigen und zeitraubenden direkten Messungen zu ersparen, hat man sich schon frühzeitig bemüht, aus den Dimensionen des Profils und dem Gefälle Formeln zur Berechnung der mittleren Geschwindigkeit zu finden. Sie gelten aber in ihrer einfachen Form immer nur für eine ungefähr geometrische Profilform und liefern meist nur Näherungswerte, so daß sie die direkten Messungen nicht ganz zu ersetzen vermögen [40].

Rändern gegen die Mitte des Flußspiegels und von der Sohle nach oben zu, aber ganz unregelmäßig und in Abhängigkeit von der Gestaltung des Bettes (Fig. 91). Die größte Geschwindigkeit liegt über der tiefsten Stelle des Flusses, aber wegen des Widerstandes der Luft in einiger Tiefe unter der Oberfläche. Die Linie, die die Punkte größter Oberflächengeschwindigkeiten in einer Flußstrecke verbindet, heißt der Stromstrich; er ist die Projektion des Talwegs (s. o.) auf die Oberfläche und liegt in geraden Strecken recht genau in der Mitte des Flußspiegels, nähert sich aber in gekrümmten Strecken dem konkaven Ufer, und zwar um so mehr, je tiefer der Wasserstand ist. In geraden Strecken ist ferner die Geschwindigkeit im Stromstrich kleiner als in den Krümmungen *.

Die tatsächlichen Geschwindigkeiten der Flüsse sind verhältnismäßig gering. Bei Wildbächen erreichen sie allerdings 5—6 m/Sek.,

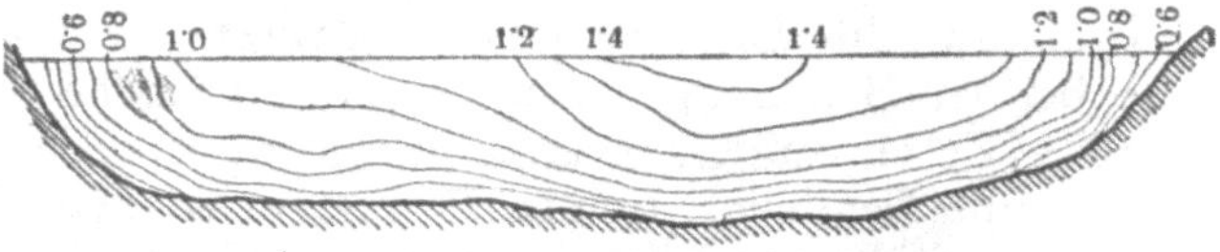

Fig. 91. Isotachen der Rhone bei Outre Rhone, Schweiz.
Aus Ule, Physiogeographie des Süßwassers, Verlag von Franz Deuticke, Leipzig und Wien.

bei den größten Strömen selten 3 m und bei den trägen Flachlandsflüssen kaum 0,5 m. Im Rhein bei Straßburg beträgt die mittlere Oberflächengeschwindigkeit bei niedrigstem Wasserstand 1,50 m, bei Hochwasser aber 2,85 m.

Aus der Verteilung der Geschwindigkeiten an der Oberfläche erklärt es sich, daß nur bei länger andauerndem Beharrungszustand und in geraden Strecken der Flußspiegel eine Horizontale ist; bei steigendem Wasserstand wird der Mitte mehr Wasser zugeführt, das Wasser schwillt hier früher an als an den Rändern; daher ist die Oberfläche konvex gekrümmt. Bei fallendem Wasserstand hat das Wasser eine seitliche Komponente von den Ufern gegen die Mitte, die Oberfläche ist konkav gekrümmt. In gekrümmten Strecken steht der Spiegel am konkaven Ufer höher als am konvexen, weil das Wasser durch eine Transversalbewegung dorthin gedrängt wird. Infolge der leichten Verschiebbarkeit der Wasserteilchen ist aber die Bewegung des Flußwassers überhaupt fast niemals eine einfache »bandförmige« oder gleitende Parallelbewegung der Teilchen, sondern eine unregel-

* Für hydrologische Zwecke ist auch die Kenntnis der mittleren Stromgeschwindigkeit von Wichtigkeit. Es ist erfahrungsgemäß und angenähert die mittlere Geschwindigkeit in einem Querprofil $Vm = 0.85\ Vo$ (Vo = mittlere Oberflächengeschwindigkeit, die mit Schwimmern leicht zu ermitteln ist). Ferner ist die mittlere Geschwindigkeit in einer Vertikalen angenähert gleich der Geschwindigkeit in 0,6 der ganzen Tiefe. Man braucht also nur eine Messung in dieser Tiefe zu machen und erhält damit die mittlere Geschwindigkeit in einer Vertikalen [41].

mäßig rollende oder wirbelige, wobei wieder zwischen dem ruhigen »Strömen« und dem reißenden »Schießen« unterschieden wird.[42] Beim Strömen bewirkt jede Verkleinerung des Profils eine Senkung des Wasserspiegels, Abnahme der Wassertiefe, aber Zunahme der Geschwindigkeit; beim schießenden Wasser hebt sich der Wasserspiegel, aber die Geschwindigkeit nimmt ab. Bei rascher Änderung des Wasserstandes gewinnen die Seiten- und Vertikalströmungen besondere Bedeutung; es entstehen vertikale, stromabwärts fortschreitende, auf- und absteigende Wirbel, die wohl auch für die Fortführung der Geschiebe wichtig sind. Hingegen sind Strudel drehende Bewegungen um eine feste Achse, die an Unregelmäßigkeiten des Flußbettes gebunden sind und namentlich in starken Krümmungen, in Ausbuchtungen und Verengungen des Bettes sich ausbilden. Vor vorspringenden Hindernissen, wie Felsriffen und Sandbänken, entstehen Wasserschwalle, unterhalb davon tote Winkel, beide mit rückläufiger Bewegung. Vor aufragenden Hindernissen schießt das Wasser in Wellenform auf; in allen solchen Fällen entstehen »Wasserwalzen«, wobei sich das Wasser in geschlossenen Bahnen um horizontale Achsen dreht. Noch größere Störungen des Strömens bedingen quer durchlaufende Felsbarren, die zu Stromschnellen Anlaß geben; bei noch größeren Unterbrechungen des Gefälles steigert sich die Störung zu einem Wasserfall mit stürzendem Wasser; die dabei auftretenden drehenden Bewegungen in den Wasserwalzen bedeuten einen so großen Energieverlust, daß schon kurz unterhalb des Falles wieder ein ruhiges Strömen eintritt.[43]

Die Temperatur der Flüsse. Systematische Untersuchungen auf Grund längerer Beobachtungsreihen bestehen nur für Mitteleuropa[44], wobei sich ergab, daß die Wassertemperatur in ihrem Verhältnis zur Lufttemperatur vor allem durch die Herkunft des Flusses bestimmt ist. Danach lassen sich unterscheiden: Flachlandflüsse, deren Temperatur fast nur von der Sonnenstrahlung und der Luftwärme beeinflußt wird; sie sind daher das ganze Jahr wärmer als die Luft, besonders im Sommerhalbjahr; Quell- und Gebirgsflüsse sind im Winter bedeutend, im Herbst etwas wärmer, im Sommer und Frühling kälter als die Luft und haben eine sehr geringe Temperaturschwankung, und zwar um so geringer, je näher zur Quelle; Gletscherflüsse sind nur im Winter wärmer, sonst aber, namentlich im Sommer, kälter als die Luft; endlich Seeabflüsse, die wesentlich wärmer sind als der zugehörige Seezufluß, so daß die Differenz gegen die Lufttemperatur im Sommer wesentlich kleiner ist als bei diesem. Bei Seeabflüssen verspäten sich ebenso wie bei den Seen die Extreme im jährlichen Gang um etwa einen Monat, bei Quellflüssen ebenso wie bei den Quellen auch um zwei Monate, während sonst die höchste Temperatur in den Juli, die tiefste in den Januar fällt.

Sobald in einer länger andauernden Frostperiode die ganze Wassermasse eines Flusses auf 0° abgekühlt ist, kann es in ihr zur

Eisbildung kommen; daher bei kleineren und seichten Bächen, die oft ganz ausfrieren, früher als bei größeren, bei trägen Flüssen und namentlich in Stromweitungen früher als bei rasch fließenden und in Stromengen. Vermutlich beginnt die Eisbildung zuerst am Grunde, und zwar nach J. Altberg [45] in größeren Mengen erst dann, wenn hier das Wasser durch andauernde Wärmeentziehung (infolge von Wärmeausstrahlung von der Oberfläche), die sich mit der Turbulenz der Strömung durch die ganze Wassermasse verteilt, unter den Gefrierpunkt unterkühlt ist. Das weitere Wachstum geschieht durch das Gefrieren unterkühlten Wassers bei der Berührung mit dem ersten Eis oder das Ansetzen kleinster, im Wasser treibender Eiskristalle. Durch vertikale Strömungen an die Oberfläche gebrachtes Grundeis bildet das sog. Siggeis.[46] An der Oberfläche gefriert das Wasser erst bei sehr starker Kälte vom Ufer her als ein an Breite wachsender Streifen, wobei die mitgeführten feinen Sinkstoffpartikel die Eisbildung unterstützen; daher zeigt sich in trüben Flüssen im allgemeinen früher Eis als in klaren. Solches junges, lockeres Eis, das sich ablöst und Schollen bildet, bezeichnet man als Eisduft oder Eistost; durch Zusammenfrieren kleinerer Schollen entstehen größere (Eisgang), bis sich durch Vereinigung der treibenden Schollen mit dem Ufereis, besonders wo jene durch Hindernisse oder in Verengungen und Krümmungen gestaut werden, eine geschlossene Decke bildet; das ist der Eisstand, der sich allmählich stromaufwärts vorbaut, womit auch stets ein Anschwellen des Wasserstandes weiter aufwärts verbunden ist. Bei Eintritt stärkeren Tauwetters hebt das als Vorflut ablaufende Schmelzwasser die Eisdecke und löst sie vom Ufer ab. Es beginnt aus dem Eisstoß der Eisaufbruch, der sich durch Stauungen zur Eisversetzung auftürmt, womit neuerliches Anschwellen des Wassers und oft arge Überschwemmungen verbunden sind. Fast regelmäßig treten katastrophale Eisaufbrüche an den großen Strömen Sibiriens ein, da hier der Unterlauf noch vom Eis geschlossen ist, während weiter oben bereits das Schmelzhochwasser beginnt[47]; als großartiges Schauspiel vollzieht sich der Eisaufbruch auch auf dem St. Lorenzstrom. Stets ist mit dem Eisstoß großer Flüsse auch eine namhafte Ausgestaltung des Flußbettes und eine Vermehrung des Geschiebetransports verbunden.

Die Dauer der Eisbedeckung der Flüsse ist in erster Linie vom Klima abhängig und nimmt daher mit der Kontinentalität zu; sie beträgt durchschnittlich:

	Tage		Tage
Rhein bei Köln	21	Newa bei Petersburg	147
Donau bei Galatz	37,5	Wolga bei Kasan	147
Elbe bei Hamburg	39	Ob bei Tomsk	179
Weichsel bei Warschau	60	Lena bei Kirensk	203
Memel bei Tilsit	78	Hudson bei Albany	92
Düna bei Riga	125	St. Lorenz bei Quebec	141

Allerdings beziehen sich diese Mittelwerte nicht auf den gleichen Zeitraum. Von dieser mittleren Dauer ist die Zeit zu unterscheiden, innerhalb welcher Eisbildung beobachtet wird und daher auch zumeist die Schiffahrt eingestellt bleibt; sie ist natürlich beträchtlich länger als jene[48].

Die anthropogeographische Bedeutung der Flüsse[49]. Die Rolle, die den Flüssen im Leben der Völker und in der menschlichen Wirtschaft zufällt, ist eine so vielseitige und wichtige, daß ihre Würdigung ein umfangreiches Kapitel der Anthropogeographie umfaßt. Als Teile der Hydrosphäre bedeuten die ins Meer mündenden Flüsse dessen Verlängerung im Innern des Landes; sie setzen die Küstennatur ins Land fort und schließen dieses gegen das Meer auf. Daher bewegte sich in zahlreichen Fällen die erste Besiedlung eines Landes und Ausbreitung eines Volkes, die politische Eroberung aber auch die wissenschaftliche Erforschung, wirtschaftliche Erschließung und Kolonisation fremder Länder oder auch eines ganzen Erdteils an den Flüssen als den natürlichen Toren aufwärts; sie geriet ins Stocken, sobald Stromschnellen und Wasserfälle dem weiteren Vordringen Hemmungen bereiteten, wie das an den großen Strömen Afrikas der Fall war, wo der Urwald beiderseits der Flüsse den Landverkehr schwierig oder unmöglich macht, und sie vollzog sich umso leichter, je besser das Land durch ein System schiffbarer Flüsse gegliedert und aufgeschlossen ist. Große Ströme wie die Südamerikas vermögen dadurch die Nachteile einer geringen Küstengliederung bis zu einem gewissen Grade wettzumachen. Als Wege ins Innere wirken die Flüsse auch richtunggebend auf die Ausbreitung der Kultur, aber auch vermittelnd und vereinigend auf die Bewohner eines Landes und schließen diese zu politischen und wirtschaftlichen Einheiten zusammen, und zwar umso mehr, je schärfer die natürliche Begrenzung eines Flußgebietes gegen ein anderes ist und je deutlicher sich ein solches als eine geographische Individualität von seiner Umgebung abhebt. Im Gebirge sind die nach einem Fluß hin entwässerten Talschaften solche natürliche Gebilde, wie die Gaue Salzburgs oder das Wallis, die flußabwärts an Talengen ihre Grenzen haben und in denen sich die Bevölkerung längs der Flüsse anhäuft. Namentlich in den Trockengebieten, wo die Flüsse überdies als oft einzige und unentbehrliche Wasserspender die oasenhafte Kultivierung des Landes ermöglichen und sich die Siedlungen an ihnen wie an Fäden anreihen, ging von ihnen die Begründung von Flußstaaten, aber überhaupt jede Höherentwicklung aus, wofür Ägypten und Mesopotamien, die Oasenstaaten Turans und Vorderasiens oft genannte Beispiele sind. Auf tieferer Kulturstufe, wo die Flüsse noch mehr als Wanderlinien richtunggebend wirken, entstehen eigene Flußvölker, die in ihrem ganzen Dasein vom Flusse bestimmt sind; er spendet ihnen durch seinen Fischreichtum auch einen guten Teil der Nahrung, wie das vom Amazonas und Kongo oder auch von manchen Flüssen des nördlichen Nordamerika gilt. In welchem Grade ein Strom auf Länder von Erdteilgröße vereinheitlichend und zusammenfassend einzuwirken vermag, zeigt sowohl die Wolga als noch zwingender der Mississippi, der als die große Achse des mittleren Nordamerika Nord- und Südstaaten der Union verbinden half.

Als Verkehrswege hatten die Flüsse seit den ältesten Zeiten der Menschheit ihre Bedeutung und dienten vielfach als die einzigen Wege in der Wildnis; aber auch im modernen Wirtschaftsleben haben sie ihren Wert als die billigsten Beförderer für den Massenverkehr bewahrt, und zwar umso mehr, je gleichmäßiger und doch dabei reichlicher die Wasserführung, je ausgeglichener das Gefälle und die Form des Bettes, je kürzer die Eisbedeckung ist, aber auch je größer die Verkehrsspannung und das Austauschbedürfnis zwischen den einzelnen Teilen des Stromgebietes und je besser dieses zu den großen Straßen des Weltverkehrs geöffnet ist. Unter den Strömen Europas vereinigt keiner alle diese Vorzüge in so vollkommener Weise wie der Rhein, und das Fehlen oder die Abschwächung der meisten dieser Eigenschaften ist es, das den größten Strom Mitteleuropas, die Donau, niemals auch nur annähernd gleiche Bedeutung wird gewinnen lassen, so sehr auch noch Menschenhand imstande wäre, diese Nachteile auf ein geringeres Maß herabzusetzen. Im ebeneren Land vermögen Kanäle zwischen den Flüssen eine der Richtung der Flüsse entgegen oder quer gerichtete Verkehrsspannung zu befriedigen, wie die den alten Urstromtälern Norddeutschlands folgenden Kanalstrecken. Wo eine neu entstandene Verkehrsrichtung einen Strom kreuzt, da sinkt freilich dessen Bedeutung als Verkehrsweg trotz guter Schiffbarkeit, wie das beim Mississippi der Fall ist, der aus diesen und anderen Gründen ein recht stiller Fluß geworden ist. Bei intermittierenden Flüssen, wie namentlich den Wadis der Wüste, dient nicht der Fluß, sondern sein Bett als Naturweg des primitiven Verkehrs, während er ihm andrerseits zur Zeit der Hochfluten empfindlichen Abbruch und Hemmungen bereitet. Auch die Eisdecke der Flüsse ist nicht immer ein Verkehrshindernis, sondern auch Verkehrsweg.

Sehr verschieden ist die Bedeutung der Flüsse als Grenzlinien. Nur auf primitiver Kulturstufe oder wo es sich nur um die Ausbreitung politischer Macht handelt, erscheinen große Flüsse auch für längere Zeit als politische Scheidelinien, kleinere Flüsse auch dann, wenn sie in tiefen Tälern fließen, also Grenzgräben darstellen, da ja längs ihnen die Errichtung von festen Stützpunkten und die Abwehr feindlicher Angriffe erleichtert war. Dafür bietet die Donau, eine Zeit auch der Rhein als Grenzen des Römerreiches bekannte Beispiele. Aber auf die Dauer haben sich Flüsse weder als Grenzen von Völkern und Staaten, noch als Schranken von Völkerbewegungen bewährt, und auch als Grenzen strategischer Abschnitte ist ihre Bedeutung in der modernen Kriegführung gesunken, während im Zeitalter kolonialer Kämpfe und Streitigkeiten allerdings der Besitz einer Flußstrecke zugleich die Grundlage für den Besitz der Umgebung bedeutete. Flüsse verbinden mit Naturnotwendigkeit die beiderseitigen Uferländer. »Der Rhein ist Deutschlands Fluß, nicht Deutschlands Grenze.«

Im einzelnen bestimmen gewisse Stellen des Flußlaufes die Lage wichtiger Siedelungen, sei es an Flußvereinigungen, sei es in vorgezeichneter Schutzlage auf Talspornen, Flußinseln oder -halbinseln, als Brückenplätze zwischen festen Ufern oder an Flußteilungen, an Schnellen, deren Energie ausgenützt wird, an der oberen Grenze der Gezeitenwirkung wie an den Ästuaren der Nordseeflüsse oder an der Grenze der Schiffbarkeit wie längs der Fall-Linie Nordamerikas. Andererseits können Flußverlegungen und -verschiebungen Siedlungen von ihrer natürlichen Lebensader abschneiden, was an den Mäanderdurchbrüchen des Mississippi oder in zonaler Weise an den Flüssen des Tarimbeckens der Fall war. Alle begünstigenden Einwirkungen eines Flusses vereinigen sich in der Regel an den Mündungen, wo maritime und binnenländische Interessen sich berühren, wo der Land- und Seeverkehr zusammenstößt und zumeist auch fruchtbares Alluvialland eine dichte Besiedlung zu ernähren vermag, womit auch die Grundlagen zu politischer Machtentfaltung gegeben sein konnten. Zahllos sind daher in der Geschichte die Beispiele solcher Flußmündungsstaaten, die freilich meist von nur beschränkter Dauer waren, wenn sie nicht auch zugleich ausgedehnte Teile des aufwärts gelegenen Flußgebietes in Besitz nehmen konnten, von den Stadtstaaten des Altertums über die der Hansa und des mittelalterlichen Italiens bis zu Holland, das vom Besitz des Rheindeltas für ein Jahrhundert zu einem Beherrscher der Meere geworden ist, aber diese Rolle einbüßte, weil ihm die breite Basis eines ausgedehnten Hinterlandes fehlte. Große Stromebenen sind zwar in ihrem natürlichen Zustand durch Versumpfung und Laufverlegung der menschlichen Siedlung und dem Verkehr wenig günstig, entfalten aber durch künstliche Eindeichung und Entsumpfung ihre Bedeutung als Gebiete der Menschenanhäufung.

Als wahre Lebensspender erweisen sich die Flüsse in Trockengebieten, wo sie zu Bewässerungszwecken herangezogen werden. Um die Macht über solche Flüsse und ihre Oasenzonen sind Kriege geschlagen worden, Völkerbewegungen hatten sie zum Ziel, Aufblühen und Untergang von Reichen wechselte mit dem Verfügungsrecht über ihr Wasser. Die moderne Technik aber nützt das Gefälle der Flüsse zur Umwandlung der kinetischen in elektrische Energie aus, indem sie entweder direkt ihnen Wasser entnimmt oder durch Staustufen das Gefälle künstlich steigert. Nicht nur zahllose Flüsse und Bäche des Mittel- und Hochgebirges, auch große Flüsse der Niederung sind auf diesem Wege der menschlichen Wirtschaft dienstbar gemacht worden, freilich oft nicht, ohne daß dadurch ihr Wert als Verkehrswege gemindert worden wäre.

Durch ihre Hochwässer können die Flüsse, sowohl die Wildwasser des Gebirges wie die Ströme des Mittelgebirges und der Ebenen, den menschlichen Siedlungen und Kulturen auch schwere Schäden bereiten. Ihrer Verhütung dient die Wildbachverbauung, die den Wildbach in eine Reihe von Stufen auflöst, sein Bett durch Abpflasterung vor Zerstörung schützt und ihn zu schrittweiser Ablagerung seines Materials zwingt, andererseits die Stromregulierungen, die die Aufgabe haben, das normale Bett vom Inundationsgebiet zu trennen, dieses durch Dämme gegen seine Umgebung abzuschließen und in jenem einen möglichst raschen und geregelten Ablauf zu sichern. Dies wird durch den Durchstich von Windungen, Einschnürungen des Profils, Anlage von Buhnen und Wehren, Ausbaggerung einer Fahrrinne und andere Stromarbeiten erreicht, zu deren theoretischem Studium und Vorbereitung die Modellversuche in den modernen Strombaulaboratorien dienen. Durch derartige Unternehmungen haben bereits die meisten Flüsse Mittel- und Westeuropas ihren Charakter als natürliche Gerinne verloren.

Literaturnachweise. [1] Allgemeine Werke der Flußkunde: H. Gravelius, Grundriß der gesamten Gewässerkunde, I. Flußkunde; Berlin u. Leipzig 1914. J. F. Bubendey, P. Gerhardt und R. Jasmund, Die Gewässerkunde; Handb. der Ingenieurwissensch. III. 1., 4. Aufl. Leipzig 1912; 5. Aufl. 1923 von P. Gerhardt, R. Jasmund und H. Engels. Vgl. auch Penck, Morphologie I. Stuttgart 1894, Philippson, Allgemeine Geographie II. 2, Leipzig 1924 und die amtlichen Stromwerke des Deutschen Reiches: Rheinstrom, Berlin 1889; Oderstrom 1896; Memel-, Pregel- und Weichselstrom 1889; Weser und Ems 1901; Maingebiet 1901. — C. W. Schmidt, Der Fluß. Eine Monographie fließender Gewässer; Leipzig 1919. — [2] O. Lehmann, Über Fluß- und Bachursprünge in den Rückenlandschaften des feuchtgemäßigten Klimas; Mitt. geogr. Ges. Wien 1918. — [3] E. Wisotzki, Haupt- und Nebenfluß; Stettin 1889. — [4] P. v. Bauer, Nordwest-Amazonien; Diss. München, Brünn 1919 (glaubt an eine Anzapfung des Orinoco durch die Rückwärtsverlängerung des Rio Negro); A. Hamilton-Rice, The Rio Negro, the Cassiquiare Canal and the upper Orinoco; Geogr. Journal 1921 (betrachtet den Orinoco als einen sehr alten, ursprünglichen Strom, den Cassiquiare aber als eine spätere, durch Verzweigungen und einseitiges Überfließen der Hochwässer entstandene seenartige Erweiterung, die sich dann durch verschiedene Vorgänge in einen schmäleren Kanal mit Strömung zum Rio Negro verwandelt habe). — [5] B. Brandt, Die Sümpfe Westrußlands; Zeitschr. Ges. f. Erdk. Berlin 1917, und: Das Pripetbecken; Pet. Mitt. 1918. — [6] Lenfant, Le Niger; Paris 1903. — [7] A. v. Tillo in Pet. Mitt. 1887, — [8] A. Bludau, Die Areale der außereuropäischen Stromgebiete; Pet. Mitt. 1897—1900, — [9] L. Neumann, Die Dichte des Flußnetzes im Schwarzwald; Gerlands Beitr. z. Geophysik IV, 1900. Ferner: H. Feldner, Die Flußdichte im Elbsandsteingebirge; Mitt. Ver. f. Erdk. Leipzig 1902. E. Puls, Vergleichende Untersuchungen über Flußdichte; Hamburg 1910. F. Rasehorn, Die Flußdichte im Harz; Zeitschr. f. Gewässerkde, 1911. W. Schäfer, Die Flußdichte im Gebiet zwischen Teutoburger Wald und Wiehengebirge; ebda 1913. N. Wolff, Die Flußdichte im Gebiet der Ahr, Erft und Rohr; Diss. Bonn 1912. G. Boehmer, Die Flußdichte der Mecklenburger Seenplatte etc.; Diss. Rostock 1920. Eine auch morphologisch wertvolle Untersuchung ist: R. Fluck, Die Flußdichte im schweizerisch-französischen Jura; Diss. Basel 1925. — [10] L. Henkel, Zusammenstellung von Zahlen für die Wasserführung der Flüsse; Geogr. Anz. 1912. — [11] A. Woeikow, Flüsse und Landseen als Produkte des Klimas; Zeitschr. Ges. f. Erdk. Berlin 1885 und: Die Klimate der Erde I. Jena 1887. — [12] E. de Martonne, Traité de Géographie physique; 4. Aufl.; Paris 1924. — [13] Lorenz v. Liburnau, Die Donau; Wien 1900, und A. Penck, Die Donau; Schr. Ver. z. Verbr. nat.

Kenntnisse, XXXI, Wien 1891. — [14] SCHICHTEL, Der Amazonenstrom; Straßburg 1893. — [15] H. G. LYONS, The physiography of the river Nil and its basin; Cairo 1906 und Surv. Departm. Egypt. Pap. 9, 1909. W. PIETSCH, Das Abflußgebiet des Nil; Berlin 1910. J. PARTSCH, Des Aristoteles Buch »über das Steigen des Nil«; Abh. sächs. Ges. d. Wiss. philolog.-histor. Kl. XXVII. 1909. — [16] BELGRAND, La Seine; Paris 1873. L. GALLONÉDEC, La Loire; Paris 1910. M. ROUCHON, Recherches sur les inondations de la Loire supérieure; Paris 1911. — [17] A. ENGLER, Untersuchungen über den Ein fluß des Waldes auf den Stand der Gewässer; Mitt. schweiz. Zentralamts f. d. forstl. Versuchswesen XII; Zürich 1919. Vgl. auch: H. KAUTZ, Schutzwald; Berlin 1912, und M. GIANDOTTI, Boschi ed acque; Rom 1916. — [18] J. HUG, Beitrag zur Abklärung der Beziehungen zwischen Waldbestand und Grundwasserbildung; Ecl. geol. Helv. 1922. — [19] G. HELLMANN und G. v. ELSNER, Untersuchungen über die Sommerhochwasser der Oder; Berlin 1911. K. FISCHER, Entstehung und Verlauf des Oderhochwassers im Juli 1903; Geogr. Zeitschr. 1904. — [20] Beiträge zur Hydrographie Österreichs IX, 1909. — [21] PARDÉ in Revue de la Géogr. alpine 1919, VII. — [22] P. FORCHHEIMER, Der Sprungschwall in Wasserläufen; Pet. Mitt. 1922. — [23] CH. A. KELLER La catastrophe de Glenc. Les Alpes économiques V, 1924. — [24] H. v. FICKER in Meteorol. Zeitschr. 1924. A. v. STEIN, Innermost Asia, its geography as a factor in history; Geogr. Journ. 1925. — [25] W. ULE, Niederschlag und Abfluß in Mitteleuropa; Forsch. z. deutsch. Landes- u. Volksk. XIV, 5, 1903 und Theoretische Betrachtungen über den Abfluß des Regenwassers; Zeitschr. f. Gewässerk. VII, 1905. Hingegen E. OPPOKOW, Zur Frage der vieljährigen Abflußschwankungen etc.; Zeitschr. f. Gewässerk. V, 1903 u. VI, 1904. — [26] A. PENCK, Untersuchungen über Verdunstung und Abfluß von größeren Landflächen; Geogr. Abh. V 3, 1896. — [27] H. KELLER, Die Abflußerscheinungen in Mitteleuropa; Geogr. Zeitschr. 1907. Ders.: Niederschlag, Abfluß und Verdunstung in Mitteleuropa; Jb. f. d. Gewässerk. Norddeutschlands I, 4, Berlin 1906. K. FISCHER, Die durschnittlichen Beziehungen zwischen Niederschlag, Abfluß und Verdunstung in Mitteleuropa; Zeitschr. d. Deutschen Wasserwirtsch. Verb. 1921. — [28] W. ULE, Niederschlag und Abfluß in Mitteleuropa; Forsch. z. d. Landes- u. Volksk. XIV, 5, 1903. — [29] P. VUJEVIĆ, Die Theiß, eine potamologische Studie; Geogr. Abh. VII, 4, 1906. — [30] W. ULE, Niederschlag und Wasserführung der Flüsse Mitteleuropas; Met. Zeitschr. 1905. — [31] P. SCHREIBER, Über die Beziehungen zwischen dem Niederschlag und der Wasserführung der Flüsse in Mitteleuropa; Met. Zeitschr. 1904. Vgl. auch K. FISCHER, Die Grundgleichungen des Wasserhaushaltes der Flußgebiete; ebda 1921 und: Niederschlag, Abfluß und Verdunstung des Weserquellgebiets; Jb. f. d. Gewässerkunde Norddeutschlds. Bes. Mitt. IV. 3. Berlin 1925. — [32] E. STUMMER, Niederschlag, Abfluß und Verdunstung im Marchgebiete; Geogr. Jber. aus Österreich VII, 1909. — [33] K. MIKOLASCHEK, Niederschlag und Abfluß im Egergebiet; Arb. geogr. Inst. deutsch. Univ. Prag 1, 1921. — [34] R. ROTH, Über die Beziehungen zwischen Niederschlag und Abfluß im Reußgebiete; Diss. Basel 1923. — [35] M. GOLDBERG, Niederschlag und Abfluß im Etschgebiet; Geogr. Jber. aus Österreich XI, 1915. — [36] E. OPPOKOW in Zeitschr. f. Gewässerkunde VI. 1904. — [36a] P. EROCHIN in Met. Zeitschr. 1926. — [37] A. MERZ, Beiträge zur Klimatologie und Hydrographie Mittelamerikas; Leipzig 1907. — [38] W. SCHMIDT, Über den Zusammenhang zwischen Niederschlag, Abfluß und Verdunstung; Met. Zeitschr. 1915. Über diese Verhältnisse im Hochgebirge vgl. auch das große Werk von O. LÜTSCHG, Über Niederschlag und Abfluß im Hochgebirge. Sonderdarstellung des Mattmarkgebietes; Zürich 1926. Ausführliches Ref. in Met. Z. 1927. — [39] R. FRITZSCHE vgl. Zitat. S. 349, 6. — [40] R. SIEDEK, Studien über eine neue Formel zur Ermittlung der Geschwindigkeit des Wassers in Flüssen und Strömen; Wien 1901, auch Wien 1903. Ferner: EKDAHL, Über die Bewegung des Wassers in Kanälen und natürlichen Wasserläufen; Leipzig 1912. — [41] R. JASMUND, Über die Veränderung der Geschwindigkeit im Querschnitt eines Stromes; Zeitschr. f. Bauwesen 1897. — [42] TH. REHBOCK, Betrachtungen über Abfluß, Stau und Walzenbildung bei fließenden Gewässern; Festschr. z. 60. Geburtstag Großherz. Friedrich II. von Baden; Berlin 1917. W. SALOMON, Die Rehbockschen Wasserwalzen und ihre Bedeutung für Erosion und Akkumulation; Geolog. Rundschau XVII. 1926. — [43] J. LUGEON in Bull. Soc. Vaudoise sc. nat. 1920 (Bericht von O. LEHMANN in Mitt. geogr. Ges. Wien 1921). Ferner: J. KOZENY, Die Wasserführung der Flüsse mit besonderer Berücksichtigung der turbulenten Strömung; Wien 1920. R. JASMUND, Unregelmäßige Strömungen; Z. f. Bauwesen 1918. PH. FORCHHEIMER, Wasserschwall und Wassersunk; Wien 1924. A. TORNQUIST, Das Gesetz der Wasserbewegung im Gebirge; Graz 1922. — [44] A. E. FORSTER, Die Temperatur fließender Gewässer Mitteleuropas; Geogr. Abh. V, 4, 1894. Vgl. ULE, Zur Frage nach den Ursachen der Temperatur in Flüssen; Geogr. Zeitschr. 1895. — [45] W. J. ALTBERG, A Contribution to the Study of Anchor-Ice usw.; Quart. Journ. R. Met. Soc. 1923, und: On the cause of the formation of Ice at the Bottom of Rivers and Lakes; ebda. 1916 (Ref.: LOEWE in Zeitschr. Ges. f. Erdk. Berlin 1924. SCHMAUSS in Met. Z. 1927. — [46] F. REYMANN (Die Eisverhältnisse der Mur und Drau; Mitt. geogr. Ges. Wien 1910) hält die Grundeisbildung bedingt durch Wärmeentziehung an der Oberfläche, wodurch Eiskristalle entstehen, vertikale Strömungen nach abwärts und Adhäsion der Eiskristalle an der Sohle. Vgl. dazu: ST. PAWLOWSKI, ebenda 1912. — [47] RYKATSCHEW, Auf- und Zugang der Gewässer des Russischen Reiches; Repertor. f. Meteorol., 2. Supplementbd.; Petersburg 1887. — [48] A. SWAROWSKY, Die Eisverhältnisse der Donau in Bayern und Österreich 1856—1890; Geogr. Abh V, 1891. — [49] F. RATZEL, Anthropogeographie; 2. Aufl. Stuttgart 1899. K. HASSERT, Die anthropogeographische und politisch-geographische Bedeutung der Flüsse. Zeitschr. f. Gewässerk. 1899.

Die Seen [1].

Begriff der Wannen und Seen. An zahlreichen Stellen der Landoberfläche ist das gleichsinnige Gefälle durch Vertiefungen unterbrochen, die allseits von höherem Land und ansteigenden Böschungen umgeben sind. Haben solche geschlossene Hohlformen eine von der höheren Umgebung mehr oder weniger scharf sich abhebende Bodenfläche, so bezeichnen wir sie mit PENCK als Wannen; gehen aber die Böschungen unmerklich in die Bodenfläche über und sind ihre Ausmaße sehr groß, so sprechen wir von einer Hohlebene oder Binnensenke; doch sind die Grenzen zwischen diesen beiden Formengruppen natürlich nicht scharf. Wo rinnendes Wasser fehlt, sind derartige Hohlformen trocken; das gilt also sowohl im Bereich durchlässiger Gesteine als namentlich in den exzessiven Trockengebieten. Im feuchteren Klima aber und in undurchlässigem Gestein erfüllt das fließende Wasser die Hohlform teilweise oder vollständig als ein See. Öfters ist auch eine große Wanne in mehrere Teilbecken gegliedert und enthält dann mehrere Seen. Wir bezeichnen daher als Seen, unabhängig von ihrer Größe, alle Wasseransammlungen in geschlossenen Hohlformen der Landoberfläche, die in keinem unmittelbaren Zusammenhang mit dem Meere stehen. Daher sind von diesem Begriff ausgeschlossen jene Strandseen, die nur als abgeschnürte Meeresteile anzusehen sind, wie Haffe, Lagunen, Limane und Atollseen, wie auch die unterirdischen Wasseransammlungen in Höhlen; eingeschlossen hingegen sind auch die kleinen Tümpel und Weiher, die gewöhnlich Überreste größerer Seen darstellen. Künstlich abgeschlossene Becken bezeichnet man als Teiche oder Stauweiher.

Entstehung der Wannen[2]. Da die Wasserfüllung einer Wanne nur eine sekundäre Erscheinung ist, so geht die Frage nach der Entstehung der Seen auf die nach der Bildung der Wannenform zurück. Mit SUPAN lassen sich alle geschlossenen Becken nach ihrer Entstehung auf zwei Vorgänge zurückführen. Entweder ist das Becken in seine Umgebung eingetieft (Fig. 92) oder es ist eine schon bestehende gleichsinnige Abdachung durch Aufschüttung eines einseitigen Dammes oder eines allseitigen Walles in eine Wanne umgewandelt worden (Fig. 93). Beide Vorgänge sind wieder sehr mannigfaltiger Art und es haben sicher bei vielen Wannen mehrere Prozesse zu ihrer Bildung zusammengewirkt. Im einzelnen gehört daher die Darstellung der wannenbildenden Vorgänge den einschlägigen Kapiteln der Geologie und Morphologie an, und es kann diese Frage hier nur kurz gestreift werden, ohne alle Bildungsmöglichkeiten erschöpfen zu wollen.

Die Eintiefungswannen sind entweder tektonische Formen, d. h. sie liegen in einer geschlossenen geologischen Mulde oder in einer

Fig. 92. Profil einer Eintiefungswanne.

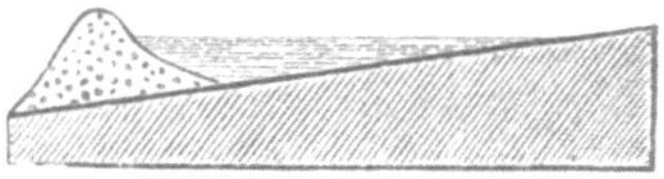

Fig. 93. Profil einer Abdämmungswanne.

durch großräumige Bewegungen der Kruste geschaffenen Verbiegung oder in einem geologischen Graben oder Senkungsfeld, oder sie sind durch exogene Vorgänge entstanden. Zur Kategorie der tektonischen Wannen gehören u. a. die meisten Poljen der Karstgebiete, die in Gräben gelegenen langgestreckten ost- und zentralafrikanischen Seen, ferner das Tote Meer, der Baikalsee und viele Seen Zentralasiens, in Verbiegungsmulden liegen vermutlich die Oasensenken der libyschen Wüste, die südalgerischen Schotts und der Viktoriasee in Ostafrika. Sehr mannigfaltig sind die mit vulkanischen Vorgängen verknüpften Wannen, wobei zu den Eintiefungswannen die durch Explosion entstandenen Maare und die durch Explosion oder Einsturz des Vulkankegels (Crater Lake in Oregon) gebildeten Caldera-Wannen gehören, während echte Kraterwannen durch Aufschüttung vulkanischen Materials rings um die Ausbruchstelle, Abriegelungswannen durch einen das Tal absperrenden Lavastrom entstehen. Durch Senkungsvorgänge bei Erdbeben können kleine Becken gebildet werden, wie 1811/12 westlich von New Madrid am Mississippi, 1811 der Beelfoot-Lake in Tennessee, 1868 ein See an der Stelle von Gotachi in Ecuador.

Zahlreicher sind die durch erosive Vorgänge geschaffenen Eintiefungswannen. Die Flußerosion schafft allerdings stets nur Wannen von bescheidenen Dimensionen, Kolke am Boden von Flußbetten und am Fuß von Wasserfällen oder Strudellöcher durch Evorsion, die nach Verschwinden des Gerinnes meist als wassererfüllte Wannen entgegentreten. Durch die Wirkung subglazialer Schmelzwasser, aber vermutlich mit tektonischen Bewegungen kombiniert, entstanden die Rinnenseen Norddeutschlands. Weit verbreitet sind die durch die lösende Wirkung des Wassers entstandenen kleineren Karstwannen in Dolinen und Quelltöpfen; ähnliche Formen schaffen Sackungsvorgänge und der Einsturz unterirdischer Hohlräume. In Trockengebieten und bei flacher Schichtlagerung vermag der Wind seichte Wannen, namentlich durch den mitgeführten Sand, auszuschleifen, während die großen Wannen dieser Landschaften durch den Wind wohl nur ausgestaltet sind. Nach PUMPELLY [3] können Becken aus der Zersetzung leichter zerstörbarer Schichten und der späteren Entfernung des Detritus durch den Wind hervorgehen. Viel umstritten ist die Bildung von Wannen durch das strömende Eis. Wenn auch bei der Bildung der meisten großen Wannen in den glazialen Zungenbecken tektonischen Vorgängen eine wichtige Rolle zufällt, so sind doch zweifellos die durch Felsriegel abgeschlossenen Felswannen in Karen und auf Paßhöhen wie wohl auch viele der Talwannen in alten Gletschergebieten vorwiegend das Ergebnis der ausschürfenden Tätigkeit des Eises.

Unter den Aufschüttungswannen bilden eine besondere Gruppe die Umschüttungswannen in Gebieten flächenhafter Ablagerung, sei es, daß zwischen sehr flachen Schwemmkegeln gewisse Partien ausgespart wurden, wie das vom Neusiedler See gilt, oder daß sie aus Altwässern hervorgegangen sind oder daß im Bereich unregelmäßiger Moränenanhäufung oder zwischen Dünenzügen wie im Tarimbecken [4] oder an Stelle toter und nachträglich abgeschmolzener Eismassen, die allseits von fluvioglazialen Ablagerungen umschüttet wurden, Wannen zurückblieben; auf den letzteren Vorgang werden heute die Sölle Norddeutschlands zurückgeführt. Abdämmungswannen können entstehen vor dem Schuttkegel eines Nebentales im Haupttal oder umgekehrt durch den ins Haupttal sich vorschiebenden Gletscher eines Nebentales, wie das mehrfach, wenn auch nur vorübergehend durch den Vernagtferner in den Ötztaler Alpen geschah, oder im Saastal des Wallis, wo der vorrückende Allalingletscher den Mattmarksee aufstaute, der hinter dem Moränenwall auch noch zurückblieb, als sich der Gletscher wieder zurückgezogen hatte. Ein ständiges Gebilde ist auch der Märjelensee am linken Ufer des Aletschgletschers. Noch häufiger sind die durch Endmoränen abgedämmten Seen; doch hat in der Regel die Gletschererosion einen gewissen Anteil an der Eintiefung solcher Becken. Sehr zahlreich sind die durch Bergstürze abgedämmten Seen, wofür der Alleghe- und Molvenersee in den italienischen Ostalpen, der Öschinensee im Berner Oberland und als eine ganz junge Bildung die durch den Absturz von zwei Felshörnern der Diablerets im Berner Oberland (1717 und 1749) entstandenen drei Seen von Derborence als Beispiele dienen mögen. Neben den echten Strandseen, die aus der Abschnürung von Meeresteilen durch Nehrungen hervorgehen, gibt es die durch Meeresdünen aufgestauten Ansammlungen von Flußwasser wie an der Küste der Landes. Baut sich ein Delta ungleichmäßig vor, so bleiben Meeresreste als Deltaseen zurück, wie das bei New Orleans der Fall ist. Der Akis-See an der Küste Kleinasiens ist eine durch das Delta eines seitlich einmündenden Flusses in geschichtlicher Zeit abgesperrte Meeresbucht, und die Bucht von Smyrna wird nur durch künstliche Ablenkung des Hermos für absehbare Zeit vor einem ähnlichen Schicksal bewahrt. Durch schwimmende Inseln können Flußläufe vorübergehend zu Seen aufgestaut werden.

Reliktenseen. Aus dem Auftreten mariner Tierformen in manchen Seen schloß man, daß diese als sog. Reliktenseen einst mit dem Meere in Zusammenhang gestanden haben. Dagegen betonte R. Credner [5], daß häufig Einwanderungen vom Meere in das Süßwasser stattfinden und viele Wassertiere sich veränderten Lebensbedingungen anpassen können. Das gilt z. B. von der im Baikalsee lebenden Phoca-Art, der gewiß niemals mit dem Meere in Verbindung stand. Andrerseits gibt es natürlich viele wirkliche Reliktenseen, die einst Teile des Meeres waren; aber in einer genetischen Klassifikation der Seebecken spielen sie keine Rolle.

Seengebiete. Obwohl Seen in allen Breiten und Höhen auftreten, erscheinen sie doch in ganz bestimmten Gegenden gruppenweise und häufen sich stellenweise so sehr, daß man von Seenlandschaften, bzw. dort, wo es sich um trockene Wannen handelt, von Wannenlandschaften im Gegensatz zu den Tallandschaften spricht. Sehen wir von den Zonen der Küsten- oder Strandseen ab, so lassen sich mit Penck vom genetischen Gesichtspunkt die folgenden Seengebiete unterscheiden:

Die Trockengebiete im Innern der Kontinente sind durch zahlreiche große Endseen oder auch Trockenwannen ausgezeichnet, die ganz überwiegend tektonischer Entstehung sind, da hier das rinnende Wasser den verschiedenen wannenbildenden tektonischen Vorgängen nicht genügend entgegenarbeiten konnte. Die Erhaltung der Wasserfüllung in vielen Wannen, also das eigentliche Seenphänomen, erklärt sich daraus, daß viele von wasserreichen Flüssen aus schnee- oder gletschertragenden Gebirgen gespeist werden, oder daß in ihnen das Grundwasser zutage tritt, oder daß infolge großer Höhenlage die Verdunstung gering ist. Übrigens gehen viele von diesen Seen infolge rascher Zuschüttung ihrer völligen Ausfüllung entgegen, andere sind nur die Überreste größerer Seen, andere sind aus der Zergliederung einer einst größeren, zusammenhängenden Wasserfläche entstanden. In der Alten Welt treffen wir solche Seenzonen am Nord- und Südrand der Sahara und der libyschen Wüste, in der Umgebung der Kalahari, im ostafrikanischen Grabengebiet sowie im asiatischen Trockengürtel von den Seen Kleinasiens, Armeniens und Syriens über die Persiens und Turans bis in die Gebirgs- und Wüstenlandschaften Zentralasiens. Ferner gehören hierher die seichten Seen Australiens, des trockenen Westens von Nordamerika, namentlich des Großen Beckens, und der Trockengebiete des andinen Südamerika.

Noch zahlreicher sind die Seen im Bereich einer alten Vergletscherung, und zwar sowohl der ehemaligen Inlandeisgebiete als auch der alten Gebirgsvergletscherungen, so daß ein ursächlicher Zusammenhang zwischen Vergletscherung und Seenbildung nicht geleugnet werden kann. Im nordeuropäischen Inlandeisgebiet nimmt die Seenfläche 161 000 km² oder nahezu 4 % des Landes ein, wobei zwischen den Gebirgsseen Skandinaviens, den Seen der Rundhöckerlandschaften Schwedens und Finnlands (auf die in diesem Lande 13 % des Areals entfallen) und denen der Moränenlandschaften Norddeutschlands und der baltischen Gebiete Osteuropas zu unterscheiden ist. Während letztere teils zwischen unregelmäßigen glazialen Aufschüttungen liegen, teils von Moränen abgedämmt sind, teils als Sölle, teils als subglaziale Schmelzwasserrinnen zu erklären sind, bei manchen nach neueren Anschauungen auch tektonische Vorgänge mitspielen, sind die Seen der Rundhöckerlandschaft mit ihrer parallelstreifigen Anordnung wohl nur als vom Eise ausgeschliffene Felsbecken im Bereich leichter zerstörbarer Gesteine aufzufassen; bei den großen Seen Mittelschwedens haben erodierende und tektonische Vorgänge zu ihrer Entstehung zusammengewirkt, bei einigen haben tektonisch bedingte Zerrüttungszonen die Eisarbeit erleichtert, bei anderen sind subglaziale Verbiegungsvorgänge bestimmend gewesen. Gleiches gilt betreffs der Entstehung und Verbreitung der Seen im nordamerikanischen Inlandeisgebiet. Im nordwestlichen Kanada und auf Labrador bilden die Seen der Rundhöckerlandschaft ähnlich wie in Finnland bald ein unentwirrbares Geflecht von rinnenartigen Erweiterungen der Flußläufe, bald ausgedehnte, vielfach gelappte Wasserflächen; viele der großen Seen liegen an Gesteinsgrenzen, die das verschiedene Ausmaß der Ausschürfung durch das Eis bestimmten. Als Überrest eines riesigen Eisstausees, des von Upham so genannten Lake Agassiz, haben die Seen der Winnipeg-Gruppe zu gelten. Bei der gewaltigen Seenkette an der Grenze von Kanada und der Union haben Krustenverbiegungen, Eiserosion und Abdämmung durch Moränen in sehr komplizierter Weise zusammengearbeitet, derart, daß im Verlauf des allmählichen Rückzuges der letzten Vergletscherung Zahl, Größe, Umrisse und Entwässerung der Seen beständig sich verändert haben [7].

In den Gebieten alter Gebirgsvergletscherungen ist zwischen den Hochseen in Karen und auf Pässen, Talseen und Rand- bzw. Vorlandseen zu unterscheiden. Erstere halten sich in allen solchen Gebirgen innerhalb einer bestimmten Höhenzone, die in Beziehung zur Lage und zu den Schwankungen der eiszeitlichen Schneegrenze steht und daher sich im allgemeinen vom Äquator polwärts senkt. In den Ostalpen, wo A. v. Böhm [8] ihre Zahl mit über 2400 bestimmt hat, liegen sie in einem breiten Gürtel, der sich an den Gebirgsrändern in 1300—1900 m, in den zentralen Teilen in 2400—2900 m Höhe befindet; in der großen Mehrzahl handelt es sich dabei um Felswannen glazialen Ursprungs. In den deutschen Mittelgebirge liegen die Karseen durchwegs in dem Höhengürtel von 930—1220 m. In der Hohen Tatra fallen nach PARTSCH[9] 84% aller 107 Seen in das Schwankungsbereich der Schneegrenze seit der letzten großen Vergletscherung, die übrigen 16% liegen gleichfalls in alten Gletscherbetten; die seenreichste Zone liegt nach GRISSINGER[10] auf der Nordseite bei 1600—1700 m und rückt auf der Südseite auf etwa 2000 m empor. In den Südkarpaten liegt der Seengürtel bei 1900—2000 m, im mittleren Norwegen in 1000—1600 m, in der spanischen Sierra Nevada in 2900—3200 m, in den Pyrenäen in 18—2400 m, im Rila-Gebirge in 22—2400 m, im Himalaya in 4—5000 m, in den peruanischen Anden in 4300—4600 m, in Patagonien unter 1000 m, in Neuseeland in 600—1200 m.

In den Alpen folgt auf die Zone der Hochseen nach abwärts ein seenarmer Gürtel, auf diesen die großen Tal- und Randseen, aber stets in gewissen Gruppen vereinigt, so daß keineswegs alle alten Zungenbecken durch Seen ausgezeichnet sind. Daher ist zwar ihr diluviales Alter allgemein anerkannt, aber es werden sogar von Anhängern einer stattlichen Eiserosion Senkungsvorgänge für die Entstehung der alpinen Randseen herangezogen; HEIM[11] erklärt sie durch eine postume Rücksenkung des Alpenkörpers in der vorletzten Interglazialzeit, PENCK[12] denkt heute an isostatische Schwingungen der Kruste infolge der mit dem Kommen und Gehen der Vergletscherung wechselnden Belastung und Entlastung, die sich mit echt tektonischen Bewegungen verknüpften, so daß jedes Alpental und jeder alpine Randsee seine besondere Geschichte hat. Großen Reichtum an Talseen besitzen aber auch andere einst vergletscherte Gebirge wie Norwegen, Schottland, Wales und der nordenglische Seendistrikt, die Kordilleren von Britisch-Columbia, die patagonischen Anden und die neuseeländischen Alpen, bei denen der Anteil der Eiserosion oder tektonischer Bewegungen an ihrer Bildung noch nicht näher untersucht ist; hingegen entbehren die Pyrenäen, der Kaukasus und Himalaya dieses Schmuckes, vielleicht deshalb, weil ehemalige Seen bereits zugeschüttet sind oder, nach HEIM, weil seenbildende tektonische Vorgänge und Vergletscherung zeitlich nicht zusammenfielen, so daß die Konservierung der Seebecken durch die diluvialen Gletscher nicht eintreten konnte.

Einen weiteren Typus von Seenlandschaften stellen die Karstgebiete dar, wo gleichfalls die Tätigkeit des fließenden Wassers aussetzt oder nur auf wenige Gerinne beschränkt ist; die hier auftretenden Seen erfüllen entweder Korrosions- oder Einsturzdolinen, deren Boden abgedichtet oder verstopft ist, oder als bald periodische, bald permanente Wasseransammlungen mit unterirdischem Abfluß die Uvalas und Poljen; andere knüpfen sich an die Auslaugung leicht löslicher Gesteine wie Gips und Steinsalz. Regionale Verbreitung gewinnen die Karstseen in den dinarischen Karstlandschaften bis nach Griechenland, im schweizerisch-französischen Jura, in manchen Kalkgruppen der Alpen, in Kentucky, auf Jamaika und Madagaskar; vereinzelt treten sie u. a. in manchen Kalk- und Gipsgebieten Deutschlands und auf Sizilien auf. Auf die Seen der Vulkanlandschaften wurde bereits verwiesen; sie treten gesellig in den Maaren der Eifel, in der Auvergne und in Mittelitalien, in Mittelamerika, auf den Philippinen und Sumatra auf. Endlich charakterisieren zahlreiche Seen die fluviatilen Anschwemmungsgebiete, wozu u. a. die Seen im Unterlauf der Donau, des Jangtse, Ganges und Mississippi zu zählen sind; bei manchen Seen dieser Kategorie steht es übrigens nicht fest, ob sie nicht bereits den Strandseen zuzurechnen sind, die aus der Abschnürung von Meeresteilen hervorgegangen sind.

Dimensionen der Seebecken. Depressionen. Die Gesamtfläche aller Seen der Erde ist noch nicht genügend bekannt, so daß die Angaben darüber stark auseinander gehen; H. Wagner schätzte ihr Areal wohl zu gering auf 1,7, Penck auf 2,5 Mill. km², in welchem Falle sie 1,8 % der Landoberfläche einnehmen würden. Nach der Größe steht weitaus an erster Stelle der Kaspisee mit 438 690 km², er ist also nur wenig kleiner als Schweden; in weitem Abstand folgt der Obere See in Nordamerika (83 300 km²), dann der Huronensee (69 510 km²), Viktoria-Nyansa (68 800 km³), Aralsee (64 490 km²), Michigansee (57 850 km²), Tanganikasee (31 900 km²). Unter den Seen Europas ist der Ladogasee mit 18 180 km² der größte.

Sehr mannigfaltig sind die Umriß- und Reliefformen der Seen und Seebecken; doch bestehen in dieser Hinsicht gewisse Beziehungen zu der Art ihrer Entstehung, so daß in manchen Fällen aus den Isobathenkarten ein Wahrscheinlichkeitsschluß auf die Bildungsweise möglich ist. Freilich herrscht dabei, auch abgesehen von späteren Umformungen, die größte Mannigfaltigkeit, so daß nur gewisse Typen hervorgehoben werden können. Die aus ertrunkenen Gebirgstälern hervorgegangenen Seen haben natürlich vorwiegend langgestreckte Gestalt mit zahlreichen Buchten an der Stelle der ertrunkenen Seitentäler, mehr oder weniger steile Wandungen, eine meist einheitliche Wanne und Anordnung der größten Tiefen in einer mittleren Rinne. Öfters aber zerfallen solche Seen durch quer verlaufende Moränenwälle oder Felsriegel in mehrere ungleich tiefe Talwannen, wie das beim Züricher, Vierwaldstätter und Luganer See der Fall ist. Unruhiger gestaltet ist das Relief der meist auch seichteren Vorlandseen, bei denen Moränen, Drumlins oder herauspräparierte Felsrippen nicht selten Inseln oder zahlreiche Untiefen bilden; ein vorzügliches Beispiel für eine derartig zergliederte und in Teilbecken aufgelöste Wanne bietet der Walchensee [12a]. Auch die Hochseen sind von derartigen Kolken und Furchen durchsetzt und oft eigenartig gelappt. Höchst verwickelt und unruhig sind Umriß und Relief bei den Seen der Grundmoränen- und der Rundhöckerlandschaft; sie unterscheiden sich dadurch von den einfach langgestreckten Rinnenseen und den ungefähr kreisrunden Söllen. In scharfem Gegensatz zu den Seen der ehemaligen Gletschergebiete stehen die auch meist kreisrunden, wenig gegliederten Krater- und Maarseen. Rundlich oder sternförmig gezackt mit trichterförmigem Relief sind die Dolinenseen. Durch geradlinigen Uferverlauf und meist große, einfach oder randlich einseitig verteilte Tiefen zeichnen sich die durch tektonische Bruchvorgänge gebildeten Seen aus, wobei die größten Tiefen in der Regel den Bruchlinien folgen (Aralsee). Die seichte Transgression einer Dünenlandschaft bedingt gleichfalls Insel- und Buchtenreichtum und sehr unruhiges Relief.

In sehr weiten Grenzen schwanken die Maximaltiefen der Seen. Über 1000 m Tiefe hat nur der Baikalsee (1520 m), so daß sein Boden etwa 1050 m unter den Meeresspiegel herabreicht, während der Kaspisee mit einer größten Tiefe von 946 m sich 972 m unter das Meeresniveau herabsenkt. Derartige Becken wie der Baikalsee, die mit ihrer Oberfläche über dem Meeresniveau liegen, aber mit ihrem Boden unter diesen herabreichen, bezeichnet man als Kryptodepressionen. HALBFASS hat in seinem Verzeichnis bereits 252 solcher verschleierter Depressionen zusammengestellt, zu denen der Aralsee (— 15 m), der Ladoga- (— 245 m) und Onegasee, viele skandinavische Seen, darunter als der tiefste See Europas der Horninsdalvand (— 435 m) und der Mjösensee (— 322 m), einige schottische Seen wie der Loch Lommond (— 183 m) und der Loch Neß (— 214 m), einige der oberitalienischen Seen wie der 410 m tiefe, aber nur 198 m hoch gelegene Comersee und der Gardasee (65 m hoch, 346 m tief), in Deutschland der Hemmelsdorfer See (— 43 m), in Amerika der Lake Champlain, die großen kanadischen Seen mit Ausnahme des Eriesees, endlich mehrere Seen der chilenischen Anden und Neuseelands gehören. Echte Depressionen hingegen sind solche Gebiete, die auch mit ihrer zutage liegenden Oberfläche unter dem Meeresspiegel liegen; sie treten entweder an Flachküsten hinter Dünen und Dämmen auf wie große Teile von Holland (14 757 km²) und Belgien oder schmale Streifen an der Küste von Toskana, Bessarabien und Guyana, die selten mehr als 2 m unter dem mittleren Niveau des Meeres liegen, oder sie sind in den kontinentalen Trockengebieten als Binnendepressionen zu viel größeren Tiefen eingesenkt. In Afrika liegen solche in der Reihe der südtunesischen Schotts (Meruan —29 m, Gharsa —21 m, Asloudsh —2 m) sowie im Süden des libyschen Wüstenplateaus mit der Aradsch-Oase (—75 m). Im Danakilland hat die nördliche Depression —120 m, die Oberfläche des Assalsees, einer abgetrenntenBucht des Roten Meeres, —174 m. In Asien ist die ausgedehnteste Depression die der Kaspischen Senke (736 000 km²), die tiefste die des Jordangrabens mit dem See von Tiberias (—208 m) und dem Toten Meer (—394 m, Bodenhöhe —793 m); innerhalb der Äste des östlichen Tienschan liegt die

Depression von Turfan (—170 m). In Nordamerika senkt sich das Tote Tal bis 146 m, das von Coahuila bis 91 m unter den Meeresspiegel. Viele von diesen Binnendepressionen waren einst bis zu weit größeren Höhen mit Wasser gefüllt, manche haben sich durch allmähliche Verdunstung aus einer Krypto- in eine echte Depression umgewandelt, wie das Birket el Kerun im Fayum Ägyptens (—45 m) in der kurzen Zeit von 1871—85. Es besteht also zwischen diesen beiden Formen, wie schon R. Credner bemerkte, nur ein klimatischer Unterschied.

Die horizontalen und vertikalen Dimensionen der Seebecken stehen natürlich in keinem gesetzmäßigen Verhältnis zueinander; zwar sind viele der größten Seen auch sehr tief, aber es gibt auch unter den kleinen Seen solche mit ansehnlichen Tiefen wie den bloß 47 km² großen, aber 60 m tiefen Großen Plönersee in Holstein, und umgekehrt, wie den bei 1163 km² nur 64 m tiefen Mälarsee und den 591 km² großen, aber nur 11 m tiefen Plattensee.

Umgestaltung der Seebecken. Sobald sich eine bisher trokkene Wanne mit Wasser füllt und zu einem See wird, erfährt sie durch verschiedene morphologische Vorgänge Veränderungen ihrer ursprünglichen Umrisse und ihres Reliefs, so daß auch die aus Lotungen gewonnenen Tiefenkarten der Seen immer nur einen augenblicklichen Zustand wiedergeben. Da die Umgestaltungen der Umrißlinien im wesentlichen durch die Bewegungen des Seewassers zustandekommen, geschehen sie bei großen Seen viel rascher und einschneidender als bei kleinen; bei jenen treten daher bereits alle die Küstenformen auf, die sich auch an den Meeresküsten finden; so werden Strandwälle, Haken, Nehrungen und Lagunenbildung an vielen größeren Seen mit flachen Ufern wie am Lake Ontario[12b], aber auch an manchen schottischen und norddeutschen Seen beobachtet, ferner ausgezeichnete Kliffformen und andere Erzeugnisse einer lebhaften Brandung, wie gleichfalls an den großen kanadischen Seen. Aber selbst an kleineren Seen arbeitet der Wellengang, namentlich an den von den herrschenden Winden getroffenen Steilufern, ein typisches Kliff aus, vor dem sich als ein flacher Streifen der von den Zerstörungsprodukten der Brandung bedeckte Strand, eine amphibische Zone, ausbreitet (Fig. 94). Er setzt sich unterseeisch fort als eine Uferbank, an den norddeutschen Seen Schaar, am Bodensee Wisse,[13] am Genfersee Beine[14] genannt, deren Form zwar gleichfalls eine Wirkung des Wellenganges ist, während die sie seewärts bedeckenden Ablagerungen, wie zuerst Götzinger[15] gezeigt hat, wenigstens bei den Seen der Kalkalpen in vielen Fällen organogene Bildungen, sog. Seekreide, nämlich Anhäufungen von Kalkschneckenschalen und Kalkalgen, auch chemisch niedergeschlagener Kalkschlamm, von oft bedeutender Mächtigkeit sind, und zwar auf der Luvseite wesentlich mächtiger als im Schutz des Windes. Die Tiefe der Uferbank ist von der Wellenhöhe abhängig, indem sie so tief herabreicht, als der Wellengang noch wirksam ist, so daß in Lee der herrschenden Winde mit der Brandung auch die Uferbank zurücktritt; die Breite derselben ist überdies durch die Gesteinsbeschaffenheit und die Länge der Zeit, durch welche der See ein ungefähr konstantes Niveau innehielt, bestimmt, so daß diese beiden Größen selbst an einem und demselben See starken Schwankungen unterliegen. Mit einem meist scharfen Knick vollzieht sich von der Uferbank der Übergang zu der oft übersteil geneigten Seehalde, auch Schaarberg genannt, einer reinen Aufschüttungsform mit Übergußschichtung, deren gelegentlich bis zu 60° geneigte Böschungen infolge von Rutschungen und Abgleitungen beständigen Veränderungen unterworfen sind. Bisweilen ziehen solche Rutschungen auch oberflächliche Ufereinbrüche nach sich.[16] An die Halde schließen sich die sanfter geneigten eigentlichen Wandungen des Seebeckens, die allmählich oder

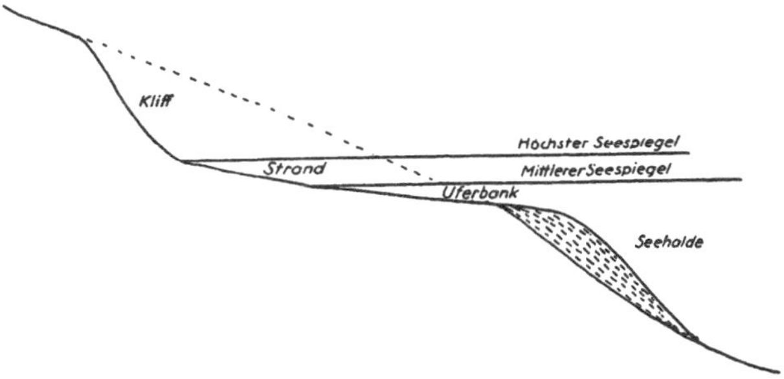

Fig. 94. Uferzone eines Sees.

auch mit einem deutlichen Gefällsbruch in die Sohle des Beckens übergehen, wo durch Sedimentation die ursprünglichen Tiefenunterschiede nahezu ausgeglichen sind und weite, fast ebene Flächen sich ausbreiten; das ist der nach den Verhältnissen im Bodensee so genannte Schweb, dessen Bildung nach dem Ausfluß hin fortschreitet. — An der Ausgestaltung der Ufer wirkt außer der Brandung auch die Eisdecke, die bei zunehmender Erwärmung infolge ihrer Ausdehnung sich gegen die Ränder in Schollen aufschiebt und hier je nach der Steilheit und der Gesteinsbeschaffenheit zerstörende Wirkungen verschiedener Art ausübt. In großartiger Weise treten solche Aufpressungen des Bodens an den kanadischen Seen, in schwächerem Maße nach A. Hamberg an den schwedischen, nach G. Braun an den masurischen Seen auf.[17]

Eine Unterbrechung erfährt das regelmäßige Küstenprofil dort, wo steile Wände zum See abstürzen und sich unterseeisch fortsetzen, namentlich aber dort, wo Flüsse Deltas in einen See aufschütten, so daß die Uferbank unterdrückt ist. Sie wachsen in der gleichen Weise wie die marinen Deltas, ihre Böschungen sind aber in der Regel steiler als jene und erreichen je nach der Korngröße 30—35°. Über die Geschiebemengen, die von Flüssen in einigen Alpenseen zu Deltas aufgebaut werden, wurden schon früher einige Angaben gemacht; es sei noch hinzugefügt, daß die vom Rhein herbeigeführten Sinkstoffe den Bodensee in 12 500 Jahren ausfüllen müßten[18] und daß der Boden des Aralsees durch die Sedimente des Amu- und Syr-darja bei gleichmäßiger Ausbreitung jährlich um 0,5 mm erhöht würde[19]. Durch rasch wachsende Deltas können Buchten des Sees abgeschnürt oder ein einheitliches Becken in zwei zerlegt werden, wie das beim Thuner und Brienzer See bereits eingetreten ist und beim Wolfgangsee in Oberösterreich und beim Wörthersee in Kärnten in absehbarer Zeit der Fall sein wird. Nicht alle Flüsse aber münden unter Deltabildung; bei manchen sinkt das Flußwasser sofort unter und gräbt sich in seine eigenen Ablagerungen eine sublakustre Rinne, die sich allmählich im Seeboden verliert. Besonders bekannt ist die Rinne des Rheins im Bodensee, die flußartig gewunden durch genaue Lotungen fast bis zum Schweb auf eine Länge von 11¾ km mit einer Breite von 400—600 m, einer Tiefe bis zu 75 m unter den sie begleitenden Dämmen und mit einem durchschnittlichen Gefälle von 2,4% nachgewiesen wurde[13]; eine ähnliche Furche von 6,8 km Länge und 500—800 m Breite hat sich die Rhone an ihrer Mündung in den Genfersee bis zu 232 m Tiefe herab geschaffen[14]. In beiden Fällen beobachtet man eine am Bodensee als Brech, am Genfersee als »Bataillère« bezeichnete Aufwühlung der Seeoberfläche, mit der man das trübe Flußwasser unter Wirbelbildung unter dem klaren Seewasser verschwinden sieht. Gewöhnlich wird die Erscheinung der Rinnenbildung durch das Untersinken des erheblich kühleren, härteren und überdies durch den suspendierten Mineralschlamm schwereren Flußwassers erklärt; da aber an anderen Alpenseen unter sonst gleichen Umständen solche Rinnen fehlen und dort kalte und schlammreiche Flüsse Deltas aufbauen, so dürfte beim Boden- und Genfersee die Erscheinung überdies dadurch bedingt sein, daß sich das Wasser dieser Seen nach Delebecque[20] durch einen besonders hohen Gehalt an Kalk und Magnesia auszeichnet, so daß sich die tonige Flußtrübung rascher niederschlägt als in anderen Seen. Heim hingegen führt das Fehlen der subaquatischen Rinnen bei jenen Flüssen darauf zurück, daß deren Wasser zeitweise, besonders im Frühsommer, leichter ist als das Seewasser.[11] Für die Bodenseerinne hat Kleinschmidt[21] eine andere Erklärung gegeben; darnach habe der Rhein früher nur in der kälteren Jahreszeit sich ein unterseeisches Bett in seinen eigenen Schlammassen gegraben; als er dann eine neue Mündung bei Fußach erhielt, gelangten infolge des verstärkten Gefälles große Mengen groben Schotters in die Mündung, die die seitlichen Schlammablagerungen überdeckten; in der Tat zeigt sich vor der neuen Rheinmündung keine Spur von Rinnenbildung.

Die Sedimentierung in Seen. Außerhalb der Uferzone findet eine allmähliche Zuschüttung der Beckensohle durch den feinen Schlamm statt, der aus den fluviatilen Sinkstoffen von Strömungen weitergeführt wird. Dazu kommen äolische Ablagerungen, die gewiß in allen Seen der Trockengebiete eine große Rolle spielen und auch beim Plattensee einer jährlichen Staubschicht von 0,57 mm entsprechen[22], ferner die aus dem Wasser direkt ausgeschiedenen chemischen Sedimente, endlich organogene Bildungen. Messungen der Sedimentation in versenkten Schlammkästen sind in mehreren Schweizer Seen und durch GÖTZINGER im Lunzer See ausgeführt worden. Ihre Größe schwankt in sehr weiten Grenzen; sie ist natürlich um so größer, je tiefer die Wassermasse ist, da ja der Zuwachs an Schlamm gerade über den größten Tiefen am raschesten erfolgt, so daß allmählich die Tiefenunterschiede an der Beckensohle ausgeglichen werden; ferner geschieht die Sedimentation im Frühling und Sommer infolge der größeren Wasser- und Schlammführung der Zuflüsse und auch der höheren Temperatur des Seewassers ganz wesentlich, im Lunzer See bis zu viermal rascher als im Winter. Im Vierwaldstätter See beträgt der tägliche Schlammzuwachs nach HEIM 0,029—0,222 mm[23], im Öschinensee nach GROLL 0,022—0,026[24], im Walensee nach STUMPF[18] 0,025—0,038, im Brienzer See nach LÜTSCHG[25] 0,014—0,092, im Lunzer Untersee erreicht er nach GÖTZINGER[26] im Jahr rund 1 mm, im oberen Genfersee (nach FOREL) aber 1 cm. Im Urner See betrug der Zuwachs der Schlammschicht 1897/8 15 mm, 1901/2 hingegen 82 mm, die hauptsächlich durch ein einziges Gewitter zustandekamen. Die Schlammenge hängt also auch wesentlich von der Wasserführung der Zuflüsse und der Größe des Einzugsgebietes ab und ist dort am konstantesten, wo die Zuflüsse nur unbedeutende Bäche sind. Daher sind auch die sog. Quellseen ohne stärkere Zuflüsse arm an Schlamm. Schlammfrei sind auch meist die Seehalden und die Untiefen, da das sinkstoffreiche Wasser möglichst tief nach unten geht. Wo unterirdische Zuflüsse, namentlich Quellen, am Seeboden austreten, wird die Sedimentation verhindert, so daß sich um solche Stellen steile Trichter ausbilden, wie der von DELEBECQUE[27] im Lac d'Annecy ganz nahe dem Ufer nachgewiesene »Boubioz«, dessen Boden 80,6 m unter dem Seespiegel liegt, während der See sonst nur eine Maximaltiefe von 64,7 m erreicht, und wo im Winter das Wasser durch seine ungewöhnlich hohe Temperatur auffällt. Zahlreiche kleine kraterähnliche Quelltrichter hat auch der vom Grundwasser gespeiste Lunzer Mittersee und viele Karstseen. Um so mächtiger ist aber die Sedimentation in der unmittelbaren Nachbarschaft der Quellaustritte. Endlich befördert auch höherer Salzgehalt die Sedimentation, so daß in Salzseen die Ausscheidung der feinen Trübung sehr rasch vor sich geht.

Die chemische Beschaffenheit des Schwebschlammes ist je nach der Gesteinszusammensetzung des Einzugsgebiets und der Seeufer sowie nach der Fauna und Flora der Seen sehr verschieden, ja es treten sogar in demselben See große Verschiedenheiten zutage. In den Seen des Kalkgebirges überwiegt im allgemeinen der Kalkgehalt und die Ablagerung der Seekreide; aber im Lunzer Untersee und im Walchensee, wo der Schlamm der Uferbank auf großen Strecken fast nur aus organogenem Kalk besteht, hat der Schwebschlamm neben Tonerde einen hohen Gehalt an Kieselsäure und Eisenoxyd, der von Kieselalgen und Eisenbakterien herrührt, während die Karbonate unter dem Einfluß der sich zersetzenden organischen Substanzen aufgelöst sind. Im Genfersee nimmt der Kieselsäuregehalt mit Annäherung an den Zufluß zu, da dieser vorwiegend aus Silikatgesteinen kommt. Auch der Reichtum des Würmseeschlammes [28] an Konkretionen von Raseneisenerz, sog. Seeerz, ist eine Folge der Ausscheidung durch Eisenbakterien, und ebenso herrscht am Boden der schottischen und einiger skandinavischer Seen als Tiefensediment der an organisch gefällten Eisenhumaten reiche sog. Brown-mud. Im übrigen bestehen vielfach große Verschiedenheiten in der Zusammensetzung des Seeschlammes und des Seewassers, indem dieses Karbonate gelöst enthält, während sich die schwerer lösliche Kieselsäure am Boden des Sees ansammelt.

Das Erlöschen der Seen. Die genannten Vorgänge der Sedimentation, ferner die zwar langsam, aber ununterbrochen vor sich gehende Vertiefung der den See stauenden Schwelle durch die Erosion des Seeausflusses, die ein ständiges Sinken des Seespiegels zur Folge haben muß, endlich das Wuchern der Pflanzenwelt an den seichten Ufern bewirken eine fortschreitende Abnahme des Wasserinhaltes des Seebeckens und seine allmähliche Verlandung. Zwar muß mit der Auffüllung des Seebodens zunächst eine Hebung des Seespiegels und damit eine Vergrößerung der Seefläche eintreten, aber mit der Zeit überwiegt doch die Verlandung durch biologische Vorgänge. An den Ufern bilden sich mehrere Zonen von Wasser- und Sumpfpflanzen aus[29], indem sich an die Flora der nassen, dauernd besiedelten Ufer, meist hohe Rohrgräser und Stauden, zunächst die des zeitweise von Wasser überfluteten Bodens anschließt (Bidens-Arten, gewisse Juncus- und Scirpus-Arten, Schachtelhalme), endlich die Zone der normal untergetaucht oder schwimmend lebenden Pflanzen (Wasserlilien, Seerosen, Potamogeton u. a.); alle Zonen schieben sich mit der Zeit und mit der zunehmenden Anhäufung von Faulschlamm, der den Nährboden für die im Seeboden wurzelnden Pflanzen liefert, immer weiter in den See vor[30]. In gleicher Weise entstehen über seichten Stellen allmählich Inseln, wie das z. B. im Oegelsee in der Mark Brandenburg beobachtet wurde[31], während andrerseits durch Stürme oder Eisschollen größere Partien der Ufervegetation losgerissen werden und schwimmende Inseln bilden, die dann wieder irgendwo am Ufer oder über Untiefen festwachsen und neue Ausgangspunkte der Verlandung bilden. So wird jeder See mehr oder weniger rasch vom Stadium der Jugend, in dem die Seewanne noch die ursprünglichen Umriß- und Reliefformen hat, durch das der Reife, mit ausgebildeter Uferbank, Deltas und Schweb, übergeführt ins Greisenalter mit überall vorherrschenden Verlandungserscheinungen. Sobald die Schwebfläche bis zur Höhe der Uferbank emporgewachsen ist, wird der See (nach Forel) zum Weiher. Nun kann die ganze Seefläche mit der litoralen Flora besiedelt werden, die vegetative Verlandung schreitet noch schneller fort, die abgestorbenen Pflanzenreste gehen in Torf über, bis schließlich der Weiher in einen mit Wasserpflanzen bedeckten Sumpf umgewandelt ist, aus dessen Mitte häufig noch eine oder mehrere Stellen offenen Wassers hervorblinken.

Ein jeder See ist also nur eine vorübergehende Erscheinung, und zahllos sind die Fälle von in der jüngsten Zeit erloschenen Seen, die nur noch in Ortsnamen, in der Tradition der Bevölkerung oder auf alten Karten weiterleben. In den Gebirgstälern sind viele kleine, wenn auch keineswegs alle Talebenen aus der Zuschüttung von Seen hervorgegangen, worauf noch heute sumpfige Stellen und saure Wiesen, oft auch die rundliche Form der Talbecken hinweisen. In Tirol sind seit Peter Anichs Karte von 1774 118 allerdings meist kleine Seen verschwunden, darunter seit 1817 der Novaledosee und der Lago morto in der Valsugana[32]. Von den 149 Seen, die Gygers Karte des Kantons Zürich i. J. 1667 verzeichnete, fehlen heute nach H. Walser[33] nicht weniger als 73. Im Kanton Thurgau sind in historischer Zeit nach den Karten zu schließen 56 natürliche Weiher verschwunden[34]. Breu[35] zählt im oberbayrisch-schwäbischen Moränengebiet 64 erloschene Seen, von denen die meisten freilich durch menschliche Eingriffe in Land verwandelt worden sind. In vielen andern Fällen hat der Mensch zur Verkleinerung von Seen beigetragen, indem durch Vertiefung des Ausflusses der Seespiegel gesenkt wurde; das gilt u. a. vom Madü- und Plönesee in Pommern, von vielen masurischen und holsteinischen Seen, vom Sempacher- und Lungernsee in der Schweiz, vom Chiem- und Kochelsee, vom Platten- und Trasimenischen See. Gänzlich trockengelegt wurde 1845—1869 der Fucinersee, wodurch 145 km^2 Kulturland gewonnen wurden[36], und der einst 400 km^2 große Kopais-See, durch dessen Entwässerung (1883—1894) 250 km^2 fruchtbaren Bodens zur Bebauung verfügbar wurden[37]. Noch größer ist natürlich die Zahl der seit der Diluvialzeit verkleinerten oder ganz erloschenen Seen. Vor allem betrifft das die Trockengebiete der Erde; die einst den Balchasch-See und die Niederung vor dem dsungarischen Südtor umfassende Wasserfläche wurde in fünf Seen aufgelöst, von den diluvialen Riesenseen des Lake Bonneville und Lake Lahontan im Großen Becken des westlichen Nordamerika blieben der Große Salzsee von Utah und viele andere kleinere Seen abflußlos zurück[38]. Seit 1860 nimmt auch der Salzsee namentlich infolge der ausgedehnten Bewässerungsanlagen rasch an Größe ab, wenn auch hier ebenso wie an anderen abflußlosen Seen feuchtere Perioden diesen Prozeß unterbrechen oder sogar ins Gegenteil verkehren. Im Hochgebirge vollzieht sich die Verlandung der Seen sehr rasch, vorwiegend durch die Aufschüttung der geschiebereichen Flüsse und Wildbäche; daher schließen sich an die oberen Enden der großen Alpenseen meist breite Alluvialböden an, die deren einstige Ausdehnung verraten. So reichte der Bodensee einst bis oberhalb Chur und stand mit der Wasserfläche in Verbindung, die den Walensee und Zürichsee umfaßte; der Genfersee erstreckte sich bis oberhalb Bex, der mit dem Thunersee noch vereinigte Brienzer See bis Meiringen, der Urnersee bis über Erstfeld, der Langensee bis Bellinzona. Die größte Talebene der Alpen, das 633 km² große Laibacher Feld, war noch in postdiluvialer Zeit, ihr südlicher Teil, das heutige Laibacher Moor, sogar noch in der Pfahlbauzeit ein See, und immer noch beträgt hier die unproduktive Moorfläche[39] etwa 98 km². Bedeutsame Ergebnisse über die postglaziale Geschichte mancher Voralpenseen und ihre Schwankungen haben die Forschungen von H. Gams und R. Nordhagen gebracht[39a].

Sumpf und Moor[40]. In den meisten Fällen geht die Bildung von Sümpfen und Mooren in der eben beschriebenen Weise aus stehenden, wenig tiefen Wasseransammlungen vor sich; in anderen Fällen wird sie durch Versumpfung undurchlässigen Bodens eingeleitet, sobald das Gefälle zu klein ist, um eine reichliche Wasserzufuhr rasch abzuleiten, oder es entstehen Sümpfe und Moore in ganz ebenem Land und in sehr flachen Bodensenken an Stellen austretenden Grundwassers, wie die Quellmoore der Münchener Ebene oder an einigen Stellen Ostpreußens und der Poebene. Mit Wollny beschränkt man die Bezeichnung Moor auf jene sumpfigen Örtlichkeiten, wo die abgestorbenen Pflanzenteile infolge mangelhaften Zutritts von atmosphärischem Sauerstoff nicht verwesen, sondern verfaulen und daraus mehr oder weniger mächtige Lager von Torf entstehen. Enthält das Wasser reichlichere Mengen von mineralischen Nährstoffen, namentlich Kalk, wie das bei Grund-, Fluß- und Seewasser meist der Fall ist, so wird der Vermoorungsprozeß durch spelzblütige Pflanzen (Glumifloren), besonders Riedgräser (Cyperaceen), weniger Gramineen und Juncaceen, eingeleitet und schreitet, unterstützt durch Algen, Moose und auch einige Phanerogamen, von der Peripherie des Wasserbeckens nach der Mitte fort. Solange die Fläche noch von Röhricht besiedelt oder von Sumpfpflanzen bedeckt ist, die in manchen Fällen wie beim Steinhuder Meer eine schwimmende Decke bilden, spricht man von einem Sumpfmoor; mit zunehmender Verlandung tritt an seine Stelle das festere Flachmoor, auch Wiesen- oder Unterwassermoor genannt, auf dem sich bald auch höhere Holzpflanzen, wie namentlich Erlen und Weiden, ansiedeln. Mit fortschreitender Erhöhung eines solchen Erlenbruchs durch die Vertorfung finden auch andere Waldbäume, wie Moorbirke, Eichen, Kiefern und Fichten, ihr

Fortkommen; es entstehen Flachmoormischwälder oder sog. Zwischenmoore. Bei zunehmender Erhöhung der Torfdecke und Sinken des Grundwassers können aber die Bäume ihre Nährstoffe nicht mehr in genügender Menge erhalten; sie sterben ab und auf den Lichtungen siedeln sich Moose, zuerst namentlich Polytrichum, Hypnum u. a. an und schließlich überwuchern alles die noch anspruchsloseren Sphagnaceen; aus dem Zwischenmoor entsteht ein sog. Hochmoor. Ein solches bildet sich aber auch selbständig dort, wo das Wasser von Anfang an arm an Mineralstoffen ist, also aus Ansammlungen von Regenwasser über undurchlässigem oder auch durchlässigem, aber von Grundwasser ganz durchtränktem Untergrund, wobei sofort das Torfmoos (Sphagnum) den Vermoorungsprozeß durchführt. Man bezeichnet daher diese Moore im Gegensatz zu den im Hartwasser sich bildenden Flachmooren auch als Weichwassermoore. Die Torfmoose saugen als dichte, schwammige Polster das Regenwasser in großen Mengen auf

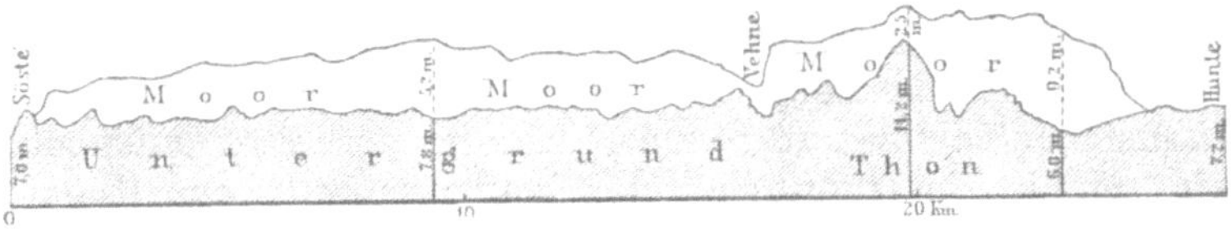

Fig. 95. Profil der östlichen Linie des Hunte-Ems-Kanals (Oldenburg) nach Schacht. (Die Zahlen geben die Mächtigkeit des Untergrundes und des Hochmoores.)

und breiten sich, rasch in die Höhe wachsend, unaufhaltsam über alle Unebenheiten des Landes aus (Fig. 95). Indem sie in den oberen Teilen sich noch vermehren, während die unteren schon abgestorben sind, nimmt die Polsterdecke flachuhrglasförmige Gestalt an und liegt in der Mitte über der Umgebung und dem Niveau des Grundwassers, woraus sich die Bezeichnungen Hoch- und Überwassermoore erklären.

In einem ausgewachsenen Hochmoor herrscht aber das Sphagnum nur in den inneren, höchsten Teilen vor, vergesellschaftet mit Wollgras und den sehr charakteristischen Krüppelkiefern; an den Abhängen treten Heidekräuter, auch Strauchwerk und Stauden hinzu und am Rande gedeiht bereits eine Waldvegetation. In Lücken des lebenden Moores sammelt sich das Regenwasser zu kleinen Weihern an, in Norddeutschland Meere oder Blecken genannt, aus denen die Moorbäche oder Rüllen abfließen. Auf toten oder entwässerten Mooren herrscht oft allein die Heide (Calluna vulgaris), daneben auch die Moorheide (Erica tetralix) nebst Strauchwerk von Myrica.

Von den beiden Moorarten ist das Hochmoor die weitaus verbreitetere. Während das Flachmoor meist auf die wasseransammelnden Vertiefungen, in Norddeutschland vorwiegend auf die großen Diluvialtäler beschränkt ist, findet sich das Hochmoor über weiten Flächen in regionaler Verbreitung und selbst auf wasserscheidenden Höhen. Die großen Moore Nordwestdeutschlands zwischen der Lüneburger Heide und den westlichsten Ausläufern des subherzynischen Hügellandes, die sich meist über ausgedehnten Talsandflächen gebildet haben, sind ebenso vorwiegend Hochmoore wie die Irlands, Nordrußlands und des nördlichen Schwedens. Überhaupt sind sie den Gebieten ehemaliger Vergletscherung eigentümlich infolge der durch diese bedingten unruhigen und meist wannenförmigen Konfiguration des Bodens, aber auch anderen schwachwelligen Landschaften mit unbestimmter Entwässerung. Nach andauerndem Regenwetter oder auch infolge künstlicher Eingriffe in das Randgebiet eines Hochmoores zerreißt die gespannte, verfilzte Decke; es kommt zu einem Moorausbruch[41], bei dem wie bei einem Erdschlipf gewaltige Schlammströme verwüstend hervorbrechen; namentlich in Irland sind solche Ereignisse nicht selten.

Von den zahlreichen Küstensümpfen gehören die Swamps an der Ostküste Nordamerikas zu den Hochmooren. In den feuchten Tropen verwandeln sich große Teile der Stromebenen in der Regenzeit in Sumpflandschaften, die aber bald wieder austrocknen. Hohe Temperaturen sind überhaupt der Moorbildung nicht förderlich. Doch wurden auch auf Ceylon und Sumatra Moore entdeckt, und noch häufiger sind sie in den tropischen Hochgebirgen, u. a. am Kenia und Kilimandscharo von 3200 m Seehöhe an. In den Subtropen verhindert die sommerliche Trockenheit die Moorbildung. Die Äquatorialgrenzen der eigentlichen Moorzone liegen daher in ziemlich hohen Breiten, im Innern Nordamerikas bei 50°, in Westsibirien schon bei 56° n. Br., in Europa reichen sie allerdings bis etwa 37—40°, an der atlantischen Küste Nordamerikas und der pazifischen Australiens sogar bis 30° herab. In sehr hohen Breiten setzt die tiefe Temperatur der Moorbildung eine Grenze, so daß auf Spitzbergen und Grönland eine Polargrenze der Moore nachgewiesen wurde.

Der Wasserhaushalt der Seen. Die Speisung der Seen geschieht entweder nur durch die auffallenden Niederschläge oder überdies durch einmündendes Flußwasser oder endlich, mit oder ohne oberflächlichen Zufluß, durch unmittelbares Zuströmen von Quellen und Grundwasser, wenn das Seebecken bis zum Grundwasserspiegel eingesenkt ist. Eine solche Grundwasserspeisung ist namentlich dort anzunehmen, wo die Seespiegelschwankungen unabhängig von denen des Niederschlags erfolgen und die Seebecken trotz sehr unbedeutenden oder auch ganz fehlenden oberflächlichen Zuflüssen ständig mit Wasser gefüllt sind. Das gilt u. a. von vielen echten Karstseen, soweit bei ihnen von Grundwasser gesprochen werden kann, von manchen Seen Ostpreußens, Ostholsteins[42], dem Neusiedlersee und dem Lunzer Mittersee[43]. Speisung durch Quellen, die wohl nur in wenigen Fällen gänzlich fehlt, ist manchmal direkt wahrnehmbar oder aus den sedimentfreien Quelltrichtern (s. o.) und den Temperaturverhältnissen am Seeboden, nämlich der höheren Temperatur der untersten Schichten im Winter und auffallend tiefer im Sommer, zu erschließen[27]. Manche Seen, wie die mazedonischen, werden in der niederschlagsreichen Jahreszeit auch von oberirdischen Zuflüssen, in der trockenen nur von Quellen gespeist[44].

Die Wasserabfuhr geschieht durch Verdunstung und durch oberflächlichen Abfluß. Wohl nur in sehr seltenen Fällen, die Dolinen- und Poljenseen der Karstgebiete ausgenommen, die durch Schlucklöcher periodisch entleert werden, gibt es auch unterirdische Abflüsse; zumeist ist eben die Seewanne durch ihre Sedimente genügend abgedichtet. Sogar bei künstlichen Stauweihern, die in den ersten Jahren ihres Bestandes noch durch Gesteinsklüfte Wasser verlieren, hören solche Verluste infolge natürlicher Abdichtung der Klüfte bald auf.

Die Verdunstung hängt von so vielen meteorologischen und klimatologischen Faktoren ab, daß ihre direkte Beobachtung oder ihre Berechnung immer nur örtlich oder zeitlich beschränkte Bedeutung haben kann; doch dürfte auch in unserm Klima in manchen Fällen die gesamte jährliche Verdunstung über der Seefläche der auf diese auffallenden Niederschlagsmenge gleich sein[45]. In den Trockengebieten aber erreicht sie Werte, die der gesamten Zufuhr durch Niederschlag und Zufluß gleichkommen oder sie übertreffen; daher ist die Wanne nicht bis zum Überfließen gefüllt, es liegen abflußlose oder Endseen vor. Ist die Zufuhr durch Niederschläge gleich oder größer als die Verdunstung, so daß der See einen oberflächlichen Abfluß erhält, so spricht man von vollkommenen Flußseen. Ist die Verdunstung größer als der Niederschlag auf der Seefläche, so handelt es sich um unvollkommene Flußseen. Manche Seen verhalten sich betreffs ihres Wasserhaushaltes in längeren Zeiträumen verschieden, indem sie als sog. Niederschlagsseen[46] in feuchten Perioden Abfluß haben, in trockenen zu Endseen werden, oder indem manche Endseen in Trockenperioden gänzlich austrocknen, also nur temporäre Seen darstellen. Zu den ersteren gehört der Tacariguasee in Südamerika, der Tsadsee, der in regenreichen Zeiten einen Abfluß zum Benuësystem hat, und der Tanganikasee, der um die Mitte des 19. Jahrh. abflußlos war, aber seit 1878 durch den Lukuga zum Kongo abfließt[47]; temporäre Endseen sind u. a. die Playaseen Nordamerikas und die inneraustralischen Seen. Viele Seen der Trockengebiete sind aus Flußseen zu Endseen geworden, wie der Kaspi- und Aralsee, der Issykkul im Tienschan und der Große Salzsee von Utah. Nur selten trat der umgekehrte Fall ein, daß, wie im östlichen Tibet, Endseen durch Aufschließung ihrer Becken auf dem Wege rückwärtsschreitender Erosion zu Flußseen wurden.

Von solchen Veränderungen abgesehen sind die Wasserstandsschwankungen der Seen geregelt und bestimmt durch die Schwankungen der Zuflüsse. Das Ausmaß der jährlichen Schwankungen ist im allgemeinen um so größer, je größer das Einzugsgebiet des Sees im Verhältnis zur Seefläche ist, und ist daher bei großen Seen mit relativ unbedeutenden Zuflüssen am kleinsten. Das zeigt sich u. a. beim Attersee im Salzkammergut, aber auch bei den großen kanadischen Seen, die eine mittlere Jahresschwankung von nur 0,35—0,66 m haben. Seen mit durchlässigem Einzugsgebiet haben meist große Schwankungen, namentlich dann, wenn sie unterirdisch entwässert werden, wie das besonders von den periodischen Poljenseen gilt. Die jährliche Periode der Schwankung fällt zumeist zusammen mit der Periode des den See durchströmenden Flusses. Für die Schweizer Seen fand Collet, daß bei den Seen mit Hochstand im Frühjahr infolge der Schneeschmelze und im Herbst infolge stärkerer Regengüsse der tiefste Stand in den Winter und an das Ende des Sommers fällt, wo die Verdunstung am stärksten ist; hingegen haben die durch Gletscherflüsse gespeisten Seen ihren höchsten Stand im Hochsommer, ihren tiefsten im Februar. So speichert auch der in dieser Beziehung besonders gut bekannte Bodensee von Ende Februar bis Ende Juli Wasser auf, während er in den übrigen Monaten in zunehmendem Maße Wasser an den Rhein abgibt. Die mittlere Jahresschwankung beträgt bei ihm 2,1 m, die absolute bewegt sich innerhalb der Beobachtungszeit zwischen + 6 m (Juli 1817) und — 2,1 m (Winter 1823 und 1826) über, bzw. unter dem Nullpunkt des Konstanzer Pegels. Bei Seen, die vorwiegend vom Grundwasser gespeist werden, gehen die Schwankungen parallel mit denen des Grundwassers und, da diese vorwiegend durch den Niederschlag bestimmt sind, so besteht auch zumeist eine Übereinstimmung mit den periodischen oder aperiodischen Schwankungen des Niederschlags. Bei manchen Seen ist durch künstliche Regelung des Abflusses ihr Retentionsvermögen für Hochwasser und ihr Speisungsvermögen bei Niedrigwasser des Flusses gesteigert worden.

Was die Schwankungen des Wasserstandes von Flußseen in längeren Perioden betrifft, so reagieren sie zwar rasch, aber unbedeutend auf Schwankungen der Zufuhr; doch ist zu beachten, daß auch andere Einflüsse als solche klimatologischer Natur auf die Lage des Seespiegels sich geltend machen können. Die fortschreitende Erosion der Abflußrinne muß eine Senkung des Seespiegels zur Folge haben, seitliche Aufschüttungen können stauend wirken. Auch Krustenbewegungen beeinflussen seine Lage. So erfährt das Gebiet der kanadischen Seen eine andauernde Schrägstellung nach SW, die im Jahrhundert etwa 13 cm auf eine Entfernung von 60 km beträgt und sich als eine Hebung des Seespiegels am Südende des Michigansees äußert[49]. Der Spiegel des Mälarsees ist infolge der durch die andauernde Hebung des Landes begünstigten Vertiefung des Ausflusses in 100 Jahren um etwa 40 cm gesunken[50]. Gleichfalls als eine Folge der »Kippung«, analog den Verhältnissen an den kanadischen Seen, betrachtet Penck[51] die bei den finnischen Seen auftretende Erscheinung, daß sie in jüngster geologischer Vergangenheit einen Abfluß nach S gewannen, während sie früher nach N entwässert wurden.

Hingegen ist von manchen norddeutschen, namentlich den großen mecklenburgischen Seen, eine zunehmende Transgression der Ufer bekannt, offenbar die Folge einer nach N gerichteten Kippung bzw. einer Senkung nach der diluvialen Aufpressung des Bodens. In vielen Fällen sind Veränderungen der Seespiegelniveaus durch Regulierung des Abflusses künstlich herbeigeführt worden; der höhere mittlere Stand des Würmsees seit Ende der 80er Jahre des vorigen Jahrhunderts ist nach ULE eine Folge der Entwaldung seiner Umgebung und der Entwässerung benachbarter Moore.

Alle diese Vorgänge sind zu berücksichtigen, sobald man aus Veränderungen des Wasserstandes von Flußseen auf klimatische Änderungen der betreffenden Gegend Schlüsse ziehen will. Immerhin fand BRÜCKNER [52] für eine Reihe von europäischen Seen und ihre Zuflüsse Tiefstände um 1795, 1831—35 und 1858 bis 1865, Hochstände um 1820, 1850 und 1876—80, während andere, wie der Saimasee in Finnland, der Erie- und Ontariosee, sehr bedeutende Abweichungen von diesen Jahresgruppen zeigen. Zum Teil erklären sich solche Unregelmäßigkeiten daraus, daß sich die klimatologischen Einflüsse auf den Seespiegelstand aus einem sehr großen Einzugsgebiet gegenseitig aufheben oder dadurch, daß bei einigen Seen das Ansteigen durch stärkere Abschmelzung von Schnee und Eis, also durch eine Reihe wärmerer Jahre, bei anderen durch Vergrößerung der Niederschläge zustande kommt. Jedenfalls kann von einer völligen Gleichsinnigkeit der säkularen Schwankungen nicht die Rede sein.

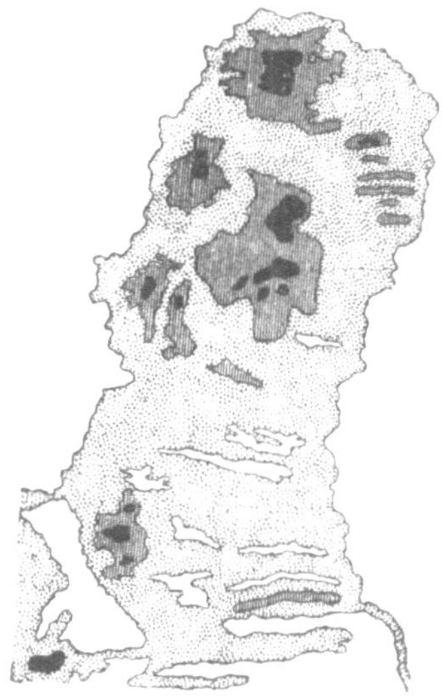

Fig. 96. Veränderungen des Abyschkansees in Westsibirien nach JADRINZEW. Die punktierte Fläche ist seit 1813—24, die schraffierte seit 1850—60 ausgetrocknet; schwarz die Seenreste im Jahre 1880.

Viel empfindlicher und mit größerer Amplitude, wenn auch oft mit großer Verspätung reagieren Endseen auf Veränderungen ihrer Zufuhr. Solche Schwankungen haben BRÜCKNER für den Kaspisee, SIEGER für die hocharmenischen Seen [46] u. a. festgestellt, und BRÜCKNER hat daraus die mittleren Zeiten der Maxima um 1820, 1850 und 1880, der Minima um 1795—1800, 1835 und 1858—65 errechnet [52] (Fig. 96). Doch folgen auch da nicht alle Endseen diesen Perioden, und es ist deren Dauer bei den einzelnen Seen sehr verschieden. Daß von einer fortschreitenden Schrumpfung der Endseen als Folge einer allgemeinen Austrocknung nicht die Rede sein kann, beweist schon das sehr bedeutende Ansteigen des Aralsees und aller anderen Seen Turans und Westsibiriens um die Wende des Jahrhunderts[53]. Auch die ostafrikanischen Seen zeigen keine dauernde Senkung, sondern Schwankungen von unbekannter Periodenlänge.

Die Bewegungen des Seewassers. Durch verschiedene Ursachen erfährt die Oberfläche eines Sees konstante oder vorübergehende Störungen seines Niveaus, die man mit Forel als Denivellationen bezeichnet. Erstere sind die Folge konstanter Dichtigkeitsunterschiede, wie sie namentlich an der Mündung sehr schlammreicher Flüsse oder in Salzseen an der Mündung des leichteren Süßwassers sich einstellen müssen, oder sie sind durch den starken Zu- und Abfluß bedingt; aber alle derartigen Niveauunterschiede sind so unbedeutend, daß sie auch der verfeinerten Beobachtung kaum je zugänglich werden. Vorübergehende Denivellationen nicht rhythmischer Form werden namentlich durch konstant in einer Richtung wehende Winde hervorgebracht, die an dem Ufer, gegen welches sie gerichtet sind, ein Anstauen des Wassers und damit eine Hebung des Seespiegels erzeugen; nach Knipowitsch kann sie im Kaspisee einen Betrag von 1,8 m gegenüber dem Stand bei entgegengesetzter Windrichtung erreichen[54]. Rhythmische Denivellationen entstehen durch Wellenbewegungen, wobei es sich um fortschreitende oder um stehende Wellen handelt.

Die Windwellen der Seen gleichen durchaus denen des Meeres, so daß auf den betreffenden Abschnitt der Ozeanographie verwiesen werden kann. Sie sind im allgemeinen am größten, wenn der Wind in der Längsrichtung des Sees weht und können in den kanadischen Seen Höhen bis zu 5—6 m erreichen, während auf dem Genfersee Wellen bis 1,7 m, auf dem Würmsee bis 0,30 m Höhe beobachtet wurden; doch haben gerade kleine Gebirgsseen bisweilen Wellen von ganz ansehnlicher Höhe. Regen bringt eine Beruhigung des Wellenganges, da sich das meist wärmere und leichtere Regenwasser wie eine Ölschicht über die Seefläche breitet und die sog. kapillaren Wellen unterdrückt. Eine sehr merkwürdige Erscheinung auf allen Binnenseen sind die sog. Ölflecken oder Lacken, die bei ganz ruhigem Wetter als vollkommen glatte Flächen die feine Kräuselung der Seeoberfläche unterbrechen, aber ihre Lage verändern und ebenso rasch entstehen wie vergehen. Halbfass dachte dabei an thermische Wirkungen derart, daß die Sonnenstrahlen durch vereinzelte Wolken verhindert werden, die Seeoberfläche direkt zu erwärmen, so daß Stellen spezifisch schwereren Wassers entstehen, wodurch die Wasserwellen zur Umkehr gezwungen und durch Interferenz aufgehoben werden. Ule sieht in den »Ölflecken« eine Folgeerscheinung böigen Wetters, wobei an einzelnen Stellen der Oberfläche eine leichte Kräuselung entsteht, während dazwischen glatte Stellen übrigbleiben. Ähnlich ist die Erklärung von Cholnoky[55], wonach der Unterschied zwischen gekräuselten und glatten Flächen mit minimalen Schwankungen der Windgeschwindigkeit um jene Grenzgröße zusammenhängt, die eben noch imstande ist, die Oberfläche des Wassers in Wellen zu legen. Wohl keine allgemeine Bedeutung hat die von R. Woltereck für den Nemisee gegebene Erklärung, wo massenhaft auftretende Cladoceren durch das Abwerfen ihrer Chitinhaut die Ölflecken verursachen.

Die Erscheinung der stehenden Wellen oder Schaukelwellen, wie sie Supan zutreffend nannte, der Seiches des Genfersees, besteht in ihrer einfachsten Form darin, daß sich der Seespiegel an dem einen Ende des Sees hebt, während er gleichzeitig am anderen Ende um den gleichen Betrag sinkt, und daß diese Bewegung, die die ganze Wassermasse des Sees betrifft, sich längere Zeit wiederholt, auch wenn ihre Ursache zu wirken aufgehört hat (Fig. 97). Dabei hat die Periode der Schwingung für jeden See eine bestimmte, nahezu konstante Größe, die durch die Form des Seebeckens bestimmt ist; nur die Amplitude der Schwingung hängt von der Witterung ab und ist im allgemeinen bei stürmischem Wetter größer als bei ruhigem. In dieser einfachen Form handelt es sich um einknotige oder uninodale Schwingungen, auch Haupt- oder Grundschwingung genannt, wobei die Knotenlinie ungefähr in der Mitte des Beckens liegt; sinkt der Seespiegel an beiden Enden gleichzeitig, während er ungefähr in der Mitte aufsteigt, so daß zwei Knotenlinien vorhanden sind, so liegt eine zweiknotige oder binodale Schwingung vor (Fig. 98); bisweilen gibt es auch drei- oder mehrknotige (plurinodale) derartige Oberschwingungen. Interferenzerscheinungen, sog. dichrote Schwingungen, treten auf bei

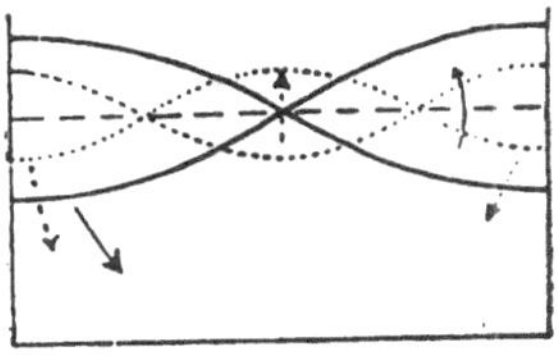

Fig. 97. Stehende Wellen (Seiches). ——— Hauptschwingung. ··········· Zweiknotige Schwingung (Oberschwingung).

Aus Ule, Physiogeographie des Süßwassers, Verlag von Franz Deuticke, Leipzig und Wien.

Fig. 98. Aufzeichnungen des selbstregistrierenden Limnimeters bei künstlich erzeugten Seiches am Fischweiher nach Endrös. *a* einknotige, *b* dreiknotige stehende Wellen. 3/4 natürlicher Größe.

gleichzeitigen Haupt- und Oberschwingungen. Je nach der Richtung unterscheidet man Längs- und Querschwingungen, die auch wieder selbständig oder gleichzeitig auftreten können. Während die Teilchen an der Oberfläche nur senkrechte Bewegungen ausführen, bewegen sie sich im Innern der Flüssigkeit in gegen die Ebene der Ruhelage konkaven Bahnen.

Die Erscheinung der Schaukelwellen wurde zuerst 1549 vom Bodensee beschrieben, wo sie den Anwohnern als »Laufen des Sees« bekannt ist; ihr klassisches Gebiet aber ist der Genfersee, wo sie von Forel zuerst eingehend untersucht worden ist[56]. Seither ist sie als eine allgemein an Seen, aber auch an abgeschlossenen Meeresteilen auftretende Erscheinung erkannt und mit selbstregistrierenden Apparaten, sog. Limnimetern, verfolgt worden, die in immer vollkommener Form von SARASIN, EBERT, ENDRÖS und CHRYSTAL konstruiert worden sind und nicht nur die Periode, sondern auch die Amplitude der Schwingung zu bestimmen gestatten. Auch ist es bereits gelungen, durch komplizierte Formeln, wie sie CHRYSTAL 1904 in seiner hydrodynamischen Theorie aufgestellt hat und die der ungleichmäßigen Bodengestalt der Seebecken Rechnung tragen[57], die Schwingungsdauer für jeden See zu berechnen, sobald seine Tiefenverhältnisse bekannt sind; die Ergebnisse der Rechnung stimmen mit der Beobachtung durchaus befriedigend überein. Es ergab sich dabei, daß keineswegs die Periode der binodalen Schwingung genau gleich der halben, die der Trinodalschwingung gleich dem Drittel der Hauptschwingung ist, sondern daß die Periode dieser Unterschwingungen von der morphologischen Beschaffenheit des Seebeckens abhängt, und daß die Knotenlinien bei uninodalen Schwingungen nicht genau in dem aliquoten Abschnitt der Seelänge liegen, wie das bei regelmäßig rechteckigen Gefäßen der Fall ist, sondern je nach den Tiefenverhältnissen unsymmetrisch zur Seelänge verteilt sind. Hingegen ist das Schwingungsverhältnis der uni- und binodalen Schwingungen von der Tiefe der Seen unabhängig.

Die Amplitude der Hauptschwingung beträgt auch bei großen Seen gewöhnlich nur einige cm oder auch nur mm; doch erreichte bei der größten bisher bekannten Seiche, am 3. Oktober 1841 in Genf, der Unterschied zwischen dem höchsten und tiefsten Wasserstand 1,87 m. Beim Genfersee ist die Periode der uninodalen Längsschwingung 73, die der binodalen 35,5 Minuten; die längste bekannte Reihe von Seiches zählte hier 148 Schwingungen und dauerte 180 Stunden (26. März bis 2. April 1891). Beim Plattensee hat die Hauptseiche eine Periode von 10—12, beim Eriesee von über 14 Stunden; die Schwingungen geschehen also sehr langsam *. Die direkt zu beobachtende Höhe der Anschwellung des Wassers ist natürlich von einem Punkt des Ufers zum andern je nach der Uferbeschaffenheit verschieden und im Innern einer engen, wenig tiefen Bucht am größten.

Als Ursache der Schaukelwellen erkannte schon FOREL[58] atmosphärische Vorgänge, namentlich plötzliche, oft nur lokale Luftdruckschwankungen, die eine Störung der Gleichgewichtslage der Wassermasse hervorrufen. Entweder treten die Seiches ganz plötzlich und sofort mit großen Amplituden auf, wie namentlich bei Windstößen, Böen und Gewittern, oder allmählich infolge von Barometerschwankungen und Änderungen der Windgewindigkeit. Die oben erwähnte Riesenseiche am Genfersee von 1841 konnte nach FOREL durch eine lokale Luftdruckänderung von 8 mm binnen einer halben Stunde erzeugt

---

* Ein Verzeichnis über die Periodendauer der Seiches an einer Reihe von Seen gibt HALBFASS in seiner »Vergleichenden Seenkunde«, S. 157.

werden. Ein Zusammenhang der Seiches mit den kurzperiodischen Erdbebenwellen besteht gewiß nicht.

Ganz anderer Art sind die durch Gezeitenbewegungen verursachten Wellen, die aber auf Seen gewöhnlich von den stehenden Wellen verdeckt werden. Nur im Erie- und Michigansee, vielleicht auch im Baikalsee sind die hier auftretenden Schwingungen von etwa 12 Stunden Dauer vermutlich als Gezeitenwellen zu erklären.

Strömungen. Ebenso wie im Meere müssen auch in Seen aus verschiedenen Ursachen echte Strömungen entstehen. Unmittelbare Windströmungen sind in den kanadischen Seen nachgewiesen. Anderer Art sind die Strömungen, die nach Abflauen des Windes die durch ihn entstandene Denivellation wieder ausgleichen, indem sie das angestaute Wasser wieder zurückfließen lassen, ferner diejenigen, die als Ersatz für das vom Winde abgetriebene Wasser solches auf der Luvseite aus der Tiefe aufsteigen lassen, so daß eine vollständige Horizontal- und Vertikalströmung entsteht. Auf diese und die thermischen Ausgleichsströmungen werden wir sofort noch zurückkommen. Auch die als »Rinnen des Sees« den Fischern wohlbekannten, unregelmäßig hin- und hergehenden Strömungen, z. B. im Boden- und Würmsee [59], sind vermutlich thermischer Natur, umsomehr als sie auch bei völlig ruhigem Wetter auftreten. Durch besondere Strömungen ist der Plattensee ausgezeichnet, wo die Halbinsel Tihány eine Teilung in zwei Stromkreise erzeugt, die durch den bloß 1,5 km breiten Verbindungskanal mittels einer starken Strömung in Ausgleich treten [60].

Die Wärmeverhältnisse der Seen. Die Vorgänge der Erwärmung und Abkühlung. Für die Erwärmung des Seewassers kommt in erster Linie die direkte Sonnenstrahlung in Betracht. Aber es wird von dieser ein Teil sofort reflektiert und geht für die Erwärmung verloren, und zwar um so mehr, je tiefer der Sonnenstand ist; ein weiterer Teil der Strahlung wird bei der Verdunstung des Wassers aufgebraucht. Aber auch von der übrig bleibenden Strahlung dringen wegen der starken Absorption, die gerade die Wärmestrahlen im Wasser erleiden, diese nur bis zu geringen Tiefen ein. Nach den Berechnungen und Experimenten von W. Schmidt [61] sind bereits in 1 m Tiefe 64% der Wärmestrahlung verschluckt, nach Birges Beobachtungen [62] gelangen von dieser gar nur 20% unter 1 m Tiefe, da die Trübung des Wassers verstärkend mitwirkt. Als weitere, aber recht unbedeutende Wärmequellen kommen hinzu die Wärmeleitung durch das Wasser selbst, die aber wegen des äußerst geringen Wärmeleitungsvermögens des Wassers ganz minimal ist, ferner die Abgabe von Wärme von der Luft an das Wasser durch Leitung und Strahlung, die Wärmestrahlung von den umgebenden Gehängen, die bei der Kondensation von Wasserdampf frei werdende Wärme, endlich biologische und chemische Vorgänge. Der Wärmeverlust geschieht vor allem durch die unmittelbare Ausstrahlung, die besonders in der Nacht und auch aus größeren Tiefen vor sich geht, ferner durch Abgabe von Wärme an die kältere Luft durch Leitung, durch die Abkühlung bei der Verdunstung und als Wärmeentzug beim Schmelzen von Schnee und Hagel. Das dem See zufließende Wasser und der niederfallende Regen können je nach den Umständen erwärmend oder abkühlend wirken, ersteres aber nur, wenn es sich infolge gleicher Dichte mit dem Seewasser mischt. Ist es infolge tieferer Temperatur schwerer als dieses, so sinkt es soweit unter, bis es Schichten von gleicher Dichte und Temperatur antrifft, und übt daher keine nennenswerte thermische Wirkung aus. Ist aber der Zufluß infolge seines Schlammgehalts schwerer als Seewasser von gleicher Temperatur, so sinkt sein Wasser tiefer, als es seine Temperatur erfordern würde, und vermag daher sogar erwärmend zu wirken. Ein kräftiger Abfluß aber entzieht dem See im Sommer einen Teil seines warmen Oberflächenwassers.

Für die Wärmeverhältnisse in einiger Tiefe kommen aber noch andere Vorgänge in Betracht. Zunächst handelt es sich dabei um Konvektionsströmungen, die darin bestehen, daß die durch nächtliche oder winterliche Ausstrahlung kälter gewordenen Schichten in die Tiefe sinken, bis sie eine Schicht von gleicher Temperatur und gleichem spezifischem Gewicht antreffen, während wärmere, tiefere Schichten nach oben steigen. Die Bedeutung solcher Austauschbewegungen wird aber nach A. Hamberg [63] dadurch beeinträchtigt, daß der Auftrieb des wärmeren Wassers auch von der absoluten Höhe der Temperatur abhängt und bei Wasser von nahe an 4° C am geringsten ist, da dann die innere Reibung oder Viskosität des Wassers nahezu am größten ist. Es können daher durch Konvektionsströmungen allein die tieferen Schichten im Frühjahr nicht erwärmt werden, da gerade um diese Zeit der Auftrieb am geringsten ist. Viel wichtiger für die thermische Durchmischung ist nach John Murray die Wirkung des Windes, der das Oberflächenwasser herabdrückt, so daß darunter befindliches kälteres an seine Stelle tritt; nach Hamberg kommen aber eher die durch den Wind eingeleiteten horizontalen und vertikalen Zirkulationsströmungen in Betracht, durch die auf der Luvseite, wo Oberflächenwasser abgetrieben wird, Wasser aus der Tiefe aufsteigt, auf der Leeseite, wohin das Wasser getrieben wurde, absteigt, während dazwischen in einiger Tiefe eine horizontale Gegenströmung besteht. Das schließliche Ergebnis ist eine Durchmischung des Wassers, die um so tiefer reicht, je länger der Wind wirkt und je geringer die ursprünglichen Dichteunterschiede sind.

Thermische Einteilung der Seen. Unabhängig von allen diesen Vorgängen ist der Wärmezustand eines Sees abhängig von einer Reihe von Einflüssen seiner geographischen Lage und damit des Klimas seiner Umgebung, von der Gestalt seines Beckens, deren Bedeutung besonders Halbfass betont hat, von seinem Wasserhaushalt und der chemischen Beschaffenheit des Seewassers, so daß thermisch die größte Mannigfaltigkeit herrscht. Immerhin läßt sich in dieser Beziehung eine Reihe von Typen unterscheiden, die zuerst Forel als tropische, gemäßigte und polare Seen auseinandergehalten hat; da aber diese Bezeichnungen leicht irrtümlich auf die geographische Breitenlage des Sees bezogen werden könnten, sprechen wir mit Supan lieber von warmen, gemäßigten und kalten Seen. In den warmen Seen nimmt die Temperatur das ganze Jahr hindurch mit der Tiefe ab und ist stets und in allen Schichten über 4°, der Temperatur des Dichtigkeitsmaximums des Süßwassers. Sie haben also stets direkte Schichtung, die am schärfsten in der warmen, am schwächsten in der kalten Jahreszeit ausgeprägt ist, da dann die Mächtigkeit der Oberflächenschicht am größten ist. Die tieferen Schichten erreichen ihr Temperaturmaximum erst im Herbst, also zu einer Zeit, da die oberen Schichten bereits zu erkalten beginnen. Zu diesem Typus gehören alle Seen ohne Eisbildung, auch einige in höheren Breiten wie der Genfersee, aber ohne seine litorale Zone und den Petit Lac, auch der Walensee, die aber doch in außergewöhnlich strengen Wintern Oberflächentemperaturen unter 4°, jo sogar Eisbildung aufweisen. In solchen Ausnahmsjahren gehören sie zu den gemäßigten Seen, die nur im Sommer normale, im Winter aber verkehrte Schichtung haben; im Moment des Überganges haben sie in allen Schichten ungefähr 4°, wie das tatsächlich von Halbfass im pommerschen Dratzigsee am 1. Januar 1901 beobachtet worden ist[65]. Hierher gehören die meisten Seen mittlerer Breiten, bei denen allerdings auch der Fall vorkommen kann, daß ihre Oberflächentemperatur nicht unter 4° sinkt. Die kalten Seen endlich haben stets, besonders warme Sommer ausgenommen, Oberflächentemperaturen unter 4°, ihre Schichtung ist stets verkehrt, am schärfsten in der kalten Jahreszeit, während in der wärmeren die Schichtung nahezu aufgehoben ist. Dazu gehören die Seen sehr hoher und die hochgelegenen Gebirgsseen mittlerer Breiten.

Die Oberflächentemperaturen[66]. Nur in den obersten, einige Meter mächtigen Schichten machen sich die täglichen Temperaturunterschiede noch bemerkbar. Aber die Amplitude ist wegen der hohen spezifischen Wärme des Wassers abgeschwächt und erreicht in mittleren Breiten kaum 2°, höhere Werte nur in sehr seichten Seen, wo die Ein- und Ausstrahlung mehr zur Geltung kommt. Aus demselben Grunde sind die Extreme gegenüber denen der Lufttemperatur verzögert, das Maximum wird etwa um 4^{hp} oder noch später, das Minimum um Sonnenaufgang, die mittlere Tagestemperatur etwa um 1^{hp} erreicht. An demselben See ist die Oberflächentemperatur über seichtem Wasser stets erheblich höher als über tieferem.

Auch in der jährlichen Periode zeigt sich meist eine Verspätung der Extreme, indem das höchste Monatsmittel oder überhaupt die höchsten Temperaturen in den August oder September fallen, während das Minimum umso später eintritt, je höher der See liegt, bei einigen Hochseen der Niedern Tauern, wo sich die sommerliche Erwärmung überdies durch das obenauf schwimmende Schmelzwasser verzögert, nach MERZ erst im Mai oder Juni, so daß die beiden Extreme nur 2—3 Monate auseinanderliegen[67]. Der Betrag der Jahresamplitude hängt von einer ganzen Reihe von Faktoren ab, ist aber in mittleren Breiten im allgemeinen um so größer, je größer die Amplitude der Lufttemperatur ist; in jenen sehr hohen Breiten, wo eine stärkere sommerliche Erwärmung nahezu fehlt, und auch in den Tropen ist die Amplitude gering.

Entscheidende Bedeutung für die Größe der Jahresamplitude in den Alpenseen kommt nach BRÜCKNER[68] den Abflußverhältnissen zu, indem Seen mit kleiner Durchflutung bzw. kleinem Abfluß an der Oberfläche hohe Sommer- und tiefe Wintertemperaturen, also einen kontinentalen Wärmegang (mit einer Amplitude von 18—21°) haben, während Seen mit starker Durchflutung und starkem Abfluß bei ungefähr gleicher Seehöhe und sonstiger geographischer Lage im Sommer kühl, im Winter relativ warm sind, so daß die Amplitude nur 10—13° erreicht. Zu den ersteren gehören u. a. der Zeller-, Wörther-, Veldeser- und Millstättersee, zu den letzteren der Boden-, Genfer-, Neuenburger-, Garda-, Comer-, Hallstätter- und Wocheinersee. Den Grund dieses verschiedenen Verhaltens sieht BRÜCKNER darin, daß der starke Abfluß im Sommer gerade das warme Oberflächenwasser abzieht, so daß kälteres Tiefenwasser an die Oberfläche kommt; im Winter, wo das Oberflächenwasser das kältere ist, erscheint nach seinem Abzug etwas wärmeres Wasser aus größeren Tiefen. Bei Seen mit kleiner Durchflutung, also geringem Abzug von Oberflächenwasser können aber Ein- und Ausstrahlung ungehindert wirken, so daß die Amplitude der Schwankung groß wird. HALBFASS[69] hält diesen Einfluß der Abflußverhältnisse zum mindesten für übertrieben und sieht die Ursache der größeren Jahresschwankung bei den Kärntner Seen in ihrer viel geringeren Größe und mittleren Tiefe. Doch haben auch der verhältnismäßig kleine Hallstätter und der kleine und wenig tiefe Wocheiner See eine sehr geringe, der tiefe Millstättersee eine ganz wesentlich größere Schwankung. Die kleinere Amplitude des Gardasees gegenüber dem Genfer- und Comersee führt HALBFASS auf seine erheblich tiefere Lage, seine geringere mittlere Tiefe, geringere Beschattung und die regelmäßigen Winde zurück, die im Winter eine stärkere Abkühlung, im Sommer eine stärkere Erwärmung der Oberfläche verhindern. Aber darin sind entgegengesetzt wirkende Einflüsse zusammengeworfen; denn tiefe Lage, geringere mittlere Tiefe und geringere Beschattung müssen die Sommertemperatur erhöhen, die Windwirkung sie herabsetzen. Übrigens ist die mittlere Tiefe des Gardasees nur um 20 m kleiner als die des Comersees. Man wird daher den Abflußverhältnissen doch wohl maßgebende Bedeutung für die Oberflächentemperatur und ihren jährlichen Gang zuerkennen müssen, wenn auch andere Umstände diesen Einfluß abzuschwächen oder zu verstärken vermögen. So ist die auffallend tiefe Sommertemperatur der Hallstättersees gewiß zum Teile auch eine Folge seiner starken Beschattung, während der Gegensatz zwischen Wörther- und Wocheinersee, Luganer- und Comersee doch in erster Linie auf Rechnung des verschieden starken Abflusses zu setzen ist.

Vertikale Temperaturverteilung. Schon von SIMONY, deutlicher 1885 von BUCHANAN und FITZGERALD in den schottischen Seen und 1889 von E. RICHTER [70] im Wörthersee, wurde die Beobachtung gemacht, daß die Temperatur im Sommer nicht gleichmäßig mit der Tiefe abnimmt, sondern in den obersten Schichten (in den Alpenseen bis etwa 10 m) nahezu konstant ist, dann aber sprunghaft abnimmt, worauf von etwa 15—20 m an die Differenzen wieder kleiner und endlich kaum merklich werden. Als Beispiel seien die Beobachtungen von RICHTER im Wörthersee vom 17. September 1890 mitgeteilt:

Tiefe m	0	5	10	10,4	10,8	11	11,4	11,8	12	15	20	30
Temperatur ° ..	17,8	17,5	17,5	17,4	17,4	15,2	13,0	11,6	10,7	8,0	6,8	6,2

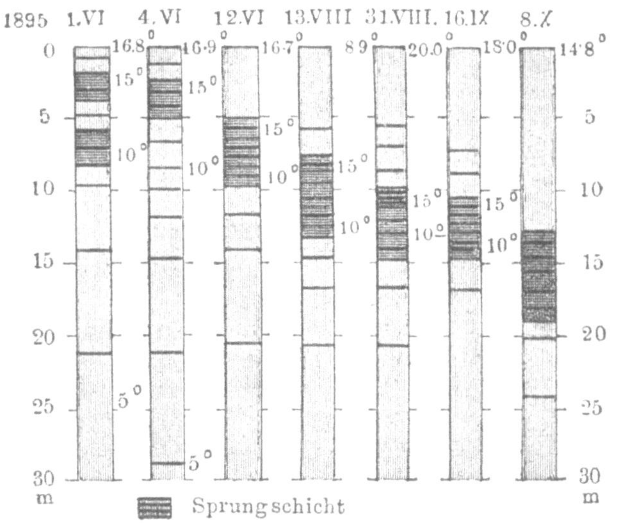

Fig. 99. Wanderung der Sprungschicht im Würmsee während eines Jahres.
Aus Ule, Physiogeographie des Süßwassers, Verlag von Franz Deuticke, Leipzig und Wien.

Diese Schicht mit dem raschesten Temperaturgefälle nannte RICHTER die Sprungschicht; sie ist seither, wenn auch in verschiedener Lage und Schärfe, in allen gemäßigten und warmen Seen und auch im offenen Meere wiedergefunden worden.

Über die Verlagerung der Sprungschicht mit den Jahreszeiten haben u. a. die Beobachtungen von ULE im Würmsee und von WEDDERBURN [71] im schottischen Loch Ness volle Klarheit gebracht (Fig. 99). Allgemein zeigte sich, daß diese Schicht erst zur Ausbildung kommt, sobald die Erwärmung des Seewassers im spätern Frühjahr genügende Fortschritte gemacht hat; sie ist daher zu Ende des Sommers am schärfsten entwickelt und sinkt mit fortschreitender Abkühlung immer tiefer, wobei sie zugleich undeutlicher wird, bis schließlich die ganze Wassermasse nahezu homotherm ist; dann erst beginnt in den gemäßigten Seen sich die verkehrte Schichtung auszubilden, worauf im Frühjahr wieder nahezu völlige Homothermie herrscht (Fig. 100). In den warmen Seen aber wie im Loch Ness bleibt dieser Zustand auch während des Winters erhalten.

Die Sprungschicht wurde früher einfach für die untere Grenze der Einwirkung der Sonnenstrahlung gehalten; Ed. Richter erklärte sie

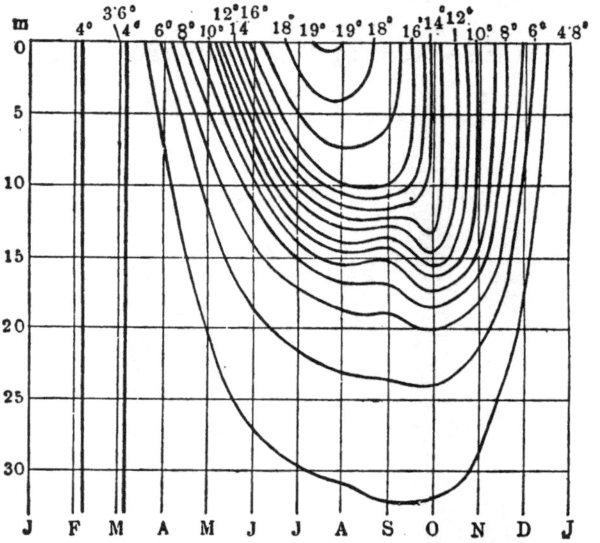

Fig. 100. Vertikale Temperaturverteilung im Würmsee.

Aus Ule, Physiogeographie des Süßwassers, Verlag von Franz Deuticke, Leipzig und Wien.

durch die Konvektionsströmungen, die in den obersten Schichten einen einheitlichen Wärmezustand erzeugen; der Temperatursprung entstehe an der untern Grenze dieser durch die tägliche Erwärmung und die nächtliche Abkühlung hervorgerufenen Ausgleichsströmungen, wo das nächtlich abgekühlte und herabsinkende Wasser bereits eine solche Temperatur und Dichte antrifft, daß es nicht mehr tiefer sinken kann. Gegen diese Erklärung hat Merz [72] eingewendet, daß bei ungestörter, von Tag zu Tag zunehmender Einstrahlung das Bereich der Konvektion immer schmäler werden und die Sprungschicht immer mehr hinaufrücken müßte; jede Störung des normalen Ganges der Erwärmung müßte aber über der ältern eine neue Sprungschicht entstehen lassen. In der Tat ist nach Ule [28] neben der jährlichen oder Hauptsprungschicht noch eine nach vorübergehender Erwärmung auftretende, sog. periodische zu beobachten, und außerdem gibt es noch nahe der Oberfläche eine kleine tägliche Sprungschicht, die durch den Wechsel von Erwärmung bei Tag und Abkühlung bei Nacht erzeugt wird. Die oberste oder Konvektionsschicht zeigt nur bei Tag vertikale Temperaturabnahme und ist bei Nacht homotherm. Die Hauptsprungschicht aber erklärte MERZ einerseits aus der allmählichen Summierung der Sonnenstrahlenwärme an der untern Grenze ihrer Einwirkung, andrerseits aus Wind- und Wellenwirkung, worauf auch die schottischen Seenforscher und HAMBERG das Hauptgewicht legen, während ULE dem Winde nur eine verschärfende Wirkung auf eine bereits vorhandene Sprungschicht zuschreiben möchte.

Nach MERZ und den Schotten arbeiten, wenn nur überhaupt ein vertikales Temperaturgefälle vorhanden ist, Wind und Wellen an seiner Verschärfung bis zur Ausbildung einer Sprungschicht und an ihrer Tieferlegung, besonders in Seen, deren Längsachse in die Richtung des herrschenden Windes fällt. Durch diesen entsteht das schon erwähnte vertikale und horizontale Zirkulationssystem, so daß die Isothermenflächen ein Gefälle nach der Leeseite erhalten (Fig. 101); diese Zirkulation würde bis zum Seeboden reichen, wenn das Wasser homotherm wäre. Indem aber durch das leewärts in die Tiefe gepreßte und durch die Unterströmung wieder nach der Luvseite zurückgeführte warme Oberflächenwasser die erste Anlage zu einer Sprungschicht gegeben ist, wird durch diese die ganze Wassermasse in zwei Körper von verschiedener Temperatur und Dichte geteilt, die BIRGE [73] als Epi- und Hypolimnion bezeichnet hat und die infolge des Reibungswiderstandes nur in sehr geringem Austausch stehen. Vielmehr entsteht, wie das WEDDERBURN [74] für einige schottische Seen erwiesen hat, in der untern Masse ein entgegengesetztes, aber bedeutend schwächeres Zirkulationssystem dadurch, daß der Gegenstrom der oberen Masse Wasser der unteren mitzuschleppen versucht. Wärmemischung findet also nur oberhalb und in geringem Maße unterhalb der Sprungschicht statt, und es wird dadurch der thermische Gegensatz zwischen den beiden Massen und damit die Sprungschicht noch verschärft.

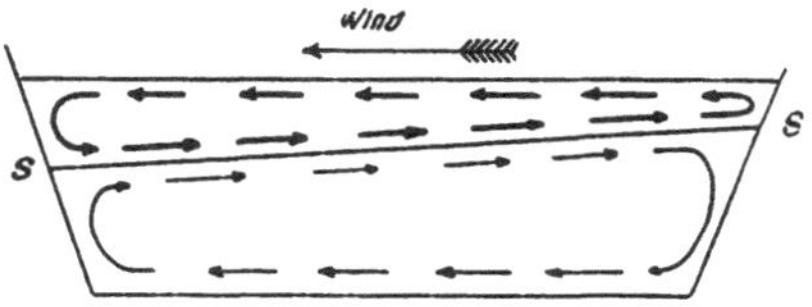

Fig. 101.

Nach den Beobachtungen im Loch Ness [75] erlischt der Einfluß des Windes auch dann nicht sogleich, wenn er abgeflaut ist, vorausgesetzt daß eine kräftige Sprungschicht vorhanden ist. In ihrer Umgebung führen die Isothermen, ganz unabhängig von ihrem Verlauf in den oberen Schichten, Pendelschwingungen oder Schaukelbewegungen aus, so daß in einer bestimmten Tiefe gleichzeitig an dem einen Ende des Sees ein Temperaturminimum, am andern ein Maximum auftritt und die Amplitude um so kleiner ist, je mehr man sich der Seemitte nähert. Derartige Oszillationen, die als interne thermische Seiches bezeichnet werden, haben eine um so größere Periode, je tiefer die Sprungschicht liegt; im Loch Ness beträgt sie nach WATSON[76] rund 3 Tage, im Wolfgangsee nach EXNER[77] 1 Tag, im Madüsee nach HALBFASS[78] 25 Stunden *, im Faistenauer Hintersee (Salzburg) nach MICOLETZKY[79] 4 Stunden. Solche Schwankungen wurden überhaupt überall dort beobachtet, wo eine kräftige Sprungschicht entwickelt ist, besonders an langgestreckten Seen mit möglichst gleichmäßiger Gestalt.

Von großem Einfluß auf die Tiefentemperaturen und den Wärmeinhalt der Seen ist schließlich die allgemeine geographische Lage, aber auch die Gestalt der Seebecken, was HALBFASS an der Hand von zahlreichen Beispielen belegt hat[80]. Flache und seichte Seen unterliegen der Einwirkung der Sonnenstrahlen bis zu ihrem Boden, während in durchwegs tiefen Seen die sehr mächtige Kaltwasserschicht durch Leitung abkühlend auf die höheren Schichten einwirkt. Ferner erwärmen sich Seen mit flach einfallenden Ufergehängen viel rascher als solche mit steil abfallenden, was schon SIMONY[81] an dem thermischen Gegensatz von Atter- und Traunsee beobachtete. Daß die Größe des Abflusses, wie BRÜCKNER[68] meinte, auch für die Tiefentemperatur bedeutungsvoll sei, bestreitet HALBFASS u. a. unter Hinweis auf den Zuger- und Vierwaldstättersee; bei ungefähr gleich starkem Abfluß hatte jener gleichzeitig eine um 4° geringere Tiefentemperatur als dieser. Doch hat BRÜCKNER diesen Einfluß nur für die warmen und kalten Seen, und zwar nur in geringem Ausmaß, angenommen.

Unterhalb der Sprungschicht nimmt die Temperatur bis zum Grunde sehr langsam ab, doch hören in sehr tiefen Seen meist erst von 100 m an die jahreszeitlichen Schwankungen nahezu ganz auf. Aber es ist auch in solchen Seen die Bodentemperatur keineswegs jahraus jahrein konstant; nach einer Zusammenstellung von HALBFASS besitzt sie im Vättersee eine absolute Schwankung von 6,3°, im Ladoga- und Aralsee von 4,3°, im Gardasee von 3°, bei den meisten anderen Seen ist sie allerdings nur unbedeutend. Jedenfalls kommt in diesem Wechsel der Bodentemperaturen der meteorologische Unterschied verschiedener Jahre zum Ausdruck. Die absolut höchste Bodentemperatur wurde mit 8,2° im 140 m tiefen Bolsenasee, die absolut tiefste (0,38°) im Vättersee beobachtet.

In manchen Alpen- und einigen skandinavischen Seen, auch im Sakrower See bei Potsdam wurde die Beobachtung gemacht, daß die Temperatur unmittelbar über dem Boden oder überhaupt in den unteren

* Hier äußerte sich die Schwankung in ihrem extremsten Fall darin, daß die Temperatur von 14° sich an dem einen Seeende in 7 m, am andern Ende in 22 m Tiefe fand; nach 12½ Stunden hatte die gleiche Temperatur die Tiefen miteinander vertauscht. Am deutlichsten zeigte sich die Erscheinung dann, wenn der Wind längere Zeit in einer und derselben Richtung geweht hatte und dann plötzlich abflaute. Überhaupt ist das Phänomen nach HALBFASS von den Witterungsverhältnissen in hohem Maße abhängig.

Schichten wieder zunahm, und zwar bis zu Beträgen von 2,5°. Wo sich die Erscheinung auf die untersten Schichten beschränkt, mag sie durch die Erdwärme oder dadurch bedingt sein, daß das durch gelöste Substanzen schwerere Wasser der Zuflüsse bis an den Grund gelangt und hier liegen bleibt. Wo aber überhaupt die untersten, nicht bloß die Bodenschichten diese Anomalie aufweisen, kann die Ursache nur in einer größeren Dichte des Tiefenwassers gesucht werden, das daher nicht aufsteigen kann; diese wieder kann eine Folge des Auftretens von relativ schwereren, wenn auch warmen Mineralquellen sein, wie das Delebecque für den Lac de Girotte in den französischen Alpen annahm; beim 45 m tiefen Ritomsee in der Gotthardgruppe ist die Ursache nach Bourcart und Collet [82] jedenfalls der größere Gehalt des Tiefenwassers an Kalk- und Magnesiasulfat infolge der Lösung von Gipsstöcken, beim Ulmener Maar das Auftreten einer sehr kohlensäurereichen Quelle am Boden dieses Sees. Die gleiche Erscheinung im Hemmelsdorfer See erklärt sich daraus, daß 1872 bei einer verheerenden Sturmflut salziges Ostseewasser eindrang, sich am Boden ansammelte und mit einer etwas höheren Temperatur sich hier erhalten hat [83].

Das Eis der Seen[84]. Sobald sich in einem See zu Beginn des Winters die verkehrte Schichtung eingestellt hat, kann kein wärmeres Wasser mehr von der Tiefe aufsteigen, sodaß die weitere Abkühlung der Oberfläche rasch fortschreiten und bei andauernder Kälte die Eisbildung beginnen kann. Ihr Eintritt ist daher von dem während der wärmeren Jahreszeit aufgespeicherten Wärmevorrat abhängig; flache Seen, die sich rascher bis zum Grund abkühlen, gefrieren früher als solche von großer mittlerer Tiefe, bei denen es sehr lange dauert, bis die ganze Wassermasse auf 4° abgekühlt ist, und auch der Wind immer wieder wärmeres Wasser an die Oberfläche bringt; überdies wirken auch starke Zuflüsse verzögernd auf die Eisbildung. So erklärt es sich, daß manche tiefe Seen, wie der Genfer-, Boden-, Walen- und Zugersee und selbst einige schottische Seen, trotz recht tiefen Lufttemperaturen ihrer Umgebung niemals oder fast nie eine Eisdecke erhalten. Das Gefrieren beginnt daher auch in der Regel über der seichten Uferbank und überhaupt an flachen Stellen und schreitet von da gegen die offene Seefläche vor.

Bei ruhiger Seeoberfläche wird die Eisbildung damit eingeleitet, daß lange Eisnadeln kreuz und quer über die Oberfläche schießen und sich zu einem Netz verdichten, das durch eine dünne Eishaut zu einer zusammenhängenden Decke verschlossen wird. Bei andauernder Kälte und ungehinderter nächtlicher Ausstrahlung kann sich eine solche dünne Decke in einer einzigen Nacht bilden, wie das am 30. Januar 1909 beim Zürichsee der Fall war. Das weitere Wachstum geschieht dann dadurch, daß sich Plättchen an die Unterseite anlegen, wodurch das Seeeis seine stengelige Struktur erhält. Dieser Vorgang geschieht aber mit der Zeit immer langsamer, da ja das Wasser unter der Eisdecke in der Hauptmasse über 0° bleibt, und das Eis eine sehr geringe thermische Leitungsfähigkeit hat, so daß die Eisdecke der Alpenseen im Maximum eine Dicke von nur 60—80 cm erreicht. Bei bewegter Seeoberfläche beginnt die Vereisung wie auf dem Meere mit der Bildung zuerst lockerer, dann immer festerer Schollen, die selbständig wachsen und, sobald Windstille eintritt, sich verkitten. Bei hochgelegenen Seen kann die Eisbildung auch mit Schneeeis beginnen, das sich aus dem schwimmenden Schneebrei bildet und daher trüb, brüchig und, ähnlich dem Firneis, körnig ist. Fällt Schnee auf die erste stengelige Eisdecke, so bildet sich aus ihm eine Schneeeisdecke, die das Kerneis und das Wasser darunter vor der Ausstrahlung schützt, wodurch das Tiefenwachstum gleichfalls verlangsamt wird. In der Regel ist die Seeeisdecke von Spalten durchsetzt, die infolge von Spannungen bei starker Kälte, oft unter großem Getöse entstehen. An Kreuzungsstellen der Spalten sowie über Grundwasser- und Quellaustritten bilden sich trotz andauernder Kälte die sog. Dampflöcher, aus denen von dem austretenden wärmeren Wasser Dampf aufsteigt.

Das Aufgehen der Eisdecke erfolgt meist viel rascher als ihre Bildung, sowohl durch Unterschmelzung durch das wärmere Wasser als durch Verdunstung und Strahlung. Gewöhnlich beginnt die Öffnung des Sees von den auch im Winter offen gebliebenen Stellen und besonders von den Ufern aus; dann vollenden das Hochwasser durch Heben und Zerbrechen der Decke, Wind- und Wellenwirkung die Zerstörung. Die Dauer der Vereisung ist natürlich bei den einzelnen Seen nach ihrer Lage und Tiefe, aber auch bei jedem See von Jahr zu Jahr sehr verschieden, wie Müllner [85] für die Ostalpen- und Herpich [86] für die oberbayrischen Seen gezeigt haben.

Die Farbe der Seen. Die blaue Farbe des chemisch reinen Wassers, eine Folge der mit zunehmender Mächtigkeit der Wasserschicht wachsenden selektiven Absorption aller anderen Lichtstrahlen außer den kurzwelligsten blau-violetten, erscheint bei keinem See in vollkommener Reinheit; selbst bei dem wegen seiner Bläue berühmten Gardasee, beim Blauseeli bei Kandersteg und beim Blautopf bei Blaubeuren ist sie mit etwas Grün vermischt. Die Bestimmung der Seefarbe geschah früher durch den Vergleich mit verschiedenen künstlichen Farbenskalen [87], die aber nicht befriedigen konnten, da ihre Farben niemals die wirkliche Wasserfarbe wiedergeben und der Subjektivität des Beobachters zu viel Spielraum gewähren. Daher bedient man sich heute daneben nach dem Vorschlag von O. v. Aufsess [88] des Spektrophotometers und teilt die Seen bezüglich ihrer Farbe nach der Größe der Absorption der blauen Strahlen in 4 Gruppen: bei der ersten Gruppe wird Blau nicht absorbiert, die Seefarbe ist blau (Achensee); bei der zweiten wird Blau schwach absorbiert, die Farbe ist grün (Walchensee); bei der dritten wird Blau stark absorbiert, die Farbe ist gelblich-grün (Kochelsee); endlich, bei völliger Absorption von Blau, gelb bis braun (Staffelsee). Doch gibt es natürlich viele Seen, deren Farbe zwischen diesen vier Typen liegt.

Die Erklärung der verschiedenen Farbe der Seen ist nach der 1860 von WITTSTEIN aufgestellten chemischen Theorie darin zu suchen, daß jedes Wasser seine Eigenfarbe hat, die durch die darin gelösten Stoffe zustande kommt, während die mechanische Trübung nur für die Durchsichtigkeit des Wassers maßgebend ist und, wenn selbst farblos, zur Wasserfarbe nichts beiträgt. Als gelöste Stoffe kommen vor allem die organischen, namentlich die humosen Stoffe, ferner noch die Eisensalze in Betracht; daher besitzen die blaue Farbe diejenigen Seen, die von Quellen oder von Zuflüssen aus nacktem Gestein gespeist werden, grüne Seen treffen wir in humusärmeren Gegenden, also namentlich im Kalkgebirge, gelbe bis braune Seen dort, wo zahlreiche Verwesungsprodukte auftreten, also besonders in Moorgegenden.

Süßwasser- und Salzseen. Die chemische Beschaffenheit des Seewassers ist abhängig von der Zusammensetzung des Wassers der Zuflüsse, von den Veränderungen, die das Wasser im See selbst erfährt, endlich von den Abflußverhältnissen und damit in erster Linie von dem Klima der Umgebung des Sees. Das Wasser der Zuflüsse ist in seiner Zusammensetzung natürlich in erster Linie durch die Bodenbeschaffenheit des Einzugsgebietes bestimmt, aber auch verschieden je nach der Art der Speisung; Seen mit Grundwasserspeisung wie viele baltische Seen haben einen höheren Gehalt an Kalk und Magnesia, also härteres Wasser, als die meisten Alpenseen. Unter den Veränderungen im See selbst sind die organischer Natur weitaus am wichtigsten. Durch ihr Chlorophyll reduzieren die Wasserpflanzen, namentlich die Algen, die im Wasser gelöste Kohlensäure und geben Sauerstoff ab; daher werden die als Bikarbonate im Wasser gelösten Salze als Karbonate niedergeschlagen. Umgekehrt absorbieren die Wassertiere den Sauerstoff und geben Kohlensäure und Ammoniaksalze ab. Endlich nehmen Tiere und Pflanzen aus dem Wasser Alkali- und Erdmetalle auf, sondern in ihrem Skelett Karbonate, Phosphate und Kieselsäure ab und veranlassen die Bildung organogener Sedimente.

Der Abfluß verändert die chemische Zusammensetzung des Seewassers nicht. Geschieht aber die Wasserabfuhr nur durch Verdunstung, so findet eine zunehmende Konzentration der im Wasser gelösten Salze statt, die schließlich zu deren Niederschlag je nach dem Grade der Sättigung führt. Dabei scheiden sich zunächst die Kalziumsulfate, dann die Sulfate und Karbonate des Natrium, dann die Na-Chloride, endlich die Mg-Chloride aus.

Aus den genannten Gründen ist der Salzgehalt der vollkommenen Flußseen höchstens gleich dem des Zuflusses, überhaupt gering (0,01—0,02 %) und zeigt nur sehr geringe Schwankungen; es überwiegen Karbonate neben Sulfaten und Chloriden, die tieferen Schichten sind immer etwas salzreicher als die oberen. Stärker salzig ist, abgesehen von den Strandseen, nur das Wasser derjenigen Seen, die durch salzhaltige Quellen gespeist werden, wie der Mansfelder See bei Eisleben[89]. Ist der Abfluß geringer als der Zufluß oder nur temporär vorhanden, so ist das Seewasser und der Abfluß etwas salzreicher als der Zufluß, die Schwankungen des Salzgehaltes in der jährlichen und in längerer Periode sind größer. Dauernd abflußlose Seen haben meist einen hohen Salzgehalt, der im allgemeinen wohl mit dem geologischen Alter des Sees und seiner Abflußlosigkeit zunimmt. So erklärt es sich, daß der heutige Lobnor, der Balchaschsee und Issykkul sowie der Tsadsee und die kleinen Seen des Großen Beckens noch süßes oder nur schwach salziges Wasser haben; auch beim Aralsee ist die Salinität mit wenig über 1 % gering. Allgemein aber haben salzige Endseen große Schwankungen des Salzgehaltes je nach der Jahreszeit und in längeren Perioden, und überdies ist dieser je nach der Entfernung von der Einmündung des Zuflusses verschieden groß. Der Salzgehalt des Kaspisees beträgt nahe der Wolgamündung nur 1,2—1,5 ‰, im offenen See 11—13 ‰, steigt aber im abgeschlossenen Karabugas auf 185‰, so daß vorwiegend Glaubersalz zur Ablagerung kommt[90]. Im Toten Meer[91] ist der Salzgehalt erst von 40 m Tiefe an ziemlich konstant (28 %), auch betreffs der Zusammensetzung, indem der Reichtum an Magnesiumchlorid auffällt. Karbonate treten überhaupt in abflußlosen Seen zurück, da die Flüsse dieser pflanzenarmen Gegenden wenig Kohlensäure führen und eben deshalb auch der weiterhin noch zugeführte kohlensaure Kalk, sei es direkt, sei es durch Organismen ausgeschieden wird.

Bei den in den Trockenzonen der Erde weit verbreiteten und sehr zahlreichen eigentlichen Salzseen (mit über 5 % Salzgehalt) unterscheidet man je nach dem vorherrschenden Salz die Salzseen im engeren Sinne mit vorwiegendem Kochsalz, daneben Chlormagnesium, schwefelsaurer Magnesia und schwefelsaurem Natron (z. B. Großer Salzsee von Utah mit 186 ‰ Salzgehalt und 8—13 ‰ Chlorgehalt), ferner die selteneren und nur vereinzelt vorkommenden Natronseen, in denen neben Kochsalz kohlensaures und schwefelsaures Natron die Hauptbestandteile sind (Wansee und Güsgündag in Armenien, Owen's Lake in Kalifornien, die Steppenseen Ungarns), endlich die noch selteneren Boraxseen, die neben Kochsalz und anderen Salzen auch Borax enthalten (Äquatorialafrika, Persien, Tibet, Kalifornien, Nevada).

Der Gasgehalt der Seen. Infolge ihrer steten Berührung mit der atmosphärischen Luft sind die oberen Schichten des Seewassers stets mit Gasen, namentlich mit Sauerstoff gesättigt, ja vielfach übersättigt, während der schwerer lösliche Stickstoff relativ stark zurücktritt. Infolge der ebengenannten biologischen Prozesse sind aber die Mengen der gelösten Gase starken Schwankungen unterworfen, der Sauerstoffgehalt ist überdies von der Temperatur und den Witterungsverhältnissen abhängig. Die Kohlensäure des Seewassers ist größtenteils chemisch gebunden; in der Regel sind die obersten Schichten an freier Kohlensäure ärmer als die tieferen, wo infolge der steten Produktion von Kohlensäure und des fehlenden Assimilierungsprozesses des Chlorophylls geradezu ein Überschuß an Kohlensäure entstehen kann, während umgekehrt der Sauerstoffgehalt durch die zunehmende Absorption durch die Organismen mit der Tiefe abnimmt. Wenn im Winter die Durchmischung des Sees bis zum Boden reicht, wie das namentlich in seichten Seen der Fall ist, gelangt Sauerstoff in die Tiefe, so daß dann der Gehalt an Sauerstoff, wie das beim Sakrower See erwiesen wurde[92], in allen Schichten gleich groß ist; sobald sich aber eine thermische Schichtung entwickelt, die die untern Schichten von der Verbindung mit der Oberfläche abschneidet, nimmt der Sauerstoffgehalt unterhalb der Sprungschicht rasch ab, da er durch die Organismen verbraucht wird, und an seine Stelle tritt der den Organismen feindliche, aus Fäulnisprodukten sich entwickelnde Schwefelwasserstoff, der im Herbst wieder verschwindet. Dieser jahreszeitliche Wechsel des Gasgehaltes ist natürlich für die vertikale Verbreitung der Organismen und damit auch für die Fischerei von großer Bedeutung.

Klimatologische und anthropogeographische Bedeutung der Seen. Die Seen sind nicht nur Produkte des Klimas, sie üben auch auf das Klima und damit auf die Lebensbedingungen ihrer Umgebung einen nicht unbeträchtlichen Einfluß aus. Da sie im Winter Wärme an die Luft abgeben, im Sommer abkühlend wirken, ist das Klima der Seeufer, namentlich bei sehr großen Seen, ozeanischer als das der weiter abseits gelegenen Landstriche. Das gilt besonders von den großen kanadischen Seen, wo die zwischen Michigan-, Huronen- und Eriesee gelegene Halbinsel durch auffallend warme Herbst- und Wintertemperaturen ausgezeichnet ist[93]; aber auch die oberitalienischen und die großen schweizerischen Randseen wirken mildernd auf das Klima ihrer Ufergegenden, so daß diese mit Vorliebe als Kurorte besucht werden. Eine andere klimatische Wirkung der Seen beruht auf den durch die thermische Differenz zwischen Wasser und Land eingeleiteten Luftbewegungen; solche dem Wechsel von Land- und Seewinden ähnliche Erscheinungen sind an vielen Seen bekannt, wie am Genfer- und Gardasee. Durch die Verdunstung von der Seeoberfläche wird der Feuchtigkeitsgehalt der Luft vergrößert. Die spiegelnde Wärme erhöht die Lufttemperatur und fördert an manchen Seeufern den Wein- und Obstbau; bei der Bildung einer Eisdecke wird Wärme frei, bei ihrem Schmelzen Wärme verbraucht.

Schon seit den Zeiten der Pfahlbauer haben die Ufer vieler Seen die Menschen zur Anlage von Siedlungen angelockt, teils aus Gründen des Schutzbedürfnisses, teils zum Zwecke des Fischereibetriebs, und noch heute finden sich Pfahlbauten an den Seen von Celebes, von Äquatorialafrika, an der Lagune von Maracaibo u. a. O. Seen legen, wie RATZEL[94] sagt, eine unbewohnbare Fläche in die Landschaft, an die sich Siedlungen und bei größeren Maßstäben auch

Staatengründungen anlehnen; sie führen aber auch die Menschen zusammen und erzeugen einen Kulturkreis, der meist weit über die Seeufer hinausgreift. In Mitteleuropa ist wohl das schönste Beispiel für diese vereinigende Wirkung eines Sees der Bodensee, der, obwohl zwischen fünf Staaten geteilt, doch für die Kultur und Eigenart seiner Bewohner ein einigendes Band bildet[95]. Andere Beispiele für die Anziehungskraft von Seen auf die menschlichen Siedlungen und damit auf die Konzentrierung der Bevölkerungsdichte bieten der Plattensee[96], der Genfersee, von dessen Uferregion die Siedlungs- und Volksdichte sprunghaft landeinwärts abnimmt, wenn auch die Verhältnisse an den klimatisch begünstigteren, dicht besiedelten Schweizer Ufern wesentlich andere sind als an den höheren und rauheren savoyischen, ferner der Zürichsee, in dessen Uferzone die Volksdichte auch ohne die Großstadt Zürich auf 337 (1910) gestiegen ist, wobei das klimatisch weniger begünstigte linke Ufer infolge einer zusammenhängenden Kette industrieller Siedelungen dichter bewohnt ist als das sonnigere, einst von Weinbergen geschlossen besetzte rechte Ufer[97].

Der zusammenführenden Wirkung der Seen steht insofern eine auflösende gegenüber, als vielfach der Wettbewerb der einzelnen, unter ungefähr gleichen Verhältnissen stehenden Siedlungen das Aufkommen eines einzigen beherrschenden Mittelpunkts verhindert. Das gilt namentlich vom Bodensee, freilich hier durch die politische Zersplitterung begünstigt, z. T. auch vom Genfersee, wo Genf und Lausanne, zugleich die Hauptstädte zweier Kantone, um den Vorrang streiten. In der Regel aber hat aus naheliegenden Gründen die am Seeausfluß gelegene Stadt die Führung an sich gebracht und des öftern sind solche Städte zu politischen, kulturellen und wirtschaftlichen Zentren geworden, wie Zürich und Genf; bei Stockholm wirkte überdies die Zwischenlage zwischen dem Mälarsee und dem Schärenhof besonders fördernd. In vielen Fällen aber hat das Zusammentreffen verschiedener Momente anderen Siedlungen die Führung gesichert. Das großartigste Beispiel hiefür bietet Chicago, das durch seine Lage am Michigansee und am Ausgangspunkt eines Kanals nach dem Mississippigebiet sowie durch sein reiches Hinterland zu einer Großstadt von fast 3 Mill. Einwohnern angewachsen ist, aber doch auch die Konkurrenz anderer Seeuferstädte zu spüren hat; sind doch nicht weniger als 10 Großstädte mit zusammen fast 7 Millionen Menschen an den Ufern dieses nordamerikanischen Binnenmeeres gelegen. Besondere Gunst bot die Lage auf der Landenge zwischen zwei Seen, wofür zahlreiche kleinere Orte in Norddeutschland, wie Schwerin, Neustrelitz und Ratzeburg, ferner Interlaken, Detroit, Madison als Beispiele dienen mögen.

Aber auch ganzen Völkern bieten die Seen Gelegenheit zu ungestörter Entwicklung, und mehrfach sind festere Staatengebilde aus der Anlehnung an größere Binnenseen hervorgegangen. Bekannt ist die Rolle, die der Vierwaldstättersee in der alten Geschichte der Schweizer Eidgenossenschaft gespielt hat. Um den Titicaca-See lag die Keimzelle des Inkareiches, dessen ältestes Heiligtum auf einer Insel dieses Sees verehrt wurde. Gleichfalls auf einer Seeinsel und um einen See herum entstand das altmexikanische Reich und das der Tolteken; in Innerafrika waren die höchsten staatlichen Formen die an den Viktoria-Nyansa und den Tsadsee gelehnten Bildungen. Auch der Verlauf der Grenze zwischen den Vereinigten Staaten und Kanada läßt die Anlehnung an die schützende Wirkung großer Wasserflächen erkennen. Der Mälarsee wurde das Bindeglied der einzelnen mittelschwedischen Landschaften. Wie Staaten sich an einen See herandrängen, zeigen auch die oberitalienischen Seen und der Skutarisee, dessen fruchtbare Schwemmlandufer stets das Sehnsuchtsziel des armen Montenegro gewesen sind.

Im Verkehrsleben [98] steht die Rolle der Seen zwischen der der Flüsse und des Meeres. Zwar legen sich große Seen öfters als eine Schranke des Landverkehrs quer zu natürlichen Verkehrslinien; im allgemeinen aber erleichtern die in einen Flußlauf eingeschalteten Seen durch ihre Breite und Tiefe den Verkehr, namentlich in dessen älteren Perioden, und befördern die politische und wirtschaftliche Erschließung großer Räume, wie das von den Seenketten des nordwestlichen Nordamerika und den Grabenseen Ostafrikas gilt. In entwickelteren Zeiten bilden sich manche Seenlandschaften zu selbständigen Verkehrsgebieten aus. Weitaus an der Spitze stehen in dieser Beziehung die kanadischen Seen, die mit ihrem Abfluß, dem Lorenzstrom, und ihren Kanälen die großartigste Wasserstraße bis ins Herz des Erdteils bieten und wo der Reichtum ihrer Uferländer an Getreide, Holz, Erzen und Kohle einen geradezu riesenhaften Verkehr ins Leben gerufen hat. Schon 1909 überstieg der Frachtenverkehr im St. Marie's-kanal dreimal den durch den Suezkanal [99]. Ein schwächeres Seitenstück dazu bilden die mittelschwedischen Seen, die mit den sie untereinander und mit dem Meere verbindenden Kanälen einen vielbenützten Verkehrsweg quer durch die Halbinsel darstellen. Unter den Alpenseen steht der Bodensee in seiner Bedeutung für den Durchgangsverkehr weit voran, während die anderen Seen meist nur dem Lokal- und dem Fremdenverkehr dienen.

Die Bedeutung der Seen als Regulatoren der Abflußverhältnisse und damit für die Minderung der Hochwassergefahren und die Erhaltung eines technisch noch verwendbaren Niedrigwasserstandes des Abflusses ist bereits früher gestreift worden; künstliche Regelung des Abflusses hat bei vielen Seen dazu verholfen, diese Wirkungen noch besser auszunützen und die Seen zur Speisung schiffbarer Kanäle sowie zur Bewässerung trockener Landstriche heranzuziehen. In letzterer Beziehung sei besonders das Projekt genannt, den Viktoria-Nyansa zusammen mit dem Albertsee zu einem Staubecken für die

Nilfluten auszugestalten, das zur Bewässerung des ägyptischen Sudan dienen soll. In jüngster Zeit sind eine Reihe von Seen zu Kraftspeichern dadurch ausgebaut worden, daß ihr angestauter Inhalt einen direkteren und gefällsreicheren Abfluß erhielt, der zur Erzeugung elektrischer Energie verwendet wird. Unter den zahlreichen Unternehmungen dieser Art in den Alpen seien die Anlagen am Ritom- und Klöntalsee in der Schweiz, am Spuller- und Lünersee in Vorarlberg, an den Gosauseen im Salzkammergut, an mehreren oberitalienischen Seen, endlich als größtes die Kraftanlage am Walchensee in Oberbayern genannt, mit der zugleich eine Veränderung der Zu- und Abflußverhältnisse verbunden ist[100]. Auch in anderen Gebirgen, wie in den Vogesen, im Schwarzwald, in Schottland, den Pyrenäen, Norwegen und den Alleghanies, sind Seen auf diese Weise in den Dienst der Industrie und des Verkehrs gestellt worden. In einigen Fällen, wie beim Boden- und Zürichsee, bei einigen schottischen Seen, den Müggelseen bei Berlin und den Seen der Catskill-Mountains in den nördlichen Appalachen, ist auch die Trinkwasserversorgung großer Städte direkt oder indirekt auf die Wasservorräte von Seen aufgebaut, wobei zur Vermeidung gesundheitsschädlicher Wirkungen die Entnahme nicht unmittelbar am Ufer, sondern aus einiger Tiefe geschehen muß.

Literaturnachweise. [1] Hauptwerke: F. A. Forel, Handbuch der Seenkunde; Stuttgart 1901. O. v. Aufsess, Die physikalischen Eigenschaften der Seen; Braunschweig 1905. W. Halbfass, Grundzüge einer vergleichenden Seenkunde; Berlin 1923. L. Collet, Les lacs; Paris 1925. Vgl. ferner: John Murray und L. Pullar, Bathymetrical Survey of the Scottish Fresh-waters Lochs, 6 Bde.; Edinburgh 1910, wo Murray in Bd. I einen Überblick über die Verteilung der Seen der ganzen Erde gibt, und W. Halbfass, Die Morphometrie der europäischen Seen; Zeitschr. Ges. f. Erdk. Berlin 1903 und 1904. Ders.: Die Seen der Erde; Erg.-H. 185 zu Pet. Mitt. Gotha 1922. — [2] Vgl. dazu die Handbücher der Morphologie, insbesondere Penck, Bd. II. — [3] R. Pumpelly, The Relation of Secular Rock-disintegration; Americ. Journal of Science XVII, 1879. — [4] Sven Hedin in Pet. Mitt. 1904; über Dünenseen in der indischen Wüste: Blanford in Proceed. Royal Geogr. Soc. 1880. — [5] R. Credner, Die Reliktenseen; Erg.-H. Pet. Mitt. 86 u. 89, Gotha 1887 u. 1888. — [6] Eine sehr eingehende Behandlung des norddeutschen Seenphänomens vom genetischen Gesichtspunkt enthält: Wahnschaffe-Schucht, Entstehung und Oberflächengestaltung des Norddeutschen Flachlands; 4. Aufl., Stuttgart 1921. — [7] J. W. Spencer, Origin of the basins of Great Lakes of America; Quarter. Journ. Geol. Soc. London 1890; G. K. Gilbert, Modification of the Great Lakes by Earth-Movements; Nat Geogr. Mag. VIII, 1897. — [8] A. v. Böhm, Die Hochseen der Ostalpen; Mitt. geogr. Ges. Wien 1886. Auch: Polscher, Die Hochseen der Kreuzeckgruppe; Geogr. Jber. aus Österreich VIII, 1910. — [9] J. Partsch, Die Hohe Tatra zur Eiszeit; Leipzig 1923. — [10] K. Grissinger, Studien zur physischen Geographie der Tatra-Gruppe; 18. Ber. d. Ver. d. Geogr. a. d. Univ. Wien 1893. — [11] A. Heim, Geologie der Schweiz I. Bd.; Leipzig 1919. — [12] A. Penck, Ablagerungen und Schichtstörungen der letzten Interglazialzeit in den nördlichen Alpen; Sitzber. Preuß. Ak. d. Wiss. 1922, und: Das Antlitz der Alpen; »Die Naturwissenschaften« 1924. Vgl. auch: E. Brückner, A. Pencks neue Untersuchungen über die Eiszeit usw.; Z. f. Gletscherk. XIII, 1924. — [12a] Sammelwerk: Der Walchensee in den Jahren 1920—23; Supplem.-Bd. VI des Archivs für Hydrobiologie 1924 ff. S. a. E. Fels in der Zeitschr. D. u. Ö. Alp.-Ver. 1924 (mit Tiefenkarte). [12b] G. K. Gilbert, The topographic Features of Lake

Shores; V. Ann. Rep. U. S. Geol. Surv. 1884. — [13] Eberh. Graf Zeppelin, Über die neue Bodenseekarte; Verh. X. Deutschen Geographentags, 1893. — [14] F. A. Forel, Le Léman I.; Lausanne 1892. — [15] G. Götzinger, Geomorphologie der Lunzer Seen und ihres Gebietes; Internat. Revue der ges. Hydrobiologie und Hydrographie 1912. — [16] V. Pollack, Über Seeuferbewegungen; Österr. Wochenschr. für den öffentl. Baudienst XIX, 1913. Über die Katastrophe am Zugersee s. Heim, Mosel und Bürkli (Zürich 1888). — [17] Buckley, Ice Ramparts; Transact. Wisconsin Acad. of Sciences usw. XIII, A. Hamberg in Bull. Geol. Inst. of Upsala 1919. G. Braun, Eiswirkung an Seeufern; Schrift. phys.-ökonom. Ges. Königsberg XLVII, 1906. — [18] Stumpf in den Annalen der Schweiz. Landeshydrographie II. — [19] L. Berg, Der Aralsee; Iswj. turk. Abt. russ. geogr. Ges. Taschkent 1908 (russ., ausführliches Ref. von Woeikof in Pet. Mitt. 1909). — [20] A. Delebecque in Comptes Rendus de l'Académie franç. 1896. — [21] Kleinschmidt, Beiträge zur Limnologie des Bodensees; Schr. Bodensee-Gesch. Ver. 1921. — [22] L. v. Lóczy, Die geologischen Formationen der Balatongegend usw.; Wien 1916. — [23] A. Heim, Der Schlammabsatz am Grund des Vierwaldstättersees; Vierteljahrschr. Schweiz. Naturf. Ges. Zürich 1900. — [24] M. Groll, Der Öschinensee; Diss. Bern 1904. — [25] Lütschg in Verh. Schweiz. naturf. Ges. 1909—1911. — [26] Götzinger, Die Sedimentierung der Lunzer Seen; Verh. geol. Reichsanst. 1911. — [27] A. Delebecque, Les lacs français; Paris 1898. — [28] W. Ule, Der Würmsee in Oberbayern; Wiss. Veröff. Ver. f. Erdk., V, Leipzig 1901. — [29] P. Graebner, Botanischer Führer durch Norddeutschland. Wahnschaffe-Schucht, Geologie und Oberflächengest. usw. zit. Anm. 6. — [30] H. Potonié, Die rezenten Kaustobiolithe und ihre Lagerstätten; 3 Bde., Berlin 1908—1912. — [31] Potonié im Jahrb. preuß. geol. Landesanst. für 1911, I, 2. — [32] N. Krebs in Länderkunde der österr. Alpenländer; Stuttgart 1912. — [33] H. Walser, Landeskunde der Schweiz; Samml. Göschen 1926. (Neuaufl.) — [34] H. Wegelin, Die Veränderungen der Erdoberfläche im Kanton Thurgau; Frauenfeld 1914. — [35] Breu, Über das Zurückgehen und Verschwinden bayrischer Seen in historischer Zeit; Ber. naturw. Ver. Regensburg 1908. — [36] K. Hassert, Der Fucinersee einst und jetzt; »Globus« Bd. 72, 1892. — [37] A. Philippson, Der Copais-See in Griechenland und seine Umgebung; Z. Ges. Erdk. Berlin 1894. — [38] G. K. Gilbert, Lake Bonneville; U. S. Geol. Surv. Monographs. 1890. I. C. Russell, Geological history of Lake Lahontan; Ebda Ann. Rep. 1885. — [39] E. Kramer, Das Laibacher Moor; Laibach 1905. — [39a] H. Gams und R. Nordhagen, Postglaziale Klimaänderungen in Mitteleuropa; Mitt. geogr. Ges. München 1923. — [40] J. Früh und C. Schröter, Die Moore der Schweiz mit Berücksichtigung der gesamten Moorfrage; Bern 1904. F. Solger, Die Moore in ihrem geographischen Zusammenhang; Z. Ges. Erdk. Berlin 1905. Vgl. auch die in Anm. 29 genannten Werke. — [41] J. Früh, Über Moorausbrüche; Vierteljahrschr. naturf. Ges. Zürich 1897. — [42] W. Ule, Die Tiefenverhältnisse der ostholsteinischen Seen; Jb. preuß. geol. Landesanst. f. 1890, Berlin 1891 und G. Braun in Pet. Mitt. 1903. — [43] G. Götzinger, Der Lunzer Mittersee usw.; Internat. Revue der ges. Hydrobiologie I, 1908. — [44] J. Cvijić, Die mazedonischen Seen; Abrégé Mitt. ungar. geogr. Ges. 1900. — [45] S. darüber die Angaben bei Halbfass, Vergleichende Seenkunde, S. 115 ff. — [46] R. Sieger, Die Schwankungen der hocharmenischen Seen; Mitt. geogr. Ges. Wien 1888. — [47] Theeuws, Le lac Tanganika; Mouvements géogr. Bd. 33 u. 34. — [48] L. Collet, Régime des lacs Suisses en général; Le Globe, Bd. 55, Genf 1916. — [49] G. K. Gilbert, Recent Earth Movements in the Great Lakes Region; Ann. Report U. S. Geol. Survey 1896/97 u. 1898. — [50] S. die Verarbeitung der einschlägigen Lit. durch W. Halbfass, Klimatische Probleme im Lichte moderner Seenforschung; Progr. Gymn. Neuhaldensleben 1907 u. 1908. — [51] A. Penck, Gekippte Seen; Zeitschr. Ges. Erdk. Berlin 1924. — [52] E. Brückner, Klimaschwankungen seit 1700; Pencks geogr. Abh. IV, 1890. — [53] S. über diese Frage namentlich L. Berg, Das Problem der Klimaänderung in geschichtlicher Zeit; Pencks geogr. Abh. X, 2, 1914. — [54] W. Halbfass, Die physikalischen und chemischen Eigenschaften des Kaspischen Sees; Pet. Mitt. 1923. — [55] J. v. Cholnoky, Limnologie des Balatonsees; Resultate der wissensch. Erforschung des Balatonsees I, 3; Wien 1897. — [56] F. A. Forel, Les Seiches; Bull. Soc. Vaudoise sc. nat. 1873. P. Du Bois, Essai théorique sur les seiches; Arch. sc. phys. et nat. 3. série XXV, 1891. — [57] G. Chrystal, On the hydrodynamical Theorie of Seiches; Transactions R. Soc. Edinburgh 1905 ff. Eine gemeinverständliche Darstellung gab W. Halbfass in Zeitschr. Ges. f. Erdk. Berlin 1907. — [58] F. A. Forel, Le Léman II, Bd. II, 1895. Weitere Beobachtungen u. a. bei H. Ebert, Periodische Seespiegelschwankungen am Starnberger See; Sitzber. bayr. Ak. d. Wiss., Bd. 30, 1900. A. Endrös, Seenschwankungen beobachtet am Chiemsee; Diss. Techn. Hochsch. München 1903; ders. Pet. Mitt. 1907 und »Seiches-Beobachtungen an den größeren Seen des Salzkammergutes«; Pet. Mitt. 1906 u. a. — [59] F. A. Forel, Die Schwankungen des Bodensees; übersetzt von E. Graf Zeppelin, Schrift. Ver. f. Gesch. d. Bodensees, 1893. — Ule, Der Würmsee (s. Zitat Anm. 28). — [60] Cholnoky s. Zitat Anm. 55. — [61] W. Schmidt, Über die Reflexion der Sonnenstrahlung an Wasserflächen; Sitzber. Ak. Wiss. math.-naturw. Kl. Wien 1908. Ebda über die Absorption der Sonnenstrahlung im Wasser; s. a. Met. Z. 1908. — [62] Birge in »Science« Bd. 38, 1913. — [63] A. Hamberg, Temperaturobservationer i Mälaren usw.; Svensk Vet. Akad. Handlingar Bd. 21, 1896. Derselbe: Dichteunterschiede und Temperaturverteilung hauptsächlich der Binnenseen; Pet. Mitt. 1911, II. — [64] John Murray, On the Effects of Wind on the Distribution of Temperature; Scottish geograph. Magaz. IV, 1888. — [65] W. Halbfass, Beiträge zur Kenntnis der Seen Hinterpommerns; Erg. H. 136 zu Pet. Mitt. 1901. — [66] A. Merz, Die Oberflächentemperatur der Gewässer; Veröff. Inst. f. Meereskunde. N. F. geogr.-naturw. Reihe 5, Berlin 1920. — [67] Derselbe, Seenstudien in den Niederen Tauern; Mitt. geogr. Ges. Wien 1909. — [68] E. Brückner, Zur Thermik der Alpenseen; Geogr. Zeitschr. 1909. — [69] W. Halbfass, Zur Thermik der Alpenseen usw.; Zeitschr. f. Gewässerkunde 1910. — [70] E. Richter, Die Temperaturverhältnisse der Alpenseen; Verh. IX. deutschen Geographentages in Wien 1891. Derselbe: Seenstudien; Pencks geogr. Abh. VI, 1897. — [71] E. M. Wedderburn, The Temperature of the Fresh-Water Lochs of Scotland; Transactions Royal Soc. of Edinburgh, XLV, 2; 1907. — [72] A. Merz, Die Sprungschicht der Seen; Mitt. Ver. d. Geogr. an der Univ. Leipzig I, 1911. — [73] E. A. Birge, One unregarded factor in Lakes Temperatures; Transactions Wisconsin Acad. of Sc. usw. XVI; Madison 1910. — [74] E. M. Wedderburn, Temperature of Scottish Lakes; Bathymetrical Survey of the Scottish Fresh-Water Lochs I; Edinburgh 1910. — [75] Derselbe, An experimental Investigation of the Temperature Changes occurring in Fresh-Water Lochs of Scotland; Proceedings of the Royal Soc. of Edinburgh XXVII, 1907; auch: Scottish Geogr. Magaz. 1909 u. 1910. — [76] E. R. Watson, Movements of the Waters of Loch Ness, as indicated by Temperature Observations; Geogr. Journal 1904. — [77] F. M. Exner, Über eigentümliche Temperaturschwankungen im Wolfgangsee; Sitzber. Ak. d. Wiss. Wien 1908. — [78] W. Halbfass, Gibt es im Madüsee Temperatur-Seiches? Internat. Revue der ges. Hydrobiol. u. Hydrogr. III, 1910. — [79] Micoletzky, Zur Kenntnis des Faistenauer Hintersees; Ebda 1911. — [80] S. darüber namentlich die vergleichenden Beobachtungen im Walen- und Zürichsee durch die Physikalische Gesellschaft in Zürich 1905—1912 (Maurer, Met. Zeitschr. 1917 und 1919). — [81] F. Simony, Über die Grenzen des Temperaturwechsels in den tiefsten Schichten des Atter- und des Gmundener Sees; Sitzber. Akad. d. Wiss. Wien 1875. — [82] F. E. Bourcart, Les lacs alpins suisses, Étude chimique et physique; Genf 1906. L. Collet, R. Mellet et C. Ghezzi, Il Lago Ritom; Le Lac Ritom; Communications du service des eaux, Bern 1918. — [83] R. Griesel, Physikalische und chemische Eigenschaften des Hemmelsdorfer Sees; Diss. Rostock 1920. — [84] Wichtiges Werk: A. Holmsen, Isforholdene ved de norske indsjøer; Kristiania 1902. Ferner: J. v. Cholnoky, Das Eis des Balatonsees; Resultate der wissensch. Untersuch. d. Balatonsees, I, 5 Wien 1909. Götzinger, Die Eisverhältnisse der Lunzer Seen; Internat. Revue der ges. Hydrobiol. u. Hydrographie 1917. — [85] J. Müllner, Vereisung der österreichischen Alpenseen; Pencks Geogr. Abh. VII, 3, 1903; Zur Vereisung der Seen der Ostalpen. Geograf. Annaler 1924. — [86] H. Herpich, Die Eisverhältnisse in den südbayrischen Seen; Münchner geograph. Studien 26, 1911. — [87] W. Ule, Die Bestimmung der Wasserfarbe in den Seen; Pet. Mitt. 1892. — [88] O. v. Aufsess, Die Farbe der Seen; Diss. München 1903. — [89] Colditz, Beiträge zur Biologie des Mansfelder Sees; Zeitschr. f. wissenschaftl. Zoologie Bd. 108, 1914. — [90] W. Stahlberg, Der Karabugaz als Bildungsstätte eines marinen Salzlagers: Naturwiss. Wochenschrift 1905. — [91] MEUSBURGER, Das Tote Meer; Progr. Gymn. Brixen 1907/09. — [92] SCHICKENDANTZ, Temperaturen und Sauerstoffgehalt im Sakrower See bei Potsdam; Internat. Revue der ges. Hydrobiologie III, 1910. — [93] Vgl. HANN, Handburch der Klimatologie, 2. Aufl. III. Bd.; Stuttgart 1911. — [94] F. RATZEL, Handbuch der Anthropogeographie I, 3. Aufl.; Stuttgart 1909. — [95] E. KALTENBACH, Beiträge zur Anthropogeographie des Bodenseegebietes; Diss. Basel 1922. — [96] JANKÓ, Ethnographie der Umwohner des Balatonseegestades; Resultate der wissensch. Erforsch. des Balatonsees, III, 2.; Wien 1906. — [97] A. SCHOCH, Beiträge zur Siedlungs- und Wirtschaftsgeographie des Zürichseegebietes, Jahresber. d. geogr.-ethnograph. Ges. Zürich 1916/17. — [98] W. HALBFASS, Die Bedeutung der Binnenseen für den Verkehr; Verh. XIV. deutschen Geographentags zu Köln 1903. Derselbe, Die Seen im Haushalt der Natur und der Menschen; »Gaea« 1909. — [99] E. BRÜCKNER, Die großen Seen Nordamerikas und ihre Bedeutung für den Verkehr; Mitt. geogr. Ges. Wien 1918. — [100] W. HALBFASS, Das Walchenseeprojekt; »Gaea« 1909.

Die Gletscher[1].

Oberhalb der Schneegrenze vollzieht sich das Wachstum der Schneemassen nahezu ungehindert durch die hier nur mehr unbedeutende Abschmelzung und Verdunstung. Aber doch ist nur die Schneebedeckung eine dauernde, »ewige«, nicht die einzelne Schneelage. Denn der Anhäufung von Schnee wirkt seine eigene Bewegungsfähigkeit entgegen, die ihn entweder in plötzliche oder langsame Abwärtsbewegung bringt; diese vollzieht sich in den Gletschern, jene in den Lawinen.

Lawinen.[2] Gewöhnlich pflegt man zwischen den trockenen und pulvrigen Staublawinen des Winters, die sich von einer Oberfläche älteren und verfirnten Schnees ablösen, und den aus feuchtem und schwererem Schnee bestehenden Grundlawinen des Frühlings zu unterscheiden, die vom festen Felsgrund abgehen und meist bestimmte Sturzbahnen in den von den Wildbächen geschaffenen Tobeln benützen. Der Abgang der Lawinen vollzieht sich aber meist nicht nur als eine rein gleitende Bewegung wie bei den bekannten Schneebrettern oder, bei feuchtem Schnee, in den Schneeschlipfen, sondern als eine rollende und geradezu fließende. Wo die Lawine zum Stillstand kommt, bildet sie je nach dem Relief des Untergrunds und der Art ihres Fallens einfache Kegel oder Lawinenfächer oder auch Zungen in engen Schluchten; die abgelagerten Massen erreichen ein Volumen bis zu 1 Mill. m^3. Indem das Gebirge in den Lawinen seinen Schneemantel abschüttelt, wird die Schneeschmelze beschleunigt, so daß von ihnen eine gewisse klimatische Wirkung ausgeht; dieser stehen aber die gewaltigen verheerenden Wirkungen gegenüber, die namentlich bei den Staublawinen noch durch den Winddruck erhöht werden. Ihnen sucht man durch Lawinenschutzbauten im Einzugsgebiet, in jüngster Zeit auch durch eine Lawinenvoraussage zu begegnen, die sich aber auf eine systematische Beobachtung der Zusammenhänge zwischen Menge des Schneefalls, Lufttemperatur und Windrichtung einerseits, dem Eintreten und der Häufigkeit der Lawinen andrerseits gründen muß.

Begriff und Einteilung der Gletscher. Viel großartiger in seinen Massen und Bewegungsvorgängen ist das Phänomen der Gletscher, unter welchem Namen wir alle aus Schnee hervorgegangenen Eisströme ohne Rücksicht auf ihre Form und Größe zusammenfassen wollen.

Wo Gebirge mit einem reichgegliederten Relief zu ansehnlichen Höhen über die Schneeregion aufragen, kommt es zur Entfaltung des

Phot. Wehrliverlag Kilchberg-Zch.

Fig. 102. Panorama vom Eggishorn mit dem Aletschgletscher.

alpinen Gletschertypus (Gletscher im engeren Sinne des Wortes, in Tirol Ferner, in den Hohen Tauern Kees genannt). Bei ihnen läßt sich in der Regel eine Scheidung in das breite, hochgelegene Sammelbecken oder die Firnmulde und die lange, schmale, infolge der stärkeren Abschmelzung der Ränder meist konvex gewölbte Gletscherzunge durchführen, auf die man auch oft die Bezeichnung »Gletscher« beschränkt. Jeder Gletscher dieser Art ist also eine hydrographische Einheit, ein Individuum für sich, das von seinem Nachbar durch felsige Kämme oder Firnschneiden getrennt ist; nur selten entsendet ein Sammelgebiet zwei Zungen nach entgegengesetzter Richtung, wie das in den Alpen nur am Ötztaler Hochjoch, in großartiger Weise aber in Alaska[3] und in den patagonischen Anden der Fall ist. Häufiger entströmt einem aus mehreren Teilmulden zusammengesetzten Sammelbecken eine gemeinsame Zunge und nicht selten auch vereinigen sich mehrere Zungen zu einem zusammengesetzten Gletscher (Aletschgletscher). Je nach der Entwicklung der Zunge unterscheidet man Gletscher erster und zweiter Ordnung. Jene besitzen als sog. Talgletscher eine ausgebildete Zunge, die stromartig bis tief in die Täler, oft bis in die Wald-, ja sogar in die Kulturregion herabreicht (Fig. 102), diese erfüllen ohne deutliche Zungenbildung entweder die nischenförmigen Hochmulden (Kare) als Kargletscher oder bedecken als Gehängegletscher die obersten Partien der Talgehänge; ganz selten sind in alpinen Gebirgen kleine Plateau- und Schluchtgletscher.

Eine andere Gestaltung gewinnt das Gletscherphänomen, wenn sich eine breite, plateauförmige Gebirgsmasse mit ewigem Schnee bedeckt. Dann entsendet ein gemeinsames, flaches oder schwach konvex gewölbtes Firn- und Sammelgebiet zahlreiche, meist steile Gletscherzungen, wie das bei den norwegischen Fjelden der Fall ist, wo z. B. vom 940 km² großen Jostedalsbrä 24 Zungen abfließen. Es bedeutet nur eine quantitative Steigerung dieses sog. norwegischen Typus, wenn ganze große Landmassen von einer einheitlichen Eisüberschwemmung, wie das v. Drygalski genannt hat, betroffen sind, die alle Formen des Untergrundes verhüllt und entweder als Eismauer abbricht oder sich mit gelapptem Rand allmählich verflacht oder endlich Eisströme in die randlich eingeschnittenen Täler abströmen läßt. Das ist der Typus des Inlandeises, der heute in Grönland und auf manchen arktischen Inseln, namentlich aber über einer Fläche von über 13 Mill. km² auf dem antarktischen Kontinent vertreten ist.

Wo sich die Gletscherzungen verschiedener alpiner Firnfelder über den Fuß des Gebirges hinaus erstrecken und sich im Vorland zu einer zusammenhängenden, mehr breiten als langen Eismasse vereinigen, liegt der Typus einer Vorlandvergletscherung vor, für den der 3900 km² große Malaspinagletscher in Alaska das bekannteste Beispiel ist[4]; in kleinerem Maßstab wiederholt sich dieser Typus beim Wenkchemnagletscher im nordkolumbischen Felsengebirge[5] und in den Anden Patagoniens.

In einigen Gebirgen Zentralasiens, wie nach den Schilderungen von Klebelsberg[6] im Transalai-System, fehlt den Gletschern ein Firnfeld überhaupt; die langen schmalen Zungen schließen nach oben am Fuß hoher Steilgehänge ab, die von Hängegletschern und Firn bedeckt sind; die Ernährung der Zungen geschieht nur durch diese steilen, zerklüfteten Firnzungen und herabbrechende Eislawinen. In vollem Gegensatz zu diesem turkestanischen, »firnfeldlosen« Gletschertypus sind im Karakorumgebirge ganze Talsysteme in strömendem Eis gleichsam ertränkt.[7] Ein solches Eisstromnetz erfüllte in der Eiszeit die Alpen und entwickelte auf der Nordseite zwischen Lyon und Oberösterreich eine zusammenhängende Vorlandvergletscherung.

Endlich gibt es noch verschiedene gletscherartige Bildungen, die sich unter der klimatischen Schneegrenze im Schutze besonderer orographischer Begünstigung erhalten. Ein bekannter Vertreter dieser Kategorie ist das Blaueis am Hochkalter bei Berchtesgaden. Vielleicht sind auch die halbausgebildeten Gletscher Tibets, die A. SCHUSTER als zusammengefrorene Schneemassen mit sehr geringer Bewegung charakterisiert, hierher zu rechnen. Als Kliffgletscher bezeichnet SALISBURY [8] Anhäufungen von Schnee an der östlichen Steilküste von Grönland, nördlich von Kap York, die aus dem Inlandeis herabgeweht sind und sich unter der Kliffwand ansammeln und aus denen in dem kalten Klima Miniaturgletscher von höchstens 30 m Länge hervorgehen.

Die Mächtigkeit der Gletscher schwankt natürlich in sehr weiten Grenzen. Für die großen Inlandeismassen darf man eine Dicke von vielen 100, ja vielleicht von über 1000 m annehmen; bei den großen Alpengletschern beträgt sie in den innersten Teilen der Zunge gewiß auch einige 100 m. Bohrungen im Hintereisferner [9] haben als Maximum 224 m in einer Seehöhe von 2730 m ergeben, genaue Schätzungen führen auf über 300 m im oberen Teil der Zunge; am Gletscherende übersteigt die Mächtigkeit oft kaum einige m.

Der Haushalt des Gletschers. Die Erhaltung der Gletscher selbst in Regionen tief unterhalb der Schneegrenze beruht auf dem beständigen Ersatz der in den tieferen Lagen abschmelzenden Massen durch die von oben, aus dem Firngebiet nachfließenden. Es stehen sich also ober- und unterhalb der jeweiligen Firnlinie zwei Vorgänge gegenüber: im Nährgebiet überwiegt das Wachstum durch den auffallenden Schnee über die nach oben abnehmende Abschmelzung, im Zehrgebiet überwiegt die Abschmelzung oder Ablation. Die ideale Linie, die diese beiden Räume trennt und längs welcher sich Niederschlag und Abschmelzung im Laufe eines Jahres das Gleichgewicht halten, ist die Firnlinie des Gletschers.

Für die Ernährung des Gletschers ist die Tatsache wichtig, daß der Anteil des Schnees am Gesamtniederschlag mit der Höhe beständig wächst und daher die Schneemengen selbst noch bis zu größeren Höhen zunehmen als der Niederschlag überhaupt. Nach den jüngsten Messungen auf Schweizer Firnfeldern [10] darf der jährliche Firnzuwachs daselbst in Höhen von 3000 m im Durchschnitt zu etwa 2,5—3 m Firneis von der Dichte 0,6 angesetzt werden, wenn auch die Verhältnisse örtlich und zeitlich außerordentlich verschieden sind; für den Montblancgipfel fand VALLOT [11] nurmehr 0,6—1 m Niederschlag, also etwa 0,4—0,6 m Firneis. Die Ablation geschieht an der Gletscheroberfläche in erster Linie durch die direkte Sonnenstrahlung, dann durch die von den Gehängen zurückgestrahlte Wärme, die Lufttemperatur, besonders bei warmen Winden, und den Regen, indirekt auch durch die Kondensation des Wasserdampfes über dem Eis, wobei Wärme frei wird. Ihr Betrag ist daher abhängig von der Jahreszeit und dem Witterungscharakter des ganzen Jahres; sie nimmt ferner am selben Gletscher von der Mitte gegen die Ränder und selbstverständlich talabwärts zu *. Daher werden Körper, die irgendwie ins Innere des Gletschers gelangt sind, auch Leichen von in Spalten Verunglückten, an einem talabwärts gelegenen Punkt wieder an die Oberfläche gebracht, gleichsam vom Gletscher ausgestoßen. In etwa 400 m unter der jeweiligen Schneegrenze schätzt HESS [12] die durchschnittliche jährliche Ablation in den Alpen zu 4 m, in Skandinavien zu 3,3 m, in Grönland zu 2 m. Für den Hintereisferner wurde der jährliche Eisverlust durch Abschmelzung auf 10,2 Mill. m^3 berechnet.[13]

Durch die Ablation entstehen auf der Gletscheroberfläche verschiedenartige Schmelzformen. Lagen von blasenfreierem, bläulichem Eis erheben sich als Rippen über das trübere, leichter schmelzbare Eis. Anhäufungen von Schutt schützen das Eis vor der Abschmelzung; daher erheben sich die Oberflächenmoränen als Wälle über ihre schuttfreie Umgebung. Einzelne große Gesteinstrümmer wachsen als Gletschertische gleichsam aus dem Eise hervor und sind meist nach S geneigt, da ihr Eisfuß hier von der Sonne am stärksten angegriffen wird. Aus dem Eise ausschmelzende Sandmassen bilden Sandkegel von einigen Metern Höhe, die vielfach gesellig auftreten. Hingegen befördern dünne Staub- und Schlammlagen, die von den Abhängen herabgeschwemmt oder durch den Wind herbeigeführt sind, die Abschmelzung, da sie mehr Strahlung absorbieren als das reine Eis; sie bilden die sog. Staublöcher, die oft so massenhaft nebeneinander auftreten, daß sie der Gletscheroberfläche ein blatternarbiges Aussehen, ähnlich der Oberfläche eines Kalkplateaus, verleihen. Auch sonst finden sich auf der Oberfläche schwach geneigter, sich langsam bewegender und spaltenarmer Gletscher manche Analogien mit Karstformen, die SIEGER [14] systematisch verfolgt hat; hierher gehören Trichter der verschiedensten Formen und Größen, leer oder mit Wasser gefüllt, durch die lösende Wirkung der Schmelzwässer entstanden oder aus verquetschten Spalten hervorgegangen, ferner intraglaziale Hohlräume, Röhren und Gänge, die durch die von der Oberfläche ins Innere des Gletschers eindringenden Schmelzwässer geschaffen wurden und durch Abschmelzung und Einsturz zu oberflächlichen Hohlformen werden. Wenn Schmelzwässer in eine Spalte herabstürzen, erweitern sie ihre Bahn, auch wenn die Spalte

* Als Mittelwerte der jährlichen Ablation findet HESS [12] am Hintereisferner:

Höhe in m	Abschmelzung in cm
2820	89
2750	162
2660	264
2570	372
2500	402
2410	532
2370	680

sich wieder geschlossen hat, zu einem zylindrischen Schlot, der manchmal bis auf die Sohle herabreicht. Gelangen Steine in eine solche Gletschermühle, so können sie durch ihre wirbelnde Bewegung am Gletscherboden Vertiefungen, die sog. Riesentöpfe ausdrechseln, die ganz den Strudellöchern in engen Flußbetten gleichen. Allerdings wandert auch die Gletschermühle mit dem Eise abwärts; aber an gewissen Stellen reißen immer wieder Spalten auf, so daß die Ausarbeitung des Gletschertopfes von anderen Kaskaden fortgesetzt wird. Prächtige Riesentöpfe, aus der Eiszeit stammend, sieht man im sog. Gletschergarten in Luzern und auf der Höhe des Malojapasses.

Abschmelzung findet endlich auch am Grunde des Gletschers statt, woran auch die Erdwärme beteiligt ist; denn da der Gletscher seine Unterlage vor der Ausstrahlung schützt, ist diese im Jahresmittel wärmer als ihre Umgebung, und es liegt der Gletscher während des ganzen Jahres in einem Bett, dessen Temperatur über dem Schmelzpunkt des Eises sich befindet. Daher ist er, die dünnen Randpartien und überhaupt sehr wenig mächtige Gletscher im Winter ausgenommen, auch nicht an seinem Boden angefroren, sondern ruht mit breiten Stützen diesem auf, zwischen denen die subglazialen Schmelzwasser zirkulieren. Der größte dieser subglazialen Hohlräume liegt meist am Gletscherende; es ist das Gletschertor, durch das der vom Schlamm milchig getrübte Gletscherbach austritt.

Die Gletscherbäche haben neben bedeutenden, von der Witterung bedingten aperiodischen Schwankungen ihrer Wasserführung eine regelmäßige tägliche und jährliche Periode.[15] Erstere ist durch den Gang der Ablation bestimmt, doch verspätet sich infolge des langsamen Ausfließens des Schmelzwassers aus den zahlreichen Spalten und Kanälen das Maximum gegenüber dem höchsten Sonnenstande um mehrere Stunden, und zwar umso mehr, je größer der Gletscher ist; das Minimum tritt meist am frühen Morgen ein, die Amplitude der täglichen Schwankung verschwindet im Winter oft ganz. Am reichlichsten fließt der Gletscherbach natürlich in der heißen Jahreszeit; infolge der Unterschmelzung durch die Erdwärme versiegt er aber auch im Winter nicht völlig und ist in Grönland sogar nicht viel schwächer als im Sommer.

Zur Physik des Gletschereises. Unter den physikalischen Eigenschaften des Eises kommt zur Erklärung seiner Bewegungsfähigkeit namentlich sein Verhalten gegen Druckkräfte in Betracht. Zahlreiche Experimente [16] haben gezeigt, daß das Eis durch Druck bleibende Formveränderungen annimmt, und daß auch der kleinste Druck, wenn er langsam wirkt und lange anhält, eine mit der Zeit wachsende Deformation erzeugt. Beim Pressen durch enge Ausflußöffnungen nimmt nach Hess die Ausflußgeschwindigkeit mit wachsendem Druck, aber auch bei konstantem Druck mit der Dauer desselben bis zu einem Höchstbetrag zu, worauf Bruch erfolgt. Schon Forbes [17] bezeichnete das Eis als eine zähflüssige Masse und diese Eigenschaft der Plastizität ist es, die den Gletscher befähigt, sich vor Bergvorsprüngen in Arme zu teilen, die sich unterhalb davon wieder vereinigen, und überhaupt sich den wechselnden Formen seines Bettes anzuschmiegen.

Die Experimente haben aber auch ergeben, daß die Plastizität des Eises mit der Annäherung an die Schmelztemperatur zunimmt und von der im Eise eingeschlossenen Schmelzwassermenge abhängt. Nach mehrfachen Beobachtungen, u. a. auch von DRYGALSKI [18] am Rand des Inlandeises, liegt zwar die Temperatur des Eises der Gletscherzunge im Innern und im Sommer etwas unter 0°, doch entspricht diese Temperatur recht genau der jeweiligen Schmelztemperatur, die bekanntlich mit dem Druck sinkt.* Diese Beobachtungen gelten allerdings nur für den Sommer; aber schon die Tatsache, daß auch im Winter die Gletscherbäche nicht völlig versiegen, weist darauf hin, daß das ganze Jahr hindurch im Innern der Alpengletscher die Schmelztemperatur vorhanden ist. BLÜMCKE und HESS [13] haben dies auch theoretisch begründet. Denn im Winter ist auch die Gletscherzunge durch eine mächtige Schneedecke gegen Wärmeverlust durch Ausstrahlung geschützt und überdies reicht die bei der Bewegung erzeugte Wärme leicht hin, um geringe Wärmeverluste zu ersetzen. Daher werden die Temperaturverhältnisse des Gletschers, von der äußersten Oberflächenschicht abgesehen, durch die Jahreszeiten kaum beeinflußt.** Namentlich die tieferen, von Schmelzwasser durchtränkten Schichten sind nach TAMMANN zum Fließen wie geschaffen. Im schwach bewegten Firngebiet aber, namentlich in sehr hohen Breiten, finden sich sehr tiefe Temperaturen. So maß VALLOT [11] im Firn des Montblanc-Gipfels schon von 10 m Tiefe an eine konstante Temperatur von etwa —16° und auf der Höhe des grönländischen Inlandeises (ca. 3000 m) wurden von KOCH und WEGENER [20] in dem sehr spröden und harten Firneis in 3 m Tiefe —33°, in 7 m —31° beobachtet.

Aus dem Verhalten des Eises unter Druck erklärt sich auch teilweise die bekannte Erscheinung der **Regelation**: zwei tauende Eisstücke frieren zu einem Stück zusammen, wenn sie auch nur schwach aneinandergedrückt werden, oder auch ohne Druck, wenn sie einander nur berühren, da die kapillare Anziehung an der Berührungsfläche einen Druck ausübt. Es vermag also auch eine weitgehende Zertrümmerung des Eises auf die Dauer nicht die Wiederverfestigung der Trümmer zu verhindern.

---

* Beobachtungen von BLÜMCKE und HESS im Hintereisferner im August 1899:

Tiefe m	18	30	42	54	66	82
Beobachtete Temperatur ..	—0,012°	—0,023°	—0,038°	—0,046°	—0,055°	—0,062°
Berechneter Schmelzpunkt unter Annahme einer Schmelzpunkterniedrigung von 0,0075° pro Atmosphäre ..	—0,015°	—0,029°	—0,029°	—0,037°	—0,045°	—0,056°

Die mittlere Abweichung beträgt also 0,007°.

** Nach den Messungen von OKADA [19] in Kamikawa betrug im Februar die tägliche Schwankung an der Oberfläche einer Schneedecke 18,9°, in 30 cm Tiefe aber nur 0,6°.

Die Struktur des Gletschereises[21]. Das Material der Firnmulden ist das aus dem feinkörnigen Hochschnee allmählich hervorgegangene Firneis, ein kompaktes, für Wasser undurchlässiges Gefüge von etwa erbsengroßen Körnern mit unregelmäßig verteilten Luftblasen. Die Gletscherzunge aber besteht aus dem dichteren, luftärmeren und für Licht durchlässigen, daher blauen Gletschereis, das sich aus den viel größeren, unregelmäßig polyedrischen und ineinander greifenden Gletscherkörnern aufbaut und von einem dichten Netz feiner, den Korngrenzen folgender Haarspalten durchzogen ist (Fig. 103). Die mittlere Korngröße nimmt sowohl von der Oberfläche nach der Tiefe als auch in der Gletscherzunge nach abwärts und von der Mitte nach den Rändern zu und erreicht Durchmesser bis zu 12 cm bei einem Durchschnittsgewicht bis zu 65 g[22]. Wesentlich kleiner sind die Körner der arktischen Gletscher. Jedes Korn ist ein optisch einachsiger Kristall des hexagonalen Systems und unterscheidet sich von den regelmäßig prismatischen und gleichmäßig orientierten Kristallen des Wassereises, wie zuerst Emden gezeigt hat, nur durch die unregelmäßige Gestalt und die unregelmäßige Orientierung der Hauptachse; doch fand Drygalski in Grönland, daß sich die Körner an den Gletscherrändern und an der Sohle mit ihren Achsen senkrecht zum Untergrund stellen.

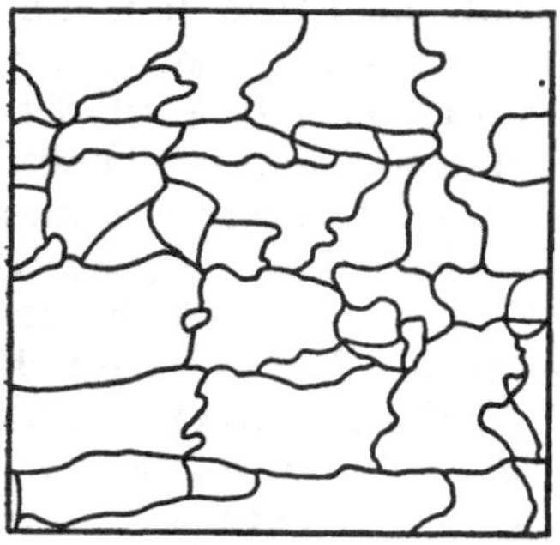

Fig. 103. Durchschnitt durch ein Stück Gletschereis vom Mer de Glace nach Deeley und Fletcher.

Die Entstehung des Gletscherkorns aus dem Firnkorn geschieht offenbar sowohl durch ein einfaches Überkristallisieren von Korn zu Korn durch die Wirkung der Molekularkräfte als auch unter vorübergehender Verflüssigung durch Druck und Wiederverfestigung. So werden die von Anfang an kleineren Körner von den größeren aufgezehrt und es haben die Rand- und Grundschichten, wo die Kristalle am längsten Zeit zum Wachsen hatten, die größten Körner; die zwischen diesen auftretenden kleinen Körner sind die Reste von noch nicht völlig aufgezehrten Kristallen. Ebenso wie die Stengelkristalle des Seeeises bauen sich nach der Entdeckung von Mc Connell[23], die von Mügge[24] bestätigt und erweitert wurde, auch die Gletscherkörner aus zahlreichen sehr dünnen und biegsamen Plättchen auf, die bei Druck in ihrer Ebene übereinander gleiten und sich sogar hinausschieben lassen. In dieser Translationsfähigkeit ist jedenfalls die Plastizität des Eises zum Teil begründet.

Außer dieser allen Eisarten gemeinsamen Kornstruktur besitzt das Gletschereis noch eine Strukturform höherer Ordnung, die Bänderung oder Blätterung. Das Eis besteht aus mehr oder weniger dicht gedrängten Blättern oder Bändern, deren Breite zwischen einigen mm und mehreren cm schwankt; diese verlaufen aber nicht zusammenhängend, sondern keilen aus, worauf noch vor dem Ende des einen Blattes ein anderes seine Richtung fortsetzt. Überblickt man den Eisstrom von einem erhöhten Punkte und bei günstiger Beleuchtung, so sieht man Linien (Ogiven) quer über seine Oberfläche laufen, die in der Nähe des Firns kaum merkbar gekrümmt sind, nach abwärts aber in immer spitzere, als ganzes nach unten konkave, dabei aber mehrfach talauf- und talabwärts gekrümmte Bogen sich ausziehen; sie sind nichts anderes als das Ausstreichen der einzelnen Blätter (Fig 104). Wo Lagen von luftarmem, bläulichem Eise mit solchen blasenreicheren, weißlichen Eises abwechseln, bilden diese an der Oberfläche infolge ihrer leichteren Schmelzbarkeit rinnenartige Vertiefungen, in denen sich der Staub zu Streifen sammelt (daher die Bezeichnung Schmutzbänder); jene bilden Kämme und Leisten (REID'sche Kämme)[25]. Schon die Ogiven zeigen an, daß die Blätter nicht horizontal liegen; im untern Teil der Zunge fallen sie an den Rändern gegen den Gletscher ein und stellen sich in der Mitte senkrecht, so daß im Querschnitt eine fächerförmige Anordnung entsteht; am Gletscherende fallen sie talaufwärts ein (Fig. 105). Bei spitz auslaufenden Gletscherzungen bleibt die fächerförmige Anordnung bis zum Ende erhalten, bei breiten Zungen verläuft die Bänderung auf der Oberfläche bis zum Ende in zum Gletscherrand parallelen Bogen.

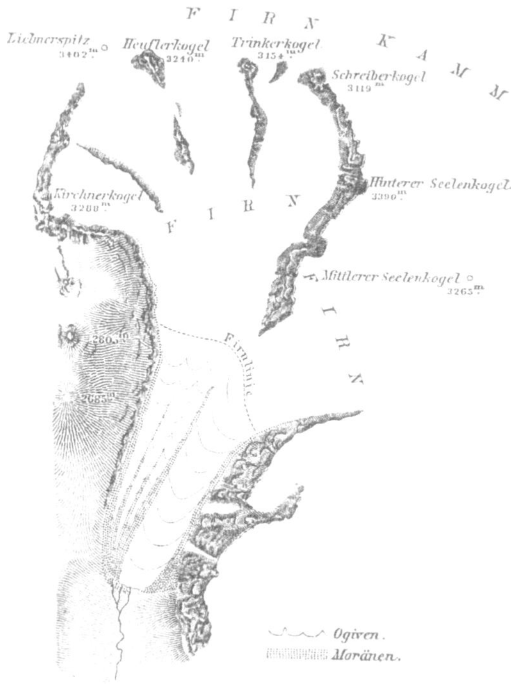

Fig. 104. Rotmoosgletscher in den Ötztaler Alpen nach SONKLAR.

In Gegensatz zu dieser löffelartigen Ineinanderschachtelung der Blätter besitzt der Firn im Firnbecken eine deutliche, zur Oberfläche parallele Schichtung; die Firnschichten entsprechen den einzelnen Schneefällen, die sie trennenden feinen Staublagen den Schmelzperioden. Nun hatte schon AGASSIZ [26] vermutet, die Blätter gingen aus den Firnschichten hervor; hingegen hatte TYNDALL [27] auf Grund seiner Beobachtungen am Aletsch- und Gornergletscher, wo er horizontale Schichten durch blaue Bänder gekreuzt sah, die Blätterstruktur für unabhängig von der Schichtung und für eine Wirkung des Druckes erklärt, und ihm sind Heim und andere Forscher gefolgt. Dann aber haben Crammer [28] am Marzell-, Vernagt -und Obersulzbachgletscher, Reid [29] am Fornogletscher den Übergang von der Schichtung in die Bänderung schrittweise verfolgt. An der Zungenwurzel werden die Schichten zunächst zu Ogiven ausgezogen, weiter abwärts zuerst in der Tiefe, bald auch an der Oberfläche gefaltet; die Falten werden immer mehr ausgewalzt und endlich in dünne Blätter zerteilt, die sich senkrecht zur Druckrichtung und parallel zur Bewegungsrichtung stellen. Genau dasselbe beobachtete Rekstad [30] auf dem Blomsterskarbræ in Norwegen. Nach dieser Auffassung ist also die Blätterung nichts anderes als die durch die Bewegung des Gletschers und den seitlichen Druck, den der Eiskörper beim Über-

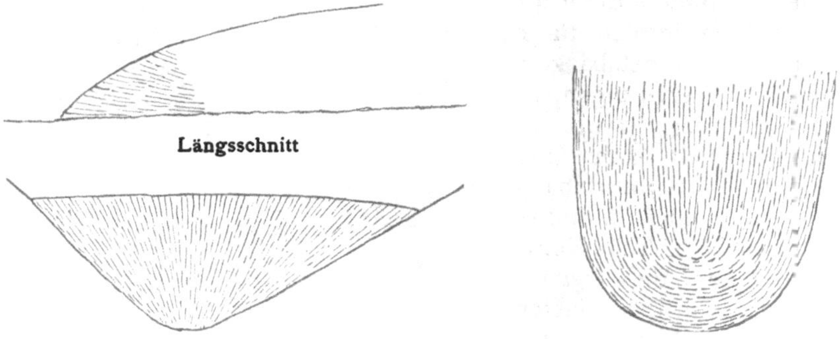

Fig. 105. Blätterstruktur des Gletschers nach Crammer.

gang aus dem weiten Firnbecken in das enge Gletschertal erleidet, umgebildete Firnschichtung. Wo es zu keiner solchen Zusammenpressung kommt, wie im antarktischen Inlandeis, da fehlt auch die Blätterung. Auch experimentell wurde die Frage in dieser Weise beantwortet, indem Hess [31] durch Versuche mit Wachs zeigte, daß sich horizontale Schichten, die durch eine Preßform herausgedrückt wurden, gegen den Rand zu löffelförmig aufwärts krümmten. Wo gelegentliche Durchkreuzung zweier Struktursysteme beobachtet wurde, kann es sich um die Ausfüllung enger Spalten durch junges Wassereis oder um die Überlagerung jüngerer Firnschichten über älterem gebänderten Eis handeln. Indessen halten einige Forscher doch an der Entstehung der Blätter durch Bewegungsvorgänge unabhängig von der Schichtung, wenn auch nicht im Sinne von Tyndall, fest. Hamberg [32] betrachtet sie als Gleitflächen, die nur gelegentlich mit Schichtflächen zusammenfallen; H. Philipp [33] bezeichnet sie, gestützt auf Beobachtungen in Spitzbergen und an vielen Gletschern des Berner Oberlandes, als verkittete Risse, die bei der Differenzialbewegung des Eises an Abscherungsflächen entstanden; die große

Zahl der Blätter erkläre sich daraus, daß für jede durch Verkittung geschlossene Abscherungskluft in der Nachbarschaft eine neue aufreißt. Indessen scheint es sich bei solchen wirklichen Abscherungsklüften, die gewiß vorkommen, und den Blättern doch um zwei verschiedene Erscheinungen zu handeln.

Die Bewegung des Gletschers. Firn und Eiszunge befinden sich auf geneigtem Untergrund in ununterbrochener Bewegung talabwärts. Zwar beweist die Verbreitung erratischen Materials und anderer Spuren eiszeitlicher Gletscher, daß das Eis sich auch talaufwärts zu bewegen vermag; doch gilt das gewiß nur von seinen untersten Schichten, während die Gletscheroberfläche stets talabwärts geneigt ist. Wo Steilstufen die Neigung des Bettes unterbrechen, entsteht ein Gletscherbruch; das Eis löst sich in ein Gewirr von abenteuerlich geformten Trümmern, Platten und Türmen (Séracs) auf, die sich aber am Fuß der Stufe wieder zu einer glatten Oberfläche zusammenschließen; die oberhalb des Absturzes des Rhonegletschers quer über diesen gelegten Steinreihen verschwanden im Sturz, tauchten aber unterhalb davon nach vier Jahren in der ursprünglichen Reihenfolge wieder auf[34]. Steilgeneigte Hängegletscher brechen an ihrem Ende ab und entsenden Gletscherlawinen ins Tal. Bisweilen geschieht dies so ausreichend und regelmäßig, daß die Trümmer des zerrissenen Gletschers am Fuß der Felswand zu einem neuen Eisstrom zusammenwachsen. Ein gutes Beispiel für einen solchen regenerierten Gletscher ist der Suphellabræ in Norwegen[34a].

Über die Gesetze der Geschwindigkeitsverteilung in einem Gletscher sind wir durch zahlreiche genaue und durch Jahre fortgesetzte Messungen, namentlich an Alpengletschern, ausreichend unterrichtet. Zunächst geht daraus hervor, daß es sich bei der Gletscherbewegung nicht um ein einfaches Hinabgleiten der ganzen Masse, sondern um ein wirkliches Fließen handelt, wobei zahlreiche Analogien mit der Bewegung des fließenden Wassers bestehen. Wie bei diesem ist die Geschwindigkeit im allgemeinen vom Gefälle und der Mächtigkeit der strömenden Masse abhängig; aber der zähflüssige Gletscher bewegt sich ganz außerordentlich viel langsamer als das Wasser. Die größeren Alpengletscher haben tägliche Geschwindigkeiten von 0,1 bis 0,4 m, nur selten bis zu 1 m, und jährliche von etwa 40—200 m, die des Himalaya von 2—3,5 m pro Tag im Sommer, die Ausläufer des grönländischen Inlandeises aber in ihrer Mittellinie 10—30 m pro Tag und bis zu 6 km im Jahr, eine Folge sowohl ihrer gewaltigen Mächtigkeit als des enormen Druckes, mit dem sie in die relativ engen Abflußkanäle gepreßt werden. Wo dieser fehlt, erzeugt auch große Mächtigkeit keine Beschleunigung der Bewegung; so rückt das antarktische Inlandeis nach DRYGALSKI[35] im Maximum täglich nur 1/3—1/2 m vor. Eine Steigerung der Geschwindigkeit geschieht aber bei jedem einzelnen Gletscher in Verengungen des Profils, da dies Zunahme der Mächtigkeit und Verringerung der Reibung auf der ganzen Sohle bedeutet, während in Verbreiterungen des Bettes die Geschwindigkeit abnimmt, umsomehr als das Eis infolge der langsameren Bewegung in der Zeiteinheit mehr an Mächtigkeit durch Abschmelzung verliert.

Eine weitere Analogie zur Flußbewegung besteht darin, daß die Geschwindigkeit von den Rändern gegen die Mitte zunimmt, und zwar zuerst rasch, dann immer langsamer.* In vielen Fällen ergab sich auch, daß die Geschwindigkeit in gekrümmten Gletschertälern nahe dem konkaven Ufer größer ist als am konvexen, sodaß der Stromstrich eine Schlangenlinie bildet, deren Windungen stärker ausgezogen sind als die der geometrischen Mittellinie des Gletschers. Infolge der talabwärts abnehmenden Mächtigkeit des Eises nimmt die Geschwindigkeit im allgemeinen von der Zungenwurzel gegen das Gletscherende ab; Ausnahmen treten ein in Gletscherbrüchen und bei den Ausläufern des grönländischen Inlandeises, da diese mitten in ihrer Entwicklung am Meere abbrechen. Über die Geschwindigkeit im Innern des Gletschers haben erst die Bohrungen von Blümcke und Hess im Hintereisferner einwandfreien Aufschluß gegeben; sie fanden für 1905/6 die mittlere Querschnittsgeschwindigkeit höchstens zu 3/4 und die errechnete Grundgeschwindigkeit in 320 m Tiefe zu etwa 45% der Oberflächengeschwindigkeit [12]. Ferner besteht als Ersatz für die starke randliche Verzögerung eine von der Mitte gegen die Ränder gerichtete Transversalbewegung, die namentlich in Weitungen des Bettes ganz bedeutende Beträge erreichen kann. Endlich wurde von Drygalski [18] am Karajak-Eisstrom eine Vertikalbewegung erkannt, die in der Mitte nach abwärts, an den Rändern nach aufwärts gerichtet ist, wodurch die Ablationsbeträge dort scheinbar vergrößert, hier verringert werden. Diese vertikale Komponente wurde bei den Ablationsmessungen am Hintereisferner bestätigt gefunden [36]; sie kommt auch in den stark überhöhten Rändern vorrückender Gletscher zum Ausdruck.

Ähnlich wie die Flußbewegung ist auch die Gletscherbewegung keine vollkommen stetige. Denn da sich der Gletscher (nach Hess [12]) aus einem oberen Schubgebiet und einem untern Bremsgebiet zusammensetzt, also ein beständiger Kampf zwischen dem Druck von oben und dem Widerstand durch Reibung besteht, setzt sich die Bewegung im einzelnen aus vielen, sehr unregelmäßigen Rucken zusammen, wie dies zuerst von Blümcke und Finsterwalder [37] am Hintereisferner mit Hilfe von in Bohrlöchern eingefügten Holzstangen ermittelt wurde; sie äußern sich in sehr großen Schwankungen der Geschwindigkeit an derselben Stelle in verschiedenen kurzen Zeiträumen, so daß aus Messungen, die sich nur auf einige Tage erstrecken, noch nicht auf die Geschwindigkeit in einem längeren Zeitraum geschlossen werden darf.

* Am Hintereisferner [13] betrug 1895/96 in 2550 m Höhe die jährliche Geschwindigkeit in den folgenden Entfernungen vom rechten Ufer:

m	40	80	120	165	205	285	355	405	445	500
m	27,3	29,1	30,4	32,3	38,0	33,8	33,5	37,1	27,9	19,7

Zugleich ergab sich das überraschende, später von Hess [12] bestätigte Resultat, daß die Geschwindigkeit nicht, wie bisher angenommen, allgemein im Sommer größer ist als im Winter, sondern daß dies nur von dem untern Drittel der Zunge, wohl als Folge der verminderten Reibung infolge Durchtränkung des Eises mit Schmelzwasser, gilt; weiter hinauf überwiegt infolge des im Winter vermehrten Firndruckes die Wintergeschwindigkeit *.

Eine Folge solcher Unstetigkeiten der Bewegung, aber auch der im Eise wirksamen Zugspannungen sind die Spalten des Gletschers, die stets senkrecht zur Richtung des größten Zuges aufreißen. Sie entstehen als feine Risse, oft unter schußähnlichem Knall, verbreitern und verlängern sich allmählich und keilen nach der Tiefe aus; nur in der Nähe des Randes, in dünnen Gletschern auch in der Mitte, reichen sie bis zum Grund. Am zahlreichsten sind sie auf steilen und auf wenig mächtigen Gletschern, wo Unebenheiten des Untergrundes die Bewegung am leichtesten zu stören vermögen. Stets knüpfen die Spalten an dieselbe Stelle der Störung an; sie wandern also nicht mit dem Eise, sondern schließen sich wieder, worauf an derselben Stelle eine neue Spalte aufreißt.

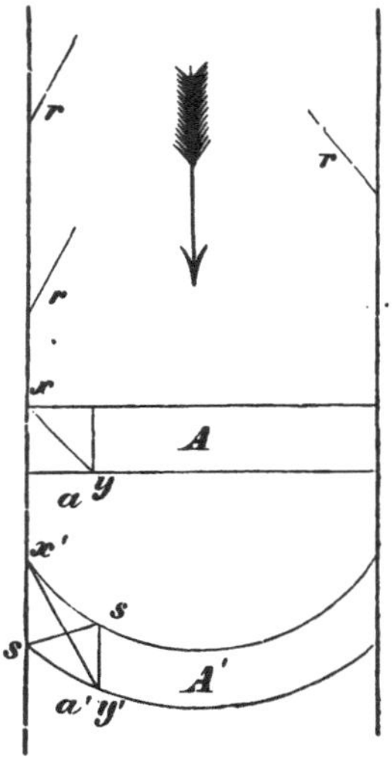

Fig. 106. Randspalten.

Zahlreiche kurze, aber tiefe Spalten ohne regelmäßige Richtung zerklüften das Firnfeld, wo schon die geringsten Neigungsänderungen die Kohäsion der weniger mächtigen Firnschichten aufzuheben vermögen. Regelmäßig tritt nur die Randkluft auf, die den am Felsen angefrorenen Firn vom bewegten trennt. In der Gletscherzunge sind am häufigsten die Randspalten, die einen Winkel von 30 bis 45° mit den Ufern bilden und durch die schnellere Bewegung der Mitte erzeugt werden. Infolgedessen nimmt in Fig. 106 der Streifen *A* nach einer gewissen Zeit die Form *A'* an und das Quadrat *a* wird zu *a'* verzerrt. Dadurch erfährt die Linie *xy* eine Streckung (*x'y'*), der das Eis nicht folgen kann; es muß reißen und zwar senkrecht zur Linie der größten Spannung (Spalte *ss*). Ist das Bett gekrümmt, so ist die Zerklüftung an der konvexen Uferseite größer als an der konkaven, wo die Verzögerung der Randpartien und der Zug geringer sind. Wo ein leichter Gefällsbruch des Bettes vorliegt, entstehen quer zur Strömungsrichtung die Querspalten. Wenn

* Setzt man die mittlere jährliche Geschwindigkeit = 1, so war im Durchschnitt 1907/12 die Geschwindigkeit in 3 Sommermonaten in folgenden Entfernungen vom Gletscherende:

m 400	700	1450	1750	2700	4000	4800
1,353	0,958	1,126	0,880	0,756	0,792	0,734

der Gletscher in eine Weitung seines Bettes tritt, äußert sich die Zugspannung in den ungefähr in der Längsrichtung der Zunge verlaufenden Längsspalten, die am Gletscherende fächerförmig auseinandergehen.

Physikalische Theorien der Gletscherbewegung. Selbst wenn man von jenen alten Hypothesen der Gletscherbewegung absieht, die heute nur mehr historisches Interesse haben, sind die Anschauungen über die hauptsächlich wirkenden Ursachen der fließenden Bewegung auch heute noch nicht völlig geklärt. Bald nachdem FORBES (1859) die reine Plastizitätstheorie begründet hatte, entstand die THOMSON-TYNDALLsche Regelationstheorie, die die Beweglichkeit des Eises aus der Schmelzpunkterniedrigung durch Druck erklärte, wodurch die Körner verschiebbar werden; die Plastizität sei nur eine scheinbare, nämlich die Folge partieller vorübergehender Verflüssigungen. In veränderter Form hat v. DRYGALSKI diese Theorie wieder aufgenommen: Druckschwankungen erzeugen in einer gewissen Tiefe eine partielle Verflüssigung des Eises, das Schmelzwasser entweicht nach Stellen geringeren Druckes und gefriert dort wieder. Die dabei entstehende Wärme erzeugt wieder Verflüssigung und damit Volumverminderung, sodaß das talaufwärts gelegene Eis nachrücken kann. Verflüssigung tritt aber nicht nur an den Korngrenzen, sondern auch im Innern der Kristalle ein, wodurch die Lockerung des Gefüges noch vergrößert wird. Das Eis wird also stets in der Richtung des Druckes, der sich von Stellen größerer nach solchen geringerer Mächtigkeit fortpflanzt, gleichsam ausgequetscht. Dabei können auch selbständige Bewegungen nach aufwärts vorkommen, wie sie im Schwellen der Randpartien (s. o.) auftreten.

Auch CRAMMER [38] maß der Druckschmelzung eine hohe Bedeutung für die Beweglichkeit des Eises bei: Die Bewegung beginnt im Firnfeld in den durch den Druck am meisten erweichten untersten Schichten, die dabei erzeugte Reibungswärme teilt sich der nächstoberen Schicht mit und so erfaßt die Bewegung nach und nach die ganze Masse. Die Bewegung besteht aber nur in Verschiebungen längs der Schichtflächen des Firns, bzw. der Blattflächen der Zunge, wo die Lockerung am größten ist; Verschiebungen längs der Korngrenzen seien nicht möglich, da die Körner ineinandergreifen. Hingegen begünstige der an den Schichtflächen haftende Staub, der auch längs der Blätter durchlaufende Fugen schaffe, die Erhaltung der ursprünglichen Schichtung als Blätterung bis ans Ende und verhindere ein Überkristallisieren der Körner von einem Blatt ins andere. Demgegenüber hat aber HESS [39] auf Grund von Experimenten bestritten, daß der Zusammenhang der Eismassen längs der Schichtflächen geringer sei als in der übrigen Masse.

Ähnliche Ansichten wie CRAMMER haben schon früher CHAMBERLIN [40] und HAMBERG [41] für arktische Gletscher geäußert, letzterer, indem er die Blattflächen als Gleitflächen betrachtete; in der Tiefe forme sich das Eis plastisch um, in den spröderen oberflächlichen Schichten lösen sich die Spannungen in Sprüngen aus. Auch nach KOCH [20] ist die

Bewegung vorwiegend ein Gleiten, wobei Spalten- und Sprungsysteme Gleitflächen bedeuten, und in ähnlicher Weise erblickt PHILIPP [42] das Wesentliche der Bewegung in gesetzmäßig verteilten Abscherungsflächen, deren Anordnung durch die Gestaltung des Untergrundes bedingt ist, die also am häufigsten an den Rändern und an der Sohle auftreten und an denen fest in sich zusammenhängende Gletscherteile übereinandergleiten. Solche Abscherungs- und Überschiebungsflächen kommen gewiß vor, doch muß man (mit FINSTERWALDER [43]) sie noch nicht als die eigentlichen Träger der Bewegung ansehen. Andrerseits erklärte EMDEN [21] die ganze Bewegung nur durch Kornbiegung ohne Verflüssigungen, MÜGGE [24] legte das Hauptgewicht auf die Translation der die Körner aufbauenden Plättchen.

Trotz dieses Widerstreits der Ansichten scheint es doch, als ob die einzelnen Theorien sich eher ergänzen, als daß sie sich aufheben. Sicher spielt die Plastizität des Eises bei seiner Bewegung eine große Rolle, und ebenso sicher ist, daß Druckschmelzung die Bewegungsfähigkeit begünstigt. Auch Gleitbewegungen in irgend einer Form sowie Translation mögen Bedeutung haben, wenn sie auch kaum das entscheidende Moment der Bewegung sein können. Die Mehrzahl der Forscher neigt aber doch einer auf Plastizität und Schwerkraft beruhenden Strömungstheorie zu, ohne den Strukturformen des Eises und der Regelation einen maßgebenden Einfluß einzuräumen.

Theorie des stationären Gletschers. Unabhängig von allen physikalischen Ursachen der Gletscherbewegung und von vereinfachenden Voraussetzungen ausgehend, sucht die FINSTERWALDER'sche Strömungstheorie [44] auf geometrischem Wege zu einer Vorstellung von den im Gletscher vor sich gehenden Bewegungsvorgängen zu gelangen, um sie der mathematischen Behandlung zugänglich zu machen.

Fig. 107 stellt den Längsschnitt einer Röhre dar, durch die sich eine Flüssigkeit dem Gefälle folgend bewegt. Diese Bewegung ist stationär, d. h. nach Richtung und Größe unverändert, also von der Zeit unabhängig, und sie ist zugleich stetig, indem benachbarte Teilchen immer benachbart bleiben, also nicht aus dem Innern nach der Wand oder umgekehrt gelangen können. Jedes Teilchen beschreibt eine Stromlinie, benachbarte Teilchen also benachbarte Stromlinien.

Denken wir uns nun den oberen Teil der Röhre längs der Fläche *a b c* entfernt; dann behält die Strömung im untern Teil ihren ursprünglichen Charakter bei, wenn längs einer Stromlinie die entfallenden Stücke anderweitig ersetzt werden, *e f* durch Zufuhr, *g h* durch Wegnahme.

Fig. 108 stellt also den Längsschnitt durch einen stationären und stetigen Gletscher dar. Die Fläche *a b c* ist seine Oberfläche, *b* bezeichnet die Firnlinie; oberhalb derselben überwiegt Auftragung, unterhalb Abschmelzung, an der Firnlinie halten sich Zufuhr und Abfuhr das Gleichgewicht. Oberhalb fallen die Stromlinien des Firns talabwärts, unterhalb die der Eiszunge talaufwärts ein; jedes Teilchen der Firnoberfläche taucht also, einer Stromlinie folgend, unter, bewegt sich im Innern des Gletschers talabwärts und taucht an einer bestimmten Stelle der Eiszunge wieder auf (*e* z. B. in *g*); je

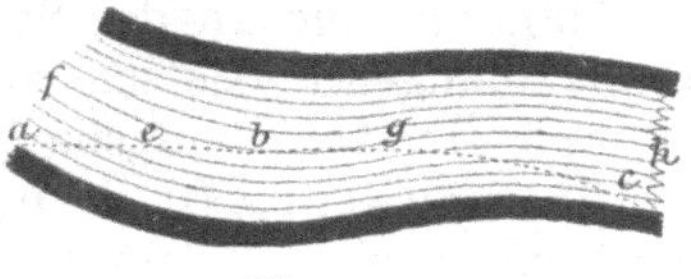

Fig. 107.

Fig. 108.

weiter von der Firnlinie entfernt es in das Innere eingetreten ist, desto weiter von ihr abwärts tritt es wieder heraus.

Fig. 109 stellt nun den stationären Gletscher im Grundriß dar. *FF* ist die Firnlinie, die Nähr- und Zehrgebiet scheidet. Legen wir im Nährgebiet einen Stein auf die Oberfläche, so wird er, einer Stromlinie folgend, von dem sich bewegenden Eis in die Tiefe gezogen und tritt im Zehrgebiet wieder heraus. Hingegen beschreiben Steine auf der Oberfläche des Zehrgebiets sog. Bewegungslinien (1, 2, 3 usw.), die nach unten strahlenförmig auseinandergehen, so daß die seitlichen Bewegungslinien schon an der Talwand der Zunge enden. Verlängert man sie nach oben bis zum obersten Rand des Firnfeldes und verbindet man das Ausgehende der Stromlinie miteinander (die punktierten Linien in Fig. 109), so erhält man ein Liniennetz, in dem jede Masche im Nährgebiet einer Masche im Zehrgebiet entspricht, z. B. die Fläche *ABCD* im Firnfeld der Fläche *abcd* in der Zunge *.

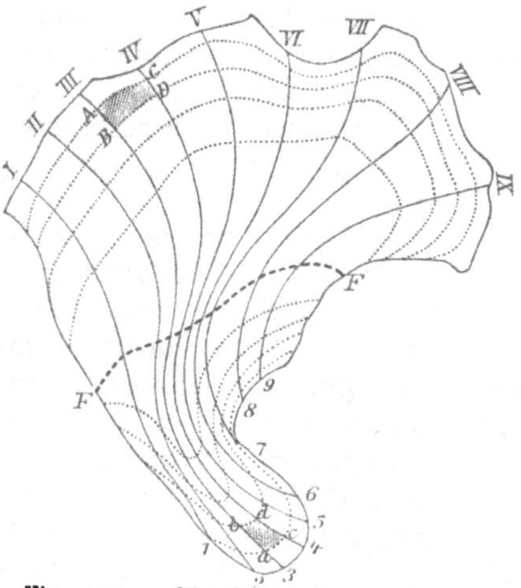

Fig. 109. Oberfläche des stationären Gletschers (nach FINSTERWALDER).

---

* Nennen wir	im Firngebiet	auf der Eiszunge
die entsprechenden Flächen	dF	df
die Auftragung bzw. Abschmelzung	A	a
den Einfallswinkel der Stromlinie.	Φ	φ
ihre Geschwindigkeit	V	v

so bestehen die Gleichungen $dF.\ A = dF.\ V.\ \sin\Phi = df.\ a = dfv.\ \sin\varphi$ und auch $\sin\Phi = \frac{A}{V}$, $\sin\varphi = \frac{a}{v}$; daraus folgt auch: wo die Geschwindigkeit abnimmt und die Ablation wächst, muß beim stationären Gletscher die Böschung wachsen. Dieser Schluß findet seine Bestätigung in den bekannten Tatsachen, daß gegen das Gletscherende im Längsschnitt und gegen die Ränder im Querschnitt die Böschung steiler wird.

Mit einer Reihe vereinfachender Voraussetzungen läßt sich nun aus der bekannten Geschwindigkeitsverteilung an der Oberfläche auch ein Schluß auf die Geschwindigkeit im Innern ziehen. Sind af_1 und af_2 zwei kleine Stücke in zwei benachbarten Querschnitten, v_1 und v_2 ihre Geschwindigkeiten, so gilt: $af_1 : af_2 = v_2 : v_1$; bei den gemachten Annahmen ist das Verhältnis $\frac{v^2}{v^1}$ nahezu konstant und gleich dem Verhältnis der *mittleren* Geschwindigkeiten; es lassen sich also die Querschnitte äquivalent ineinander abbilden, d. h. ihre Teilchen durch entsprechende Stromlinien verbinden.

Der weitere Gang der Ableitung kann hier nicht mehr näher verfolgt werden; es sei nur erwähnt, daß es durch Einführung der bekannten Größen der Ablation und der Geschwindigkeitsverteilung auf der Oberfläche gelingt, das System der Stromlinien im Innern, die Form der Querschnitte und die Geschwindigkeitsverteilung in ihnen zu berechnen, also den Vorgang der Eisbewegung bis ins kleinste zu verfolgen. Zunächst gilt die Theorie allerdings nur für den idealen Fall eines stationären Gletschers. Sie ist aber von Hess und Blümcke [13] mit Erfolg auch für den langsam zurückgehenden Hintereisferner angewendet worden, ja es ist Hess sogar gelungen, aus der Rekonstruktion der Querschnitte ein Isohypsenbild des ganzen Bettes dieses Gletschers zu gewinnen [12]. Der Vergleich der errechneten und der durch elf Bohrungen wirklich ermittelten Tiefen des Gletschers ergab für die axialen Gebiete bloß einen mittleren Fehler von 4,3%[9].

Gletscherschwankungen. Als ein klimatisches Phänomen ist der Gletscher in seinen Ausmaßen und Lebensäußerungen von den wechselnden Verhältnissen der Witterung und des Klimas, vor allem von den Veränderungen des Niederschlags im Nährgebiet sowie denen der Temperatur und der Sonnenstrahlung im Zehrgebiet abhängig. Sogar die jahreszeitlichen Veränderungen der Witterung machen sich in Schwankungen der Masse und Länge der Gletscher geltend. Sie zeigen ein Minimum im September, dann erfolgt ein kleiner winterlicher Vorstoß, der im Frühsommer sein Maximum erreicht, worauf wieder mit zunehmender Abschmelzung Rückgang und Einsinken der Zunge bis zum Beginn des Herbstes einsetzt[45].

Solche jahreszeitliche Schwankungen sind aber von verschwindender Bedeutung gegenüber jenen von längerer Dauer, denen nach geschichtlichen Nachrichten und der Lage alter Moränen zu schließen alle Gletscher unterliegen. Solche Nachrichten reichen zwar in den Alpen an einigen Orten schon mehrere Jahrhunderte zurück, aber erst seit etwa 50 Jahren besitzen wir genauere Untersuchungen über das Ausmaß und den Verlauf dieser Vorgänge. Von 1894—1914 hat die internationale Gletscherkommission Nachrichten über Gletscherschwankungen in nahezu allen Gebieten der Erde gesammelt[46].

Nach den Ergebnissen der Gletschervermessungen in den Alpen

setzt sich eine Gletscherperiode aus einem meist rasch verlaufenden Vorstoß und einer langen Rückzugsperiode zusammen. Jener äußert sich zuerst im Firngebiet durch eine Anschwellung, die allmählich abwärts rückt, und kündigt sich durch eine Beschleunigung der Geschwindigkeit an, da ja diese mit der Eismächtigkeit wächst. Der kleine Zuwachs von Firnauftrag am Hintereisferner in den Jahren 1914—1922 brachte dem ganzen Gletscher, wie von Hess in allen Einzelheiten erwiesen wurde, eine Hebung der Eisoberfläche und damit eine zuerst langsame, dann rasche Zunahme der Geschwindigkeit, die sich fast gleichzeitig über die ganze Zunge erstreckte und an manchen Stellen das vierfache des früheren Betrages erreichte[12].

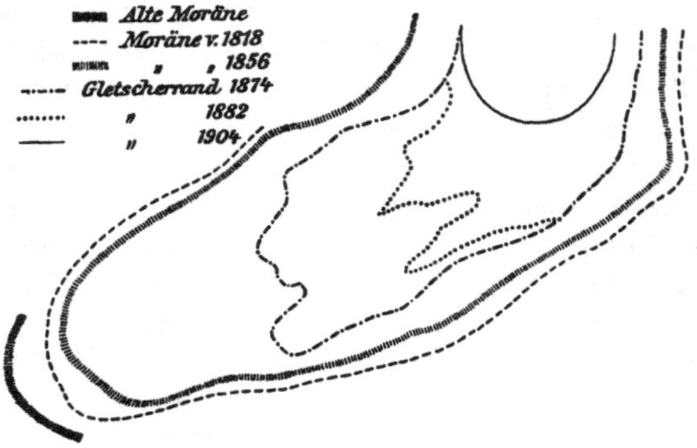

Fig. 110. Rückgang des Rhonegletschers (nach A. Heim), mit Fortsetzung bis 1904.

Noch stürmischer vollzog sich die Beschleunigung der Bewegung beim letzten Vorstoß des Vernagtferners[44]; sie wuchs in der Gletscherachse und in 2800 m Höhe von 17 m pro Jahr (1889—1891) auf 280 m im Jahre 1899, um dann rasch wieder abzufallen. Für das Ausmaß des Rückganges ist natürlich der Volumverlust entscheidender als die Abnahme der Länge und des Areals. Jener nimmt in der Regel mit der Größe des Gletschers zu, wenn auch keine einfache Beziehung zur Größe des Sammelbeckens besteht *.

* Nach der Tabelle in Hess, Die Gletscher, S. 290, sind in folgender Zusammenstellung von Supan die durchschnittlichen Jahresverluste berechnet worden, um vergleichbare Zahlen zu schaffen. Die Flächenzahlen beziehen sich auf die kartographischen Aufnahmen in den 70er und 80er Jahren des 19. Jahrh.

Gletscher	Fläche ha	Längenabnahme m	Flächenverlust ha	Volumverlust Mill. cbm
Glieder (1856?—92)	367	22,2	1,27	ca. 0,95
Wurten (1850—96)	388	15,9	0,85	1,51
Goldberg (1850—96)	404	9,6	0,74	1,66
Karlseisfeld (1856—1900) .	530	20,0	2,22	4,00
Alpeiner (1848—92)	797	17,8	1,13	1,11
Sulden (1856—96)	1092	32,9	1,66	2,07
Hochjoch (1847—1902) ...	1243	7,1	1,11	2,86
Obersulzbach (1850—92) ..	1604	—	1,35	über 2,33
Vernagt (1856—95)	1706	57,5	6,00	6,15
Hintereis (1856—1902) ...	2109	14,9	1,83	4,26
Rhone (1856—99)	2167	über 29,5	2,88	über 5,68
Gepatsch (1856?—96)	2495	18,0	2,19	3,66
Pasterze (1856—1902)	3196	—	—	ca. 6,81

Fig. 110 zeigt den Rückgang des Rhonegletschers seit seinem letzten Hochstand im Jahre 1856 [34].

Eine Theorie der Gletscherschwankungen begründete FOREL [47], die aber in wichtigen Punkten von RICHTER [48] ergänzt wurde. Ihre Ursachen können sowohl in Veränderungen der Ernährung durch Firn als in solchen der Abschmelzung gesucht werden; doch zeigte sich bei beiden Faktoren, daß erst Veränderungen, die durch mehrere Jahre in gleichem Sinne vor sich gehen, für einen Vorstoß oder Rückgang maßgebend sind. Wenn sich also durch mehrere Jahre im Firnfeld Massen über dem Jahresdurchschnitt angesammelt haben, so üben sie auf die vorgelagerte Zunge einen verstärkten Druck aus; diese wird durch den Zusammenschub dicker, damit wächst die Abflußgeschwindigkeit, das Eis verliert auf dem gleichen Wege weniger durch Abschmelzung und die Zunge stößt vor. Sind nun durch eine weitere Reihe von Jahren die Ansammlungen im Firnfeld unter den Durchschnitt gesunken, so nimmt der Druck und damit die Geschwindigkeit ab, die Abschmelzung hat mehr Zeit zu wirken, dadurch sinken Mächtigkeit und Geschwindigkeit noch mehr und zwar je weiter abwärts, um so später *, und es macht sich der Rückgang des Gletscherendes in verstärktem Maße geltend.

E. RICHTER [49] hat die Geschichte der Alpengletscher bis ans Ende des 16. Jahrhunderts verfolgt und eine Reihe von Gletscherperioden von durchschnittlich 35jähriger Dauer ermittelt, sodaß mit den BRÜCKNERschen Klimaschwankungen (s. o. S. 245) eine gute Übereinstimmung besteht. Im 19. Jahrhundert hatten alle Alpengletscher einen ersten sehr kräftigen und gleichzeitigen Vorstoß zwischen 1810 und 1820; aber die zweite feuchtkühle Periode (1835—1850) kam in den Gletscherständen schon ganz verschieden zum Ausdruck. Denn während einige Gletscher nach 1850 einen noch größeren Stand als 1820 erreichten, war das Verhalten der meisten Schweizer Gletscher nach MAURERS Zusammenstellung [50] ganz verschwommen; einige der großen Walliser Gletscher hatten damals überhaupt keinen neuen Vorstoß, andere inmitten dieser Periode sogar ein sekundäres Minimum. Allgemein verbreitet war der Rückgang nach 1856. Aber während eine neuerliche feuchtkühle Periode schon 1876 einige Gletscher der Montblanc-Gruppe abermals zum Vorstoßen brachte und diese Tendenz 1884 zunächst auf die Ortleralpen, seit 1890 auf einige andere Ostalpengruppen übergriff, hörte der Vorstoß schon 1898 in der Schweiz, bald nach 1900 auch in den östlicheren Gruppen auf; viele der größten Gletscher, wie der Aletsch-, Gepatsch-, Hochjoch- und Rhonegletscher haben diese Vorstoßperiode überhaupt nicht mit-

* Das tritt sehr deutlich beim Hintereisferner hervor:

Entfernung vom Ende in m ...	4800	2700	1750	600	350
Eintritt des Minimums der Geschwindigkeit	1900-01	1900-01	1900-02	1901-03	1902-04

gemacht und befanden sich durch 60—75 Jahre in ununterbrochenem Rückzug. Auch gegenwärtig dauert dieser unentschiedene Zustand an; 1916 waren von 24 beobachteten Ostalpengletschern 10 in neuerlichem Vorrücken, 2 stationär, 12 im Rückgang, 1926 aber von 95 Schweizer Gletschern nur 50 im Wachsen, 8 stationär und 37 im Rückgang. Es verhalten sich benachbarte Gletscher, ja selbst die einzelnen Teile eines Gletschers ganz verschieden, wie das z. B. H. v. WOLF [51] bei einigen Ötztaler Fernern beobachtet hat.

Solche Unregelmäßigkeiten sind wohl größtenteils in orographischen Verschiedenheiten der Gletscherbetten begründet. Allgemein zeigt sich, daß die Empfindlichkeit gegen Veränderungen der Ernährung bei Gletschern mit steil geneigtem Firn und kleiner Zunge größer ist als bei großen Gletschern mit flach gebautem Firnfeld. Ferner ist, worauf HESS besonderes Gewicht legte, der Breitenunterschied zwischen Firnfeld und Zunge von Wichtigkeit; je größer die Stauung ist, die der Gletscher beim Übertritt aus der Mulde ins Tal zu überwinden hat, desto weniger und später reagiert er auf einen verstärkten Firnzuwachs. Aber auch die unbekannte Tiefe des Firnbeckens muß in Betracht kommen. Viele Gletscher dürften in ihren geräumigen Firnmulden durch Jahre einen Überschuß an Firn aufspeichern, bevor dieser in die Bewegung einbezogen wird und einen Vorstoß erzeugt. Bei den großen Gletschern, bei denen die Erschöpfung des Firnreservoirs durch den andauernden Rückzug sehr weit fortgeschritten war, konnte sich daher die kleine Zunahme der Ernährung nach 1875 und nach 1910 nicht in einem Vorstoß der Zunge äußern. Aber auch vom klimatologischen Gesichtspunkt ist der Zusammenhang zwischen Klima- und Gletscherschwankungen jedenfalls viel komplizierter, als früher angenommen wurde. Gletscher auf der Luvseite eines Gebirges, wo die Niederschlagsschwankungen meist größer sind als auf der Leeseite, reagieren stärker auf solche Veränderungen. Nach MAURER [52] ist die große Rückzugsperiode nach 1856 zustande gekommen durch die Aufeinanderfolge einer Reihe von Jahren mit stärkerer Ablation infolge geringerer Bewölkung (1856—1877) und einer relativen Niederschlagsarmut von 1892—1911. Jedenfalls sind wir von einem klaren Einblick in diese verwickelten Zusammenhänge und alle dabei auftretenden Unregelmäßigkeiten noch weit entfernt.

Die Nachrichten über diesen Gegenstand aus andern Gebirgen sind recht dürftig. In Norwegen [53] folgte auf einen sehr kleinen Stand nach 1650 ein gewaltiger Vorstoß von 1700—1743, dann ein längerer, ungefähr stationärer Zustand; die Vorstöße des 19. Jahrhunderts um 1807—1812 und 1835—1841 laufen ungefähr parallel mit denen der Alpengletscher; dann aber hatten die Gletscher der Küstengebirge von 1850—1870 einen Rückgang, dem ein Vorstoß folgte, während die des Innern erst nach 1870 in eine Rückzugsperiode eintraten. 1911 hatten die Gletscher des Jostedalsbræ einen relativen

Hochstand, während damals fast alle Alpengletscher zurückgingen, 1911—1918 gingen jene zurück, diese vorwiegend vor [54]. Die Gletscher Islands zeigten ein Anwachsen um 1735, also ebenso wie die Norwegens, und einen neuerlichen Hochstand gegen Ende des 18. Jahrhunderts; Vatna Jökull blieb von dieser Zeit bis etwa 1880 in beständigem Wachstum. Auch für einige Gletscher Spitzbergens, der Pyrenäen und des Kaukasus ist ein Hochstand um 1840—1860 erwiesen. Heute überwiegt in fast allen Gletschergebieten der Erde noch immer die Tendenz zum Rückzug, der nur stellenweise um und nach der Wende des Jahrhunderts durch einen episodenhaften Vorstoß unterbrochen war.

Außer diesen Schwankungen von kurzer Dauer, von denen einige allgemein und groß, andere nur sporadisch und unbedeutend sind, scheint es auch solche von mehrhundertjähriger Dauer zu geben, auf die gleichfalls schon Richter, dann Rabot [56] u. a. aufmerksam machten. So dürften die Alpengletscher zu Ende des Mittelalters und bis ins 16. Jahrhundert noch kleiner gewesen sein als heute, niemals aber, soweit historische Nachrichten zurückreichen, größer als zu Beginn des vorigen Jahrhunderts.

Mit der Bewegung der Gletscher steht die Verteilung aller der Schuttmassen auf ihrer Oberfläche, in ihrem Innern und an ihrem Grunde in engster Beziehung, die man nach dem von Charpentier aus den Walliser Alpen eingebürgertem Ausdruck als Moränen zusammenfaßt. Da ihre Entstehung und Verbreitung nur aus der Betrachtung der formenbildenden Tätigkeit des strömenden Eises abgeleitet werden kann, kommen wir auf sie an anderer Stelle ausführlich zurück.

Die geographische Verbreitung der Gletscher. Obwohl die Gletscher eine über die ganze Erde verbreitete Erscheinung und an keine Zonen gebunden sind, sind sie doch vorzugsweise ein polares Phänomen. Hess schätzt das Gesamtausmaß der vergletscherten Gebiete auf 15 156 000 qkm, wovon nahezu 2 Mill. auf Grönland und über 13 Mill. auf den antarktischen Kontinent entfallen*. Außerhalb der Polarzonen finden sich Gletscher namentlich dort, wo ein zusammenhängendes und reich gegliedertes Relief in die Schneeregion aufragt. Tiefe Lage der klimatischen Schneegrenze und damit eine

* Hess hat folgende Flächenzahlen der Vergletscherung der Erde aufgestellt, denen wir Relativzahlen beifügen:

		qkm		qkm	auf 1000 qkm
Europa	Pyrenäen	40	ungefähr	9 000	0,9
	Alpen	3800			
	Skandinavien	5000			
Asien			„	12 000	0,3
Nordamerika			„	20 000	1,0
Südamerika			„	10 000	0,6
Neuseeland			über	1 000	3,7
Afrika				20	—
Gemäßigte und tropische Zonen			ungefähr	52 000	0,5

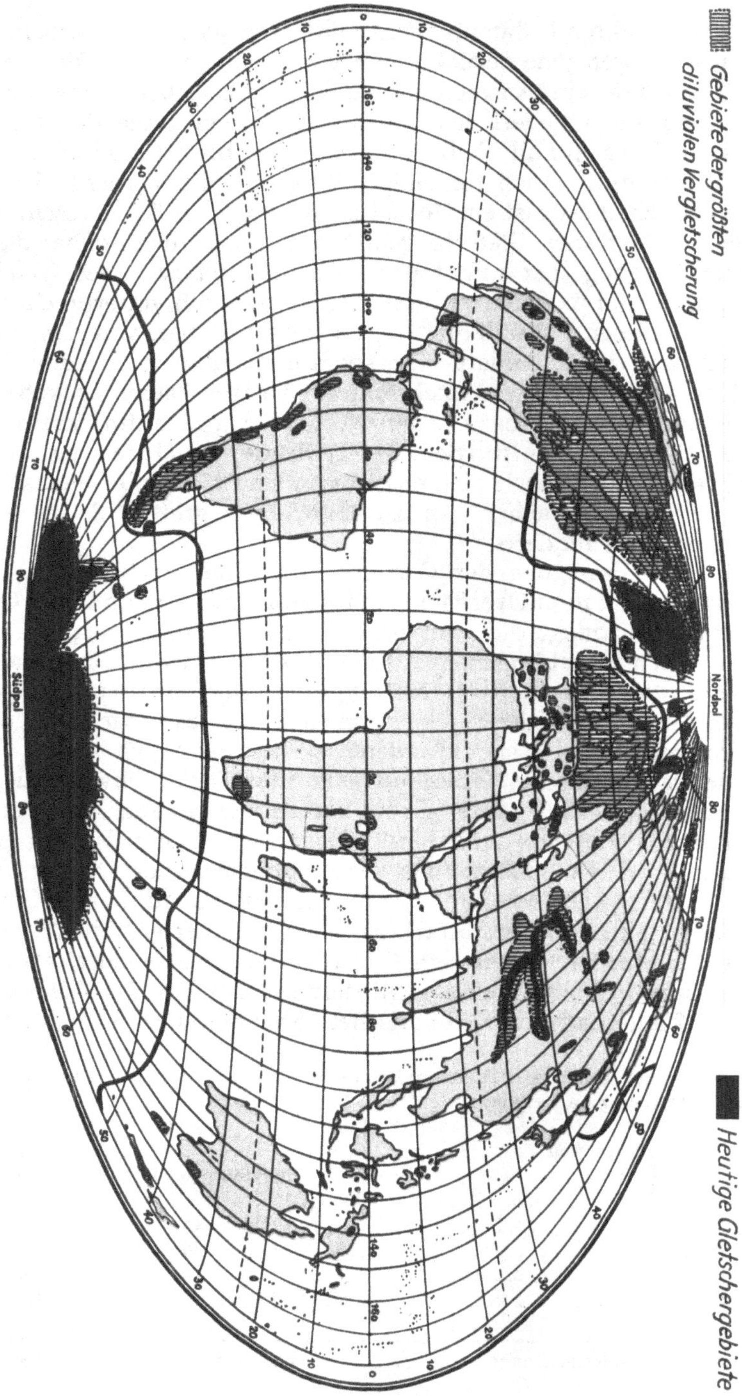

Fig. 111. Verbreitung der Gletscher und des Treibeises. (—— Äußerste Äquatorialgrenze des Treibeises.)

bedeutende Vergletscherung haben wir also bei reichlichem Schneefall und relativ tiefen Sommertemperaturen zu erwarten. Daher bieten Gebirgslandschaften mit ozeanischem Klima die günstigsten Bedingungen für eine ansehnliche Gletscherentwicklung; die für sie ungünstigsten Verhältnisse finden sich im Innern der Festländer bei Trockenheit und starken Temperaturgegensätzen zwischen Sommer und Winter.

Tropen. In der Tropenzone sind sowohl die hohen Temperaturen und die starke Verdunstung als auch die Kegelform der in die Schneeregion aufragenden vereinzelten Vulkanberge der Gletscherbildung ungünstig. In Afrika sind die Eisbildungen des Kenia, Kilimandscharo und Ruwenzori von zahlreichen Forschern eingehend untersucht worden. Der erstere (5240 m) entsendet zwar 15 Gletscherzungen, aber auch die längste erreicht nur $1^1/_2$ km und die tiefste endet schon in 4400 m Seehöhe.[57] Von den zwei Hauptgipfeln des Kilimandscharo[58] trägt nur der westliche, der Kibo (fast 6000 m), eine Eishaube, von der kleine Zungen fingerförmig auslaufen, auf der Nordostflanke bis 5650 m, im W bis 4700 m, im SO bis 5350 m, auf der feuchteren SW-Seite bis 4550 m. Der Ruwenzori hat nur kleine Kar- und Gehängegletscher[59]. Einer ähnlichen Ausbildungsweise begegnen wir nach den Forschungen von Reiss, Stübel, Whymper, Hans Meyer u. a. im tropischen Amerika[60]. Auch hier handelt es sich meist um Firnmäntel auf den höchsten Vulkankegeln, zum Teil durch eine Aschendecke geschützt, oder um kleine Gehängegletscher; mehrfach erfüllen Eisbildungen die Krater der erloschenen Vulkane, wie z. B. des Chimborazzo, Cayambe, Antisana, Cerro Altar u. a.[61] Nur am nichtvulkanischen Saraurcu in Ecuador steigen Eisströme von alpinem Typus bis 4200 m herab. Ein kleines Eisfeld trägt der fast 4800 m hohe Mt. Carstensz auf Neuguinea.

Als eine charakteristische Eigenschaft der tropischen Schneefelder und Gletscher schildert H. Meyer[58,61] ihre tief und regelmäßig zerfressene Oberfläche. Besonders eigentümlich aber sind jene Schmelzformen der warmen Zone zwischen etwa 40° n. und s. Br. die man jetzt unter

---

		qkm	‰	qkm	auf 1000 qkm
Arktis	Nowaja Semlja	15 000	163	2 101 000	544
	Franz-Josefs-Land	17 000	860		
	Spitzbergen	56 000	840		
	Island	13 400	130		
	Jan Mayen	70	169		
	Grönland	1 900 000	876		
	Nordamer. Inseln	100 000	73		
Antarktis	Inseln	3 000	230	13 003 000	930
	Festland	13 000 000	930(?)		
Kalte Zonen				15 104 000	802
	Summe			15 156 000	100

dem Namen Zackenfirn zusammenfaßt[62]. Sie wurden zuerst an den Ostabhängen der argentinischen Kordillere beobachtet, wo sie den bezeichnenden Namen Nieve penitente, d. h. Büßerschnee führen und wo ausgedehnte Schneefelder in parallele, $1^1/_2$—$2^1/_2$ m hohe Figurenreihen aufgelöst sind, die sich von der Ferne wie stehende oder knieende, in weiße Schleier gehüllte Frauengestalten ausnehmen. Solcher Zackenfirn kommt auch in den Anden von Ecuador, am Kilimandscharo, im Himalaya und Karakorumgebirge in Höhen von über 5000 m vor. Nach den Untersuchungen von Keidel in Argentinien sind die Streckung aller Formen, der Figuren wie auch der Furchen, in ostwestlicher Richtung und das unmittelbare Nebeneinander verschieden großer Formen bezeichnend. Zweifellos verdanken sie ihre Entstehung der intensiven Sonnenstrahlung in längeren Trockenzeiten bei sehr trockener Luft und Lufttemperaturen unter dem Gefrierpunkt; der ungleichmäßige Schmelzprozeß aber ist wohl die Folge ursprünglicher kleiner schalenförmiger Unebenheiten, wie sie jede schmelzende Schneeoberfläche zeigt. Indem die flachen Vertiefungen an der Morgen- und Abendseite von der Sonne am stärksten angegriffen werden, entwickeln sich aus ihnen ostwestlich gestreckte Furchen.

Gemäßigte Zonen. Hier gelangt der alpine Gletschertypus zu fast ausschließlicher Herrschaft, besonders in dem reich gegliederten Hochgebirgsgürtel der Alten Welt. Auf der iberischen Halbinsel reichen nur die Pyrenäen ansehnlich über die Schneegrenze empor, tragen aber fast nur auf der Nordabdachung zahlreiche Kar- und Gehängegletscher sowie einen Talgletscher. Der südlichste Eisstrom Europas ist der kleine Corralgletscher auf dem Nordabhang der Sierra Nevada in 2800-2900 m Höhe. In unseren Alpen ist die kristallinische Zone trotz höherer Lage der Schneegrenze, aber infolge ihrer wesentlich größeren absoluten Höhen die eigentliche Heimat der Eiswelt, vor allem die Montblanc-Gruppe mit 20 echten Talgletschern, darunter das Mer de Glace mit über 55 qkm, dann die Finsteraarhorngruppe mit einem vergletscherten Areal von rund 480 qkm, d. i. mehr als $^1/_3$ des Gesamtareals, und 12 großen Talgletschern, darunter als der größte Eisstrom der Alpen der Aletschgletscher (129 qkm, 26,8 km lang), der Fieschergletscher mit 41 und der Unteraargletscher mit 39,3 qkm, ferner die Walliser Alpen mit dem Gornergletscher (67 qkm), in den Ostalpen die Berninagruppe, die Ötztaler Alpen (480 qkm) mit 20 Talgletschern, die Ortler Gruppe und die Hohen Tauern (530 qkm) mit der Pasterze als dem größten Ostalpengletscher (32 qkm). Von allen Alpengletschern steigt der Untere Grindelwaldgletscher am tiefsten, bis 1080 m herab; 1818 endete er noch bei 980 m. Sonst liegt das Ende der großen Talgletscher durchschnittlich schon in 1400—2200 m Höhe*. In der Schweiz und den angrenzenden

* Berechnung des mittleren Gletscherendes von Supan nach den Listen von Hess:

italienischen Alpen sind 2030 qkm, in den übrigen Ostalpen 1460 qkm vergletschert [63].

Das skandinavische Hochgebirge [64] besitzt trotz verhältnismäßig geringen Höhen, aber aus klimatischen Gründen eine sehr tiefe Lage der Schneegrenze, die landeinwärts ansteigt; daher sind namentlich die hohen Fjelde nahe der Westküste von gewaltigen inlandeisähnlichen Firnmassen bedeckt, von denen sich zahlreiche zerklüftete Eiszungen zu den Fjorden und in die tiefen Trogtäler herabsenken. Das mächtigste Gletschergebiet ist hier der Jostedalsbræ zwischen $61^{1}/_{2}$—62° n. Br., in seinem flachgewölbten Scheitel bis 2030 m hoch; neben 24 echten Talgletschern mit Längen bis 14 km gibt es noch einige hundert Gehängegletscher, so daß das zusammenhängende Gletschergebiet 940 qkm, das gesamte eisbedeckte Areal aber 1670 qkm mißt. Die Gletscherzungen enden meist im 300—600 m Seehöhe, der Bojumbræ aber erst in 150 m, der regenerierte Suphellabræ sogar erst in 40 m. Andere große Plateaugletscher sind Folgefonn (288 qkm) und Svartisen, wo der Gletscher des Jökelfjords unter 68° n. Br. als der einzige in Europa fast das Meer erreicht. Daneben gibt es aber auch noch zahlreiche Kar- und Gehängegletscher, besonders in Jotunheim und in der schwedischen Sarjekgruppe. Die gesamte Gletscherfläche Norwegens schätzt Rabot auf 4600, die Schwedens auf 400 qkm.

Der Kaukasus [65] steht mit einer Gesamtfläche des vergletscherten Areals von fast 2000 qkm zwar den Alpen wesentlich nach; doch ist sein Hauptkamm auf einer Strecke von über 700 km ununterbrochen vergletschert, wenn auch die größten Eisströme (Dih-su 48, Besingi 45 qkm) hinter den größten Alpengletschern zurückbleiben. Entsprechend der nach O ansteigenden Schneegrenze ist der westliche Abschnitt viel gletscherreicher; dabei ist hier wieder die Nordabdachung trotz höherer Lage der Schneegrenze aus orographischen Gründen zwar gletscherreicher als die schroff abfallende Südseite, doch enden die Eiszungen dort in durchschnittlich 2320 m, hier in 2100 m Seehöhe; der Tschalaat-Gletscher steigt sogar bis 1630 m herab, bis in eine Zone üppiger Waldvegetation.

Am gewaltigsten entwickelt ist das alpine Gletscherphänomen in den Randgebirgen Zentralasiens. Der Himalaya trägt die größten Gletscher natürlich auf der überfeuchten indischen Abdachung; doch wirken trotz den riesigen Höhen die hohe Sommerwärme und Ver-

---

Lage gegen	N	NO	O	SO	S	SW	W	NW
Zahl der Gletscher	35	9	10	5	6	4	6	6
Höchstes Gletscherende m	2500	2400	2460	2500	2310	2490	2520	2460
Tiefstes Gletscherende m	1080	1800	1640	1500	1360	1770	2150	1350
Mittlere Lage der Gletscherenden m	1880	2110	2060	1970	1920	2240	2270	1960

Die Unregelmäßigkeiten in der Verteilung der Mittelwerte zeigen, daß nicht so sehr die Exposition als der Bau und die Höhe der Gletscherbetten für die Höhe des Gletscherendes maßgebend sind.

dunstung der Firnbildung entgegen, sodaß die Gletscherlängen doch nicht sehr bedeutend sind und der 19 km lange Milamgletscher schon in 3440 m Höhe endet[66]; der Tarsching-Gletscher des Nanga Parbat in Kaschmir steigt allerdings bis 2860 m herab. Noch gletscherreicher ist trotz größerer Trockenheit das Karakorum-Gebirge[67], wo die Vergletscherung jenen früher beschriebenen Typus einer Ausfüllung ganzer Talsysteme mit Eis erreicht; der in 3415 m Seehöhe endende, 60 km lange Hispargletscher geht am Hisparpaß (5380 m) in den nach der entgegengesetzten Seite abfließenden, 58 km langen Biafogletscher über, der bei Korofan in 3000 m endet (Fig. 112). Ähnliche Dimensionen haben der Tschocho- und Baltorogletscher, alle durch sehr geringes Gefälle und

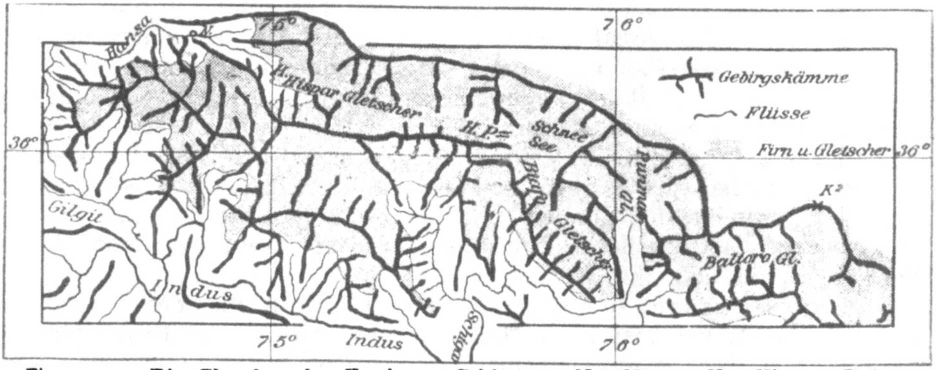

Fig. 112. Die Gletscher des Karakorum-Gebirges. *N* = Nagar, *H* = Hispar, *H.P.* = Hisparpaß, *K* = Korofan, *K²* = Dapsang (8620 m).

starke Moränenbedeckung ausgezeichnet, eine Folge der intensiven Gesteinzerstörung im trockenen, kontinentalen Klima. Die tibetanischen Gebirge sind, mit Ausnahme des zentralen Kwenlun, zu trocken, um große Eisströme zu erzeugen. Hingegen haben die Forschungen von Merzbacher[68] im zentralen Tienschan in der Umgebung des Chantengri (7000 m) ein großartiges Gletscherzentrum erschlossen, in dem der Inyltschek-Gletscher 70 km Länge erreicht. Sehr bedeutend ist auch die Vergletscherung des Alai- und namentlich des Transalaigebirges, die erst durch die deutsch-österreichische Pamirexpedition von 1913 näher bekannt wurde[69], recht ansehnlich auch die des östlichen Hindukusch und der feuchteren Nordseite des Altai.

Die pazifischen Randgebirge Asiens sind trotz günstigen klimatischen Verhältnissen wegen ihrer zu geringen Höhen gletscherfrei; kleine Firnfelder tragen die Gebirge des nördlichen Korea und der Ostabhang des japanischen Berges Tateyama (36° 35' n. Br., 2900 m hoch), die mächtigen Vulkankegel Kamtschatkas haben zwar Schnee- und Eishüllen oft bis zu zwei Drittel ihrer Höhe herab, aber, wie es scheint, keine echten Gletscher. Solche treffen wir erst auf der amerikanischen Seite, und zwar sofort in großartigster Entfaltung auf Alaska. Außer dem bereits als Vertreter der Vorlandvergletscherung genannten Malaspina-Gletscher am Fuß der St. Elias-Kette gibt es hier die 1912 von R. H. SARGENT [70] entdeckte Eiskalotte im S der Halbinsel Kenai, 115 km lang und über 30 km breit, von der 36 Gletscher, z. T. bis 16 km lang, in die Täler herabsteigen; ferner den über 1200 qkm großen Muirgletscher[71], der mit zerrissener blauer Eiswand in die Glacierbai abbricht, das mächtige Gletscherzentrum um die Yakutatbai unter 60° n. Br., wo Turner-, Hubbard- und Nunatakgletscher das Meer erreichen[72], die echt alpinen Gletscher um den Prince-William-Sund, die 1908—10 einen mächtigen Vorstoß ausführten, endlich die bis 40 km langen Gletscher auf der pazifischen Seite der Alaska-Kette (Mt. Mc Kinley 6240 m), die bis zu Höhen von 12—1500 m herabreichen. Auch weiter südlich bleiben die klimatischen Verhältnisse der Küstenketten einer bedeutenden Vergletscherung günstig. Noch im Takufjord (58° n. Br.) gehen die Eisströme bis ans Meer herab, und selbst unter 55° n. Br. endet einer erst bei 400 m Seehöhe. In den kanadischen Felsengebirgen wird nach Osten mit zunehmender Trockenheit die Vergletscherung geringer trotz den großen Höhen. Immerhin reicht hier der prächtige, aber gegenwärtig stark zurückgehende Illecillewaet-Gletscher in der Selkirk-Kette bis in die Waldregion, zu 1676 m Seehöhe herab[73]. In den Vereinigten Staaten[74] tragen die mächtigen Vulkanberge des Kaskaden-Gebirges echte Gletscher in radialer Anordnung, so namentlich der Mt. Rainier (4320 m) deren 12 mit Längen bis zu 20 km, der Mt. Shasta (4410 m) fünf zwischen 2,7 und 0,3 qkm Flächeninhalt, von denen der Wintungletscher erst in 2400 m Seehöhe endet. Auch die Sierra Nevada beherbergt nicht weniger als 17 Kargletscher, freilich alle nur klein und schon bei 3400 m Seehöhe endend. Nach O nehmen die Niederschläge rasch ab, so daß das Felsengebirge der Vereinigten Staaten nur unbedeutende Kargletscher besitzt, die südlichsten in der Sangre de Christo-Kette in 37° 35' n. Br. und in 4000 m Höhe[75].

Das feuchte Seeklima der südlichen Halbkugel ist in höheren Breiten der Gletscherentwicklung besonders günstig[76]. Zwischen 46 und 50½° s. Br. scheint eine zusammenhängende Firndecke die nur bis 3900 m hohen Kordilleren von Patagonien als ein Inlandeis von etwa 17500 qkm Größe zu verhüllen, das zahlreiche Ausläufer in die Randseen im O sowie in die Fjorde der Westküste entsendet, an den Abhängen von Hochwäldern der antarktischen Buche und Birke begleitet. Auch die Insel Feuerland trägt gewaltige Gletscher bei einer Höhe der Schneegrenze von nur mehr 700 m. Ähnlich liegen die klimatischen Bedingungen an der Westseite der Neuseeländischen Alpen, wo zahlreiche Gletscher, wie der 14 km lange Franz-Josefs- und der Prinz-Alfredgletscher, in der Breite von Florenz mit moränenbedeckten Zungen bis 215 bzw. 115 m herabreichen, bis mitten in das Bereich einer üppigen subtropischen Vegetation. Der größte Gletscher liegt allerdings auf der trockeneren Ostseite, es ist der 29 km lange Tasmangletscher, der in etwa 1200 m endet, also auch noch immer einige Hundert Meter tiefer als ähnlich große Eisströme unserer Alpen[77]. Auf den Kerguelen-Inseln nimmt in der Breite von Nürnberg das Richthofen-Eis schon polaren Charakter an, und die südatlantische Bouvet-Insel, in der Breite von Rügen und nur 935 m hoch, ist völlig vereist.

Polare Zonen. Wie in den gemäßigten Zonen der alpine Gletscher, so herrscht in den polaren das Inlandeis vor; doch fehlt unter entsprechenden orographischen Verhältnissen auch hier der alpine Typus nicht ganz, wie z. B. im westlichen Spitzbergen, wo aber daneben auch ein Vergletscherungstypus sich findet, der zwischen echtem Inlandeis und Vorlandvergletscherung in der Mitte steht[78]. Echtes Inlandeis haben Nordostspitzbergen, die einzelnen Inseln von Franz-Josefs-Land, wobei die Abbruchwände seiner Ausläufer die Küsten bilden, sowie der nördlichste Teil von Nowaja-Semlja, das im übrigen zahlreiche alpine Gletscher trägt, während auf der vulkanischen Insel Jan Mayen zahlreiche Gletscher radial bis zum Meere abfließen. Auch auf Island[79] herrscht der Inlandeis- oder der norwegische Typus; am größten ist die schildförmig gewölbte Eismasse des Vatna Jökull im Südosten, die 8500 qkm mißt und deren kleine Randgletscher bis nahe ans Meer reichen. Unter den arktisch-amerikanischen Inseln scheint trotz der furchtbaren Kälte, aber wegen des Fehlens reichlicher Niederschläge nur in Nord-Lincoln-Land und in Grinnell-Land der Inlandeistypus vertreten zu sein, während in Ellesmere-Land nach Sverdrup's Schilderungen der alpine Typus vorherrschen dürfte[80].

In seiner typischesten Ausbildung finden wir das Inlandeis auf der Nordhalbkugel in Grönland[81] entwickelt. Wie die denkwürdige Schneeschuhfahrt Nansens im Jahre 1888 und die seither mehrfach wiederholten Durchquerungen dieser größten Insel gelehrt haben, ist diese mit Ausnahme eines gelegentlich bis 300 km breiten, vorwiegend längs der Westküste vertretenen eisfreien Küstensaumes von einer zusammenhängenden, vermutlich sehr mächtigen Eismasse bedeckt, die alle Unebenheiten des Untergrunds verhüllt. Nur nahe der Küste, bis etwa 50 km landeinwärts, ragen einzelne Berggipfel, Nunatakr genannt, inselartig aus dem Eise heraus. Die größte Höhe des Inlandeises, bei den Eskimo als »Sermerssuak« bezeichnet, fanden Nansen zu 2720 m, die Schweizer Grönlandforscher zu über 2500 m, weiter im N Koch und Wegener zu 3000 m; von dieser Scheitelregion, die näher an die Ostküste gerückt ist, senkt sich seine Oberfläche schildförmig nach allen Seiten, und auch seine Bewegung ist radial nach den Küsten gerichtet; namentlich nach der durch Fjorde reich gegliederten Westküste entsendet es an die 100 Ausläufer, darunter als die größten den 60 km langen Frederikshaabgletscher, den Jakobshavengletscher, den Großen Karajak-Eisstrom und unter 79° n. Br. den 110 km langen Humboldtgletscher, von deren außerordentlicher Geschwindigkeit schon früher die Rede war. Im O tritt das Inlandeis vielfach bis an den Küstenrand heran und bricht in Steilmauern ab, das nördliche Ende hat PEARY unter 82° n. Br. erreicht.

In den Randzonen ist der Schnee grobkörnig und firnartig, nach innen wird er immer feiner und trockener, sodaß er erst in größerer Tiefe in Firneis übergehen kann. Dieser innerste Teil war auf einer Strecke von 150 km auf NANSENS Route vollkommen glatt und spaltenfrei; in den Randzonen wird die Oberfläche unruhig, von Spalten, Bachfurchen und Gletschermühlen, namentlich aber von zahllosen Staublöchern, den sog. Kryokonitlöchern, durchsetzt [82]. Hier gibt es auch kurze Moränenstreifen, die von den Nunatakr ausgehen, aber meist wieder vom Eise verschlungen werden. Was also das Inlandeis vor allem von alpinen Gletschern, wie sie übrigens auch in den Küstenzonen Grönlands und auf seinen Inseln in großer Zahl auftreten, unterscheidet, ist die ungeheure Ausdehnung der Hochschnee- im Vergleich zur Firn- und Abschmelzungsregion; auch die individualisierten Eisströme sind trotz ihren an sich gewaltigen Dimensionen doch nur zwerghafte Anhängsel an das riesige Inlandeis, das mit seiner Fläche von fast 2 Mill. km² ganz Mittel- und Westeuropa bedecken würde.

Fast siebenmal größer als das grönländische ist das antarktische Inlandeis [83], das im Innern ein über 3000 m hohes Plateau darstellt, aus dem unweit des Südpols die Königin-Maud-Berge aufragen. Gegen den Indischen Ozean senkt es sich allmählich und bricht in Eismauern am Meere ab; südlich von Neuseeland greift die Ross-See bis 78° s. Br. ins Festland ein und ist in ihrem Hintergrund, zwischen dem Viktoria- und dem König-Eduard VII.-Land, in einer Länge von 850 km durch eine 50 m hohe Eismauer abgeschlossen, den Abbruch des sog. Barrière-Eises, das mit dem Inlandeis in unmittelbarer Verbindung steht und mit einer täglichen Bewegung von über 1 m schwimmend ins Meer taucht. Ähnlich sind die Verhältnisse im Hintergrund der Weddelsee südlich von Südgeorgien. Sehr vielgestaltig sind die Eisbildungen in der Westantarktis südlich von Südamerika, wo neben dem niedrige Inseln völlig überdeckenden Kuppeleis auch Übergänge zum alpinen Typus, Vorlandgletscher und, ebenso wie nach v. DRYGALSKI am Gaußberg, das sog. Schelfeis auftreten, das als eine niedrige Eisterrasse auf seichtem Meeresgrund aufliegt und nach O. NORDENSKJÖLD [83] aus der Anhäufung von Schnee über dem festsitzenden Meereis des Küstensaums entstanden ist. Das Westeis auf Kaiser-Wilhelm II.-Land ist nach v. DRYGALSKI ein Konglomerat von marinem Scholleneis und Eisbergen, das sich unter dem Einfluß der Winde nach N bewegt. Das Inlandeis stellt überall nur das Nährgebiet der Vereisung dar, deren Abschmelzungsgebiet durch die Küstenlinie abgebrochen ist; denn bei den außergewöhnlich tiefen Temperaturen auch im Sommer kommt es nirgends zur Abschmelzung, höchstens zur Aufzehrung durch Verdunstung.

Eisberge. Wo ein polarer Gletscher in tieferes Meer hinausstößt, erfolgt dort, wo das Eis leichter wird als das von ihm verdrängte Wasser, ein Bruch von unten nach oben, der Gletscher »kalbt« und seine Bruchstücke treiben als Eisberge ins Meer hinaus. Da Luftblasen das spezifische Gewicht des Eises verringern, tauchen die Eisberge meist nur mit $^1/_5$ bis $^1/_7$ ihrer ganzen Masse aus dem Meere heraus, sodaß bei einem Herausragen von 50 bis 70 m Höhe — größere Höhen sind in der Arktis selten — Gesamtmächtigkeiten von 300—500 m anzunehmen sind. Verschiebt sich durch Abbrüche der Schwerpunkt nach oben, so wälzen sich die Eisberge um und kehren bisweilen sogar die Sohle nach oben. Meeresbrandung, Schmelzung durch Sonne und Meerwasser formen die anfangs groben Klötze zu phantastischen Gestalten um, bis sie endlich in

Fig. 113. Eisberg an der Westküste von Grönland.

Trümmer zerfallen, die mit dem Meereis verschmelzen oder im offenen Ozean, bisweilen erst in Breiten von etwa 40°, zergehen (Fig. 112).

Grönland und Franz-Josefs-Land sind die Hauptgeburtsstätten der großen arktischen Eisberge; hingegen fehlen sie vor den seichten Küsten von Nowaja-Semlja und an der Südspitze von Spitzbergen, wo nur kleine Stücke von den Gletschern ins Meer abbröckeln.

Weitaus häufiger und größer, auch anders gestaltet sind die Eisberge der antarktischen See. Da das Inlandeis hier meist frei ins Meer hinaustritt und seine Schichten die ursprüngliche flache Lagerung bewahren können, sind die von ihm abbrechenden Eisberge gewaltige kastenförmige Gebilde mit ebener, von Spalten zerschnittener Oberfläche, deren senkrechte Wände wechselnde Lagen von blauem und weißem Eis zeigen. Manche von diesen Eisklötzen erreichen Dimensionen von vielen Kilometern in der Länge — der 1854 im Südatlantischen Ozean erblickte Eiskoloß maß im Grundriß 60 zu 40 Seemeilen! —, sodaß sie wohl des öftern für Land gehalten worden sind. Ein Kentern und Wälzen in eine neue Gleichgewichtslage ist bei diesen Eisbergen seltener als im hohen Norden; wo es vorkommt, sind die Formen mannigfaltiger, und es erscheint dann auch wieder die eingeschlossene Grundmoräne. Alte, im Packeis eingeschlossene Eisberge unterliegen unter den Angriffen der Atmosphärilien, namentlich der Schneestürme, einer fortgesetzten Abschleifung und Zurundung, und da dabei das kompaktere, luftarme Eis länger Stand hält, hat v. Drygalski solche Massen Blaueisberge genannt.

Literaturnachweise. [1] A. Heim, Handbuch der Gletscherkunde; Stuttgart 1885. E. Richter, Die Gletscher der Ostalpen; Stuttgart 1888. H. Hess, Die Gletscher; Braunschweig 1904. F. Machatschek, Gletscherkunde; 2. Aufl. Samml. Göschen 1917. — [2] J. Coaz, Die Lawinen der Schweizer Alpen; 2. Aufl. Bern 1881. Ders., Statistik und Verbau der Lawinen in den Schweizer Alpen; Bern 1910. V. Pollack, Über die Lawinen Österreichs und der Schweiz; Zeitschr. österr. Ing.- u. Archit.-Ver. 1891. F. W. Sprecher, Grundlawinenstudien; Jahrb. Schweiz. Alpenklubs 1899—1902. A. Allix, Avalanches; The Geograph. Review XIV, New York 1924 (mit Literaturverzeichnis). — [3] F. de Filippi, Die Forschungsreise des Prinzen Ludwig Amadeus von Savoyen nach dem Eliasberg in Alaska i. J. 1897; Leipzig 1900. — [4] I. C. Russell, Second Expedition to Mt. Elias in 1891; 13. Report U. S. Geolog. Survey 1891—1892, Washington 1893. S. a. Filippi, Anm. 3. — [5] W. H. Sherzer, Glaciers in the Canadian Rockies and Selkirks; Smithsonian Contributions of Knowledge, Bd. XXXIV, 1907. — [6] R. Klebelsberg, Beiträge zur Geologie von Westturkestan; Innsbruck 1922. Ders., Der Turkestanische Gletschertypus; Zeitschr. f. Gletscherk. XIV, 1926. — [7] W. M. Conway, Climbing and Explorations in the Karakorum Himalayas; London 1894. K. Oestreich, Der Tschochogletscher in Baltistan; Zeitschr. f. Gletscherk. VI, 1911/12. W. H. and F. Bullock-Workman, The Call of the snowy Hispar; London 1910. — [8] R. D. Salisbury in The Journal of Geology III, Chicago 1895. — [9] A. Blümcke und H. Hess, Tiefbohrungen am Hintereisferner 1909; Zeitschr. f. Gletscherk. IV, 1909/10. S. a. Hess, ebenda, XIII, 1924. — [10] J. Maurer, Ergebnisse unserer höchsten Niederschlagssammler im Firngebiet; Met. Z. 1915. Fortlaufende Berichte von R. Bilwiller über den Firnzuwachs in einigen schweizerischen Firngebieten in der Vierteljahrsschrift der Naturforsch. Gesellsch. in Zürich. — [11] J. Vallot, Annales de l'observatoire du Mt. Blanc I.—IV., Paris 1894—99. — [12] H. Hess, Der Hintereisferner 1893—1922; Zeitschr. f. Gletscherk. XIII, 1924. — [13] A. Blümcke und H. Hess, Untersuchungen am Hintereisferner; 2. Wissensch. Ergänzungsheft zur Zeitschr. des D. u. Ö. Alp. Ver. 1892. — [14] R. Sieger, Karstformen der Gletscher; Geogr. Zeitschr. I, 1895. — [15] E. Brückner, Untersuchungen über die tägliche Periode der Wasserführung und die Bewegung von Hochfluten in der oberen Rhone; Pet. Mitt. 1895. G. Greim, Studien aus dem Paznaun; Beitr. z. Geophysik V. 4. S. a. Hess in »Die Gletscher« S. 234 ff. über die Messungen der Wassermenge der Rhone in Gletsch. — [16] G. Tammann, Über die Ausflußgeschwindigkeit kristallisierter Stoffe; Annalen der Physik V, 1900 u. VII. 1902. Hess, Über die Plastizität des Eises; ebda 1911 und Zeitschr. f. Gletscherk. VII, 1912/13. R. S. Tarr and I. L. Rich, The Properties of Ice; Zeitschr. f. Gletscherk. VI, 1912. R. S. Tarr and O. D. v. Engeln, Experimental Studies of Ice with Reference to Glacier Structure and Motion; ebda IX, 1914/15. — [17] J. D. Forbes, Occasional Papers on the Theory of Glaciers; Edinburgh 1859. — [18] E. v. Drygalski, Die Grönland-Expedition der Berliner Gesellschaft für Erdkunde, Berlin 1899. S. a. Hess, Die Gletscher, S. 151 ff. — [19] Okada in der Meteorol. Zeitschr. 1905, 330 und 1908, 83. — [20] J. P. Koch, Vorläufiger Bericht über glaziolog. Beobachtungen auf der dänischen Forschungsreise quer durch Nordgrönland 1912/13; Zeitschr. f. Gletscherk. X, 1916. — [21] R. Emden, Über das Gletscherkorn; Denkschr. schweiz. Ges. f. d. gesamten Naturwiss., Basel 1890. H. Crammer, Eis- und Gletscherstudien; Neues Jahrb. f. Mineralogie usw., Beil.-Band XVIII, 1903. Tarr und Engeln, Zeitschr. f. Gletscherk. IX, 1914/15. — [22] J. Y. Buchanan, The Size of the Ice-grain in

Glaciers. »Nature« 1891. — [23] J. C. McConnel, On the Plasticity of Ice; Proceedings of the Royal Soc. XLIX, 1890/91. — [24] O. Mügge, Über die Plastizität der Eiskristalle; Jahrb. f. Mineralogie usw., 1895, II, und 1899, II. — [25] H. F. Reid, De la progression des glaciers, leur stratification et leurs veines bleues; C. R. VIII. Congrès géolog. internat. 1900. — [26] L. Agassiz, Untersuchungen über die Gletscher; Solothurn 1841. — [27] J. Tyndall, In den Alpen. Autorisierte deutsche Ausgabe, Braunschweig 1875. — [28] H. Crammer, s. Zitat Anm. 21. Ferner: Zur Entstehung der Blätterstruktur der Gletscher aus der Firnschichtung; Zeitschr. f. Gletscherk. II, 1907. Struktur und Bewegung des Gletschereises; Mitt. geogr. Ges. München 1909, Bd. IV. — [29] H. F. Reid, Zitat Anm. 25. — [30] J. Rekstad, Jagttagelser fra Folgefonnens bræer; Norsk geolog. Undersøg. 1905. — [31] H. Hess, Über den Zusammenhang zwischen Schichtung und Bänderung der Gletscher; Neues Jahrb. f. Mineral. etc. 1902, I. — [32] A. Hamberg in C. R. IX. Internat. Geographenkongress, Genf 1908, II. — [33] H. Philipp, Untersuchungen über Gletscherstruktur und Gletscherbewegung; Geol. Rundschau V, 1919. S. a. Zitat Anm. 42. — [34] Mensurations au glacier du Rhône 1874—1915; Neue Denkschr. Schweiz. naturf. Ges. LII, 1921. — [31a] W. Behrmann in der Zeitschr. f. Gletscherk. XV. 1927. [35] E. v. Drygalski, Das Eis der Antarktis und der subantarktischen Meere in »Deutsche Südpolar-Expedition 1901—03« I, Heft IV; Berlin und Leipzig 1921. Vgl. Brückners Besprechung in Zeitschr. f. Gletscherk. XIII, 1924. — [36] A. Blümcke und S. Finsterwalder, Die Gletscherbewegung mit Berücksichtigung ihres senkrechten Anteils; Zeitschr. f. Gletscherk. I, 1906. — [37] A. Blümcke und S. Finsterwalder in Sitzber. math.-phys. Klasse der Bayr. Akad. d. Wissensch. 1905, XXXV. — [38] H. Crammer, Struktur und Bewegung des Gletschereises; Mitt. geogr. Ges. München IV, 1909. — [39] H. Hess in Annal. d. Physik II; Crammer in N. Jb. f. Mineral. 1905, II. — [40] T. C. Chamberlin, Recent Glacial Studies in Greenland; Bull. Geolog. Soc. of America 1905. — [41] A. Hamberg, Om glaciernas parallelstruktur; Geol. Fören. Förhandl. Stockholm 1897. S. a. Zitat Anm. 32. — [42] H. Philipp, Geologische Untersuchungen über den Mechanismus der Gletscherbewegung usw.; N. Jahrb. f. Miner. usw., Beil.-Band XLIII, 1920. — [43] S. Finsterwalder, in Zeitschr. f. Gletscherk. XIII, 1923. — [44] S. Finsterwalder, Der Vernagtferner; Wissensch. Ergänzungsh. z. Zeitschr. d. D. u. ö. Alp.-Ver. München 1897. — A. Baltzer, Studien am Untern Grindelwaldgletscher; Denkschr. Schweiz. naturf. Ges. 1898. — [46] Les variations périodiques des glaciers (Berichte der internat. Gletscherkommission), in d. Archives des sciences phys. et nat. Genf, 1906—14 in der Zeitschr. f. Gletscherk. — [47] F. A. Forel, Lecture sur les variations périodiques des glaciers; Arch. sciences phys. et nat. Genf, 1881, 1887 u. 1900. — E. Richter, Ergebnisse und Probleme der Gletscherforschung; Abh. geogr. Ges. Wien I, 1899. S. a. Finsterwalder, Die Theorie der Gletscherschwankungen; Zeitschr. f. Gletscherk. II, 1907. — [49] E. Richter, Geschichte der Schwankungen der Alpengletscher; Zeitschr. D. u. Ö. Alp.-Ver. 1891. — [50] J. Maurer in Meteor. Zeitschr. 1910, S. 300. — [51] H. v. Wolf, Gletschermessungen im Ötztal im Sommer 1922 und 1923; Zeitschr. f. Gletscherk. XIII, 1924. — [52] J. Maurer, Die jüngste große Rückzugsphase der Schweizer Gletscher; Pet. Mitt. 1914, I. — [53] P. A. Øyen, Klima- und Gletscherschwankungen in Norwegen; Zeitschr. f. Gletscherk. I, 1906. J. Rekstad, Über Gletscherschwankungen im westlichen Norwegen; ebda I, 1906. — [54] H. Ahlmann, Glaciers in Jotunheim usw.; Geograf. Annaler 1922. — [55] Ch. Rabot, Les variations des glaciers de l'Islande méridionale; Zeitschr. f. Gletscherk. I, 1906. H. Reck, Glazialgeologische Studien über die rezenten und diluvialen Gletschergebiete Islands. Ebda V, 1911. — [56] Ch. Rabot, Essai de chronologie des variations glaciaires. Bull. de géographie historique et descriptive 1902. — [57] H. J. Mackinder, A Journey to the Summit of Mt. Kenia; Geograph. Journal XV, 1900. — [58] Hans Meyer, Der Kilimandscharo; Berlin 1900. F. Klute, Ergebnisse der Forschungen am Kilimandscharo; Berlin 1920. — [59] F. de Filippi, Il Ruwenzori; Mailand 1908. — [60] Zusammenstellung bei W. Sievers, Die heutige und die frühere Vergletscherung Südamerikas; Verhandl. der Gesellsch. deutscher Naturforscher und Ärzte 1911. — [61] Hans Meyer, In den Hoch-Anden von Ecuador; Berlin 1907. — [62] R. Hauthal, Büßerschnee in den Argentinischen Anden;

Zeitschr. D. u. Ö. Alp.-Ver. 1903. H. MEYER, Zitat Anm. 58 u. 61. H. KEIDEL in Zeitschr. f. Gletscherk. IV, 1910. F. KLUTE (Zackenfirn am Kilimandscharo), ebda IX, 1915. W. H. WORKMANN (Himalaya), ebda III. 1909. Ferner die Diskussion in der Zeitschr. Ges. f. Erdk. Berlin 1908. C. SCHOY, Das Problem des Büßerschnees; Pet. Mitt. 1914, II und J. FRÜH, ebda 1915, II. — [63] J. JEGERLEHNER, Die Schneegrenze in den Gletschergebieten der Schweiz; Beitr. z. Geophysik V, 1902, u. E. RICHTER, Die Gletscher der Ostalpen; Stuttgart 1888. — [64] E. RICHTER, Die Gletscher Norwegens; Geogr. Zeitschr. II, 1896. — CH. RABOT, Revue de Glaciologie; Annuaire du club alpin français; Macon 1902. — [65] G. MERZBACHER, Aus den Hochregionen des Kaukasus; Leipzig 1901. M. v. DÉCHY, Kaukasus. 3 Bde.; Berlin 1905—07. K. PODOSERSKY, Die Gletscher des Kaukasus; Mitteil. d. Kaukas. Abteilung der Kais. russ. Geograph. Gesellschaft 1911. — [66] C. DIENER in der Zeitschr. D. u. Ö. Alp.-Ver. 1895. — [67] Vgl. Zitate S. 467, Anm. 7. — [68] G. MERZBACHER, Vorläufiger Bericht über die Forschungsreise in den zentralen Tienschan; Erg.-Heft 149 zu Pet. Mitt. 1904. — [69] Vgl. Zitate S. 467, Anm. 6. — [70] Ann. de Géographie 1913, S. 278. — [71] H. F. REID, Glacier Bay and its glaciers; Ann. Rep. U. S. Geol. Survey XVI, 1894/5. Ders., Studies of the Muirgletscher in Alaska; Nation. Geograph. Magazine 1892. — [72] R. S. TARR and L. MARTIN, Alaskan Glacier Studies of the National Geographic Society in the Yakutat Bay, Prince William Sound and Lower Copper River Regions; Washington 1914. — [73] A. PENCK, Der Illecillewaetgletscher; Zeitschr. D. u. Ö. Alp.-Ver. 1898; auch: Zeitschr. f. Gletscherk. XV. 1927, S. 149. — [74] I. C. RUSSELL, Glaciers of North America; Boston 1897. — [75] C. E. SIEBENTHAL, im Journal of Geology XV, 1907. — [76] W. SIEVERS, zit. Anm. 4. — [77] R. v. LENDENFELD, Der Tasmangletscher und seine Umgebung; Erg.-H. 75 zu Pet. Mitt. 1884. — [78] E. v. DRYGALSKI, Spitzbergens Landformen und ihre Vereisung; Abh. bayr. Ak. d. Wiss., math.-physik. Klasse, XXV, 1911. — [79] H. RECK, Zitat S. 468, Anm. 55. — [80] O. SVERDRUP, Neues Land; Leipzig 1903. — [81] H. MOHN und F. NANSEN, Nansens Durchquerung von Grönland; Erg.-H. 105 zu Pet. Mitt. 1892. A. DE QUERVAIN, Ergebnisse der Schweizerischen Grönlandexpedition; Zürich 1920. J. KOCH und A. WEGENER, zit. S. 467, Anm. 20. E. v. DRYGALSKI, zit. S. 467, Anm. 18. — [82] H. PHILIPP in der Zeitschr. d. deutschen geolog. Ges. 1912, Monatsber. S. 489. — [83] E. v. DRYGALSKI, zit. S. 468, Anm. 35. E. PHILIPPI, Die Landeisbeobachtungen der fünf letzten Südpolarexpeditionen; Zeitschr. f. Gletscherk. II, 1907/8. O. NORDENSKJÖLD, National Antarctic Expedition 1901—02 I; London 1907. Ders., Beobachtungen über Eisformen und Vergletscherung der antarktischen Gebiete; Zeitschr. f. Gletscherk. III, 1908/9.

Register.

Die Autorennamen sind gesperrt gedruckt. * bei der Seitenzahl bedeutet eine Literaturnotiz. Namen, die man unter C nicht findet, suche man unter K oder Z und umgekehrt. Desgleichen suche man die Namen, die man unter J nicht findet, unter Y.

Berichtigungen.

S. 55, Literaturnachweis 15, statt ERDMANNSDÖRFER lies ERDMANNSDÖRFFER.
S. 64, Zeile 9 von unten, statt Weddel-Meer lies Weddell-Meer.
S. 92, Unterschrift unter Fig. 17, statt Bem. B. Ballon lies Bem. Ballon.
S. 105, Fußnote, Überschrift der 2. Spalte, statt Mögliche Daner lies Mögliche Dauer.
S. 323, Zeile 14 von unten statt PETTERSON lies PETTERSSON.

Druck von Walter de Gruyter & Co., Berlin W 10

Die Kartenwissenschaft. Forschungen und Grundlagen zu einer Kartographie als Wissenschaft. Von Dr. **Max Eckert,** Professor der Geographie an der Technischen Hochschule in Aachen.

Erster Band. Mit 10 Abbildungen im Text und 1 Karte. Quart. XVI. 640 Seiten. 1921. 30.—, geb. 33.—

Zweiter Band. Mit 33 Abbildungen im Text und 2 Tafeln. Quart. XIV, 880 Seiten. 1925. 45.—, geb. 48.—

Kartenkunde. Von **Dr. M. Groll.** Zweite Auflage, neubearbeitet von Dr. OTTO GRAF in Calbe (Saale). 2 Bände.

I. Die Projektionen. Mit 56 Figuren. 116 Seiten. 1922. (*Sammlung Göschen Bd. 30.*) Geb. 1.50

II. Der Karteninhalt. Mit 39 Figuren. 133 Seiten. 1923. (*Sammlung Göschen Bd. 599.*) Geb. 1.50

Kartographische Aufnahmen u. geographische Ortsbestimmung auf Reisen. Von Dr.-Ing. **R. Hugershoff,** Professor an der Forstlichen Hochschule in Tharandt, und Dr.-Ing. **Otto Israel,** Professor an der Technischen Hochschule in Dresden. I. Die topographischen Aufnahmen. Mit 66 Figuren und 2 Tafeln. Zweite Auflage. 152 Seiten. 1925. (*Sammlung Göschen Bd. 604.*) Geb. 1.50

Astronomische Geographie. Von Dr. **Siegmund Günther,** Geh. Hofrat, Professor an der Technischen Hochschule in München. Mit 52 Abbildungen. Neudruck. 170 Seiten. 1919. (*Sammlung Göschen Bd. 92.*) Geb. 1.50

Physische Erdkunde. Von Dr. **R. Langenbeck,** Professor in Darmstadt.
I. Die Erde als Ganzes und die Erdoberfläche. Mit 26 Abbildungen im Text. 110 Seiten. 1922. (*Sammlung Göschen Bd. 849.*) Geb. 1.50

II. Die Lufthülle und Wasserhülle der Erde. Mit 25 Abbildungen im Text. 136 Seiten. 1923. (*Sammlung Göschen Bd. 873.*) Geb. 1.50

Physische Geographie. Von Dr. **Siegmund Günther,** Professor an der Technischen Hochschule in München. Mit 37 Figuren. Vierte, durchaus umgearbeitete Auflage. 152 Seiten. 1923. (*Sammlung Göschen Bd. 26.*) Geb. 1.50

Kurzes Lehrbuch der physikalischen Geographie. Von **A. Geikie,** Professor der Geologie an der Universität Edinburgh. Autorisierte Ausgabe von BRUNO WEIGAND. Mit einer Vorrede von v. DRYGALSKI. Zweite, verbesserte und vermehrte Auflage. Mit 77 Holzschnitten, 5 Vollbildern und 13 Karten. Oktav. X, 386 Seiten. 1908. 4.50, geb. 5.50

Physikalische Geographie. Von **A. Geikie**, Professor an der Universität Edinburgh. Deutsch von Oskar Schmidt, weil. Professor an der Universität Straßburg. Nach der neuesten englischen Ausgabe bearbeitet von GEORG GERLAND, Professor der Geographie an der Universität Straßburg. Sechste, verbesserte und vermehrte Auflage. Mit Abbildungen und einem Anhang von Fragen und Aufgaben. Klein-Oktav. VI, 147 Seiten. 1907. (*Naturwissenschaftliche Elementarbücher Heft 4.*) 1.—

Das Eiszeitalter. Von Dr. **Emil Werth**, Professor in Berlin-Wilmersdorf. Mit 18 Abbildungen und 1 Karte. Zweite, verbesserte Auflage. 171 Seiten. 1917. (*Sammlung Göschen Bd. 431.*) Geb. 1.50

Paläogeographie. (Geologische Geschichte der Meere und Festländer.) Von Dr. **Franz Koßmat**, Geh. Bergrat, Professor an der Universität Leipzig. Mit 7 Karten. Dritte, neubearbeitete Auflage. 146 Seiten. 1924. (*Sammlung Göschen Bd. 406.*) Geb. 1.50

Geschichte der Erde und des Lebens. Von Dr. **Johannes Walther**, o. Professor an der Universität Halle. Mit 353 Abbildungen. Royal-Oktav. IV, 571 Seiten. 1908. 14.—, geb. 16.—

Gletscherkunde. Von Dr. **Fritz Machatschek**. o. ö. Professor an der Deutschen Universität in Prag. Mit 5 Abbildungen im Text und 16 Tafeln. Zweite Auflage. 120 Seiten. 1917. (*Sammlung Göschen Bd. 154.*) Geb. 1.50

Erdbebenkunde. Die Erscheinungen und Ursachen der Erdbeben, die Methoden ihrer Beobachtung. Mit zahlreichen Abbildungen und Karten im Text nebst 2 Tafeln. Von Dr. **Rudolf Hoernes**, o. ö. Professor der Geologie an der Universität Graz. Groß-Oktav. VIII, 452 Seiten. 1893. 10.—

Tektonische Evolutionen und Revolutionen in der Erdrinde. Antrittsvorlesung, gehalten am 22. Januar 1913 in der Aula der Universität Leipzig. Von **Hans Stille**, Groß-Oktav. 32 Seiten. 1913. 1.—.

Katalog der geschichtlichen Vulkanausbrüche. Von **Karl Sapper**. Lexikon-Oktav. X, 353 Seiten. 1917. (*Schriften der Wissenschaftlichen Gesellschaft in Straßburg, Heft 27.*) 6.—

Inselstudien. Versuch einer auf organische und geologische Verhältnisse gegründeten Einteilung der Inseln. Von Dr. **F. G. Hahn**, Professor der Erdkunde an der Universität Königsberg. Mit einer Karte in Farbendruck. IV, 208 Seiten. 1883. 7.20

Physische Meereskunde. Von Professor Dr. **Gerhard Schott** in Hamburg. Mit vielen Abbildungen. Dritte Auflage. 142 Seiten. 1923. (*Sammlung Göschen Bd. 112.*) Geb. 1.50

Kolibri 360 GmbH
Ferdinand-Jühlke-Straße 7
99095 Erfurt, Deutschland
produktsicherheit@kolibri360.de